Enzyklopädie der Rechts- und Staatswissenschaft

Begründet von
F. von Liszt und W. Kaskel

Herausgegeben von
H. Albach · E. Helmstädter
P. Lerche · D. Nörr

Abteilung Staatswissenschaft

Emil-Maria Claassen

Grundlagen der Geldtheorie

Zweite, neubearbeitete und erweiterte Auflage

Mit 87 Abbildungen

Springer-Verlag Berlin Heidelberg New York 1980

Professor Dr. Dr. Emil-Maria Claassen
Université de Paris-Dauphine, Place du Maréchal de-Lattre-de-Tassigny
F-75775 Paris Cedex 16

ISBN-13:978-3-642-67495-2 e-ISBN-13:978-3-642-67494-5
DOI: 10.1007/978-3-642-67494-5

Die erste Auflage erschien 1970 unter dem Titel: *Probleme der Geldtheorie*
ISBN-13:978-3-642-67495-2

CIP-Kurztitelaufnahme der Deutschen Bibliothek
Enzyklopädie der Rechts- und Staatswissenschaft / begr. von F. von Liszt u. W. Kaskel.
Hrsg. von H. Albach ... – Berlin, Heidelberg, New York : Springer.
Teilw. hrsg. von W. Kunkel. – Teilw. hrsg. von P. Lerche; D. Nörr.
Abteilung Staatswissenschaft
NE: Liszt, Franz von [Begr.]; Albach, Horst [Hrsg.]; Lerche, Peter [Hrsg.];
Kunkel, Wolfgang [Hrsg.]
→ Claassen, Emil-Maria: Grundlagen der Geldtheorie

Claassen, Emil-Maria: Grundlagen der Geldtheorie / Emil M. Claassen. –
2., neubearb. u. erw. Aufl. – Berlin, Heidelberg, New York : Springer, 1980.
(Enzyklopädie der Rechts- und Staatswissenschaft: Abt. Staatswiss.)
1. Aufl. u. d.T.: Claassen, Emil-Maria: Probleme der Geldtheorie.
ISBN-13:978-3-642-67495-2

2143/3130 – 543210

Vorwort

Dies ist die überarbeitete und erweiterte Auflage des im Jahre 1970 erschienenen Buches *Probleme der Geldtheorie.* Von den insgesamt 307 Seiten sind 178 überarbeitet und 129 Seiten durch 243 Seiten ersetzt worden. An die Stelle von sieben Kapiteln sind elf Kapitel getreten.

Die Geldtheorie, so wie sie in dieser zweiten Auflage konzipiert worden ist, umfaßt die Rolle des Geldes, die Geldnachfrage, das Geldangebot und den Geldmarkt. Die neuen Kapitel befassen sich mit dem Geldangebot und dem Geldmarkt. Im Vergleich zur ersten Auflage ist die Geldtheorie, was den Geldmarkt angeht, sowohl eingeengt als auch erweitert worden. Die Einengung bezieht sich auf eine neue (bzw. klassische) Abgrenzung zwischen der makroökonomischen Theorie und der Geldtheorie; als makroökonomische Geldtheorie haben wir jene makroökonomische Theorie definiert, die sich mit der langfristigen Bestimmung des Preisniveaus und der Inflation befaßt. Die Erweiterung behandelt die ebenfalls schwierige Abgrenzung zwischen monetärer Außenwirtschaftstheorie und Geldtheorie; als die außenwirtschaftliche Komponente der Geldtheorie haben wir jene Geldmarkttheorie gewählt, die die Bestimmung der Zahlungsbilanz und des Wechselkurses zum Gegenstand hat.

Da wir versucht haben, in diesem Buch ein geschlossenes Bild der Geldtheorie zu entwerfen, haben wir es *Grundlagen der Geldtheorie* genannt. Dieser für manchen Leser prätentiös erscheinende Titel ist jedoch – so glauben wir – angesichts der Erweiterungen im Vergleich zur ersten Auflage gerechtfertigt.

An dieser Stelle möchte ich meinem wissenschaftlichen Mitarbeiter, Herrn Peter Rothen, für die unermüdliche Arbeit danken, die er bei der Zusammenstellung und Korrektur des Manuskriptes aufgewandt hat.

Paris, im Juni 1980 *E.-M. Claassen*

Inhaltsverzeichnis

Zweiter Teil: Geldnachfrage

Dritter Teil: Geldangebot

Fünfter Teil: Geldmarkt in offenen Wirtschaften

Einführung

Kapitel I

Einige dogmengeschichtliche Anmerkungen zur Geldtheorie

1. Die Zeitgebundenheit geldtheoretischer Aussagen an wirtschaftspolitische Zielvorstellungen: a. Klassiker und Neoklassiker; b. Keynes; c. „Post-Keynesianer und Post-Neoklassiker"; d. Monetaristen. – 2. Zwei konträre Geldauffassungen in der Geschichte der Geldtheorie: a. Die Kontroverse zwischen der Currency-Schule und der Banking-Schule: Geld kontra Kredit; b. Die Entschärfung der Kontroverse: 1850 – 1950; c. Eine Renaissance der Kontroverse und die Synthese.

Im vorliegenden Kapitel wollen wir uns einem speziellen dogmengeschichtlichen Faktum zuwenden, und zwar dem, daß viele in der Geschichte unseres Faches aufgestellte Geldtheorien aus den besonderen Zeitumständen zu deuten sind, unter denen sie konstruiert wurden. Für diesen „topischen", historisch bedingten Charakter einer Reihe von Geldtheorien gibt es zwei Gründe.

(1) Einmal verschoben sich von Epoche zu Epoche die Sachprobleme, mit denen sich die Wirtschaftspolitiker auseinanderzusetzen hatten. In diesem Sinne versuchten denn auch viele Geldtheoretiker, mit Hilfe ihrer Theorie eine Antwort auf die „Fragen ihrer Zeit" zu geben. (2) Zum anderen unterlag das Geld- und Kreditsystem mannigfaltigen (evolutorischen) Wandlungen, so daß die Geldtheorien, sofern sie diese Entwicklung überhaupt berücksichtigt haben, vielfach von dem jeweilig herrschenden Stand des Geld- und Finanzsystems ihrer Zeit ausgegangen sind. Dabei können seit dem Beginn des 19. Jahrhunderts bis hin zur Gegenwart zwei grundsätzlich verschiedene Geldauffassungen konstatiert werden: die eine geht von einem „engen" Geldkonzept aus, während die andere auch die sog. Geldsurrogate als monetäre Einflußgrößen behandelt.

1. Die Zeitgebundenheit geldtheoretischer Aussagen an wirtschaftspolitische Zielvorstellungen

Wie im folgenden zu zeigen ist, sind viele geldtheoretische Aussagen – ob sie nun (a) von den Klassikern oder den Neoklassikern, (b) von Keynes, (c) von den „Post-Keynesianern und Post-Neoklassikern" oder (d) von den Monetaristen formuliert worden sind – mit den offenstehenden Fragen ihrer Zeit verknüpft, vermutlich sogar stärker als viele andere ökonomische Theorien [1].

a) Klassiker und Neoklassiker

Ricardos geldtheoretische Schriften – seine erste bedeutende Studie, The High Price of Bullion: A Proof of the Depreciation of Bank Notes, stammt aus dem Jahre 1810 – fallen in eine Zeit, in der die Napoleonischen Kriege zu Ende gingen und in der England eine Periode der Kriegsinflation und anschließend eine kurze Phase der Stabilisierung und des Wiederaufbaus erlebte. Wenn Ricardo also, das Übel der Geldwertverschlechterung („the Depreciation of Bank Notes" bzw. „the High Price of Bullion") vor Augen, das er auf der Grundlage quantitätstheoretischer Überlegungen auf die übermäßige Schaffung von Notenbankgeld zurückführte (England war in der Zeit von 1797 bis 1821 von der Goldwährung abgegangen), für eine Rückkehr zur Goldwährung (oder genauer zur Goldkernwährung) plädierte, so zeigt dies, daß schon seine Geldtheorie in großem Ausmaße von den Sachproblemen seiner Zeit beeinflußt wurde.

Zwei Jahre nach seinem Tode (1823) setzte im Anschluß an die Rückkehr zur Goldwährung (1821) eine schwere und langdauernde Krise ein (1825), der später noch andere folgten (1839, 1847, 1857, 1866) und die alle

[1] Siehe hierzu J. R. Hicks, Critical Essays in Monetary Theory, Oxford 1967, S. 155–173 und H. G. Johnson, The Keynesian Revolution and the Monetarist Counter-Revolution, in: American Economic Review, LXI (1971); abgedruckt in H. G. Johnson, Further Essays in Monetary Economics, London 1972, Kap. 2.

Bibliographische Erläuterungen. Wird die Schrift eines Autors zum ersten Mal erwähnt, dann erfolgt ihre bibliographische Angabe mit allen erforderlichen Hinweisen auf Titel, Erscheinungsort und Erscheinungsjahr (siehe oben). Für den Fall, daß diese Schrift später nochmals zitiert wird, schreiben wir bei den anderen Malen nur noch den Namen des Autors und in eckigen Klammern das Erscheinungsjahr; z. B.: J. R. Hicks [1967], S. 155–157. Der Leser kann dann im Literaturverzeichnis Titel und Erscheinungsort nachsehen. Dieses Verzeichnis ist so aufgebaut, daß dem Autorennamen sogleich in eckigen Klammern das Erscheinungsjahr folgt. Handelt es sich ferner wie im obigen Beispiel um einen Aufsatz, der in einem Buch wiederabgedruckt ist, so haben wir im Literaturverzeichnis jene Ausgabe, die der Zitatstelle zugrunde liegt, mit dem Symbol * gekennzeichnet.

als sog. Kredit- oder Liquiditätskrisen bezeichnet werden können, da sie die Reserven der Bank von England stark reduzierten, öfters zur ausländischen Kreditaufnahme zwangen und zu erheblichen Bankzusammenbrüchen und Stockungen im Zahlungsverkehr führten [2].

In dieser Krisenzeit lebte John Stuart Mill. Er war ein Quantitätstheoretiker, der jedoch – wie Ricardo übrigens auch – eine Proportionalität zwischen Geldmengen- und Preisveränderung nur für die „lange Periode" konstatierte; denn er konzedierte (wie schon vor ihm neben Ricardo auch Cantillon, Hume und Thornton), daß das Geld den Handel kurzfristig stimulieren kann, es also in der „kurzen Periode" realwirtschaftliche Effekte auslösen kann, betonte aber wie viele andere „Klassiker" diesen Zusammenhang nicht zu sehr, da er wohl befürchtete, dieser könnte in die Hände „skrupelloser Inflationspolitiker" geraten.

Doch Mill war auch – im Gegensatz zum Currency-Theoretiker Ricardo – ein Anhänger des Banking-Prinzips, was ihm um so leichter fallen mußte, als zu seiner Zeit die englische Wirtschaft starke Züge einer Kreditwirtschaft angenommen hatte und ein großer Teil der Transaktionen mit Hilfe von Handelswechseln und Handelskrediten („Buchkrediten") abgewickelt wurde, während zu Lebzeiten Ricardos sogar das Buchgeld der Banken und der Scheckverkehr noch in den Kinderschuhen steckten. Mills Erklärung der Krisen entsprach somit völlig der damaligen Entwicklung der Geldwirtschaft in Richtung einer Kreditwirtschaft: Im konjunkturellen Aufschwung der Wirtschaft wurden die Käufe hauptsächlich mit Hilfe des Handelskredits finanziert; eine enge Korrelation zwischen diesen Geldsurrogaten und dem Gelde selbst, die nach Meinung der Vertreter des Currency-Prinzips stets vorlag, herrschte für die Banking-Theoretiker nicht; eine Ausdehnung des Handelskredits konnte also ohne Erhöhung der Geldmenge erfolgen; trat der Boom dann in die Phase der Überhitzung, wurden sichere Zahlungsmittel verlangt, nämlich Geld, wodurch ein Druck auf das Bankensystem ausgelöst wurde; war dieses nicht ausreichend mit liquiden Mitteln versorgt, setzten die ersten Zusammenbrüche ein. Um diese einsetzende Krise schließlich zu vermeiden, schlug Mill eine Geldpolitik vor, die nicht auf rein passiven, mechanistischen Regeln der Geldmengenregulierung beruhte, wie sie z. B. Ricardo postulierte (Goldkernwährung), sondern die sich „aktiv" der jeweiligen Marktlage anzupassen hatte und die Kontrolle der Geldmenge wie auch der Geldsurrogate umfassen sollte.

Zu den Zeiten Ricardos und Mills war die theoretische Beschäftigung mit dem Gelde von den Erschütterungen der englischen Wirtschaft aufgrund monetärer Ungleichgewichte geradezu herausgefordert worden.

---

[2] Vgl. hierzu F. A. Lutz, Das Grundproblem der Geldverfassung, Stuttgart und Berlin 1936; abgedruckt in: F. A. Lutz, Geld und Währung, Tübingen 1962, S. 34.

Daß die Geldtheorie anschließend – verglichen mit der Entwicklung in der ersten Hälfte des 19. Jahrhunderts – in einen regelrechten „Dornröschenschlaf" versank, läßt sich wieder aus einer Änderung der wirtschaftlichen Situation erklären.

Die letzte „Liquiditätskrise" im England des 19. Jahrhunderts ereignete sich im Jahre 1866. Das Geldwesen war seit 1844 in der Peelschen Bankakte grundsätzlich geordnet worden. Die Notenausgabe wurde nicht mehr privaten Instituten überlassen, sondern einer zentralen Instanz übertragen, dem Issue-Department der Bank von England, das sich in seiner Geldschaffung streng an die Regeln der Golddeckung zu halten hatte. Dieses Prinzip der „Ricardianisierung" der Geldmengenregulierung wurde jedoch durch das vom Issue-Department abgetrennte Banking-Department durchbrochen, welches eigentlich nur wie jede andere Bank Geschäfte treiben sollte, in Wirklichkeit aber – wenn auch in beschränktem Ausmaße – eine Geldpolitik à la Mill ausübte [3].

Den Neoklassikern wurde somit wenig „faktischer Stoff" geboten, die geldtheoretische Diskussion mit dem gleichen Elan fortzusetzen, wie wir ihn von der Auseinandersetzung zwischen den Vertretern der Currency-Schule und Banking-Schule kennen [4]. Auf geldtheoretischem Gebiet

---

[3] J. R. Hicks ([1967], S. 168) führt diese institutionell paradoxe Situation auf die „offizielle" Rücksichtnahme auf die öffentliche Meinung zurück. Nach außen mußte die Regierung so tun, als ob ihr keine Geldmengenmanipulierung möglich sei, denn eine solche Handhabe wäre vielen Leuten damals als eine willkürliche staatliche Machtanmaßung verdächtig vorgekommen, die eben in ihren Augen nur durch feste „Regeln" der Geldmengenregulierung verhindert werden konnte.

Daß diese Auffassung über die Geldordnung auch heute wieder von einigen Nationalökonomen vertreten wird, sei jetzt schon kurz erwähnt. In der insbesondere in den 60er und 70er Jahren wieder aufgetauchten Kontroverse „automatische Geldmengenregulierung kontra autoritäre diskretionäre Geldpolitik" („rules versus discretion") postuliert vor allem Milton Friedman eine automatische, entsprechend der Wachstumsrate des Sozialproduktes zu erfolgende Geldmengenerhöhung (für die USA von ungefähr 4 v. H. pro Jahr). Seine Argumentation ist nicht nur die eines Verfechters des Liberalismus, sondern sie gründet sich auch auf detaillierte statistische Untersuchungen. Er konstatiert hierbei regelmäßige beträchtliche zeitliche Verzögerungen der Wirkungen von Geldmengenveränderungen auf die wirtschaftliche Aktivität. Diesen „time lag" beziffert er auf ein Viertel der Länge eines Konjunkturzyklus, so daß die Geldmengenveränderungen frühestens erst nach einer ganzen Reihe von Monaten, wenn nicht Jahren zu wirken beginnen. Fußt dann auch noch eine „diskretionäre" Geldpolitik auf Prognosen, die sich später als falsch herausstellen, dann liegt ihre zeitliche Wirkung nicht nur weit in der Zukunft, sondern sie vergrößert auch noch die Instabilität der Wirtschaft, anstatt sie zu mildern.

Siehe hierzu u. a. M. Friedman, A Program for Monetary Stability, New York 1960, S. 84–99 und M. Friedman und A. J. Schwartz, The Stock of Money in the United States, 1867–1960, Princeton 1963. – Die statistischen Resultate Friedmans sind jedoch von verschiedenen Ökonomen bestritten worden; vgl. hierzu u. a. J. H. Kareken und R. M. Solow, Lags in Monetary Policy, in: Stabilization Policies, Commission on Money and Credit, Englewood Cliffs (N. J.) 1963.

[4] „Es ist möglich, daß ein Grund, weshalb die Geldtheorie in ihrer neoklassischen Phase ein bißchen verknöchert war, der ist, daß in dieser Zeit keine ähnliche Herausforderung zu bestehen schien [wie in der Zeit von Ricardo oder Keynes]. Zu-

„blieb ihnen nichts anderes übrig“, als gewisse Zusammenhänge, die ihnen von ihren Vorgängern – den „Klassikern“ – vererbt wurden, analytisch zu verfeinern, indem sie etwa die quantitätstheoretische Kausalkette um das Glied der gewünschten individuellen Geldhaltung erweiterten bzw. versuchten, Ergebnisse ihrer subjektiven Wertlehre auch auf das Geld anzuwenden; oder indem sie vielleicht noch stärker (insbesondere Marshall und Wicksell) zwischen den Geldwirkungen in der kurzen Periode und denen in der langen Periode unterschieden.

Es hieße jedoch den Neoklassikern Unrecht tun, wenn wir ihren geleisteten Beitrag zur Geldtheorie bagatellisieren wollten. Wir brauchen nur auf die für die ökonomische Theorie immense Produktivität der Schulen von Cambridge, Lausanne und Wien oder auf Ökonomen wie Irving Fisher und Knut Wicksell hinzuweisen, um einer solchen Interpretation von vornherein Einhalt zu gebieten [5]. Was wir hier hinsichtlich der Neoklassiker vielmehr zum Ausdruck bringen wollen, ist die Vermutung, daß sie auf dem Gebiete der Geldtheorie ungleich mehr hätten leisten können, wäre die Wirtschaft ihrer Zeit drohenden Gefahren wie zu Zeiten der Napoleonischen Kriege (Ricardo) oder der Großen Weltwirtschaftskrise (Keynes) ausgesetzt gewesen; denn dann hätten sie ein größeres Stimulans gehabt, die Geldtheorie (noch stärker) voranzutreiben.

---

mindest in den siebziger und achtziger Jahren, als Marshall (der größte unter den Neoklassikern) auf eine solche Kampfansage hätte antworten können, war sie einfach nicht da. An Fragen des Bimetallismus konnte man verständlicherweise nicht viel Spaß finden! Und auf eine stumpfsinnige Frage nach dem Papiergeld konnte keine brillante Antwort erwartet werden, da diese Frage zu Zeiten Marshalls aufgrund der damaligen metallistischen Doppelwährung in der Tat ein wenig stumpfsinnig war.“

["It is possible that one reason why monetary theory did get a bit ossified in its neo-classical phase is that in that phase there seemed to be no similar challenge. At least in the seventies and eighties, when Marshall (the greatest of the neo-classicals) could have responded to a challenge, it was just not there; you could not get much of a kick out of bimetallism! You cannot get brilliant answers to a dull question-paper; and the question-paper that was set to Marshall by his monetary facts really was a bit dull."] J. R. Hicks [1967], S. 157.

[5] Zum Stand der Geldtheorie in seiner Zeit meinte selbst Alfred Marshall in einer Erklärung, die er 1899 vor dem Committee on Indian Currency abgab:

„Eine stattliche Zahl von fähigen Köpfen arbeitet an der Lösung der finanziellen Probleme [Englands]. Von Herrn Bagehot, der in diesen Dingen die höchste Autorität war, haben wir vernommen, daß man noch niemals seit Menschengedenken für irgendeine Sache eine höhere und massivere Intelligenz aufgebracht hat als für diese Fragen, die sich in England stellen.“

["There are a vast number of able minds at work on her financial problems. Mr. Bagehot, than whom there is no higher authority on such a matter, says that there never was, since the world began, so high and massive a brain-power applied to any one question as is applied to these questions in England."] A. Marshall, Evidence before the Indian Currency Committee (1899), in: Official Papers by Alfred Marshall, hrsg. v. J. M. Keynes, London 1926, S. 282.

(Zitiert bei C. Rist als ein Motto seines Buches Histoire des doctrines relatives au crédit et à la monnaie, Paris 1938; deutsche Übersetzung: Geschichte der Geld- und Kredittheorien, Bern 1947.)

Zweifellos haben sie die Geldtheorie nicht nur auf dem Gebiete der reinen Theorie (z. B. Walras) weiterentwickelt, sondern diese auch für die Erklärung des Konjunkturphänomens nutzbar gemacht. Die europäischen Wirtschaften erfuhren in der zweiten Hälfte des 19. Jahrhunderts bis zum Ersten Weltkrieg einen Aufschwung, der von kurzen Rückfällen bedroht und zwischen 1873 und 1895 von einer langdauernden Depression unterbrochen war. Die langfristige Konjunkturbewegung im Bereich der Produktion wurde von einem gleichlaufenden Zyklus der Goldproduktion (bzw. Goldentdeckungen) und der Preise und Zinssätze begleitet[6]. Die Parallelität von Geldmengen-, Preis-, Zins- und Produktionsbewegungen rief somit die monetäre Konjunkturtheorie auf den Plan. Da die Ökonomen jener Zeit in der Tradition der Klassik – die ihrerseits in den Preisproblemen und in der Vermehrung des ‚Wealth of Nations“ (d. h. in der Verringerung der Güterknappheit) den eigentlichen Gegenstand der ökonomischen Theorie sah – standen, gingen sie von der Variation der Geldmenge aus und leiteten die Wirkungen auf die Produktionstätigkeit aufgrund von Bewegungen des Preisniveaus, Veränderungen des Zinssatzes, der relativen Preise oder der Produktionsstruktur ab. Im Mittelpunkt der Erklärung des Konjunkturphänomens standen Verschiebungen der relativen Preise und Änderungen in der Produktionsstruktur, die durch Geldmengenveränderungen ausgelöst werden konnten. In jener Zeit war man jedoch noch zu sehr von dem „klassischen“ Problem der „rareté“ des Gütervorrates besessen, als daß man der Idee eines Malthus hätte folgen können, der wie Keynes die Aufmerksamkeit vom Güterangebot auf die Güternachfrage gelenkt hatte.

b) Keynes

Die Zeit nach dem Ersten Weltkrieg – und insbesondere die Große Weltwirtschaftskrise – bot genügend Anregung, sich mit dem Geldproblem „unorthodox“ zu beschäftigen und den spezifischen Gegenstand der Geldtheorie gemäß den aktuellen wirtschaftlichen Tatbeständen neu zu formulieren. Das wirtschaftspolitische Schwergewicht war seit der Großen Depression auf die interne Stabilität der Wirtschaft gerichtet, während das 19. Jahrhundert dieses Problem der Frage der externen Stabilität untergeordnet hatte, da die zentrale wirtschaftspolitische Zielrichtung damals vor allem in der Aufrechterhaltung der Währungsparitäten und der Bewahrung des Goldstandards bestand. Die nun einsetzende radikale Kehrtwendung wirtschaftspolitischer Prioritäten gab der Geldtheorie neue Akzente, die vor allem in der Frage gipfelten, inwieweit das Geld in

[6] Siehe hierzu C. Rist [1938], Kap. VI.

der Lage ist, die Beschäftigung und damit das Sozialprodukt einer Wirtschaft zu beeinflussen.

Bekanntlich gab Keynes den entscheidenden Anstoß zu diesem „neuen" Aufgabenbereich der Geldtheorie [7]. In der Einleitung zu seiner Allgemeinen Theorie vergleicht er die „Klassiker" mit euklidischen Geometrikern, die mit Hilfe ihrer Theorie nicht in der Lage waren, Aussagen über eine nichteuklidische Welt der Unterbeschäftigung zu machen, in der Keynes zu leben behauptet [8].

Dabei verwendet er aber den Begriff der Klassiker auf seine ihm eigene Art. Einmal betrachtet er alle die Ökonomen, die vor ihm (d. h. vor seiner Allgemeinen Theorie) und nach Ricardo gelebt haben, schlechthin als Klassiker – worunter also auch die Neoklassiker fallen würden [9]. Auf der

---

[7] Wir beziehen uns hier nur auf seine Allgemeine Theorie [1936], die eindeutig das Problem der Weltwirtschaftskrise der dreißiger Jahre zum Gegenstand hat. Aber auch seine Abhandlung Vom Gelde, die zwar im Jahre 1930 veröffentlicht worden ist, die jedoch wahrscheinlich zum größten Teil vor der Weltwirtschaftskrise geschrieben wurde, bezieht sich auf die offenstehenden Fragen seiner Zeit, der Jahre vor der Weltwirtschaftskrise, in denen vor allem in England das Funktionieren des (seit 1925) restaurierten Goldstandards (Rückkehr zur Vorkriegsparität) diskutiert wurde. Die hieraus resultierenden Wirkungen (Deflationsmaßnahmen zwecks Aufrechterhaltung der externen Stabilität) standen zur Debatte, und es darf nicht vergessen werden, daß England schon in den Jahren vor der Weltwirtschaftskrise eine mehr oder weniger große Unterbeschäftigung zu verzeichnen hatte. Zu bemerken sei noch, daß die Idee zur Allgemeinen Theorie im Jahre 1931 in Cambridge während eines gemeinsamen Seminars mit Meade geboren wurde, in dem die Abhandlung Vom Gelde ausführlich besprochen wurde.

[8] „Die klassichen Theoretiker können mit euklidischen Geometrikern verglichen werden, die in einer nichteuklidischen Welt leben und entdecken, daß sich in der Wirklichkeit die scheinbar parallelen Geraden doch oft schneiden. Gegen diese bedauerlichen Zusammenstöße, die sich ereignen, fällt ihnen kein anderes Heilmittel ein, als sich zu beklagen, daß die Geraden nicht parallel bleiben. In Wahrheit gibt es aber kein anderes Mittel, als das Parallelenaxiom über den Haufen zu werfen und eine nichteuklidische Geometrie auszuarbeiten."

["The classical theorists resemble Euclidean geometers in a non-Euclidean world who, discovering that in experience straight lines apparently parallel often meet, rebuke the lines for not keeping straigth – as the only remedy for the unfortunate collisions which are occurring. Yet, in truth, there is no remedy except to throw over the axiom of parallels and to work out a non-Euclidean geometry."] J. M. Keynes, The General Theory of Employment, Interest and Money, London 1936, S. 16; deutsche Übersetzung: Allgemeine Theorie der Beschäftigung, des Zinses und des Geldes, Berlin 1936, S. 14; (aufgrund der schlechten deutschen Übersetzung weicht die obige Übersetzung – wie auch alle folgenden – von der deutschen Veröffentlichung erheblich ab).

[9] „Die Benennung ‚die klassischen Nationalökonomen' stammt von Marx, der hierin Ricardo, James Mill und ihre *Vorläufer* einschloß, d. h. die Begründer der Theorie, die in der Ricardianischen Ökonomie ihren Höhepunkt fand. Ich habe mich daran gewöhnt, obschon ich dabei vielleicht einen groben Sprachfehler begehe, in die ‚klassische Schule' die *Nachfolger* Ricardos einzubeziehen, d. h. jene, welche seine Theorie angenommen und vervollkommnet haben, einschließlich (z. B.) J. St. Mill, Marshall, Edgeworth und Prof. Pigou."

[" 'The classical economists' was a name invented by Marx to cover Ricardo and James Mill and their *predecessors,* that is to say for the founders of the theory which culminated in the Ricardian economics. I have become accustomed, perhaps perpeanderen Seite bezeichnet er die so definierten Klassiker alle (mit Ausnahme von Malthus) rundweg als Anhänger des Sayschen Theorems, wonach das Angebot an Waren seine eigene Nachfrage schafft und das Geld die eigentlichen wirtschaftlichen Zusammenhänge nur „verschleiert" und keinen realwirtschaftlichen Einfluß ausüben kann [10]. Daß Keynes hiermit eine allzu grobe Verallgemeinerung der klassischen Theorie vorgenommen hat, dürfte heute wohl als unbestritten angesehen werden. Im Falle von Ricardo und John Stuart Mill sahen wir schon, daß diese eine Unterscheidung der Geldwirkungen zwischen der kurzen und langen Periode kannten und in der kurzen Periode, deren Untersuchung Keynes ja ausschließlich zum Gegenstand wählte, durchaus einen aktiven, realwirtschaftlichen Geldeinfluß zugaben [11].

---

trating a solecism, to include in the 'classical school' the *followers* of Ricardo, those, that is to say, who adopted and perfected the theory of the Ricardian economics, including (for example) J. S. Mill, Marshall, Edgeworth and Prof. Pigou."] J. M. Keynes [1936], S. 3 n; deutsche Übersetzung, S. 3 n.

[10] „Seit den Zeiten von Say und Ricardo haben die klassischen Nationalökonomen gelehrt, daß das Angebot seine eigene Nachfrage schafft – womit sie irgendwie in einem bedeutsamen, aber nicht klar definierten Sinn meinen, daß die aggregierten Produktionskosten notwendigerweise direkt oder indirekt für den Kauf von Produkten wieder ausgegeben werden müssen ...

Die Doktrin wird heute nie in dieser rohen Form dargestellt. Sie bildet aber trotzdem noch die Grundlage der gesamten klassischen Theorie, ohne die sie zusammenfallen würde. Moderne Ökonomen, die vielleicht zögern, mit [J. St.] Mill übereinzustimmen, zögern jedoch nicht, Folgerungen anzunehmen, die auf Mills Doktrin aufbauen. Die Überzeugung, die z. B. durch das fast ganze Werk von Professor Pigou läuft, wonach das Geld keinen wirklichen Unterschied mache, es sei denn, daß es Reibungswiderstände beseitigt [im Vergleich zur Tauschwirtschaft], und daß die Produktions- und Beschäftigungstheorie (wie die von Mill) auf der Grundlage ‚realer' Tauschgeschäfte ausgearbeitet werden könnte, wobei das Geld erst in einem späteren Kapitel schablonenmäßig eingeführt zu werden braucht, ist die moderne Fassung der klassischen Überlieferung."

["From the time of Say and Ricardo the classical economists have taught that supply creates its own demand – meaning by this in some significant, but not clearly defined, sense that the whole of the costs of production must necessarily be spent in the aggregate, directly or indirectly, on purchasing the product ...

The doctrine is never stated to-day in this crude form. Nevertheless it still underlies the whole classical theory, which would collapse without it. Contemporary economists, who might hesitate to agree with Mill, do not hesitate to accept conclusions which require Mill's doctrine as their premise. The conviction, which runs, for example, through almost all Professor Pigou's work, that money makes no real difference except frictionally and that the theory of production and employment can be worked out (like Mill's) as being based on 'real' exchanges with money introduced perfunctorily in a later chapter, is the modern version of the classical tradition."] J. M. Keynes [1936], S. 18 und 19–20 (vgl. auch S. 362–371); deutsche Übersetzung, S. 16 und 17 (bzw. 306–313).

[11] Erstaunlich ist, wie sich Keynes Meinung über die klassische Theorie bis zum heutigen Tage in der Literatur erhalten hat. Dafür möchten wir ein Beispiel anführen. Wenn in Lehrbüchern die Geldtheorie der Klassiker behandelt wird, dann findet sich mit großer Regelmäßigkeit ein Ausspruch von J. St. Mill, wonach es in der Wirtschaft „nichts Bedeutungsloseres geben kann als das Geld". ["There cannot, in short, be intrinsically a more insignificant thing, in the economy of society, than money ...".] Principles of Political Economy, 7. Aufl., London 1871, Bd. II, S. 9; deutsche Übersetzung: Grundsätze der politischen Ökonomie, Jena 1921, Bd. II, S. 8.

Trotzdem bleibt Keynes zweifellos das Verdienst, mit Nachdruck den Bereich der Geldtheorie aus ihren quantitätstheoretischen Fesseln gelöst zu haben und ihre Fragestellung von der „klassischen“ Beziehung Geld–Preise auf die „moderne“ Beziehung Geld–Beschäftigung–Produktion allgemein erweitert zu haben. Dieses Verdienst wird gewiß auch dann nicht geschmälert, wenn unsere Behauptung dahin geht, daß es einem Keynes relativ leicht fallen mußte, dieses Problem aufzugreifen, da es sich ja im wahrsten Sinne des Wortes vor seinen Augen abspielte. Wäre z. B. Alfred Marshall in der „glücklichen“(!) Lage gewesen, in einer Weltwirtschaftskrise gelebt zu haben, so wäre es ihm – oder einem seiner Zeitgenossen – vermutlich auch gelungen, den Gegenstand der Geldtheorie zu erweitern und eine „unorthodoxe“ geldtheoretische Diskussion zu entfachen.

c) „Post-Keynesianer und Post-Neoklassiker“

Die Ökonomen waren in der Zeit nach Keynes' Allgemeiner Theorie bis zu Beginn der fünfziger Jahre fast ausschließlich mit einer Verfeinerung der Keynesschen Gedanken beschäftigt. Dabei spielte jedoch das Geld keine so große Rolle, da es nach Keynes selbst als Mittel gegen Unterbeschäftigung (im Gegensatz zum Instrumentarium der „Fiscal Policy“) kaum eine therapeutische Wirkung zeitigt: Auch bei Annahme flexibler Preise und Löhne würde eine Geldmengenerhöhung dann nicht expansiv wirken, wenn sie von der „Liquiditätsvorliebe“ völlig absorbiert wird oder wenn die Investition zinsunelastisch ist (die Diskussion um den Pigou-Effekt und um viele andere ähnliche Effekte als Folge einer Veränderung im Realwert der Geldmenge setzte schon während des Zweiten Weltkrieges ein, und das reiche „Menü an Effekten“ scheint auch bis heute noch nicht völlig erschöpft zu sein).

Erst im Laufe der fünfziger Jahre gaben veränderte wirtschaftliche Tatbestände der Geldtheorie wieder einen neuen Impetus, und ihr Gegenstand wurde dementsprechend um einige weitere Probleme „angereichert“ [12].

Dabei wird jedoch von den Kommentatoren völlig übersehen, daß Mill sich in dieser Passage gegen die Merkantilisten wendet, die Geld mit Reichtum identifizieren. Wenn er dann die Handelskrisen zu erklären versucht, und zwar im 4. Abschnitt desselben Kapitels seiner Principles, dann wissen wir, daß er ihre Ursachen monetären Faktoren zuschreibt.

In ähnlicher Weise lassen sich auch bei Ricardo, McCulloch, James Mill und sogar bei Say Stellen finden, an denen sie, sobald die Konjunkturschwankungen zur Sprache kommen, zumindest implizite das Saysche Theorem entschieden verwerfen. Siehe hierzu u.a. M. Blaug, Economic Theory in Retrospect, Homewood (Ill.), 2. Aufl., 1968, Kap. V: Say's Law and Classical Monetary Theory; deutsche Übersetzung: Systematische Theoriegeschichte der Ökonomie, München 1971, Bd. II.

[12] Einige der folgenden Gedanken finden sich u. a. bei A. Lindbeck, The “New” Theory of Credit Control in the United States, Stockholm, Göteborg und Uppsala, 2. Aufl., 1962, S. 11–12, und H. G. Johnson [1962], S. 16, 51–54.

Die seit dem Koreakrieg spürbar einsetzende Inflation in den hauptsächlichen Industriestaaten der westlichen Welt machte schließlich der Überzeugung Platz, daß nicht eine Stagnation, wie sie vielfach während und nach dem Zweiten Weltkrieg befürchtet wurde, oder eine Depression die eigentlichen aktuellen Gefahrenherde für ein Land bilden, sondern eben die in den mehr oder weniger vollbeschäftigten Wirtschaften eingetretenen Inflationen. Dieser Tatbestand brachte eine Aktivierung der Geldpolitik mit sich, die im allgemeinen (und seit Keynes im besonderen) für effizienter in Zeiten der Inflation als in Perioden einer Depression gehalten wurde: Die Geldpolitik ist zwar in der Lage, eine Expansion zu mildern, wenn nicht sogar zu stoppen, indem sie sich weigert, die Geldschaffung fortzusetzen und Kreditgewährungen zu fördern; sie kann aber in einer Depression niemanden zwingen, unter welch günstigen Bedingungen auch immer, seine Produktion und seinen Konsum zu erhöhen, so daß nur noch z. B. ein „deficit spending" seitens des Staates zur Belebung der wirtschaftlichen Aktivität übrig bleibt.

Ein weiterer Faktor für die Weiterentwicklung der Geldpolitik war das wachsende Unbehagen über die anderen Methoden der Wirtschaftspolitik, insbesondere über die der direkten Eingriffe und der staatlichen Finanzpolitik. Letztere setzte nach dem Zweiten Weltkrieg vor allem in den angelsächsischen Staaten der Geldpolitik enge Grenzen, da geldpolitisch induzierte Zinsveränderungen nicht nur das Vertrauen des Publikums in die seit dem Kriege beträchtlich angehäuften Schuldtitel des Staates zu schädigen drohten, sondern auch bei den Privaten (und vor allem beim Bankensystem) zu erheblichen Kapitalgewinnen oder -verlusten führten. Allmählich erkannte man, daß die Politik des billigen Geldes nicht beliebig fortgesetzt werden konnte. Das Festhalten an niedrigen Zinssätzen stimulierte die Anfang der fünfziger Jahre auftretenden Inflationen, die dann dem Stützungsprogramm der staatlichen Wertpapiere ein Ende setzten – und wodurch die Geldpolitik nach und nach wieder eine volle Aktionsfreiheit erhielt.

Die Renaissance der Geldpolitik belebte natürlich von neuem die theoretischen Diskussionen über den Geldeinfluß und insbesondere über die Wirkungen des Geldes: nicht nur (streng „keynesianisch") auf die Beschäftigung, sondern auch (getreu den „Klassikern") auf die Preise. Doch dabei blieb es keineswegs, und die geldtheoretischen Ambitionen wurden sogar noch weiter gesteckt – und dies aus den beiden folgenden Gründen.

Einmal traten Mitte der fünfziger Jahre zu dem Katalog wirtschaftspolitischer Wunschvorstellungen nicht nur Preisstabilität und Vollbeschäftigung, sondern auch noch die Maximierung (bzw. Optimierung) des wirtschaftlichen Wachstums und die Sicherung der äußeren Währungsstabilität (bzw. der internationalen Währungsreserven eines Landes). Da man sich der Möglichkeit bewußt war, daß sich diese Zielsetzungen untereinander widersprechen konnten, suchte man nicht nur nach einem Kompromiß oder einer Prioritätsliste dieser Wunschvorstellungen, sondern auch nach zusätzlichen Aktionsparametern, um diese Ziele realisieren zu können. Dabei rückte die Geldpolitik wieder stark in den Vordergrund, denn Zins- und Geldmengenveränderungen üben bestimmte Wirkungen auf den Wachstumsprozeß und den Saldo der Zahlungsbilanz aus. Von welcher Art und von welchem Ausmaße diese Wirkungen sind, sollte die Geldtheorie beantworten, die sich dann auch mit dieser neuen Aufgabe beschäftigte.

Zum anderen holten die Geldtheoretiker mit Beginn der sechziger Jahre eine Diskussion nach, die sie schon längst hätten aufnehmen bzw. wieder aufnehmen müssen, da sie in der ersten Hälfte des 19. Jahrhunderts schon einmal auf der Grundlage der monetären Tatsachen jener Zeit Hauptgegenstand heftiger Debatten war: der Streit darüber, ob nun das Currency-Prinzip oder das Banking-Prinzip als Richtlinie für die Währungsordnung zu gelten hat. Die Geldwirtschaft hat sich seitdem noch stärker in Richtung einer Kredit- und Finanzwirtschaft entwickelt (hierauf kommen wir eingehend im nächsten Abschnitt dieses Kapitels zu sprechen); die sich mit Geldproblemen befassenden Ökonomen taten jedoch so, als ob es nur eine Geldmenge und einen einzigen Zinssatz gäbe, wobei sie dann (implizite oder explizite) annehmen mußten, daß sich das Kreditvolumen und die Zinssätze in gleicher Richtung verändern wie die Geldmenge und der Zinssatz. Dieses vorherrschende (und für den Theoretiker bequeme) Currency-Denken wurde jedoch in den 60iger Jahren in Frage gestellt. Auf der Suche nach effizienteren geldpolitischen Instrumentarien stieß man auf das „weite Feld“ der in einer Wirtschaft bestehenden Finanzaktiva und ihrer Preise (bzw. Zinssätze) und man fragte sich, ob zur Realisierung der wirtschaftspolitischen Ziele nicht nur die monetäre Komponente, sondern auch noch andere Elemente des „Portfolios“ (des Staates, des Bankensystems, der Individuen) zu regulieren seien. Um diese Frage beantworten zu können, mußte jedoch überhaupt erst vorher eine empirische Bestandsliste der bestehenden Finanzinstitute und Finanzaktiva und ihrer tatsächlichen Wirkung auf die Wirtschaft durchgeführt werden. Entsprechend einer alten angelsächsischen Tradition (insbesondere englischen Tradition [13]) wurden grundlegende Enqueten angefertigt: in England der sog. Radcliffe Report [1959], in den Vereinigten Staaten der Bericht der „Commission on Money and Credit“ [1961] und in Kanada die Untersuchung der „Royal Commission on Banking and Finance“ [1964]. Es ist vor

[13] England besitzt zweifellos (zumindest mit Beginn der „industriellen Revolution“ und damit ungeachtet der Blütezeit des italienischen Bankenapparates während der Renaissance) die älteste Tradition auf dem Gebiete des Geld- und Finanzwesens. Es kann somit niemanden verwundern, daß man sich vor allem hier mit Geldproblemen theoretisch auseinandersetzte.

allem der Radcliffe-Report (seine berühmten Vorläufer sind der Bullion-Report aus dem Jahre 1810, auf den Ricardo maßgeblichen Einfluß ausübte, und der Macmillan-Report des Jahres 1931, an dem Keynes entscheidend mitarbeitete), der zu einer Neueinschätzung der Geldpolitik und einer Neuorientierung der Geldtheorie führte: Nicht die Geldversorgung der Wirtschaft, sondern ihre „Liquiditätsverfassung" sollte das Kernstück von Geldtheorie und Geldpolitik sein.

d) Monetaristen

Die Unfähigkeit der Quantitätstheorie, eine Erklärung der Produktionsschwankungen zu liefern, diskreditierte diese Theorie sogar in bezug auf jene Variable, die sie zu erklären imstande war – das Preisniveau.

Im Keynesianismus galt nicht die Geldmenge, sondern das Volumen der „autonomen" Ausgaben als Bestimmungsfaktor für Beschäftigung und Einkommen. Einen Einfluß auf das Preisniveau hatten die Ausgaben nur insofern, als sie die Nachfrage nach Arbeit beeinflußten; der Arbeitsmarkt bestimmte dann das dem jeweiligen Nominallohn entsprechende Preisniveau. Die Geldmenge spielte bei der Bestimmung des Preisniveaus nur eine indirekte Rolle: Über das Zinsniveau konnte sie das Ausgabevolumen – und damit die Nachfrage nach Arbeit und den Nominallohn – beeinflussen.

Das seit Mitte der 60er Jahre zu beobachtende Phänomen der *akzelerierenden Inflation* brachte – als Gegenstück zur „keynesianischen Revolution" – die „monetaristische Konterrevolution" auf den Plan [14]. Diese Gegenrevolution war gekennzeichnet durch die Infragestellung der internen Konsistenz der bestehenden (keynesianischen) Inflationstheorien und die Betonung des internationalen Aspekts des Inflationsphänomens – eines Aspekts, der bis dahin in den meisten (u. a. keynesianischen) Theorien von untergeordneter Bedeutung war. Die entscheidende Schwachstelle der keynesianischen Inflationstheorie, die schließlich dazu führte, daß die Monetaristen diese als eine allgemein gültige, den Inflationsprozeß hinreichend erklärende Theorie in Frage stellten, bestand in der unzureichenden Unterscheidung von Nominal- und Realgrößen. In der keynesianischen Inflationstheorie wurde nämlich, bewußt oder unbewußt, unterstellt, daß die Wirtschaftssubjekte unfähig sind, die Inflation zu bemerken und präzise in ihr Kalkül einzubeziehen – oder, anders ausgedrückt, daß sie der „Geldillusion" erliegen.

Diese unzureichende Unterscheidung von Nominal- und Realgrößen konnte – zumindest in der orthodoxen – keynesianischen Inflationstheorie

---

[14] Der Begriff der monetaristischen Konterrevolution stammt von H. G. Johnson [1971].

u. a. in den folgenden zwei Bereichen konstatiert werden: bei der Berechnung des Reallohnsatzes (der das Resultat aus Nominallohnsatz und erwartetem Preisniveau ist) und bei der Berechnung des Realzinssatzes (der sich aus der Differenz von Nominalzinssatz und erwarteter Inflationsrate ergibt).

Der erste Typ von „Geldillusion" betraf somit den Arbeitsmarkt. Phelps und Friedman [15] zeigten nun aber Ende der 60er Jahre, daß nur dann eine stabile Trade-Off-Relation zwischen Inflation und Unterbeschäftigung (die sog. Phillips-Kurve) vorliegt, wenn die von den Arbeitern gehegten Inflationserwartungen unverändert bleiben. Diese Erwartungen sind für einen höheren oder geringeren Arbeitseinsatz insofern von ausschlaggebender Bedeutung, als sie die Berechnungsbasis für die Zunahme des erwarteten *Real*lohns bilden. Würden erwartete und effektiv herrschende Inflationsraten stets übereinstimmen, dann wäre die erwartete Reallohnerhöhung immer gleich dem Produktivitätszuwachs, so daß höhere oder geringere Inflationsraten den Reallohn und damit das Beschäftigungsniveau überhaupt nicht berühren würden. Unter diesem Aspekt wäre die Inflation für die Beschäftigungshöhe in einer Wirtschaft neutral.

Dieser inflationsneutrale Beschäftigungszustand ist in der Wirklichkeit jedoch nur für die „lange Periode" gewährleistet, wobei sich im allgemeinen in der (monetaristischen) Inflationsanalyse die „langfristige" von der „kurzfristigen" Betrachtungsweise dadurch unterscheidet, daß nur langfristig die jeweilige Inflationsrate richtig erwartet wird, während kurzfristig die erwartete Inflationsrate sowohl unter als auch über der sich tatsächlich einstellenden Inflationsrate liegen kann. Angesichts der Möglichkeit einer Akzeleration *und* einer Variabilität der Inflationsrate wird die Formulierung (bzw. „Suche") von korrekten Antizipationen über die zukünftige Inflation zu einem äußerst akuten Informationsproblem, das mit steigender Inflationsunsicherheit höhere Informationskosten impliziert, die ihrerseits Veränderungen bzw. Ungleichgewichte nicht nur im Arbeitsmarkt, sondern auch in vielen anderen Märkten verursachen können [16].

Die zweite Art von Geldillusion, welche in den keynesianischen Inflationstheorien enthalten war, betraf die von dem Quantitätstheoretiker Irving Fisher entwickelte und in den 1960er Jahren wiederentdeckte Unterscheidung von Nominal- und Realzins. Dabei ist unter Nominalzins der

---

[15] E. S. Phelps, Phillips Curve, Expectations of Inflation and Optimal Unemployment over Time, in: Economica, XXXIV (1967); M. Friedman, The Role of Monetary Policy, in: American Economic Review, LVIII (1968).

[16] Die durch die Inflation verursachten (zusätzlichen) Informationskosten einer Wirtschaft und die sich hieraus ergebenden Ungleichgewichte stellen den Gegenstand der vielversprechenden „Neuen Mikroökonomie" der Inflationstheorie dar, wie sie z. B. in dem von Phelps herausgegebenen Sammelband dargelegt worden ist. E. S. Phelps (Hrsg.), Microeconomic Foundations of Employment and Inflation Theory, London 1971.

auf den Kreditmärkten beobachtbare Zinssatz zu verstehen, wogegen Realzins den um die Inflationsrate berichtigten Nominalzins bezeichnet – ein Unterschied zwischen beiden Zinssätzen existiert also nur in einer inflationären (oder deflationären) Wirtschaft.

Die Frage, wie sich Nominal- und Realzins in einer inflationären Wirtschaft entwickeln und inwieweit sich der Realzins in einer inflationären Wirtschaft von dem Realzins in einer preisstabilen Wirtschaft unterscheidet, ist eines der zentralen Probleme der modernen bzw. monetaristischen Inflationstheorie – und damit der Geldtheorie geworden.

Diese Theorie hat natürlich auch ihre Schwächen, denn die Quantitätstheorie gilt für die „lange" Periode. Wie wir jedoch aus Erfahrung wissen, verharren die „Real"-Größen (wie Beschäftigung, Realeinkommen, Realzins) in der „kurzen" Periode nicht auf ihrem „natürlichen" Niveau, sondern sind ebenfalls Schwankungen unterworfen. Für diese kurze Periode, die gekennzeichnet ist durch unvollständige Inflationserwartungen, können aber durchaus die monetaristischen Modelle der Phillips-Kurve (inklusive ihrer mikroökonomischen Formulierung) und des Anpassungsprozesses des realen Geldmarktzinssatzes an den realen „natürlichen" Zinssatz (à la Wicksell) benutzt werden, denn ein Charakteristikum des monetaristischen Ansatzes für die kurze Periode ist, wie schon erwähnt, die *explizite* Berücksichtigung der Geldillusion in der Inflationsanalyse.

Das andere Charakteristikum der monetaristischen Theorie bezog sich auf den internationalen Aspekt der Inflation der 60er Jahre bis zu Beginn des Zusammenbruchs des Systems fester Wechselkurse Anfang der 70er Jahre. Das Inflationsphänomen als ein Weltphänomen zu konzipieren – was es in der Tat zu dieser Zeit auch war – führte zur Entwicklung des „monetären Ansatzes" (durch Harry Johnson, Robert Mundell und ihre Schüler an der Universität Chikago) als einer alternativen Hypothese zu den keynesianischen Inflationserklärungen, mittels derer es nicht möglich gewesen war, das Inflationsphänomen als ein Weltphänomen zu begreifen [17].

Dieser „monetäre Ansatz" zur Bestimmung des *Welt*preisniveaus und der *Welt*inflationsrate ist durch die folgenden Eigenschaften gekennzeichnet: (1) Die Weltwirtschaft hatte seit den 1950er Jahren einen derartigen Integrationsgrad der Güter- und Kapitalmärkte erfahren, daß die einzelnen Industrienationen in einem System fester Wechselkurse eher als Re-

[17] So wurde in der vorkeynesianischen Zeit selbst von den Wirtschaftshistorikern der monetäre Effekt der spanischen Eroberung Amerikas und der Plünderung seiner Edelmetalle als ein Weltphänomen – d. h. für jene Zeit als ein europäisches Phänomen – angesehen und nicht als eine besondere Episode der spanischen Wirtschaftsgeschichte. Die keynesianische Revolution führte zu einer „atomistischen" Ausrichtung der Geldtheorie, indem sie die wissenschaftliche Aufmerksamkeit auf die besonderen Umstände eines jeweiligen Landes konzentrierte, unter Vernachlässigung des Interdependenzcharakters der Weltwirtschaft.

gionen statt als Volkswirtschaften mit autonomen Stabilisierungspolitiken zu interpetieren waren. Divergenzen der einzelstaatlichen Preisniveaus, Inflationsraten und Zinssätze waren daher, wenn überhaupt, nur kurzfristig denkbar, wobei „kurzfristig" sich eher auf Monate als auf Jahre bezog. (2) Es wurde grundsätzlich angenommen, daß sich die einzelnen Volkswirtschaften an (oder in der Nähe) der Vollbeschäftigungsgrenze befinden – was für die Nachkriegszeit, in der das Inflationsproblem allmählich in Erscheinung trat, auch durchaus zutraf. Die quantitätstheoretische bzw. monetaristische (kurz „monetäre") Preisniveauerklärung bzw. Inflationserklärung drängte sich daher geradezu auf. (3) Das Besondere des neuen „monetären Ansatzes" bestand darin, daß die Konfrontation von Geldangebot und Geldnachfrage auf dem „Weltgeldmarkt" vollzogen wurde, woraus sich das Weltpreisniveau bzw. die Weltinflationsrate ergab. Hieraus konnten dann – entsprechend dem internationalen Preis- und Zinszusammenhang – die jeweiligen nationalen Preisniveaus, Inflationsraten und Zinssätze abgeleitet werden. Riefen die letzteren ein Ungleichgewicht in den nationalen Geldmärkten hervor, so stellte sich ein Zahlungsbilanzungleichgewicht ein, das seinerseits die nationalen Geldmärkte über Veränderungen der Reservebestände wieder zum Ausgleich brachte.

Dieser erste kurze Rückblick auf die Geschichte der Geldtheorie sollte zeigen, daß sich der Bereich der Geldtheorie im Laufe der Geschichte immer wieder gewandelt bzw. erweitert hat, weil sie stets auf neue, respektive stärker akzentuierte Sachprobleme der Zeit eine Erklärung zu geben hatte.

2. Zwei konträre Geldauffassungen in der Geschichte der Geldtheorie

Der Einfluß des Geldes in einer Wirtschaft, die durch ein differenziert ausgestattetes Netz von Forderungen und Verbindlichkeiten und durch eine Vielfalt von Finanzinstituten charakterisiert ist, muß ein anderer sein als der, welcher sich in einer Welt manifestiert, die diese Mannigfaltigkeit von Finanzaktiva und Finanzinstituten nicht aufweist [18] – dies ist eine Hy-

[18] „In einer Welt, in der es Banken und Versicherungsgesellschaften, Geldmärkte und Wertpapierbörsen gibt, ist das Geld ein völlig anderes Ding als das, welches es war, als diese Institutionen überhaupt noch nicht existierten.

Diese Entwicklung [der Finanzaktiva und der Finanzinstitute] hat sich seit den Zeiten Ricardos fortgesetzt (ihr Beginn liegt natürlich viel früher) und sie verlangte nach einer grundlegenden Umgestaltung der Geldtheorie."

["In a world of banks and insurance companies, money markets and stock exchanges, money is a quite different thing from what it was before these institutions came into being. This evolution has been going on ever since the time of Ricardo (its beginnings, of course, are much earlier); it clearly called, as it proceeded, for a radical revision of monetary theory."] J. R. Hicks [1967], S. 158.

pothese, die auf den ersten Blick so selbstverständlich erscheint, als brauche sie überhaupt nicht begründet zu werden. Sie kennzeichnet aber nur *einen* bestimmten Typ von Geldtheorien, nämlich den, wonach die geldtheoretischen Zusammenhänge u. a. von den gerade vorherrschenden Finanzaktiva und Finanzinstituten entscheidend abhängen. Der Radcliffe-Report [1959] beispielsweise, an den sich in der Folgezeit eine ganze Reihe von geldtheoretischen Aussagen knüpften, vertrat die Ansicht, daß die Wirtschaft nicht so sehr über die Geldmenge als vielmehr über die „Liquiditätsverfassung" beeinflußt wird. Dem steht auf der anderen Seite ein anderer Typ von Geldtheorien gegenüber, der die „orthodoxe" Ansicht vertritt, daß unter den mannigfaltigen Finanzaktiva, die in einer Wirtschaft bestehen, lediglich die Geldmenge als entscheidene Einflußgröße anzusehen ist. Wir haben es hier mit zwei grundsätzlich verschiedenen Aussagen über die Einflußmöglichkeiten des Geldes zu tun: die eine (die des Radcliffe-Reports und seiner Anhänger), die den Einfluß des Geldes nur in enger Verbindung mit dem Einfluß anderer Finanzaktiva sieht; und die andere (die der „orthodoxen" Geldtheoretiker), die den Akzent auf die Geldmenge legt und die dem Einfluß anderer finanzieller Größen nur am Rande Beachtung schenkt.

Diese beiden Kategorien von Geldtheorien lassen sich auf zwei unterschiedliche Geldauffassungen reduzieren: ein streng geldmengenbezogenes Geldkonzept und ein liquiditätsorientiertes Geldkonzept. Diese beiden konträren Geldauffassungen existieren heute in der Literatur „friedfertig" nebeneinander, ohne daß es bisher zu radikalen Auseinandersetzungen gekommen ist, wie wir sie etwa aus der ersten Hälfte des 19. Jahrhunderts kennen. Denn zu jener Zeit standen sich ähnliche Meinungen gegenüber: die der „geldmengenorientierten" Vertreter des Currency-Prinzips und die der „liquiditätsorientierten" Anhänger der Banking-Schule.

Um den heutigen Standort der sog. orthodoxen Geldtheoretiker und der „modernen" Theoretiker (à la Radcliffe) besser verstehen zu können, wollen wir zunächst einen Blick in die Dogmengeschichte werfen, indem wir sowohl (a) die Kontroverse zwischen der Currency-Schule und der Banking-Schule als auch (b) die weitere Entwicklung der ursprünglichen Geldauffassung beider Schulen zwischen 1850 und 1950 kurz skizzieren. Anschließend werden wir zu zeigen versuchen, daß (c) die Argumente der beiden gegenwärtigen konträren Geldauffassungen zwar in der Form andere, in der Substanz aber mit denen der Currency- und Banking-Theoretiker vergleichbar sind [19]; eine Synthese zwischen beiden Schulen kann in dem neuen Geldmengenbegriff M_2 oder M_3 gesehen werden.

---

[19] Die folgenden Überlegungen stützen sich u. a. auf die Studie von A. B. Cramp, Two Views on Money, in: Lloyds Bank Review, Nr. 65, Juli 1962.

a) Die Kontroverse zwischen der Currency-Schule und der Banking-Schule: Geld kontra Kredit

Stellen wir zunächst die Hauptfiguren dieser beiden Schulen vor. Auf beiden Seiten haben wir es vornehmlich mit jeweils drei Akteuren zu tun. Auf der Seite der Currency-Schule sind zu nennen: Samuel Jones Loyd, später Lord Overstone (1796–1883), der Miteigentümer der Bank Jones, Loyd and Co. war, aus der später die Westminster Bank hervorging; Kolonel Robert Torrens (1780–1864), der sich nicht nur als Offizier während der Napoleonischen Kriege einen Namen machte, sondern der auch als Ökonom bekannt wurde, nachdem er die Britische Marine verließ und in die politische Karriere eintrat; George Warde Norman, Direktor der Bank von England und Großvater der Zentralbankgouverneure des 20. Jahrhunderts. Die hauptsächlichen Vertreter der Banking-Schule sind: Thomas Tooke (1774–1858), Pionier der statistischen Analyse; John Fullarton (er starb 1849), Chirurg, der als Bankier in Indien ein Vermögen erwarb und es zum größten Teil wieder verlor und der sich dann der Theorie zuwandte; und schließlich der Sohn von James Mill, John Stuart (1806–1873), Philosoph und Ökonom, der kaum einer Vorstellung bedarf.

Bevor wir die geldtheoretischen Auffassungen beider Gruppen beschreiben, muß noch kurz das damalige englische Geldsystem charakterisiert werden. Als Zahlungsmittel zirkulierten Goldmünzen, Noten der Bank von England und Noten von Handelsbanken außerhalb Londons (deren Banknotenausgabe nach 1844 äußerst beschränkt wurde und dann überhaupt verschwand); Sichtdepositen und Scheckverkehr waren in der ersten Hälfte des 19. Jahrhunderts kaum in Gebrauch. Dagegen waren „Zahlungsversprechen“ sehr stark verbreitet, die entweder die Form von Handelswechseln annahmen oder in Büchern eingetragen waren (Handelskredite); Tooke veranschlagte das Volumen an zirkulierenden Handelswechseln um viermal größer als das der umlaufenden Noten und Münzen [20]. Schließlich sei nochmals daran erinnert, daß das Zentralanliegen der damaligen Wirtschaftspolitik die Aufrechterhaltung des äußeren Geldwertes und damit des Goldstandards war: Änderungen im internen Preisniveau (und der Wirtschaftsaktivität) waren hauptsächlich deswegen bedeutsam, als sie Rückwirkungen auf den Wechselkurs zeitigten; die Liquiditätskrisen der Jahre 1825, 1839, 1847, 1857, 1866 waren nicht deshalb so gefährlich, weil sie etwa das Beschäftigungsproblem auf den Plan riefen, sondern vor allem weil sie den externen Geldwert gefährdeten.

Die Anhänger des Currency-Prinzips sahen den Einfluß des Geldes auf die Wirtschaft nach quantitätstheoretischen Vorstellungen. Ein Gold-

[20] T. Tooke, An Inquiry into the Currency Principle, London 1844, S. 26.

abfluß ins Ausland und eine Schwächung des Pfund Sterlings waren nach ihrer Auffassung vielfach eine Konsequenz steigender Inlandspreise, die zu einer Abnahme der Exporte und einer Zunahme der Importe führte. Um die Zahlungsbilanz wieder „günstiger" zu gestalten, mußten die Inlandspreise zum Stillstand, wenn nicht sogar zu einem Rückgang gebracht werden. Das Mittel hierzu war eine Verringerung der Geldmenge [21].

Es handelte sich also hier um einen eindeutigen quantitätstheoretischen Zusammenhang zwischen Geldmenge und Preisen. Das Wie der Transmission einer Geldmengenveränderung auf die Preise, die Kausalkette zwischen Geldmengenveränderung und der sich „schließlich" ergebenden Preisveränderung, wurde von der Currency-Schule nach den Regeln der „klassischen" Geldtheorie gesehen: erhöhte Geldmenge – erhöhte Kassenbestände – erhöhte Ausgaben – (Annahme der Vollbeschäftigung) – erhöhte Preise. Das Verhaltensmoment der „gewünschten individuellen Kassenhaltung" (der „Realkasseneffekt") wird hauptsächlich erst von den Neoklassikern in die Kausalkette eingeführt: erhöhte Geldmenge – erhöhte Kassenbestände – wenn erhöhte Kassenbestände größer als gewünschte Kassenbestände: erhöhte Ausgaben – (Annahme der Vollbeschäftigung) – erhöhte Preise. Und „später", etwa seit Wicksell oder Keynes, kommt dann noch die Betonung eines „indirekten" Verbindungsgliedes zwischen Geldmengenveränderung und Preisveränderung hinzu: erhöhte Geldmenge – erhöhte Kassenbestände – wenn erhöhte Kassenbestände größer als gewünschte Kassenbestände: Verringerung des Geldzinssatzes – erhöhte Ausgaben – (wenn Vollbeschäftigung) – erhöhte Preise.

Wenn die Currency-Theoretiker Anhänger der „klassischen" Version der Quantitätstheorie waren, so war es nicht primär dieses Faktum, welches sie von den Banking-Theoretikern unterschied. Ein Stopp des Goldabflusses sollte durch eine Kontraktion der Geldmenge erreicht werden. Aber welche Geldmenge? Welche Menge an monetären Aktiva sollte reduziert werden? In der Abgrenzung, welche Aktiva die Preise beeinflussen und welche nicht, lag der Streitpunkt zwischen Currency- und Banking-Theoretikern.

Die Antwort der Currency-Schule auf diese Frage war ganz eindeutig: Die Menge an Münzen und Noten der Bank von England ist zu verringern. Geld bestand für sie nur aus Münzen und Noten der Bank von England. So erklärte Sir Robert Peel im Jahre 1844 während der Debatte über die Bankakte im Unterhaus:

„... wenn ich das Wort ‚Geld' gebrauche, dann bezeichne ich damit nur die Münzen des Königreichs und die Zahlungsversprechen, die dem Vorzeiger auf Wunsch auszuzahlen sind. Wenn ich das Wort ‚Papierwährung' gebrauche, dann meine ich

[21] Natürlich konnte auch eine Veränderung des Diskontsatzes die internationalen Kapitalbewegungen beeinflussen und damit die Zahlungsbilanz „verbessern".

damit nur solche Zahlungsversprechen. Hierin sind weder Handelswechsel noch Bankanweisungen oder andere Formen von Papierkrediten eingeschlossen. Meiner Meinung nach gibt es einen grundsätzlichen Unterschied zwischen der Eigenschaft von Zahlungsversprechen, die dem Vorzeiger auf Wunsch auszahlbar sind, und der Eigenschaft anderer Formen von Papierkrediten; die Wirkungen, die die einen und anderen auf die Warenpreise und die Wechselkurse ausüben, sind völlig unterschiedlich." [22]

Wenn die Currency-Theoretiker nur Münzen und Noten der Bank von England („Zahlungsversprechen") als Geld anerkannten und in ihrem Geldbegriff die Noten der anderen Banken und die Sichtguthaben ausklammerten, so mag dies in den Ohren moderner Geldtheoretiker seltsam klingen. Die Currency-Schule hatte hierfür jedoch besondere Gründe.

Einmal waren die Currency-Theoretiker der Überzeugung, daß die Banknoten der Handelsbanken außerhalb Londons nur gegen eine Dekkung von Noten der Bank von England geschaffen werden konnten. Eine Veränderung der Zentralbankgeldmenge induzierte also eine gleichlaufende Veränderung der Notengeldmenge der Provinzbanken. Gegen 1830 kamen aufgrund statistischer Untersuchungen die ersten Zweifel auf, ob diese von den Theoretikern konzipierte enge Proportionalität auch tatsächlich der Wirklichkeit entsprach. In der Bankakte von 1844 reduzierte man dann die Möglichkeiten der Notengeldschaffung seitens der Provinzbanken auf einen bestimmten fixen Betrag. Zum anderen, was die Buchgeldschaffung der Banken angeht, so machte zunächst die Menge an Sichtguthaben nur einen geringfügigen Teil an dem gesamten „Geld"-Volumen aus. Ferner stellten sich die meisten Currency-Theoretiker die Buchgeldschaffung in der Weise vor, daß nur eine Einlage von Goldmünzen oder Noten der Bank von England zur Schaffung von Sichtguthaben führen konnte, so daß eine Variation der Zentralbankgeldmenge ebenfalls eine gleichgerichtete Variation der Buchgeldmenge der Privatbanken implizierte.

Sahen somit die Anhänger der Currency-Schule eine vollständige Korrelation zwischen der Entwicklung der Menge an Münzen und Noten der Bank von England einerseits und der Menge an Noten der Provinzbanken und Buchgeld andererseits, so konnten sie durchaus den für die Geldpolitik relevanten Geldbegriff auf Münzen und Noten der Bank von Eng-

---

[22] ["... in using the word 'money' I mean only to designate by that word the coin of the realm and promissary notes payable to bearers on demand. In using the word 'paper-currency' I mean only such promissary notes. I do not include bills of exchange, or drafts on bankers, or other forms of paper credit. There is a material distinction in my opinion between the character of a promissary note payable to bearer on demand, and other forms of paper credit, and between the effects which they respectively produce upon the prices of commodities and upon the exchanges."] Zitiert in: T. Tooke, The History of Prices (6 Bände, London 1838–1857), Bd. IV, S. 154.

land beschränken: Die Preise hingen von der Höhe der Ausgaben ab; die Ausgaben wurden von der Geldmenge beeinflußt; die Geldmenge bestand aus Münzen und Noten der Bank von England, die ihrerseits die Menge an Banknoten der Provinzbanken und an Sichtguthaben regulierten.

In der strikten Abgrenzung des Geldbegriffs auf Münzen und Noten der Bank von England lag der entscheidende Vorwurf, den die Banking-Theoretiker den Currency-Theoretikern machten. Warum sollte die Trennungslinie zwischen Geld und Nicht-Geld bei den Münzen und Banknoten gezogen werden? Konnten nicht noch andere Kreditformen, die im Zahlungsverkehr hervorragende Surrogate der Banknoten waren, zum Geld hinzugerechnet werden? So etwa die Handelswechsel, deren Gebrauch zu Zahlungszwecken weit verbreitet war. Diese wurden damals sehr oft statt Banknoten für Zahlungen verwandt: A kaufte Güter bei B und zahlte mit einem Wechsel, den A auf sich zog; B diskontierte den Wechsel bei C; dieser wiederum konnte ihn zur Zahlung von Verbindlichkeiten gegenüber D benutzen, indem er ihn dem D übergab; D konnte ihn in gleicher Weise verwenden bzw. hierfür Waren kaufen usw.; schließlich konnte erst L oder M den Wechsel dem A bzw. seiner Bank präsentieren, um hierfür Banknoten zu erhalten.

Henry Thornton sprach schon im Jahre 1802 von den Handelswechseln „als einen Teil der zirkulierenden Zahlungsmittel des Königreichs" (die er auch manchmal „auxiliary media" nannte)[23]. Der Ökonom und Statistiker Thomas Tooke, der wie schon erwähnt den Umlauf der Handelswechsel um viermal größer angab als den der Münzen und Banknoten, schrieb 1844 zu dem Thema der verschiedenen Formen der in England verwandten Zahlungsmittel:

> „Der größte Teil der Großhandelstransaktionen des Landes wird auf dem Wege der Kreditgewährung und der Verschuldung reguliert, unter denen als sichtbare Beweisstücke die Handelswechsel figurieren ... Während laufende Zahlungen für das, was Barverkäufe genannt wird, meistens per Scheck durchgeführt werden, erfordern die eigentlichen Barzahlungen im Vergleich zu der Regulierung der riesigen Masse an Transaktionen nur einen kleinen Betrag an Banknoten."[24]

Statt von einer Umlaufsgeschwindigkeit des Geldes zu sprechen, hätte man damals durchaus von einer Umlaufsgeschwindigkeit der Handelswechsel sprechen können.

---

[23] ["... a part of the circulating medium of the kingdom."] H. Thornton, An Enquiry into the Nature and Effects of the Paper Credit of Great Britain, London 1802; Neudruck (New York 1939), S. 92.

[24] ["The great bulk of the wholesale trade is carried on and adjusted by settlements or offsets of debts and credits, the written evidences of which are in Bills of Exchange .... While current payments for what are called cash sales are mostly discharged by cheques, the ultimate balance only arising out of the vast mass of such transactions requiring liquidation is a comparatively small amount of bank notes."] T. Tooke [1844], S. 33.

Aber es war nicht nur die – beobachtbare – Tatsache, daß der größte Teil der Transaktionen über Handelswechsel und Handelskredite abgewickelt wurde, welche den Banking-Theoretikern die „Munition" gab, gegen den engen Geldbegriff der Currency-Schule vorzugehen; auch in der theoretischen Vorstellung über die Beeinflussung des Preisniveaus wichen sie von ihren Kollegen der gegnerischen Schule ab: Die Preise hängen von der Höhe der Ausgaben ab, und die Ausgaben können sowohl durch Geld wie durch Kredite (Handelswechsel, Handelskredite) finanziert werden. So meinte John Stuart Mill im 2. Band seiner „Grundsätze der politischen Ökonomie":

> „Man hat über die Frage, ob einige von diesen Kreditformen . . . als Geld anzusehen seien, viel gestritten und viele Erörterungen angestellt. Die Frage läuft so sehr auf einen reinen Wortstreit hinaus, daß sie kaum erwähnenswert ist . . . . Es ist jedoch klar, daß die Preise nicht vom Geld, sondern von den Käufen beeinflußt werden . . . . Kredit dagegen, der zum Kaufen von Waren benutzt wird, beeinflußt die Preise in derselben Weise wie Geld." [25]

In diesem Sinne hatte Mill auch die Krisen seiner Zeit zu erklären versucht, wie schon weiter vorne dargelegt wurde: Während des konjunkturellen Aufschwungs wurden die Käufe hauptsächlich durch eine Ausdehnung der Kredite finanziert; eine Erhöhung der Geldmenge war nicht erforderlich; die Konjunkturüberhitzung konnte durch eine Politik der Geldmengenkontraktion nicht aufgehalten werden, da als Finanzierungsmittel vor allem die Handelswechsel verwandt wurden; der Umschwung setzte in dem Augenblick ein, wo plötzlich eine massive Einlösung der Kredite in Münzen und Banknoten auftauchte und dadurch Individuen und Banken in Zahlungsschwierigkeiten kamen, die dann zu einer Anzahl von Bankrotten führten.

Woraus bestand nun das Verteidigungsmittel der Currency-Theoretiker? Wie wir schon wissen, vermuteten sie eine verläßliche direkte Proportionalität zwischen einer Veränderung der Geldmenge (Münzen, Noten der Bank von England) und einer Veränderung der Menge an Noten der Provinzbanken und an Sichtguthaben der Handelsbanken. Diese Proportionalität postulierten sie nun ebenfalls für die Handelswechsel und Buchkredite: Je mehr Geld in einer Wirtschaft zur Verfügung steht, desto mehr Kredite können eingeräumt werden. Hierzu meinte Mill jedoch:

> „Es mag richtig sein, daß es in demselben Maße, wie es mehr oder weniger Banknoten gibt, auch im allgemeinen (obwohl nicht ganz unveränderlich) mehr oder weniger Kredit in anderen Formen gibt; denn dieselbe Lage der Verhältnisse, die zu einer Vermehrung des Kredits in der einen Form führt, führt zu seiner Vermehrung

---

[25] J. St. Mill 1871, Bd. II, Neudruck (London 1904), S. 326; deutsche Übersetzung, S. 81.

auch in den anderen Formen. Aber wir sehen keinen Grund für die Annahme, daß das eine die Ursache des anderen ist." [26]

Der Unterschied in den Auffassungen zwischen Currency- und Banking-Schule liegt somit schließlich in der Behauptung bzw. Negierung einer strengen Proportionalität zwischen der Geldmenge und der Menge der Geldsurrogate. Für die Currency-Theoretiker genügt für die Beeinflussung der effektiven Nachfrage und damit der Preise eine Regulierung der Geldmenge (im Sinne von Münzen und Banknoten), die dann auch das Volumen der „auxiliary media" im gleichen Verhältnis ausdehnt bzw. schrumpfen läßt. Die Banking-Theoretiker dagegen fordern eine weit differenziertere Geldpolitik, die eine direkte Kontrolle sowohl der Geldmenge als auch des Kreditvolumens (d. h. der Menge der „near monies") auszuüben hat.

Die divergierenden Meinungen zwischen beiden Schulen beruhen somit auf zwei verschiedenen Geldkonzepten bzw. auf der Frage, inwieweit eine Proportionalität zwischen allgemein anerkannten Zahlungsmitteln und anderen Finanzaktiva, die diese Geldfunktion „nahezu" ausüben können, besteht. Der Auffassung der Banking-Theoretiker muß insofern zugestimmt werden, als zu ihrer Zeit in der Tat neben Noten der Provinzbanken und Sichtguthaben in großem Ausmaße Handelswechsel als Zahlungsmittel zirkulierten und Lieferantenkredite (im Sinne von Buchkrediten) zur Finanzierung von Käufen dienten. Den Currency-Theoretikern muß dagegen zugute gehalten werden, daß sie diese Kredite nur als Zahlungs*versprechen* betrachten; diese wurden nur deshalb akzeptiert, weil man auf die jederzeit mögliche Umwandlung der Zahlungsversprechen in effektive, allgemein anerkannte Zahlungsmittel (Gold, Noten der Bank von England) vertraute; dementsprechend mußten die Kreditnehmer ein bestimmtes Verhältnis zwischen eingegangenen Zahlungsversprechen und ihrer Zahlungsfähigkeit aufrechterhalten, wollten sie sich nicht der Gefahr der Insolvenz aussetzen, und die – wie selbst Mill in seiner Erklärung der Liquiditätskrisen zugab – zumindest immer dann akut wurde, wenn ein plötzlicher Run der Kreditgeber auf die eigentlichen, letztgültigen Zahlungsmittel einsetzte.

b) Die Entschärfung der Kontroverse: 1850–1950

Im Jahre 1844 trugen die Currency-Theoretiker den politischen Sieg durch die Verabschiedung der Peelschen Bankakte im Unterhaus davon, welche die Grundlagen der englischen Geldverfassung für die nächsten siebzig Jahre legte. Die seit 1821 wieder eingeführte Goldwährung, wo-

[26] J. St. Mill [1871], Bd. II, Neudruck (London 1904), S. 327; deutsche Übersetzung, S. 83 – 84.

nach die Banknoten in Gold einlösbar waren, wurde jetzt noch stärker zementiert: Die Banknoten waren nicht nur einlösbar, sondern sie mußten auch zu 100 v. H. in Gold gedeckt sein – mit Ausnahme eines kleinen Teils von Noten, der durch Staatstitel gedeckt sein sollte und der das Minimum an Zahlungsmitteln ausmachen sollte, die der Zahlungsverkehr unbedingt brauchte und somit niemals in Gold umgetauscht werden konnte. Ferner wurde den Provinzbanken das Privileg der Notenausgabe nach einer bestimmten Übergangsperiode vollständig genommen, so daß eine einzige Institution, das Issue-Department der Bank von England – eine private Körperschaft, deren Satzungen aber vom Staate vorgeschrieben waren –, das Monopol der Schaffung gesetzlicher Zahlungsmittel (Goldmünzen, Banknoten) ausübte [27]. Das Gesetzgebungswerk von 1844 hatte also ganz eindeutig die Gedanken der Currency-Theorie zum Inhalt der neuen Geldverfassung gemacht: Geld sind primär Goldmünzen und Noten der Bank von England; die Regulierung der Geldmenge erfolgt automatisch auf der Basis der Golddeckung; andere Geldformen wie die Noten der Provinzbanken werden abgeschafft; die Menge an Kreditgeld (d. h. Buchgeld) der Depositenbanken und anderen „geldnahen" Kreditformen (Handelswechsel, Firmenkredit) braucht nicht direkt reglementiert zu werden, da diese in einem festen Verhältnis zu der Menge an gesetzlichen Zahlungsmitteln stehen.

Während der zweiten Hälfte des 19. Jahrhunderts und bis zur ersten Hälfte dieses Jahrhunderts sank in England der Meinungsstreit zwischen den Geldauffassungen der Currency- und Banking-Schule nahezu in Vergessenheit. Hierzu trugen verschiedene Gründe bei.

Der Londoner Geld- und Kapitalmarkt wurde zum führenden Finanzzentrum der Welt. Wenn die externe Stabilität der englischen Währung auch weiterhin die Prioritätsliste wirtschaftspolitischer Wunschvorstellungen anführte, so verschoben sich jetzt jedoch die geldpolitischen Mittel, diese zu gewährleisten. Früher war man darauf bedacht, im Falle eines „externen Ungleichgewichts" vornehmlich das inländische Preisniveau und die inländische Wirtschaftsaktivität mittels einer Geldmengenveränderung dergestalt zu steuern, daß der Außenwert des Pfund Sterling nicht in ernstliche Gefahr geriet; diese Steuerung sollte sogar automatisch auf der Basis des Goldmengen-Preis-Mechanismus erfolgen – dem die Bankakte von 1844 u. a. zum perfekten Funktionieren verhelfen sollte. Doch im Laufe der folgenden Jahrzehnte konnte man aufgrund der Tatsache, daß aus London ein dominierendes internationales Finanzzentrum geworden war, immer mehr mit dem Zinsmechanismus operieren, und zwar jetzt nicht mehr zu dem Zweck, die interne Wirtschaftslage der externen anzupassen, sondern vielmehr umgekehrt: Entwickelte sich die Handelsbilanz

---

[27] Siehe hierzu F. A. Lutz [1936], S. 40–41.

ungünstig, etwa weil die englischen Preise zu hoch lagen, dann konnte der Diskontsatz erhöht werden, was zu einem Kapitalimport führte und damit die Zahlungsbilanz verbesserte und womit gleichzeitig auch eine kontraktive Wirkung auf die inländische Wirtschaft – vor allem wegen der „Warnsignal"-Funktion des Diskontsatzes – ausgeübt werden konnte [28].

Die unmittelbare Regulierung der Geldmenge, ob im Sinne der Currency- oder Banking-Theoretiker, stand also nicht mehr im Mittelpunkt der Geldpolitik. An ihre Stelle trat die Diskontpolitik, die nicht auf der Basis strenger *automatischer* Regeln erfolgte (wie es die Peelsche Bankakte vorsah), sondern die eher *diskretionär,* je nach der effektiven und voraussichtlichen Situation der Zahlungsbilanz bzw. der Veränderung der Goldreserven eingesetzt wurde; damit näherte sich die Old Lady of Threadneedle Street (Bank von England) in der Praxis ihrer Geldpolitik den Vorstellungen der Banking-Theoretiker, die für eine aktive, diskretionäre Geldpolitik eintraten.

Aber auch noch andere Gründe ließen den alten Streit zwischen Currency- und Banking-Schule für jene Zeit mehr akademisch als praktisch erscheinen. Zunächst erlebte man ein relatives Zurückgehen des Volumens der ausstehenden Handelswechsel, deren Zirkulation ein bedeutendes Argument der Banking-Theoretiker bildete. Die großen Banken Englands eröffneten über das gesamte Gebiet Zweigniederlassungen, so daß sich jetzt die Kanalisierung von Kreditmitteln von den „Überschuß"-Gebieten zu den „Defizit"-Gebieten mehr über Bankanweisungen als über Wechsel vollzog. Zum anderen erfuhr die Verwendung des Depositengeldes eine immer stärkere Beliebtheit, so daß schließlich auch jene, die bisher der Auslegung des Currency-Prinzips nach dem Gesetzeswerk von 1844 zustimmten, den Vorstellungen der Banking-Schule insofern recht gaben, als sie das von den Geschäftsbanken ausgegebene Buchgeld zur Geldmenge rechneten. Ein weiteres Streitobjekt war damit aus der Welt geschaffen [29].

[28] Sayers nennt drei Gründe für die damalige Wirksamkeit der Diskontpolitik.

(1) Die internationalen Kapitalströme waren äußerst zinsempfindlich.

(2) Ein großer Teil der jährlichen Goldproduktion wurde auf dem Londoner Goldmarkt – dem größten der Welt – umgesetzt (das Gold nahm sogar physisch den Weg über London), und die Bank von England konnte mühelos durch ein Anheben der Bank Rate direkt am Platze ihre Goldreserven erhöhen.

(3) Die (aus Noten und Gold bestehenden) Kassenreserven der englischen Banken reagierten sehr stark auf eine Veränderung der Bank Rate; die Bankbilanzen wurden bis 1890 nicht veröffentlicht, so daß die Banken nicht auf einen stabilen Verhältnissatz zwischen Kassenreserven und Sichtverbindlichkeiten zu achten brauchten.

R. S. Sayers, The Development of Central Banking after Bagehot, in: Economic History Review, IV (1951); abgedruckt in: R. S. Sayers, Central Banking after Bagehot, Oxford 1957, S. 13–15.

[29] R. S. Sayers stellt in seinem Artikel Monetary Thought and Monetary Policy in England (in: Economic Journal, LXX, 1960, S. 717) die Vermutung an, daß die allmähliche Einbeziehung der Sichtguthaben in die Geldmenge z. T. auf einem hi-

Waren somit einige Hauptpunkte der Meinungsverschiedenheit aufgrund der soeben beschriebenen Veränderungen hinfällig geworden, entschärfte sich dementsprechend auch der Streit zwischen beiden Geldauffassungen. Zudem traten seit 1851 Probleme auf den Plan, die wohl kaum durch die eine oder andere Geldauffassung grundsätzlich zu erklären gewesen wären. Während vornehmlich für die erste Hälfte des 19. Jahrhunderts die sog. Liquiditätskrisen typisch waren, die mehr von kurzfristiger Dauer waren, zeichneten sich in der Folgezeit mehr langfristige Schwankungen (sowohl in England wie auf dem Kontinent) der Wirtschaftsaktivität ab: Von 1851 bis 1871 und von 1895 bis 1914 fanden ein Aufschwung der Wirtschaft und eine Hausse der Preise statt, die mit der Entdeckung der kalifornischen und australischen Goldlager bzw. mit der Ausbeute der Goldminen von Transvaal zusammenfielen; diese beiden Zeitabschnitte des wirtschaftlichen Aufschwungs wurden von 1873 bis 1895 durch eine lange Periode der Depression und der Baisse der Preise voneinander getrennt, die nur manchmal von kurzen Erholungspausen unterbrochen wurde und die gleichzeitig von einem relativen Rückgang der Goldproduktion charakterisiert war [30]. Die Ökonomen dieser Zeit stritten sich nun eher um die Frage, ob diese Erscheinungen durch monetäre oder reale Faktoren verursacht waren; die Frage, ob neben dem Geld das „Nahe-zu-Geld", die Geldsurrogate, für Geldtheorie und Geldpolitik wichtig sei, trat eher zugunsten einer Frage der praktischen Währungspolitik in den Hintergrund: Soll man den Bimetallismus (Gold- und Silberwährung) beibehalten, wo er noch existiert, oder soll man ihn abschaffen? [31]

storischen Zufall beruht. Zu jener Zeit hätte man eher an eine stärkere „Monetisierung" der Handelswechsel glauben können, denn diese wurden bei weitem viel öfters als „provisorische" Zahlungsmittel benutzt als etwa die Sichtguthaben der Banken. Daß dann trotzdem die letzteren den Sieg davontrugen, ist schließlich dem „spektakulären Wachstum des Bankwesens" zuzuschreiben.

[30] Vgl. hierzu u. a. C. Rist [1938], Kap. VI.

[31] Zu erwähnen bliebe jedoch noch der Versuch Irving Fishers, die Wirkung des Buchkredits (Firmenkredit) auf die Geldnachfrage und das Preisniveau zu analysieren. The Purchasing Power of Money, überarbeitete Aufl., New York 1913; deutsche Übersetzung: Die Kaufkraft des Geldes, Berlin 1916.

Einmal konstatiert er, daß das einzelne Wirtschaftssubjekt aufgrund der Verwendung von Buchkrediten eine in bezug auf seine Ausgaben geringere Kassenhaltung benötigt (S. 82):

„Durch den Buchkredit ... verringert sich der durchschnittliche Betrag an Geld oder Sichtdepositen, welchen jedes Wirtschaftssubjekt halten muß, um ein gegebenes Ausgabenvolumen tätigen zu können."

Ferner modifiziert Fisher seine Verkehrsgleichung, wenn er vom Einfluß des Buchkredits auf die Preise spricht, indem er seiner Gleichung das zusätzliche (!) Volumen an ausstehenden Firmenkrediten hinzufügt (S. 371):

$$M\,V + M'V' + E'' - E''' = p\,q$$

M und M' stehen für die Menge an Zeichengeld und Buchgeld, V und V' stellen ihre jeweilige Umlaufsgeschwindigkeit dar, E'' bezeichnet die neu gewährten Kredite, E''' die zurückgezahlten Kredite und pq den Wert des Umsatzvolumens. Mit dem Ausdruck $(E''-E''')$ werden somit nur die Veränderungen des Kreditvolumens berücksichtigt, nicht aber die gesamte Höhe des ausstehenden Buchkredits.

c) Eine Renaissance der Kontroverse und die Synthese

Es sei uns erlaubt, nun einen Sprung vom „Goldenen" 19. Jahrhundert in die sechziger und siebziger Jahre unseres Jahrhunderts zu machen. Schon die bisherigen dogmengeschichtlichen Anmerkungen zur Geldtheorie waren ziemlich kursorisch. Aber es soll nicht Aufgabe unserer geldtheoretischen Studie sein, zusätzlich auch noch eine eingehende Analyse der Geschichte der Lehrmeinungen zu liefern. Auch wollen wir mit unserem Exkurs in die Dogmengeschichte nur einige Grundprobleme der Geldtheorie näher verdeutlichen (mit dem Nebenprodukt, daß ihre „Aktualität" relativiert wird!). Hierfür bedienen wir uns lediglich der „großen geschichtlichen Linien", deren Wahl und Beschreibung – und das sei offen zugegeben – vielfach willkürlich erscheinen können, wenn ihnen nicht eine fundierte Analyse der Lehrmeinungen vorangegangen ist.

Das gegenwärtig zur Diskussion stehende Problem ist, ob für die Geldtheorie und die Geldpolitik die Geldmenge oder die Liquiditätsmenge von entscheidender Bedeutung ist. Braucht sich die Geldtheorie nur auf die Analyse des Einflusses der Geldmenge auf die Wirtschaft zu beschränken oder muß sie auch die Menge der geldnahen Aktiva – der anderen liquiden Aktiva – in ihrer Analyse berücksichtigen? Je nach dem Ausfall der Antwort muß dann auch die Geldpolitik, sofern sie die Wirtschaft beeinflussen will, die Geldmenge oder die „Liquiditätsverfassung der Wirtschaft" als Aktionsparameter benutzen. Wir sahen, daß dieses Problem schon einmal Gegenstand eines Meinungsstreites war, und zwar der Auseinandersetzung zwischen Currency- und Banking-Schule. In der Folgezeit geriet es bei vielen Ökonomen aufgrund bestimmter ökonomischer und institutioneller Veränderungen in Vergessenheit und erlebte erst mit der Debatte um den Radcliffe-Report aus dem Jahre 1959 eine neue Diskussion. Bevor wir die grundsätzlichen Charakteristika dieser erneuten Diskussion schildern, sei noch kurz auf die Zeit nach dem Ersten Weltkrieg hingewiesen, in der gewisse neue Fakten auftauchten und gewisse theoretische Erkenntnisse gewonnen wurden, die schließlich zu der Renaissance der Kontroverse zwischen Currency- und Banking-Schule mit beitrugen.

In der Debatte um die Geldauffassung zwischen den Anhängern der Currency- und Banking-Schule ging es in der ersten Hälfte des 19. Jahrhunderts hauptsächlich um die Frage, welche Aktiva die Zahlungsmittelfunktion ausüben können. Die Currency-Theoretiker betrachteten Münzen und Banknoten als endgültige allgemein anerkannte *Zahlungsmittel,* zu denen die Banking-Theoretiker etwa noch Sichtguthaben und Handelswechsel hinzurechneten; denn diese wurden – auch wenn sie nur Zahlungsversprechen darstellten und damit „Nahezu-Zahlungsmittel" waren – von der Wirtschaft zum Kaufe von Gütern effektiv als Zahlungsmittel verwandt. Beide Lager aber untersuchten das Geld und die Geldsurrogate mehr unter dem Aspekt ihrer Fähigkeit, als Zahlungsmittel zu dienen. Die andere Komponente der Geldfunktion, die der *Wertaufbewahrung,* fand bei den Diskussionen kaum eine Berücksichtigung, und sie tritt eigentlich erst seit Keynes' Allgemeiner Theorie in den Vordergrund eingehender geldtheoretischer Analyse: Die verschiedenen Aktiva und insbesondere Finanzaktiva besitzen die Fähigkeit, die auch dem Gelde eigen ist, nämlich die, ebenfalls Wertaufbewahrungsmittel zu sein. In dieser Eigenschaft stehen die unterschiedlichen Arten von Aktiva in einem bestimmten Substitutionsverhältnis zum Gelde, das u. a. durch den Zinssatz (oder besser: die Zinssätze) bestimmt wird.

Eine Folge dieser Betrachtungsweise ist denn auch, stärker das indirekte, aus dem Zinsmechanismus bestehende Verbindungsglied zwischen einer Geldmengenveränderung und der Beeinflussung von wirtschaftlichen Größen zu betonen. Die meisten Quantitätstheoretiker, die das Geld mehr unter dem Aspekt der Zahlungsmittelfunktion angesehen hatten, bauten eine unmittelbare Kausalkette zwischen Geldmengenveränderung und Preisveränderung auf: mehr Geld – mehr Tauschmittel – höhere Ausgaben – höhere Preise. Wird aber jetzt auch die Wertaufbewahrungsmittelfunktion des Geldes hervorgehoben, so impliziert mehr Geld auch mehr Wertaufbewahrungsmittel. Dieses Mehr an Wertaufbewahrungsmitteln braucht jedoch nicht direkt zu einem Mehr an Ausgaben zu führen. Ist die effektive Kassenhaltung größer als die gewünschte Kassenhaltung, so kann der Kassenüberschuß nicht nur für Käufe von Waren, sondern auch für die Anlage in anderen Wertaufbewahrungsmitteln, d. h. in anderen Aktiva, benutzt werden. Sind diese anderen Aktiva z. B. Finanzaktiva, so stellt sich eine größere Nachfrage nach Wertpapieren ein. Die Preise der Wertpapiere steigen, was nichts anderes heißt als daß die Zinssätze fallen. Diese Abnahme der Zinssätze induziert dann schließlich höhere Ausgaben für Konsum- und (oder) Investitionsgüter, sofern diese zinselastisch sind.

Der Ansatzpunkt der Geldwirkungslehre der Klassiker bestand aus der Sicht, daß ein enges Substitutionsverhältnis zwischen der Haltung von Geld und den Käufen von Waren vorliegt, und diese Konzeption liegt durchaus nahe, wenn das Geld vor allem in seiner Funktion als Tauschmittel betrachtet wird. Die Keynessche Geldlehre ging mehr vom Vermögenscharakter des Geldes aus: Die eigentlichen Substitutionsgüter des Wertaufbewahrungsmittels Geld sind die Aktiva. Hieran knüpft in den letzten zwanzig Jahren die moderne Geldtheorie an, indem sie die Vorteile des Aktivums Geld mit den Vorteilen aller anderen Aktiva vergleicht: Finanzaktiva, Realaktiva, „menschliche Aktiva" („human capital"). Die Geldanalyse mündet somit gegenwärtig in eine Analyse des alle Aktiva umfassenden „Portfolios" bzw. „Kapitals", so daß man heute vielfach von der Portfolioanalyse bzw. der Kapitaltheorie des Geldes spricht[32]. Die Wirkungsweise des Geldes wird dementsprechend indirekter, „komplizierter" gesehen, und der Anpassungsprozeß erfordert zudem viel mehr Zeit. Eine Variation der Geldmenge verändert die Vermögensseite der Bilanz der Wirtschaftssubjekte, die sich aus Geld, anderen Finanzaktiva und Sachaktiva zusammensetzt. Die Wirtschaftssubjekte bemühen sich, ihr (aus Finanz- und Sachaktiva bestehendes) Portfolio optimal zu gestalten. Verfügen sie über ein Zuviel an gewünschter Kassenhaltung, so werden sie z. B. mehr Finanzaktiva kaufen. Dadurch erhöhen sich die Preise der Finanzaktiva bzw. ihre Ertragssätze fallen. Da die Sachaktiva nun relativ billiger bzw. ertragsreicher geworden sind, setzt jetzt auch eine Nachfrage nach diesen Aktiva ein, welche die Preise der Sachaktiva ebenfalls in die Höhe treibt, d. h. ihre Ertragssätze zum Sinken bringt. Sind schließlich die Ertragssätze der verschiedenartigsten Finanz- und Sachaktiva gefallen, werden die Wirtschaftssubjekte nicht bei dieser Umstrukturierung ihres Portfolios haltmachen; sie werden auch ihre Ausgabenpläne für Konsum und Investitionen und damit das Volumen ihrer Aktiva ändern. Die Wirkung einer Geldmengenveränderung auf die effektive Nachfrage erfolgt also erst nach einer Reihe von Anpassungsprozessen (die zudem zeitlich in einer „langen" Periode erfolgen).

Wenn in der letzten Zeit ein erneuter, wenn auch nicht offen zutage tretender Meinungsstreit zwischen zwei verschiedenen Geldauffassungen stattfindet, der an die Kontroverse in der ersten Hälfte des 19. Jahrhunderts erinnert, so soll damit nicht gesagt werden, daß die damaligen geldtheoretischen Positionen unverändert übernommen worden sind oder daß die Portfolioanalyse des Geldes von einer der Parteien bestritten wird. So ist man sich heute einig, daß das Geld in seinen Funktionen als Zahlungsmittel *und* Wertaufbewahrungsmittel die Wirtschaft beeinflussen kann, daß es sowohl direkt – etwa über den Realkasseneffekt – als auch indirekt, und zwar über die Preise der Aktiva und damit den Zins, auf die effektive Nachfrage wirkt und daß es zur Realisierung nicht nur externer, sondern vor allem interner Stabilitätsziele eingesetzt werden soll. Wo sich jedoch die Geister scheiden, ist in der Akzentuierung, welche von beiden Geldfunktionen die wichtigere ist – woraus sich unterschiedliche geldtheoretische und geldpolitische Konsequenzen ergeben.

---

[32] Vgl. u. a. H. G. Johnson, Monetary Theory and Policy, in: American Economic Review, LII (1962); abgedruckt in: H. G. Johnson, Essays in Monetary Economics, London 1967, S. 32–34, 49–51, 66. M. Friedman, Postwar Trends in Monetary Theory and Policy, in: The National Banking Review, September 1964; abgedruckt in: Money and Finance. Readings in Theory, Policy and Institutions, hrsg. v. D. Carson, New York, London und Sydney 1966, S. 190–191. J. Tobin, A General Equilibrium Approach to Monetary Theory, in: Journal of Money, Credit, and Banking, I (1969); deutsche Übersetzung: Ein allgemeiner Gleichgewichtsansatz zur Geldtheorie, in: K. Brunner, H. G. Monissen und M. J. M. Neumann (Hrsg.), Geldtheorie, Köln 1974.

Die einen (die „Neo"-Currency-Theoretiker – wenn uns diese griechisch-englisch-deutsche Wortverbindung erlaubt sei) betonen die Zahlungsmittelfunktion des Geldes. Sie wissen zwar, daß Geld auch ein Wertaufbewahrungsmittel ist; denn wäre es kein Wertaufbewahrungsmittel, dann würde es auch nicht als Zahlungsmittel anerkannt werden. Doch unter den vielen verschiedenartigen Aktiva, die Wertaufbewahrungsmittel sind, gibt es nur eine begrenzte Kategorie von Aktiva – die „monetären Aktiva" –, die auch allgemein verbindliche Zahlungsmittel darstellen. Die Güterkäufe können zwar mit Zahlungsversprechen – „Krediten" – finanziert werden; aber diese „finanziellen Aktiva" werden nur deshalb akzeptiert, weil sie in Zahlungsmittel umgetauscht werden können und vielfach auch tatsächlich umgetauscht werden. Schließlich ist also immer die Zahlungsfähigkeit ausschlaggebend, die sich nur durch Geldbesitz beweisen läßt. Für die Geldpolitik ergibt sich dann folgendes, „vereinfachtes" Bild:

„Die orthodoxe Vorstellung vom Finanzsystem ähnelt ziemlich einer Ziehharmonika: Wenn ich an der monetären Seite drücke, so schiebt sich das ganze Ding früher oder später zusammen (und umgekehrt)." [33]

Wie sehen nun die Opponenten dieser „orthodoxen" Geldauffassung, die sog. „Neo"-Banking-Theoretiker, die Geldfunktionen und die geldpolitischen Konsequenzen? Sie folgen sowohl der „klassischen" Tradition, welche das Geld mehr als Tauschmittel ansieht, als auch – und hier mit besonderem Akzent – der „keynesianischen" Lehre, welche die Eigenschaft des Geldes als Wertaufbewahrungsmittel hervorhebt. In dieser letzten Eigenschaft ähnelt das Geld allen anderen Vermögensobjekten. Aber auch in seiner Eigenschaft als Zahlungsmittel steht das Geld den Aktiva nahe, wenn auch nur einer begrenzten Zahl von Aktiva, insbesondere von Finanzaktiva, und zwar jenen Finanzaktiva, die geldnahe, „liquide" sind. Das moderne Finanzsystem ist durch eine ganze Reihe von liquiden Aktiva gekennzeichnet, die zwar nicht unmittelbar Geld darstellen, die aber ohne großen Preisverlust und aufgrund eines hohen Vollkommenheitsgrades der Finanzmärkte schnell „mobilisierbar" sind. Dazu trägt in verstärktem Maße die wachsende Zahl der „Finanzintermediäre" bei, die vielfach kurzfristige Wertpapiere anbieten. Für die Kaufentscheidungen ist nicht so sehr das „Geldvermögen" des einzelnen, sondern sein „Liquiditätsvermögen" entscheidend. Dementsprechend verhält sich auch die Geldnachfrage, die sich im Falle der Existenz von geldnahen und gleichzeitig zinstragenden Aktiva zugunsten dieser liquiden Aktiva verringert. Es ist nicht so sehr die Geldmenge, sondern mehr das „gesamte Spektrum der Liqui-

---

[33] ["The orthodox picture of the financial system rather resembles a concertina: if you squeeze the monetary end the whole thing sooner or later contracts, and *vice versa.*"] A. B. Cramp [1962], S. 5.

dität", wie sich vielfach die Autoren des Radcliffe-Report ausdrücken [34], welches die Kaufentscheidungen beeinflußt.

„Auch wenn wir die Geldmenge nicht als eine unwichtige Größe ansehen, so sind wir doch der Ansicht, diese nur als einen Teil in dem weiter gefaßten Begriff des Liquiditätsgefüges der Wirtschaft zu betrachten. Es ist die gesamte Liquiditätsverfassung, die für die Ausgabenentscheidungen von Relevanz ist. Die Geldmenge interessiert uns nur insofern, als sie eine Rolle in dem gesamten Liquiditätsbild spielt. Eine Kaufentscheidung hängt nicht alleine davon ab, ob der potentielle Käufer über Bargeld oder ‚Geld auf dem Konto' verfügt, obwohl dieses Höchstmaß an Liquidität zweifellos das beste Sprungbrett darstellt. Es gibt noch andere Wege, sich Mittel zu beschaffen, und zwar können Aktiva verkauft werden oder Kredite aufgenommen werden . . ." [35]

Somit steht die Geldpolitik, um Einfluß auf die effektive Nachfrage zu nehmen, nicht nur vor dem Problem, die Geldmenge zu kontrollieren, sondern vielmehr die gesamte Liquiditätsmenge. Die Wirtschaftssubjekte können z. B. bei einer Kontraktion der Geldmenge auf andere liquide Aktiva ausweichen, indem sie diese verkaufen oder eine Aufnahme von Krediten beantragen, so daß der Effekt einer solchen Geldpolitik gleich Null ist:

„Die Radcliffe-Analogie ist nicht die Ziehharmonika, sondern der Luftballon: Wenn ich an einem Ende [dem monetären Ende] drücke . . ., bläht sich zum Ausgleich das andere Ende nur auf." [36].

Wie weit sind wir heute im Vergleich zu 1844 fortgeschritten? Skeptiker könnten meinen, daß das Wiederauftauchen von zwei verschiedenen Geldauffassungen in der Mitte dieses Jahrhunderts wohl kaum zur Diskussion stünde, hätten die Geldtheoretiker aufmerksam die Dogmengeschichte gelesen; denn der Radcliffebericht und andere „Liquiditätstheoretiker" erinnern uns an die für die Ausgabenentscheidungen wichtige Bedeutung anderer Kreditformen als die des Geldes, und ihre Kritiker weisen auf den Tatbestand hin, daß effektive Ausgaben letzten Endes die Verfügung über effektive Zahlungsmittel erforderlich machen. Die Argumente, die damals und heute angebracht wurden, wären somit in der Substanz ziemlich dieselben, auch wenn heute ein Geld- und Finanzsystem

[34] An der Ausarbeitung des Radcliffe-Report waren vor allem die beiden Ökonomen R. S. Sayers und A. K. Cairncross maßgeblich beteiligt.

[35] ["Though we do not regard the supply of money as an unimportant quantity, we view it as an only part of the wider structure of liquidity in the economy. It is the whole liquidity position that is relevant to spending decisions, and our interest in the supply of money is due to its significance in the whole liquidity picture. A decision to spend depends not simply on whether the would-be spender has cash or 'money in the bank', although that maximum liquidity is obviously the most favourable springboard. There is the alternative of raising funds either by selling an asset or by borrowing . . ."] Committee on the Working of the Monetary System. Report ("Radcliffe-Report"), London 1959, Paragraph 389.

[36] ["The Radcliffe analogy is not the concertina but the balloon; squeeze one end . . . and the other end merely bulges to compensate."] A. B. Cramp [1962], S. 5.

zugrunde gelegt wird, das zwangsläufig von dem der ersten Hälfte des 19. Jahrhunderts unterschiedlich ist. Die Lösung des Problems, welche von beiden Geldauffassungen die richtigere ist bzw. inwieweit beide Doktrinen miteinander zu vereinbaren sind, stünde demnach noch immer an, genauso wie zu Zeiten von Robert Peel.

Wenn auch diese Argumentation grundsätzlich nicht in Frage gestellt wird, so liefert sie trotzdem ein zu vereinfachtes Bild der gegenwärtigen geldtheoretischen Auseinandersetzungen. Wie wir schon an mehreren Stellen betont haben, zog die Geldtheorie – vor allem seit der „Keynesschen Revolution“ – die Konsequenz, die Eigenschaft des Geldes als Wertaufbewahrungsmittel in einer alle Aktiva umfassenden Portfolioanalyse zu untersuchen. In einer solchen Analyse spielen die Liquiditätsunterschiede zwischen den einzelnen Typen von Aktiva für die Preisbildung (bzw. Zinsbildung) dieser Aktiva, die schließlich die Höhe der effektiven Nachfrage mitbestimmt, eine erhebliche Rolle (die verschiedenen Liquiditätsgrade sind aber immer geldbezogen, da sich das Maß der Liquidität an dem – in normalen Zeiten – perfektesten Liquiditätsträger, dem Gelde, ausrichtet, das sowohl perfektes Zahlungsmittel als auch perfektes Wertaufbewahrungsmittel ist). In der Epoche von Peel und Mill wurden dagegen das Geld und andere „near monies“ eigentlich nur unter dem Aspekt des Tauschmittels gesehen.

Wenn seit einigen Jahrzehnten der Begriff der Liquidität den des Geldes zu verdrängen scheint [37] – was einem Triumph der Banking-Schule gleichkäme –, so beinhaltet diese Entwicklung nur die eine Seite der Medaille gegenwärtiger Forschung auf dem Gebiete der Geldtheorie. Dabei ist vonnöten, nicht nur die Portfolioanalyse theoretisch und empirisch voranzutreiben, sondern dem vielfach sehr vagen Konzept der Liquidität – für manchen „orthodoxen“ Geldtheoretiker und Geldpolitiker eine Büchse der Pandora – einen konkreteren Inhalt zu geben. Dieser Versuch, der als eine Synthese zwischen Currency-Schule und Banking-Schule betrachtet werden kann, ist u. a. von Friedman und Meiselman unternommen worden. Beide Autoren schlagen eine „Idealdefinition“ der Geldmenge (bzw. Liquiditätsmenge) vor. Nach dieser Definition sind Finanzaktiva

> „zusammengesetzte Güter, teils Geld und teils Nicht-Geld, und nur ihre Geldkomponente ist in dem, was Geld [bzw. Geldmenge oder Liquiditätsmenge] genannt wird, zu berücksichtigen“ [38].

---

[37] Im internationalen Bereich können wir übrigens den gleichen Tatbestand feststellen. Wenn von internationaler Liquidität gesprochen wird, so treten schon seit langem neben die „offiziellen“ internationalen Zahlungsmittel andere Finanzaktiva wie kurzfristige Wertpapiere der Leitwährungsländer bzw. Kredite seitens der Zentralbanken der Überschußländer, Kredite beim Internationalen Währungsfonds etc.

[38] [“... composite commodities, part money and part non-money, and to seek to include only the money component of each of the claims in what is termed ‘mon-

Demzufolge wäre die Geldmenge gleich der gewogenen Summe aller Finanzaktiva, wobei der Gewichtungskoeffizient gleich der Geldkomponente jedes einzelnen Finanzaktivums ist, die zwischen 1 und 0 liegen kann. Dieser (theoretischen) Idealdefinition stellt Friedman eine empirisch-operationale Geldmengendefinition gegenüber – die sog. Geldmenge M_2 oder M_3 (vgl. nächstes Kapitel) –, die die Funktionen des Geldes als perfektes Zahlungsmittel *und* als perfektes Wertaufbewahrungsmittel hinreichend berücksichtigt.

Die andere Seite der Medaille der gegenwärtigen Geldtheorie kommt den metallistischen Anhängern der Currency-Schule entgegen. Wenn auch die Liquiditätsunterschiede innerhalb der einzelnen Bestandteile des Portfolios nicht bestritten werden, so weisen doch verschiedene Theoretiker auf den Kreditcharakter des Geldes und anderer Wertpapiere hin. Da einer Forderung stets eine Schuld entspricht, ergibt sich für die gesamte Volkswirtschaft (wenn von den Außenbeziehungen dieser Wirtschaft zu anderen Wirtschaften einmal abgesehen wird) ein Netto-Finanzvermögen von Null. Davon können zwar gewisse Forderungs-Schuldverhältnisse ausgeschlossen werden, wie z. B. die vom Staate geschaffenen Titel (z. B. das Zentralbankgeld und die vom Staate ausgegebenen Wertpapiere). Hatte nicht die Peelsche Bankakte als Geld nur das Gold – ein reales Vermögensobjekt – gelten lassen? Die Geldtheorie müßte dann, wenn dieser Nicht-Vermögenscharakter des Geldes und anderer Finanzaktiva anerkannt wird, in Richtung einer „Verteilungslehre" entwickelt werden: Vermögenseffekte wie etwa den Realkasseneffekt gibt es nur in Ausnahmefällen; ansonsten existieren neben Preis- bzw. Zinseffekten nur Distributionseffekte, d. h. der aus einer erhöhten Menge an bestimmten Forderungen resultierende expansive Effekt auf die Nachfrage nach Gütern braucht nicht unbedingt von dem kontraktiven Effekt kompensiert zu werden, der von den Schuldnern aufgrund entsprechender höherer Verbindlichkeiten ausgeht.

Diese soeben erwähnten Probleme der gegenwärtigen Geldtheorie, deren eingehende Untersuchungen in den folgenden Kapiteln in Angriff genommen werden, existierten schon mit weniger oder größerer Dringlichkeit, in dieser oder jener Form, bei den „älteren" Geldtheorien. Unsere dogmengeschichtlichen Anmerkungen zur Geldtheorie setzten sich diese „historische Ortsbestimmung" (einiger Probleme) der gegenwärtigen Geldlehre zur Aufgabe [39]. Nicht nur die Sachprobleme der Geldtheorie

ey' ".] M. Friedman und D. Meiselman, The Relative Stability of Monetary Velocity and the Investment Multiplier in the United States, 1897–1958, in: Stabilization Policies, Commission on Money and Credit, Englewood Cliffs (N. J.) 1963, S. 185 n.

[39] Diesen Terminus haben wir Alexander Rüstows „Ortsbestimmung der Gegenwart" entlehnt. Eine sonstige Analogie zwischen seinem dreibändigen Werk der Universalgeschichte und unserem kursorischen dogmenhistorischen Repetitorium existiert natürlich nicht!

und ihr „aktueller" Bereich (die Wirkungsmöglichkeiten des Geldes auf Preisniveau, Beschäftigung, Wachstum und Zahlungsbilanz) sollten aus der historischen Perspektive erklärt werden. Auch die zur Zeit herrschenden unterschiedlichen Geldauffassungen wurden schon vor mehr als einem Jahrhundert vertreten, wenn auch mit anderen Akzenten und auf einer anderen Entwicklungsstufe des Geld- und Finanzsystems. Wie schon gesagt, werden wir im folgenden auf die weiter oben genannten Fragen wie die der Liquidität, des Guts- und Vermögenscharakters des Geldes und anderer Finanzaktiva und auf Fragen der Modalitäten der Schaffung des Geldes und anderer Finanzaktiva näher eingehen. Am Schluß werden dann die eigentlichen Sachprobleme der Geldtheorie behandelt, und zwar die Wirkungsmöglichkeiten des Geldes auf einige reale und monetäre Größen der Wirtschaft.

Erster Teil: Rolle des Geldes

Kapitel II

Geld und Liquidität

1. Geldmenge gegen Geldeinheit (das Geld als Rechenmittel). – 2. Das Geld als Zahlungs- und Wertaufbewahrungsmittel: a. Die Geldmenge definiert als der Bestand an Zahlungsmitteln (M_1); b. Die Geldmenge definiert als der Bestand an temporären Kaufkraftaufbewahrungsmitteln (M_2); c. Die Geldmenge definiert als der Bestand an perfekten Wertaufbewahrungsmitteln (M_3); d. Die Geldmenge definiert als der Bestand an Zentralbankgeld (M_0). – 3. Liquidität als „Geldnähe" von Vermögensobjekten: a. Die „Zahlungsmittelnähe" der Aktiva; b. Die „Wertaufbewahrungsmittelnähe" der Aktiva.

Die „traditionelle" Definition des Begriffs „Geld" geht dahin, Geld als *das* allgemein anerkannte Zahlungsmittel und als *ein* Wertaufbewahrungsmittel anzusehen.

Wie wir aber im vorhergehenden Kapitel schon angedeutet haben – und wie wir im folgenden noch ausführlich zeigen werden –, ist, zumindest hinsichtlich der Eigenschaft des Zahlungs- und Wertaufbewahrungsmittels, eine eindeutige Abgrenzung zwischen Geld und Nicht-Geld nicht möglich: Verschiedene andere Vermögensobjekte stehen dem Geld als Zahlungs- und Wertaufbewahrungsmittel „nahe" (daher die Bezeichnung „geldnahe" Aktiva) und können einen dem Geld ähnlichen Einfluß auf die Wirtschaft ausüben.

Diesem Phänomen der geldnahen Aktiva (und ihrer geldähnlichen Wirkungsmöglichkeiten) wird nun in der modernen Geldtheorie durch Verwendung eines entsprechend weit gefaßten Begriffs der Geldmenge (vom Typ M_2, M_3 oder M_x; Abschnitt 2) bzw. durch Verwendung des Begriffs der Liquidität (Abschnitt 3) Rechnung getragen. Daß dabei die Konzepte einer weit gefaßten Geldmenge (vom Typ M_2 oder M_3) bzw. der Liquidität bis heute die verschiedensten Interpretationen erfahren haben, braucht deshalb nicht zu verwundern, da sie erst in jüngster Zeit in die ökonomische Terminologie aufgenommen wurden – und die wissenschaftliche „Freiheit der Begriffsbestimmung" wird ja bekanntlich nur durch die Bedingung eingeschränkt, daß die Definition der Begriffe für die Aufstellung informativer Theorien geeignet sein muß.

Ein häufig in Definitionen vorfindbares weiteres Merkmal des Geldes, nämlich seine Rechenmittel-Eigenschaft (Abschnitt 1), ist für unsere geldtheoretischen Überlegungen irrelevant, da sich diese Eigenschaft des Geldes nur auf die abstrakte Geldmengeneinheit, nicht aber auf die konkrete Geldmenge bezieht.

1. Geldmenge gegen Geldeinheit (das Geld als Rechenmittel)

In volkswirtschaftlichen Lehrbüchern werden im allgemeinen drei verschiedene Geldfunktionen herausgestellt: Geld dient nicht nur als Zahlungs- und Wertaufbewahrungsmittel, sondern auch als Rechenmittel. Als Recheneinheit braucht unterdessen nicht unbedingt die Geldeinheit zu fungieren. In einer Tauschwirtschaft (d. h. einer geldlosen Wirtschaft) wie in einer Geldwirtschaft kann irgendeine Ware oder irgendein abstraktes Maß (wie die englische Guinee) die Funktion der Recheneinheit übernehmen. Die Preise der Güter werden dann mit Hilfe einer Weizeneinheit, einer Arbeitsmengeneinheit oder irgendeiner anderen, konkreten oder abstrakten Verrechnungseinheit ausgedrückt; im Falle einer abstrakten Recheneinheit muß lediglich noch – im Gegensatz zum konkreten „numéraire“ [1] – das Verhältnis dieser Einheit (z. B. eine Guinee oder ein „Bancor“ [2]) zu einer Ware oder zur Geldeinheit festgelegt sein. In der modernen Wirtschaft fallen jedoch in aller Regel Recheneinheit und Geldeinheit zusammen.

In diesem Regelfalle verkörpert „das“ Geld grundsätzlich zwei völlig verschiedene Dinge: einmal Geld im Sinne einer konkreten Geld*menge*, das als Zahlungs- und Wertaufbewahrungsmittel benutzt wird; und andererseits Geld im Sinne einer abstrakten Geld*einheit*, das als Rechenmittel dient [3]. Zahlungsmittel, Wertaufbewahrungsmittel und Rechenmittel sind

[1] Nur am Rande sei erwähnt, daß Walras' „numéraire“ eine konkrete Ware und nicht – wie oft in der Literatur zu lesen ist – eine abstrakte Recheneinheit darstellt. Siehe hierzu A. W. Marget, Monetary Aspects of the Walrasian System, in: Journal of Political Economy, XLIII (1935), S. 172–179 und D. Patinkin, Money, Interest, and Prices, 2. Aufl., New York 1965, S. 547.

[2] Der „Bancor“ ist die von J. M. Keynes vorgeschlagene internationale Geldeinheit. Siehe hierzu die ihm zugeschriebene Studie Proposals for an International Clearing Union, London 1943; abgedruckt in: World Monetary Reform, hrsg. v. H. G. Grubel, Stanford (Calif.) 1963, S. 58 ff.

[3] Diese grundsätzliche Trennung findet sich z. B. bei J. G. Koopmans, der für das Geld als Zahlungs- und Wertaufbewahrungsmittel den Ausdruck des „konkreten Geldes“ und für das Geld als Rechenmittel den Begriff des „abstrakten Geldes“ geprägt hat. Zum Problem des „neutralen“ Geldes, in: Beiträge zur Geldtheorie, hrsg. v. F. A. von Hayek, Wien 1933, S. 249.

nicht verschiedene Funktionen des einheitlichen Phänomens Geld, sondern Zahlungsmittel und Wertaufbewahrungsmittel sind die Funktionen des Objektes Geldmenge, und Rechenmittel ist die Funktion des Objektes Geldeinheit[4].

Entsprechend diesen zwei grundverschiedenen Erkenntnisgegenständen, die „das" Geld besitzt, könnte die Geldtheorie eingeteilt werden in die Theorie, welche den Einfluß der Geldmenge auf die Wirtschaft untersucht, und in jene Theorie, die sich mit dem Einfluß der Geldeinheit auf die Wirtschaft befaßt[5]. In unseren geldtheoretischen Untersuchungen werden wir uns lediglich mit der Problemstellung des ersten Theorientyps beschäftigen, d. h. mit der Frage, welchen Einfluß die Geldmenge, die sowohl Zahlungsmittel als auch Wertaufbewahrungsmittel darstellt, auf die monetären und realen Größen der Wirtschaft ausüben kann. Daß mit dieser Fragestellung auch der Einfluß der „geldnahen" Aktiva, der Geldsurrogate, angesprochen wird, die „mehr oder weniger" Zahlungs- und Wertaufbewahrungsmittel darstellen bzw. „mehr oder weniger liquide" sind, wird in den folgenden Abschnitten noch genauer umrissen werden.

2. Das Geld als Zahlungs- und Wertaufbewahrungsmittel

In diesem Abschnitt wollen wir die verschiedenen Geldmengenkonzepte untersuchen. Diese unterscheiden sich u. a. danach, ob die Geldeigenschaften unter dem Aspekt der Nachfrage nach Geld oder des Angebots an Geld betrachtet werden.

Nachgefragt wird die Geldmenge zu Zahlungs- und Wertaufbewahrungszwecken; sie kann dann, im engeren Sinn, als (a) Menge an Zahlungs-

---

[4] „‚Tauschmittel' bzw. ‚Zahlmittel' einerseits und ‚Wertmesser' bzw. ‚Rechnungseinheit' andererseits sind nicht etwa verschiedene Funktionen eines einheitlichen Objektes ‚Geld', sondern vielmehr zwei grundverschiedene Erkenntnisobjekte."

J. G. Koopmans [1933], S. 247. Siehe hierzu auch R. Schilcher, Geldfunktionen und Buchgeldschöpfung, Berlin 1958, S. 89, und G. Schmölders, Geldpolitik, 2. Aufl., Tübingen und Zürich 1968, S. 27–28.

[5] Die Analyse des Einflusses der Geldeinheit auf die Wirtschaft müßte z. B. solche Fragen untersuchen, die die Bildung von Verrechnungspreisen der Güter – im Gegensatz zur Bildung ihrer relativen und absoluten Preise – zum Gegenstand haben; oder die den Zusammenhang zwischen Recheneinheit und (inflationärer bzw. deflationärer) Entwicklung des allgemeinen Preisniveaus aufdecken; oder die die Beziehung zwischen Rechenmittel und wirtschaftlicher Entwicklungsstufe vom historisch-soziologischen Standpunkt erklären; oder die die Wirkung der Einführung einer neuen Geldeinheit (z. B. für den Fall der französischen Wirtschaft, in der seit 1959 der „alte" französische Franken durch den Nouveau Franc ersetzt wurde) analysieren etc.

mitteln oder, im weiteren Sinn, als Menge an perfekten Wertaufbewahrungsmitteln definiert werden. Letztere wiederum können zum Zwecke (b) einer „temporären" Kaufkraftaufbewahrung nachgefragt oder (c) als Bestandteil des Vermögens gehalten werden, das der „permanenten" Kaufkraftaufbewahrung dient. Je nach Akzentuierung der Motive der Geldhaltung ergeben sich dann unterschiedliche Einflußmöglichkeiten der Geldmenge auf die Wirtschaft.

(d) Der Aspekt des Geldangebots stellt auf jene Geldmenge in der Gesamtwirtschaft ab, deren ausstehender Betrag „exogen", d.h. unveränderlich und unabhängig von den Aktionen der einzelnen Wirtschaftssubjekte ist; wie wir noch sehen werden, handelt es sich hier um eine Geldmengendefinition im engsten Sinne.

Welches Geldmengenaggregat die für Geldtheorie und Geldpolitik „richtige" (sprich: „beste", „brauchbarste") Geldmengendefinition darstellt, kann a priori nicht beantwortet werden. Aggregate wie „Geldmenge", „Einkommen", „Konsum", „Preisniveau" usw. sind in den Wirtschaftswissenschaften Größen, die realiter nicht existieren, sondern die „theoretische Hilfsgrößen" darstellen, mit deren Hilfe versucht wird, die komplexe ökonomische Wirklichkeit analytisch zu erklären [6].

a) Die Geldmenge definiert als der Bestand an Zahlungsmitteln (M_1)

Die wohl gebräuchlichste (d. h. älteste) und oft als „evident" hingestellte Definition der Geldmenge ist die aller Aktiva, die in der jeweiligen Wirtschaft als allgemein anerkannte Zahlungsmittel zirkulieren. In unseren gegenwärtigen Wirtschaften besitzen diesen „Geld"-Charakter – im Sinne perfekter Zahlungsmittel – sowohl die Banknoten und Münzen, das sog. Bargeld, als auch die Sichteinlagen bei Banken (das sog. Buchgeld), über die jederzeit („auf Sicht") durch Scheck oder Überweisung für Zahlungszwecke verfügt werden kann. Die Geldmenge wäre demnach als die Menge der existierenden Zahlungsmittel definiert – in der angelsächsischen Literatur allgemein mit dem Symbol M_1 etikettiert.

Die Definition eines Begriffs wie dem der Geldmenge richtet sich nach dem Zweck, für den der Begriff in einer Analyse verwendet wird; je nach

[6] „‚Geld' ist das, was wir mittels bestimmter Operationen durch eine Zahl kennzeichnen. Es ist nicht etwas Vorgegebenes, zu Entdeckendes, wie etwa der Amerikanische Kontinent. Es ist eine jeweils vorläufige, erdachte wissenschaftliche Konstruktion wie ‚Länge', ‚Temperatur' oder ‚Kraft' in der Physik." [" 'Money' is that to which we choose to assign a number by specified operations; it is not something in existence to be discovered, like the American continent; it is a tentative scientific construct to be invented, like 'length' or 'temperature' or 'force' in physics."] M. Friedman und A. J. Schwartz, Monetary Statistics of the United States, National Bureau of Economic Research, New York 1970, S. 137.

der Perspektive des gestellten (theoretischen und/oder empirischen) Problems kann derselbe Begriff also verschiedentlich definiert werden. Besteht das Ziel der Geldmengenanalyse in der Untersuchung des Einflusses der Geldmenge auf bestimmte strategische (monetäre und reale) Größen der Wirtschaft, so ist das Geldmengenkonzept M_1 auf den ersten Blick durchaus zu rechtfertigen. Das Geld – definiert durch seine Eigenschaft als allgemein anerkanntes Zahlungsmittel – bietet eine perfekte Wahlmöglichkeit zwischen allen möglichen Gütern, eben weil es Zahlungsmittel ist – eine Qualität, welche die anderen Güter grundsätzlich nicht besitzen. Mit Geld können die Wirtschaftssubjekte *unmittelbar* beliebige Güter kaufen bzw. Zahlungsverpflichtungen erfüllen, was sie mit anderen Gütern – dem „Nicht-Geld" – in der Regel nicht können. Die Geldmenge, im Sinne der Menge an Zahlungsmitteln, übt a priori (!) eine gravierendere Wirkung auf die Nachfrage nach Gütern – und damit auf gewisse Variablen der Wirtschaft (wie Beschäftigung, Volkseinkommen und Preisniveau) – aus als die Menge an „Nahezu-Geld" oder „Nicht-Geld", da letztere eben keine *unmittelbare* Verfügungsgewalt über andere Güter besitzen.

Dieses auf dem Kriterium der direkten Verwendbarkeit der Zahlungsmittel für den Kauf von Gütern aufbauende Konzept der Geldmenge erfährt in den offiziellen Statistiken eine konsequente Anwendung, indem unter den in einer Wirtschaft existierenden Zahlungsmitteln nur jener Bestand an Zahlungsmitteln zu M_1 gerechnet wird, der von den sog. *inländischen Nichtbanken* gehalten wird. Das bedeutet, daß die Zahlungsmittelbestände aller jener Wirtschaftssubjekte, bei denen eine solche direkte Eintauschbarkeit von Zahlungsmitteln für den Kauf von Gütern in Frage gestellt ist, von der Summe an Bargeld und Sichteinlagen abgezogen werden. In der Geldmengenstatistik der meisten Zentralbanken werden Ausländer, Banken und öffentliche Haushalte zu diesen Wirtschaftssubjekten gezählt.

Aus der Geldmengenberechnung werden nur die Auslandseinlagen bei inländischen Banken ausgeklammert, da einerseits die von den Ausländern gehaltenen Bestände an Banknoten und Münzen nur geschätzt werden können und da andererseits diese wahrscheinlich äußerst gering sind (für den Ausländer stellen sie – im Gegensatz zu transferierbaren Sichteinlagen – keine perfekten Zahlungsmittel dar, da über sie zahlungstechnisch nur im Inland verfügt werden kann). Die Geldbestände der Banken, der ausländischen wie auch der inländischen Banken, werden deswegen nicht zur Geldmenge gerechnet, weil deren Hauptaktivität die eines Finanzintermediärs (Kauf von Finanzaktiva gegen Verkauf anderer Finanzaktiva) und nicht die eines Produzenten oder Konsumenten ist. Daß schließlich auch die Geldbestände der öffentlichen Haushalte – und zwar nur ihre Einlagen bei der Zentralbank – bei der Geldmengenberechnung unberücksichtigt bleiben, wird mit der Tatsache erklärt, daß der Staat als Verantwortlicher für den Wirtschaftsablauf in der Volkswirtschaft die Kaufentscheidungen von Gütern und Dienstleistung nicht von seinem jeweiligen Geldbestand abhängig macht.

Mit der Bestimmung der Geldmenge als das Volumen an Zahlungsmitteln (M_1) und der Betonung der vielfältigen Wirkungsmöglichkeiten des Geldes auf die Wirtschaft könnte die Diskussion um eine adäquate Geldmengendefinition bereits als abgeschlossen angesehen werden. Eine mögliche Weiterführung der Debatte könnte sich dann nur noch mit „Detailfragen" beschäftigen, z. B. inwieweit die Komponenten von M_1 von allen Wirtschaftssubjekten als allgemein anerkannte Zahlungsmittel angesehen werden. Neben dem (rein formaljuristischen) Tatbestand, daß nur Bargeld gesetzliches Zahlungsmittel ist, müßte noch die Tatsache erwähnt werden, daß Bargeld und Buchgeld nicht unbedingt vollständige Substitutionsgüter sind, da gewisse Zahlungen nur mit einer ganz bestimmten Geldart durchgeführt werden können. Schecks werden nicht unbedingt von allen Wirtschaftssubjekten als Zahlungsmittel akzeptiert. Je nach der Höhe des zu zahlenden Betrags (10 Pf versus 100 000 DM) kann öfters nur eine bestimmte Geldart benutzt werden. Man kann sogar soweit gehen zu sagen, daß die Komponenten des Bargelds – seine sog. Stückelung – keineswegs vollständige Substitute zu sein brauchen: Zweitausend Ein-Pfennig Münzen sind unter dem Aspekt der Transaktionskosten nicht gleich einer Banknote von zwanzig DM (vielleicht ist dem Leser aus seiner Jugendzeit auch Mark Twains Geschichte der 1-Million-Pfund-Note bekannt, in welcher der Held der Geschichte permanent „auf Kredit lebt", da niemand ihm die Note wechseln kann). Diesen zahlungstechnischen Aspekten, den „Zahlungssitten", trägt die Ausgestaltung des Geldvolumens M_1 – sowohl hinsichtlich der Aufteilung in Bar- und Buchgeld als auch in bezug auf die Zusammensetzung des Bargelds (Münzen–Banknoten einerseits, Stückelung andererseits) – Rechnung.

Zahlungssitten sind nun nicht unbedingt nur ein institutionelles bzw. historisches Datum. Sie sind auch – wenn nicht sogar zum größten Teil – ökonomisch erklärbar. Für gewisse Zahlungstransaktionen ist eine Geldart bzw. eine bestimmte Stückelung praktischer, d. h. kostengünstiger (geringere Transaktionskosten) als eine andere. Das in allen Ländern zu beobachtende Phänomen der trendmäßigen Verringerung des Anteils des Bargelds am gesamten Geldvolumen M_1 kann u. a. auf die Durchsetzung eines kontinuierlichen technischen Fortschritts zurückgeführt werden, der sich sowohl im Verwaltungssektor der Unternehmen (z. B. bargeldlose Lohnzahlung) als auch und vor allem im Bankensektor vollzogen hat. Insbesondere die „Erstellung monetärer Dienstleistungen" seitens des Bankensektors hat – über eine längere Periode gesehen – eine qualitative Verbesserung erfahren: Der „nicht-pekuniäre", d. h. in Form kostenloser Dienstleistungen der Banken bestehende Ertrag einer Einheit von (im Realwert ausgedrückten) Sichteinlagen ist im Vergleich zum Bargeld tendenziell gestiegen, woraus sich u. a. der wachsende Anteil des Buchgelds an der Gesamtgeldmenge erklären läßt.

b) Die Geldmenge definiert als der Bestand an temporären Kaufkraftaufbewahrungsmitteln (M_2)

Neben solchen „Detailfragen" muß jedoch die grundsätzliche Frage nach der adäquaten Messung der in einer Wirtschaft existierenden Geldmenge nochmals aufgegriffen werden, denn die Einschränkung der Geldmenge (des inländischen Nichtbankensektors) auf das Volumen der jeweils herrschenden Zahlungsmittel ist zwar eine bequeme, jedoch nicht unbedingt auch ökonomisch sinnvolle Abgrenzung. So berechnen viele Zentralbanken schon seit geraumer Zeit zwei Arten von Geldvolumina: M_1 und M_2. Die Geldmenge M_2 umfaßt dabei sowohl die „traditionelle" Geldmenge M_1 als auch gewisse befristete Bankguthaben, und zwar die Termineinlagen mit einer bestimmten Kündigungsfrist. Die übliche Begründung für diese Erweiterung des Geldmengenkonzepts ist die, daß solche Termineinlagen hinsichtlich ihrer *Zweckbestimmung* Geldcharakter haben – sie werden hauptsächlich von Unternehmen und öffentlichen Stellen (Sozialversicherung, Gemeinden) gehalten und dienen dem Ausgleich vorhersehbarer Schwankungen in den Einnahme- und Ausgabeströmen. Da sie jedoch nicht unmittelbar zu Zahlungszwecken verwendet, sondern vielmehr im Falle von Zahlungen erst in Zahlungsmittel umgetauscht werden müssen, haben sie keinen „perfekten", sondern nur einen „Quasi"-Geldcharakter.

Inwieweit Termineinlagen nun nicht als Quasigeld, sondern als Geld schlechthin bezeichnet werden können, hängt letzten Endes wieder von der jeweiligen Gelddefinition ab; gleiches gilt für die Frage, ob alle Termineinlagen oder nur jene mit einer kurzen Laufzeit als Geld deklariert werden sollen.

Die Behauptung, daß die in einer Wirtschaft existierende Geldmenge vom Typ M_2 und nicht vom Typ M_1 ist, wird von der „Chicagoer Schule" vertreten. Folgende Argumente werden für diese „neue" Gelddefinition angeführt [7].

Ausgangspunkt der Überlegungen ist die Bestimmung der „wesentlichen" Eigenschaft des Geldes; diese wird analytisch aus dem *Vergleich*

---

[7] Siehe hierzu M. Friedman und A. J. Schwartz [1970], S. 106–110 und 118–123.
Friedman und Schwartz geben in diesem Buch einen hervorragenden Literaturüberblick über mögliche Gelddefinitionen sowohl in dogmenhistorischer (S. 93–103) als auch in analytischer Sicht (S. 104–146).

einer Geldwirtschaft mit einer Tauschwirtschaft gewonnen. Wie wir im nächsten Kapitel noch sehen werden, unterscheidet sich die Geldwirtschaft von einer (nicht-organisierten) Tauschwirtschaft durch die Trennung des Kaufakts vom Verkaufsakt, welche durch die „Zwischentauschware" Geld ermöglicht wird. Diese Trennung ist im Vergleich zur Tauschwirtschaft durch *zwei* fundamentale Charakteristika gekennzeichnet – und die Geldmengendefinition M_1 berücksichtigt das erste Charakteristikum, die Geldmengendefinition M_2 betont das zweite. Das erste Charakteristikum ist die Aufhebung der Notwendigkeit einer Entsprechung der Tauschwünsche von Käufer *und* Verkäufer durch die Existenz eines allgemein anerkannten Tauschmittels „Geld". Das zweite (und in der Literatur oft vernachlässigte) Charakteristikum ist die Tatsache, daß diese Entsprechung der Tauschwünsche nicht mehr augenblicklich zu erfolgen hat, sondern *zeitlich* auseinanderliegen kann. Unter diesem zweiten Aspekt einer Geldwirtschaft brauchen Kaufakt und Verkaufsakt zeitlich nicht mehr zusammenzufallen, denn Geld ist – in der Terminologie von Friedman und Schwartz [8] – auch ein „temporary abode of purchasing power", was mit dem (schwerfälligen) Ausdruck „temporäres Kaufkraftaufbewahrungsmittel" übersetzt werden kann. Alle jene Aktiva, welche die Wirtschaftssubjekte als temporäre Kaufkraftaufbewahrungsmittel benutzen, zählt Friedman daher zu der Geldmenge M_2.

Das Friedmansche Kriterium der Geldmengendefinition ist also die in analytischer Weise – und nicht mit Hilfe irgendeiner Verhaltenspsychologie des Geldes – aus dem Vergleich der Geldwirtschaft mit einer Tauschwirtschaft gewonnene *Zweckbestimmung* bzw. Motivierung der Geldhaltung. Wäre das Geld nur ein Zahlungsmittel, dann ließe sich der relativ große Betrag der Geldhaltung M_1, der in den meisten Ländern ungefähr dem Betrag des Volkseinkommens von drei Monaten entspricht, kaum erklären. Wenn Geld nämlich nur gehalten würde, um trotz der Nicht-Synchronisation von Geldeingang und Geldausgang stets Zahlungsfähigkeit zu gewährleisten, dann wäre lediglich ein winziger Bruchteil der real vorfindbaren Geldmenge M_1 erforderlich. Geld ist aber nicht nur *das* allgemein anerkannte Zahlungsmittel (M_1), sondern auch *das* temporäre Kaufkraftaufbewahrungsmittel (M_2).

c) Die Geldmenge definiert als der Bestand an perfekten Wertaufbewahrungsmitteln (M_3)

Welche Aktiva sind nun neben den Zahlungsmitteln M_1 zu der Menge M_2 zu zählen? Diese Frage läßt sich am besten beantworten, wenn wir

[8] Ibid., S. 106.

hierbei eine weitere wohlbekannte Eigenschaft des Geldes, die der Wertaufbewahrung, mitberücksichtigen. Das Geld in der Version M_2 ist sowohl *das* temporäre Kaufkraftaufbewahrungsmittel als *ein* Wertaufbewahrungsmittel. Unter dem letzten Aspekt dient Geld neben *allen* anderen Aktiva der *Vermögens*aufbewahrung. Nun wird die Funktion der Vermögensaufbewahrung aber nicht von allen Aktiva mit dem gleichen *Sicherheitsgrad* erfüllt. Einerseits nämlich unterscheidet sich der Sicherheitsgrad des *Realwerts* der Aktiva im Falle von Preisniveauschwankungen je nach dem Typ des Aktivums (hier Sachaktiva inklusive Aktien versus Geld und festverzinsliche Forderungstitel), d.h. daß z.B. bei Inflation Sachaktiva perfekte (Real-)Wertaufbewahrungsmittel sind, während das (nicht-zinstragende) Geld vom Typ M_1 einen stetigen Vermögensverlust in seinem Realwert einbüßt; ob (neu-emittierte) festverzinsliche Forderungstitel ebenfalls einen Wertverlust erleiden, hängt davon ab, ob der Nominalzinssatz dieser Finanzaktiva um den Betrag der Inflationsrate gestiegen ist oder nicht. Andererseits bezieht sich der Sicherheitsgrad der Vermögenswertaufbewahrung auch auf den *Kapitalwert* der jeweiligen Aktiva. Unter diesem Aspekt sind Geld vom Typ M_1 und andere kurzfristige Forderungstitel perfekte (Kapital-)Wertaufbewahrungsmittel, während alle anderen Aktiva aufgrund der Möglichkeit zukünftiger Veränderungen ihrer jeweiligen Preise unvollständige Wertaufbewahrungsmittel darstellen.

Soll daher in der Geldmengendefinition die Eigenschaft des Geldes als perfektes (Kapital-)Wertaufbewahrungsmittel betont werden, so müßte ein anderes Geldmengenkonzept, sprich M_3, formuliert werden, das die Komponenten von M_2 und, beispielsweise, die Spareinlagen bei Banken enthalten würde. Obwohl alle Elemente einer solchen Geldmenge M_3 auch als temporäre Kaufkraftaufbewahrungsmittel dienen können, gibt es für eine empirisch sinnvolle Abgrenzung zwischen M_2 und M_3 – und damit berühren wir wieder die Frage nach den Komponenten von M_2 – u. a. folgende Gründe.

Zum einen können der Mobilisierungsgrad und die Kosten des Umtauschs von Spar- bzw. Termineinlagen in Zahlungsmittel (sog. Transaktionskosten) je nach Einlageart unterschiedlich hoch sein. Eine Abgrenzung zwischen M_2 und M_3 könnte dann dergestalt erfolgen, daß in M_2 nur Einlagen mit geringen Transaktionskosten aufgenommen werden – dem steht jedoch häufig entgegen, daß der Nachteil erhöhter Transaktionskosten durch den Vorteil höherer Zinsen ausgeglichen wird.

Unabhängig von Unterschieden im Mobilisierungsgrad und den Transaktionskosten von Termin- und Spareinlagen ist es für die Abgrenzung von M_2 und M_3 auch noch von Bedeutung, welche der hier zur Debatte stehenden kurzfristigen Finanzaktiva die Wirtschaftssubjekte als Kassenreserven (temporäre Kaufkraftaufbewahrungsmittel) und welche sie als Vermögensanlagen (permanente Kaufkraftaufbewahrungsmittel) wählen.

Die bisherigen Definitionskriterien der Geldmenge wurden aus der Sicht der „Geldbesitzer" aufgestellt, d. h. aus der Sicht der Wirtschaftssubjekte, die eine bestimmte Geldmenge *nachfragen,* da sie das Geld als Zahlungsmittel (M_1), als temporäres Kaufkraftaufbewahrungsmittel (M_2) und als ein Wertaufbewahrungsmittel (M_3) benötigen.

Das traditionelle Schulbeispiel, das Generationen von Geldtheoretikern in Lehrbüchern vorführten, um den Einfluß des Geldes auf die Nachfrage zu demonstrieren, ist die Wirkungsanalyse des „Deus-ex-machina"-Experiments einer unerwarteten, über Nacht auftretenden Geldmengenverdoppelung in Form eines Geldgeschenks. Der – modern ausgedrückt – Transmissionsmechanismus dieses Geldmengenimpulses auf die Güternachfrage spielt sich grundsätzlich über zwei Kanäle ab [9]. Zum einen sind die (angebotenen) Zahlungsmittel und temporären Kaufkraftaufbewahrungsmittel größer als die von den Wirtschaftssubjekten gewünschte (nachgefragte) Geldhaltung. Der ungewünschte Teil wird (1) für den Kauf von Gütern und/oder (2) für den Kauf anderer Vermögensanlagen ausgegeben. Der erste Effekt auf die Güternachfrage ist unmittelbarer, direkter Natur (direkter Geldmengeneffekt). Der zweite Effekt ist mittelbarer, indirekter Art, da die zusätzliche Nachfrage nach Aktiva, insbesondere nach Finanzaktiva, zunächst die Preise dieser Aktiva, respektive ihre Zinssätze, verändert und diese dann erst eine Wirkung auf die Güternachfrage ausüben (indirekter Geldmengeneffekt). Während beim Geldmengenkonzept M_1 das Schwergewicht auf dem direkten Geldmengeneffekt liegt und im Geldmengenkonzept M_2 der direkte und indirekte Geldmengeneffekt „gleichwertig" berücksichtigt sind, wird bei M_3 vor allem das enge Substitutionsverhältnis zwischen Geld und Kauf von Aktiva betont.

d) Die Geldmenge definiert als der Bestand an Zentralbankgeld (M_0)

Ein anderes mögliches Definitionskriterium der Geldmenge, das öfters auch als Einwand gegen die „weiter gefaßten" Geldmengenbegriffe M_2 und M_3 verwandt wird, kann aus der Sicht des *Geldangebots* formuliert werden. „Nichts ist endgültiger als Geld", schreibt Yeager in seinem schon klassisch gewordenen Aufsatz über die wesentlichen Eigenschaften des Geldes [10]. Damit meint er Geld im Sinne von Bargeld und Sichteinlagen (M_1). Was eine mikroökonomische Einheit, d. h. ein Wirtschaftssubjekt,

---

[9] Dieser Transmissionsmechanismus wird ausführlich in den Kapiteln VII.2b und IX analysiert.

[10] L. B. Yeager, Essential Properties of the Medium of Exchange, in: Kyklos, XXI (1968), S. 45–68.

als Geld ansieht, mag auf makroökonomischer Ebene noch lange nicht notwendigerweise Geld sein. Für Yeager ist Geld jene Menge an Finanzaktiva, welche die einzelnen Wirtschaftssubjekte zwar in ihrem individuellen Portfolio verändern können, welche aber gesamtwirtschaftlich unveränderlich bleibt und unabhängig von den individuellen Präferenzen und Portfolioumlagerungen ist.

Das Standardargument für die Beschränkung der Geldmenge auf M_1 lautet wie folgt. Ein Wirtschaftssubjekt, das z. B. Termineinlagen als Geld (im Sinne von temporären Kaufkraftaufbewahrungsmitteln) betrachtet und diese für Zahlungszwecke in Sichteinlagen umtauscht, erhöht seine Geldhaltung vom Typ M_1. Diese Umtauschmöglichkeit auf der Mikroebene mit der Konsequenz einer erhöhten individuellen Kassenhaltung M_1 ist nicht auf die Makroebene übertragbar, da das gesamtwirtschaftliche *Angebot* an M_1 unveränderlich bzw. eine von der Geldpolitik determinierte Größe ist – im Gegensatz zu den Termineinlagen, deren gesamtwirtschaftliche Höhe von den individuellen Präferenzen abhängig ist. Da effektive Ausgaben letzten Endes die Verfügung über effektive Zahlungsmittel erforderlich machen und die jeweils existierende Menge an „eigentlichen", letztgültigen Zahlungsmitteln außerhalb des Aktionsbereichs der Wirtschaftssubjekte liegt, ist das Geldvolumen M_1 die adäquate Geldmengendefinition.

So überzeugend dieses Argument auch auf den ersten Blick sein mag, so entbehrt es trotzdem einer stringenten Beweisführung, denn eine solche müßte als adäquate Geldmengendefinition nicht M_1, sondern die Menge an Bargeld zur Konsequenz haben. Aus der Theorie der Buchgeldschaffung, die wir im Kapitel VI behandeln werden, läßt sich der Tatbestand ableiten, daß die ausstehende Menge an Sichteinlagen im Gegensatz zu Bargeld durchaus durch individuelle Entscheidungen variiert werden kann. Übertragen wir das obige Beispiel des Umtauschs von Termineinlagen in Sichteinlagen auf den Umtausch von Sichteinlagen in Bargeld: Ein Wirtschaftssubjekt verringert seine Haltung an Sichteinlagen zugunsten einer entsprechend größeren Haltung an Bargeld. Während für das betreffende Individuum der Geldbestand vom Typ M_1 unverändert bleibt, kann sich jedoch – wie wir noch sehen werden – auf der gesamtwirtschaftlichen Ebene eine Verringerung von M_1 einstellen. Das Mehr an gewünschtem Bargeld erhält das Wirtschaftssubjekt – ceteris paribus – nur auf Kosten der vom Bankensektor gehaltenen Reservebestände an Zentralbankgeld, und geringere Reservebestände vermindern das Angebot an Sichteinlagen. Folglich könnte nur der Bestand an Zentralbankgeld, der sowohl vom privaten Nichtbankensektor wie vom privaten Bankensektor gehalten wird – in unserer Terminologie M_0 –, als Geldmenge definiert werden, sofern das von individuellen Entscheidungen unabhängige Geldangebot als entscheidendes Definitionskriterium der Geldmenge gewählt wird. Da jedoch die Geldmengendefinition dem Zweck dienen soll, die Wirkungen der Geldmenge auf die wirtschaftliche Aktivität zu untersuchen (Geldtheorie) bzw. die wirtschaftliche Aktivität durch Veränderungen der Geldmenge zu beeinflussen (Geldpolitik), muß M_0 als eine zu enge Auslegung des Geldmengenbegriffs angesehen werden [11].

Die obigen Überlegungen sind von entscheidender Bedeutung für die Interpretation des Geldmarktes, definiert als der „Ort" des Zusammentreffens von Geldangebot und Geldnachfrage. Da es keine allgemein verbindliche Definition der empirisch relevanten Geldmenge gibt – obwohl vieles für das Geldmengenkonzept M_2 spricht –, müssen auch die Begriffe Geldangebot und Geldnachfrage alternativ für die verschiedenen Geldmengendefinitionen definiert werden. Die im Kapitel VI zu behandelnde Geldangebotstheorie trägt diesem Tatbestand Rechnung, indem sie einen kohärenten analytischen Rahmen geschaffen hat, innerhalb dessen die Angebotsfunktionen für M_0 (Geldbasis), M_1, M_2 und M_3 abgeleitet werden können. Die Geldnachfragetheorie, die in den Kapiteln IV und V besprochen wird, kann nach dem jeweils zugrundeliegenden *Motiv* der Geldnachfrage unterschieden werden, denn, wie schon öfters betont, unterscheiden sich die Geldmengendefinitionen M_1, M_2 und M_3 nach der Motivierung der Geldnachfrage. So enthalten M_1 und M_2 die Nachfrage nach Transaktions- und Vorsichtskasse, und M_2 und M_3 setzen sich aus der Transaktions-, Vorsichts- und Spekulationskasse zusammen. Um die Analyse nicht zu kompliziert zu gestalten, genügt es schon, zumindest die Geldmengen M_1 und M_2 zu unterscheiden, wobei dann je nach dem gestellten Problem M_2 näher oder weiter (im Sinne von M_3) definiert wird.

3. Liquidität als „Geldnähe" von Vermögensobjekten

Wie beim Geld so richtet sich auch bei der Liquidität die Begriffsbestimmung nach dem jeweils gestellten Problem. Besteht das Problem aus der Frage nach den Einflußmöglichkeiten des Geldes auf die Wirtschaft und wird dieser Einfluß durch die Eigenschaft des Geldes als Zahlungs- und Wertaufbewahrungsmittel bewirkt, so besitzen diese Eigenschaft nicht nur das Geld, sondern auch noch andere Güter – wenn auch nur in einem geringeren Maße. Diese anderen Güter, sofern sie dem Gelde als Zahlungs- und Wertaufbewahrungsmittel „nahe" stehen, sind neben dem Gelde ebenfalls Träger von Liquidität. Der so konzipierte Liquiditätsbegriff ist somit *geldbezogen:* Geld vom Typ M_1 zeichnet sich durch eine „absolu-

---

[11] Vgl. M. Friedman und A. J. Schwartz [1970], S. 121–123.

te Liquidität" bzw. durch den höchsten Liquiditätsgrad aus – es ist nach Hicks durch eine vollkommene „Geldhaftigkeit" („perfect moneyness" [12]) charakterisiert; andere Güter besitzen die „Geldqualität" nur in einem geringeren Maße [13].

Welche anderen Güter sind nun als geldnahe anzusehen und damit in den Liquiditätsbegriff einzuschließen? Man könnte der Auffassung sein, daß alle Tauschgüter Träger von Liquidität sind. Diese Meinung vertritt z. B. Otto Veit, der Tauschgut und Träger von Liquidität synonym verwendet und der die Geldnähe eines Tauschgutes – seinen Liquiditätsgrad – nach den Umwandlungsmöglichkeiten dieses Gutes in Geld mißt [14]. Geldnähe beinhaltet aber die Nähe zum Geld als Zahlungsmittel *und* Wertaufbewahrungsmittel. Ist ein Gut liquide, dann muß es sowohl eine Geldnähe im Sinne der „Zahlungsmittelnähe" als auch eine Geldnähe im Sinne der „Wertaufbewahrungsmittelnähe" aufweisen, auch wenn es von Fall zu Fall mehr das eine als das andere sein kann. Da nicht alle Tauschgüter langlebige bzw. lagerfähige Güter sind, können sie auch nicht alle Vermögensobjekte sein bzw. als Wertaufbewahrungsmittel dienen. Folglich kommen für den Liquiditätsbegriff höchstens jene Tauschgüter in Betracht, die Vermögensobjekte – Aktiva – darstellen.

Sind nun alle Aktiva mehr oder weniger liquide oder bezieht sich die Liquiditätseigenschaft nur auf eine begrenzte Zahl von Aktiva? Bei der Festlegung der Vermögensobjekte, die als Liquiditätsträger gelten können, müssen von vornherein die sog. menschlichen Aktiva („human wealth" oder „human assets") ausgeschlossen werden, da diese höchstens in einem Sklavenstaat Gegenstand von Liquiditätsüberlegungen sein könnten [15]. Bedenklich, wenn nicht sogar willkürlich würde dagegen eine Einschrän-

---

[12] J. R. Hicks, Value and Capital, 2. Aufl., Oxford 1946, S. 163–166.

[13] Neben dem Liquiditätskonzept im Sinne der „Geldnähe" von Vermögensobjekten kann noch ein anderes Konzept entwickelt werden, und zwar das der „Liquidität als Eigenschaft von Vermögenssubjekten". Dieses wird weiter unten in Kap. VII.5 behandelt werden.

[14] „Ein wirtschaftliches Gut kann Träger von Liquidität sein insoweit, als es Eignung zum Tausch besitzt. Umgekehrt ist ein Gut Tauschgut insoweit, als es Eignung als Träger von Liquidität besitzt. Die Liquiditätseignung der einzelnen Güterarten ist gradweise abgestuft. Den höchsten Liquiditätsgrad haben die Güter, die sich beim Tausch am reibungslosesten als Zahlungsmittel verwenden lassen. Den niedrigsten Liquiditätsgrad haben die Güter, die sich am wenigsten zum Tausch eignen. In der Naturalwirtschaft liegt der höchste Liquiditätsgrad bei den Gegenständen des breitesten Verbrauchs, etwa Getreide, Vieh usw. In der Geldwirtschaft ist am liquidesten das Geld. Der Liquiditätsgrad anderer Güter richtet sich in der Geldwirtschaft danach, ob und inwieweit sie sich reibungslos in Geld verwandeln lassen. Darin liegt ihre Eignung zum Tausch. Die Möglichkeit der Umwandlung in Geld ist Gradmesser für die Möglichkeit der Umwandlung in jedes andere Gut."

O. Veit, Volkswirtschaftliche Theorie der Liquidität, Frankfurt am Main 1948, S. 20. Vgl. ferner sein Buch Reale Theorie des Geldes, Tübingen 1966, S. 32–33.

[15] A. H. Conrad und J. R. Meyer, The Economics of Slavery in the Ante Bellum South, in: Journal of Political Economy, LXVI (1958).

kung der sog. nichtmenschlichen Aktiva (Sachaktiva, Finanzaktiva) auf finanzielle Vermögenstitel als ausschließliche Liquiditätsträger sein. So besitzen z. B. die sog. Monopolgüter einen hohen Liquiditätsgrad, und die langlebigen Konsum- und Produktionsgüter können in Inflationszeiten liquider als Finanzaktiva sein.

Sehen wir aber von diesen Ausnahmefällen ab, so können vier Gründe angeführt werden, weshalb die Finanzaktiva einen höheren Liquiditätsgrad aufweisen als die Sachaktiva. (1) Der Unterschied zwischen beiden Typen von Aktiva ist der, daß die Sachaktiva (langlebige Konsum- und Produktionsgüter) physische Dienstleistungen konsumtiver oder produktiver Art bereitstellen, während die Finanzaktiva (Wertpapiere [16]) einen pekuniären Ertrag abwerfen [17]. Gebrauch und „natürliche" Abnutzung durch Zeitablauf und technischen Fortschritt vermindern stetig den Wert der Sachaktiva, wogegen der Wert der Finanzaktiva durch die Zinszahlung nicht nachhaltig beeinträchtigt wird. Demnach sind Finanzaktiva geeigneter, Vermögen aufzubewahren; sie sind liquider, da sie eine größere Geldnähe im Sinne der „Wertaufbewahrungsmittelnähe" aufweisen. (2) Aber auch unter dem Gesichtspunkt ihrer „Zahlungsmittelnähe" besitzen sie einen höheren Liquiditätsgrad als die Sachaktiva, sofern sie „marktgängiger" („marketable") sind, d. h. sofern sie ohne hohe Kosten, schnell und reibungslos in Zahlungsmittel umgetauscht werden können. Ob die Märkte der Finanzaktiva diesen höheren Vollkommenheitsgrad (bzw. einen geringeren Unvollkommenheitsgrad) immer haben, kann natürlich nicht a priori sondern nur empirisch beantwortet werden. (3) Die Finanzaktiva sind aber unter dem Aspekt der sog. Laufzeit dem Geld als Zahlungsmittel immer näher als die Sachaktiva. Während der Wert der Sachaktiva am Ende ihrer Lebensdauer auf ein Minimum gesunken ist, erreichen die Finanzaktiva am Ende ihrer Lebensdauer, d. h. am Ende ihrer Laufzeit, nicht nur einen Maximalwert, sondern wandeln sich auch „automatisch" in Zahlungsmittel um [18]. (4) Schließlich sind die Finanzaktiva

---

[16] Die Bezeichnung Wertpapiere wird synonym für alle Arten von zinsbringenden (verbrieften und unverbrieften) Forderungen verwendet. Hierunter können somit Wechsel, Spareinlagen, Geldmarktpapiere, Lieferantenkredite usw. fallen.

[17] Unter dem Aspekt der verschiedenartigen Leistungen, welche die Sachaktiva einerseits und die Finanzaktiva andererseits erzeugen, könnte noch ein anderer Unterschied hervorgehoben werden, der die nichtmenschlichen Aktiva in zwei andere Kategorien spaltet. Auf der einen Seite die langlebigen Produktionsgüter, die im Regelfalle (physische) Leistungen nur in Verbindung mit anderen Produktionsgütern bereitstellen können; sie sind in diesem Sinne *„komplementär"*. Auf der anderen Seite die langlebigen Konsumgüter und vor allem die zinsbringenden Finanzaktiva, die ohne Kooperation mit anderen Gütern physische Leistungen bereitstellen bzw. einen pekuniären Ertrag abwerfen; sie sind *„supplementär"*. Siehe hierzu B. J. Moore, An Introduction to the Theory of Finance, New York und London 1968, S. 12.

[18] Grenzfälle dieser „automatischen" Umwandlung von Finanzaktiva in Kasse stellen einerseits das Geld und andererseits die Wertpapiere mit unendlicher Lauf-

noch unter einem anderen Aspekt liquider als die Sachaktiva: sie sind teilbarer als die Sachaktiva. Das Geld als Zahlungs- und Wertaufbewahrungsmittel kann in beliebig großen oder kleinen Mengen gehalten werden. Diese Möglichkeit der „technischen Teilbarkeit" ist bei den Sachaktiva bei weitem weniger gegeben als bei den Wertpapieren.

Die „Karriere", die der Ausdruck Liquidität in den letzten Jahrzehnten in der wirtschaftswissenschaftlichen Literatur gemacht hat, begann wohl vor allem mit den Schriften von Keynes, der dieses Wort fast zu einer magischen Bedeutung erhoben hat [19]. Schon in seiner Abhandlung „Vom

---

zeit (Konsols) dar. Die Fristigkeit des Geldes ist gleich Null, d. h. es ist in jedem Augenblick Geld. Eine „automatische" Umwandlung der Konsols in Geld gibt es nicht bzw. kann in der Weise konzipiert werden, daß sie erst nach einer „unendlich" langen Zeit erfolgt. Werden Aktien zu den Finanzaktiva und nicht zu den Realaktiva gerechnet, dann haben sie unter dem Aspekt der Laufzeit ähnliche Charakteristika wie die Konsols.

Siehe hierzu W. T. Newlyn, Theory of Money, Oxford 1962, S. 119 und The Supply of Money and Its Control, in: Economic Journal, LXXIV (1964), S. 340.

[19] „Wenn man in die älteren ‚praktischen' Bücher über Geld und Finanzierungen sieht, dann scheint es ziemlich schwierig, ein Beispiel für die Verwendung des Wortes *Liquidität* zu finden. (Ich habe zwar nicht alle die Forschungen angestellt, die ich hierüber hätte anstellen müssen, aber dies ist zweifellos der Eindruck, den man von einem gelegentlichen Studium bekommt.) Der Augenblick, wo es aufzukommen scheint, liegt zu Beginn der dreißiger Jahre, zu der Zeit des Macmillan-Report und der hauptsächlichen Werke von Keynes. Ich vermute, daß vieles dafür spricht, daß es ein keynesianisches Wort ist: Es hätte niemals Karriere gehabt, wenn es Keynes nicht derartig gebraucht hätte. Es ist eines dieser Worte, welches auf der Grundlage ökonomischer Debatten von der Praxis aufgenommen wurde."

["If one looks at the older 'practical' books on money and finance it seems quite hard to find an example of the use of the word *liquidity*. (I have not done all the research on this that I should, but that is certainly the impression that one gets from a casual examination.) The point at which it seems to come in is in the early 'thirties, at the time of the Macmillan Report and of the major works of Keynes. I would suggest that there is a good deal of evidence that it is a Keynesian word: that it would never have had the career that it has if it had not been for the use that Keynes made of it. It is one of the words that have come out of economic discussion into practical affairs."] J. R. Hicks, Liquidity, in: Economic Journal, LXXII (1962), S. 788.

C. R. Whittlesay (Liquidity, International Liquidity and the Dollar Problem, in: Weltwirtschaftliches Archiv, XCIII, 1964, S. 241) vertritt dagegen eine andere Ansicht. Indem er sich explizite auf den obigen Hicks'schen Artikel bezieht, meint er, daß Keynes kein neues Konzept eingeführt habe, denn dieses hätte in der Geschichte unseres Faches schon seit langem existiert. Whittlesay weist darauf hin, daß u. a. schon Adam Smith eine klare Vorstellung von der Liquidität hatte, wenn er von „eingefrorenen" Vermögensobjekten spricht oder die Metapher verwendet, daß die Operationen einer Geschäftsbank mit einem Wasserfluß durch einen Teich vergleichbar sind. Keynes hätte das Liquiditätskonzept nur in den Mittelpunkt gerückt und weiter entwickelt, und zwar in ähnlicher Weise wie später das Radcliffe-Komitee und Ökonomen wie Sayers, Gurley, Shaw und Hicks selbst. Siehe hierzu ebenfalls D. Patinkin, Keynes' Monetary Thought, Durham (North Carolina) 1976, S. 81–82; deutsche Übersetzung: Die Geldlehre von Keynes, München 1979.

Schließlich muß noch erwähnt werden, daß der Begriff der Liquidität in der geschichtlichen Perspektive wohl zunächst in Anlehnung an die wirtschaftliche Praxis, vor allem der Banken, ein betriebswirtschaftlicher Terminus war und erst später von der Volkswirtschaftslehre berücksichtigt wurde. Dabei wurde er bei Banken wie bei anderen Unternehmungen vornehmlich im Sinne der Zahlungsfähigkeit verwendet.

Gelde“ verwendet er den Liquiditätsbegriff, auch wenn die Terminologie an manchen Stellen ein wenig „zu liquide“ ist (so spricht er z. B. von „liquider Produktion“! [20]). Abgesehen von diesen zweideutigen Interpretationen definiert er die Liquidität im Sinne der Geldnähe von Vermögensobjekten:

„Wechsel und Tagesgelder sind *liquider* als andere Finanzinvestitionen, d. h. sie sind kurzfristig mit größerer Sicherheit und ohne Verlust realisierbar . . .“ [21]

Liquide Aktiva sind also jene Vermögensobjekte, die „kurzfristig realisierbar“ sind (unser Begriff der „Zahlungsmittelnähe“), „mit großer Sicherheit und ohne Verlust“ (unser Begriff der „Wertaufbewahrungsmittelnähe“). Dieses Liquiditätskonzept liegt auch später in der Allgemeinen Theorie seiner Vorstellung von der Liquiditätsvorliebe zugrunde: Vorliebe zur Geldhaltung, da Geld eine perfekte Liquidität darstellt – es ist „sofort realisierbar, mit vollständiger Sicherheit und ohne Verlust“.

Mit Hilfe der Keynesschen Definition lassen sich die einzelnen Liquiditätselemente (a) der „Zahlungsmittelnähe“ und (b) der „Wertaufbewahrungsmittelnähe“ noch genauer präzisieren.

a) Die „Zahlungsmittelnähe“ der Aktiva

Mit dem Terminus Zahlungsmittelnähe bezeichnen wir die „kurzfristige Realisierbarkeit“ eines Vermögensobjekts, die zwei Komponenten enthält: (i) die „Informationskosten“, d. h. die Mobilisierbarkeit eines Aktivums in Geld (auch „Liquidierbarkeit“ oder „Monetisierbarkeit“ genannt) und (ii) die Transformationskosten, d. h. die Kosten und Mühen, die bei der Umwandlung des Aktivums in Geld anfallen.

(i) *Die Höhe der Informationskosten der Aktiva.* Die Mobilisierbarkeit eines Aktivums hängt von der *Form des Marktes* ab, auf dem es gehandelt wird. Haben wir es mit einem Markte zu tun, der vollkommen ist und auf dem gleichzeitig vollständige Konkurrenz herrscht, dann ist das betreffende Vermögensobjekt, das auf einem solchen Markte verkauft wird, hundertprozentig mobilisierbar; denn vollkommener Markt heißt, daß es einen einzigen Preis gibt, zu dem ein Gut sofort in Geld umgetauscht wer-

---

Auf diese Interpretation des Liquiditätsphänomens („Liquidität als Eigenschaft von Vermögenssubjekten“) wird – wie schon erwähnt – ausführlich in Kap. VII.5 eingegangen.

[20] J. M. Keynes, Treatise on Money, London 1930, Bd. I, S. 127–128; deutsche Übersetzung: Vom Gelde, Neuaufl., Berlin 1955, S. 104.

[21] ["Bills and call loans are more *liquid* than investments i.e., more certainly realisable at short notice without loss . . ."] J. M. Keynes [1930], Bd. II, S. 67; deutsche Übersetzung, S. 348–349. (Da Keynes sich bei dieser Definition auf die Bilanzaktiva einer Geschäftsbank bezieht, muß investment mit Finanzinvestition übersetzt werden.)

den kann, und ist die Konkurrenz vollständig, dann herrscht ein einziger, von der Angebotsmenge des Individuums unabhängiger Preis; ist sie dagegen unvollständig, dann variiert der Preis in Abhängigkeit von der Angebotsmenge. Wertpapiere, die z. B. an der Börse zugelassen sind (vollkommener Markt), besitzen insofern einen hohen Liquidierbarkeitsgrad, als sie in jedem Augenblick zu einem ganz bestimmten Preis verkauft werden können; sie sind aber nicht vollständig mobilisierbar, wenn an der Börse eine unvollständige Konkurrenz herrscht, da der Verkäufer dann um so größere Preiseinbußen hinnehmen muß, je mehr Wertpapiere er anbietet. In der Wirklichkeit liegt in vielen Fällen nicht nur eine unvollständige Konkurrenz, sondern insbesondere ein unvollkommener Markt vor: so z.B. der Markt für unverbriefte Forderungstitel (Buchforderungen im Sinne von Debitorenforderungen) im Gegensatz zu verbrieften Forderungstiteln (Wechsel, Sparguthaben, Aktien, sonstige Wert*papiere*) oder die Märkte der Sachaktiva (Gebrauchtwaren, Häuser, Grundstücke, Maschinen etc.).

Je unvollkommener der Markt eines Aktivums ist, desto schwieriger ist es, das betreffende Gut zu einem „adäquaten Preis" zu verkaufen, da mehrere Preise für dasselbe Gut existieren. Um einen „guten" Preis zu erlangen, muß der Verkauf über einen längeren Zeitraum vorbereitet werden, um die nötigen *Informationen* über eventuelle Käufer und *die* Preise zu sammeln. Diese Sammlung von Informationen verursacht nicht nur Zeit und Mühen, sondern auch vielfach effektive Kosten (z. B. Ausgaben für Zeitungsannoncen). Die für den jeweils realisierbaren Preis aufzuwendenden Informationskosten, -zeit und -mühen repräsentieren die für den Verkauf gesammelte „Informationsmenge". Da der Aufwand von Zeit und Mühen ebenfalls ein Kostenelement darstellt, und zwar Kosten im Sinne von Opportunitätskosten (die Zeit und Mühen hätten in andere Verwendungsmöglichkeiten eingesetzt werden können und demnach einen entsprechenden Ertrag erzielt), kann die Informationsmenge auch in Form von *Informationskosten* (effektive Informationskosten und Opportunitätskosten für die geopferte Informationszeit und die aufgewandten Informationsmühen) ausgedrückt werden.

Der Mobilisierbarkeitsgrad eines Vermögensobjektes hängt, wie gesagt, vom Vollkommenheitsgrad des Marktes und dem Vollständigkeitsgrad der Konkurrenz ab. Sehen wir einmal von der Konkurrenzform ab, so kann der Mobilisierbarkeitsgrad durch die Relation zwischen den für den Verkauf erforderlichen Informationskosten und dem jeweils realisierbaren Preis ausgedrückt werden (vgl. Abb. 1). Ein Gut ist demnach vollständig mobilisierbar, wenn nur ein einziger, von den Informationskosten unabhängiger Preis existiert; dieser Preis ist zudem der maximal zu erlangende Preis (P_{max}), da für dasselbe Gut nicht mehrere Preise bestehen. Die gestrichelte Vertikale A in Abb. 1 stellt vollständig mobilisierbare Aktiva dar (z. B. Geld im Sinne von M_1, kurzfristige Sparguthaben, rediskontfähige Wechsel). Die Kurve *B* repräsentiert den Fall eines unvollständig mobilisierbaren Aktivums: Je mehr Informationskosten aufgewandt werden, die nötig sind, den Verkauf sorgfältig vorzubereiten, desto günstiger gestaltet sich der realisierbare Preis.

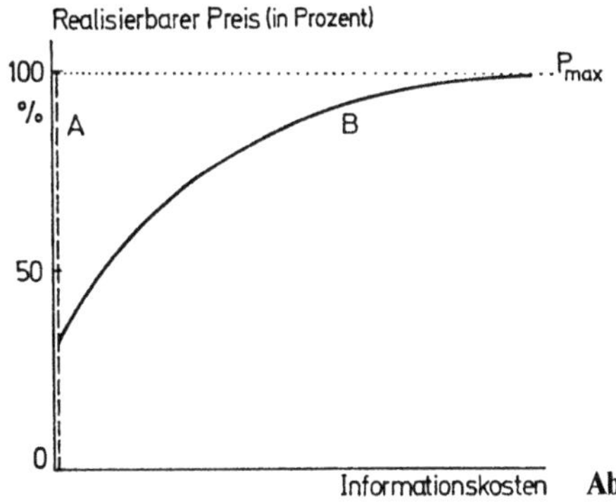

Abb. 1

Wird statt der Informationskosten nur die aufzuwendende Zeit als die entscheidende Einflußgröße des Mobilisierbarkeitsgrades gewählt (bzw. stehen die Informationskosten in linearer Proportionalität zu der Informationszeit), dann läßt sich ein Vergleich zwischen der „ökonomischen" und der „physikalischen" Liquidität aufstellen. Die Geschwindigkeit mit der eine Flüssigkeit aus einem Behälter geschüttet wird, bestimmt ihren Flüssigkeitsgrad. Ähnliches gilt auch für den „Flüssigkeitsgrad" (Liquiditätsgrad) der Aktiva. Ein Aktivum ist um so liquider, je größer die Geschwindigkeit ist, mit der es in Geld umgewandelt werden kann [22].

(ii) *Die Höhe der Transformationskosten der Aktiva.* Selbst dann, wenn ein Aktivum vollständig mobilisierbar ist (d. h. auf dem Markte des betreffenden Aktivums herrscht vollkommene Konkurrenz bzw. die für die Realisierbarkeit seines maximalen Preises erforderlichen Informationskosten sind gleich Null), fallen beim Verkauf dieses Aktivums sog. „Transformationskosten" an. Diese Transformationskosten setzen sich (wie bei den Informationskosten) aus effektiven Kosten und aus Opportunitätskosten zusammen. Wählen wir z. B. ein Wertpapier, das an der Börse gehandelt wird (vollkommener Markt) und für das gleichzeitig eine vollständige Konkurrenz herrscht: Dieses Wertpapier ist also vollständig mobilisierbar; sein Verkauf zum maximal realisierbaren Preis erfordert keine Informationskosten. Die Umwandlung dieses Wertpapieres in Geld verursacht jedoch einerseits effektive Kosten in Form von „Spesen" bzw. Maklerge-

[22] Vgl. hierzu R. J. Ball, Inflation and the Theory of Money, London 1964, S. 170–173. Ball berücksichtigt nur die Zeit als ausschließliche Einflußgröße des Mobilisierbarkeitsgrades.

bühren (und einer eventuellen Börsenumsatzsteuer) und andererseits Opportunitätskosten in Form der Mühen und der Zeit („Unbequemlichkeiten"), die der Verkauf mit sich bringt [23]. Während beim Geld vom Typ M_1 diese Transformationskosten ex definitione nicht existieren [24], fallen sie bei allen anderen Aktiva in größerem oder geringerem Umfang an. So bedingt z. B. der Verkauf eines Gebrauchtwagens höhere Transformationskosten (Verhandlungen über die technische Abwicklung des Kaufs, Abmeldungsgebühren etc.) als etwa das Abheben einer Geldsumme von einem sofort kündbaren Sparguthaben.

Die beiden bis jetzt besprochenen Liquiditätselemente (unterschiedliche Höhe an Informations- und Transformationskosten) bezogen sich auf die (Keynessche) „kurzfristige Realisierbarkeit" von Vermögensobjekten, d. h. ihre Fähigkeit, in das Zahlungsmittel Geld umgewandelt zu werden; je geringer dabei die Informations- und Transformationskosten waren, ein bestimmtes Aktivum in Geld umzutauschen, um so liquider war es, d. h. um so näher stand es dem Geld (vom Typ M_1), das überhaupt keine Informations- und Transformationskosten kennt [25].

b) Die „Wertaufbewahrungsmittelnähe" der Aktiva

Die andere Komponente des (Keynesschen) Liquiditätsbegriffs: „kurzfristig realisierbar, *mit großer Sicherheit und ohne Verlust*" bezieht sich auf die Eigenschaft der Aktiva, als Wertaufbewahrungsmittel zu dienen. Das Geld stellt (in Zeiten der Geldwertstabilität) das sicherste Wertaufbewahrungsmittel dar. Andere Aktiva erfüllen die Funktion der *sicheren* Wertaufbewahrung mehr oder weniger, sie sind dementsprechend mehr oder

---

[23] J. R. Hicks [1946], Kap. XIII.

[24] Hierzu muß zwar einschränkend gesagt werden, daß der Umtausch von einer Geldform (z. B. Papiergeld) in eine andere Geldform (z. B. Buchgeld) gewisse Transformationskosten, zumindest Zeit und Mühen, verursacht!

[25] An dieser Stelle sei noch auf die Beziehungen zwischen den (von uns gewählten) Begriffen „Informationskosten", „Transformationskosten" und dem (wohl gebräuchlicheren) Begriff, *„Transaktionskosten"* hingewiesen.

Der Terminus Transaktionskosten wird in der Literatur im allgemeinen für jene Kosten verwendet, die beim Kauf und (oder) Verkauf eines Gutes anfallen. In diesem Sinne stellen die Informations- und Transformationskosten einen ganz bestimmten Fall der Transaktionskosten dar, und zwar jene Transaktionskosten, die beim Verkauf eines Aktivums gegen Kauf von Geld entstehen.

Andere Arten von Transaktionskosten, die für die Formulierung des Liquiditätskonzeptes unbeachtlich sind, beziehen sich u. a. auf die Transaktion „Verkauf von Geld gegen Kauf von Gütern" oder auf die von der jeweiligen Geldform (Warengeld, Papiergeld, Buchgeld) abhängigen Transaktionskosten, d. h. auf die beim direkten und indirekten Tausch unterschiedlichen Transaktionskosten (letztere werden im nächsten Kapitel behandelt).

Siehe hierzu u. a. H. L. Miller, Jr., On "Liquidity" and "Transaction Costs", in: Southern Economic Journal, XXXII (1965).

weniger liquide, d. h. sie stehen dem sichersten Wertaufbewahrungsmittel, dem Geld, mehr oder weniger nahe.

Die Wertsicherheit eines Aktivums hängt davon ab, inwieweit es durch mögliche zukünftige Preisveränderungen der Gefahr von Wertminderungen ausgesetzt ist. Zukünftige Preisveränderungen können einmal den Preis des Aktivums selbst – und damit seinen zukünftigen Kapitalwert – betreffen. Diese sog. Sicherheit des Kapitalwertes ist bei den verschiedensten Typen von Aktiva unterschiedlich hoch; beim Gelde ist sie vollständig vorhanden, wodurch das Geld (unter diesem Aspekt) zum Träger höchster Liquidität im Sinne des besten Wertaufbewahrungsmittels (größte Sicherheit des Kapitalwertes) wird. Andererseits können sich die zukünftigen Preisveränderungen aber auch auf das allgemeine Preisniveau beziehen. Hierdurch kann der zukünftige Realwert eines Aktivums berührt werden. Die sog. Sicherheit des Realwertes ist ebenfalls für die einzelnen Aktiva unterschiedlich hoch, und unter diesem Gesichtspunkt ist das Geld keineswegs mehr Träger höchster Liquidität, denn andere Aktiva – die Sachaktiva – können die Funktion der Wertaufbewahrung besser ausüben.

Im folgenden werden wir die zwei auf die Wertaufbewahrungsmittelnähe der Aktiva bezogenen Liquiditätselemente nacheinander kurz besprechen: (iii) den Sicherheitsgrad des Kapitalwertes und (iv) den Sicherheitsgrad des Realwertes [26].

(iii) *Der Sicherheitsgrad des Kapitalwertes der Aktiva.* Die Unsicherheit des Kapitalwertes, die übrigens Keynes zum Eckpfeiler seiner Liquiditätspräferenz gemacht hat (Liquiditätsvorliebe im Sinne der Vorliebe für die kapitalwertsichere Geldhaltung gegenüber der kapitalunsicheren Haltung von Konsols), degradiert die Finanz- und Sachaktiva dem Gelde gegenüber zu einer „imperfect moneyness". Der Kapitalwert des Geldes (der nicht mit dem Realwert zu verwechseln ist) ist stets gleich seinem Nominalwert, und er kann durch Preisbewegungen nicht verändert werden. Der Kapitalwert der übrigen Aktiva variiert dagegen mit einer Veränderung

---

[26] Diese Elemente der (im Sinne der Wertaufbewahrungsmittelnähe verstandenen) Liquidität beziehen sich auf die Sicherheit bzw. Unsicherheit der zukünftigen Werte der Aktiva. Die Liquidität im Sinne der Zahlungsmittelnähe der Aktiva beruht u. a. auch auf einem Moment der Sicherheit bzw. Unsicherheit. In einer Welt der vollständigen Voraussicht gibt es kein Problem der Information, da sie identisch mit einer Welt „vollständiger Information" ist. Demnach sind in einer solchen Situation alle Aktiva insofern vollständig mobilisierbar, als die bei ihrem Verkauf aufzuwendenden Informationskosten gleich Null sind; ihre Märkte sind vollkommen. (Zum Problem der vollkommenen Märkte bei vollständiger Voraussicht siehe auch Fußnote 26 auf S. 109.)

Das Liquiditätsphänomen läßt sich folglich – mit Ausnahme der Elemente der unvollständigen Konkurrenz und der Transformationkosten – auf die Existenz unvollständiger Voraussicht zurückführen!

ihrer Preise (er ist mit ihnen identisch!) und da ihre zukünftigen Preise unbekannt sind, besitzen diese Aktiva eine Unsicherheit hinsichtlich ihres zukünftigen Kapitalwertes und damit einen geringeren Liquiditätsgrad, der vom jeweiligen Unsicherheitsgrad des Kapitalwertes bestimmt ist.

Am augenscheinlichsten tritt diese Unsicherheit des Kapitalwertes bei den Aktien und den langfristigen festverzinslichen Wertpapieren zutage. So bewirkt beispielsweise eine Zunahme des langfristigen Zinssatzes für Konsols um einen Prozentpunkt von 5% auf 6% schon eine Verringerung des Preises der Konsols um fast 17% [27]. Im Gegensatz hierzu besitzen die kurzfristigen Wertpapiere nur eine minimale Kapitalwertunsicherheit (die im folgenden deshalb auch vernachlässigt werden kann) [28]. Sachaktiva wiederum sind aus folgenden Gründen einer sehr großen Unsicherheit ihres Kapitalwertes ausgesetzt: Einmal erfahren sie im Regelfall im Laufe der Zeit eine stetige Wertminderung, sowohl wegen des Gebrauchs als auch aufgrund „außerökonomischer" Tatbestände (Geschmacksverände-

---

[27] Wir haben als einfachstes Beispiel das der festverzinslichen Wertpapiere mit unendlich langer Laufzeit gewählt. Der Zinsbetrag, den diese pro Jahr abwerfen, ist gleich dem Produkt aus dem Nennwert des Wertpapiers (P_n) und dem bei der Emission festgelegten Zinssatz (r_n). Sei r der jeweils herrschende Marktzins; der Marktpreis der Wertpapiere (P_B) beträgt dann:

$$P_B = \frac{r_n \cdot P_n}{r}.$$

Ein steigender Marktzins (r) verringert also den Kurswert (P_B) der alten, aus den vergangenen Perioden stammenden Wertpapiere (und umgekehrt).

Im obengenannten Beispiel hatten wir angenommen, daß der Marktzinssatz (r) 5% beträgt und zunächst gleich dem bei der Emission festgelegten Zinssatz (r_n) ist. Der Marktpreis bzw. Kurswert der Wertpapiere (P_B) entspricht dann dem Nennwert (P_N):

$$P_B = \frac{0{,}05 \cdot 1000}{0{,}05} = \frac{50}{0{,}05}.$$

Eine Erhöhung des Marktzinssatzes von 5% auf 6% hat folgende Wirkung auf den Marktpreis der Wertpapiere:

$$P_B = \frac{0{,}05 \cdot 1000}{0{,}06} = \frac{50}{0{,}06} = 833{,}33.$$

[28] „Ein Eigentümer, der heute Wechsel kauft, kennt den Kapitalwert, den sie nach drei Monaten haben ... Würde er statt dessen langfristige Schuldverschreibungen kaufen, würde er zwar sein Einkommen für die Zeit kennen, für die er gewillt ist, diese Schuldverschreibungen zu halten; ihm wäre aber der Kapitalwert, den sie zu irgendeinem Zeitpunkt in der Zukunft haben, unbekannt. Mündelsichere Wechsel besitzen somit eine minimale Unsicherheit des Kapitalwertes ... mündelsichere langfristige Wertpapiere offerieren dagegen ... eine relativ hohe Unsicherheit des Kapitalwertes."

["An owner of wealth who buys a bill today knows what his capital will be in three months' time ... If he buys a bond he knows his income for as long as he likes to hold the bond, but he is uncertain about what his capital will be worth at any date in the future. Perfectly good bills thus offer negligible capital-uncertainty ... while perfectly good bonds offer ... relatively high capital-uncertainty."] J. Robinson, The Rate of Interest, in: Econometrica, XIX (1951); abgedruckt in: J. Robinson, The Rate of Interest and Other Essays, London 1952, S. 8.

rung, technischer Fortschritt, „natürliche" Abnutzung durch den „passiven" Faktor Zeit); zum anderen kann der Kapitalwert eines Sachaktivums dadurch Schwankungen unterliegen, daß sich z. B. sein Marktpreis in Relation zu anderen Gütern verändert. Diese relative Preisveränderung (im Gegensatz zu einer allgemeinen Preisniveauveränderung, die nicht den Kapitalwert stricto sensu, sondern den nominalen Geldwert berührt, jedoch den Realwert der Sachaktiva unverändert läßt) kann sich zunächst auf ein „neues" langlebiges Gut erstrecken (z. B. neu erstellte Wohnungen), und sie wird dann auch die relativen Preise der entsprechenden „alten" langlebigen Güter (Altbauwohnungen), d. h. ihren Kapitalwert, beeinflussen. Ist diese letztere Tendenz für ein bestimmtes Sachaktivum generell stärker als die der „technischen" Abnutzung und manifestiert sie sich zudem in der Erwartung einer (relativen) Preissteigerung (z. B. Gold!), so kann dieses Sachaktivum unter dem Aspekt der Unsicherheit des Kapitalwertes durchaus liquider sein als viele andere Finanzaktiva.

Der Vollständigkeit halber muß noch erwähnt werden, daß eine Variation der zukünftigen relativen Preise (inklusive Zinssätze) der Aktiva nicht nur den Kapitalwert bestimmter Aktiva berührt (langfristige festverzinsliche Wertpapiere, Aktien, Sachaktiva), sondern auch deren „Einkommen" verändern kann. Unter Einkommen verstehen wir die Zinszahlungen (festverzinsliche Wertpapiere) und die Dividenden (Aktien). Dieses Einkommen stellt jedoch kein konstitutives Element der Liquidität dar, da die Liquiditätseigenschaft aus der Geldeigenschaft abgeleitet ist und das Geld (vom Typ M_1 und in den gegenwärtigen Geldordnungen) kein pekuniäres Einkommen abwirft. Es ist jedoch für die optimale Zusammensetzung der Aktiva von Bedeutung, da (wie wir später noch sehen werden) diese durch das Abwägen von Liquiditätsvorteilen (Zahlungssicherheit, Kapitalwertsicherheit, Realwertsicherheit, Ersparnis von Transaktionskosten) und pekuniären Ertragsvorteilen bestimmt wird. Der pekuniäre Ertrag setzt sich nicht nur aus einem (möglichen) Kapitalgewinn (und Realwertgewinn) zusammen, sondern auch aus dem soeben erwähnten Einkommen, das für die meisten Aktiva, insbesondere für die festverzinslichen Wertpapiere, im voraus bekannt ist. Völlig unbekannt ist dieses Einkommen bei den Aktien. Die „Einkommensunsicherheit" der Aktien steht aber in einer gewissen gegenseitigen Abhängigkeit zu der Unsicherheit ihres Kapitalwertes, da sich die Höhe der gezahlten (oder einbehaltenen) Dividenden ebenfalls im Kapitalwert der Aktien niederschlagen kann.

(iv) *Der Sicherheitsgrad des Realwertes der Aktiva.* Im Falle von allgemeinen inflationären oder deflationären Geldwertschwankungen erfährt der Realwert der Aktien und Sachaktiva überhaupt keine Veränderungen, und unter diesem Gesichtspunkt könnten Aktien und Sachaktiva als ideale Wertaufbewahrungsmittel angesehen werden. Dies gilt vor allem in Zeiten *eindeutiger* inflationärer Preisbewegungen, in denen die Finanzaktiva einen stetigen Verlust in ihrem Realwert einbüßen. In solchen Zeiten kann je nach dem erwarteten Inflationsgrad das Geld, das vorher als Träger höchster Liquidität das beste Zahlungs- und Wertaufbewahrungsmittel darstellte, seine absolute Liquiditätseigenschaft verlieren und im Vergleich zu Aktien und Sachaktiva zu einem weniger liquiden Aktivum werden. Werden dagegen umgekehrt andauernde deflationäre Preisveränderungen erwartet, erhöht sich dementsprechend der Realwert der Finanzaktiva (inklusive Geld), während der Realwert der Aktien und Sachaktiva weiterhin unverändert bleibt; unter diesem Aspekt wären dann die Finanzaktiva bei weitem liquider als Aktien und Sachaktiva [29].

Wir wollen die von uns vorgeschlagene Formulierung des Liquiditätskonzepts wie folgt zusammenfassen (siehe auch die synoptische Übersicht in Tabelle 1). Ausgangspunkt unserer Überlegungen war die der Geldmenge vom Typ M_1 zugrunde liegende Definition des Geldes als ein allgemein anerkanntes Zahlungs- und Wertaufbewahrungsmittel. In diesen beiden Eigenschaften kann die Geldmenge die Größen der Wirtschaft beeinflussen. Diese „Geldqualitäten" sind auch anderen Gütern, anderen (nichtmenschlichen) Aktiva, nämlich den kurzfristigen und langfristigen

---

[29] Neben der Unsicherheit des Kapitalwertes und des Realwertes muß noch ein anderer Typ der Unsicherheit erwähnt werden, der in enger Beziehung zur Kapitalwertunsicherheit steht und der sich nur auf die Finanzaktiva bezieht: die Unsicherheit hinsichtlich der Zahlungsfähigkeit der Schuldner, öfters auch *Kredit-* oder *Verzugsrisiko* genannt.

Der Grad dieses Risikos, mit dem die einzelnen Wertpapiere behaftet sein können, hängt von der Kreditwürdigkeit des Schuldners ab. Innerhalb der Schuldtitel, die z. B. die gleiche Laufzeit haben, können unterschiedliche Klassen des Verzugsrisikos existieren. Die aufgrund dieser Risikoklassen bestehenden Risikoprämien richten sich in ihrer Größe nach der Einschätzung des Risikos durch den Wertpapierbesitzer und nach dessen Aversionsgrad, solche Risiken einzugehen. Diese Risikoprämien determinieren die sog. Verzugsrisikostruktur der Zinssätze z. B. von Wertpapieren mit der gleichen Laufzeit. (Diese Verzugsrisikostruktur der Zinssätze unterscheidet sich von der Friststruktur der Zinssätze insofern, als letztere auf unterschiedlichen Laufzeiten der Wertpapiere beruht.)

Unterliegt ein Wertpapier einem hohen Verzugsrisiko, dann ist sein Preis relativ gering bzw. sein Zinssatz ist relativ hoch; denn die Gefahr einer Zahlungsunfähigkeit schlägt sich „am Markte" im Preis des betreffenden Wertpapieres nieder – vor allem dann, wenn die Erwartung der Zahlungsunfähigkeit von einem größeren Teil der Marktteilnehmer gehegt wird. Vgl. J. R. Hicks [1946], S. 142–144.

Sein *zukünftiger* Kapitalwert ist jedoch nicht notwendigerweise unsicherer als etwa der zukünftige Kapitalwert von mündelsicheren Wertpapieren mit identischer Laufzeit; denn das Verzugsrisiko ist schon im *gegenwärtigen* Preis in Form eines Preisabschlags berücksichtigt. Die Unsicherheit seines zukünftigen Kapitalwertes hängt wie im Falle von mündelsicheren Wertpapieren von der Unsicherheit hinsichtlich der zukünftigen Entwicklung der Zinssätze ab. Die Relation zwischen dem zukünftigen Zinssatz des Wertpapiers mit hohem Verzugsrisiko und dem zukünftigen Zinssatz der mündelsicheren Wertpapiere wird sich ceteris paribus nur dann verschieben, wenn in der Zukunft das Verzugsrisiko von den Marktteilnehmern anders eingeschätzt wird. Siehe hierzu A. Lindbeck [1962], S. 16–18.

festverzinslichen Wertpapieren, den Aktien und den Sachaktiva gemeinsam – wenn auch (meistens) in einem geringeren Maße. Sie sind weniger liquide als Geld, da sie keine vollständigen Zahlungs- *und* Wertaufbewahrungsmittel darstellen. In bezug auf das Zahlungsmittel Geld stehen sie dem Gelde dann besonders nahe, wenn ihre Umwandlung in das Zahlungsmittel Geld nur geringe Informations- und Transformationskosten erfordert. Ihr Liquiditätsgrad würde sich weiterhin erhöhen, wenn sie – von Geldwertschwankungen abgesehen – dem Geld als sicherstem Wertaufbewahrungsmittel sehr nahe stehen, d. h. wenn die Sicherheit ihres Kapitalwertes nahezu vollständig ist.

Tabelle 1

Liquidität als „Geldnähe“ der Aktiva	„Zahlungsmittelnähe“		„Wertaufbewahrungsmittelnähe“	
Liquiditätselemente / Arten von nichtmenschl. Aktiva	Wegfall von Informationskosten (i)	Wegfall von Transformationskosten (ii)	Sicherheit des Kapitalwertes (iii)	Sicherheit des Realwertes (iv)
Geld (M_1)	ja	ja	ja	nein
kurzfristige festverzinsliche Wertpapiere	ja, nein	nein	ja	nein
langfristige festverzinsliche Wertpapiere	ja, nein	nein	nein	nein
Aktien	ja, nein	nein	nein	ja
Sachaktiva	ja, nein	nein	nein	ja

Mit dieser Spezifizierung der Liquiditätselemente wurde jedoch nur eine *formelle* Begriffsbestimmung der Liquidität im Sinne der Geldnähe von Vermögensobjekten zustande gebracht. Da das Liquiditätsphänomen zum großen Teil ein Phänomen der unvollständigen Voraussicht bzw. der Unsicherheit ist (siehe die Punkte i, iii–iv) [30] und die *Bewertung* dieser Unsicherheit schließlich von den Erwartungen der einzelnen Wirtschaftssubjekte abhängig ist, läßt sich ein „objektives“ Liquiditätsmaß, wie es z. B. das „Geldmaß“ ist (Höhe der in einer Wirtschaft vorhandenen Geldmenge), nicht ableiten. Grundsätzlich läßt sich auch nicht sagen, welches Akti-

[30] Vgl. auch die Fußnote 26 auf S. 53.

vum liquider – und um wieviel liquider – ist als ein anderes. Es kann nur von Fall zu Fall anhand der gegenwärtigen Fakten (insbesondere der Wirtschaftslage) und der „allgemeinen Erwartungen" entschieden werden, daß eine Gruppe von Aktiva, deren Märkte z. B. nahezu vollkommen sind, bei denen die Transformationskosten gering sind und (oder) deren Kapital- und Realwert in Zukunft konstant ist, wenn nicht sogar steigt, liquider ist als eine andere Gruppe von Aktiva, die diese „geldnahen" Eigenschaften nicht besitzen.

Aufgrund dieser Einschränkungen, die grundsätzlich empirischer Natur sind, „begnügt" man sich in der jüngsten Geldtheorie mit den weiter gefaßten Geldmengenbegriffen vom Typ M_2 oder M_3 [31]. Eine Entscheidung darüber, welche Definition der Geld- bzw. Liquiditätsmenge (M_1, M_2, M_3, ...) denn nun die „beste" ist, kann nicht a priori getroffen werden, sondern allein mit Hilfe der empirischen Wirtschaftsforschung. Nur diese kann Aufschluß darüber geben, welche Geldmenge die „wirkungsvollste" ist, d. h. welche den größten Einfluß auf eine Reihe von makroökonomischen Variablen (Volkseinkommen, Preisniveau ...) ausübt.

[31] Einige Autoren gehen nun noch weiter, indem sie M_4, M_5 usw. vorschlagen. M_4 wäre z. b. M_3 plus andere „geldnahe" Finanzaktiva. Dabei werden die Terminguthaben und die sonstigen Finanzaktiva mit einem „moneyness coefficient" versehen, der zwischen 0 und 1 liegt. Diese Koeffizienten der Geldnähe erhalten sie aus einer multiplen Regressionsanalyse, indem sie Veränderungen der Geldmenge (jeweils für M_1, M_2, M_3, M_4, M_5) vornehmen, um dann Veränderungen des nominalen Volkseinkommens vorherzusagen. Siehe hierzu R. T. Timberlake Jr. und J. Fortson, Time Deposits in the Definition of Money, in: American Economic Review, LVII (1967) und G. S. Laumas, Savings Deposits in the Definition of Money, in: Journal of Political Economy, LXXVII (1969).

Kapitel III

Ein theoretischer Exkurs in die Entwicklungsgeschichte der Geldwirtschaft

1. Erste Hypothese zur Erklärung der Entwicklungsgeschichte der Geldwirtschaft: Geld reduziert die Transaktionskosten: a) Der Vergleich von organisierter Tauschwirtschaft und Geldwirtschaft; b) Das Konzept der Geldneutralität. – 2. Zweite Hypothese zur Erklärung der Entwicklungsgeschichte der Geldwirtschaft: Finanzaktiva (Geld und Wertpapiere) stimulieren das Wachstum: a) Rudimentäre Finanzierungsmittel; b) Kredit; c) Intermediäre Kreditbeziehungen (monetäre und nichtmonetäre Finanzintermediäre).

Geld ist ein allgemein verbindliches Zahlungsmittel wie auch ein Wertaufbewahrungsmittel.

Der allmähliche Übergang der Tauschwirtschaft zur Geldwirtschaft und die zunehmende Entsubstantialisierung des Geldes infolge des evolutorischen Prozesses vom Warengeld zum Kreditgeld (Papier- und Buchgeld) sind Symptome für eine fortschreitende Reduzierung der im „Tausch" anfallenden Transaktionskosten [1]: Das Geld erfuhr im Laufe der Entwicklungsgeschichte der Geldwirtschaft tendenziell eine immer stärkere Ökonomisierung seiner Funktion des allgemein anerkannten Tauschmittels. Zudem tauchte insbesondere durch die zunehmende Aktivität der sog. Finanzintermediäre eine immer größere Vielfalt von kurzfristigen, geldnahen Wertpapieren auf, die eine Substitution der Geldhaltung zugunsten anderer liquider Aktiva in Gang setzte.

Aber auch unter seinem Aspekt des Wertaufbewahrungsmittels ermöglichte das Geld eine Verbesserung der Wirtschaftlichkeit. Unter Verbesserung der Wirtschaftlichkeit wird eine bessere Organisation der Wirt-

[1] Der Term Transaktionskosten wird hier im Sinne jener Kosten verwandt, die das Sichfinden von Angebot und Nachfrage (d. h. der Tausch) verursacht. Sie sind z. B. nicht mit den (schon bekannten) Transaktionskosten zu verwechseln, die bei der Umwandlung von Kasse in Wertpapiere und von Wertpapieren in Kasse entstehen. Siehe hierzu Fußnote 25 auf S. 52.

schaft und ihrer Märkte verstanden, die Anreiz zu einem höheren Spar- und Investitionsvolumen bietet und eine effizientere Allokation der Sparsummen auf alternative Investitionsprojekte garantiert. Dazu trugen nicht nur das Geld, sondern in noch viel stärkerem Ausmaße andere Wertaufbewahrungsmittel, insbesondere die Finanzaktiva, bei.

Diese Entwicklung der Geldwirtschaft, und zwar einerseits der Übergang von der Tauschwirtschaft zur Geldwirtschaft und von einer Geldreform zu einer anderen Geldform und andererseits der Wandel der „reinen" Geldwirtschaft in Richtung einer Kreditwirtschaft mit ihren „komplizierten" Finanzmärkten und vielfältigen Finanzinstitutionen, soll im folgenden vom Gesichtspunkt der Wirtschaftstheorie erklärt werden. Dabei wird von Anfang an auf eine detaillierte historische Beschreibung der einzelnen monetären und finanziellen Fakten verzichtet. Ferner werden Fragen der Entstehungs- und Entwicklungsgeschichte des Geldes, die historisch-soziologischer Art sind, von vornherein ausgeklammert [2].

Für eine ökonomisch-theoretische Begründung der Evolution der Geldwirtschaft werden zwei (streng ökonomische) Hypothesen vorgeschlagen, welche die raison d'être der Geldwirtschaft und die Entwicklung der Geldwirtschaft in Richtung einer fortschreitenden Kreditwirtschaft zu erklären versuchen. (1) Die erste Hypothese gibt Auskunft über den Übergang von einer Tauschwirtschaft zu einer Geldwirtschaft und von einer Geldform zu einer anderen Geldform; sie deutet diesen Übergang mit dem Argument, daß stets nach rationelleren Zahlungsmitteln gesucht wurde, um die mit dem Tausch verbundenen Transaktionskosten zu reduzieren. (2) Die zweite Hypothese erklärt die Existenz und das stetige Anwachsen des weitverzweigten Netzes von Forderungen und Verbindlichkeiten, das jeweils eine Geldwirtschaft charakterisiert; die Existenz des Geldes und – vor allem – anderer Finanzaktiva garantiert ein höheres und effizienteres Spar- und Investitionsvolumen und stimuliert damit das Wachstum einer Wirtschaft.

Dieser theoretische Exkurs in die Entwicklungsgeschichte der Geldwirtschaft ist nicht nur für die wissenschaftliche Erklärung der Geld- und Kreditwirtschaft interessant. Er erlaubt gleichzeitig eine bessere Einsicht in das Funktionieren eines modernen, differenziert ausgestatteten Geld- und Kreditsystems. Vor allem gibt er über einige Fragen Auskunft, die in späteren Kapiteln weiter behandelt werden. Einmal ist der für die Neutralitätsmessung des Geldes und in der sog. Dichotomiedebatte praktizierte Vergleich einer Geldwirtschaft mit einer Tauschwirtschaft nur dann statthaft, wenn die in den beiden Wirtschaftsformen unterschiedlichen Transaktionskosten berücksichtigt werden. Zum anderen besitzt das Geld in modernen Wirtschaften einen Kreditcharakter, den es mit anderen Finanz-

---

[2] Diese Fragen sind u. a. bei G. Schmölders [1968], S. 9–32 behandelt.

aktiva teilt; die Modalitäten der Geldschaffung (und zwar die der Schaffung des sog. Innengelds) sind mit denen der Produktion anderer Finanzaktiva insofern identisch, als beide als Resultat einer Kreditvermittlung (einer „financial intermediation") konzipiert werden können.

1. Erste Hypothese zur Erklärung der Entwicklungsgeschichte der Geldwirtschaft: Geld reduziert die Transaktionskosten

Der Übergang von der Tauschwirtschaft zur Geldwirtschaft beruhte auf dem Vorteil, die Tauschakte ökonomischer (d. h. billiger und bequemer) durchführen zu können. Aus der Geldgeschichte wissen wir, daß dieser Übergang nicht abrupt erfolgte [3]. Zur Erleichterung des Tausches konnten z. B. allgemein brauchbare Waren dienen, die als „Zwischentauschwaren" überall oder nur in bestimmten Sektoren der Wirtschaft Anerkennung fanden. Diese verringerten die Transaktionskosten eines komplizierten direkten Tausches; denn letzterer implizierte die effektive Übergabe von Waren, die der Empfänger nur deshalb annahm, um damit andere Waren zu kaufen, die er schließlich wünschte. Diese recht kostspielige Organisationsform eines direkten Tausches konnte rationalisiert werden, indem nicht nur bestimmte Waren zum Zwecke von allgemein anerkannten Tauschmitteln standardisiert wurden – Gold und Silber sind hierfür nur zwei von vielen möglichen Varianten [4] –, sondern indem überhaupt von dem „mühsamen" Zwischenhandel von standardisierten Waren (und ihrer teueren Produktion) abgesehen wurde und man zu den „bequemeren" Tauschmitteln in Gestalt des Papier- und Buchgeldes überging. Ein möglicher Ansatz für die theoretische Durchdringung der Entwicklungsgeschichte der Geldwirtschaft ist daher die Hypothese, daß stets nach rationelleren Methoden Ausschau gehalten wurde, um die mit dem Kauf und Verkauf verbundenen Transaktionskosten (die „Tauschkosten") zu vermindern [5] (und diese „rationellere" Abwicklung der Transaktionen war wohl auch durch den Tatbestand bedingt, daß die Wirtschaftssubjekte „rationaler" wurden [6]).

[3] Siehe hierzu G. Schmölders [1968], S. 28–32.

[4] Wenn wir einmal von den Produktionskosten des Goldes absehen, so verursacht das Gold als Zahlungsmittel im Vergleich zu anderen Sachgütern als mögliche Zahlungsmittel die geringsten Transaktionskosten: Es ist unverderblich, beliebig teilbar und besitzt ein hohes spezifisches Gewicht.

[5] Vgl. J. R. Hicks [1967], S. 7.

[6] Werden demnach der allmähliche Übergang der Tauschwirtschaft zur Geldwirtschaft und die kontinuierliche Entsubstantialisierung des Geldes als ein Prozeß

a) Der Vergleich von organisierter Tauschwirtschaft und Geldwirtschaft

Für den Wirtschaftstheoretiker stellt sich das Problem der Entwicklungsgeschichte der Geldwirtschaft als ein Problem der optimalen Organisation der Wirtschaft im Sinne der optimalen Gestaltung von Kauf- und Verkaufsakten. Das optimale Handelssystem zwischen *n* Gütern ist ähnlich zu lösen wie das optimale Straßensystem zwischen *n* Ortschaften [7]. Nehmen wir z. B. an, daß es in der Wirtschaft vier Arten von Gütern bzw. vier Ortschaften gibt: *A, B, C* und *D.* Drei alternative Handels- bzw. Verkehrssysteme sind denkbar.

(1) Jeder Ort ist mit jedem anderen Ort direkt verbunden, so daß es insgesamt sechs Straßen gibt (Abb. 2). In Analogie zu diesem spezifischen Straßensystem würde die Handelsorganisation die einer organisierten Tauschwirtschaft mit sog. *Handelsposten* ein, und zwar hier mit sechs Handelsposten (vgl. den schraffierten Teil der Tabelle 2). Der Handelsposten *BA* besagt, daß an diesem Handelsstand das Gut *B* angeboten wird und das Gut *A* nachgefragt wird, d. h. der Verkauf von *B* gegen den Kauf von *A.* Strikt genommen existieren in der Tabelle 2 zwölf Handelsposten. Der dem Stand *BA* entsprechende Handelsposten ist *AB,* bei dem

---

verstanden, der immer stärker die mit dem „Tausch" verbundenen Transaktionskosten zu reduzieren tendiert, so ist die These, wonach der in einer Wirtschaft „jeweilig herrschende Träger der Geldfunktion" ein rein empirisches Problem ist, nicht mehr haltbar. Diese Behauptung stellen z. B. B. P. Pesek und T. R. Saving in ihrem sonst sehr stimulierenden Buch Money, Wealth, and Economic Theory (New York und London 1967, S. 183–184) auf. Sie sagen hierzu folgendes:

„Es versteht sich von selbst, daß die Frage, weshalb irgendeine bestimmte Sache als Zahlungsmittel dient oder nicht dient, einen Tatbestand darstellt, den keine ökonomische Theorie a priori zu erklären in der Lage ist. Wie so oft, wenn wir von der wohl geordneten Welt der Theorie in die verworrene und komplexe Welt der Realität hinabsteigen, wird uns plötzlich bewußt, daß analytische Konzepte an Schärfe verlieren."

["It is clear that the problem of whether something serves or does not serve as a medium of exchange is an issue that no economic theory is able to answer on some *a priori* basis; it is a purely empirical problem. As always, when we descend from the well-ordered world of theory into the confused and complex world of reality, we are likely to discover that analytical concepts become fuzzy along the edges."]

Wir geben zwar zu, daß die Frage, weshalb in einer „primitiven" Tauschwirtschaft (und hiermit nähern wir uns historisch-soziologischen Fragen, die wir eigentlich von vornherein ausklammern wollten) z. B. bei den Kwakintl-Indianern Strohmatten und auf der Insel Yap Mühlsteine die Geldfunktion ausübten, durchaus „ein rein empirisches Problem" darstellt – zumindest für den Ökonomen, da dieses Problem eher eine Frage für den Kultursoziologen ist. (Vgl. hierzu G. Schmölders [1968], S. 17 und 22.) Auf der anderen Seite ist jedoch der Entwicklungsprozeß der Geldwirtschaft, etwa von einer metallistischen zur kreditären Geldsubstanz, ein wissenschaftlich erklärbarer Prozeß, sofern (!) die Wirtschaftssubjekte ökonomischer handelten, d. h. die Transaktionen rationeller abwickeln wollten.

[7] Vgl. hierzu N. Wallace, An Approach to the Study of Money and Nonmoney Exchange Structures, in: Journal of Money, Credit and Banking, IV (1972), S. 838–847, insbesondere S. 838–839.

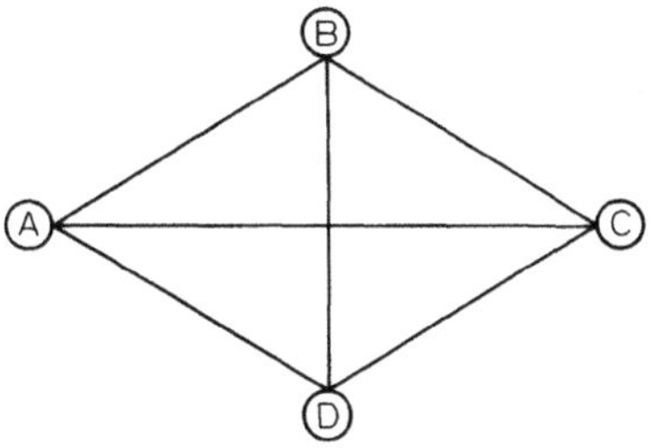

Abb. 2

A gegen den Erwerb von *B* verkauft wird. Die Handelsposten-Organisationsform der Tauschwirtschaft wird jedoch rationeller (d. h. kostengünstiger) sein, wenn beim Stand *BA* sowohl *B* gegen *A* verkauft als auch *B* gegen *A* gekauft werden kann, und zwar in ähnlicher Weise wie die Straßenverbindung zwischen *A* und *B* eine Bewegung sowohl von *A* nach *B* als auch von *B* nach *A* ermöglicht.

Tabelle 2

Angebot \ Nachfrage	A	B	C	D
A		AB	AC	AD
B	BA		BC	BD
C	CA	CB		CD
D	DA	DB	DC	

Bei *n* Gütern beträgt die Zahl der Handelsposten $n\,(n-1)/2$. Existieren z. B. in einer Wirtschaft 100 Güter, dann gibt es insgesamt 4950 Handelsstände! In einer Geldwirtschaft würden dagegen nur 100 „Handelsstände" existieren: Jeder „Handelsposten" spezialisiert sich auf den Kauf und Verkauf eines *einzigen* Gutes, wobei der Kauf bzw. Verkauf dieses Gutes gegen Geld erfolgt.

Es versteht sich nun nicht unbedingt von selbst, daß die Geldwirtschaft a priori diesem Typ der organisierten Tauschwirtschaft überlegen ist. Für das einzelne Wirtschaftssubjekt kann es durchaus lukrativer sein, einen direkten Tausch an einem Handelsstand vorzunehmen, anstatt zwei getrennte Transaktionen zu tätigen, die es in einer Geldwirtschaft durchzuführen hat: Verkauf eines Gutes gegen Geld an dem Handelsstand eines spezialisierten Gutes; Kauf eines anderen Gutes gegen Geld an dem Handelsstand des anderen spezialisierten Gutes. Die Geldwirtschaft erhöht also die Zahl der Transaktionen im Vergleich zu unserer organisierten Tauschwirtschaft. Es ist daher nicht richtig zu behaupten, daß einer der Vorteile der Geldwirtschaft darin besteht, daß sich die Notwendigkeit der doppelten Übereinstimmung der Tauschwünsche des Käufers und Verkäufers durch die Existenz des allgemein anerkannten Tauschmittels Geld erübrigt; diese Feststellung gilt nur dann, wenn die Vergleichsbasis der Geldwirtschaft die einer unorganisierten Tauschwirtschaft ist.

Unser Typ der Tauschwirtschaft ist jedoch der einer mit Hilfe von Handelsposten organisierten Wirtschaft. Die relevante ökonomische Fragestellung nach den Vorteilen einer Geldwirtschaft muß deshalb lauten, ob die Organisationskosten der Geldwirtschaft geringer sind als die Organisationskosten des von uns besprochenen Typs einer Tauschwirtschaft. Für den Fall einer Wirtschaft mit einer relativ geringen Zahl an Gütern (beispielsweise 10 Gütern) kann die organisierte Tauschwirtschaft (in unserem Beispiel 45 Handelsposten) mit weniger Transaktionskosten verbunden sein als eine Geldwirtschaft (10 spezialisierte Handelsposten). Mit zunehmender Zahl an Gütern wächst jedoch die Zahl der Handelsposten ins Unermeßliche, beispielsweise bei 1000 Gütern auf 499 500 Handelsposten, die sich in einer Geldwirtschaft auf 1000 reduzieren. Es versteht sich nun hier von selbst, daß eine Geldwirtschaft radikal geringere Organisationskosten impliziert und daß sie deshalb um so unumgänglicher wird, je größer die Zahl der existierenden Güter ist.

Es muß jedoch an dieser Stelle betont werden, daß vielfach die Vorteile einer Geldwirtschaft aus den Nachteilen einer *nicht-organisierten* Tauschwirtschaft abgeleitet werden. Im Vergleich zu einer organisierten Tauschwirtschaft unterliegt die nicht-organisierte Tauschwirtschaft zwei zusätzlichen Arten von Transaktionskosten. Einerseits lassen sich hier nun tatsächlich die Suchkosten als Folge der Suche nach dem Standort von potentiellen Käufern oder Verkäufern konstruieren. Die Tauschwünsche des Käufers und Verkäufers brauchen selbst nach intensiver Suche nicht miteinander übereinzustimmen, so daß eine komplizierte Tauschkette von „Zwischentauschwaren" entsteht. Andererseits existieren Informationskosten über die Qualität der auszutauschenden Güter [8]. Da keine Handelsagenten („Spezialisten", „Handelsposten") vorliegen, ist jeder Käufer oder Verkäufer auf seine eigenen Kenntnisse bzw. Unkenntnisse hinsichtlich der Güte des angebotenen und nachgefragten Gutes angewiesen. Erst spezialisierte Märkte (in Form von Handelsposten in einer organisierten Tauschwirtschaft oder in Form von spezialisierten Märkten für jeweils ein einziges Gut in einer Geldwirtschaft) erlauben eine „objektive" Information über die Qualität der Güter.

---

[8] Siehe hierzu A. A. Alchian, Why Money?, in: Journal of Money, Credit and Banking, IX (1977), S. 133–140.

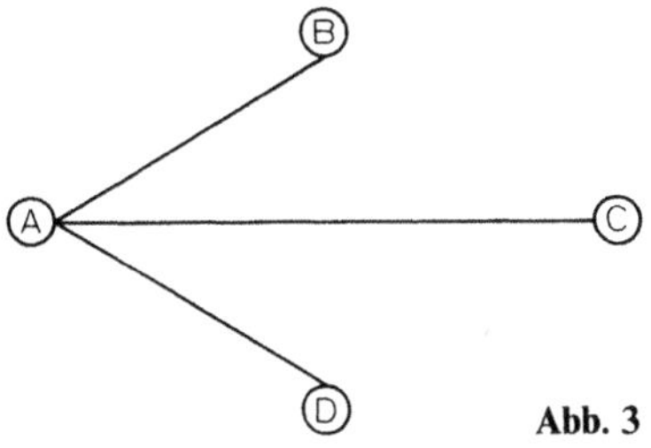

Abb. 3

(2) Ein anderer Typ einer organisierten Tauschwirtschaft ist der von Handelsintermediären, der mit einem Straßensystem vergleichbar ist, das die einzelnen Ortschaften mittels eines Verkehrsknotenpunkts (*A* in Abb. 3) verbindet. In unserem Beispiel der Tauschwirtschaft mit vier Gütern und vier Wirtschaftssubjekten kann z. B. folgender Fall vorliegen:

Wirtschaftssubjekt I bietet *A* an und
fragt *D* nach;
Wirtschaftssubjekt II bietet *B* an und
fragt *A* nach;
Wirtschaftssubjekt III bietet *C* an und
fragt *B* nach;
Wirtschaftssubjekt IV bietet *D* an und
fragt *C* nach.

Eine mögliche Tauschkette ist die der Abb. 4, bei der das Wirtschaftssubjekt I gleichzeitig der Handelsintermediär ist. Während alle anderen Wirtschaftssubjekte einen bilateralen Tausch mit I vornehmen, führt I einen multilateralen Tausch mit allen anderen Individuen durch.

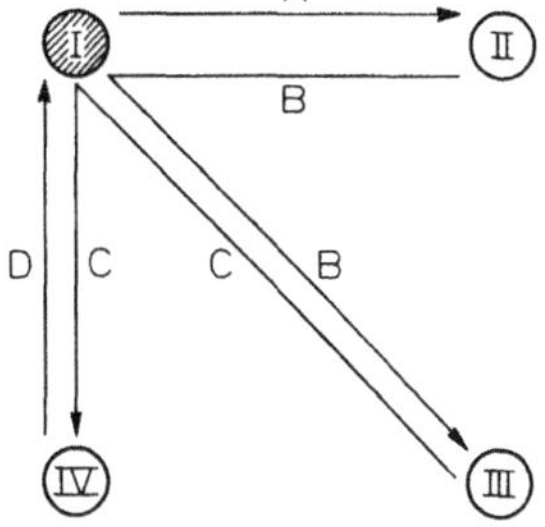

Abb. 4

Da jedes der vier Wirtschaftssubjekte die Rolle des Tauschmittlers übernehmen könnte, stellt sich die Frage, weshalb gerade das Wirtschaftssubjekt I die Funktion des Handelszentrums übernimmt. Derjenige wird nun die Aufgabe eines Handelsintermediärs übernehmen, der die beste

Markttransparenz über den Standort von Käufern und Verkäufern, über die Qualität der angebotenen und nachgefragten Güter und über eventuelle Preisunterschiede besitzt bzw. diese Informationen zum geringsten Preise (d. h. zu den geringsten Transaktionskosten) anbieten kann.

Der Handelsintermediär ist sozusagen ein Handelsposten für alle Güter. Mit einer steigenden Zahl an Gütern ist es wahrscheinlich, daß sich mehrere Handelsintermediäre bilden, die sich entweder geographisch und/oder auf bestimmte Güterkategorien spezialisieren. Da Handelsintermediäre eine komplexere Form von Handelsposten darstellen, kann auch zu diesem Typ einer organisierten Tauschwirtschaft die Feststellung gemacht werden, daß ihre Organisationskosten mit zunehmender Zahl an Gütern überproportional steigen, so daß sich vom Gesichtspunkt der Transaktionskosten bei einer großen Zahl von Gütern wiederum die Geldwirtschaft aufzwingt.

In diesem Zusammenhang kann auch noch die Frage beantwortet werden, welches Gut die Funktion des Geldes in einer Geldwirtschaft übernehmen wird. Es sind nicht so sehr die traditionellen Attribute wie Verkehrsfähigkeit, Homogenität, Teilbarkeit, Erkennbarkeit, Wertstabilität etc., welche die notwendigen Bedingungen für einen Geldträger sind. Generell wird jenes Gut die Geldfunktion ausüben, welches die geringsten Transaktionskosten verursacht: U. a. müssen seine Qualität und sein gegenwärtiger und zukünftiger Preis im Vergleich zu allen anderen Gütern am besten bekannt sein. In einer Tauschwirtschaft werden sich folglich jene Güter zu „Zwischentauschwaren" (Zahlungsmittel) entwickeln, deren Märkte vollkommen sind, d. h. deren Qualität und Preise vollständig bekannt sind; ist zudem ihr zukünftiger Preis bekannt, dann sind sie auch perfekte Wertaufbewahrungsmittel – sofern ihr zukünftiger Preis unveränderlich bleibt.

In der Entwicklungsgeschichte der Tausch- und Geldwirtschaft bildeten sich vielfach jene Güter als Geldträger heraus, in denen das Handelszentrum spezialisiert war und die es auch selbst produzierte. Dies gilt vor allem für das Kreditgeld. Ein Handelszentrum war oft nicht nur ein Tauschmittler, sondern auch ein Kreditmittler, dessen eigene Schuldtitel nach einer gewissen Zeit als Geld zirkulieren konnten.

Die Existenz der Kreditbeziehung ruft einen besonderen Tatbestand der Geldwirtschaft auf den Plan, der in einer Tauschwirtschaft inexistent sein kann und der folglich von kapitaler Bedeutung in einer Geldwirtschaft ist. In einer Tauschwirtschaft, gleichgültig ob sie vom organisierten oder nicht-organisierten Typ ist, erfolgen Kauf und Verkauf unmittelbar. „Naturale Einnahmen und Ausgaben" geschehen im gleichen Augenblick. Es kann nun für die Wirtschaftssubjekte von größerem Vorteil sein, Käufe und Verkäufe nicht simultan zu schalten, sondern die Käufe in einem bestimmten Augenblick und die Verkäufe in einem anderen Augenblick zu tätigen. Diese *gewünschte* unvollständige Synchronisation von Käufen und Verkäufen ist durch die Existenz des Kredits oder durch die Existenz des Geldes möglich. „Natural"-Kredite sind natürlich in einer Tauschwirtschaft möglich. Sofern diese jedoch nur unter bestimmten Bedingungen gewährt werden, garantiert die Geldwirtschaft ein reibungsloseres Auseinanderfallen von Einnahmen und Ausgaben.

Dieser letzte Gesichtspunkt motiviert überhaupt die Geld*haltung* in einer Geldwirtschaft. Die bisherigen Vorteile einer Geldwirtschaft (geringere Organisationskosten der Märkte im Vergleich zu einer organisierten Tauschwirtschaft plus geringere Informationskosten bezüglich des Standorts von Käufern und Verkäufern und hinsichtlich der Qualität und Preise der Güter im Vergleich zu einer nicht-organisierten Tauschwirtschaft) bezogen sich implizite auf den *Gebrauch* des Geldes als „Zwischentauschware", wobei im gleichen Zeitpunkt die Güter von einem Wirtschaftssubjekt sowohl gekauft als auch verkauft wurden. Jetzt wird Geld zusätzlich „gebraucht" im Sinne der Geldhaltung. Geld wird gehalten, um dem Negativum des (in der kreditlosen Tauschwirtschaft notwendigen) zeitlichen Zusammenfalls von Kauf- und Verkaufsakt zu entgehen [9].

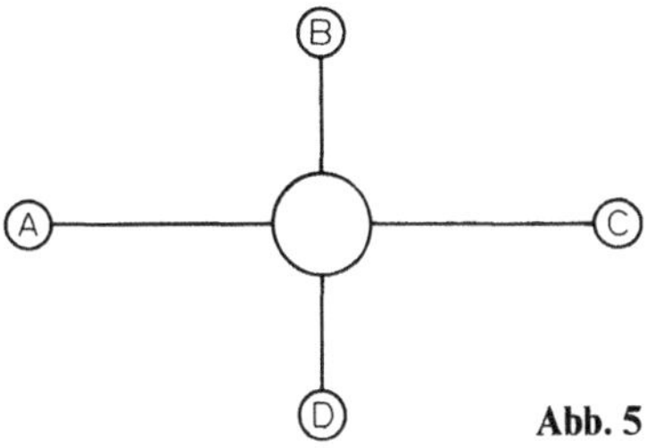

Abb. 5

(3) Die dritte mögliche Form einer Tauschorganisation ist die der Geldwirtschaft, wo nun die „Zwischentauschware" das perfekte Zahlungs- und Wertaufbewahrungsmittel Geld ist. Sie ist mit jenem Verkehrssystem äquivalent, das die einzelnen Ortschaften mittels eines Straßenkreuzungspunktes verbindet (Abb. 5). Geld ist eine Art von Drehscheibe, die zwei Transaktionen verbindet. Wie wir wissen, liegt der Vorteil der Geldwirtschaft im Vergleich zur Tauschwirtschaft in geringeren Transaktionskosten, und zwar geringere Organisationskosten der Märkte im Vergleich zur

[9] Bis in relativ jüngste Zeit, inklusive D. Patinkin [1965] und die erste Auflage dieses Lehrbuchs (E.-M. Claassen, Probleme der Geldtheorie, Berlin-Heidelberg 1970, S. 93 ff.), ist die unvollständige Synchronisation zwischen Einnahmen und Ausgaben als ein für das einzelne Wirtschaftssubjekt aufoktroyiertes Datum („institutionelle Faktoren", „Zahlungssitten") dargestellt worden, anstatt sie als ein Ergebnis optimaler Wahlentscheidungen zu betrachten. Siehe hierzu K. Brunner und A. H. Meltzer, The Uses of Money: Money in the Theory of an Exchange Economy, in: American Economic Review, LXI (1971), S. 335–349.

organisierten Tauschwirtschaft (statt Handelsposten und Handelsintermediären spezialisierte Märkte in jeweils einem Gut) plus geringere Informationskosten im Vergleich zu einer nicht-organisierten Tauschwirtschaft (bezüglich des Informationsaufwands über Standort von Käufern und Verkäufern und über Qualität und Preise der Güter).

Geringere Transaktionskosten in einer Wirtschaft bedeuten geringere Güterpreise und höheres Produktions- und Austauschvolumen. In Abb. 6 ist die Angebots- und Nachfragekonstellation eines Gutes mit und ohne Transaktionskosten eingezeichnet. Würden überhaupt keine Transaktionskosten existieren, dann gelten die Angebots- und Nachfragekurven S^* und D^*, und der Gleichgewichtspreis würde p^* und die Gleichgewichtsmenge Q^* lauten. Die Existenz von Transaktionskosten erhöht einerseits den Angebotspreis (Produktionskosten S^* plus Transaktionskosten der Anbieter) auf S und verringert andererseits den Nachfragepreis um die Transaktionskosten auf D. In Abb. 6 sind die Transaktionskosten als proportionale Kosten pro Mengeneinheit angenommen. Die Gleichgewichtsmenge reduziert sich auf Q_1, während sich der Preis auf p_1 erhöht; der „reine" Verkaufspreis (Produktionspreis) beträgt p_2 und der „Brutto"-Kaufpreis (Nachfragepreis) p_3.

Je nach der Höhe der Transaktionskosten kann die Gleichgewichtslösung p_1, Q_1 die einer nicht-organisierten oder organisierten Tauschwirtschaft sein. Eine andere Organisationsform der Wirtschaft (inklusive der der Geldwirtschaft) ist dann von Vorteil, wenn die Preis-Mengen-Lösungen innerhalb des schraffierten Dreiecks der Abb. 6 liegen. Das opti-

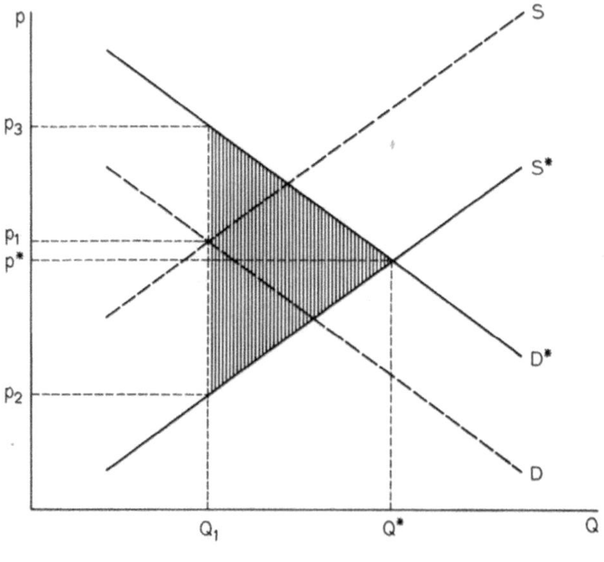

Abb. 6

mum optimorum ist natürlich die Lösung p^*, Q^*, die aber als eine Fiktion angesehen werden muß, da auch in einer Geldwirtschaft Transaktionskosten existieren [10].

b) Das Konzept der Geldneutralität

Der soeben beschriebene, aus divergierenden Transaktionskosten abgeleitete Unterschied zwischen einer Tauschwirtschaft und einer Geldwirtschaft ist für die „reine" Geldtheorie von besonderer Bedeutung. Um den Grad eines Geldeinflusses auf die Wirtschaft messen zu können, konzipierte man eine Wirtschaft ohne Geld und verglich diese mit einer Geldwirtschaft. Stellte man bei diesem Vergleich dann fest, daß die realen Austauschverhältnisse und Tauschmengen in beiden Wirtschaften dieselben waren, so übte das Geld keinen Einfluß auf die Realgrößen der Geldwirtschaft aus, es war „neutral".

Dieser fiktive Vergleich zwischen einer „reinen" Tauschwirtschaft und einer Geldwirtschaft zur Messung der Neutralität des Geldes bzw. seiner „Aktivität", der von Wicksell [11] und insbesondere von Hayek [12] vorgeschlagen wurde und der dann später auch von Patinkin [13] übernommen wurde, ist unter dem Aspekt der für beide Wirtschaften unterschiedlichen Transaktionskosten theoretisch einfach nicht haltbar. Eine Wirtschaft, die kein allgemein anerkanntes Tauschmittel besitzt, unterliegt größeren

---

[10] Die Vorteile, welche die Ablösung der Metallwährung durch eine Kreditwährung hervorruft und welche der Durchsetzung eines technischen Fortschritts gleichkommen, können mit der berühmten Metaphorik von Adam Smith verbildlicht werden, wonach die Einführung von Kreditgeld analog einem Straßennetz ist, das sich nicht mehr auf der Erde, sondern in der Luft befindet:

„Das Gold und Silbergeld, welches in einem Lande umläuft, kann sehr wohl mit einer Landstraße verglichen werden, die zwar alles Futter und Korn des Landes in Umlauf und auf den Markt bringt, aber selbst kein Quentchen davon produziert. Indem nun die verständigen Bankoperationen eine Art von Fuhrweg durch die Luft schaffen, wenn ich eine so kühne Metapher gebrauchen darf, setzen sie das Land instand, gleichsam einen großen Teil seiner Landstraßen in gute Weiden und Kornfelder zu verwandeln und dadurch das jährliche Produkt seines Bodens und seiner Arbeit beträchtlich zu vermehren."

A. Smith, An Inquiry into the Nature and Causes of the Wealth of Nations, Bd. II, London 1786 (Routledge), S. 246; deutsche Übersetzung: Eine Untersuchung über Natur und Wesen des Volkswohlstandes, Jena 1920, Bd. II, S. 67.

[11] K. Wicksell, Geldzins und Güterpreise, Jena 1898, S. 93–95; englische Übersetzung: Interest and Prices, London 1936, S. 102–104.

[12] F. A. von Hayek, Preise und Produktion, Wien 1931, S. 119–121; 2. erweiterte Aufl. in englischer Übersetzung: Prices and Production, London 1935, S. 129–131.

[13] D. Patinkin [1965], S. 75.

Eine ausführliche Besprechung des von Wicksell, Hayek, Patinkin (und anderen Autoren) angestellten Vergleichs zwischen einer Tauschwirtschaft und einer Geldwirtschaft findet sich bei E. M. Claassen, Monnaie, revenu national et prix, Paris 1968, S. 12–15, 22–24, 122–125.

Schwierigkeiten des Sichfindens von Angebot und Nachfrage; die sich in ihr bildenden Marktpreise und die zum Tausch kommenden Mengen werden von den aufgrund der schlecht organisierten Märkte [14] erhöhten Transaktionskosten (in der Regel) berührt werden (höhere Preise und verringerte Austauschmengen), da letztere auf Gleichgewichtspreise und -mengen wie etwa eine Steuer wirken, mit der jede Transaktion belastet würde.

Hieran würde sich auch dann nichts ändern, wenn z. B. in diese Tauschwirtschaft entsprechend dem analytischen Vorgehen von Walras ein „numéraire" eingeführt würde: Eine der n Waren dient als Recheneinheit, wodurch lediglich die $n\ (n-1)$ Preisrelationen auf $n-1$ reduziert werden. Die als „numéraire" dienende Ware ist (nach Walras) nicht gleichzeitig auch ein allgemein geltendes Tauschmittel. Die wegen seines Fehlens auftretenden „Reibungswiderstände" verursachen Transaktionskosten, so daß das Walrassche Gleichgewicht der Tauschwirtschaft etwa einem „Gleichgewicht unter Berücksichtigung der Steuerlast" ähnelt, wenn letztere gleich den Transaktionskosten gesetzt wird [15].

Das Gleichgewicht einer Tauschwirtschaft muß somit keineswegs gleich dem einer Geldwirtschaft sein, auch wenn sich das Geld neutral verhält. In ähnlicher Weise ist auch der analytische, vor allem von den Neoklassikern (u. a. von Walras, Wicksell) praktizierte Kunstgriff zu verwerfen, wonach die Wirtschaft in einen realen und monetären Sektor eingeteilt (oder besser zweigeteilt: „dichotomisiert") wird und der reale Sektor mit dergleichen Wirtschaft, jedoch nur ohne Geld (und ohne jegliches allgemein anerkanntes Tauschmittel), verglichen wird. Wird als Bezugsgrundlage für die Geldneutralität eine Tauschwirtschaft (bzw. der „reale Sektor" der Geldwirtschaft) zugrunde gelegt, so muß diese – mit den Worten von J. G. Koopmans – als ein „Idealtypus der reinen Tauschwirtschaft" interpretiert werden, d. h. eine Tauschwirtschaft, in der das Geld insofern existiert, als es die Friktionen des Sichfindens von Angebot und Nachfrage beseitigt bzw. die auf der Basis des Naturaltausches anfallenden höheren Transaktionskosten eliminiert, von dem aber auf der anderen Seite keine monetären Störungen ausgehen, die für eine Geldwirtschaft charakteristisch sind [16]. Diese hypothetische Gegenüberstellung: idealtypi-

---

[14] „Schlecht organisierte" Märkte dürfen nicht mit „unvollkommenen" Märkten verwechselt werden. Ein schlecht organisierter Markt kann durchaus auch ein vollkommener Markt sein.

[15] J. R. Hicks [1967], S. 3 und 6–7.

[16] „Neutral ist ... das Geld nur dann, und zwar nur dann, wenn sämtliche Vorgänge in der Geldwirtschaft dem Idealtypus einer reinen Tauschwirtschaft nach den Gesetzen der Gleichgewichtstheorien entsprechen.

... daß der ‚Idealtypus der reinen Tauschwirtschaft' ... keineswegs identisch ist mit dem Zustand, der sich ergeben würde, wenn man in der Wirklichkeit einen Versuch anstellen sollte, das Geld abzuschaffen und tatsächlich zum direkten oder indische Tauschwirtschaft – Geldwirtschaft scheint uns für die Probleme der Geldtheorie unter dem Aspekt der Messung des möglichen Geldeinflusses die geeignetste zu sein (erstaunlich ist nur, daß die Gedanken von Koopmans in der modernen Geldtheorie, zumindest in der angelsächsischen Literatur, erst in allerjüngster Zeit Anklang gefunden haben).

2. Zweite Hypothese zur Erklärung der Entwicklungsgeschichte der Geldwirtschaft: Finanzaktiva (Geld und Wertpapiere) stimulieren das Wachstum

Eine in der ökonomischen Theorie oft benutzte Methode zur Evaluierung des Einflusses einer bestimmten ökonomischen Größe auf die Wirtschaft besteht darin, anzunehmen, daß diese Größe gar nicht existiert (also auch keinen Einfluß ausüben kann) und festzustellen, welche Konsequenzen das für die Wirtschaft hätte.

Bezogen auf unser Problem können wir also fragen: Welche Folgen hat es für eine Wirtschaft, wenn von Anfang an weder Geld noch andere Finanzaktiva existieren?

Was das Nichtvorhandensein von Geld, und zwar von Geld im Sinne des Tauschmittels, angeht, so haben wir diese Frage schon weiter oben beantwortet: Die Wirtschaft erleidet höhere Transaktionskosten.

Unter dem Aspekt der Wertaufbewahrungsmittelfunktion, die nicht nur das Geld, sondern auch alle anderen Aktiva besitzen, bedeutet die Nichtexistenz von Finanzaktiva (inklusive Geld), daß jedes Wirtschaftssubjekt, ob Konsument oder Produzent, seine Ersparnisse nur in Sachaktiva anlegen kann [17]. Die Ersparnisse jedes einzelnen würden immer gleich

---

rekten Warentausch zurückzukehren; denn eben durch ein derartiges Vorgehen würden sich offenbar die Reibungswiderstände, denen in der idealtypischen Betrachtungsweise keine Rechnung getragen wird, ins Ungemessene steigern. Den Gegenstand der Gleichgewichtstheorien bildet vielmehr ... der hypothetische, in der Realität wohl überhaupt nicht denkbare Zustand, in dem gleichzeitig sowohl die Friktionserscheinungen, die sich mangels eines allgemein anerkannten Tauschmittels dem Zustandekommen eines vollständigen Gleichgewichts widersetzen, wie auch die spezifischen Änderungen, die sich infolge der tatsächlichen Einführung eines derartigen Tauschmittels in dem Wirtschaftsablauf ergeben, als nichtexistierend vorausgesetzt werden."

J. G. Koopmans [1933], S. 288 und 230.

[17] Die Aktiva einer Wirtschaft setzen sich grundsätzlich aus den sog. „menschlichen Aktiva" und den „nichtmenschlichen Aktiva" zusammen. Die menschlichen Aktiva (bzw. „menschliches Kapital": „human capital") sind gleich dem diskontierten Gegenwert der (gegenwärtigen und zukünftigen) Einkommen des Produktions-

seinen Investitionen, d. h. den Investitionen in Realaktiva sein und umgekehrt. Niemand wäre in der Lage, weniger (realwirtschaftlich) zu investieren, als seine Ersparnisse betragen, da eben keine anderen Aktiva, und zwar Finanzaktiva, existierten. Es könnte aber auch keiner mehr investieren, als er selbst gespart hat, weil einfach keine Möglichkeit bestünde, dieses Ausgabendefizit – etwa auf dem Kreditwege – zu „finanzieren". Jedes Wirtschaftssubjekt wäre somit gezwungen, sein Einkommen für den Kauf von Konsumgütern und Realaktiva vollständig auszugeben. Weder ein Mehr noch ein Weniger an Ausgaben wäre möglich. Böte sich einem Individuum ein günstiges Investitionsvorhaben, dessen Betrag seine eigenen Ersparnisse überschreitet, so könnte es diese Investition nicht durchführen; ein anderes Wirtschaftssubjekt würde dagegen vielleicht mehr sparen, wenn ihm ein größeres Arsenal an Anlagemöglichkeiten offenstände. Werden diese beiden Fälle für einen großen Teil der Wirtschaftssubjekte als typisch angesehen, so führt das Fehlen jeglicher Finanzaktiva in der Wirtschaft zu einem relativ geringen Investitions- und Sparvolumen.

Ferner: Die Investititionen unterscheiden sich u. a. durch verschieden hohe erwartete Ertragssätze, und es liegt im Interesse des wirtschaftlichen Wachstums, daß die Investitionen, die einen relativ größeren Ertrag abwerfen, zuerst durchgeführt werden. Nun ist es jedoch durchaus möglich, daß die effizienteren Investitionsprojekte überhaupt nicht in Angriff genommen werden, da es dem Investor an Ersparnissen fehlt, während weniger produktive Investitionen von Wirtschaftssubjekten realisiert werden, die über ausreichende Ersparnisse verfügen. Die auf die einzelnen Wirtschaftssubjekte verteilten Investitionsvorhaben entsprechen somit genau der Distribution ihrer Ersparnisse, und eine Redistribution der (schon geringen) Sparsummen auf die günstigsten Investitionen ist aufgrund fehlender Finanzaktiva nicht gewährleistet. Eine „finanzlose" Wirtschaft impliziert also in der Regel ein relativ geringes Spar- und Investitionsvolumen und zudem eine nicht effiziente Allokation der Ersparnisse.

Werden in dieses Modell einer „finanzlosen" Wirtschaft nacheinander verschiedene Typen von Finanzaktiva eingeführt, so werden hierdurch ein Anreiz zu einem höheren Spar- und Investitionsvolumen und ein ergiebigerer Einsatz der Sparsummen auf die ausstehenden Investitionsprojekte geschaffen. Das Argument, daß die Existenz der verschiedenartigsten Fi-

---

faktors Arbeit. Die nichtmenschlichen Aktiva (bzw. „nichtmenschliches Kapital": „non-human capital") bestehen aus den physischen Aktiva (d. h. den Produktionsmitteln – gemeinhin als Produktionsfaktor „Kapital" bezeichnet, dem Boden und den langlebigen Konsumgütern) und den finanziellen Aktiva (Geld, Wertpapieren und sonstigen Forderungstiteln).

Wenn wir im folgenden von den möglichen Anlageformen der Ersparnisse sprechen, so schließen wir vorerst jene Investitionen aus, die zwecks Erhöhung des menschlichen Kapitals (z. B. Ausgaben für Erziehung und Fortbildung) erfolgen können.

nanzaktiva das Wachstum einer Wirtschaft stimuliert, bildet daher die zweite Hypothese zur Erklärung der Entwicklungsgeschichte der Geldwirtschaft in Richtung einer fortschreitenden Kreditwirtschaft. Die Überlegungen stützen sich weitgehend auf die u. E. bahnbrechenden Arbeiten der beiden Amerikaner Gurley und Shaw [18]. Die Beweisführung beginnt (a) mit der Einführung von Geld als einzigem Finanzaktivum bzw. mit der Investitionsfinanzierung über bestimmte Sachaktiva (wie Gold und Boden!), die neben dem Geld zu den rudimentären Finanzierungsmitteln einer (unterentwickelten) Wirtschaft gezählt werden können. Jedoch gewährt erst (b) der Kredit eine Arbeitsteilung zwischen Sparern und Investoren. Diese Arbeitsteilung gestaltet sich (c) effizienter, wenn zwischen den Sparern und Investoren Kreditvermittler „zwischengeschaltet" werden, die eigene, spezialisierte Wertpapiere für den Erwerb von Sparmitteln schaffen und die Sparmittel den Investoren im Austausch gegen die von den Investoren ausgegebenen Schuldtitel anbieten; diese Finanzinstitute, gemeinhin Finanzintermediäre genannt, können in ihrer Kreditvermittlungstätigkeit sowohl monetäre als auch nichtmonetäre Finanzaktiva schaffen.

a) Rudimentäre Finanzierungsmittel

Führen wir zunächst das *Geld* als einziges Finanzaktivum in das weiter oben beschriebene Modell einer „finanzlosen" Wirtschaft ein. Die Existenz von Geld kann die Wirtschaft schon ein ganzes Stück vorwärtsbringen, auch wenn es ein „optimales Wachstum" noch nicht bewerkstelligt. Geld eröffnet nämlich die Möglichkeit zur „Außenfinanzierung" günstiger Investitionsprojekte und bietet dem Sparer neben den Realaktiva eine neue Anlageform, die der Geldhaltung. Wer soll jedoch dieses Geld schaffen, und um welche Geldform muß es sich handeln, damit ein Transfer von Ersparnissen eines Wirtschaftssubjektes zwecks Finanzierung der Investition eines anderen Wirtschaftssubjektes möglich wird?

Wir wollen zunächst einmal annehmen, daß das Geld aus Papier- oder Buchgeld besteht, welches von einer autoritären Instanz, und zwar einer Körperschaft des Staates, ausgegeben wird; die Gründe hierfür werden weiter unten evident. Da laut Annahme keine anderen Finanzaktiva (in Form von verbrieften oder nicht verbrieften Forderungstiteln) als das Geld existieren, kann der Staat eine Geldschaffung nicht etwa gegen Kauf von Wertpapieren (Offenmarktpolitik) ausführen. Wenn er „sein" Geld nicht verschenken will, so wird er es in der Weise in die Wirtschaft schleu-

[18] J. G. Gurley und E. S. Shaw, Money in a Theory of Finance, Washington, 1960, vor allem S. 46–53, 123–125 und 195–197.

sen, daß er dafür Güter (aus der laufenden Produktion bzw. Leistungen der Produktionsfaktoren) erwirbt (staatliche Defizitfinanzierung: „deficit-spending"); ihm wird dieser Kauf von Gütern aber nur dann gelingen, wenn seine Gegenleistung – das Angebot an Geld – angenommen wird (was wir hier allerdings unterstellen, da die Wirtschaftssubjekte ein Bedürfnis nach Geldhaltung – z.B. aus Gründen des sog. Transaktionsmotivs – haben sollen).

Der Staat kann den durch die Geldschaffung erlangten Güterfonds z. B. selbst investieren oder Privatinvestitionen zuführen. Letzteres käme dann letztlich einem Transfer von Ersparnissen zwischen Wirtschaftssubjekten (von Sparern zu Investoren) gleich [19]. Sofern die Geldschaffung bei den Sparern zu einem höheren Konsumverzicht führt, kommt es auch zu einer höheren volkswirtschaftlichen Investitionssumme.

Auch wenn das Geld in dieser rudimentären Geldwirtschaft kaum zu spektakulären Erhöhungen und Umleitungen von Ersparnissen auf ertragreiche Investitionsprojekte Anlaß gibt, so durchbricht es trotzdem das in einer Wirtschaft ohne jegliche Finanzaktiva notwendige Zusammenfallen von Sparer und Investor und ermöglicht unter Zuhilfenahme staatlicher Eingriffe eine bessere Allokation der Produktionsfaktoren; (ob es dann tatsächlich zu einer effizienteren Allokation kommt, hängt natürlich letztlich vom Staate ab).

Doch es wäre falsch zu sagen, daß die Geldschaffung seitens des Staates der einzige Weg ist, die strenge Bindung der Investitionen eines Individuums an die Höhe seiner Ersparnisse aufzulockern. Gehen wir zunächst von der gerade beschriebenen (embryonalen) Geldwirtschaft aus. Die aus den vorherigen Perioden stammende Geldhaltung, die sich bei den einzelnen Wirtschaftssubjekten aufgrund ihrer vergangenen Ersparnisse auf einen bestimmten Betrag angehäuft hat, kann zur Finanzierung von Realinvestitionen verwendet werden, indem die Investoren dieses Geld den Sparern anbieten. Die Investoren haben dieses Geld in der Vergangenheit akkumuliert und verwenden es in der gegenwärtigen Periode für den Erwerb anderer, realwirtschaftlicher Aktiva, die ihnen die Sparer, welche ihrerseits Geld nachfragen, zur Verfügung stellen. Der Investor kann also mehr realwirtschaftlich investieren, als es seine eigenen *laufenden* Ersparnisse erlauben, und er ist für die Finanzierung eines in bezug auf sein laufendes Einkommen bestehenden Ausgabendefizits nicht allein auf das Wohlwollen der staatlichen Geldbehörde angewiesen. Aber diese Finanzierung ist jetzt

[19] In diesem Fall wird der Staat wohl kaum den „Umweg": Geldschaffung – Erwerb von Gütern – Transfer dieser Güter zur privaten Kapitalaufstockung, beschreiten. Er wird vielmehr das Geld sofort den Investoren zur Verfügung stellen, d. h. er wird ihnen das Geld schenken. (Natürlich ist auch die Zurverfügungstellung von Gütern ein Geschenk an die Investoren, da diese sich laut Annahme nicht verschulden können.) Jene Wirtschaftssubjekte, die das Geld schließlich unter ihren Aktiva halten, sind dann die Sparer.

nicht mehr eine „Außen"-Finanzierung, sondern eine „Innen"-Finanzierung – oder besser noch: eine „Um"-Finanzierung, denn der Investor tauscht auf der Aktivseite seiner Bilanz lediglich ein Aktivum gegen ein anderes um.

Dieses Prinzip der Umfinanzierung ist auch mit Hilfe anderer Aktiva als dem Geld denkbar, sofern ihre Produktion nicht aus der laufenden Periode resultiert; und dieses Prinzip ist sogar in einer Wirtschaft anwendbar, die überhaupt kein Finanzaktivum besitzt [20]. Solche Aktiva sind meistens Vermögensanlagen, die von Sparern sehr begehrt werden, wie z. B. Gold oder Boden. Sofern ein Wirtschaftssubjekt fremde Ersparnisse zur Durchführung seines Investitionsvorhabens benötigt, kann es diese Sachaktiva an anlagesuchende Sparer verkaufen [21] (jedoch nur unter der Bedingung, daß es überhaupt über diese Aktiva verfügt, diese in vergangenen Perioden akkumuliert hat und sie nicht in den Produktionsprozeß der Investitionsgüter einzusetzen braucht, denn wenn der Investor die zur Diskussion stehenden Sachaktiva erst in der laufenden Periode erworben hätte, hätte er ihren Kauf nur durch seine eigenen Ersparnisse der Periode finanzieren können, die aber laut Annahme in bezug auf sein Investitionsvorhaben unzureichend sind).

Wenn wir soeben Gold und Boden als Beispiele für Sachaktiva, die zur Umfinanzierung verwendet werden können, genannt haben, dann nur deswegen, weil sie in der Wirtschaftsgeschichte keine unbedeutende Rolle gespielt haben. Was zunächst das *Gold* angeht, so liegt die Frage nahe, ob ein auf Gold (oder irgendeinem anderen Edelmetall bzw. irgendeiner anderen Ware) beruhendes Währungssystem die gerade beschriebenen Finanzierungsmöglichkeiten der Investition grundsätzlich modifiziert. Für den Fall einer Währung mit voller Golddeckung – sei es in Form der Goldumlaufswährung oder in Form der Goldkernwährung – (bzw. jedes anderen Warengeldsystems, das der Vorschrift einer hundertprozentigen Warendeckung unterliegt), sehen wir keinen grundsätzlichen Unterschied zwischen einer solchen Geldwirtschaft und einer Tauschwirtschaft, in der in vergangenen Perioden produzierte Sachaktiva getauscht werden können: weder eine erhebliche Steigerung des Produktionskapitals (über ein erhöhtes Spar- und Investitionsvolumen) noch ein ergiebigerer Einsatz der Sparmittel in die Investitionen werden in besonders erhöhtem Maße stattfinden. Unter dem Aspekt des wirtschaftlichen Wachstums ist der Unter-

[20] In den Absätzen, die das Problem der Investitionsfinanzierung in einer „finanzlosen" Wirtschaft zum Gegenstand hatten (S. 71–72), unterstellten wir implizite, daß der einzelne seine aus gegenwärtigem Einkommen stammenden Ersparnisse nur in Sachaktiva anlegen konnte, die in der laufenden Periode erzeugt wurden; ein Handel mit Aktiva aus vorhergegangenen Perioden war also ausgeschlossen.

[21] Es kann sie nur verkaufen und nicht als Sicherheit gegen ein Darlehen anbieten, da wir zur Zeit noch ex hypothesi die Möglichkeit der Kreditaufnahme ausschließen.

schied zwischen den beiden Organisationsformen der Wirtschaft nach unserer Meinung nur gradueller Art. Aufgrund der Tatsache, daß das Gold vielfältigen Verwendungsmöglichkeiten dient (für industrielle Zwecke, als Vermögensanlage und als nationales und internationales Zahlungsmittel), bietet es zwar eine absolute Verkäuflichkeit (oder „Liquidität") und damit für den Investor eine sichere Garantie, Sparmittel auf dem Wege der Umfinanzierung zu erhalten [22]. Andererseits blockiert aber die laufende Goldproduktion (sofern das Land selbst Gold fördert) bzw. der Import von Gold einen Teil der Produktionsfaktoren, die sonst in anderen Produktionsbereichen hätten eingesetzt werden können; unter dem Gesichtspunkt des ökonomischen Wachstums bedeutet dies eine „Stillegung" von Produktionsfaktoren – mit Ausnahme jener Produktionsfaktoren, die Gold für industrielle Zwecke erzeugen [23].

---

[22] Das Prinzip der Umfinanzierung gilt auch für die Umleitung von Ersparnissen zwischen In- und Ausland, da ein Defizit in der Zahlungsbilanz eines Landes gleich einem Zufluß an ausländischen Sparmitteln ist, der durch einen Goldabgang des Inlandes zum Ausland „um"-finanziert wird.

[23] Wenn viele Ökonomen in der Vergangenheit (und einige auch heute noch) für ein Warengeldsystem dieser oder anderer Art plädiert haben, so mag einer der Gründe hierfür der gewesen sein, daß sich eine Geldwirtschaft, in der das Geld durch ein Sachgut hundertprozentig gedeckt ist, von dem „Idealtypus der reinen Tauschwirtschaft" überhaupt nicht unterscheidet! Unter den in einer Wirtschaft existierenden *Real*gütern wird das Gold zum allgemeinen Tauschmittel „proklamiert" (unter der Annahme, daß es sich überhaupt als allgemein anerkanntes Zahlungsmittel einbürgert). Sein Preis richtet sich – wie der Preis jedes anderen Gutes – nach den Kosten, die seine Produktion verursacht, und dem Nutzen, den es stiftet; und seine Nutzenstiftung intensiviert sich im Vergleich zu anderen Sachgütern, da es jetzt nicht nur für die „reale" güterwirtschaftliche Befriedigung, sondern auch für die „zirkulatorische" Verwendung nachgefragt wird.

Der Preisbildungsprozeß der Güter inklusive Gold (oder Geld, das in einer Goldumlaufswährung identisch und in einer Goldkernwährung äquivalent mit Gold ist) läßt sich sogar theoretisch dichotomisieren.

(1) Entsprechend dem Knappheitsgrad an Ressourcen und den Präferenzen der Individuen für die einzelnen Güter bilden sich zunächst die relativen Güterpreise einschließlich des („natürlichen") relativen Preises für Gold (z. B. 1 g Gold kostet 2 kg Butter).

(2) Wird dann eine bestimmte Menge Gold gleich irgendeiner nationalen Währungseinheit gesetzt (z. B. 1 g Gold gleich 1 Dollar oder gleich 1 Bancor), dann können die relativen Preise der anderen Güter auch mit Hilfe dieser *Währungsrecheneinheit* ausgedrückt werden (da 1 g Gold 2 kg Butter kostet, beträgt der „Geldpreis" für 2 kg Butter 1 Dollar; oder 1 kg Butter kostet 0,5 Dollar). – Verdoppelt sich z. B. „plötzlich über Nacht" die Geldkasse der Individuen und verringert sich dementsprechend der relative Goldpreis um die Hälfte (d. h. 1 g Gold kostet jetzt nur 1 kg Butter), so erhöhen sich („quantitätstheoretisch") die Geldpreise (oder Goldpreise) der anderen Güter um das Doppelte (1 kg Butter kostet nun 1 Dollar).

Diese streng an Gold gebundene „Geld"-Wirtschaft und diese am relativen Goldpreis orientierten „Geld"-Preise repräsentieren im Grunde genommen eine Wirtschaft bzw. Preise, die für eine „idealtypische" Tauschwirtschaft charakteristisch sind: Ein Sachgut, und zwar das Gold, dient als allgemein geltendes Tauschmittel, und die Preise der Güter sind im Goldpreis ausgedrückt; es besteht eigentlich neben den Sachgütern überhaupt kein anderes Gut, was Geld genannt werden könnte, da das Sachgut Gold schon als Geld figuriert; die „Geld"-Wirtschaft ist genaugenommen eine „reale" Wirtschaft.

Nicht nur das Gold, sondern auch andere Sachaktiva dienten zu Beginn der wirtschaftlichen Expansion eines Landes der Umleitung von Ersparnissen auf dringende Investitionsprojekte. Ein besonderes Beispiel hierfür bieten die Vereinigten Staaten [24], die während der Kolonialzeit und später Investoren *Land* zur Verfügung stellten, das diese dann Sparern zum Kauf anboten. So übertrugen die Zentralregierung und die Regierungen der Einzelstaaten über ein Zehntel der gesamten Bodenfläche der Vereinigten Staaten den Kanal- und Eisenbahngesellschaften! Diese Landgewährung hatte den Zweck, den Gesellschaften eine Finanzierungshilfe für die Bauinvestitionen an Kanälen und Eisenbahnlinien zu verschaffen. Da zu dieser Zeit das amerikanische Finanzsystem überhaupt noch nicht entwickelt war, und zwar in dem Sinne, daß die Sparer kaum geneigt waren, Kredite etwa gegen Kauf von Wertpapieren zu gewähren, wurde ein großer Teil der für die Bauinvestitionen notwendigen Sparsumme auf dem Wege des Landverkaufs durch die Gesellschaften an die bodenanlagewilligen Sparer absorbiert.

Diese Bodentransaktionen stehen nur als ein Beispiel für eine Anzahl von elementaren Finanztechniken, die man in der Wirtschaftsgeschichte der Industrienationen beobachten kann. Da diesen zu Anfang ihrer Industrialisierung keine entwickelte Kreditwirtschaft zur Verfügung stand –

Hieraus erklärt sich vielleicht auch die von den Klassikern und Neoklassikern postulierte Dichotomie der Wirtschaft in einen „realen" und „monetären" Sektor: Der güterwirtschaftliche (oder reale) Sektor umfaßt die Märkte der Waren und Dienstleistungen und der Produktionsfaktoren; der geldwirtschaftliche (oder monetäre) Sektor besteht aus dem Geldmarkt; im realen Sektor bilden sich die relativen Preise und im monetären Sektor die absoluten Preise, d. h. die Geldpreise. Bei der soeben beschriebenen Spielart der Goldwährung existiert eigentlich überhaupt kein monetärer Sektor und damit auch keine Geldpreise. Das Gold (respektive Geld) gehört dem realen Sektor an; die Geldpreise sind grundsätzlich *Rechenpreise:* 1 g Gold wird willkürlich gleich 1 Dollar oder irgendeiner anderen Währungseinheit gesetzt; diese Recheneinheit ändert sich auch dann nicht, wenn sich der relative Preis des Goldes ändert, vorausgesetzt, daß die „autoritäre" Verordnung über die Währungsparität: 1 g Gold gleich 1 Dollar, weiterhin in Kraft bleibt.

Wenn wir sagten, daß dieses System der Goldwährung im Grunde genommen eine „reale" Wirtschaft und nicht eine „monetäre" Wirtschaft darstellt, so bezieht sich das Gegensatzpaar real – monetär nur auf das „Dichotomieproblem", d. h. auf das Problem, ob man sich in einer Wirtschaft die Bildung der relativen und absoluten Preise getrennt vorzustellen hat: die der relativen Preise im realen Sektor und die der absoluten Preise im monetären Sektor. Da wir behaupteten, daß in einem solchen Währungssystem nur relative Preise existieren, deren Fixierung ein ökonomisch-theoretisches Problem ist – die Geldpreise sind lediglich Rechenpreise, deren Bestimmung „autoritär" erfolgt –, kommt ein solches Geldsystem *nur unter dem Aspekt der Preisbildung* dem „Idealtypus einer Tauschwirtschaft" gleich. Eine Geldwirtschaft im Sinne einer Wirtschaft, in der ein allgemein anerkanntes Zahlungsmittel, d. h. Geld zirkuliert – gleichgültig ob dieses durch eine Ware (z. B. Gold) oder ein Papier repräsentiert wird –, besteht natürlich weiterhin.

Zum Problem der verschiedenen Dichotomien und der Bestimmung von relativen Preisen, absoluten Preisen und Rechenpreisen siehe die ausführliche Diskussion in Kap. VIII.

[24] J. G. Gurley und E. S. Shaw [1960], S. 53.

und Ähnliches gilt auch heute für die sog. unterentwickelten Länder –, so mußten sie sich Auswege einfallen lassen, um das Sparen der Wirtschaftssubjekte anzuregen und die Sparsummen dann auf die von ihnen gewünschten Investitionen zu verteilen. Aufgrund seiner Machtposition fiel dem Staat dabei natürlich eine besondere Rolle zu [25].

b) Kredit

Neben den soeben beschriebenen rudimentären Finanzierungsmitteln entwickelten sich im privaten Sektor dieser Wirtschaften aber auch Kreditinstrumente, die zunächst recht „primitiv" waren, sich jedoch im Laufe der Zeit immer mehr verfeinerten und die alle den Zweck verfolgten:

> „Ersparnisse zu erwerben und den Vorteil einer Arbeitsteilung zwischen Wirtschaftssubjekten, die sparen, und Wirtschaftssubjekten, die investieren, wirksam auszunützen." [26]

Kredit ist die leihweise Hingabe von Kaufkraft. Unter dem Gesichtspunkt des wirtschaftlichen Wachstums stellt sich die Frage, inwieweit der Kredit und eine entwickelte Kredit*technik* imstande sind, das Sparvolumen der einzelnen Wirtschaftssubjekte zu stimulieren und dieses in jene Industrien zu lenken, welche die ertragreichsten Investitionen durchführen können. Die Antwort auf diese Frage ist im Grunde genommen einfach – trotz und zugleich sogar wegen (!) des weitverzweigten und differenziert ausgestatteten Netzes von Kreditbeziehungen in den modernen Volkswirtschaften.

Ein variierteres Angebot an (verbrieften und unverbrieften) Forderungstiteln entspricht in größerem Maße den Anlagepräferenzen der individuellen Sparer. Diese Präferenzen zielen in der Regel auf die Zusam-

---

[25] Der Katalog der staatlichen Aktionsparameter ist in dieser Beziehung reichhaltig: Steuern, Ausübung (bzw. Verkauf) von Monopolrechten wie z. B. das Berg-, Zoll- und Münzregal, Einnahmen aus eigenen Erwerbsunternehmungen (z. B. aus den Manufakturen), Verkauf von religiösen Vorrechten, Staatslotterien etc.

Insbesondere was seine „Geldhoheit" angeht – ob in unterentwickelten oder entwickelten Ländern –, konnte er und kann er noch immer die Geldnachfrage der Sparer „ausnutzen", indem er ihnen entweder Münzen anbietet, deren Gewicht und Feingewicht unterhalb der Maßangabe liegen, die der auf ihnen geprägte Stempel (und Kopf der regierenden Fürsten) zu dokumentieren verspricht (die Münzgeschichte liefert hierfür mannigfaltige Beispiele), oder indem er wie heute Papiergeld druckt (die jetzt mit Bildnissen der Köpfe von Dichtern und Denkern verziert sind) und damit die Ersparnisse der geldanlagewilligen Sparer erwirbt. Dieser letzte Aspekt offenbart übrigens gleichzeitig auch, wie stark – sowohl früher wie heute – die Finanzgewalt des Staates mit der Geldordnung verquickt ist.

Siehe hierzu G. Schmölders, Finanzpolitik, 2. erw. Aufl., Berlin, Heidelberg und New York 1965, S. 16–20.

[26] [„... for soliciting saving and for taking efficient advantage of a division of labor between spending units that save and spending units that invest."] J. G. Gurley and E. S. Shaw [1960], S. 52.

mensetzung eines Portfolios ab, das sowohl auf der Basis der Risikostreuung einen „sicheren" Ertrag garantiert als auch Wertpapiere enthält, die nicht nur Erträge in pekuniärer Form abwerfen, sondern auch andere (nichtpekuniäre) Vorteile bieten (z. B. Liquidität, Eigentumsrechte, Versicherungsansprüche, Nutznießungsrechte, Teilnahme an der Geschäftsführung etc.). Je mehr die Investoren in der Qualität ihrer Schuldtitel auf die individuellen Wünsche der Sparer eingehen, desto gesicherter wird die Außenfinanzierung ihrer Investitionsprojekte sein [27]. Aufgrund der differenzierten Anlagepräferenzen der Sparer werden die Investoren gleichzeitig in der Lage sein, solche Wertpapiertypen zu emittieren, die der spezifischen Art ihrer zu finanzierenden Investitionsvorhaben entsprechen.

Wie auch immer die „Qualität" der Kreditbeziehungen zwischen Sparern und Investoren aussehen mag, so setzt jedoch ein effizientes Zustandekommen dieser Kreditbeziehungen die Existenz von gut funktionierenden Märkten voraus, auf denen sich die Sparer mit ihrer Nachfrage nach und die Investoren mit ihrem Angebot an quantitativ und qualitativ unterschiedlichen Wertpapiermengen treffen. In einer finanztechnisch unterentwickelten Wirtschaft wird die Kreditvermittlung in großem Ausmaße persönlich („Auge in Auge") „ausgehandelt" – und dies auf ziemlich unvollkommenen Märkten. Dieser „Personalkredit" nimmt in modernen Wirtschaften nur einen kleinen Teil des gesamten Kreditvolumens ein. In diesen Wirtschaften existiert eine „Finanztechnologie", die den *Vollkommenheitsgrad* der Kreditmärkte erhöht. Diese entwickelte Finanztechnologie beinhaltet u. a.: für die Schuldner eine Informationsvermittlung über die Anlagepräferenzen der Gläubiger und für die Gläubiger eine Qualitätstransparenz der von den Schuldnern ausgegebenen Forderungstitel; Fazilitäten einer schnellen Kreditvermittlung, die sich über regionale Grenzen hinaus ausdehnt; verminderte Transaktionskosten; Marktstützung bei kurzfristigen Preisschwankungen; Terminkäufe; größere Märkte mit einer reichhaltigen und qualitativ unterschiedlichen Menge von Wertpapieren usw. Alle diese Faktoren erhöhen den Homogenitätsgrad der einzelnen Wertpapiertypen und die Transparenz der entsprechenden Wertpapiermärkte. Der hierdurch erzielte höhere Vollkommenheitsgrad der Kredit-

---

[27] Die von den Investoren ausgegebenen Wertpapiertypen können z. B. in bezug auf die folgenden Eigenschaften klassifiziert werden: auf die Laufzeit (z. B. Wechsel oder langfristige Schuldverschreibungen); auf die Einbeziehung einer Kaufkraftklausel oder Produktivitätsklausel (wonach der Gläubiger an den Gewinnen und Verlusten des Schuldners teilhat; die Aktien unterscheiden sich z. B. von den Obligationen dadurch, daß sie eine Kaufkraft- und Produktivitätsklausel besitzen); auf den Einschluß einer Schutzvorrichtung, gegen eine mögliche Zahlungsunfähigkeit des Schuldners gesichert zu sein (z. B. hypothekarisch gesicherte Wertpapiere); auf den Mobilisierungsgrad, d. h. auf die „Marktfähigkeit" (z. B. an der Börse zugelassene oder diskontfähige Wertpapiere im Gegensatz zu kaum verkäuflichen Lieferantenkrediten). Siehe hierzu J. G. Gurley und E. S. Shaw [1960], S. 159–172.

märkte [28] tendiert zu der Bildung von einheitlichen Preisen (bzw. Zinssätzen) für die einzelnen Wertpapiertypen. Ein einheitlicher Preis für einen bestimmten Wertpapiertypus bedeutet, daß zu diesem Preise alle Umsätze getätigt werden: Die Kreditvermittlung zwischen Sparern und Investoren kommt für alle zu einem einheitlichen Preis zum Abschluß.

Für bestimmte Wertpapiertypen gilt weiterhin, daß sie auf *organisierten* Märkten gehandelt werden (Effektenbörse), auf denen das Zusammentreffen und Zusammenspiel von Anbietern und Nachfragern nach festgelegten Regeln und durch Makler koordiniert werden. Existiert schließlich darüber hinaus noch ein hoher *Konkurrenzgrad* auf den (mehr oder weniger vollkommenen und zum Teil organisierten) Märkten, dann bilden sich die Preise der Wertpapiere auf einem relativ niedrigen Niveau (bzw. die sich aus pekuniären und nichtpekuniären Elementen zusammensetzenden Ertragssätze der Wertpapiere auf einem relativ hohen Niveau), wodurch ein verhältnismäßig großes Sparvolumen erzeugt wird und die effektiv ertragreichsten Investitionen bevorzugt werden.

c) Intermediäre Kreditbeziehungen (monetäre und nichtmonetäre Finanzintermediäre)

Die rapide Entwicklung der Geldwirtschaft im Sinne einer im Laufe der Zeit immer stärker expandierenden und verfeinerten Kreditwirtschaft ist u. a. dadurch erklärbar, daß es zu einer stetig anwachsenden Zahl von standardisierten Gruppen von Wertpapiermärkten kam, die aufgrund der Verbesserungen und Innovationen in der Finanztechnologie vollkommener, organisierter und konkurrenzfähiger wurden und dementsprechend wachstumsstimulierend auf die Wirtschaft wirkten. Ein besonderes Merkmal dieser Entwicklung ist der vor allem in diesem Jahrhundert zu beobachtende, an der Kreditvermittlung fortlaufend steigende Anteil der sog. intermediären Finanzinstitute (oder „Finanzintermediäre“: „financial intermediaries“) [29]. Diese schieben sich sozusagen als Zwischenglied in die Kreditkette zwischen Gläubiger und Schuldner.

Wählen wir z. B. den Sparer und Investor des privaten Sektors als repräsentative Gläubiger respektive Schuldner einer Kreditbeziehung und betrachten wir vom volkswirtschaftlichen Gesichtspunkt die denkbaren

---

[28] Ein Markt wird bekanntlich dann als vollkommen bezeichnet, wenn die Homogenitätsbedingung erfüllt ist (Nichtvorhandensein von sachlichen, persönlichen, räumlichen und zeitlichen Präferenzen für ein bestimmtes Gut) und wenn eine vollständige Markttransparenz herrscht.

[29] Für die Entwicklung der Finanzintermediäre in den Vereinigten Staaten siehe R. W. Goldsmith, Financial Intermediaries in the American Economy since 1900, in: Studies in Capital Formation and Financing, Nr. 3, National Bureau of Economic Research, Princeton 1958.

Forderungs-Schuldverhältnisse, die zwischen beiden auftauchen können; vgl. hierzu auch Abb. 7 [30].

(1) Direkte Kreditbeziehung. Der Investor kann sich *direkt* beim Sparer verschulden, indem er auf sich selbst Forderungstitel zieht, die dann der Sparer in seinem Portfolio hält und gegen die dieser dem Investor Teile seines Einkommens hingibt: Es findet eine direkte (Außen-)Finanzierung des Defizits der Wirtschaftssubjekte statt, die mehr ausgeben als ihr Einkommen beträgt („Defiziteinheiten"), und zwar durch den Überschuß anderer Wirtschaftssubjekte, die weniger ausgeben als sie an Einkommen beziehen („Überschußeinheiten"); es liegt eine direkte Kreditbeziehung zwischen Defizit- und Überschußeinheiten vor.

(2) Intermediäre Kreditbeziehung (Finanzintermediäre). Der Investor kann sich dagegen beim Sparer auch *indirekt* verschulden. Wiederum gibt er Forderungstitel aus, die er jetzt einem Finanzintermediär zum Kauf anbietet; dieser kauft die vom Investor ausgegebenen Wertpapiere mit Mitteln, die er sich beim Sparer besorgt, indem er dem Sparer Forderungstitel anbietet, die er selbst schafft, d. h. Forderungen, die er auf sich selbst zieht. Der Finanzintermediär ist zugleich Gläubiger (gegenüber dem Investor) und Schuldner (gegenüber dem Sparer), was volkswirtschaftlich bedeutet, daß er weder Gläubiger noch Schuldner ist; denn für die Kreditgewährung unter volkswirtschaftlichem Gesichtspunkt gilt als der eigentliche Gläubiger immer nur der „letzte Gläubiger" (in unserem Beispiel der Sparer) und als der eigentliche Schuldner immer nur der „letzte Schuldner" (in unserem Falle der Investor) [31].

Die Kreditbeziehung zwischen dem letzten Gläubiger und dem letzten Schuldner ist nur eine mittelbare oder indirekte Beziehung, da sich zwischen sie der Finanzintermediär als Kreditvermittler geschoben hat. Der Sparer hat gegen den Investor nur eine indirekte Forderung, denn in seinem Portfolio befinden sich nur Forderungsansprüche gegen den Finanzintermediär; solche Forderungsansprüche bezeichnen Gurley und Shaw als „indirekte Wertpapiere". Auf der anderen Seite hat sich der Investor „primär" gegenüber dem Finanzintermediär verschuldet, anstatt sich – wie im Falle der direkten Kreditkette zwischen letztem Gläubiger und letztem Schuldner – direkt beim Sparer zu verschulden; seine Schuldtitel nennen Gurley und Shaw „primäre Wertpapiere", da sie vom letzten Schuldner emittiert sind, gleichgültig ob sie gehalten werden vom Finanzintermediär („indirekte Außenfinanzierung" bzw. indirekte Kreditbeziehung) oder vom letzten Gläubiger („direkte Außenfinanzierung" bzw. direkte Kreditbeziehung).

[30] J. G. Gurley, Liquidity and Financial Institutions in the Postwar Period, Study Paper 14, Joint Economic Committee, Washington 1960, S. 20–25; abgedruckt in: D. Carson, Money and Finance, a.a.O., S. 179.

[31] Vgl. hierzu u. a. E. Schneider, Einführung in die Wirtschaftstheorie, I. Teil, Theorie des Wirtschaftskreislaufs, 12. erw. Aufl., Tübingen 1965, S. 37–40.

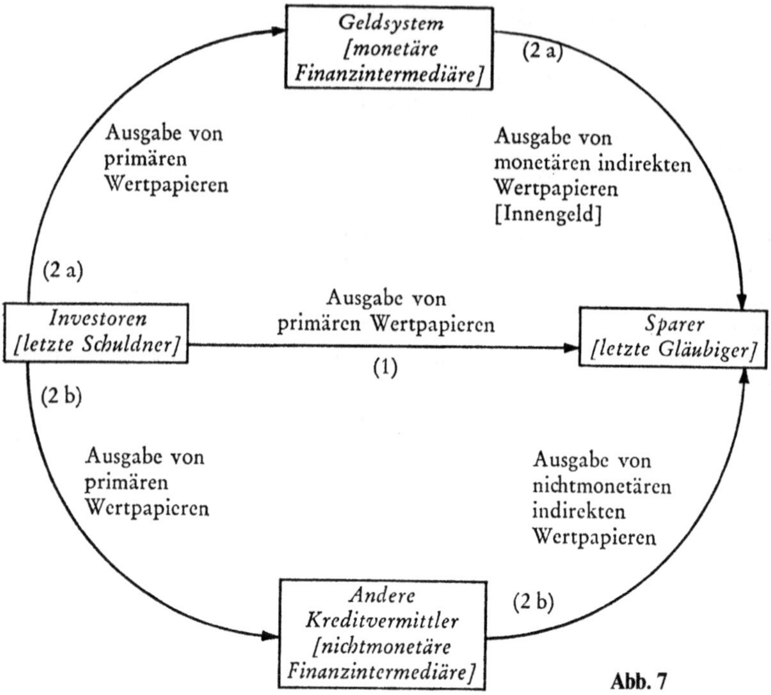

Abb. 7

Die Finanzintermediäre, die als Kreditvermittler *und* als „Produzenten" von (indirekten) Wertpapieren (im Unterschied zu den Kreditmaklern, etwa der Börse, die keine Produzenten indirekter Wertpapiere sind) zwischen Sparern und Investoren agieren, setzen sich alle zum Ziel, kostengünstig Sparsummen zu erwerben, um diese gewinnbringend Investoren zur Verfügung zu stellen. Ihre Tätigkeit besteht darin, primäre Wertpapiere zu kaufen, deren Erwerb sie durch Ausgabe von indirekten Wertpapieren finanzieren. Die Ausgabe dieser indirekten Wertpapiere bezieht sich – wiederum der Terminologie von Gurley und Shaw folgend – grundsätzlich auf zwei verschiedene Wertpapiertypen. Es kann sich um die Schaffung von „monetären indirekten Wertpapieren" (d. h. Geld; vgl. den Fall 2 a in Abb. 7) oder von „nichtmonetären indirekten Wertpapieren" (siehe den Fall 2 b in Abb. 7) handeln, und dementsprechend werden die Finanzintermediäre als (a) „monetäre Finanzintermediäre" und (b) „nichtmonetäre Finanzintermediäre" klassifiziert.

(a) *Monetäre Finanzintermediäre.* Bei der Schaffung monetärer indirekter Wertpapiere handelt es sich nach Gurley und Shaw nur um einen möglichen Typ der Geldschaffung, und zwar den der Schaffung von Innengeld („inside money"). Dieses Innengeld stellt – wie übrigens jedes andere Geld – eine direkte Forderung gegen den Finanzintermediär (Zentralbank oder Geschäftsbanken) dar, das aber im volkswirtschaftlichen Sinne auch eine indirekte Forderung gegen die Wirtschaftssubjekte beinhaltet, die sich durch den Verkauf ihrer primären Schuldtitel bei dem Finanzintermediär verschuldet haben; dem Innengeld, d. h. den Forderungen im Portfolio von Wirtschaftssubjekten stehen entsprechend (primäre) Schulden bei anderen Wirtschaftssubjekten gegenüber (die Forderungen und Schulden des Finanzintermediärs kompensieren sich natürlich ebenfalls, da seine Forderungen aus der Haltung der primären Wertpapiere bestehen und seine Verbindlichkeiten gleich seiner Geldschaffung sind). Die Schaffung des Innengeldes ist für die Schaffung des Buchgeldes seitens der Geschäftsbanken typisch. Auch die Zentralbank kann Innengeld schaffen, indem sie primäre Wertpapiere erwirbt (etwa auf dem Wege des Kaufs von rediskontfähigen Wechseln) und dafür Zentralbankgeld (Banknoten und Sichtguthaben bei der Zentralbank) ausgibt.

Die Schaffung von Zentralbankgeld ist jedoch in vielen Fällen nicht durch eine indirekte Kreditbeziehung: letzter Schuldner – monetärer Finanzintermediär (Zentralbank) – letzter Gläubiger gekennzeichnet bzw. ist keine Schaffung von Innen-, sondern von Außengeld. Unter „Außengeld" („outside money") verstehen wir Geld, dem – eben im Gegensatz zum Innengeld – *keine* Schulden anderer Wirtschaftssubjekte gegenüberstehen. So kann z. B. die Geldbehörde auf Anweisung des Staates (bzw. der Staat in Verbindung mit der Zentralbank) auf dem Wege der Offenmarktpolitik Geld schaffen (Kauf von staatlichen, in der Hand des Publikums befindlichen Wertpapieren); in diesem Falle tritt die Zentralbank nicht als Finanzintermediär auf, da hier keine Verschuldung gegenüber der Zentralbank stattfindet und die Wirtschaftssubjekte lediglich eine Substitution eines Finanzaktivums gegen ein anderes Finanzaktivum vorgenommen haben; dieses so geschaffene Geld stellt somit keine indirekten Wertpapiere dar. Unter den staatlichen Schuldtiteln aller möglichen Fristigkeiten verdienen die sog. Geldmarktpapiere der öffentlichen Hand (kurzfristige Schatzanweisungen und Schatzwechsel) besondere Aufmerksamkeit, da ihre Emission entweder eine effektive oder eine potentielle Ausdehnung der Zentralbankgeldmenge bedeutet: Der Staat verschuldet sich entweder direkt bei der Zentralbank, oder er verschuldet sich bei der Wirtschaft (insbesondere bei den Banken); im letzteren Falle bedeutet dies für die Wirtschaft eine Erhöhung des rediskontfähigen Effektenmaterials und damit eine potentielle Vergrößerung der Zentralbankgeldmenge; in beiden Fällen haben wir es aber auch mit einer (effektiven oder potentiellen) Schaffung von Außengeld zu tun, denn nicht die Wirtschaftssubjekte, sondern der Staat hat sich verschuldet. Schließlich – um den Katalog der Schaffungsmöglichkeiten von Außengeld seitens der Zentralbank zu vervollständigen – kann die Geldbehörde Geld gegen Kauf von ausländischen Wertpapieren (Devisen) schaffen. Für die Wirtschaftssubjekte des

Inlandes, sofern sie die Devisen an das Bankensystem verkauft haben, liegt ebenfalls nur eine Umschichtung von Posten ihres Portfolios vor. Dagegen agiert die Zentralbank zwischen dem Inland und Ausland als Finanzintermediär, denn das Ausland hat sich durch Hingabe kurzfristiger Forderungstitel (Devisen) gegenüber dem Inland (Zentralbank) verschuldet, während das Inland (Wirtschaftssubjekte des Inlandes) Ersparnisse gegen Geld hergegeben hat, die über die Vermittlungstätigkeit der Zentralbank an das Ausland transferiert wurden [32].

Daß die Schaffung von Innengeld (im Sinne der Schaffung von monetären indirekten Wertpapieren) volkswirtschaftlich einen Akt der Kreditvermittlung zwischen Defiziteinheiten (Investoren) und Überschußeinheiten (Sparern) bedeutet, ist in der Sicht der traditionellen Geldtheorie eine ziemlich gewagte Hypothese. Man war sich in der Theorie bis in jüngster Zeit eigentlich darüber einig, daß die Geldschaffung grundsätzlich nichts mit dem Sparprozeß zu tun habe und daß die Geldschaffung schon gar nicht als ein Geschäft der Kreditvermittlung anzusehen sei, denn dieses war ausschließlich Gegenstand der Aktivität von Finanzinstituten anderer Art als die Geschäftsbanken und die Zentralbank, die nicht Kredit *vermitteln,* sondern Geld *schaffen.* Es ist zweifellos das Verdienst von Gurley und Shaw, die (theoretische) Dichotomie zwischen Geldsystem (d. h. der Zentralbank und den Geschäftsbanken) und anderen Finanzinstituten beseitigt zu haben und alle Finanzinstitute, Banken und Nicht-Banken, geldschaffende und nichtgeldschaffende Kreditinstitute, *gleichzeitig* als Kreditvermittler *und* „Schöpfer" von Forderungstiteln monetärer oder nichtmonetärer Art zu betrachten, sofern es sich um Forderungstitel der indirekten Spielart handelt [33, 34].

---

[32] Ähnliches gilt für die Geldschaffung durch einen Ankauf von (aus dem Ausland zufließendem) Gold seitens der Zentralbank, sofern Gold als ein Finanzaktivum angesehen wird. Betrachtet man Gold dagegen als ein Sachaktivum, so werden die Ersparnisse nicht ins Ausland transferiert, sondern sie werden im Inland in Gold investiert, und die Zentralbank tritt nicht als Finanzintermediär zwischen In- und Ausland auf.

[33] Auf eine eingehende Beschreibung der Kreditvermittlung und Schaffung von Finanzaktiva seitens der Finanzintermediäre kommen wir noch in Kap. VI und VII zu sprechen.

[34] Es ist nun nicht so, daß Gurley und Shaw die ersten waren, die die Banken und andere Kreditinstitute simultan als Kreditvermittler und als Schöpfer von monetären bzw. nichtmonetären Forderungstiteln betrachtet haben. Ihre Leistung besteht vielmehr in der rigorosen und grundsätzlichen Analyse dieses Problems.

„Schon bei" Keynes (sic!) findet sich dieses Problem. In seiner Abhandlung Vom Gelde ([1930], Bd. II, S. 213 und 214; deutsche Übersetzung, S. 470–471) betont er die Kreditvermittlungstätigkeit der Geschäftsbanken, die Buchgeld schaffen:

„. . . eine moderne Bank erfüllt zwei getrennte Arten von Diensten. Sie liefert einen Ersatz für das Staatsgeld . . . [und] sie wird auch in bezug auf eine besondere Art des Kreditgeschäfts als Vermittler tätig . . ."

„Dieser Dualismus der Funktionen ist der Schlüssel für manche Schwierigkeiten der modernen Geld- und Kredittheorie und die Quelle einiger schwerer Denkfehler."

(b) *Nichtmonetäre Finanzintermediäre.* Bisher sind wir auf die Technik der intermediären Kreditvermittlung und auf die Schaffung von monetären indirekten Wertpapieren (Innengeld) eingegangen, ohne die Gründe darzulegen, wieso es in den letzten fünfzig Jahren in den entwickelten Industrienationen der westlichen Welt zu einer fortlaufenden Zunahme des Anteils der sog. nichtmonetären Finanzintermediäre an der gesamtwirtschaftlichen Kreditvermittlung gekommen ist. Die Gründe hierfür werden verständlicher, wenn wir einige Repräsentanten der nichtmonetären Finanzintermediäre nennen, die z. T. auch unter den Begriff Kapitalsammelbecken fallen. So z. B. jener Teil der Tätigkeit von Geschäftsbanken, welche nicht die Schaffung von Sichtguthaben, sondern die anderer Finanzaktiva (Sparguthaben, Terminguthaben) zum Gegenstand hat; Spar- und Darlehnsvereinigungen und genossenschaftliche Banken (inklusive Bausparkassen); Finanzierungsgesellschaften (nicht nur für Investitionen, sondern auch für den Konsum), Hypotheken- und Investmentgesellschaften; Versicherungsgesellschaften (insbesondere Lebensversicherungsgesellschaften), private Pensionsfonds und staatliche Versicherungs- und Pensionseinrichtungen; Kassen von Verbänden aller Art (z. B. die von Gewerkschaften und Unternehmerzusammenschlüssen).

Die Vorteile der (nichtmonetären) intermediären Kreditvermittlung liegen im Vergleich zu der direkten (Außen-)Finanzierung in geringeren Kosten bzw. besseren Bedingungen für die Schuldner (Investoren) und in einem höheren Ertrag für die Gläubiger (Sparer). Beide – geringere Kosten und höherer Ertrag – resultieren aus den „Ersparnissen der großen Serie" („economies of scale"), welche die Kreditgeschäfte der Finanzintermediäre erzielen:

„Die Finanzintermediäre nutzen bei ihrem Geschäft der Kreditgewährung und Kreditaufnahme die Ersparnisse der großen Serie aus. Was die Kreditgewährung angeht, so kann der Finanzintermediär primäre Wertpapiere weit billiger erwerben und verwalten als die individuellen Kreditgeber. Schon die Größe seines Wertpapierportfolios führt auf dem Wege der Streuung des Wertpapierbesitzes zu einer bedeutenden Reduzierung der Risiken. Die Fälligkeiten der in einem Portfolio befindlichen Wertpapiere kann er so anordnen, daß die Gefahr von Liquiditätskrisen merklich verringert wird ... Bezüglich der Kreditaufnahme kann sich der Finanzintermediär aufgrund der großen Zahlen seiner Kunden in der Regel auf den voraussehbaren Rhythmus der Rückzahlung seiner Schulden verlassen und er kann somit

---

Ferner – wenn wir schon einmal bei Keynes sind – sieht er in seiner Allgemeinen Theorie ([1936], S. 153; deutsche Übersetzung, S. 129) die grundsätzliche Aufgabe des direkten und indirekten Kredits darin, daß dieser das Liquiditätsbedürfnis der Sparer mit dem Bedürfnis der Investoren, große Bestände an „fixen" (d. h. illiquiden) Investitionsgütern zu besitzen, in Einklang bringt:

„Investitionen, die für die Gesamtwirtschaft ‚fix' sind, werden somit für den einzelnen ‚liquide' gemacht." ["Investments which are 'fixed' for the community are thus made 'liquid' for the individual."]

Siehe hierzu auch A. Leijonhufvud, On Keynesian Economics and the Economics of Keynes, New York, London und Toronto 1968, S. 302 und 311.

mit einem Portfolio auskommen, das relativ illiquide ist. Die Vorteile der großen Serie, die in diesen Kreditgeschäften mit den zahlreichen Schuldnern und Gläubigern anfallen, können weitergegeben werden, indem der Finanzintermediär den Schuldnern bessere Kreditbedingungen einräumt, den Gläubigern Zinsen und andere Dienste anbietet und seinen Aktionären eine ausreichende Dividende auszahlt, um zusätzliches Kapital anzuziehen.“ [35]

Eine Verringerung der Risiken in den einzelnen finanziellen Aktiv- und Passivposten der Bilanzen der Finanzintermediäre, eine Markt- und Qualitätstransparenz, die größer bei den Finanzintermediären als bei den individuellen Gläubigern und Schuldnern ist, und eine Spezialisierung unter den verschiedenen Finanzintermediären auf ein bestimmtes „Produkt“ des intermediären Kreditgeschäftes tragen dazu bei, daß die Finanzintermediäre den Schuldnern bessere Kreditbedingungen gewähren und den Gläubigern attraktivere Anlagemöglichkeiten sowohl pekuniärer wie nichtpekuniärer Art offerieren können [36].

---

[35] [“Financial intermediaries exploit economies of scale in lending and borrowing. On the lending side, the intermediary can invest and manage investments in primary securities at unit costs far below the experience of most individual lenders. The sheer size of its portfolio permits a significant reduction in risks through diversification. It can schedule maturities so that chances of liquidity crises are minimized. ... On the borrowing side, the intermediary with a large number of depositors can normally rely on a predictable schedule of claims for repayment and so can get along with a portfolio that is relatively illiquid. The advantage of large-scale borrowing and lending with numerous creditors and debtors can be distributed to the intermediary's debtors in the form of favorable terms of lending, to its creditors in the form of interest payments and other benefits, and to its stockholders in the form of sufficient dividends to attract additional capital funds.”] J. G. Gurley und E. S. Shaw [1960], S. 194.

[36] „Es bestehen bedeutsame Unterschiede in den nichtpekuniären Erträgen, welche die indirekten Finanzaktiva abwerfen. Diese Erträge erfordern einen Marktpreis und bedeuten entsprechend für das intermediäre Kreditgeschäft einen Gewinn. Geld ist ein Zahlungsmittel; Versicherungspolicen bei Lebensversicherungen gestatten einen Schutz gegen Unglücksfälle; Anteile bei Investmentgesellschaften bieten die Gelegenheit der Risikostreuung und von Kapitalgewinnen; Beteiligungen an genossenschaftlichen Kreditanstalten und Guthaben bei genossenschaftlichen Sparbanken garantieren bestimmte Vergünstigungen und verschaffen z. T. ein Gefühl der Zusammengehörigkeit; Guthaben bei Spar- und Darlehnsvereinen eröffnen die Möglichkeit, in der Zukunft ein Hypothekendarlehen zu erhalten, usw.“

[“There are notable differences in the utilities provided by indirect financial assets. These utilities command a market price and yield a profit to intermediation. Money is a means of payment; claims on life insurance companies provide a defense against misfortune; shares in mutual funds offer opportunities for portfolio diversification and capital gains; shares in credit unions and deposits in mutual savings banks provide utilities of convenience and perhaps camaraderie; shares in savings and loan associations may give one future access to mortgage funds, and so on.”] J. G. Gurley und E. S. Shaw [1960], S. 193–194.

(Die Unterschiede in den nichtpekuniären Erträgen der verschiedenen Sparanlagen entsprechen auf der anderen Seite einer veränderten Spartätigkeit in modernen „gemischten“ Wirtschaften. Diese manifestiert sich u. a. in den Vorgängen des Zwecksparens bzw. des vertraglichen Sparens (z. B. Bausparen, Sparen bei Lebensversicherungen), das z. T. steuerlich begünstigt wird, und in der Institutionalisierung des Zwangsparens (gesetzliche Kranken-, Arbeitslosen- und Altersversicherung).)

Aus diesen letzten Überlegungen über die intermediäre Kreditvermittlung erklärt sich jetzt auch noch deutlicher unsere (zweite) Hypothese zur Erklärung der Entwicklungsgeschichte der Geldwirtschaft in Richtung einer intensiveren Kreditwirtschaft, wonach eine entwickelte Kredittechnik die Ersparnisse in einer Wirtschaft stimuliert und auf ertragreiche Investitionsvorhaben umleitet. Eine immer stärkere Kreditverflechtung in einer Wirtschaft ist ein Ausdruck intensiverer Arbeitsteilung zwischen Wirtschaftssubjekten, die sparen (Überschußeinheiten), und Wirtschaftssubjekten, die investieren (Defiziteinheiten).

Hierdurch kommt gleichzeitig eine größere Trennung zwischen Wirtschaftssubjekten, die das Realvermögen der Wirtschaft als Eigentümer besitzen, und Wirtschaftssubjekten, die das Realvermögen als Unternehmer verwalten, zustande [37]. Diese Kreditverflechtung – direkter oder indirekter (bzw. „intermediärer") Art – fördert das Wirtschaftswachstum.

Die letzten Schuldner der direkten oder indirekten Kreditkette brauchen jedoch nicht unbedingt nur die Investoren des privaten Sektors zu sein. Andere Defiziteinheiten sind ebenfalls denkbar: Konsumenten, deren Konsumausgaben größer als ihr Einkommen sind (volkswirtschaftlich bedeutet dies natürlich eine Umverteilung der Konsumausgaben und nicht ein Sparen im Sinne einer volkswirtschaftlichen Kapitalakkumulation); der Staat, der selbst Wertpapiere (inklusive Geld in Form des Zentralbankgeldes) ausgibt, um damit seine Ausgaben zu finanzieren; das „Inland", das an Konsum- und Investitionsgütern mehr kauft als seine eigene Produktion ausmacht (was sich in einem Defizit seiner Leistungsbilanz manifestiert) und sich gegenüber dem „Ausland" durch Abgabe von Forderungstiteln verschuldet. Unter dem Aspekt des akzelerierten Wachstums einer Kreditwirtschaft sind aber natürlich nur jene Defiziteinheiten interessant, welche die geliehenen Sparsummen für Investitionszwecke ausgeben.

---

[37] Würde die gesamte reale Kapitalbildung in einer Wirtschaft mittels der direkten Kreditvermittlung finanziert, würde die Relation zwischen primären Wertpapieren und Kapital eins betragen. Wäre die Finanzierung indirekter Art, dann betrüge die Relation zwischen (primären plus indirekten) Wertpapieren und Kapital annäherend zwei. Dabei wird von dem Konsumentenkredit und von der Kreditaufnahme seitens des Staates (die z. B. in Kriegszeiten oder in Perioden der Konjunkturbelebung kaum der realen Kapitalbildung dient) abstrahiert.

Goldsmith hat für eine Reihe von Ländern diese Relation (die sog. „Financial Interrelation Ratio") gemessen, und zwar die Relation zwischen dem gesamten Kreditvolumen (primäre und indirekte Wertpapiere) und den Realaktiva (Sachvermögen). Diese liegt für die meisten entwickelten Länder zwischen 0,5 und 1,5. Dort, wo die Financial Interrelation Ratio den Wert von 1,5 übersteigt, haben wir es mit Ländern zu tun, wo die Staatsverschuldung ein relativ großes Ausmaß erreicht hat.

R. W. Goldsmith, Financial Structure and Economic Growth in Advanced Countries, in: Capital Formation and Economic Growth, National Bureau of Economic Research, Princeton 1955.

Die zunehmende Kreditverflechtung hat aber auch noch eine andere ökonomische Wirkung als die der Beschleunigung des Wachstums – und damit kommen wir wieder auf unsere erste Hypothese zur Erklärung der Entwicklungsgeschichte der Geldwirtschaft zu sprechen. Hiernach konnte die Entwicklungsgeschichte der Geldwirtschaft als eine Suche nach immer rationelleren, ökonomischeren Zahlungsmitteln konzipiert werden. Wenn in einer hochentwickelten („spätkapitalistischen") Kreditwirtschaft eine Fülle von Finanzaktiva besteht, worunter ein großer Teil liquide ist, d. h. dem Gelde „nahe" steht – insbesondere durch die Aktivität der Finanzintermediäre, die vielfach langfristige (primäre) Wertpapiere in kurzfristige (indirekte) Wertpapiere umwandeln –, dann kann die Geldhaltung (z. B. vom Typ M_1), die für jedes einzelne Wirtschaftssubjekt Kosten (im Sinne von Opportunitätskosten) darstellt, reduziert werden, indem statt dessen liquide, d. h. geldnahe Wertpapiere, gehalten werden, die dann im Zeitpunkt des effektiven Geldbedarfs in Geld umgewandelt werden. Eine hochentwickelte Kreditwirtschaft ermöglicht also ein teilweises Ausweichen der Geldhaltung auf geldnahe Finanzaktiva, da diese die Geldfunktionen – wenn auch in einem geringeren Maße – ausüben können, wodurch die Transaktionskosten einer Wirtschaft noch stärker reduziert werden [38, 39].

---

[38] Diese geldnahen Aktiva konnten im Laufe der Geschichte selbst zu Geld werden, und an ihre Stelle traten dann andere Aktiva, die bisher „geldfern" waren bzw. vorher überhaupt nicht existierten (siehe hierzu Kap. I.2).

[39] Die Behauptung einer fortschreitenden Ökonomisierung der Geldhaltung aufgrund der zunehmenden Zahl an sehr liquiden Finanzaktiva steht auf den ersten Blick im Widerspruch zu der von Milton Friedman für die Vereinigten Staaten von 1867 bis 1960 beobachteten langfristigen Steigerung der Relation Kasse–Einkommen (M/Y bzw. zu dem langfristigen Sinken der Umlaufsgeschwindigkeit des Geldes in bezug auf das Einkommen: Y/M). Siehe u. a. M. Friedman und A. J. Schwartz [1963].

Friedman erklärt die tendenzielle Zunahme von M/Y, und zwar von M_2/Y, in Analogie zu der steigenden Nachfrage nach Luxusgütern. Für ihn stellt die Geldhaltung ein solches Luxusgut dar, das durch eine Einkommenselastizität von größer als eins gekennzeichnet ist. Da Luxusgüter nicht für alle Zeiten Luxusgüter zu sein brauchen (ein Automobil, das vor zwanzig Jahren ein Luxusgut war, gehört heute eher zu der Kategorie der notwendigen Güter, wenn einmal von den „Luxuswagen" abgesehen wird), kann die tendenzielle Zunahme von M/Y u. E. besser durch das folgende Argument erklärt werden. Die moderne Preistheorie lehrt uns z. B., daß Konsumgüter als eine Art von „Kuppelprodukten" („joint products") zu betrachten sind, und zwar in dem Sinne, daß ein Konsumgut nur aufgrund bestimmter *Charakteristika* einen bestimmten Nutzen stiftet. Wenn ich einen Apfel esse, dann ist es z. B. für die Intensität der Nutzenstiftung von Bedeutung, wo ich ihn esse: vor dem Fernsehen, im Familienkreis oder in einem langweiligen Restaurant; und „Kalorien plus Apfelgeschmack plus Fernsehen" ist ein anderes Gut als „Kalorien plus Apfelgeschmack plus Unterhaltung im Familienkreis". In einer gewissen Analogie hierzu ist das Gut Geld zu behandeln, sofern wir historische Vergleiche zwischen dem Gut Geld z. B. vor fünfzig Jahren und dem Gut Geld heute (beide natürlich in konstanter Kaufkraft ausgedrückt) anstellen. Die Entwicklung des Geld- und Bankensystems hat die „Qualität" einer Realkasseneinheit in dem Sinne verbessert, daß die Dienstleistungen, die eine Einheit an Realkasse bereitstellt, reichhaltiger geworden

Fassen wir noch einmal kurz zusammen. Der Zweck dieses theoretischen Exkurses in die Entwicklungsgeschichte der Geldwirtschaft war vor allem die Erklärung der Existenz des Geldes bzw. bestimmter Geldformen (Reduktion der mit dem „Tausch" verbundenen Transaktionskosten) und die Erklärung der Vielfalt der bestehenden Finanzaktiva (Arbeitsteilung zwischen den Überschuß- und Defiziteinheiten und damit Stimulierung des Wachstums). Zusätzlich haben wir aber bereits eine Reihe von Fragen diskutiert, die in den nächsten Kapiteln noch von besonderer Wichtigkeit sein werden. Darunter sind zu nennen: der Vergleich zwischen einer Geldwirtschaft, in der das Geld einen aktiven Einfluß ausübt, und einer „idealtypischen" Wirtschaft, in der das Geld neutral ist; die verschiedenen Typen von Finanzaktiva, deren Märkte neben dem des Geldes zu untersuchen sind; die Modalitäten der Schaffung von Geld und insbesondere der Unterschied zwischen dem Innengeld und dem Außengeld, der in der Diskussion um den Vermögenseffekt von Bedeutung ist; und schließlich das enge Substitutionsverhältnis zwischen dem Gelde und anderen liquiden Finanzaktiva, auf das in den folgenden Kapiteln noch näher eingegangen wird.

---

sind. Hierdurch wurde dann ein Anreiz zu einer (im Verhältnis zum Einkommen) steigenden Kassenhaltung geschaffen.

Ein teilweises Ausweichen der Geldhaltung auf liquide Finanzaktiva einerseits und eine Zunahme der Geldhaltung in bezug auf das Einkommen andererseits brauchen keineswegs widersprüchliche Aussagen darzustellen. Analog zur Preistheorie kann für die Geldhaltung (in der langen Periode) ein Substitutionseffekt wie auch ein Einkommenseffekt konzipiert werden. Der Substitutionseffekt wirkt in Richtung einer Verringerung der Geldnachfrage: Das Anwachsen an liquiden Wertpapieren (insbesondere durch die Aktivität der nichtmonetären Finanzintermediäre) löste eine Substition der Geldhaltung zugunsten der Haltung von anderen liquiden Finanzaktiva aus; dem steht ein besonders starker Einkommenseffekt gegenüber, der den Substitutionseffekt mehr als überkompensierte.

Zweiter Teil: Geldnachfrage

Kapitel IV

Zum Problem des Geldnutzens und die Nachfrage nach Transaktions- und Vorsichtskasse

1. Die neoklassische Vorstellung vom Geldnutzen. – 2. Einige irrtümliche Argumente der direkten Nutzenstiftung des Geldes. – 3. Das Problem des Geldnutzens bei vollständiger Voraussicht: a. Zahlungssitten und „technisch" determinierte Kassenhaltung; b. Die Problematik der Hypothese der vollständigen Voraussicht. – 4. Die Determinanten der Transaktionskasse: a. Der lagerhaltungstheoretische Ansatz; b. die Nachfragefunktion nach Transaktionskasse vom Typ M_1 und M_2. – 5. Der Geldnutzen bei unvollständiger Voraussicht. – 6. Die Determinanten der Vorsichtskasse: a. Der wahrscheinlichkeitstheoretische Ansatz; b. Der lagerhaltungstheoretische Ansatz; c. Die Nachfragefunktion nach Vorsichtskasse vom Typ M_1 und M_2. – 7. Geld als Konsum- und Produktionsgut.

Mittel, die geeignet sind, Bedürfnisse zu befriedigen – und damit Nutzen zu stiften –, nennen wir Güter; sind diese Güter knapp, d. h. stehen sie (im Verhältnis zu den mit ihrer Hilfe zu befriedigenden Bedürfnissen) nur in begrenzter Menge zur Verfügung, dann nennen wir sie wirtschaftliche Güter, da ihre Knappheit zum „Wirtschaften", d. h. zu einer auf die Verringerung der Knappheit gerichteten, auf Nutzen- und Kostenüberlegungen beruhenden Tätigkeit rationaler Wahlakte zwingt. Ein wirtschaftliches Gut ist also gekennzeichnet durch seine Eignung zur Bedürfnisbefriedigung und durch seine Knappheit.

Fällt nun das Geld in diese Güterkategorie? Wir stehen hier vor einer Frage, die den Kern der Diskussion um die Beziehung zwischen der allgemeinen Werttheorie (d. h. der Theorie der Wert- und Preisbestimmung der „realen" Güter) und der Werttheorie des Geldes berührt: Gelten für die Wertbestimmung des Geldes die gleichen Prinzipien wie für die der anderen Dinge, deren Wert aus der Verbindung von Nutzen und Knappheit resultiert, so daß die Geldtheorie in bezug auf die Werttheorie kein eigenständiges Leben zu führen braucht?

Bei diesem Problem wollen wir uns im allgemeinen auf jenes Geld beschränken, das in der Form des Papiergeldes oder Zeichengeldes auftritt;

das sog. Warengeld (wie etwa das Goldgeld) vernachlässigen wir. Fragen des Geldnutzens, der dann in einer Wirtschaft auftaucht, wenn diese einen Übergang von einer Tauschwirtschaft zu einer Geldwirtschaft und von einer Geldform zu einer anderen, rationelleren Geldform erfährt, brauchen nicht behandelt zu werden, da diese im vorhergehenden Kapitel erörtert worden sind (die durch die Existenz des Geldes bzw. einer rationelleren Geldform ermöglichte Reduktion der Transaktionskosten der Wirtschaft kann nämlich auch als eine Nutzenstiftung des Geldes bzw. als kollektiver Wohlfahrtsgewinn gedeutet werden). In dem vorliegenden und im nächsten Kapitel resultiert der Geldnutzen aus dem Moment der unvollständigen Voraussicht, die ihrerseits erst das Problem der Liquidität herbeiführt. Dabei wird zunächst die unvollständige Voraussicht auf die Ungewißheit der zukünftigen Einnahmen und Ausgaben beschränkt; damit wird vor allem das Geld in seiner („klassischen") Funktion als Zahlungsmittel angesprochen; die sich hieraus ergebende Geldnachfrage wird allgemein als die Nachfrage nach Transaktions- und Vorsichtskasse bezeichnet. Erst im nächsten Kapitel wird die Annahme der vollständigen Voraussicht in bezug auf die zukünftigen Preise (inklusive Zinssätze) aufgehoben, wodurch dann zusätzlich der Nutzen des Geldes in seiner („keynesianischen") Funktion als Wertaufbewahrungsmittel in Betracht gezogen wird. Das Problem, inwieweit Geld knapp ist und Kosten verursacht – und zwar Kosten im Sinne von Produktionskosten bei der Schaffung von Zeichengeld – wird schließlich in Kapitel VII behandelt.

Im folgenden werden wir zunächst die Begründung der Ansicht, daß Geld keinen unmittelbaren Nutzen stiften kann, wiedergeben. (1) So leiten die Neoklassiker – Verfechter der subjektiven Wertlehre – den Nutzen des Geldes „indirekt" aus den Gütern ab, die mit Geld gekauft werden können; dieser derivative Geldnutzen bezieht sich aber auf den Nutzen der Geldausgaben und nicht auf den der Geldhaltung. (2) Daß „Geld Güter kaufen kann", ist eine notwendige, aber noch nicht eine hinreichende Bedingung des Nutzens der Geldhaltung, denn die Nutzenanalyse des Geldes hat die Ermittlung der Vorteile, welche der Realwert der Geld*haltung* mit sich bringt, zum Gegenstand.

(3) Das eigentliche theoretische Problem des Geldnutzens besteht aus der Fixierung der Minimalbedingungen, unter denen die Geldhaltung einen unmittelbaren Nutzen stiftet. Diese Minimalbedingungen werden vielfach für die Situation der vollständigen Voraussicht konstruiert, in der eine temporäre Diskrepanz zwischen den Einnahmen und Ausgaben angenommen wird; diese (von den „Zahlungssitten" abhängige) Diskrepanz würde dann die Höhe an notwendiger Transaktionskasse bestimmen, und ihr Nutzen resultierte aus der Zahlungssicherheit und aus der Bequemlichkeit und den Kostenersparnissen, welche die Geldhaltung im Gegensatz zur Wertpapierhaltung besitzt; fraglich ist dabei jedoch, ob die Annahme

der vollständigen Voraussicht überhaupt mit dem Argument der Zahlungssicherheit (und mit der Existenz einer üblichen Geldwirtschaft) kompatibel ist. (4) Die Geldnachfragefunktion auf der Basis des Transaktionsmotivs (das aus der unvollständigen Synchronisation von Einnahmen und Ausgaben resultiert, wobei jedoch eine vollständige Voraussicht hinsichtlich ihres zeitlichen Verlaufs herrscht) kann für die Geldmenge M_1 und M_2 formuliert werden.

(5) Sobald die Annahme der vollständigen Voraussicht aufgehoben wird, kristallisieren sich andere Motive der Geldnachfrage und andere Komponenten des unmittelbaren Geldnutzens heraus; wird eine Ungewißheit der Einnahmen und Ausgaben unterstellt, dann ergibt sich eine Notwendigkeit zur Haltung von Vorsichtskasse, um die Zahlungssicherheit zu gewährleisten. Diese Vorsichtskasse kann sowohl aus Geld als auch aus kurzfristigen, vollständig mobilisierbaren Wertpapieren bestehen. (6) Inwieweit sich diese Vorsichtskasse aus Geld (M_1) und liquidierbaren Wertpapieren (M_2) zusammensetzt, hängt (bei gegebenen Zinssätzen) von dem Grad der Bequemlichkeit und Kostenersparnis ab, den die Geldhaltung im Gegensatz zur Wertpapierhaltung besitzt.

Hinsichtlich der Unterteilung der Geldnachfrage in Transaktions-, Vorsichts- und Spekulationskasse sei hier noch folgende generelle Bemerkung gemacht: Eine strikte Aufteilung der Kassenbestände in Transaktions-, Vorsichts- und Spekulationskasse bzw. in Transaktions- und Spekulationskasse, wie es Keynes vorschlug, muß mit allem Nachdruck in Frage gestellt werden [1]. Jede Geldmengeneinheit im gesamten Kassenbestand eines Wirtschaftssubjekts ist sowohl Zahlungs- als auch Wertaufbewahrungsmittel; jede Einheit dient sowohl dem Transaktions- als auch dem Spekulationsmotiv; jede zusätzliche Währungseinheit des individuellen Kassenbestandes stiftet Nutzen (bzw. erzeugt Ertrag) als Zahlungs- *und*

---

[1] Eine Wiedergabe der Keynesschen Vorstellungen ist vielfach deswegen schwierig, weil er oft Verabsolutierungen von Aussagen aus dem Wege geht. Hieraus folgt denn auch, daß die Interpreten seiner Theorie manchmal zu völlig verschiedenen Resultaten kommen.

Wenn wir behaupten, daß Keynes eine Einteilung der Kassenbestände in eine Transaktions- und eine Spekulationskasse vornimmt, so läßt sich trotzdem an einer Stelle seiner Allgemeinen Theorie folgender Satz finden:

„Geld, welches für jeden dieser drei Zwecke [Einkommensmotiv, Geschäftsmotiv, Spekulationsmotiv] gehalten wird, bildet nichtsdestoweniger eine gemeinsame Kasse, und ihr Besitzer steht keineswegs unter irgendeinem Zwang, diese in drei wasserdichte Abteilungen einzuteilen; ... der gleiche Betrag kann primär für den einen Zweck und sekundär für den anderen Zweck gehalten werden."

["Money held for each of the three purposes forms, nevertheless, a single pool, which the holder is under no necessity to segregate into three water-tight compartments; ... the same sum can be held primarily for one purpose and secondarily for another."] J. M. Keynes [1936], S. 195; deutsche Übersetzung, S. 163.

Andererseits operiert Keynes bei der Ableitung seiner „liquidity preference function" durchweg mit der Einteilung der Kassenbestände in M_1 und M_2 bzw. L_1 und L_2. Vgl. J. M. Keynes [1936], Kap. XV.

Wertaufbewahrungsmittel [2]. Geld stellt *ein* Gut dar, nicht zwei; es ist *ein* Aktivum, nicht zwei [3]. Die von Keynes und den Post-Keynesianern propagierte Dichotomie Transaktions- und Spekulationskasse, „aktive" und „passive" Kassenbestände (die „idle balances") ist zwar unter pädagogischen Gesichtspunkten nützlich, in theoretischer Sicht aber falsch!

1. Die neoklassische Vorstellung vom Geldnutzen

Ein Blick in die Literatur [4] – und zwar in jenen Teil der „neoklassischen" Literatur, der sich mit dem Geldproblem so, wie es die „Klassiker" behandelten, befaßt und die subjektive Wertlehre begründet hat – zeigt, daß die meisten Autoren die Frage des Geldnutzens in der Weise beantworten, daß das Geld einen Nutzen aus den Gütern zieht (oder „ableitet"), gegen die es getauscht werden kann [5]. Der Geldnutzen wird mit dem Nutzen der Geld*ausgabe* oder des Geld*einkommens* gleichgesetzt (und nicht mit dem Nutzen der Geld*haltung*) [6]. Geld stiftet demnach keinen „direkten" Nutzen, sondern erhält diesen *mittelbar* von den Gütern, die mit Geld gekauft werden können.

Es liegt nun nahe, diesen Vorstellungen ein sog. Geldschleierdenken zu unterstellen: Geld an sich befriedigt keine besonderen Bedürfnisse, es wird nur zum Kauf von Gütern verwandt; wichtig ist das Geld nicht um seiner selbst willen, sondern wegen dem, was „dahinter" steht – und das sind, zieht man den „Geldschleier" beiseite, „Realgüter" [7].

---

[2] „... die Dollars der Geldhaltung können nicht danach unterschieden werden, ob sie angeblich für den einen oder anderen Zweck nachgefragt werden. Vielmehr wird jeder Dollar sozusagen in der Weise aufgefaßt, daß er verschiedene Dienste gleichzeitig leistet ..."
["... dollars of money are not distinguished according as they are said to be held for one or the other purpose. Rather, each dollar is, as it were, regarded as rendering a variety of services ..."] M. Friedman, The Quantity Theory of Money – A Restatement, in: Studies in the Quantity Theory of Money, hrsg. von M. Friedman, Chicago 1956; abgedruckt in: Readings in Macroeconomics, hrsg. von M. G. Mueller, New York, Chicago, San Francisco, Toronto und London 1966, S. 154. Siehe auch D. Patinkin [1965], S. 126.

[3] J. G. Gurley und E. S. Shaw [1960], S. 33.

[4] Hervorragende dogmengeschichtliche Untersuchungen zu unserem Problem finden sich bei A. W. Marget [1942], S. 8–132 und D. Patinkin [1965], S. 529–633.

[5] So z. B. bezeichnet L. von Mises, der unter den Neoklassikern als der entscheidende Verfechter der Anwendung des Grenznutzungsprinzips auf das Geld gilt, den Grenznutzen des Geldes als den „Grenznutzen der für das Geld einzutauschenden Güter." Theorie des Geldes und der Umlaufsmittel, München und Leipzig 1912, S. 108.

[6] So verwechselt A. Marshall (Principles of Economics, 8. Aufl., London 1920, S. 96) den Grenznutzen des Geldes mit dem Grenznutzen der Geldausgabe bzw. des Einkommens.

[7] Die Anwendung der Grenznutzenanalyse auf das Geld „wurde von Wicksell versucht, und obwohl sie zu interessanten Ergebnissen führte, resultierte sie doch nicht

Diese Schlußfolgerung wäre bei den neoklassischen Autoren durchaus naheliegend, würden sie nicht auf der anderen Seite bei der Analyse der Geldnachfrage die Vorteile (Sicherheit, Bequemlichkeit, Liquidität etc.) der Geldhaltung ausführlich hervorheben und erklären, der Entscheidung zur Geldhaltung würde die Entscheidung zugrundeliegen, zwischen dem Vorteil der Geldhaltung und dem anderer Dinge wählen zu müssen [8]. Hieraus hätte dann eigentlich die Schlußfolgerung gezogen werden müssen, daß die Geldhaltung einen unmittelbaren Nutzen stiftet – eine Schlußfolgerung, die jedoch erstaunlicherweise nicht gezogen wurde [9].

in einer Grenznutzentheorie des Geldes. Sie wurde auch von v. Mises versucht und führte zu der Schlußfolgerung, daß das Geld ein Geist des Goldes ist – weil das Geld an sich allem Anschein nach keinen Grenznutzen hat. (In subtilerer Form erscheint dieselbe Schwierigkeit in den Arbeiten Marshalls und seiner Epigonen. Sie waren sich der Notwendigkeit bewußt, daß das Geld der Grenznutzenanalyse unterworfen werden sollte; aber sie waren derartig beherrscht von der klassischen Lehre des Geldes als der eines ‚Schleiers'..., daß sie sich nicht von der Betrachtungsweise loslösen konnten, in der Nachfrage nach Geld nur eine Nachfrage nach den Dingen zu sehen, die mit Geld gekauft werden können – also eine Nachfrage nach ‚realer Kaufkraft'. Hieraus folgt, daß ihre Forderung nach einer Grenznutzenanalyse des Geldes wenig mehr als ein frommer Wunsch blieb ...)."

["... was tried by Wicksell, and though it led to interesting results, it did not lead to a marginal theory of money. It was tried by Mises, and led to the conclusion that money is a ghost of gold – because, so it appeared, money as such has no marginal utility. (A more subtle form of the same difficulty appears in the work of Marshall and his followers. They were aware that money ought to be subjected to marginal utility analysis; but they were so dominated by the classical conception of money as a 'veil' ... that they persisted in regarding the demand for money as a demand for the things which money can buy – 'real balances'. As a result of this, their invocation of marginal utility remained little more than a pious hope ...)."] J. R. Hicks, A Suggestion for Simplifying the Theory of Money, in: Economica, II (1935); abgedruckt in: Readings in Monetary Theory, hrsg. v. F. A. Lutz und L. W. Mints, London 1952, S. 14–15.

Eine eingehende Besprechung der Grenznutzenanalyse des Geldes sowohl bei den obigen Autoren Wicksell und von Mises als auch bei „gleichgesinnten" Ökonomen wie Pareto, I. Fisher und Keynes (und zwar „der" Keynes des A Tract on Monetary Reform, London 1923) findet sich bei D. Patinkin [1965], S. 574–575, 580–582, 599.

[8] Vergleichen wir z. B. die folgenden, sich widersprechenden Äußerungen Irving Fishers.

Einerseits erklärt er in seiner Schrift The Purchasing Power of Money [1913], S. 32 (deutsche Übersetzung, S. 26), daß die grundsätzliche Eigenschaft des Geldes im Gegensatz zu allen anderen Gütern in der Tatsache besteht, „daß es nicht imstande ist, die Bedürfnisse des Menschen zu befriedigen, sondern nur die Kraft besitzt, Dinge zu *kaufen,* die diese Kraft der Bedürfnisbefriedigung besitzen."

Andererseits, in seinem Werk The Theory of Interest (New York 1930, S. 216), konstatiert er jedoch, ohne das Grenznutzenrätsel des Geldes lösen zu können, wie es „ex post" entsteht, wenn man die folgenden Sätze (die sich in ähnlicher Formulierung in seinem Buch Rate of Interest, New York 1907, S. 212 finden) seinem obigen Ausspruch (den er in The Theory of Interest nicht verwirft) gegenüberstellt:

„Unter allen Aktiva kann natürlich das Geld am besten verkauft werden; es ist, worauf Karl Menger hinwies, genau diese Verkäuflichkeit, die es überhaupt zum Gelde macht. Die *Bequemlichkeit,* stets mit Sicherheit und ohne irgendwelche Vorbereitung irgendeinen Kauf mit Geld durchführen zu können, d. h. mit anderen Worten seine *Liquidität,* stellt schon einen ausreichenden Ertrag des Kapitals dar, welches jemand brachliegend in Geldform zu halten scheint."

Ob dieser Mangel an logischer Konsistenz bei den Neoklassikern als ein erheblicher Fehler oder nur als ein formales Versäumnis anzusehen ist, könnte auf den ersten Blick dem Urteilstemperament jedes einzelnen überlassen werden. Anders verhält es sich jedoch, wenn erst die ausdrückliche Annahme, daß die Geldhaltung als solche einen unmittelbaren Nutzen besitzt (d. h. einen Nutzen, der nicht aus dem Nutzen der anderen Dinge abzuleiten ist, die mit Geld gekauft werden können), wesentliche Erkenntnisse über die Wirkungsmöglichkeiten des Geldes auf die Wirtschaft ermöglicht. Ehe wir diese Auffassung zu begründen versuchen, er-

["The most salable of all properties is, of course, money; and as Karl Menger pointed out, it is precisely this salability which makes it money. The convenience of surely being able, without any previous preparation, to dispose of it for any exchange, in other words, its *liquidity,* is itself a sufficient return upon the capital which a man seems to keep idle in money form."] Siehe hierzu D. Patinkin [1965], S. 580.

9 „Man kann nicht umhin, sich über die Ironie der Tatsache zu wundern, daß diese [neoklassischen] Autoren die formale Anwendung des Grenznutzenprinzips auf das Geld nicht durchführten, obwohl sie hierfür eigentlich die theoretische Basis schufen [wonach die Geldhaltung einen ihr eigenen Vorteil bietet]; Walras dagegen, bei dem eine solche theoretische Begründung in der Tat fehlte, wandte formal das Grenznutzenprinzip auf das Geld an."

["One cannot help being struck by the irony of the fact that these writers, who actually provided a conceptual framework which could have justified the formal application of utility analysis to money, did not do so; while Walras, who actually lacked this framework, did."] D. Patinkin [1965], S. 574.

Die Walrassche Vorstellung vom Grenznutzen des Geldes und von der Geldnachfrage läßt sich wie folgt charakterisieren. Es sei dabei jedoch betont, daß in der Literatur keine besondere Übereinstimmung dessen vorliegt, „was Walras nun wirklich gemeint hat!". Hinzu tritt noch die Schwierigkeit, daß sich Walras in seinen verschiedenen Schriften unterschiedlich zum Geldproblem geäußert hat. Im folgenden nehmen wir ausschließlich auf die letzte, die sog. endgültige Ausgabe seiner Eléments d'économie politique pure (Lausanne 1926) Bezug. Hierin (wie auch in der vierten Auflage aus dem Jahre 1900) sind seine verschiedenen geldtheoretischen Aufsätze verarbeitet, die in der Zeit zwischen 1886 und 1899 erschienen. Zum anderen beziehen wir uns bei seiner Analyse des Geldnutzens und der Geldnachfrage nur auf seine Betrachtung über das Papiergeld (und nicht auch über das Warengeld), und zwar auf seine Überlegungen in der 29. und den ersten beiden Abschnitten der 30. Leçon.

Walras führt die Geldhaltung als Argument in die Nutzenfunktionen ein und leitet aus der Maximierung dieser Funktionen unter den Bedingungen gegebener Ressourcen die Nachfragefunktion des Geldes ab. Den Geldnutzen begründet er mit dem „service d'approvisionnement", den die Geldhaltung verschafft; dieser Ausdruck könnte mit dem Wort „Vorratsdienst" oder „Lagerdienst" übersetzt werden. Der Zwang zur Geldhaltung ergibt sich aus den gleichen Gründen wie die Notwendigkeit der Lagerhaltung von Nahrungsmitteln, Rohstoffen (und anderem „capital circulant"): Das Wirtschaftssubjekt stellt am Anfang der Periode Pläne zum Kauf von Gütern auf und schließt entsprechende Kaufkontrakte ab; diese Güter kauft es im Laufe der Periode; da seine Einnahmen und Ausgaben im Zeitablauf nicht vollständig synchronisiert sind, obwohl es mit Sicherheit die Beträge und Zeitpunkte der Einnahmen und Ausgaben kennt, ist es am Anfang der Planungsperiode zu einem bestimmten Vorrat an Kassenhaltung, der sog. „encaisse désirée", gezwungen.

„In einer wirklichen funktionierenden Wirtschaft hat der einzelne Konsument, ob Landbesitzer, Arbeiter oder Kapitalist, in jedem Augenblick eine ziemlich genaue Idee: (1) welche Vorräte an Produkten zu halten er für angemessen erachtet scheint es uns jedoch angebracht, noch einige „häretische" Argumente der direkten Nutzenstiftung des Geldes zu besprechen.

Die Beweisführung, wonach die Geldhaltung einen unmittelbaren Nutzen stiftet, ist nämlich insofern schwierig, als bis heute gewisse Einzelfragen noch ungelöst sind bzw. bestimmte Kontroversen ausgelöst haben – trotz (oder vielleicht sogar wegen) der detaillierten und rigorosen Analyse Patinkins, der in der letzten Zeit wesentlich zu der Diskussion um den Nutzen des Geldes beigesteuert hat [10]. Im folgenden wollen wir versuchen, diesen durchaus schwierigen Fragenkomplex schrittweise zu behandeln, indem wir zuerst kurz eingehen auf verschiedene irrtümliche (und z. T. kontroverse) Argumente für einen direkten Nutzen des Geldes und diese dann von den wirklichen Gründen abgrenzen, die zum Nutzen der Geldhaltung beitragen.

2. Einige irrtümliche Argumente der direkten Nutzenstiftung des Geldes

(1) Geld als Mittel der intertemporalen Konsumverlagerung. Zunächst sei klargestellt, daß das Geld *nicht* deshalb einen für sich eigenständigen Nutzen besitzt, weil es in seiner Eigenschaft als Vermögensträger in der Lage ist, gegenwärtigen Konsum aufzuschieben, die Ersparnisse in Geld anzulegen, um dieses entsprechend optimaler intertemporaler Konsumpläne in späteren Perioden für Konsumgüter auszugeben. Denn es gibt noch andere Aktiva (Wertpapiere, langlebige Konsumgüter), die durchaus lukrativer – weil pekuniär ertragbringend – sind, um als „Vehikel" für eine

und (2) wieviel Kassenbestände er halten muß ..., um diese Vorräte wieder aufzufüllen und laufende Käufe von Konsumgütern und für den täglichen Bedarf notwendigen Dienstleistungen durchführen zu können, während er auf die Miet-, Lohn- und Zinszahlungen wartet, die erst zu ganz bestimmten Terminen in der Zukunft anfallen ... jegliches Element der Ungewißheit ist ausgeschlossen."

[«En réalité, dans une société en marche, un consommateur, propriétaire foncier, travailleur ou capitaliste, sait très approximativement, à tout instant donné: 1° quels approvisionnements en produits il doit avoir pour sa commodité, et 2° quelle encaisse il doit avoir ... pour rétablir ces approvisonnements et pour acheter des produits et des services consommables, au fur et à mesure de la consommation, en attendant les échéances de ses fermages, de ses salaires, de ses intérêts ... nous ne laissons place à aucune incertitude.»] L. Walras [1926], S. 300.

Wenn also eine vollständige Voraussicht hinsichtlich des Zeitablaufs von Einnahme- und Ausgabebeträgen besteht, wobei lediglich diese Beträge nicht in jedem Augenblick der Periode miteinander übereinstimmen –, weshalb *wählt* das Wirtschaftssubjekt dann eine Kassenhaltung in Höhe des ihm bekannten, temporären (maximalen kumulativen) Einnahmedefizits, anstatt die brachliegende Geldhaltung zinsbringend in Wertpapieren anzulegen und diese in Geld umzutauschen, sobald

Konsumverlagerung in die Zukunft zu dienen. Doch selbst wenn Geld das einzige in der Wirtschaft bestehende Wertaufbewahrungsmittel wäre, würde es zwar die einzige Möglichkeit bilden, den Zeitverlauf des Konsums zu optimieren helfen, es würde aber nicht um seiner selbst willen gehalten, sondern um des (durch das Geld geschaffenen) mittelbaren Nutzens willen, Teile des gegenwärtigen Einkommens zukünftig zu konsumieren – und diese Güter, die in späteren Perioden konsumiert werden sollen, figurieren schon als Argumente in der Nutzenfunktion (sofern es sich um eine Nutzenfunktion handelt, die eine Reihe von Perioden umfaßt)[11]. – Aus *diesem* Grunde können ebensowenig die Geldhaltung wie im übrigen alle anderen Aktiva in die Nutzenfunktion eingesetzt werden.

(2) Geld als Mittel der Zurschaustellung von Macht und sozialem Prestige. Um den „häretischen" Katalog zu ergänzen, nach dem die Geldhaltung einen Nutzen stiften soll – und bevor wir auf die eigentlichen Gründe zu sprechen kommen, welche die Geldhaltung mit einem spezifischen, dem Gelde eigenen Nutzen ausstatten –, sei noch auf einen anderen „Dienst" aufmerksam gemacht, den das Geld leisten *kann.* Gemeint ist hier die Befriedigung, die ein Wirtschaftssubjekt aus der „ökonomischen Macht", dem „Sozialprestige" usw. ziehen kann, die das Vermögen vermitteln. Das Geld konstituiert für den einzelnen einen Teil dieses Vermögens, so daß auch die Geldhaltung unter diesem sozialpsychologischen Aspekt einen unmittelbaren Nutzen stiften würde. Es sei keineswegs geleugnet, daß bestimmte Aktiva – insbesondere gewisse langlebige Konsumgüter – unter anderen Beweggründen auch aus diesem Motiv gehalten werden; was jedoch Geld angeht, so dient es wohl nur noch in primitiven Kulturen als Mittel der Zurschaustellung von Ansehen und Reichtum (was Gerloff so plastisch mit dem Begriff „Protzgeld" kennzeichnet[12]), denn vor allem in modernen Wirtschaften, in denen das Stoff- oder Warengeld vom Papier- und Buchgeld abgelöst ist, werden andere Vermögensträger

---

der Moment des Defizits gekommen ist? Diese Frage resumiert die bekannte, von J. R. Hicks an Walras gerichtete Kritik (Gleichgewicht und Konjunktur, in: Zeitschrift für Nationalökonomie, IV (1933), S. 446–448). Walras' Schriften geben hierauf keine Antwort, so daß seine Analyse des Grenznutzens und der Geldnachfrage (vom heutigen Standpunkt!) als unzulänglich angesehen werden muß. Die (u. E. problematischen) Lösungsvorschläge der eben gestellten Frage finden sich in der Fußnote 26 auf S. 109. Siehe ferner Fußnote 49 auf S. 142–143.

Zur Interpretation der Walrasschen Geldvorstellung siehe u. a. A. W. Marget [1935] und D. Patinkin [1965], S. 541–550.

[10] D. Patinkin, Money, Interest, and Prices, Evanston (Ill.) und New York 1956, Kap. V–VI und [1965], Kap. V–VII.

An dieser Stelle möge uns der Hinweis auf einen Ausspruch von Bernard Shaw erlaubt sein. "Science is always wrong: it never solves a problem without creating ten more."

[11] Vgl. hierzu A. Lindbeck, A Study in Monetary Analysis, Stockholm, Göteborg und Uppsala 1963, S. 21 und D. Patinkin [1965], S. 146–147, 550.

[12] Siehe hierzu G. Schmölders [1968], S. 15–17, 26–27.

diese Bedürfnisse nach Macht und sozialer Geltung besser befriedigen können (als eine „dicke Brieftasche").

(3) Geld im Sinne von realer Kaufkraft. Die bisherigen wie auch die folgenden Überlegungen über die Motive der Geldhaltung und ihre Nutzenstiftung beziehen sich stets auf den *realen* und nicht nominalen Wert der Geldhaltung. Dies ergibt sich insofern von selbst, als das Geld Zahlungsmittel (und Wertaufbewahrungsmittel) ist. Sein „Wert", *und zwar der Wert des Geldes unter dem Gesichtspunkt von „realem" und „nominalem" Wert,* resultiert folglich aus dem Wert der Güter, die mit Geld als Zahlungsmittel gekauft werden können (bzw. aus dem Wert der Güter, deren Kauf mit Hilfe des Geldes als Wertaufbewahrungsmittel zeitlich verschoben werden kann). Unter *diesem* Aspekt ist allein der Wert des Geldes interessant, der „hinter dem Gelde steht", d. h. seine Kaufkraft über Güter; seine reale Kaufkraft; sein realer Wert.

Das Geld erhält nun nicht deswegen einen eigenständigen, von den Gütern unabhängigen und von ihnen nicht abzuleitenden Nutzen, weil „Geld Güter kaufen kann". Die Eigenschaft des Geldes, allgemeines Zahlungsmittel zu sein, ist lediglich eine Voraussetzung seiner direkten Nutzenstiftung; denn wäre es kein allgemein anerkanntes Zahlungsmittel, dann wäre es auch kein Geld, und eine Nachfrage nach dem Zahlungs- und Wertaufbewahrungsmittel Geld – und somit auch ein (direkter oder indirekter) Nutzen des Geldes – würde nicht bestehen. Daß „Geld Güter kaufen kann", ist also eine notwendige, jedoch noch nicht eine hinreichende Bedingung des unmittelbaren Geldnutzens.

Hieraus darf aber nicht der Schluß gezogen werden, daß Geld an sich bedeutungslos ist, weil es stets auf seinen realen Wert ankommt, d. h. auf die Güter, die sich „hinter dem Gelde verbergen". Dieser Schluß wäre nur unter folgenden Bedingungen gestattet: wenn der Realwert der Geldhaltung – oder kürzer ausgedrückt: die Realkassenhaltung – beim einzelnen Wirtschaftssubjekt nicht Gegenstand von Wahlakten ist; wenn die Realkassenhaltung kein selbständiges Gut darstellt; wenn die Realkassenhaltung nach den Regeln der subjektiven Wertlehre keinen unmittelbaren Nutzen stiftet; wenn die Realkassenhaltung keinen ihr eigenen, von den zu kaufenden Gütern unabhängigen Wert (!) im Sinne der Grenznutzenanalyse besitzt [13].

Der Ausdruck „Wert des Geldes" kann also zwei völlig verschiedene Begriffe bezeichnen: Wert im Sinne von realem und nominalem Wert (d. h. von realer und nominaler Kaufkraft) und Wert im Sinne des auf der Nutzenanalyse aufbauenden subjektiven Wertes. In unserer Analyse sind wir an beiden Auslegungen insofern interessiert, als wir den unmittelbaren Nutzen (oder „Wert") des Realwertes der Geldhaltung untersuchen.

3. Das Problem des Geldnutzens bei vollständiger Voraussicht

Wenden wir uns nun einem ersten ökonomischen Grund für eine unmittelbare Nutzenstiftung des Geldes zu. Dabei sei vorausgeschickt, daß dieser Grund bis heute in der Literatur der umstrittenste ist.

Gehen wir von der *Walrasschen Annahme*[14] aus, daß die Wirtschaftssubjekte in einer Welt der vollständigen Voraussicht leben, die sich sowohl auf die zukünftigen Preise und Zinssätze als auch auf den Zeitverlauf der Einnahmen- und Ausgabenreihe bezieht; wir wollen auch noch zusätzlich unterstellen, daß die zukünftigen Preise und Zinssätze identisch mit den gegenwärtig herrschenden Preisen und Zinssätzen sind. Am Anfang der Periode stellen die einzelnen Individuen ihre Wirtschaftspläne für die laufende Periode (und die folgenden Perioden) auf, in die auch ihre Entschei-

---

[13] Ein anderer Scheinschluß, oft auch „Zirkelschluß" genannt, besteht in dem insbesondere von K. Helfferich (Das Geld, 6. Aufl., Leipzig 1923, S. 577) vorgebrachten Argument, wonach der Nutzen einer gegebenen nominalen Geldmenge von ihrem Realwert, d. h. vom Preisniveau, abhängig sei. Dieser Realwert (bzw. das Preisniveau) müßte also vorher bekannt sein. Auf der anderen Seite ist er aber Erklärungsgegenstand der Nutzentheorie des Geldes, da der Nutzen des Geldes (bei Helfferich der Nutzen der Geld*ausgabe* und nicht der Geld*haltung*) den Realwert des Geldes und damit den Wert der Güter bestimmen würde.

„Während diese Theorie [des Grenznutzens] den Verkehrswert der Güter [die Kaufkraft des Geldes] aus dem Grad ihrer Nützlichkeit innerhalb der Einzelwirtschaften zu bestimmen sucht, ist umgekehrt der Grad der Nützlichkeit des Geldes für die Einzelwirtschaften ganz offensichtlich durch seinen Verkehrswert gegeben."

Ein besonderer Versuch, dieses Zirkelschlußargument zu entkräften, wurde vor allem von W. Hirsch (Grenznutzentheorie und Geldwerttheorie, Jena 1928, S. 114–131) unternommen. Doch sind es nach unserer Kenntnis erst A. W. Marget [1938], S. 445 n, 450–451 und D. Patinkin [1965], S. 115–116, 573–574, denen es gelang, die Zirkelbeweisführung zu widerlegen. Hiernach liegt der Ausgangspunkt (oder der „pons asinorum", wie H. S. Ellis [1934], S. 189, es nennt), wie dem „Schreckgespenst" des Zirkelschlusses zu entkommen ist, in dem zu machenden, aus der Preistheorie allgemein bekannten Unterschied zwischen der Feststellung, daß „die Nachfrage vom Preis abhängt", und der anderen Feststellung, daß „der Preis von der Nachfrage abhängt".

Im ersten Falle („die Nachfrage hängt vom Preis ab") wird der Preis eines Gutes (wie auch das Einkommen und die Nutzenvorstellungen) als *gegeben* angenommen, und es kann gefragt werden nach der Höhe des Grenznutzens, den das Gut beim einzelnen stiftet, oder nach der Menge, die er nachfragt. Ähnlich verhält es sich auch mit dem Grenznutzen der nominalen Geldmenge und der Höhe ihrer nachgefragten Menge, die nur bei gegebenem Preisniveau (und damit gegebenem Realwert des Geldes) feststellbar sind.

Im letzten Falle („der Preis hängt von der Nachfrage ab") handelt es sich um den Gleichgewichtspreis eines Gutes, der zu determinieren ist, und dieser hängt sowohl von den Angebots- wie den Nachfragefunktionen ab; so auch das Preisniveau (bzw. der Realwert der Geldmenge), dessen Gleichgewichtshöhe u. a. von der Geldnachfragefunktion mitbestimmt wird.

[14] Siehe Fußnote 9 auf S. 95–97.

dungen über die Höhe der Geldhaltung eingehen. Während der Periode sollen die Einnahmen und Ausgaben nicht vollständig synchronisiert sein, so daß temporäre Diskrepanzen zwischen ihnen bestehen. Am Ende der Periode sollen jedoch die Gesamteinnahmen gleich den Gesamtausgaben sein.

Ist nun in dieser Walrasschen Welt der omnis scientia, deren Vollständigkeit nur durch temporäre Friktionen im Zahlungsrhythmus der Einnahmen und Ausgaben durchbrochen wird, eine Geldhaltung überhaupt erforderlich bzw. gehört die Geldnachfrage grundsätzlich in den Problemkreis der unvollständigen Voraussicht, oder ist eine Geldhaltung auch in der Situation der vollständigen Voraussicht vorstellbar? In ähnlicher Weise kann gefragt werden, ob sich der unmittelbare Nutzen der Geldhaltung nur aus Elementen der Ungewißheit zusammensetzt oder ob die Geldhaltung auch im Fall der vollständigen Voraussicht einen direkten Nutzen stiftet.

Was die erste Frage, die der Geldhaltung, angeht, so waren die meisten älteren Geldtheoretiker – darunter die Mehrheit der Neoklassiker – der Meinung, daß die Geldnachfrage des einzelnen Wirtschaftssubjektes durch die „Zahlungsgewohnheiten der Wirtschaft", d. h. durch die unvollständige Synchronisation der Zahlungseingänge und -ausgänge „institutionell" bestimmt werde. Mit dieser (a) „technischen" Determination der Kassenhaltung wird die folgende Untersuchung eingeleitet. Ob die durch den Zahlungsrhythmus „exogen" fixierte Höhe an Kassenhaltung auch einen unmittelbaren Nutzen stiftet, hatten – wie wir gesehen haben – die Neoklassiker (mit Ausnahme von Walras) zumindest implizite verneint. Die neuere Geldtheorie (insbesondere die Theorie Patinkins) setzt die Analyse des Geldnutzens bei diesem Modell der temporären Diskrepanzen zwischen den Einnahmen und Ausgaben an. Wird dieses Modell jedoch unter der strengen Annahme der vollständigen Voraussicht genauer analysiert, so führt (b) die Hypothese der vollständigen Voraussicht zu widersprüchlichen Aussagen, die es nahelegen, von der Geldhaltung und dem Geldnutzen nur in der Situation der unvollständigen Voraussicht zu sprechen.

a) Zahlungssitten und „technisch" determinierte Kassenhaltung

Abb. 8 illustriert einen möglichen Fall der Verteilung der Einnahmen (E) und Ausgaben (A) im Zeitverlauf (t). Es wird unterstellt, daß die Ein- und Auszahlungen während der Periode t_0 t_9 nicht stetig (d. h. diskontinuierlich) wachsen. So erfolgen die Einnahmen von unterschiedlichen Beträgen zu den Zeitpunkten t_0, t_1, t_2, t_4, t_5, t_6 und t_9 und die Ausgaben – ebenfalls von unterschiedlicher Höhe – zu den Zeitpunkten t_0, t_2, t_3, t_4, t_7

und t_8. Die Reihe der kumulierten Einnahmen (ΣE) und die der kumulierten Ausgaben (ΣA) verlaufen treppenförmig. Am Schluß der Periode, im Zeitpunkt t_9, sind (laut Annahme) die gesamten, während der Periode angefallenen Einnahmen (OA) gleich den gesamten, während der Periode getätigten Ausgaben (OB). Die in jedem Zeitpunkt der Periode möglichen temporären Diskrepanzen zwischen den Einnahmen und Ausgaben [$\Sigma (E-A)$] lassen sich durch die vertikale Subtraktion der kumulierten Ausgabenreihe (ΣA) von der kumulierten Einnahmereihe (ΣE) darstellen. Während ein Einnahmeüberschuß in den Zeitintervallen $t_0\,t_2$ und $t_6\,t_7$ vorliegt, tritt ein Einnahmedefizit in den Zeitabschnitten $t_2\,t_6$ und $t_8\,t_9$ auf; eine Kongruenz der kumulierten Ein- und Auszahlungen findet nur für die kurze Zeitspanne $t_7\,t_8$ statt (und natürlich am Ende der Periode).

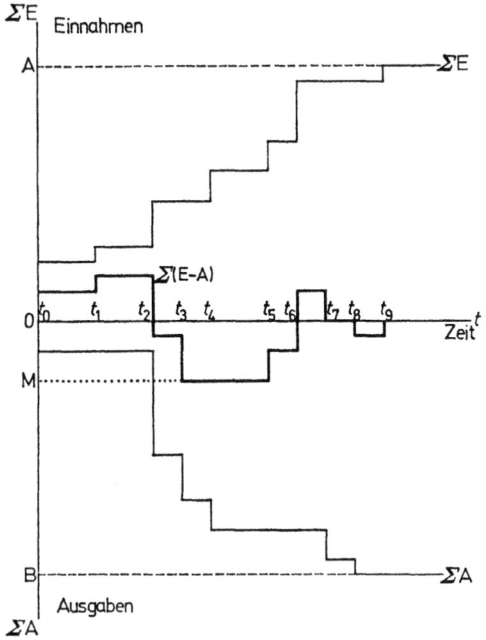

Abb. 8

Ein Bedarf an Transaktionskasse besteht während der Zeit $t_2\,t_6$ und $t_8\,t_9$, in der temporäre Einnahmedefizite existieren, die nicht von den vorher „automatisch" angefallenen Einnahmeüberschüssen vollständig gedeckt werden können. Wie schon erwähnt stellt das einzelne Wirtschaftssubjekt am Anfang der Periode (t_0) seine Wirtschaftspläne auf, in die auch seine Entscheidung über die gewünschte Kassenhaltung einzureihen ist.

Ihr Betrag hängt von der Höhe des maximalen kumulierten Einnahmedefizits ab, das im Falle der Abb. 8 gleich OM ist. Die geplante Geldhaltung müßte also OM betragen [15]. Die erforderliche Höhe an gewünschter Transaktionskasse wäre somit durch das Zeitintervall der Einnahmen und Ausgaben „technisch" bestimmt.

Diese „technischen" Bestimmungsgründe der Kassenhaltung werden in der Literatur öfters mit dem Ausdruck „institutionelle Faktoren" oder „Zahlungsgewohnheiten der Wirtschaft" umschrieben. Letztere werden dann vielfach mit dem folgenden (stereotypen) Beispiel verdeutlicht. Ein Wirtschaftssubjekt erhält am ersten jedes Monats als Einkommen eine Geldsumme von DM 1000, die es gleichmäßig während des Monates ausgibt. Seine Kassenhaltung variiert zwischen DM 1000 am ersten des Monates und 0 am Ende des Monates. Seine durchschnittliche Kassenhaltung beträgt im Monat (oder im Jahre) DM 500 oder 1/48 seiner jährlichen Einnahmen und Ausgaben (d.h. seiner Transaktionen) bzw. 1/24 seiner Einnahmen (d. h. seines Jahreseinkommens). Würde das Individuum nur einmal im Jahre (bzw. jede Woche) bezahlt, hätte es eine im Hinblick auf sein Einkommen durchschnittliche Geldhaltung von 1/2 (bzw. 1/104) [16].

---

[15] Siehe hierzu auch H.-J. Jarchow, Theoretische Studien zum Liquiditätsproblem, Tübingen 1966, S. 11–16, 38–42, 50–54.

[16] Dieser Zusammenhang ist hinreichend in der „traditionellen" Literatur über die „Theorie der Umlaufsgeschwindigkeit des Geldes" beschrieben.

Die Umlaufsgeschwindigkeit ist einmal durch die durchschnittliche individuelle Kassenhaltung, d. h. durch den Zeitverlauf von Einnahmen und Ausgaben bei jedem einzelnen Individuum bestimmt. Zum anderen, sobald die gesamte Wirtschaft betrachtet wird, „zirkuliert" das Geld von einem Wirtschaftssubjekt zum anderen und von einer Produktionsstufe zur anderen, und dieser „Umlauf" richtet sich während einer bestimmten Zeiteinheit nicht nur allein nach den oben geschilderten Zahlungsgewohnheiten, sondern auch nach der Zahl der Produktionsstufen bzw. dem Integrationsgrad der Wirtschaft. Aus diesen Daten ergibt sich dann, wie oft das Geld während einer bestimmten Periode in einer Wirtschaft „umläuft".

Da das Geld zum Zweck der Einkommenszahlung oder Einkommensausgabe bzw. zum Zweck des Kaufs und Verkaufs von Gütern (genannt Transaktionen) zirkuliert, „transportiert" der Geldbestand einer Wirtschaft während einer bestimmten Zeitspanne das Einkommen bzw. das Transaktionsvolumen mehrere Male. In diesem Sinne spricht man dann von der Umlaufsgeschwindigkeit des Geldes in bezug auf das Einkommen (repräsentiert durch das $1/K$ der Cambridge-Gleichung: $M = KPy$; M bezeichnet die in der Wirtschaft vorhandene Geldmenge, P das allgemeine Preisniveau und y das Realeinkommen) oder in bezug auf das Transaktionsvolumen (dargestellt durch das V der Verkehrsgleichung: $MV = PT$; T steht für den Realwert der Transaktionen). Verallgemeinern wir unser oben geschildertes Beispiel der individuellen Kassenhaltung (von 1/24 des Einkommens bzw. 1/48 des Transaktionsvolumens) auf die gesamte Wirtschaft, so läuft das Geld in bezug auf das Einkommen 24mal und in bezug auf das Transaktionsvolumen 48mal um.

Siehe hierzu die Standardaufsätze von J. W. Angell, The Components of the Circular Velocity of Money, in: Quarterly Journal of Economics, LI (1937) und H. S. Ellis, Some Fundamentals in the Theory of Velocity, in: Quarterly Journal of Economics, LII (1938), abgedruckt in: Readings in Monetary Theory, a.a.O. – Eine gute Abhandlung dieses Problems findet sich ebenfalls bei W. T. Newlyn [1962], Kap. IV.

Dieses Standardbeispiel unterscheidet sich von dem der Abb. 8 insofern, als das Wirtschaftssubjekt – in dem gerade beschriebenen „traditionellen" Falle – während der Periode mit dauernden (zwar stetig sinkenden) Einnahmeüberschüssen konfrontiert ist, so daß es nicht auch noch eine Geldhaltung für den Anfang der Periode einzuplanen hat (wie in unserem Beispiel der Abb. 8 den Betrag *OM*), welche die durchschnittliche Kassenhaltung noch übersteigen würde. Unser Fall ist deshalb allgemeiner, weil er sowohl die Möglichkeit von temporären Einnahmeüberschüssen als auch die Möglichkeit temporärer Einnahmedefizite umfaßt. Eine Geldhaltung ergibt sich nicht nur *„automatisch"* aufgrund vorübergehender Einnahmeüberschüsse. Ein *zusätzlicher* Betrag muß auch noch in Höhe des maximalen kumulierten Einnahmedefizits gehalten werden.

Ungeachtet dieser differenzierten Betrachtungsweise besteht der eigentliche Zweck der so „technisch" determinierten Höhe der Geldhaltung in ihrer schließlichen Ausgabe für den Kauf von Gütern (und für die Erfüllung anderer Zahlungsverpflichtungen) – gleichgültig, ob sich die Geldhaltung „automatisch" aus den temporären Einnahmeüberschüssen ergibt oder ob darüber hinaus noch ein zusätzlicher Betrag nach Maßgabe der Einnahmedefizite erforderlich ist. Geld wird hier nur wegen der temporären Divergenz zwischen den Einnahmen und Ausgaben kurzfristig gehalten, um es in voller Höhe in zukünftigen, mit Sicherheit bekannten Zeitpunkten tatsächlich auszugeben. Aus dieser Interpretation erklärt sich auch die (am Anfang dieses Kapitels dargestellte) Meinung vieler neoklassischer Autoren, wonach das Geld seinen Nutzen nur mittelbar aus den Gütern ableiten kann, die mit Geld gekauft werden können. Schließlich ist die technisch determinierte Geldhaltung nicht Gegenstand rein ökonomischer Entscheidungen, d. h. nicht ein Resultat von *Wahl*handlungen, da ihre Höhe eindeutig durch den „von außen" gegebenen (oder exogenen) Zahlungsrhythmus der Einnahmen und Ausgaben fixiert ist [17].

---

[17] Daß die durch „technische" Faktoren beeinflußten Zahlungsgewohnheiten als Datum hinzunehmen sind und somit nicht der Kontrolle des einzelnen unterliegen, kann in Frage gestellt werden. Es ist durchaus denkbar, daß das Wirtschaftssubjekt versucht, den Zahlungsrhythmus der Ausgaben dem der Einnahmen anzupassen, so daß Diskrepanzen (oder „Friktionen") zwischen ihnen auf ein Minimum reduziert werden und im Extremfall überhaupt nicht mehr existent sind; letzteres bedeutete eine „vollständige Überlappung" der Ein- und Auszahlungsreihen. Umgekehrt wird es jedoch weniger in der Lage sein, den Zeitverlauf der Einnahmen dem der Ausgaben anzupassen, da gewisse Zahlungen (wie z. B. Lohn-, Zins-, Miet- und Rentenzahlungen) „unteilbar" sind, d. h. nicht jeden Tag geleistet werden können.

Wenn alle Wirtschaftssubjekte bestrebt sind, Einnahmen und Ausgaben zeitlich zu synchronisieren, werden notwendigerweise die Einnahmen bei den einzelnen Wirtschaftssubjekten häufiger (wenn auch in kleineren Beträgen) anfallen, so daß es ihnen leichter fällt, beide Zahlungsreihen zeitlich anzupassen. Der oben beschriebene „Extremfall" einer „vollständigen Überlappung" der Ein- und Auszahlungsreihen ist typisch für Situationen von Hyperinflationen, charakterisiert durch eine äußerst geringe durchschnittliche Geldhaltung (hier im Sinne des Realwerts der

b) Die Problematik der Hypothese der vollständigen Voraussicht

Das Halten monetärer Aktiva wurde bisher mit der Notwendigkeit der Finanzierung temporärer Ausgabenüberschüsse, die wegen der unvollständigen Synchronisation von Einnahmen und Ausgaben entstehen, begründet. Weshalb aber müssen diese Aktiva aus Geld bestehen? Können diese nicht aus zinsbringenden Anlagen, z. B. Wertpapieren, zusammengesetzt sein und in Geld umgewandelt werden, sobald der Zeitpunkt einer Geldausgabe bzw. eines Einnahmedefizits gekommen ist? [18] Der Vorteil eines solchen *ökonomischen* Vorgehens besteht in dem aus der kurzfristigen Wertpapieranlage zu erzielenden Ertrag, dem jedoch die aufzuwendende Zeit, Mühen und Kosten der Umwandlung von Geld in Wertpapiere und von Wertpapieren in Geld gegenüberstehen.

Die Zeit, Mühen und Kosten, die eine Umwandlung von Geld in Wertpapiere und wieder von Wertpapieren in Geld mit sich bringen, statten nach Hicks die Wertpapierhaltung mit einem negativen Nutzen („disutility") aus [19], der – soll es zu einer Wertpapierhaltung kommen – durch einen ausreichenden Zinsertrag aus Wertpapieren kompensiert werden muß. Aus dieser Hicksschen Sicht [20] erhält umgekehrt die Geldhaltung einen ihr eigenständigen Nutzen, da sie die „Unbequemlichkeiten" (Zeit, Mühen) der Umwandlung Kasse–Wertpapiere–Kasse vermeidet und die dabei entstehenden effektiven Kosten erspart. Der für diesen spezifischen

---

durchschnittlichen Geldhaltung) und damit eine extrem hohe Umlaufsgeschwindigkeit des Geldes. Die Zahlungssitten haben sich dann geändert – aber nicht deswegen, weil sich die „Strukturen" der Wirtschaft verändert hätten, sondern allein deswegen, weil die *Kosten* der Geldhaltung (in Höhe der Realwertverringerung der Geldhaltung) in stark inflationären Wirtschaften außerordentlich hoch sind.

Die Zahlungssitten sind also kein „institutionelles" und „historisches" Datum, sondern unterliegen *ökonomischen* Gesetzmäßigkeiten. Die Geldnachfrage – bzw. hier die Nachfrage nach Transaktionskasse – ist keine „technisch" oder „institutionell" vorgegebene Größe bzw. ein Resultat von „Ungleichgewichten" aufgrund der unvollständigen Synchronisation von Einnahmen und Ausgaben, sondern eine ökonomisch gewünschte, „voluntaristische" Größe, weil der unvollständige Synchronisationsgrad von Einnahmen und Ausgaben für die Wirtschaftssubjekte prinzipiell vorteilhafter ist als ein fast vollständiger Synchronisationsgrad (wie er z. B. in Zeiten von Hyperinflation existiert) und so durch ökonomische Entscheidungen überhaupt erst existent wird. Vgl. hierzu weiter oben Kap. II.2 (S. 39).

[18] Dies gilt sowohl für die sich aus den temporären Einnahmeüberschüssen „automatisch" ergebende Geldhaltung als auch für die Geldhaltung, die am Anfang der Periode in Höhe des maximalen kumulierten Einnahmedefizits geplant wird.

[19] Die Nachteile der Umwandlung Kasse–Wertpapiere–Kasse bestehen aus: „subjektiven Elementen und aus Elementen, die unmittelbar in Preisen ausgedrückt werden können. So schreckt ein Individuum vor der kurzfristigen Anlage von Geld in Wertpapieren zurück, einmal wegen der Maklergebühren und Börsenumsatzsteuer, zum anderen weil die Transaktion sich nicht der Mühe lohnt."

["... subjective elements as well as elements directly priced. Thus a person is deterred from investing money for short periods, partly because of brokerage charges and stamp duties, partly because it is not worth the bother."] J. R. Hicks [1935], S. 19.

[20] J. R. Hicks [1946], Kap. XIII.

Nutzen zu zahlende Preis sind Opportunitätskosten in Form der entgangenen Zinserträge aus einer alternativen Wertpapieranlage.

Kehren wir nun zu dem Modell der Bestimmung der Kassenhaltung unter der Annahme vollständiger Voraussicht und unvollständiger Synchronisation der Ein- und Auszahlungen zurück, so ergibt sich unter Zugrundelegung der Alternative Geldhaltung–Wertpapierhaltung jetzt folgendes: Der denkbar höchste Betrag an notwendiger Kassenhaltung ist durch den „institutionellen" Zeitverlauf der Einnahmen und Ausgaben bestimmt; ihre optimale Höhe wird dagegen unter diesem „technisch" maximalen Betrag liegen, wenn der Vergleich zwischen Nutzen und Kosten der Geldhaltung zu einer kurzfristigen Wertpapieranlage von „brachliegenden" Kassenbeständen führt.

Diesen Überlegungen über die direkte Nutzenstiftung des Geldes (auf die wir später noch näher eingehen werden, wenn wir den Geldnutzen in der Situation unvollständiger Voraussicht analysieren) liegt eine sehr wichtige Annahme zugrunde. Die Möglichkeit, Wertpapiere in Geld umzutauschen, sobald ein Bedürfnis nach Kasse akut wird, setzt voraus, daß die Wertpapiere mobilisierbar sind und in diesem Sinne einen bestimmten „Liquiditätsgrad" besitzen. Entsprechend unseren Ausführungen über den Liquiditätsbegriff in Kap. II.3 (S. 49–52) müssen die beim Verkauf der Wertpapiere anfallenden „Informationskosten" gering bzw. gleich Null sein; im letzteren Falle wären die Wertpapiere „vollständig mobilisierbar" (ihre Märkte wären vollkommen), und ihre Umwandlung in Geld verursachte lediglich den Aufwand an „Transformationskosten". Wären die Wertpapiere nur unter schwierigen Bedingungen liquidierbar (ihr Verkauf wäre also mit hohen Informationskosten verbunden), fehlte für das einzelne Wirtschaftssubjekt die Voraussetzung um zwischen Geldhaltung und vorläufiger Wertpapierhaltung zu wählen, und es wäre demnach gezwungen, Geld entsprechend dem Zahlungsrhythmus der Einnahmen und Ausgaben zu halten. Stiftet in diesem Falle (dem der Illiquidität der Wertpapiere) die nun wiederum „technisch" determinierte Menge an Transaktionskasse trotzdem einen direkten Nutzen?

Auf den ersten Blick könnte man diese Frage aus folgendem Grund bejahen. An die Stelle der Bequemlichkeit und der Kostenersparnisse, welche die individuelle Geldhaltung unter dem Aspekt der Nutzenanalyse zu einem eigenständigen Gut machen, tritt jetzt die „Zahlungsfähigkeit" oder „Zahlungssicherheit", temporär auftauchende Ausgabenüberschüsse begleichen zu können; denn laut Annahme können keine anderen Aktiva in Zahlungsmittel umgetauscht werden (bzw. nur unter äußerst ungünstigen Bedingungen), so daß das Geld den einzigen Schutz gegen einen drohenden – und schon im voraus bekannten (!) – Zahlungsverzug gewährleistet.

Diese Vorstellung vertritt z. B. Patinkin. Dabei muß ihm aber zugutegehalten werden, daß er dem Fall der vollständigen Voraussicht unter Einschluß der Annahme illiquider Wertpapiere nur völlig am Rande Beachtung schenkt. So erwähnt er diesen Grenzfall nur an zwei Stellen seines Buches [21]. Zitieren wir eine dieser Stellen:

„... wenn unser Ziel lediglich darin bestände, eine rationale Begründung für ... eine positive Nachfrage [nach Geld] zu finden, dann wäre es keineswegs notwendig, Ungewißheiten ... zu unterstellen. Es würde genügen zu sagen, daß Zahlungen zu festbestimmten und *im voraus bekannten* Terminen während der Woche getätigt werden – und daß es *unmöglich* ist, zusätzliche Transaktionen (einschließlich der mit *Wertpapieren*) *während der Woche* vorzunehmen. Dann aber würde – unter der Annahme, daß niemand absichtlich während der Woche insolvent werden will – die Geldnachfrage jedes einzelnen Individuums eine Konstante sein, die gleich der während der Woche auftretenden maximalen kumulativen Diskrepanz zwischen Ausgaben und Einnahmen wäre. Es würden überhaupt keine Überlegungen über ein Mehr oder Weniger gestellt: Alternative Beträge würden nicht gegeneinander abgewogen.“ [22]

Für den Fall, daß vollständige Voraussicht über die Höhe und Zeitpunkte der zukünftigen Einnahme- und Ausgabereihe herrscht *und* daß die Wertpapiere während der Periode nicht mobilisierbar sind, ist der Betrag der Geldnachfrage eindeutig determiniert. Ein Weniger an Geldhaltung führte zur Insolvenz, ein Mehr an Geldhaltung wäre völlig überflüssig. Eine geringere Geldhaltung als die durch das maximale kumulierte Einnahmedefizit fixierte Geldhaltung stiftete noch den Nutzen der Zahlungsfähigkeit; eine über dieses Einnahmedefizit hinausgehende Geldhaltung reduzierte den Grenznutzen des Geldes auf eine negative Größe.

Hier setzt nun unsere Kritik ein. Sie stellt die Nutzenstiftung des Geldes auf der Grundlage des Schutzes gegen Zahlungsverzug für den kombinierten Fall: vollständige Voraussicht–Illiquidität der Wertpapiere in Frage, indem sie die gleichzeitige Annahme eben dieser Bedingungen, der vollständigen Voraussicht und der Illiquidität der Wertpapiere, angreift, da diese zu widersprüchlichen Aussagen führt.

Inwieweit, so fragen wir, ist es überhaupt erlaubt, im Falle der vollständigen Voraussicht von der Gefahr einer Zahlungsunfähigkeit zu sprechen? Da in diesem Modell alles voraussehbar ist, würde den Marktteilnehmern auch eine Zahlungsunfähigkeit im voraus bekannt sein. Jene

---

[21] D. Patinkin [1965], S. 80–81, 548–549.

[22] ["... if our objective were solely to establish a rationale for ... a positive demand, then there would be no need to assume uncertainties ... It would suffice to say that payments must be made at fixed and certain times during the week – and that it is impossible to effect any additional transactions (including those with bonds) during the week. But then – on the assumption that no individual will deliberately choose to default during the week – his demand for money would be a constant equal to the maximum cumulative discrepancy between payments and receipts that would be generated during the week. There would be no considerations of more or less – no weighting of alternative."] D. Patinkin [1965], S. 80–81.

Wirtschaftssubjekte, die insolvent werden, da sie nicht über eine ausreichende Kassenhaltung verfügen, wären schon beim Kaufabschluß allgemein bekannt, so daß sie überhaupt nicht am Markte zugelassen und als gültige Handelspartner anerkannt würden. Da die Hypothese vollständiger Voraussicht also die Möglichkeit der Zahlungsunfähigkeit ausschließt, kann der Nutzen der Geldhaltung nicht mit dem Argument der Zahlungssicherheit untermauert werden.

Ferner: Wenn schon mit der Annahme der vollständigen Voraussicht operiert wird, die im Vergleich zu anderen Annahmen über Vollkommenheitsgrade wirtschaftlicher Tatbestände die weitgehendste (und die „akademischste" bzw. „unrealistischste"!) ist, so sollte man aus Konsistenzgründen den anderen ökonomischen Größen auch einen Vollständigkeitsgrad zubilligen. Demnach wäre es angebrachter, die Annahme der vollständigen Voraussicht mit der Annahme eines hohen Liquiditätsgrades der Wertpapiere, d. h. mit der Annahme vollkommener Wertpapiermärkte, zu kombinieren; denn vollständige Voraussicht impliziert vollkommene Märkte: Es existiert „vollständige Information" über die gesamte Wirtschaft, so daß bei der Umwandlung von Finanzaktiva in Geld überhaupt keine Informationskosten anfallen [23]. Unter dieser Konstellation und bei Aufrechterhaltung der Prämisse, daß Einnahmen und Ausgaben im Zeitverlauf nicht vollständig kongruent sind, wäre die Höhe der für Transaktionszwecke benötigten Aktiva (Geld, Wertpapiere) durch den Zahlungsrhythmus der Einnahmen und Ausgaben „institutionell" eindeutig determiniert; wie sich nun diese Transaktions-„Kasse" auf Wertpapiere und Geld verteilt, würde von der Intensität des Nutzens der Geldhaltung (Bequemlichkeit, Kostenersparnisse, d. h. Wegfall der sog. Transformationskosten) und von dem Preis dieser Vorteile, d. h. den entgangenen Zinserträgen, abhängen.

Gegen diese Begründung der Nutzenstiftung des Geldes kann jedoch schließlich – und mit Recht – eingewendet werden, daß selbst bei einer nicht vollständigen Überlappung der Einnahmen- und Ausgabenreihe und bei einer bestimmten Liquidität der Wertpapiere eine Geldhaltung nicht notwendig ist, da das Modell einer „reinen Kreditwirtschaft" unterstellt werden kann. Hiernach ist eine Geldhaltung überhaupt nicht erforderlich, wenn vollständige Voraussicht herrscht und ein Kreditsystem vorliegt, zu dem jeder einzelne ohne Einschränkung Zugang hat. Es besteht eine Kompensationszentrale, in der jedes Wirtschaftssubjekt ein Konto besitzt. Wenn es einen temporären Ausgabenüberschuß hat, dann wird sein Konto mit diesem Ausgabenüberschuß belastet und einem anderen Konto gutgeschrieben. Ein solches Kreditsystem würde reibungslos funktionieren, da die Annahme vollständiger Voraussicht die Möglichkeit der

---

[23] Vgl. Fußnote 26 auf S. 53.

Zahlungsunfähigkeit von vornherein ausschließt. Ein solcher „reiner Kredit“ könnte also Geld als Zahlungsmittel ersetzen (zumindest dann, wenn dieser Kredit nichts bzw. wenig kostet oder wenn die Organisationskosten einer „reinen Kreditwirtschaft“ geringer sind als die einer Geldwirtschaft). An die Stelle der Geldwirtschaft würde die „reine Kreditwirtschaft“ treten [24].

Hiermit stoßen wir wieder auf die für die Motive und Nutzenstiftung der Geldhaltung begrenzte Aussagefähigkeit der Hypothese vollständiger Voraussicht. Wenn schon vollständige Voraussicht (und damit die Unmöglichkeit einer Zahlungsunfähigkeit) unterstellt wird, dann läge als Zahlungsmittel der „reine Kredit“ und nicht das Geld näher. Es wäre für die Wirtschaft rationeller und in Hinblick auf die Prämisse vollständiger Voraussicht kompatibler, statt der Geldwirtschaft eine „reine Kreditwirtschaft“ einzuführen. Die logische Konsequenz der Hypothese vollständiger Voraussicht ist eine Wirtschaft, in der der Zahlungsverkehr mit Hilfe des „reinen Kredits“ abgewickelt wird; eine Geldhaltung und die Probleme des Geldnutzens tauchten dementsprechend nur in der Situation der

[24] Ob diese „reine Kreditwirtschaft“ als ein Sonderfall einer Geldwirtschaft anzusehen ist, soll dahingestellt bleiben. Der uns interessierende Unterschied zwischen diesen beiden Zahlungssystemen liegt darin, daß das Wirtschaftssubjekt für den Fall der „reinen Kreditwirtschaft“ nicht gezwungen ist, Teile seines Vermögens in Geld anzulegen.

[25] Neben den obigen Einwänden gegen die Hypothese vollständiger Voraussicht (die Existenz einer Zahlungssicherheit und einer „reinen Kreditwirtschaft“) kann noch als weitere – und grundsätzliche – Kritik das sog. *Morgenstern-Paradoxon* angeführt werden. Hiernach schließen sich vollständige Voraussicht und Freiheit des Handelns logisch gegenseitig aus. Wirtschaftliche Gleichgewichte, die auf individuellen ökonomischen Entscheidungen beruhen und die ihrerseits stets eine Wahl zwischen mehreren möglichen Handlungen implizieren, wären demnach in der Situation der vollständigen Voraussicht undenkbar.

O. Morgenstern verwendet zur Erklärung des „unauflösbaren Paradoxon“ das Beispiel von Sherlock Holmes und seinem Gegner Moriarty, die ihre gegenseitigen Aktionen und Reaktionen genau vorausschätzen und daher handlungsunfähig werden:

„Als Sherlock Holmes von seinem Gegner Moriarty verfolgt, von London nach Dover abfährt, und zwar mit einem Zuge, der auf einer Zwischenstation hält, steigt er dort aus, anstatt nach Dover weiterzufahren. Er hat nämlich Moriarty auf dem Bahnhof gesehen, schätzt ihn für sehr klug und erwartet, daß Moriarty einen schnelleren Extrazug nehmen werde, um ihn in Dover zu erwarten. Diese Antizipation Holmes' stellt sich als richtig heraus. Was aber, wenn Moriarty noch klüger gewesen wäre, Holmes' geistige Fähigkeiten höher eingeschätzt und demnach Holmes' Aktion vorausgesehen hätte? Dann wäre er offenbar nach der Zwischenstation gefahren. Das hätte Holmes wieder kalkulieren und daher sich für Dover entscheiden müssen. Worauf Moriarty wieder anders ‚reagiert‘ hätte. Vor lauter Nachdenken wären sie gar nicht zum Handeln gekommen oder der geistig Unterlegene hätte sich schon am Victoria-Bahnhof dem anderen übergeben müssen, weil die ganze Flucht unnötig geworden wäre.“

Wirtschaftsprognose. Eine Untersuchung ihrer Voraussetzungen und Möglichkeiten, Wien 1928, S. 98 und Vollkommene Voraussicht und wirtschaftliches Gleichgewicht, in: Zeitschrift für Nationalökonomie, VI (1935), S. 343.

unvollständigen Voraussicht auf; *die Geldhaltung und ihre Nutzenstiftung würden folglich ausschließlich auf Elementen der Ungewißheit beruhen* [25].

Wird dagegen trotz der soeben erhobenen Einwände die Existenz einer „reinen Kreditwirtschaft" negiert und die Hypothese der vollständigen Voraussicht mit der Hypothese der Existenz einer Geldwirtschaft kombiniert, dann bleibt die „technisch" maximal notwendige Höhe an Geldhaltung weiterhin durch die Zahlungssitten bestimmt; der (direkte) Nutzen dieser Geldhaltung würde sich aus der Bequemlichkeit und der Ersparnis der Ausgaben zusammensetzen (die bei einer Umwandlung Kasse – Wertpapiere – Kasse entstehen würden); die optimale Höhe an Geldhaltung resultierte aus dem Vergleich zwischen dem Geldnutzen und ihrem Preis, den entgangenen Zinserträgen [26]. Die optimale Höhe dieser Geldhaltung – d. h. der Transaktionskasse – wird nun im folgenden Abschnitt abgeleitet.

---

[26] Daß es zu einer Geldhaltung in der Situation der vollständigen Voraussicht notwendigerweise immer dann kommen muß, wenn die Wertpapiere illiquide sind und *der Kreditzugang erschwert* ist, drückt Marget (zwanzig Jahre vor Patinkin) wie folgt aus:

„Selbst in einer Welt der vollständigen Voraussicht würde eine mangelnde Synchronisation von Einnahmen und Ausgaben zu der Notwendigkeit einer Kassenhaltung dann führen, wenn unvollständige Fazilitäten vorliegen, einmal in bezug auf die Kreditgewährung, Geld in Höhe der zukünftigen Einnahmen zu leihen, und zum anderen hinsichtlich der Anlage von Geld während der Zeit, in der die Einnahmen die Ausgaben übersteigen."

["Even in a world in which everything were perfectly foreseen, a lack of synchronisation between the receipt of income and its outlay would give rise to a need for cash-balances so long as there are not perfect facilities for the borrowing of money in anticipation of receipts and the investment of money during the period elapsing between receipt and outlay."] A. W. Marget [1935], S. 160–161. Siehe hierzu auch D. Patinkin [1965], S. 548–549.

Diese Feststellung von Marget ist auch noch im Zusammenhang mit unserer Fußnote 9 auf S. 95–97 über die Motive der Geldhaltung bei Walras interessant. Bekanntlich geht Walras bei der „encaisse désirée" von einer vollständigen Voraussicht aus. Die Hickssche Vorstellung, wonach es keinen Grund gibt, Kasse bis zum Zeitpunkt der anfallenden Ausgaben brachliegen zu lassen, entkräftet Marget mit dem obigen Hinweis, daß eine Kassenhaltung dann gewünscht ist, wenn es weder Kreditfazilitäten noch Umtauschmöglichkeiten von ertragbringenden Anlagen in Geld gibt: d. h. mit anderen Worten, wenn die Kredit- und Wertpapiermärkte unvollkommen sind.

Gegen diesen Lösungsvorschlag des von Walras gestellten Problems ist jedoch u. E. (entsprechend den weiter oben angestellten Überlegungen) grundsätzlich einzuwenden, daß die Hypothese der vollständigen Voraussicht eher die Hypothese vollständiger Märkte als die Hypothese unvollständiger Märkte impliziert. Zudem wäre in der Situation der vollständigen Voraussicht eine „reine Kreditwirtschaft" angebrachter. Das Walrassche Problem wäre demnach ein *Scheinproblem.*

Das Walrassche Problem ist nur dann ein echtes Problem, wenn von der Annahme vollkommener Voraussicht Abstand genommen wird. Da Walras die Bildung des Gleichgewichts implizite als einen Vorgang konzipiert, der nicht auf der Annahme der vollständigen Voraussicht beruht, könnte hieraus geschlossen werden, daß er die „encaisse désirée" ebenfalls als ein Phänomen betrachtet, das nur bei unvollständiger Voraussicht denkbar ist; denn die Preisermittlung durch den „prix crié" und die sukzessiven Anpassungen an das Gleichgewicht zwischen Angebot und Nachfrage durch das „tâtonnement" sind Aussagen, welche die Annahme einer vollkommenen Voraussicht ausschließen. Siehe hierzu O. Morgenstern [1935].

4. Die Determinanten der Transaktionskasse

In der Theorie arbeitet man häufig mit Modellen, die zwar meistens den Untersuchungsgegenstand einengen bzw. restriktive Annahmen beinhalten, dafür aber die Ableitung von exakten quantitativen Beziehungen gestatten. Im Mittelpunkt des sog. lagerhaltungstheoretischen Modells der Transaktionskasse steht die Frage nach der spezifischen funktionalen Abhängigkeit der Geldnachfrage vom Realeinkommen, vom Preisniveau und vom Zinssatz. Die Grenzen dieses Modells liegen in der Annahme, die Transaktionskasse sei jene Geldhaltung, die für *mit Sicherheit bekannte* zukünftige Ausgaben – was sowohl den Ausgabezeitpunkt als auch die Ausgabehöhe betrifft – nachgefragt wird.

a) Der lagerhaltungstheoretische Ansatz

Gemäß unseren bisherigen Überlegungen ist der *maximale* Betrag an Transaktionskasse für jedes einzelne Wirtschaftssubjekt durch die Zahlungssitten bestimmt. Der *optimale* Betrag an Transaktionskasse, der ein Resultat nicht nur zahlungstechnischer Daten, sondern vor allem ökonomischer Wahlakte ist, wird jedoch beträchtlich unter dem maximalen Betrag liegen, und zwar aus zwei Gründen.

(1) Einmal wird der Haushalt seine Käufe von Konsumgütern (d. h. seine Ausgaben) nicht jedesmal dann tätigen, wenn er konsumiert; seine Kaufakte werden aus Kostengründen weniger häufig erfolgen als seine Konsumakte, was notwendigerweise zu einer temporären Lagerhaltung von Konsumgütern führt; der Haushalt wird also den Zeitverlauf seiner Ausgaben nach dem Prinzip der Kostenminimierung optimieren, und dieses Verhalten führt zu einer Lagerhaltung sowohl von Konsumgütern als auch von Geld bzw. liquiden Aktiva. Ein analoges Verhalten gilt für das Unternehmen: Sofern die Verkäufe seiner Produkte nicht mit den jeweiligen Produktionsakten zusammenfallen, kommt es auch bei ihm zu einer temporären Lagerhaltung von Gütern, um deren Betrag sich seine durchschnittliche Kassenhaltung (bzw. Haltung von liquiden Aktiva) verringern wird. In beiden Fällen wird die Haltung von liquiden Aktiva als eine Haltung der Geldmenge vom Typ M_2 (Zahlungsmittel und temporäre Kaufkraftaufbewahrungsmittel) interpretiert.

(2) Ein zweiter Entscheidungstyp betrifft die Frage, ob es nicht günstiger ist – sowohl für Haushalte wie für Unternehmen – die nach Abzug der Lagerhaltung von Gütern verbleibende temporäre Geldhaltung vom Typ M_2 zeitweilig in zinsbringenden Wertpapieren anzulegen, bis zu dem Zeitpunkt, wo der Haushalt Geld für seine Ausgaben benötigt bzw. wo das

Unternehmen die Einkommenszahlungen vornimmt. In diesem Falle wird die optimale Transaktionskasse noch kleiner sein als im Falle (1), wobei nun die Transaktionskasse im Sinne der Geldmenge M_1 (Zahlungsmittel) interpretiert wird.

Die beiden grundsätzlichen Entscheidungsarten (1) und (2) können wie folgt skizziert werden. Der Haushalt (das Unternehmen) hat im Monat Einnahmen von y. Seine durchschnittliche (im Realwert ausgedrückte) Lagerung an Geld (definiert im engsten Sinne = m_1), an liquiden Wertpapieren (w) und an Gütern (g) beträgt:

$$\frac{y}{2} = w + m_1 + g$$

wobei

$$m_2 = w + m_1$$

Das Wirtschaftssubjekt hat es also mit drei alternativen Anlagemöglichkeiten zu tun.

Betrachten wir zunächst die Entscheidung beim einzelnen Haushalt (Abb. 9a). Am Monatsanfang t_0 (bzw. t_1 usw.) erhält er sein Einkommen in Höhe der Geldzahlung y. Laut Annahme „verzehrt" er sein Einkommen regelmäßig im Laufe des Monats. Beträgt sein Monatseinkommen DM 900, so würde er täglich Konsumgüter in Höhe von DM 30 verbrauchen. Ein möglicher – jedoch extremer – Fall ist, daß er pro Tag entsprechend seinem täglichen Konsum Käufe in Höhe von DM 30 tätigt. Seine durchschnittliche Geldhaltung im Monat wäre dann gleich der *maximalen* Transaktionskasse $y/2 =$ DM 450, und die durchschnittliche Güterhaltung wäre gleich Null [27]. Das hypothetische Beispiel der Abb. 9 a unterstellt dagegen, daß der Haushalt neunmal im Monat (d. h. alle 3,3 Tage!) Konsumgüter ($2g$) in der jeweiligen Höhe von $2g =$ DM 100 kauft, sofern sein Einkommen $y =$ DM 900 beträgt. Die durchschnittliche Lagerhaltung würde dann $2g/2 = g = 50$ betragen, während sich die durchschnittliche Geldhaltung – oder generell die durchschnittliche Haltung an liquiden Aktiva (m_2) – auf $2m_2/2 = m_2 = y/2 - g =$ DM 450 – DM 50 = DM 400 belaufen würde.

Die Entscheidung des Haushalts, wieviel seiner Einnahmen temporär in Gütern und wieviel temporär in liquiden Aktiva (d. h. in Geld vom Typ M_2) angelegt werden sollen, ist identisch mit der eines Unternehmens, nur wird diese in „umgekehrter" Richtung vorgenommen. Im Beispiel der Abb. 9 b erfolgen die Ausgaben – die gleich den Einkommenszahlungen

[27] Streng genommen beträgt die durchschnittliche Güterhaltung DM 15,–, da der Güterkauf nur einmal täglich (inklusive sonntags!) erfolgt, während der Konsum kontinuierlich, d. h. zumindest dreimal täglich erfolgt. Diese Art von Messungsproblemen tritt stets bei diskontinuierlichen Zeitbetrachtungen auf.

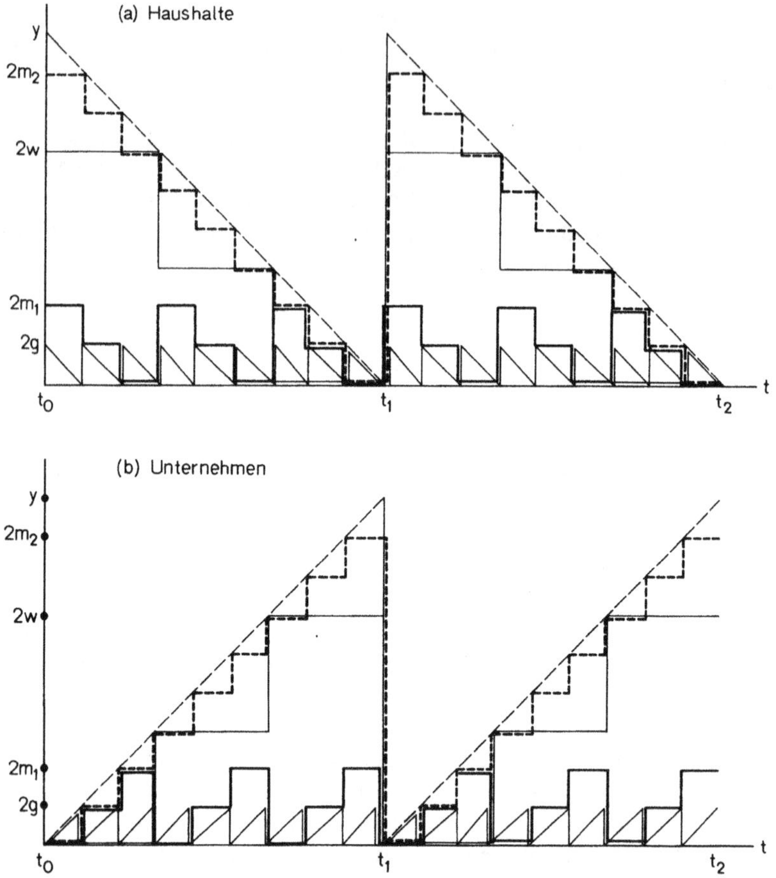

Abb. 9

sind – einmal im Monat (entsprechend der unterstellten unveränderlichen Einkommensperiode). Dagegen können die Einnahmen, d. h. die Verkäufe der kontinuierlich stattfindenden Produktion, entweder entsprechend dem Produktionsrhythmus (Fall der *maximalen* Transaktionskasse) oder diskontinuierlich erfolgen, wobei der letztere Fall dann eine Lagerhaltung der Produkte implizieren würde.

Für den Haushalt stellt sich ferner zu Anfang der Periode die Frage, welchen Betrag seines Einkommens (y) er in Wertpapieren ($2\,w$) anlegt; den verbleibenden Restbetrag ($2\,m_1 + 2\,g$) wird er dann auf die Haltung von Bar- und Buchgeld ($2\,m_1$) und auf die Haltung von Gütern ($2\,g$) aufteilen. Bar- und Buchgeld benötigt er für den Kauf von Konsumgütern. Sobald der Bestand an m_1 gleich Null ist, muß er einen Teil der Wertpapiere – die er aus Rentabilitätsgründen hält, da sie einen Zins abwerfen – in Zahlungsmittel umtauschen, denn nur mit diesen kann er Güter kaufen.

Für das Unternehmen stellt sich die Frage der Anlagemöglichkeiten in umgekehrter Folge. Zu Anfang der Periode kumuliert es (m_1+g) bis zu der Höhe $(2\,m_1+2\,g)$; die Umwandlung von g in m_1, d. h. der Verkauf seiner Produktion, erfolgt diskontinuierlich. Bei einer bestimmten Höhe von (m_1+g), und zwar bei $(2\,m_1+2\,g)$, verwendet es diesen Betrag für den Kauf von zinsbringenden Wertpapieren. Am Ende der Periode beträgt sein Wertpapierbestand $2\,w$, den es – zusammen mit $(2\,m_1+2\,g)$ (nach entsprechender Umwandlung von $2\,w$ und $2\,g$ in m_1) – für die Einkommenszahlung der Produktionsfaktoren verwendet.

Im folgenden wird für die Bestimmung der optimalen Transaktionskasse eines Wirtschaftssubjektes die Entscheidung des Haushalts zugrundegelegt. Jedoch sind die Resultate völlig identisch mit den Bestimmungsgründen der optimalen Transaktionskasse eines Unternehmens. Die Ausdrücke „Haushalt", „Konsum", „Ausgaben" brauchen lediglich durch die Termini „Unternehmen", „Produktion", „Einnahmen" ersetzt zu werden. Ferner soll noch erwähnt werden, daß dieser lagerhaltungstheoretische Ansatz der Geldnachfrage versus Lagerhaltung an Gütern erst seit einigen Jahren in der Literatur behandelt wird, so daß es sich hier um einen völlig „modernen" Aspekt der Geldnachfrage handelt, obwohl das gestellte Problem „so alt wie die klassische Geldtheorie" ist [28].

Die optimale Haltung („Lagerung") von Gütern (g), Geld vom Typ M_1 (m_1) und Wertpapieren (w) kann durch ein Kostenminimierungskalkül bestimmt werden. Die Gesamtkosten K des Kaufs und der Haltung der drei Güterkategorien setzen sich aus den „Güterkosten" K_g und den „Geld- plus Güterkosten" K_{m_1+g} zusammen:

$$K = K_g + K_{m_1+g}$$

Die „Güterkosten" K_g betragen

$$K_g = \underbrace{a\alpha}_{} + \underbrace{sg}_{}$$

$$= \underbrace{\frac{ay}{2g}}_{\substack{\text{Transaktions-}\\ \text{kosten der}\\ \text{Güterkäufe}}} + \underbrace{sg}_{\substack{\text{Lager-}\\ \text{kosten der}\\ \text{Güterhaltung}}}$$

[28] Siehe u. a. E. L. Feige und M. Parkin, The Optimal Quantity of Money, Bonds, Commodity Inventories, and Capital, in: American Economic Review, LXII (1971), S. 335–349. A. M. Santomero, A Model of the Demand for Money by Household, in: Journal of Finance, XXIX (1974), S. 89–102.

Die Zahl der Kaufakte (α) und die Lagerhaltung von Gütern (g) stehen in einem inversen Verhältnis zueinander:

$$\alpha = \frac{y}{2g}.$$

y steht für das Einkommen bzw. für den Gesamtkonsum während der Einkommensperiode, während $2g$ die jeweilige Kaufhöhe des Konsumpakets ist. Eine geringere Zahl an Kauftransaktionen (α) erhöht die durchschnittliche Lagerhaltung an Konsumgütern und umgekehrt. Jeder Kaufakt ist mit einem bestimmten festen Kostenbetrag a behaftet, der von der jeweiligen Kaufhöhe des Konsumpakets unabhängig ist. In a ist vor allem der Zeitaufwand enthalten, den ein Kaufakt verursacht. Von eventuellen variablen Kosten, die von der jeweiligen Kaufhöhe abhängig sind, sei aus Einfachheitsgründen abstrahiert. Der Extremfall äußerst geringer Transaktionskosten ist der, wo $\alpha = 1$ ist und g damit den maximalen Betrag $y/2$ erreicht hat (und wo $m_2 = 0$). Folglich wäre es unter dem Aspekt der Transaktionkosten am günstigsten, alle Käufe nur einmal im Monat zu tätigen, so daß $g = y/2$ und $m_2 = 0$. Dem steht jedoch der andere Kostenposten gegenüber, die Lagerkosten, die mit steigender Lagerhaltung von g zunehmen, wobei s die Lagerhaltungskosten pro gelagertes Gut darstellt. Eine zunehmende Lagerhaltung an Konsumgütern impliziert einerseits sinkende Transaktionskosten, die aber andererseits von steigenden Lagerkosten begleitet sind.

Die „Geld- plus Güterkosten" betragen

$$\begin{aligned} K_{m_1+g} &= b\beta + j(m_1+g) \\ &= \underbrace{\frac{by}{2(m_1+g)} - b}_{\substack{\text{Transaktions-}\\ \text{kosten von}\\ (m_1+g)}} + \underbrace{j(m_1+g)}_{\substack{\text{Lagerkosten}\\ \text{von } (m_1+g)}} \end{aligned}$$

Die Alternative der „Geld- plus Güterhaltung" ($m_1 + g$) ist die der Wertpapierhaltung. Unter dem Gesichtspunkt der Zinsergiebigkeit der Wertpapiere wäre es für den einzelnen am besten, seine Aktiva nur in Wertpapieren zu halten. Ein solcher Fall wäre jedoch nur dann denkbar, wenn der Kauf und Verkauf von Wertpapieren überhaupt keine „Transaktionskosten" implizieren würde (diese Transaktionskosten umfassen sowohl den Zeitaufwand einer Wertpapier-Geld-Transaktion – analog zu den Transaktionskosten des Kaufs und Verkaufs von Gütern – als auch eventuelle Bankspesen). Die *Zahl* der Transaktionen (β) von Wertpapieren in „Geld" (Haushalt) bzw. von „Geld" in Wertpapieren (Unternehmen) beträgt:

$$\beta = \frac{y}{2(m_1+g)} - 1 .$$

Würden überhaupt keine Wertpapiere gehalten, dann wäre $y = 2(m_1+g)$, so daß $\beta = 0$. Je kleiner die Haltung von (m_1+g) ist, desto öfter müssen Umwandlungen zwischen Wertpapieren und Geld stattfinden. Der Kostensatz der Umwandlung ist unabhängig von der jeweiligen Höhe des Umwandlungsbetrages und beträgt pro Umwandlungsakt b [29]. Diesem „Ertrag" der Haltung von (m_1+g), d. h. der Ersparnis an Transaktionskosten, stehen jedoch Opportunitätskosten („Lagerkosten") gegenüber, d. h. jene Zinserträge aus kurzfristigen Wertpapieren, auf die die Wirtschaftssubjekte aufgrund der Haltung der zinslosen Aktiva (m_1+g) verzichten, wobei j den (kurzfristigen) Zinssatz darstellt. Eine extrem niedrige Haltung von (m_1+g) involviert also äußerst hohe Transaktionskosten und äußerst geringe Lagerkosten (Opportunitätskosten).

Die Gesamtkosten der Geld- und Güterhaltung belaufen sich also auf:

$$K = \frac{a\,y}{2\,g} + s\,g + \frac{b\,y}{2(m_1+g)} - b + j(m_1+g) .$$

Differenzieren wir die Kostenfunktion in bezug auf g und setzen den gewonnenen Ausdruck gleich Null (notwendige Bedingung des Kostenminimums):

$$\frac{\partial K}{\partial g} = -\frac{a\,y}{2\,g^2} + s = 0$$

$$g = \sqrt{\frac{a\,y}{2\,s}} .$$

Differenzieren wir ebenfalls auf analoge Weise die Kostenfunktion in bezug auf (m_1+g)

$$\frac{\partial K}{\partial(m_1+g)} = -\frac{b\,y}{2(m_1+g)} + j = 0$$

$$(m_1+g) = \sqrt{\frac{b\,y}{2j}} .$$

---

[29] Der Ausdruck $-b$ steht für den am Anfang der Periode erfolgenden *Kauf* an Wertpapieren in Höhe von $2w$ (Haushalt) bzw. für den am Ende der Periode erfolgenden *Verkauf* von Wertpapieren im Betrage von $2w$ (Unternehmen). Für die Bestimmung des Kostenminimums ist er unbeachtlich.

Mit Hilfe der Formel für den optimalen Bestand an Gütern einerseits und für den optimalen Bestand an $(m_1 + g)$ andererseits lautet der optimale Bestand an Transaktionskasse sowohl vom Typ M_1 (m_1) als auch vom Typ M_2 (m_2) wie folgt:

$$m_1 = (m_1 + g) - g$$

$$= \sqrt{\frac{b\,y}{2j}} - \sqrt{\frac{a\,y}{2s}}$$

$$\boxed{m_1 = \left[\left(\frac{b}{2j}\right)^{1/2} - \left(\frac{a}{2s}\right)^{1/2}\right] y^{1/2}} \tag{1}$$

und

$$m_2 = \frac{y}{2} - g$$

$$= \frac{y}{2} - \sqrt{\frac{a\,y}{2s}}$$

$$\boxed{m_2 = \frac{y}{2} - \left(\frac{a\,y}{2s}\right)^{1/2}} \tag{2}$$

Bei diesen beiden funktionalen Beziehungen handelt es sich um die Beziehung *Realwert* der Transaktionskasse – *Realwert* des Einkommens (y). Beide Formeln können mit dem Preisniveau P multipliziert werden, wodurch wir die Geldnachfragefunktionen in Nominalgrößen erhalten:

$$M_1 = m_1\,P$$

$$\boxed{M_1 = \left[\left(\frac{b}{2j}\right)^{1/2} - \left(\frac{a}{2s}\right)^{1/2}\right] y^{1/2}\,P} \tag{1a}$$

$$M_2 = m_2\,P$$

$$\boxed{M_2 = \left[\frac{y}{2} - \left(\frac{a\,y}{2s}\right)^{1/2}\right] P} \tag{2a}$$

Ein höheres Preisniveau verändert lediglich die Kalkulationsbasis der Nominalwerte und läßt die Realwerte unverändert.

b) Die Nachfragefunktion nach Transaktionskasse vom Typ M_1 und M_2

Nach diesen etwas langatmigen Ableitungen der diversen Geldnachfragefunktionen für Transaktionszwecke (m_1, M_1, m_2, M_2) können die wichtigsten Eigenschaften dieser Funktionen wie folgt zusammengefaßt werden.

(i) Drücken wir die Nachfrage nach Transaktionskasse, M_1 und M_2, in Analogie zu der Formulierung der Cambridge-Gleichung $M = K P y$ aus, dann können die Funktionen (1 *a*) und (2 *a*) wie folgt geschrieben werden:

$$M_1 = K_1(a, s, b, j)\, P \cdot y^{1/2} \tag{1b}$$

$$\frac{\partial K_1}{\partial a} < 0, \quad \frac{\partial K_1}{\partial s} > 0, \quad \frac{\partial K_1}{\partial b} > 0, \quad \frac{\partial K_1}{\partial j} < 0$$

$$M_2 = K_2(a, s, y)\, P \cdot y \tag{2b}$$

$$\frac{\partial K_2}{\partial a} < 0, \quad \frac{\partial K_2}{\partial s} > 0, \quad \frac{\partial K_2}{\partial y} > 0 .$$

Das gemeinsame Charakteristikum beider Nachfragefunktionen besteht in der linearen Proportionalität zwischen nominaler Transaktionskasse und Preisniveau (und in der Abhängigkeit von K in bezug auf a und s). Was die (Real-)Einkommenselastizität angeht, so ist diese gleich 0,5 für M_1 [30]. Diese kann mit den „Ersparnissen der großen Serie" begründet werden, die aus dem Tatbestand resultieren, daß die Lagerhaltungskosten der Güter in direkter Abhängigkeit von der absoluten Höhe von g stehen (variable Kosten), während die Transaktionskosten der Güterkäufe insofern fixe Kosten sind, als sie nicht von der jeweiligen Kaufhöhe pro „Trip zum Supermarkt" abhängen. Dieses gleiche Prinzip gilt auch für die Erhöhung von $(m_1 + g)$ – und damit auch von m_1 – als Folge einer Erhöhung des Realeinkommens, denn hier haben wir es ebenfalls mit Kosten zu tun, die einerseits variable Kosten sind (von der absoluten Höhe von $(m_1 + g)$ abhängige Opportunitätskosten) und andererseits fixe Kosten (fixe Um-

---

[30] Die Elastizität von M_1 in bezug auf y schreibt sich:

$$\frac{\dfrac{\partial M_1}{M_1}}{\dfrac{\partial y}{y}} = \frac{\partial M_1}{\partial y} \frac{y}{M_1}$$

Vereinfachen wir Formel (1 b) wie folgt:

$$M_1 = K_1(a, s, b, j)\, P \cdot y^{1/2} = A\, y^{1/2}$$
$$\text{wobei } A = K_1(a, s, b, j)\, P$$

Differenzieren wir diese Gleichung in bezug auf y:

$$\frac{\partial M_1}{\partial y} = \frac{1}{2} A y^{-1/2} = \frac{1}{2} \frac{A}{y^{1/2}} .$$

Folglich ist

$$\frac{\partial M_1}{\partial y} \frac{y}{M_1} = \frac{1}{2} \frac{A}{y^{1/2}} \frac{y}{A y^{1/2}} = \frac{1}{2} .$$

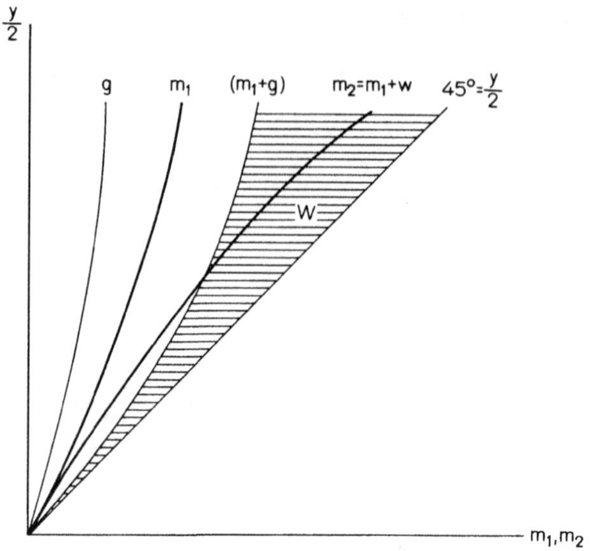

Abb. 10

wandlungskosten pro „Trip zur Bank", die unabhängig vom Umwandlungsbetrag (m_1+g) sind).

Erhöhen sich m_1 und g unterproportional mit einer Steigerung des Realeinkommens, dann muß notwendigerweise die alternative Haltung zu m_1 und g, nämlich die Haltung an Wertpapieren w, mit wachsendem Realeinkommen überproportional zunehmen. Abb. 10 verdeutlicht diese Beziehung. w, der schraffierte Abstand, ist bekanntlich gleich der Differenz zwischen $y/2$ und (m_1+g). Da ferner m_2 gleich m_1+w ist, nimmt m_2 in Abb. 10 mit steigendem Realeinkommen überproportional zu.

(ii) Die zweite wichtige Variable der Geldnachfrage, und zwar *nur* der Geldnachfrage vom Typ M_1, ist der Zinssatz j. Mit steigendem Zinssatz j nehmen die Opportunitätskosten von m_1 zu, so daß es zu einer geringeren Haltung von m_1 und einer entsprechend höheren Haltung von w kommt. Der Grund hierfür liegt in der Substitutionsbeziehung zwischen Sichtguthaben (inklusive Bargeld) und (beispielsweise) Terminguthaben: Steigt der Zinssatz der Terminguthaben (j), so nimmt deren Nachfrage auf Kosten der Nachfrage nach Sichtguthaben zu – mit dem Endresultat, daß $m_2 = m_1 + w$ zinsunelastisch ist (vgl. Abb. 11).

Als ein mögliches Paradox könnte in unserem Modell das Fehlen jeglicher Zinselastizität der Lagerhaltung von g angesehen werden, obwohl doch der Zins als Opportunitätskosten von (m_1+g), nämlich $j\,(m_1+g)$, berücksichtigt worden ist. Der Zins spielt eine Rolle in der Wahlentscheidung m_1 *plus* g versus w, indem mit steigendem Zins (m_1+g) abnimmt und w um den gleichen Betrag zunimmt. Eine vom Zinssatz abhängige Aufteilung von (m_1+g) in m_1 und g wäre inkonsistent, da der Zinssatz gleich hohe Opportunitätskosten sowohl für m_1 als auch für g darstellt. Folglich kann nur noch eine Zinsabhängigkeit für die Aufteilung zwischen g und w konstruiert werden; diese ist jedoch schon in der Entscheidung (m_1+g) versus w berücksichtigt.

(iii) Unsere Ausführungen über die für Transaktionszwecke nachgefragte Geldhaltung stellen eine „kompliziertere" Variante des bekannten Baumol-Tobin-Modells dar [31]. Diese beiden Autoren berücksichtigen nur die Alternative Geldhaltung vom Typ M_1 und Wertpapierhaltung. Entsprechend der klassischen „Tradition" unterstellen sie eine Lagerhaltung von Gütern gleich Null $(g=0)$. Für diesen Spezialfall vereinfachen sich unsere Geldnachfragefunktionen (1) und (2) wie folgt:

$$m_1 = \left(\frac{b\,y}{2j}\right)^{1/2} \tag{1c}$$

$$m_2 = \frac{y}{2} \tag{2c}$$

oder in der Schreibweise der Cambridge-Gleichung in Analogie zu den

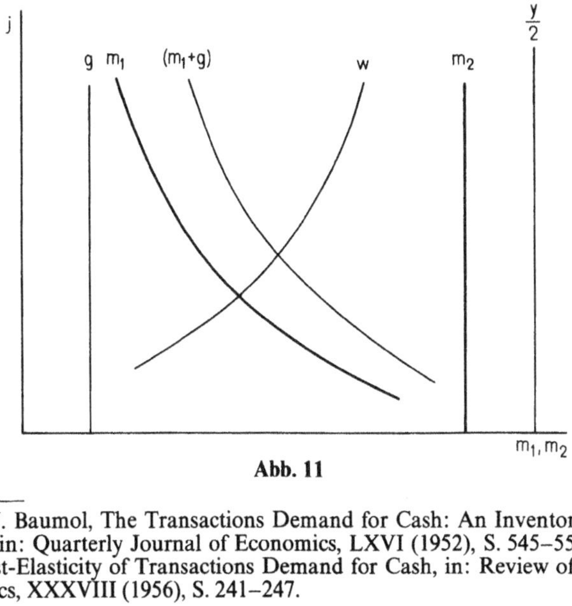

Abb. 11

[31] W. J. Baumol, The Transactions Demand for Cash: An Inventory Theoretic Approach, in: Quarterly Journal of Economics, LXVI (1952), S. 545–556. J. Tobin, The Interest-Elasticity of Transactions Demand for Cash, in: Review of Economics and Statistics, XXXVIII (1956), S. 241–247.

Formeln (1 b) und (2 b):

$$M_1 = K_1 (b) P \cdot y^{1/2} \cdot j^{-1/2} \quad (1\,d)$$

$$M_2 = K_2 P \cdot y . \quad (2\,d)$$

Im Vergleich zu unserem Modell sind M_1 und M_2 bei Baumol-Tobin größer, da bei ihnen die Lagerhaltung von Gütern inexistent ist. Die Einkommenselastizität von M_1 ist identisch mit der Einkommenselastizität unseres Modells. Dagegen ist im Baumol-Tobin-Modell die Einkommenselastizität von M_2 gleich 1 (in unserem Modell ist sie variabel und größer als 1) und die Zinselastizität von M_1 genau gleich $-0{,}5$ (während sie in unserem Modell variabel ist).

5. Der Geldnutzen bei unvollständiger Voraussicht

In der Situation der *unvollständigen Voraussicht* entstehen jene, von Keynes in seiner Allgemeinen Theorie präsentierten und in den letzten Jahrzehnten in einer verfeinerten Analyse exakter entwickelten Motive der Geldhaltung, wonach Geld zum Zweck der *Reservehaltung gegen Zufälligkeiten* nachgefragt wird. Es kann im Laufe der Planungsperiode ausgegeben werden, es kann aber auch bis zum Schluß gehalten werden: Alles hängt von den nicht völlig vorhersehbaren Umständen ab, nach denen sich der Zahlungsrhythmus von Einnahmen und Ausgaben gestaltet sowie davon, ob Preisverschiebungen der Güter (d. h. der Waren und Wertpapiere) eintreten. Um diesen Eventualitäten begegnen zu können, wird Geld gehalten; und diese Geldhaltung, die eine Art von „Puffer“ gegen Unsicherheiten darstellt, stiftet einen direkten Nutzen [32].

[32] P. A. Samuelson drückt in seinen Foundations of Economic Analysis (Cambridge, Mass. 1947) von allen uns bekannten Autoren diesen Charakter der Geldhaltung als Reservehaltung gegen Zufälligkeiten und den hieraus abzuleitenden direkten Nutzen des Geldes am besten aus. Indem er sich in seiner berühmt gewordenen „Note on the Demand for Money“ (S. 117–122) explizite nur auf die Vorsichtskasse bezieht, kennzeichnet er die Kassenhaltung als ein Gut, das „sowohl gebraucht wie gleichzeitig nicht gebraucht wird; sie setzt sich um, doch verringert sie sich nicht; sie ist einfach da, um Zufälligkeiten zu begegnen, was auch dann von Wert ist, wenn sich diese Zufälligkeiten ex post überhaupt nicht eingestellt haben. Ihr Besitz leistet somit einen wirklichen Dienst, der mit dem direkten Nutzen verglichen werden kann, der beim Konsum von Zucker, Tabak etc. entsteht. In diesem Sinne existiert für den einzelnen eine bestimmte Grenze, an der ihm ein Mehr an Tabak und ein Weniger an Geldhaltung gleichgültig sind . . .“

[“. . . both used and at the same time not used; its just being there to meet contingencies is valuable even if the contingencies do not materialize, *ex post.* Possession of this balance then yields a real service, which can be compared with the direct utilities from the consumption of sugar, tobacco, etc., in the sense that there is some margin at which the individual would be indifferent between having more tobacco and less of a cash balance . . .”] (S. 118).

Die Gründe hierfür werden im folgenden entsprechend der schon traditionell gewordenen Einteilung der Geldhaltung in Vorsichts- und Spekulationskasse nacheinander besprochen. Indem die Annahme vollständiger Voraussicht zunächst in dem Maße aufgehoben wird, daß eine Ungewißheit in bezug auf die zeitliche Verteilung der Einnahmen- und Ausgabenreihe sowie hinsichtlich der Höhe der gesamten Einnahmen und Ausgaben unterstellt wird, beruht die Geldnachfrage nur auf dem Vorsichtsmotiv, und die Elemente des Geldnutzens umfassen nur die Vorteile des Geldes als Zahlungsmittel. Im nächsten Kapitel wird die unvollständige Voraussicht auch auf die Ungewißheit hinsichtlich der zukünftigen Preise der Güter (Waren und Wertpapiere) ausgeweitet; hieraus ergeben sich eine Intensivierung des Geldnutzens und entsprechende Konsequenzen für die Höhe der Geldnachfrage.

Wenn wir zunächst annehmen, daß die gesamten Einnahmen und Ausgaben weiterhin im voraus bekannt sind (und am Ende der Periode miteinander übereinstimmen), dann zielt eine Geldhaltung aus Gründen des Vorsichtsmotives auf die Überbrückung der erwarteten Diskrepanz zwischen den zukünftigen Geldeinnahmen und Geldausgaben ab. Diese Diskrepanz ist Ausdruck der unvollständigen Synchronisation zwischen den Einnahmen und Ausgaben, die für das einzelne Wirtschaftssubjekt durch zwei Faktoren charakterisiert ist: die „institutionellen Faktoren“ (Zahlungssitten) und die Ungewißheit hinsichtlich des genauen Zeitverlaufs der Zahlungseingänge und -ausgänge.

Den individuellen Erwartungen in bezug auf den vermutlichen Zahlungsrhythmus der zukünftigen Einnahmen und Ausgaben können bestimmte Arten der „Wertigkeit“ zugrunde liegen. Sie sind „einwertig“ (oder „festbestimmt“. bzw. „unelastisch“), wenn ein festbestimmter zeitlicher Ablauf der Einnahmen und Ausgaben mit (subjektiver) Sicherheit für die Zukunft erwartet wird; der Betrag an Vorsichtskasse wäre dementsprechend auf eine ganz bestimmte Summe abgegrenzt. Es ist aber auch denkbar – und wenn nicht sogar wahrscheinlicher –, daß das einzelne Wirtschaftssubjekt nicht so sicher mit seinen Vorausschätzungen ist, daß es sog. „mehrwertige“ Erwartungen hat [33]. Mehrere zeitliche Verteilungen der Ein- und Auszahlungen werden für „mehr oder weniger möglich“ ge-

---

[33] Die Begriffe der „einwertigen“ und „mehrwertigen“ Erwartungen stammen von Tintner. Er interpretiert die unvollständige Voraussicht in subjektiver Bezogenheit. Für Tintner ist es allein beachtlich, ob der einzelne die Kenntnis der Zukunft als sicher ansieht oder nicht. Er verwendet die Begriffe der „einwertigen Erwartungen“, des „subjektiven Risikos“ bzw. der „mehrwertigen Erwartungen“ und der „subjektiven Ungewißheit“.

Die „einwertigen Erwartungen“ zählt er noch zur vollständigen Voraussicht, da sie sich auf einen Wert beziehen, der aus vergangenen Erfahrungen als Durchschnitt oder Trendwert gewonnen wird und der als „festbestimmt“ und mit Sicherheit in die Zukunft projiziert wird.

halten, so daß der einzelne nicht mehr in der Lage ist, einen eindeutigen Wert für die Höhe der erforderlichen Vorsichtskasse zugrunde zu legen. Je nach dem Sicherheitsbedürfnis des einzelnen wird die für den Anfang der Periode zu planende Haltung an Vorsichtskasse größer oder kleiner sein.

Der Nutzen dieser Vorsichtskasse besteht aus der Sicherheit, in jedem Augenblick zahlungsfähig zu sein. Diesen Schutz gegen Insolvenz bietet jedoch nicht allein die Geldhaltung, sondern auch die Haltung anderer Aktiva, die ohne große Kosten schnell liquidierbar sind; in der Wirklichkeit setzen sich die letzteren meistens aus kurzfristigen und marktfähigen Wertpapieren zusammen. *Die Vorsichtskasse kann folglich sowohl aus Geld wie aus mobilisierbaren Wertpapieren bestehen; beide, das Geld und die Wertpapiere (wenn diese liquide sind), stiften einen unmittelbaren Nutzen: den Nutzen, gegen Zahlungsunfähigkeit geschützt zu sein.* In diesem Sinne bezieht sich die Vorsichtskasse nicht nur auf die Geldmenge vom Typ M_1, sondern auf einen weitergefaßten Geldmengenbegriff, sei es auf M_2 oder M_3.

Die Nutzenkomponenten dieser Vorsichtskasse können mit Hilfe des in Kap. II.3 entwickelten Liquiditätskonzeptes der Aktiva wie folgt interpretiert werden. Da es sich hier um eine Geldhaltung auf der Basis des Vorsichtsmotivs handelt, ist für die Nutzenanalyse des Geldes vor allem seine Eigenschaft als Zahlungsmittel von Interesse. Andere Aktiva haben diese Geldqualität (die sog. Zahlungsmittelnähe) nur in einem geringeren Maße, da ihre Umwandlung in Geld Informations- und (oder) Transformationskosten verursacht. Sofern die Informationskosten gleich Null sind, werden die betreffenden Aktiva auf vollkommenen Märkten gehandelt und in diesem Sinne sind sie vollständig mobilisierbar. Ihr Verkauf erfordert lediglich den Aufwand an Transformationskosten, d. h. an Zeit, Mühen („Unbequemlichkeit") und effektiven Kosten; ein zusätzlicher Auf-

---

Das „subjektive Risiko" ist durch „mehrwertige Erwartungen" charakterisiert, die sich nicht auf einen Wert, sondern auf mehrere Werte, und zwar auf die Variablen, für die eine subjektive Wahrscheinlichkeitsverteilung maßgebend ist, beziehen.

Während das „subjektive Risiko" somit noch mit Hilfe einer (subjektiv) bekannten Wahrscheinlichkeitsverteilung ermittelt werden kann, ist eine solche Berechnung für den Fall der „subjektiven Ungewißheit" nicht mehr möglich. Diese wird durch die a priori Wahrscheinlichkeit der Wahrscheinlichkeitsverteilung, d. h. die Wahrscheinlichkeit von Wahrscheinlichkeitsverteilungen, charakterisiert.

Siehe hierzu G. Tintner, The Theory of Choice under Subjective Risk and Uncertainty, in: Econometrica, IX (1941).

(Die Frage, ob das subjektive Risiko noch zur – subjektiv zu interpretierenden – vollständigen Voraussicht zu zählen ist, kann als problematisch gelten, da es sowohl als Grenzfall der vollständigen Voraussicht wie als Grenzfall der unvollständigen Voraussicht anzusehen ist. So betrachtet G. L. S. Shackle das Risiko noch als einen Fall der vollständigen Voraussicht: „Das ‚Gesetz der großen Zahl' kehrt Unwissenheit in Gewißheit, Zweifel und Furcht in Sicherheit." ["What 'large numbers' do is to turn ignorance into knowledge, doubt and fear into assurance."] Expectations in Economics, 2. Aufl., Cambridge 1952, S. 7.)

wand an Zeit, Mühen und effektiven Kosten, die bei der Suche nach dem bestmöglichen realisierbaren Preis entstehen, d. h. ein Aufwand an Informationskosten, existiert bei den mobilisierbaren Aktiva nicht. Da aufgrund der unvollständigen Voraussicht der Zeitpunkt und die Höhe der Zahlungsverpflichtungen grundsätzlich unbekannt sind – sie können nur mit einem bestimmten Sicherheitsgrad vorausgeschätzt werden –, ist für die Konstituierung einer Vorsichtskasse ihr Mobilisierbarkeitsgrad (oder „Liquidierbarkeitsgrad") von entscheidender Bedeutung. Zwar könnten auch noch andere, nicht vollständig mobilisierbare Vermögenstitel als Teile einer Vorsichtskasse konzipiert werden, da auf diese (neben der Möglichkeit einer Kreditaufnahme) zurückgegriffen werden muß, wenn unmittelbare Zahlungsverpflichtungen auftauchen und liquide, vollständig mobilisierbare Mittel nicht ausreichend vorhanden sind. Aber die Einbeziehung von unvollständig mobilisierbaren Aktiva in die *geplante* Vorsichtskasse wäre unökonomisch, da sie aufgrund der Informationskosten teurer ist als die des Geldes und der vollständig mobilisierbaren Aktiva.

Für die Aktiva der Vorsichtskasse genügt es jedoch nicht, daß diese lediglich vollständig mobilisierbar sind. Aufgrund der Unteilbarkeit bestimmter Aktiva, insbesondere der Sachaktiva, kommen (neben dem Geld vom Typ M_1) eher „teilbare" Forderungstitel in Frage. Unter diesen Titeln figurieren im Regelfalle jene, die eine kurze Laufzeit haben (z. B. Spareinlagen, Geldmarktpapiere) und die dementsprechend einer äußerst geringen Unsicherheit ihres zukünftigen Kapitalwertes ausgesetzt sind[34]. Im folgenden möge sich die Vorsichtskasse auf die Geldmenge M_2 beziehen.

Der „Nutzen der Zahlungssicherheit", den die Aktiva der Vorsichtskasse stiften, kann nun wie folgt spezifiziert werden. Allen Mitteln der Vorsichtskasse ist der Vorteil der Ersparnis an Informationskosten gemeinsam; sie sind eben vollständig mobilisierbar. Hinzu kommt, daß alle eine Sicherheit ihres Kapitalwertes besitzen; denn es handelt sich bei ihnen um „kurzlebige" Aktiva, d. h. um kurzfristige Forderungstitel (unter denen das Geld vom Typ M_1 eine Laufzeit von Null hat).

Beim Gelde vom Typ M_1 tritt dann noch *zusätzlich* der Nutzen der Ersparnis an Transformationskosten hinzu, worin (vorerst) der einzige Unterschied zwischen der direkten Nutzenstiftung der Geldhaltung vom Typ M_1 und der direkten Nutzenstiftung der (mobilisierbaren) Wertpapierhaltung liegt. Die Argumentation, die auf Hicks zurückgeht und die wir schon beim Problem des Geldnutzens in der Situation vollständiger Voraussicht kennengelernt haben (S. 104–105), ist kurz wie folgt. Statt die

[34] Mit der Erwähnung der Unsicherheit bezüglich des Kapitalwertes verlassen wir die Prämisse der vollständigen Voraussicht hinsichtlich der zukünftigen Preise. Sie soll auch weiterhin aufrechterhalten bleiben. Wir haben sie nur an dieser Stelle durchbrochen, um die für die Vorsichtskasse typischen Aktiva genauer zu umreißen.

Vorsichtskasse in Geld (vom Typ M_1) „brachliegen" zu lassen, kann diese auch in zinsbringenden Wertpapieren so lange angelegt werden, bis der Moment der effektiven Geldauszahlung kommt; die Umwandlung Kasse–Wertpapiere–Kasse verursacht jedoch Zeit, Mühen und Kosten [35]; diese Unbequemlichkeit (Zeit, Mühen) und Kosten, die beim Kauf und Verkauf der Wertpapiere entstehen (die sog. Transformationskosten), können von Anfang an durch eine Geldhaltung vermieden werden, weshalb die Geldhaltung vom Typ M_1 „liquider" als die Wertpapierhaltung ist; sie stiftet einen größeren Nutzen (Schutz gegen Zahlungsverzug, Wegfall der Transformationskosten) als die Wertpapierhaltung (Schutz gegen Zahlungsverzug) [36].

Die Determinanten des Geldnutzens werden mit großer Ausführlichkeit von Patinkin behandelt [37]. Zweifellos ist es sein Verdienst, den Beweis mit Hilfe einer detaillierten Analyse erbracht zu haben, daß das Geld einen eigenständigen Nutzen hervorbringt und somit ein Gut ist. Zitieren wir die uns am markantesten erscheinende Stelle:

„... es sei angenommen, daß die Ein- und Auszahlungen aufgrund der Kontraktverpflichtungen von Warenkäufen und -verkäufen während der Woche zeitlich aufs Geratewohl anfallen ... Die Rückzahlung der Wertpapiere möge zu einem bestimmten Zeitpunkt erfolgen, und zwar am Ende der Woche. Unterstellen wir weiterhin, daß einem Wirtschaftssubjekt, dessen Kassenbestände während der Woche plötzlich ausgehen, zwei mögliche Wege offenstehen. Entweder gerät er wegen einer Zahlung, die von ihm gefordert wird, in Verzug – ein Tatbestand, der ihn – so sei angenommen – in Verlegenheit bringt; oder er kann seinen Kassenbestand wieder auffüllen, indem er während der Woche ... einen Teil seiner Wertpapierhaltung verkauft, eine Transaktion, die – so sei ebenfalls angenommen – von ihm den Aufwand von zusätzlichen Mühen abverlangt. Der Schutz, den die Geldhaltung gegen *jede von diesen beiden* Arten von Unbequemlichkeit gewährt, ist das, was die Geldhaltung mit Nutzen ausstattet." [38]

---

[35] Diese Transformationskosten setzen sich in der Regel aus einem fixen und einem variablen, von der Höhe des Umwandlungsbetrages abhängigen Kostenbestandteil zusammen. Die Mühen und aufzuwendende Zeit (Kosten im Sinne von Opportunitätskosten) bildet einen großen Teil der fixen Kosten. Maklergebühren, Spesen und eventuelle Steuern haben vielfach den Charakter von variablen Kosten.

[36] Neben dem „indirekten" Nutzen der Wertpapierhaltung, der aus den Zinserträgen stammt.

[37] D. Patinkin [1965], S. 14–15, 18, Kap. V (insbesondere S. 79–80) und S. 117.

[38] ["... assume that payments and receipts on commodity contracts occur randomly during the week ... The redemption of bonds, on the other hand, is scheduled to take place at a fixed point of time: the end of the week. Assume also that an individual who runs out of cash during the week can meet the situation in one of two ways. Either he can default temporarily on any payment that he is called upon to make – a course of action that is assumed to generate some embarassment for him; or he can replenish his balances by achieving an intraweek redemption ... of the bonds he holds – an action which is assumed to necessitate some extra bother on his part. The security which money balances provide against either of these types of inconvenience is what is assumed to invest them with utility."] D. Patinkin [1965], S. 79–80.

Unter den Bedingungen, daß der Zeitverlauf der Einnahmen und Ausgaben unbekannt ist und die Wertpapiere in jedem Augenblick monetisierbar (d.h. vollständig mobilisierbar) sind, besteht also der Geldnutzen (d.h. der Nutzen des Geldes vom Typ M_1) aus der Sicherheit, sowohl gegen eine mögliche Zahlungsunfähigkeit als auch gegen die Mühen und Kosten einer möglichen Umwandlung von Wertpapieren in Geld geschützt zu sein. Was jedoch aus der Patinkinschen Analyse nicht eindeutig hervorgeht – und was manche Kommentatoren seines Buches in Verwirrung gebracht hat –, ist die Unterscheidung zwischen dem Nutzen des Geldes (vom Typ M_1) und dem Nutzen der Wertpapiere. Sofern die Wertpapiere mobilisierbar sind, besitzen sowohl die Geldhaltung (M_1) wie die Wertpapierhaltung den Nutzen der Zahlungssicherheit. Zu diesem Nutzen kommt dann noch für die Geldhaltung (M_1) der Nutzen der Bequemlichkeit und Kostenersparnisse (d. h. der Wegfall der Transformationskosten) hinzu.

Entsprechend der Differenzierung der Nutzenkomponenten in Schutz gegen Zahlungsverzug einerseits und Wegfall der Transformationskosten andererseits unterscheiden wir zwei Typen von Vorsichtskasse. Da das Vorsichtsmotiv u. a. auf einer Kassenhaltung zum Schutz gegen Zufälligkeiten im Zahlungsrhythmus der Einnahmen und Ausgaben beruht und dieser Schutz gegen einen möglichen Zahlungsverzug nicht nur allein durch die Geldhaltung vom Typ M_1, sondern auch durch die Haltung von mobilisierbaren kurzfristigen Wertpapieren gewährleistet wird, umfaßt die Vorsichtskasse das Geld vom Typ M_1 und die mobilisierbaren kurzfristigen Wertpapiere, die beide zusammen die Vorsichtskasse M_2 konstituieren. Tritt der Moment der effektiven Inanspruchnahme dieser Vorsichtskasse ein, dann stellt sich das Geld vom Typ M_1 als besseres (bzw. „liquideres“) Transaktionsmittel heraus als die mobilisierbaren kurzfristigen Wertpapiere, da letztere zunächst in Geld vom Typ M_1 umgetauscht werden müssen – eine Transaktion, die Zeit, Mühen und effektive Kosten verursacht, während beim Geld vom Typ M_1 diese Transformationskosten nicht anfallen; unter diesem Aspekt der Transformationskosten setzt sich der zweite Typ von Vorsichtskasse aus den liquidesten Aktiva, dem Geld vom Typ M_1, zusammen, welches die Vorsichtskasse im engeren Sinne bildet [39].

[39] Werden die der Vorsichtskasse angehörenden Wertpapiere „liquider“, dann wird sich (bei gegebenen Zinssätzen) die Geldhaltung vom Typ M_1 verringern. Ein erhöhter Liquiditätsgrad der Wertpapiere besagt, daß die Kosten und Mühen des Kaufs und Verkaufs (die sog. Transformationskosten) von Wertpapieren geringer geworden sind. Dementsprechend reduziert sich auch das Maß der Kostenersparnisse und der Bequemlichkeit, welche die Vorteile der Geldhaltung vom Typ M_1 ausmachen. Hieraus resultiert eine geringere Nutzenstiftung der Geldhaltung vom Typ M_1. Die Folge ist, daß (bei unveränderten Zinssätzen) die Nachfrage nach Geld vom Typ M_1 zugunsten einer erhöhten Nachfrage nach Wertpapieren sinkt – ein

Der Nutzen einer Einheit an Vorsichtskasse intensiviert sich für den Fall, daß nicht nur der zeitliche Ablauf der Einnahmen und Ausgaben als ungewiß gilt, sondern auch die gesamte zukünftige Höhe der Einnahmen und Ausgaben unbekannt ist. Der Schutz gegen einen möglichen Zahlungsverzug wird dringender, die Notwendigkeit der Haltung von Vorsichtskasse wird größer, so daß auch die Ersparnis an Transaktionskosten wahrscheinlicher wird. Dieser Fall der unvollständigen Voraussicht hinsichtlich der Gesamthöhe der zukünftigen Einnahmen und Ausgaben steht übrigens hinter dem eigentlichen Vorsichtsmotiv der Geldhaltung [40].

6. Die Determinanten der Vorsichtskasse

Eine theoretische Formulierung der Bestimmungsgründe der Vorsichtskasse fand erst relativ spät, nämlich Ende der sechziger Jahre statt [41]. Im

---

Tatbestand, der insbesondere in modernen Geldwirtschaften mit einem hochentwikkelten Finanzsystem von besonderer Bedeutung ist.

Im Extremfall, in dem die *Wertpapiere völlig liquide* werden, fällt die aus der Bequemlichkeit und den Kostenersparnissen bestehende Nutzenkomponente der Gehaltung vom Typ M_1 auf Null. Die gesamte Transaktions-„Kasse" setzt sich nun aus Wertpapieren zusammen. Als Zahlungsmittel werden jetzt die Wertpapiere benutzt, die nicht nur die Geldfunktion ausüben, sondern auch noch Zinserträge abwerfen. Hieraus lassen sich zwei für die Geldtheorie wichtige Aussagen ableiten.

(1) Einmal ist der Zins nicht ein rein monetäres Phänomen. Sind die Wertpapiere völlig liquide, dann bestände nach J. R. Hicks ([1946], S. 164–166) kein Grund für die Existenz des (kurzfristigen) Zinssatzes; denn Hicks erklärt den (kurzfristigen) Zinssatz als Entgelt für die Kosten und Mühen, die beim Kauf und Verkauf von (kurzfristigen) Wertpapieren entstehen. Es ist jedoch keineswegs einzusehen, weshalb gerade der Zinssatz nicht mehr existieren sollte. Es ist vielmehr das Geld vom Typ M_1, welches nicht mehr benutzt wird, da jetzt ein anderes Aktivum die Geldfunktion besser (sprich: ertragreicher) ausübt. Das Geld vom Typ M_1 verschwindet und nicht der Zinssatz, der weiterhin durch die klassischen Größen der Zeitpräferenz und der Produktivität determiniert bleibt.

Zur Kritik an Hicks siehe: F. Modigliani, Liquidity Preference and the Theory of Interest and Money, in: Econometrica XXII (1944); abgedruckt in: Readings in Monetary Theory, a.a.O., S. 232–235; P. A. Samuelson [1947], S. 123; D. Patinkin [1965], S. 109–110. – J. R. Hicks akzeptiert in seinen jüngsten Critical Essays in Monetary Theory [1967], S. 18–19 die an ihn gerichtete Kritik.

(2) Daß die als Zahlungsmittel benutzten Wertpapiere auch Zinsen abwerfen, ist keineswegs so verwunderlich, wie es auf den ersten Blick erscheint. Was z. B. das Buchgeld angeht, so kann die heute in vielen Ländern anzutreffende kostenlose Bereitstellung von Dienstleistungen im Überweisungsverkehr implizite schon als ein Zinssatz betrachtet werden. Ferner ist die Tatsache, daß die Sichtguthaben explizite keinen Zins abwerfen, eher auf die Beschränkung des Wettbewerbs zwischen den Geschäftsbanken zurückzuführen (siehe hierzu Kap. VII).

[40] Der Vollständigkeit halber muß jedoch erwähnt werden, daß Keynes insgesamt drei verschiedene Gründe für die Geldhaltung auf der Basis des Vorsichtsmotivs anführt: (1) völlig unvorhersehbare Ausgaben; (2) unvorhersehbare Gelegenheiten, günstige Käufe zu tätigen; (3) Rückzahlung von Schulden, wenn diese im Nominalwert und nicht im Realwert ausgedrückt sind. J. M. Keynes [1936], S. 196; deutsche Übersetzung, S. 164.

Den Gründen (2) und (3) liegt eine unvollständige Voraussicht hinsichtlich der zukünftigen Preise zugrunde, worauf wir erst in Kap. V eingehen werden.

folgenden sollen einige wesentliche Elemente dieses relativ jungen Ansatzes in der Geldnachfragetheorie kurz skizziert werden.

Zwei Arten von Entscheidungen liegen der Bestimmung der individuellen Vorsichtskasse zugrunde. Zunächst handelt es sich darum zu entscheiden, wieviele *liquide* Aktiva der einzelne für den Zweck der Finanzierung eines möglichen Einnahmedefizits benötigt. Die Wahl, die das Individuum zu treffen hat, ist folglich die der Aufteilung seines Vermögens in liquide und nicht-liquide Aktiva. Diese liquiden Aktiva können die Geldmenge vom Typ M_2, M_3 oder in einer noch weiteren Version umfassen, die wir im folgenden unter dem Begriff „liquide Aktiva" subsumieren wollen. Die Untersuchung der „optimalen" Aufteilung des Vermögensbestands in liquide und nicht-liquide Aktiva ist Gegenstand des Abschnitts a. Die zweite Kategorie von Entscheidungen hinsichtlich der Bestimmung der Vorsichtskasse betrifft die „optimale" Aufteilung der liquiden Aktiva in Geld vom Typ M_1 und andere liquide Aktiva. Dieser Problemkreis bildet den ausschließlichen Gegenstand der gegenwärtig existierenden Literatur über die Vorsichtskasse, und er wird im Abschnitt b behandelt werden. Anschließend werden dann die Nachfragefunktionen für die Vorsichtskasse vom Typ M_1 und M_2 besprochen (c).

a) Der wahrscheinlichkeitstheoretische Ansatz

Eine Haltung von *liquiden* Aktiva aus Gründen des Vorsichtsmotivs zielt auf die Überbrückung der erwarteten Diskrepanz zwischen den zukünftigen Geldeinnahmen und Geldausgaben ab. Der Nutzen dieser Vorsichtskasse an liquiden Aktiva besteht aus der Sicherheit, in jedem Augenblick zahlungsfähig zu sein.

Für die Bestimmung der optimalen Höhe an liquiden Aktiva ist die Kenntnis von drei Größen erforderlich: (1) der Wahrscheinlichkeitsgrad der Illiquidität, um den die Vorsichtskasse unzureichend ist; (2) die Kosten dieser Kasse; und (3) die individuellen Präferenzen hinsichtlich des wahrscheinlichen Illiquiditätsgrads und der Kosten.

1. Zunächst wird das Wirtschaftssubjekt den „wahrscheinlichen" Betrag eines Zahlungsdefizits in Erfahrung bringen müssen. Er kann mit Hilfe der Wahrscheinlichkeitsrechnung ermittelt werden. Die dieser Rechnung zugrundeliegende Wahrscheinlichkeitsverteilung bezieht sich auf die Häufigkeiten, mit denen verschieden hohe Diskrepanzen zwischen Ausgaben und Einnahmen auftreten. Die sog. Argumente dieser Verteilung, der

[41] Siehe u. a. E. L. Whalen, A Rationalization of the Precautionary Demand for Cash, in: Quarterly Journal of Economics, LXXX (1966), S. 314–324. H. M. Miller und D. Orr, A Model of the Demand for Money by Firms, in: Quarterly Journal of Economics, LXXX (1966), S. 413–435. S. C. Tsiang, The Precautionary Demand for Money: An Inventory Theoretic Analysis, in: Journal of Political Economy, LXXVII (1969), S. 99–117.

Mittelwert und der Streuungskoeffizient, geben über den mittleren Betrag dieser Diskrepanzen und über den Sicherheitsgrad Auskunft, mit dem dieser Betrag behaftet ist.

Abb. 12 beschreibt einen möglichen Fall der Häufigkeitsverteilung. Während des Planungszeitraums wird mit einer durchschnittlichen Diskrepanz der Zahlungseingänge und -ausgänge von Null gerechnet, da der häufigste Wert aller möglichen (negativen und positiven) Diskrepanzen bei jenem Betrag liegt, wo Einnahmen und Ausgaben zusammenfallen. Der Sicherheitsgrad, mit dem eine solche vollständige Synchronisation erwartet wird, ist durch die Verteilung der Häufigkeitswerte um den mittleren Häufigkeitswert bestimmt. Im Beispiel der Abb. 12 ist eine symmetrische Wahrscheinlichkeitsverteilung unterstellt. Bekanntlich ist die Fläche, die von der Kurve der Wahrscheinlichkeitsverteilung begrenzt wird, gleich Eins (bzw. gleich 100%). Folglich beträgt der Sicherheitsgrad, mit dem erwartet wird, daß Zahlungseingänge und Zahlungsausgänge in jedem Zeitpunkt zusammenfallen, 0,5 (bzw. 50%), d. h. es existiert eine 50prozentige Wahrscheinlichkeit, daß *während* der Periode temporär ein Zahlungsüberschuß eintritt (vgl. die Fläche unterhalb des linken Kurvenabschnitts), und in gleichem Maße besteht eine 50prozentige Wahrscheinlichkeit eines temporären Zahlungsdefizits (vgl. die gesamte schraffierte Fläche unterhalb des rechten Kurvenabschnitts). Es ist dieser letzte Fall, der für die Haltung an liquiden Aktiva auf der Basis des Vorsichtsmotivs relevant ist. Bezeichnet man mit p die *Wahrscheinlichkeit, daß Zahlungsdefizite die Vorsichtskasse übertreffen,* so ist diese gleich p_1 für den Fall, daß die Haltung an liquiden Aktiva $L_1 = 0$ beträgt, so daß $p_1 = 0{,}5$. Liegt dagegen eine positive Haltung an liquiden Aktiva vor, z. B. L_2, dann verringert sich die Wahrscheinlichkeit eines möglichen, die verfügbaren liquiden Aktiva übersteigenden Zahlungsdefizits, auf p_2 – dargestellt durch die doppelt schraffierte Fläche rechts von L_2.

Die Relation von p (die Wahrscheinlichkeit, daß Zahlungsdefizite die Haltung an liquiden Aktiva überschreiten) und L (Bestand an liquiden Aktiva) ist noch deutlicher durch die Kurve p in Abb. 13 beschrieben. Sie kann wie folgt aus Abb. 12 abgeleitet werden. Der kumulierte (d. h. integrierte) Ausdruck der Häufigkeitsverteilung im rechten Quadranten der Abb. 12, und zwar integriert von „rechts nach links", d. h. von L_3 bis L_1, ist in der Kurve p wiedergegeben. Wird dagegen der rechte Teil der Häufigkeitsverteilung in Abb. 12 von „links nach rechts" integriert, d. h. von L_1 bis L_3, erhalten wir die gestrichelt gezeichnete Kurve $1-p$. Die Größenordnung von $1-p$ kann auf der (gestrichelt gezeichneten) rechten Ordinate abgelesen werden. Die Kurve $1-p$ gibt über den Grad der Zahlungssicherheit eines bestimmten Bestands an liquiden Aktiva Auskunft. Beträgt die Haltung an liquiden Aktiva L_2, dann lautet die Wahrscheinlichkeit eines den Betrag von L_2 übersteigenden Zahlungsdefizits $p_2 = 0{,}1$

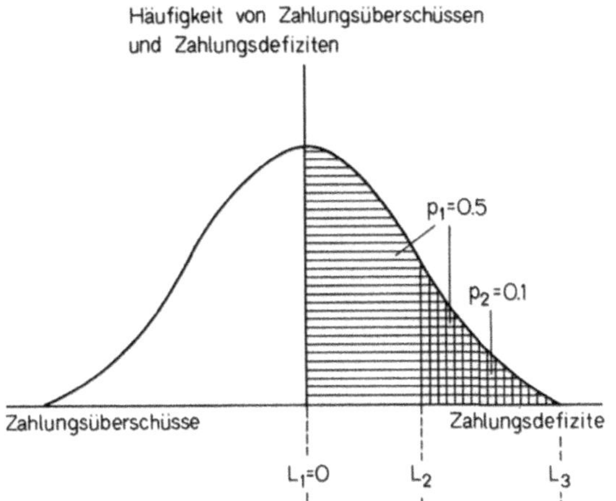

Abb. 12

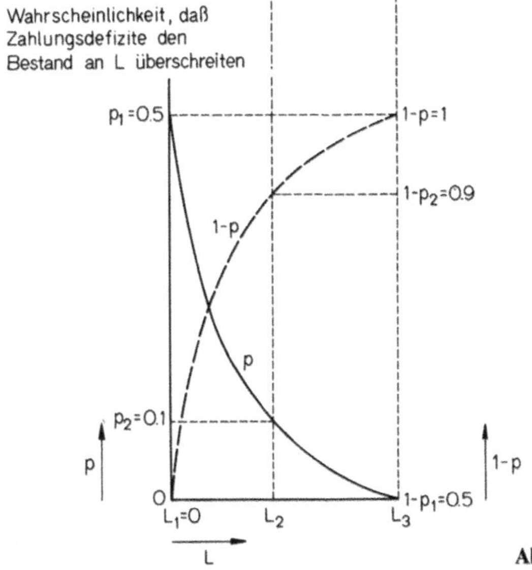

Abb. 13

(bzw. 10%) und dementsprechend garantiert L_2 eine Zahlungssicherheit von $1-p_2=0{,}9$ (bzw. 90%).

Der Verlauf der Kurve p in Abb. 13 verdeutlicht einen sehr wichtigen Zusammenhang. Ist der Ausgangsbestand an liquiden Aktiva relativ gering, so impliziert eine höhere Haltung von liquiden Aktiva eine äußerst starke Reduktion der möglichen Gefahr einer Illiquidität (bzw. in bezug auf die Kurve $1-p$ eine äußerst große Zunahme der Zahlungssicherheit). Im Gegensatz hierzu steht jener Fall, wo ein relativ großer Bestand an liquiden Aktiva gehalten wird. Eine zusätzliche Haltung von L wird die Wahrscheinlichkeit der Illiquidität nur unbedeutend verringern (bzw. die Zahlungssicherheit nur unbedeutend erhöhen). Dieser Zusammenhang ist ein wohl bekanntes Phänomen der Wahrscheinlichkeitsrechnung.

Die mathematische Formulierung der Kurve p, d. h. der Relation zwischen p und L, kann mit Hilfe der sogenannten Tschebyscheffschen Ungleichung – einem Theorem der Wahrscheinlichkeitstheorie – gewonnen werden. Diese sagt aus, daß die Wahrscheinlichkeit, daß eine Zufallsvariable (hier mögliche Zahlungsüberschüsse und Zahlungsdefizite) vom Mittelwert (in unserem Falle von $L_1 = 0$) um mehr als das k-fache ihrer Standardabweichung entfernt liegt, nicht größer als $1/k^2$ und im Extremfall gleich $1/k^2$ ist. Die Standardabweichung (S) ist ein Streuungsmaß der Wahrscheinlichkeitsverteilung der Abb. 12. Diese ist um so größer, je weiter der linke und rechte Teil der Häufigkeitsverteilung von der Ordinate entfernt liegen. Da es sich ferner in unserem Fall nur um jene Wahrscheinlichkeit handelt, inwieweit mögliche Zahlungs*defizite* vom erwarteten Mittelwert abweichen, und da zudem unsere Wahrscheinlichkeitsverteilung ex hypothesi symmetrisch ist, beträgt die Wahrscheinlichkeit (p), daß Zahlungsdefizite vom Mittelwert um mehr als das k-fache ihrer Standardabweichung entfernt sind, $p \leq 1/2\,k^2$. Zahlungsdefizite können in Höhe von L auftreten. Der Mittelwert (Erwartungswert $\bar{L}$) von Zahlungsdefiziten und Zahlungsüberschüssen ist $\bar{L} = L_1 = 0$. Folglich lautet die Wahrscheinlichkeit (p), daß Zahlungsdefizite (L) vom Mittelwert ($\bar{L}$) um das k-fache ihrer Standardabweichung ($k\,S$) abweichen können, $p \leq / L - \bar{L} = L - L_1 = L = k\,S$, so daß $k = L/S$. Folglich lautet der Ausdruck für p:

$$p \leqq \left| \frac{1}{2\,k^2} = \frac{1}{2\left(\frac{L}{S}\right)^2} = \frac{S^2}{2\,L^2} \right| .$$

Wählen wir den ungünstigsten Fall der Wahrscheinlichkeit, d. h. den höchstmöglichen Wert von p, dann lautet die Wahrscheinlichkeit p, daß ein Zahlungsdefizit den Bestand an liquiden Aktiva L übertrifft:

$$p = \frac{S^2}{2\,L^2} .$$

Diese zweite Formel ist der mathematische Ausdruck der Kurve p in Abb. 13. Sie macht die starke Abnahme von p deutlich, sofern L zunimmt.

Diese Formel kann auch wie folgt umgeschrieben werden:

$$L = \frac{S}{\sqrt{2p}} = \frac{S}{(2\,p)^{1/2}} .$$

Während bei der ersten Formel nach der Wahrscheinlichkeit der Illiquidität gefragt wird, sofern der Bestand an liquiden Aktiva (L) die Höhe x hat, lautet die Frage bei der letzten Formal umgekehrt: Wie hoch muß der Bestand an liquiden Aktiva sein, sofern das Individuum die Wahrscheinlichkeit der Illiquidität (p) in Höhe von x akzeptiert.

2. Die Bildung eines bestimmten Bestands an liquiden Aktiva dient dem Zweck, die mögliche Gefahr der Illiquidität (p) zu verringern. Auf der anderen Seite muß diese Zahlungssicherheit mit Kosten erkauft werden. Die Kosten der Haltung von liquiden Aktiva sind Opportunitätskosten: Wären die liquiden Aktiva in andere Verwendungsmöglichkeiten eingesetzt worden (hier in nicht-liquide Aktiva), dann hätten sie einen höheren Ertrag abgeworfen; die Differenz zwischen dem Ertrag der nicht-liquiden Aktiva (r) und dem (pekuniären) Ertrag der liquiden Aktiva (j) stellt die Opportunitätskosten der Haltung von liquiden Aktiva dar – kurz die Kosten (K) des Bestands an liquiden Aktiva (L):

$$K = (r - j)\, L\,.$$

Diese Kostenfunktion ist in Abb. 14 a wiedergegeben.

Das Wirtschaftssubjekt steht folglich vor folgendem Dilemma. Wählt es einen relativ hohen Bestand an liquiden Aktiva, dann besteht zwar eine sehr geringe Gefahr der Illiquidität, doch muß es diesen Schutz gegen Zahlungsverzug mit relativ hohen Kosten bezahlen. Ist dagegen umgekehrt die Vorsichtskasse relativ gering, spart das Individuum Kosten ein, diese verringerten Kosten sind jedoch mit einer hohen Gefahr der Illiquidität verbunden. Dieser „trade-off" zwischen K und p ist in der Abb. 14 c durch die Kurve T charakterisiert, die Transformationskurve genannt werden möge. Sie ist abgeleitet aus der Kostenfunktion (Abb. 14 a) und der p-Kurve der Abb. 13, die in Abb. 14 b reproduziert ist. Ein relativ kleiner Bestand an liquiden Aktiva (L_1) impliziert geringe Kosten (K_1), jedoch eine große Gefahr der Illiquidität (p_1). Ist dagegen der Bestand an liquiden Aktiva sehr hoch (L_2), dann erhöhen sich die Kosten der Vorsichtskasse erheblich (K_2), während sich die Gefahr der Illiquidität beträchtlich verringert (p_2).

Mathematisch läßt sich die Transformationskurve T aus der folgenden Kombination gewinnen. Da

$$K = (r - j)\, L$$

und

$$L = \frac{S}{(2\,p)^{1/2}}$$

ist

$$K = \frac{(r - j)\, S}{(2\,p)^{1/2}}\,.$$

Die Transformationskurve wird um so weiter vom Koordinatenursprungspunkt liegen, je höher die Kosten pro Einheit an Vorsichtskasse $(r-j)$ sind und/oder je größer die Streuung der Wahrscheinlichkeitsverteilung, dargestellt durch die Standardabweichung (S), ist.

3. Schließlich ist noch die Frage zu beantworten, welche Kombination von K und p, welchen Punkt auf der Transformationskurve T das Wirtschaftssubjekt wählt. Die inverse Beziehung zwischen K und p stellt sozusagen die „objektiven" Daten, Wahrscheinlichkeitsverteilung (S) und Kostensatz $(r-j)$, dar, die der Wahlentscheidung der optimalen Vorsichtskasse zugrunde liegen. Um zu wissen, welcher „trade-off" zwischen K und p der *im Urteil des Individuums* günstigste (sprich: optimale) ist, müssen wir noch die „subjektive" Grundlage der Wahlentscheidung kennen, d. h. die sog. Präferenzfunktion des Wirtschaftssubjektes, die Auskunft darüber gibt, wie hoch das Individuum das „Opfer" der Kosten (K) einschätzt und

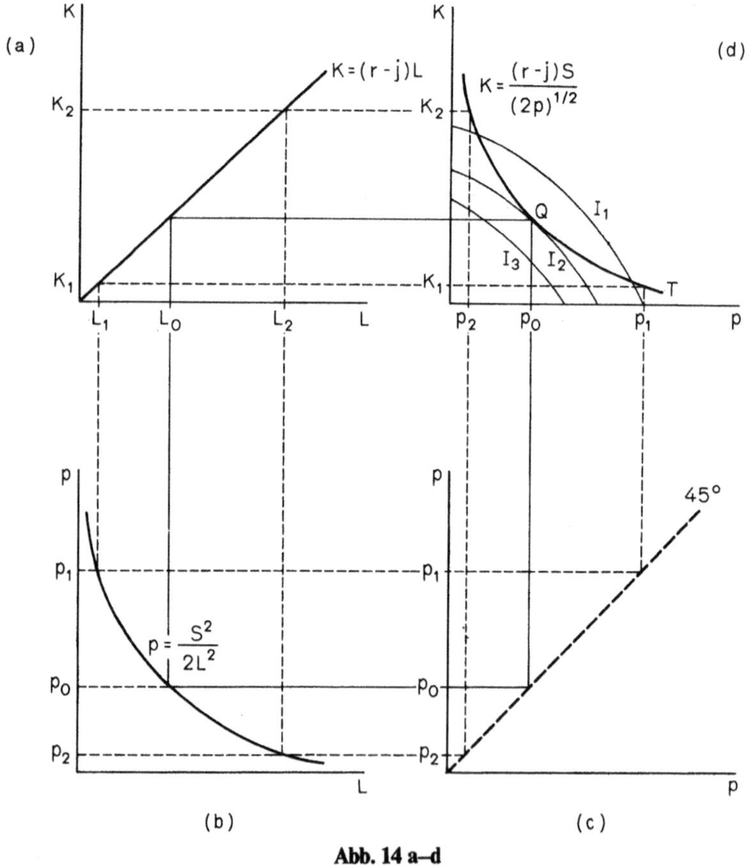

Abb. 14 a–d

wie groß es die Aversion gegenüber dem Risiko eines Zahlungsverzugs (p) empfindet. Hierzu kann jedoch nur so viel gesagt werden, daß das Wirtschaftssubjekt bei gegebenen „objektiven" Daten um so mehr liquide Aktiva in seiner Vorsichtskasse halten wird, je größer seine Aversion gegenüber einem möglichen Zahlungsverzug ist.

Formal läßt sich die Präferenzfunktion durch Indifferenzkurven darstellen, die auf der Nutzenfunktion U basieren:

$$U = U(K, p), \quad \text{wobei} \quad \frac{\partial U}{\partial K} < 0, \quad \frac{U}{\partial p} < 0 .$$

Sowohl K als auch p stiften einen negativen Nutzen. $\partial U / \partial K$ repräsentiert die marginale Nutzeneinbuße der Kosten von liquiden Aktiva und $\partial U / \partial p$ die marginale Nutzeneinbuße des Risikos eines Zahlungsverzugs. Beide unterliegen dem „Gesetz der zunehmenden marginalen Nutzeneinbuße" in Analogie zum Gesetz des abnehmenden Grenznutzens.

In Abb. 14d ist eine Schar von Indifferenzkurven abgetragen, wobei I_3 ein höheres Nutzenniveau aufweist als I_2 und I_2 ein höheres als I_1. Das Individuum ist bestrebt, jenen Betrag an liquiden Aktiva zu halten, der ihm das „höchste" Nutzenniveau garantiert. Da es sich hier um zwei „Übel" handelt, K und p, die jeweils einen negativen Nutzen stiften, beinhaltet die Realisierung des „höchsten" Nutzenniveaus die Minimierung des negativen Nutzens. Folglich wird das Wirtschaftssubjekt jenen Punkt auf der Transformationskurve T wählen, der die niedrigst gelegene Indifferenzkurve ermöglicht. Diese ist die Kurve I_2, die die Transformationskurve im Punkte Q tangiert. Folglich beträgt die optimale Haltung an liquiden Aktiva L_0.

Die bisherige Analyse der Vorsichtskasse L („Kasse" im Sinne von liquiden Aktiva) baute auf drei Elementen auf: der Wahrscheinlichkeitsanalyse, der Kostenanalyse und der Nutzenanalyse. Das Kriterium des Optimums war das der Nutzenmaximierung (bzw. der Minimierung des negativen Nutzens). Die Frage nach der optimalen Höhe an liquiden Aktiva war identisch mit der Frage nach der optimalen Aufteilung des Vermögensbestands in liquide und nicht-liquide Aktiva. Eine *wesentliche Annahme* in der obigen Analyse war die, daß im Falle eines Zahlungsdefizits, das den Bestand an liquiden Aktiva übertrifft, das betreffende Wirtschaftssubjekt in Zahlungsverzug gerät, d. h., daß es ihm während einer bestimmten Zeit – und die Zeit spielt eine wichtige Rolle im Falle einer Zahlungsunfähigkeit – nicht gelingt, die nicht-liquiden Aktiva in Geld umzutauschen bzw. sich auf dem Kreditwege Geld zu leihen [42]. Hieraus folgt, daß der Li-

[42] Statt Geld oder liquide Wertpapiere zu Vorsichtszwecken zu halten, könnte sich das Wirtschaftssubjekt die Vorsichtskasse auch auf dem Kreditwege beschaffen. Hier müßte es dann ähnliche Vergleiche anstellen wie bei der Geld- und Wertpapierhaltung. Nehmen wir z. B. die Wahl Geldhaltung vom Typ M_1 – Kreditaufnah-

quiditätsgrad der liquiden Aktiva ziemlich weit gefaßt sein kann (und zwar wahrscheinlich weiter als der Geldmengenbegriff M_2). Der Liquiditätsbegriff ist hier also im Sinne der Zahlungsfähigkeit definiert, wobei von ausschlaggebender Bedeutung die *Marktfähigkeit* der Aktiva, ihr Monetisierbarkeitsgrad, ist. Das andere Liquiditätselement, das der schnellen Realisierbarkeit *ohne hohe Kosten,* wird im folgenden Abschnitt behandelt. Hierin wird generell die Frage untersucht, nach welchen Kriterien der optimale Bestand an liquiden Aktiva (L_0), die aus Gründen des Vorsichtsmotivs gehalten werden, auf Geld vom Typ M_1 und auf andere liquide Aktiva aufgeteilt wird. Hinsichtlich dieser Frage kann zwar hier schon festgestellt werden, daß der maximale Betrag an Vorsichtskasse vom Typ M_1 L_0 entspricht; ob dies aber auch der *optimale* Betrag ist, werden wir nun untersuchen.

b) Der lagerhaltungstheoretische Ansatz

Die folgende Ableitung der Vorsichtskasse vom Typ M_1 beruht auf dem Prinzip der Kostenminimierung – analog zur Bestimmung der Transaktionskasse vom Typ M_1. Die Kosten der Geldhaltung vom Typ M_1, K, betragen

$$K = b\,E(\beta) - b \qquad + \qquad j\,m_1$$

$$= \underbrace{\frac{b\,S^2}{2\,m_1^2} - b}_{\substack{\text{Transaktionskosten} \\ \text{der Geldhaltung}}} \qquad + \qquad \underbrace{j\,m_1}_{\substack{\text{Opportunitätskosten („Lager-} \\ \text{kosten") der Geldhaltung}}}$$

β steht für die *Zahl* der Umwandlungen (Verkäufe) der liquiden, in kurzfristigen Wertpapieren gehaltenen Aktiva (L) in Geld (m_1). Diese Zahl ist jedoch ungewiß, sie ist eine *erwartete* Größe, weshalb das Symbol E benutzt wird. Wie hoch diese erwartete Zahl ist, hängt von der Wahrscheinlichkeitsverteilung der Zahlungsdefizite ab. Diese ist uns schon aus dem letzten Abschnitt bekannt. Dort hatten wir die Wahrscheinlichkeit p abgeleitet, mit der Zahlungsdefizite die Vorsichtskasse L übertreffen, und sie war gleich

$$p = \frac{S^2}{2\,L^2}\,.$$

---

me. Die Nachteile der Geldhaltung bestehen weiterhin aus ihrer Opportunitätskosten in Form der entgangenen Zinserträge. Ihre Vorteile beziehen sich jetzt auf den Nutzen der Bequemlichkeit (der einzelne hat nicht die Zeit und Mühen aufzuwenden, die bei einer Kreditaufnahme entstehen) und der Ersparnisse der mit einer Kreditaufnahme verbundenen Ausgaben (Schuldzinsen und sonstige Provisionsgebühren). Im folgenden wollen wir vorerst von der Möglichkeit einer kreditären Liquiditätsversorgung absehen, um die Analyse zunächst noch so einfach wie möglich zu halten.

Uns interessiert jetzt jene Wahrscheinlichkeit (β), mit der Zahlungsdefizite die Vorsichtskasse im engeren Sinne, und zwar m_1, überschreiten, und in Analogie muß sie gleich

$$E(\beta) = \frac{S^2}{2\,m_1^2}$$

sein. Dieser Ausdruck beschreibt also die wahrscheinliche Zahl der Um-

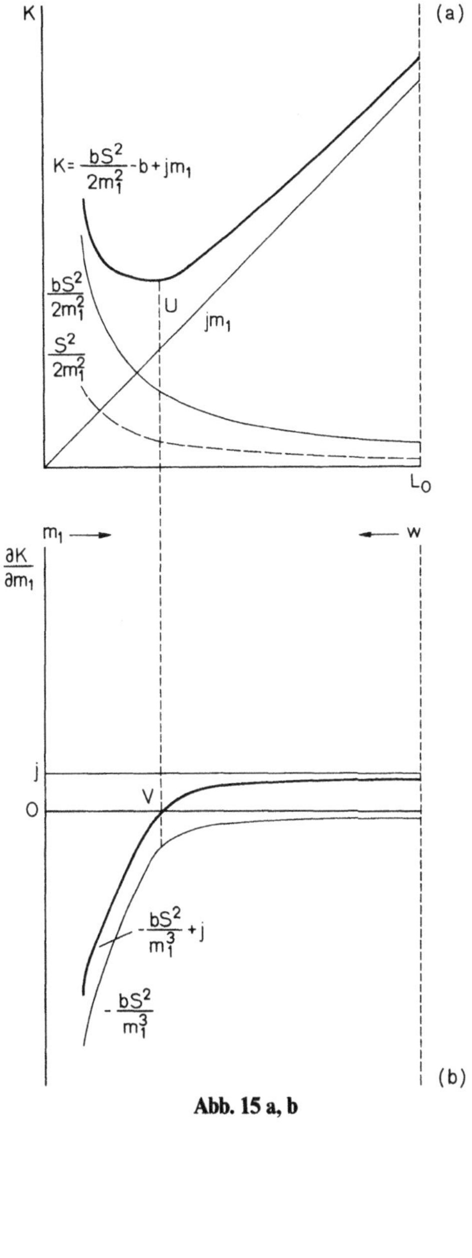

Abb. 15 a, b

wandlungen von Wertpapieren in Geld vom Typ M_1, die jeweils dann zu tätigen sind, wenn Zahlungsdefizite den Betrag an Vorsichtskasse m_1 überschreiten. Die wahrscheinliche Zahl ist natürlich um so geringer, je größer der Bestand an Vorsichtskasse ist. Impliziert die jeweilige Umwandlung von Wertpapieren in Geld einen bestimmten festen Kostenbetrag b, so sind die Transaktionskosten der Geldhaltung $\frac{b\,S^2}{2\,m_1^2}$ um so geringer, je größer die Vorsichtskasse ist (siehe den Kostenverlauf in Abb. 15a).

Den Transaktionskosten stehen die Opportunitätskosten der Vorsichtskasse gegenüber, die aus dem Ertragsverlust $j\,m_1$ bestehen, da die Geldhaltung nicht in zinsbringende kurzfristige Wertpapiere angelegt worden ist. Eine extrem niedrige Vorsichtskasse involviert einerseits äußerst hohe Transaktionskosten, $\frac{b\,S^2}{2\,m_1^2}$, und andererseits äußerst geringe Opportunitätskosten, $j\,m_1$. Folglich ist es günstiger, die Haltung von m_1 bis zu dem Punkt zu erhöhen, wo die marginale Ersparnis an Transaktionskosten, $\frac{b\,S^2}{m_1^3}$, gleich dem marginalen Mehr an Opportunitätskosten, j, ist:

$$\frac{\partial K}{\partial m_1} = -\frac{b\,S^2}{m_1^3} + j = 0\,.$$

Dieses Optimum liegt im Minimierungspunkt U der Gesamtkosten (Abb. 15a) bzw. im Punkt V (Abb. 15b), wo die marginalen Gesamtkosten gleich Null sind (notwendige Bedingung des Kostenminimums).

Nach entsprechender Umformung der obigen Formel lautet der optimale Betrag der Vorsichtskasse vom Typ M_1:

$$m_1 = \sqrt[3]{\frac{b\,S^2}{j}} = \left(\frac{b\,S^2}{j}\right)^{1/3}. \tag{3}$$

Wird ferner zwischen dem Nominal- und Realwert der Vorsichtskasse explizite unterschieden, dann lautet die nominale Nachfrage nach Vorsichtskasse (M_1):

$$M_1 = m_1\,P = \left(\frac{b\,S^2}{j}\right)^{1/3} P \tag{3a}$$

wonach die nominale Vorsichtskasse in direkter Proportionalität zum Preisniveau steht.

c) Die Nachfragefunktion nach Vorsichtskasse vom Typ M_1 und M_2

Verglichen mit der Transaktionskasse vom Typ M_1 (vgl. S. 116) besteht bei der Vorsichtskasse Identität hinsichtlich der funktionalen Abhängigkeit vom Preisniveau und eine gewisse Ähnlichkeit in bezug auf die funktionale inverse Abhängigkeit vom Zinssatz, die im Falle der Vorsichtskasse eine Elastizität von ⅓ hat (während sie bei der Transaktionskasse variabel war). Dagegen ist die Abhängigkeit der Vorsichtskasse vom Realeinkommen nicht so eindeutig wie im Falle der Transaktionskasse, bei der die Einkommenselastizität 0,5 betrug.

In der kubischen Wurzel der Vorsichtskasse $m_1 = \sqrt[3]{\frac{b\,S^2}{j}}$ kann die Beziehung zwischen der Varianz eines Zahlungsdefizits, S^2, und dem realen Transaktionsvolumen (T) bzw. dem Realeinkommen (y) wie folgt abgeleitet werden. Die Standardabweichung S drückt die Streuung eines Zahlungsdefizits um den Mittelwert aus (der in dem von uns besprochenen Fall einer normalen Häufigkeitsverteilung gleich Null war). Das Zahlungsdefizit ist die Summe aus Ausgaben und Einnahmen, und dementsprechend kann für das Zahlungsdefizit auch das (reale) Transaktionsvolumen T gesetzt werden. T setzt sich nun aus der *Zahl* (N) der Ausgaben und Einnahmen und dem durchschnittlichen (realen) Betrag einer Ausgabe bzw. Einnahme (t) zusammen: $T = t\,N$. Nach der Wahrscheinlichkeitsrechnung existiert nun folgende funktionale Beziehung zwischen S und T (wobei c ein konstanter Koeffizient ist): [43]

$$S = c\,t\sqrt{N}$$

bzw.

$$S^2 = c^2\,t^2\,N$$

so daß

$$m_1 = \left(\frac{b\,S^2}{j}\right)^{1/3} = \left(\frac{b\,c^2\,t^2\,N}{j}\right)^{1/3}.$$

Eine Erhöhung des (realen) Transaktionsvolumens, das zu einer Zunahme von S führt, kann aus zwei Quellen resultieren: entweder (1) erhöht sich der durchschnittliche Realbetrag einer Ausgabe und Einnahme (t); die Elastizität von m_1 in bezug auf das (reale) Transaktionsvolumen würde dann ⅔ betragen [44], oder (2) die Zahl der Transaktionen (N) erhöht sich; die Elastizität von m_1 in bezug auf das (reale) Transaktionsvolumen wäre dann ⅓.

Besteht *ferner* eine direkte Proportionalität zwischen realem Transaktionsvolumen und dem Realeinkommen, dann liegt die Einkommenselastizität der Vorsichtskasse vom Typ M_1 zwischen ⅓ und ⅔; der durchschnittliche Wert der Einkommenselastizität könnte dann bei 0,5 liegen.

---

[43] Siehe hierzu u. a. E. L. Whalen [1966], S. 319–320 und J. H. G. Olivera, A Note on the Optimal Rate of Growth of International Reserves, in: Journal of Political Economy, LXXVII (1969), S. 245–248.

[44] Zur Berechnung der Elastizität siehe weiter oben Fußnote 30 auf S. 117.

Folglich ließe sich die (nominale) Nachfragefunktion der Vorsichtskasse in Analogie zu der Cambridge-Gleichung ($M = K\,P\,y$) wie folgt beschreiben:

$$M_1 = K_1\,(b)\,P \cdot y^{1/2} \cdot j^{-1/3} \tag{3b}$$

$$\text{wobei} \quad \frac{\partial K_1}{\partial b} > 0\,.$$

Die Vorsichtskasse im weiteren Sinne bezog sich auf die Haltung an liquiden Aktiva (L). Diese können sich auf den Geldmengenbegriff vom Typ M_2, M_3 oder selbst auf einen noch weiter gefaßten Geldmengenbegriff beziehen. Für den Fall, daß sich die liquiden Aktiva (L) fast ausschließlich auf M_2 beziehen – eine Hypothese, die nur empirisch nachprüfbar ist –, kann die Nachfragefunktion nach nominaler Vorsichtskasse vom Typ M_2 wie folgt aussehen:

$$M_2 = K_2\,(r, j, y)\,P \cdot y \tag{4}$$

$$\text{wobei} \quad \frac{\partial K_2}{\partial r} < 0, \quad \frac{\partial K_2}{\partial j} \gtreqless 0, \quad \frac{\partial K_2}{\partial y} < 0\,.$$

Aufgrund der Ableitung dieser Vorsichtskasse auf der Basis der Nutzenanalyse läßt sich keine eindeutig spezifische Funktionalbeziehung herstellen wie im Fall der kubischen Wurzel für M_1. Während die inverse Beziehung zwischen dem langfristigen Zinssatz r und M_2 kein besonderes Problem aufwirft, können hinsichtlich des Einflusses des kurzfristigen Zinssatzes j und des Realeinkommens y folgende Hypothesen aufgestellt werden. Die Stärke der Wirkung von j auf M_2 ist ungewiß. Eine Erhöhung des Zinssatzes der liquiden Aktiva wird jedoch vor allem die Zusammensetzung von M_2 beeinflussen: eine geringere Haltung an Bar- und Buchgeld (M_1) und eine größere Haltung an Termineinlagen; ob und um wieviel M_2 variiert, läßt sich a priori kaum feststellen. Was den Einfluß von y auf M_2 angeht, so kann hier in Analogie zu M_1 – Formel (3 b) – ebenfalls das Prinzip der „Ersparnisse der großen Serie" konstatiert werden, das sich aus der Wahrscheinlichkeitstheorie ableiten läßt: Eine Erhöhung von y wird M_2 unterproportional ansteigen lassen.

Fassen wir nun am Schluß dieses Abschnitts die Bestimmungsgründe der Vorsichts- *und* Transaktionskasse zusammen. Die Geldnachfrage für Transaktions- *und* Vorsichtszwecke (M^{TV}) wird nicht die Summe aus Transaktionskasse und Vorsichtskasse sein; z. B. wird M^{TV} vom Typ M_1 nicht gleich der Summe der Formeln (1 b) (S. 117) und (3 b) sein. Wie wir schon zu Anfang dieses Kapitals betont haben, dient jede Geldeinheit simultan allen Kassenhaltungsmotiven; demzufolge wird M^{TV} (bzw. K^{TV}) geringer sein als die Summe aus Transaktions- und Vorsichtskasse. Folgende „vereinfachte" Geldnachfragefunktionen für M^{TV} können auf der Basis unserer bisherigen Überlegungen konzipiert werden:

$$M_1^{TV} = K_1^{TV}(j)\, P \cdot y^{1/2} \tag{5}$$

$$\text{wobei} \quad \frac{\partial K_1^{TV}}{\partial j} < 0$$

$$M_2^{TV} = K_2^{TV}(r)\, P \cdot y \tag{6}$$

$$\text{wobei} \quad \frac{\partial K_2^{TV}}{\partial r} < 0\,.$$

Die Funktion (5) basiert auf den Formeln (1b) (S. 117) und (3b), und die Funktion (6) resultiert aus den Gleichungen (2b) (S. 117) und (4). In beiden Funktionen haben wir die jeweiligen Kostensätze a, b und s vernachlässigt, die wir als gegeben unterstellen wollen. Ferner steht der Nominalwert beider Geldnachfragen in direkter Proportion zum Preisniveau. Die Interpretation der Transaktions-Vorsichtskasse vom Typ M_1 bietet keine Schwierigkeiten, da die Geldnachfragefunktion (5) dieselbe spezifische Abhängigkeit von j und vor allem von y widerspiegelt wie die Transaktionskasse in Formel (1 b) und die Vorsichtskasse in Formel (3 b). Der Transaktions-Vorsichtskasse vom Typ M_2 liegen dabei zwei zusätzliche Hypothesen zugrunde. Einerseits haben wir jeglichen Einfluß von j auf M_2^{TV} eliminiert, so daß der Einfluß des langfristigen Zinssatzes dominierend ist. Anderseits haben wir eine Einkommenselastizität der Transaktions-Vorsichtskasse von Eins unterstellt: Da einerseits die Transaktionskasse vom Typ M_2 überproportional mit dem Einkommen steigt und zum anderen die Vorsichtskasse vom Typ M_2 unterproportional mit dem Einkommen steigt, können wir approximativ annehmen, daß die Transaktions-Vorsichtskasse proportional mit dem Einkommen wächst.

Mit dieser Art der Bestimmung der Transaktions-Vorsichtskasse entfernen wir uns in mehreren Punkten von der in der traditionellen wie modernen Literatur zu findenden Ableitung der Nachfrage nach Geld. Die Bestimmungsgründe sind zwar in beiden Fällen die gleichen: (i) das Einkommen bzw. Transaktionsvolumen und (ii) der Zinssatz. In der Cambridge-Schule, bei Irving Fisher und bis zu Keynes gilt als die entscheidende Determinante der Transaktionskasse das Einkommen. Das K der Cambridge-Gleichung ($M = K P y$), das V (bzw. $1/V$) der Fisherschen Verkehrsgleichung ($M V = P T$) oder das L_1 der Keynesschen Geldnachfrage [$L = P L_1(y) + L_2(r)$] sind in bezug auf den Geldwert des Einkommens oder Transaktionsvolumens konstante Kassenhaltungskoeffizienten. Die unvollständige Synchronisation der Einnahmen und Ausgaben, die Ungewißheit hinsichtlich ihres Verlaufs und ihrer Gesamthöhe, die Zahlungssitten und -einrichtungen und der Integrationsgrad der Wirtschaft fixieren die Relation zwischen gewünschter Transaktions-Vorsichtskasse und Einkommen (bzw. Transaktionsvolumen). Steigt z. B. das Einkommen, so wird auch die gewünschte Kassenhaltung zunehmen. Mit der anderen Determinante der Nachfrage nach Transaktions- und Vorsichtskasse, dem Zinssatz, werden die Einflußgrößen durch ein voluntaristisches Moment ergänzt. Nach dieser u. a. von Hicks [1935] und später von Patinkin [1956] vorgeschlagenen Betrachtungsweise kann je nach der Höhe des Zinssatzes mehr oder weniger an Transaktions- und Vorsichtskasse nachgefragt werden, und das gewünschte Mehr oder Weniger richtet sich bei gegebenem Zinssatz nicht nur nach den institutionellen Faktoren, sondern auch nach den individuellen Vorstellungen über den Nutzen (Bequemlichkeit, Ausgabenersparnisse, Zahlungssicherheit), den die Transaktions- und Vorsichtskasse vermittelt.

Der Unterschied unserer Analyse der Bestimmung der Transaktions- und Vorsichtskasse von der anderer Autoren ist die strikte Anwendung des Nutzenprinzips der Geldhaltung vom Typ M_1 auch auf die Haltung anderer Aktiva, und zwar (unter dem Aspekt des Geldes als Zahlungsmittel) auf die Haltung sehr liquider Finanzaktiva. Gewisse Finanzaktiva wie Sparguthaben ohne Kündigungsfrist oder leicht diskontierfähige Wechsel können der individuellen Transaktions- und Vorsichtskasse hinzugerechnet werden, da sie mobilisierbar sind (Wegfall der sog. Informationskosten) und somit wie das Geld vom Typ M_1 den Nutzen der Zahlungssicherheit stiften. Sie sind dem Gelde nur insofern unterlegen, als ihre Umwandlung in effektive Zahlungsmittel Zeit, Mühen und Kosten verursacht (wofür sie denn auch mit einem Zins entschädigt werden), weshalb beim Gelde vom Typ M_1 zusätzlich der Nutzen der Bequemlichkeit und Kostenersparnisse hinzutritt. Aus dieser Betrachtungsweise ergibt sich zwangsläufig – und hier liegt ein weiterer Unterschied zwischen unserem Vorgehen und dem anderer Autoren –, daß bei der ökonomischen Wahl, wieviel Transaktions-Vorsichtskasse vom Typ M_2 und wieviel Geld vom Typ M_1 gehalten werden soll, der Nutzen des Geldes und der Nutzen der mobilisierbaren kurzfristigen Wertpapiere mit ihren Opportunitätskosten in Form der entgangenen Vorteile und Erträge vieler anderer Aktiva verglichen werden müssen. Mit einer solchen Betrachtungsweise sind wir schon bei der Portfolioanalyse des Geldes angelangt, die in der Literatur gewöhnlich nur vorgenommen wird, wenn vom Gelde als Wertaufbewahrungsmittel und nicht so sehr vom Gelde als Zahlungsmittel die Rede ist.

7. Geld als Konsum- und Produktionsgut

Der Nachfrageanalyse des Geldes als Zahlungsmittel liegen gewisse Axiome zugrunde, die ihrerseits selbst in Frage gestellt werden können. Eines dieser Axiome ist z. B., daß die Geldhaltung ein Konsumgut ist und folglich einen Nutzen wie jedes andere Konsumgut stiftet. Konsumgüter werden ex hypothesi von Haushalten verbraucht (bzw. gebraucht). Aber auch die Firmen halten Geld zu Transaktionszwecken (Keynes' „Geschäfts- und Finanzmotiv" im Gegensatz zum „Einkommensmotiv" der Haushalte [45]), und diese Geldhaltung müßte eigentlich wie andere Aktiva der Firmenbilanz eher als ein Produktionsgut betrachtet werden.

Bekanntlich liegt der Unterschied zwischen Konsumgütern und Produktionsgütern in dem Kriterium, daß die einen zur unmittelbaren Nutzenstiftung beitragen, während die anderen mittelbar die Bedürfnisse befriedigen, da mit ihrer Hilfe Konsumgüter produziert werden können.

Die Geld*haltung* kann nun auch als Produktionsgut konzipiert werden, da sie wie die Vorratshaltung anderer Produkte der Gewährleistung eines reibungslosen Produktionsprozesses dient, indem sie die Finanzierung von Ausgabenüberschüssen ermöglicht [46]. Wir stehen hier vor einem Problem, das, wie Baumol bemerkt [47], in den allgemeinen Fragenkreis der Theorie der Lagerhaltung gehört. Bei der Lagerung von Produkten wie bei der Haltung von Geld geht es um die Frage der optimalen Menge an Beständen. Die Ertragsfähigkeit („Produktivität") der „Geldlagerung" wird sowohl durch die ersparten Ausgaben für die Umwandlung Kasse – Wertpapiere – Kasse gemessen als auch durch die Vermeidung zusätzlicher Ausgaben, die im Falle einer Zahlungsunfähigkeit auftauchen würden. Ihre Kosten bestehen (wie im Falle der Geldhaltung als Konsumgut) aus Opportunitätskosten, d. h. aus entgangenen Erträgen, die dann angefallen wären, wäre die Geldhaltung in andere „produktive" Verwendungsmöglichkeiten eingesetzt worden. Das Optimum der Geldhaltung ergibt sich aus dem Vergleich zwischen ihrem Ertrag und ihren Kosten, d. h., es ist in der formal-theoretischen Sprache dort gegeben, wo der Wert des Grenzproduktes der Lagerhaltung gleich den Faktorgrenzkosten – den Grenzkosten der Lagerhaltung – ist [48].

---

[45] J. M. Keynes [1936], S. 195; deutsche Übersetzung, S. 164 und The Ex-Ante-Theory of the Rate of Interest, in: Economic Journal, XLVII (1937), S. 663.

[46] Aus den „Gründen, aus denen jederman den Wagen und die Pferde, mit deren Hilfe der Bauer das Getreide und das Holz heimführt, noch den Produktionsmitteln und dem Kapital beizählen wird, sind folgerichtig auch die ... Straßen, Eisenbahnen, Schiffe und das *Handelswerkzeug* Geld dem Kapital zuzurechnen." E. v. Böhm-Bawerk, Kapital und Kapitalzins, II. Abt.: Positive Theorie des Kapitals, Bd. I, 4. Aufl., Jena 1921, S. 98 (die Hervorhebung ist von uns).

[47] W. J. Baumol [1952], S. 545. Siehe ebenfalls J. Tobin [1956], S. 11–26.

[48] Siehe hierzu Kap. VII: „Money as a Producer's Good", in: D. Patinkin [1965]. Patinkin betrachtet dieses im Vergleich zur ersten Auflage seines Buches zu-

Damit wäre einem Einwand begegnet, wonach das Geld unbedingt als Konsumgut anzusehen ist; es kann eben auch, um seine Nachfrage als Transaktionsmittel theoretisch zu begründen, als Produktionsgut konzipiert werden [49].

Eine andere Frage ist die, ob die Transaktions-Vorsichtskasse als ein „direkter" oder „indirekter" Produktionsfaktor angesehen werden soll. Mundell und Bailey behandeln z. B. die Geldhaltung als einen ursprünglichen Produktionsfaktor, so daß sie der Geldhaltung eine direkte Produktivität zuschreiben [50]. Im folgenden wollen wir die Produktivität der Transaktions-Vorsichtskasse als eine „abgeleitete", „indirekte" Produktivität interpretieren; hiermit wollen wir zum Ausdruck bringen, daß durch Geld eine „Umleitung" von Ressourcen erfolgt, und zwar weg von der „Austausch-Tätigkeit" einer Wirtschaft (d. h. die Transaktionstätigkeit im Sinne der Kauf- und Verkaufsakte) und hin zur „Produktionstätigkeit".

Auch wenn beide Ansätze in Hinblick auf das Endresultat, nämlich die Feststellung, *daß* Geld produktiv ist, als gleichwertig angesehen werden kön-

---

sätzlich aufgenommene Kapitel als eine besondere Novität der zweiten Auflage (vgl. S. xiv und 668), um zu zeigen,

„daß sogar dann, wenn Geld nicht den Nutzen eines Konsumgutes stiftet, es trotzdem nachgefragt wird aufgrund seines ‚indirekten Nutzens' als Produktionsgut in Übereinstimmung mit der von Baumol und Tobin entwickelten Theorie der Lagerhaltung".

["... that even if money does not provide the utility of a consumer's good, it can nevertheless be demanded for its 'indirect utility' as a producer's good in accordance with the inventory approach of Baumol and Tobin."] (S. 668).

[49] Wenn die Geldhaltung als Produktionsgut betrachtet wird, stiftet sie ex hypothesi keinen direkten, unmittelbaren Nutzen; sie trägt nur *mittelbar* zur Nutzenstiftung bei.

Am Anfang dieses Kapitels wiesen wir auf gewisse Widersprüche bei den Neoklassikern hinsichtlich ihrer Auffassung vom Geldnutzen hin (siehe S. 93–96). Auf der einen Seite schrieben sie dem Gelde nur einen mittelbaren Nutzen zu, der sich aus den Gütern ableitet, die mit Geld gekauft werden können. Andererseits betonten sie bei der Analyse der Geldnachfrage (z. B. bei der Bestimmung des Kassenhaltungskoeffizienten K der Cambridge-Gleichung $M = KPy$) die Vorteile der Geldhaltung, die aus den Liquiditätsdiensten (Bequemlichkeit, Sicherheit) bestehen.

Dieser Widerspruch hebt sich dann auf, wenn ihre Vorstellung von der Geldhaltung in der Weise interpretiert wird, daß sie das Geld nicht als Konsumgut, sondern als Produktionsgut angesehen haben. Hierfür sprechen einige Gründe.

Walras z. B. begründete den Geldnutzen mit dem „service d'approvisionnement" (Lagerdienst), den das Geld wie jedes andere „capital circulant" verschafft (siehe Fußnote 9 auf S. 95–97).

Pigou legte der Bestimmung des optimalen (!) Kassenhaltungskoeffizienten K der Cambridge-Gleichung den Kalkül zwischen den Vorteilen der Geldhaltung (Bequemlichkeit, Schutz gegen Risiken) und den Vorteilen der Investition in Produktionsanlagen (Ertrag des Realkapitals) zugrunde:

„Dieser Kassenhaltungskoeffizient hängt sowohl von der Bequemlichkeit und dem Risikoschutz ab, die der Geldbesitz gewährt als auch von dem Ertragsverzicht, der entsteht, wenn die Ressourcen nicht für die Produktion von zukünftigen Waren verwandt werden."

["This proportion [*K*] depends upon the convenience obtained and the risk avoided through the possession of [money], by the loss of real income involved through nen, so scheint uns der „indirekte" Ansatz doch eine bessere analytische Grundlage zu bieten, da er neue Erkenntnisse hinsichtlich des Entscheidungsspielraums eines Wirtschaftssubjektes bei der Frage der Geldhaltung und hinsichtlich der besonderen Form der Nachfragekurve für reale Kassenhaltung bringt [51].

Die Produktionsfunktion der Wirtschaft kann geschrieben werden als

$$y = y(\bar{K}, N^P) \qquad (7)$$

wobei y das Realeinkommen bzw. den Output (des Produktionssektors) bezeichnet und $\bar{K}$ den Kapitalbestand. N^P ist aus der Gleichung

$$\bar{N} = N^p + N^t \qquad (8)$$

abgeleitet, die zeigt, daß die gesamte in einer Wirtschaft verfügbare Arbeit ($\bar{N}$) in zwei Tätigkeitsbereichen genutzt wird: im reinen Produktionsbereich, für den der Anteil N^p von $\bar{N}$ genutzt wird, und im Austauschbereich, der den Anteil N^t erfordert.

---

the diversion of this use of resources that might have been devoted to the production of future commodities."] A. C. Pigou, The Value of Money, in: Quarterly Journal of Economics, XXXII (1917–18); abgedruckt in: Readings in Monetary Theory, a.a.O., S. 166 und 168.

Die Vermutung liegt somit nahe, daß sowohl Walras wie Pigou – Exponenten der neoklassischen Geldtheorie – das Geld (wenn auch nur implizite) als ein Produktionsgut ansahen. Demzufolge konnte das „Produktionsgut Geld" auch nur einen „mittelbaren Nutzen" stiften.

(Dieser Argumentation könnte zwar entgegengehalten werden, daß die Anhänger der Cambridge-Schule den Kassenhaltungskoeffizienten K als eine konstante und nur von den „Zahlungssitten" abhängige Größe betrachtet haben, denn wenn die Geldnachfrage der Cambridge-Schule eine Funktion des Zinssatzes im Sinne der Grenzproduktivität des Realkapitals gewesen wäre, hätten sie die Geldhaltung als eine vom Zinssatz abhängige Größe konzipieren müssen. Tobin erklärt diese Vernachlässigung der Cambridge-Theoretiker mit dem Argument, daß sie den Zinssatz als eine in der *kurzen* Periode unveränderliche Variable behandelt haben, der sich nur langfristig verändern konnte, da bei den Neoklassikern eine Variation der „Gegenwartsvorliebe für den Konsum" und der „Grenzproduktivität des Kapitals" ein Phänomen der langen Periode gewesen sei. J. Tobin, Money, Capital and Other Stores of Value, in: American Economic Review, LI (1961); abgedruckt in: The Controversy over the Quantity Theory of Money, hrsg. v. E. Dean, Boston 1965, S. 114.)

[50] R. A. Mundell, Monetary Theory, Pacific Palisades 1971; deutsche Übersetzung: Geld- und Währungstheorie, München 1976; M. J. Bailey, National Income and the Price Level, 2. Aufl., New York 1971.

[51] Im folgenden wollen wir annehmen, daß das in der „Austausch-Tätigkeit" der Wirtschaft eingesetzte Kapital von geringerer Bedeutung ist, so daß wir es in unseren Überlegungen vernachlässigen können. Mit dieser Vorgehensweise nehmen wir Bezug auf eine neuere empirische Untersuchung von Sinai und Stokes, in der diese gezeigt haben, daß sich die Existenz des Geldes in einer Cobb-Douglas Produktionsfunktion als äußerst arbeitssparend auswirkt. A. Sinai und H. H. Stokes, Real Money Balances: An Omitted Variable from the Production Function, in: Review of Economics and Statistics, LIV (1972), S. 290–296.

Der Outputeffekt des Geldes kann nun wie folgt quantifiziert werden. (i) Der Übergang von einer Tauschwirtschaft zu einer Geldwirtschaft führt zu einem „Mengensprung" von y, weil die Handelstätigkeit in einer Geldwirtschaft erheblich weniger N^t erfordert, so daß diese freiwerdenden Ressourcen entsprechend Gleichung (8) für den Produktionsbereich verfügbar sind. (ii) In einer Geldwirtschaft setzt ein Anstieg der Realkasse (m) zusätzliche Arbeit für die Verwendung im Produktionsbereich frei:

$$N^t = N^t(m), \text{ wobei } \frac{\partial N^t}{\partial m} \leqq 0 \tag{9}$$

so daß entsprechend Gleichung (8) gilt

$$N^p = N^p(m), \text{ wobei } \frac{\partial N^p}{\partial m} \geqq 0. \tag{10}$$

Wenn wir, unter Berücksichtigung von Gleichung (10), y (Gleichung (7)) nach m ableiten, erhalten wir einen Ausdruck, den wir die „Grenzproduktivität des Geldes" nennen können:

$$\frac{\mathrm{d}y}{\mathrm{d}m} = \frac{\partial y}{\partial N^p} \frac{\partial N^p}{\partial m}. \tag{11}$$

Es handelt sich um eine abgeleitete, „indirekte" Produktivität: Eine Änderung der realen Geldmenge beeinflußt die Menge der im Produktionsbereich eingesetzten realen Ressourcen (Arbeit), und erst diese Änderung führt zu einer Outputänderung.

Im oberen rechten Quadranten der Abb. 16 ist der Outputeffekt des Geldes dargestellt. Er ergibt sich aus der Produktionsfunktion (7) – diese ist im oberen linken Quadranten dargestellt, und zwar als die traditionelle Beziehung relativ abnehmender Grenzerträge – und der „Transformationsfunktion" (10), dargestellt im unteren linken Quadranten. (i) Für den – hypothetischen – Fall von $m = 0$ beträgt die für den Produktionsbereich benötigte Menge an Arbeit $\hat{N}^p$, die einen Output von $\hat{y}$ erzeugt. Dieser Wert beinhaltet schon den beim Übergang der Tauschwirtschaft zur Geldwirtschaft erfolgten „Mengensprung" in bezug auf die für den Produktionsbereich verfügbare Menge des Faktors Arbeit. (ii) Ein Anstieg der realen Geldmenge von $m = 0$ zu m_1 erhöht den Inputfaktor Arbeit im Produktionsbereich von $\hat{N}^p$ auf N_1^p und erzeugte dadurch einen Zuwachs an realem Output in Höhe der Differenz von y_1 und $\hat{y}$.

Das Hauptproblem in bezug auf die Produktivität des Geldes und auf deren Grenzwert (11) besteht darin, die genaue Form der Substitutionsfunktion (9) festzustellen, aus der sich dann die Transformationsfunktion (10) ergibt. Der untere linke Quadrant der Abb. 16 zeigt zwei alternative Beziehungen: die einfachste, eine lineare Beziehung, ist dargestellt durch

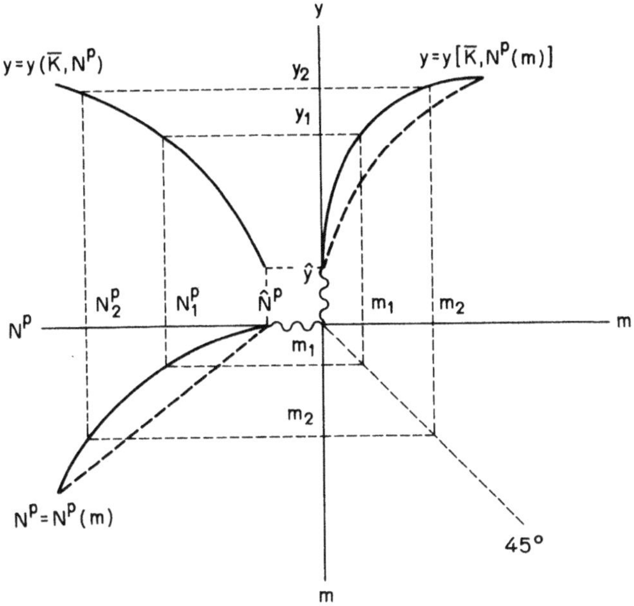

Abb. 16

die gestrichelte Gerade, die der gestrichelten Geldproduktivitätskurve im oberen rechten Quadranten entspricht.

Technologisch subtiler ist die nichtlineare Beziehung, nach der einem Anstieg der Realkasse abnehmende Einsparungen des Faktors Arbeit entsprechen, so daß der Produktivitätsgewinn einer höheren realen Geldmenge dann besonders groß ist, wenn die Erhöhung bei einem verhältnismäßig niedrigen Niveau der Realkasse stattfindet.

Da wir Geld nur in seiner Funktion als Zahlungsmittel behandeln, ist die Produktivität des Geldes hier nur als die Produktivität der Transaktions- und Vorsichtskasse zu verstehen. Die Produktivität der Transaktionskasse ergibt sich aus geringeren Anstrengungen zur Synchronisation der laufenden Einnahmen und Ausgaben; die Produktivität der Vorsichtskasse resultiert daraus, daß anderenfalls ein gewisser Betrag an „müßiger Kasse" („idle labor") benötigt würde, um gegen unvorhersehbare Veränderungen künftiger Transaktionen gesichert zu sein.

Welche Grenzentscheidungen treffen nun die Individuen in bezug auf ihre Geldhaltung (vom Typ M_1)? Bei der üblichen Betrachtungsweise des Vergleichs von Erträgen und Kosten der Geldhaltung wollen wir uns zunächst dem ersten Element zuwenden. Ein Individuum, das sich dazu enschließt, seine Geldhaltung um Δm zu erhöhen, erhält einen Gewinn in Form geringerer Mühen für den Kauf und Verkauf von Wertpapieren; es hat somit mehr Zeit zur Verfügung, die es entweder für Freizeit oder Arbeit nutzen kann. Wenn das Individuum sich entschließt, diese freie Zeit der Arbeit zu widmen, dann wird es für sein ΔN^p ein zusätzliches Einkommen von $w \cdot \Delta N^p$ verdienen, wobei w den realen Lohnsatz darstellt. Diese Entscheidung wird das Individuum auf der marginalen Basis des Muße-Arbeit-Kalküls treffen, gemäß der es nur dann arbeiten wird, wenn der Nutzen einer zusätzlichen Einkommenseinheit größer ist als der Nutzen einer zusätzlichen Einheit an Freizeit. Für den Fall, daß es ein Mehr an Freizeit einem Mehr an Einkommen vorzieht, muß der Ertrag des Geldes in Nutzeneinheiten ausgedrückt werden.

Nehmen wir jedoch an, daß das Individuum es vorzieht, das zusätzliche Einkommen $w \cdot \Delta N^p$ zu verdienen, das es bei einer Erhöhung seiner Kassenhaltung um Δm erhalten kann. Diese Entscheidung wird jedoch auch noch von den Kosten von Δm abhängen, die als Opportunitätskosten zu verstehen sind und dem Ertrag entsprechen, den das Individuum erzielen kann, wenn es seine Mittel anders als in zinslosen Kassenbeständen anlegt. Wenn der Zinssatz für diese anderen Anlageformen gleich j ist, dann ergeben sich die Kosten von Δm als $j \cdot \Delta m$. Entsprechend diesem Kalkül wird unser Individuum seine Kassenhaltung so lange erhöhen, wie $w \cdot \Delta N^p > j \cdot \Delta m$. Die von ihm gewünschte Höhe der Kassenhaltung wird dann erreicht sein, wenn der Grenzertrag den Grenzkosten der Kassenhaltung entspricht, d. h. wenn gilt:

$$w \frac{\Delta N^p}{\Delta m} = j . \tag{12}$$

Da w gleich der Grenzproduktivität der Arbeit $(\partial y / \partial N^p)$ ist, entspricht der linke Ausdruck in Gleichung (12) der Gleichung (11): Die Geldhaltung hat dort ihre optimale Höhe, wo ihre indirekte Grenzproduktivität gleich dem Zinssatz ist.

Im Hinblick auf die Geldnachfragefunktion liefert uns die obige Analyse ein wichtiges Ergebnis; dieses Ergebnis betrifft den realen Lohnsatz, der nun eine zusätzliche Variable der Geldnachfrage ist. Ein höherer realer Lohnsatz w erhöht die Ertragskomponente der Geldhaltung, d. h. die Grenzproduktivität des Geldes, so daß die Nachfrage nach Realkasse eine steigende Funktion von w sein wird. In Wirtschaften, in denen der reale Lohnsatz sehr hoch ist, werden die realen Kassenbestände also ebenfalls ein im Verhältnis zum Einkommen hohes Niveau haben – diese Schlußfolgerung muß natürlich empirisch überprüft werden.

Kapitel V

Die Portfolioanalyse der Geldnachfrage

1. Die Spekulationskasse auf der Basis des Vorsichtsmotivs. – 2. Das formale Modell der Portfoliowahl: a. Die Ertrags-Risikobeziehung des Portfolios; b. Die optimale Portfoliowahl; c. Die Nachfragefunktion nach Spekulationskasse vom Typ M_2. – 3. Die Portfoliowahl unter Berücksichtigung einer Mehrperiodeninvestierung und der Transaktionskosten. – 4. Die Liquiditäts- und Ertragsstruktur der Aktiva: a. Die Geldnachfrage im Sinne von „Liquiditätsdifferentialpräferenzen"; b. Die Determinanten der Zinsstruktur; c. Menschliche Aktiva und unterschiedliche Gesamtertragssätze der Aktiva. – 5. Die Kapitaltheorie der Geldnachfrage. – 6. Kurz- und langfristige Geldnachfrage: a. Der Bestandsanpassungsprozeß der Geldnachfrage; b. Die permanente Einkommenshypothese der Geldnachfrage.

Einem großen Teil der mikroökonomischen Theorie liegen Annahmen über das optimale Verhalten der Wirtschaftssubjekte zugrunde (etwa die Nutzenmaximierung bei den Konsumenten und die Gewinnmaximierung bei den Produzenten), die zusätzlich noch durch „idealtypische" Bedingungen ergänzt werden wie z. B. die der vollständigen Voraussicht, der vollkommenen Märkte oder der Abwesenheit von Transaktionskosten. In den letzten dreißig Jahren sind Anstrengungen unternommen worden, das Problem der optimalen Wahlakte in Situationen zu untersuchen, die nicht mehr durch diese „Vollkommenheiten" gekennzeichnet sind, sondern die unvollkommene Märkte, Transaktionskosten bzw. andere Arten von „Friktionen" und Unsicherheiten bezüglich zukünftiger Ereignisse einschließen. Modelle und theoretische Werkzeuge sind für diesen „neuen" Aspekt der mikroökonomischen Theorie entwickelt worden, von denen vor allem die (mikroökonomische) Geldtheorie profitiert hat.

Die Geldhaltung ist vornehmlich ein Resultat der Unsicherheit. Die Bestimmung ihrer optimalen Höhe läßt sich nicht mit Hilfe der traditionellen Theorie der Nachfrage nach einem Gut durchführen. An ihre Stelle tritt vielmehr die sog. Portfolioanalyse, die eine Theorie der Nachfrage nach einem Aktivum in der Situation der unvollständigen Voraussicht ist. Die optimale Haltung eines Aktivums (z. B. Geld) ergibt sich aus der Analyse der optimalen Zusammensetzung der Aktiva (inklusive Geld) und Passiva (!), die sich im „Portfolio" eines Wirtschaftssubjektes befinden [1].

Diese Betrachtungsweise der Bestimmung der Geldnachfrage bricht mit der traditionellen Theorie der Geldnachfrage insofern, als in der modernen Theorie die Grundlagen für die Bestimmung der Geldnachfrage dieselben sind wie die für die Bestimmung irgendeines anderen Finanz- oder Sachaktivums. Unter diesem Aspekt existiert ein einheitliches theoretisches Gerüst und nicht eine „Dichotomie" zwischen der Theorie der Geldnachfrage und der Theorie der Nachfrage nach anderen Aktiva.

Den Anstoß zu dieser „modernen" Betrachtungsweise gab Keynes mit seiner Analyse der „eigentlichen oder reinen Liquiditätsvorliebe" [2], d. h. der Nachfrage nach Spekulationskasse. Mit der Bestimmung der Transaktionskasse blieb er zwar noch seiner Erziehung in Cambridge treu, denn die Transaktionskasse ist bei ihm eher eine „technische" als eine „voluntaristische" Größe. Mit der Spekulationskasse, die das Geld in seiner Eigenschaft als Wertaufbewahrungsmittel anspricht und die als alternative Wertanlage zu den Wertpapierbeständen anzusehen ist, begründete er jedoch die Portfolioanalyse der Geldnachfrage.

Diese hat heute einen rigorosen Stand erreicht. (1) Einerseits basiert die Spekulationskasse nicht so sehr auf dem Spekulationsmotiv, sondern vor allem auf dem Vorsichtsmotiv, wonach das Wirtschaftssubjekt angesichts der Unsicherheit der zukünftigen Preise „nicht alle Eier in einen Korb legt"; ihr Nutzen leitet sich aus der Wertsicherheit ab, die das Geld (im Regelfalle) im Vergleich zu anderen Vermögensobjekten gewährt; dieser Nutzen der Wertsicherheit kommt zu dem Nutzen der Zahlungssicherheit hinzu, da jede Einheit an Kassenhaltung Zahlungs- und Wertaufbewahrungsmittel ist und damit verschiedene Dienste gleichzeitig leistet. (2) Andererseits hebt sich die moderne Portfolioanalyse vom ursprünglichen Keynesschen Modell insofern ab, als sie die Wahl Geldhaltung–langfristige Wertpapierhaltung (Konsols) auf eine Vielfalt von Wahlmöglichkeiten ausdehnt, indem sie alle anderen Finanzaktiva und selbst die Sachaktiva als Alternativen zur Geldhaltung mitberücksichtigt. (3) Ein Son-

[1] Viele moderne Theoretiker gehen sogar so weit, die Geldtheorie zu einem erheblichen Teil mit der Portfolioanalyse des Geldes zu identifizieren. Siehe hierzu z. B. den Tätigkeitsbericht der Cowles Foundation aus dem Jahre 1968: Report of Research Activities July 1, 1964–June 30, 1967, Cowles Foundation for Research in Economics at Yale University, New Haven (Connecticut) 1968, S. 24–34.

Diese Behauptung läßt sich dann vertreten, wenn es sich hierbei um die mikroökonomische Geldtheorie handelt. Die Portfolioanalyse kann sich nämlich auf das Portfolio verschiedener Kategorien von Wirtschaftssubjekten beziehen: Haushalte, Unternehmungen, Finanzinstitute. Eine solche Analyse zielt nicht nur auf die Bestimmung der Geldnachfrage seitens der verschiedenen Wirtschaftssubjekte ab, sondern sie umfaßt, was die Portfolioanalyse für die Finanzinstitute angeht, auch die Bestimmung des Geldangebotes; siehe hierzu weiter unten Kap. VI.

[2] G. Haberler, Prosperität und Depression, 2. erw. Aufl., Tübingen und Zürich 1955, S. 203.

derproblem der Portfoliowahl ist die Länge der Periode, für die die Portfolioentscheidung getroffen wird. (4) Die Portfolioanalyse zielt auf die Bestimmung der optimalen Bestände an Vermögensobjekten (inklusive Geld) ab. Ihre optimale Zusammensetzung wird durch das Abwägen zwischen den Liquiditätsvorteilen (Grad der Zahlungssicherheit und der Wertsicherheit, Ersparnis an Transaktionskosten) der einzelnen Aktiva und ihren pekuniären Ertragsvorteilen bestimmt. (5) Diese Art der Portfolioanalyse der Geldnachfrage kann auch als eine Kapitaltheorie der Geldnachfrage interpretiert werden.

(6) Eine andere analytische Aufteilung der Geldnachfrage als die in Transaktions-, Vorsichtskasse und Spekulationskasse ist die der Aufteilung in die kurzfristige und langfristige Geldnachfrage.

1. Die Spekulationskasse auf der Basis des Vorsichtsmotivs

Warum sollte ein Wirtschaftssubjekt zinslose Finanzaktiva (d. h. Geld) halten, wenn es doch bei Haltung anderer Finanzaktiva einen Zins erhält? Dieses dem Anschein nach nicht gerade gewinnträchtige, auf den ersten Blick sogar irrationale Verhalten der Wirtschaftssubjekte bei der Konstituierung ihrer Kassenhaltung wird erst dann plausibel (und rational), wenn das Geld nicht unter seinem Aspekt der Zinslosigkeit, sondern unter dem Aspekt der *Sicherheit* und der *Ersparnis an Transaktionskosten* betrachtet wird. Das Geld ist ein „sicheres" Aktivum, und alle anderen Aktiva sind (mehr oder weniger) „unsichere" Aktiva; unsere folgenden Überlegungen gründen sich auf der Annahme eines konstanten allgemeinen Preisniveaus (die jedoch später aufgehoben werden wird). Bei der Geldhaltung (vom Typ M_1) fallen keine Transaktionskosten an, während die Haltung anderer Aktiva Transaktionskosten verursacht. Das einzelne Wirtschaftssubjekt hält in seinem Portfolio u. a. Geld, weil dieses im Gegensatz zu den anderen Aktiva Sicherheit verbürgt und Transaktionskosten erspart. Je nach dem Sicherheitsbedürfnis – die einen sind vorsichtiger als die anderen, die einen bewerten das Vorsichtsmotiv der Geldhaltung stärker als die anderen – und je nach der Höhe der Transaktionskosten der Haltung nichtmonetärer Aktiva wird ceteris paribus der Anteil der Geldhaltung am Portfoliobestand größer oder kleiner sein.

In unseren Ausführungen über die Geldnachfrage haben wir schon eine Kategorie von Sicherheit kennengelernt, für die Geld gehalten wird: die Zahlungssicherheit. Aufgrund der unvollständigen Synchronisation der Einnahmen und Ausgaben und der Ungewißheit ihres zeitlichen

Verlaufs stiften das Geld vom Typ M_2 (Terminguthaben) den Nutzen der Zahlungssicherheit. Beim Nutzen der Geldhaltung vom Typ M_1 kommt noch die Ausgabenersparnis von Transaktionskosten hinzu, die das Geld im Vergleich zu den anderen mobilisierbaren Wertpapieren (unter dem Aspekt der Zahlungsmittelnähe) zu dem liquidesten Aktivum macht.

Sobald die Annahme der perfekten Kenntnis der zukünftigen Preise aufgehoben wird, tritt die zweite Kategorie von Sicherheit auf den Plan, welche die Geldhaltung im Vergleich zu vielen anderen Aktiva auszeichnet: die der Wertsicherheit. Um die Analyse nicht zu kompliziert zu gestalten, soll zunächst nur die Ungewißheit der zukünftigen Preise der Finanzaktiva, d. h. die Ungewißheit der zukünftigen Zinssätze, berücksichtigt werden [3].

Wie wir wissen, wird mit der Wertsicherheit des Geldes seine Eigenschaft als Wertaufbewahrungsmittel angesprochen. Zwar können auch andere Finanzaktiva als Vermögensanlage benutzt werden, so daß aufgrund dieses Tatbestandes allein der Geldhaltung kein besonderer Nutzen zugeschrieben werden kann. Andere Finanzaktiva können diese Funktion sogar rentabler erfüllen, da sie einen Zins abwerfen. Aufgrund der Ungewißheit ihrer zukünftigen Preise sind sie aber keine verläßlichen, preisstabilen Wertaufbewahrungsmittel, während dagegen das Geld einen sicheren Wertspeicher darstellt.

Würde keine Ungewißheit der zukünftigen Zinssätze existieren, dann würde das Problem der Wertsicherheit gar nicht auftauchen, und unter *diesem* Aspekt (d. h. dem Aspekt der Wertsicherheit) gäbe es weder einen Geldnutzen noch käme es zu einer Geldhaltung. Das Portfolio eines Individuums würde aus einem einzigen Aktivum bestehen (bei Vernachlässigung des Problems der Transaktionskosten), und zwar dem, welches den höchsten pekuniären Ertrag abwirft [4].

---

[3] Nur am Rande sei der Unterschied zwischen der Ungewißheit der zukünftigen Preise und der „Ungewißheit der gegenwärtigen Preise“ erwähnt. Letztere ist ein Ausdruck unvollkommener Märkte, denn es existiert eine unvollständige „Preistransparenz“. Diese ist ein Problem der Informationskosten und bezieht sich in unserer Analyse auf den Mobilisierbarkeitsgrad der Aktiva.

[4] Sobald aber Friktionen im Sinne von Transaktionskosten beim Kauf und Verkauf der Finanzaktiva berücksichtigt werden (Informationskosten, Transformationskosten; siehe Fußnote 25 auf S. 52), kann es zu der Haltung eines Wertpapiers mit einem geringeren Ertragssatz bzw. zu der Haltung von Geld kommen.

„Heute“ soll das Wertpapier *A* den höchsten Ertrag bringen, während „morgen“ das Wertpapier *B* den höchsten Ertrag abwirft. Das Individuum müßte also „morgen“ aus der Anlage *A* in die Anlage *B* umsteigen. Zwei Fälle (unter vielen anderen denkbaren Fällen) sollen genannt werden, in denen das Wirtschaftssubjekt nicht die Anlage mit dem höchsten Ertrag wählt.

(1) Übersteigen die Transaktionskosten (Kauf von *A*) den Zinsgewinn aus *A*, so wird es „heute“ nicht zu einer Anlage in *A*, sondern zu einer Anlage in Geld kommen.

Paradoxerweise führt eine strikte Analyse des Keynesschen Spekulationsmotivs zu einem ähnlichen Ergebnis: das Keynessche Individuum hält in seinem Portfolio entweder nur Geld oder nur Konsols![5] (Keynes unterstellt bekanntlich – „der Einfachheit halber“ – die Existenz von einem einzigen zinsbringenden Wertpapier, das ein Rentenpapier mit unendlicher Laufzeit ist.) Wenn auch seine Allgemeine Theorie eine ganze Reihe von Begründungen für das Halten von Spekulationsgeldern liefert, so stehen im Mittelpunkt seiner Erklärungen zweifellos 1. die Vorstellung, die das einzelne Individuum von dem „normalen“ Zinssatz hat, und 2. die unterschiedlichen Erwartungen der einzelnen Individuen hinsichtlich der zukünftigen Entwicklung des Zinssatzes[6].

1. Für den einzelnen ist bei der Konstituierung einer Spekulationskasse die Maximierung des (pekuniären) Ertrages aus dem Portfoliobestand (Geld und Konsols) ausschlaggebend. Der Ertrag setzt sich aus den Zinsen der Konsols und der Veränderung des Kapitalwertes der Konsols zusammen. Das Individuum wird so lange Konsols halten, als der Gesamtertrag aus den Konsols größer als Null ist. Existiert dagegen ein Kapitalverlust, der zudem die Zinszahlung übersteigt, kommt es zu einer Umwandlung der Konsols in Geld. Die Entscheidung Wertpapierhaltung oder Geldhaltung hängt also von der Veränderung des Kapitalwertes ab. Diese Veränderung, sei es im Sinne eines Kapitalgewinnes oder im Sinne eines Kapitalverlustes, ist keineswegs eine Größe, die wie im Falle der Zinszahlung im voraus bekannt ist. Sie beruht vielmehr auf den Erwartungen hinsichtlich des zukünftigen Zinssatzes der Konsols. Der erwartete zukünftige

---

(2) Liegen die Transaktionskosten (Kauf von *A*) unter dem Zinsgewinn aus *A*, und übersteigen die Transaktionskosten (Verkauf von *A*, Kauf von *B*) den zusätzlichen Gewinn aus *B*, so wird es „morgen“ nicht zu einer Anlage in *B* kommen.

Die Existenz von Transaktionskosten erklärt zu einem großen Teil die relative „Trägheit“ bzw. Immobilität von Vermögensbeständen, da das „tägliche“ Umsteigen von einer Anlage in eine andere Anlage mit Transaktionskosten verbunden ist. Siehe hierzu J. Tobin, The Theory of Portfolio Selection, in: The Theory of Interest Rates, hrsg. v. F. H. Hahn und F. P. R. Brechling, London und New York 1965, S. 4–5.

Auf das Problem der mit der Portfoliowahl verbundenen Transaktionskosten werden wir später noch näher zurückkommen. Sehen wir aber einmal von den Transaktionskosten ab, so ist es interessant, die gesamtwirtschaftlichen Folgen der Portfoliowahl (Haltung des Finanzaktivums mit dem höchsten Ertragssatz) durchzudenken. Alle Wirtschaftssubjekte werden das Wertpapier nachfragen, welches den höchsten Zinssatz abwirft. Da alle Finanzaktiva schließlich von irgend jemand gehalten werden müssen, kommt es zu einer Angleichung der unterschiedlichen Ertragssätze bei einem einzigen, einheitlichen Ertragssatz, der zudem gleich dem Ertragssatz der Sachaktiva ist (z.B. gleich der Grenzproduktivität des Kapitalbestandes).

[5] J. Tobin, Liquidity Preference as Behavior towards Risk, in: Review of Economic Studies, XXV (1958); abgedruckt in: Readings in Macroeconomics, a.a.O., S. 175–178 und F. A. Lutz, Zinstheorie, 2. erw. Aufl., Tübingen und Zürich 1967, S. 200–207.

[6] J. M. Keynes [1936], S. 168–172 und 201–203; deutsche Übersetzung, S. 141–145 und 169–170.

Zinssatz ist für Keynes eine Funktion des üblichen, normalen Zinssatzes. Ist z. B. der gegenwärtige Zinssatz im Vergleich zum „normalen“ Zinssatz relativ hoch, dann erwartet das Individuum ein Sinken des zukünftigen Zinses und damit eine Zunahme des Kapitalwertes der Konsols. Dementsprechend wird es sein gesamtes finanzielles Vermögen in Konsols investieren. Erwartet der einzelne dagegen einen die Zinszahlungen übersteigenden Kapitalverlust, da sich der gegenwärtige Zinssatz im Vergleich zum „normalen“ Zinssatz auf einem sehr niedrigen Niveau befindet, so daß er eine beträchtliche Steigerung des zukünftigen Zinssatzes erwartet, wird er seine Finanzaktiva ausschließlich in Geld, der sog. Spekulationskasse, investieren. Das Keynessche Individuum vollzieht bei der Selektion des Portfolios somit eine „Alles-oder-Nichts-Wahl“: Je nach seinen festbestimmten Erwartungen über die Variation des zukünftigen Kapitalwertes der Konsols, die von der Divergenz zwischen dem gegenwärtigen Zinssatz und des von ihm erwarteten zukünftigen Zinssatz bestimmt wird (wobei letzterer von seiner Vorstellung über den „normalen“ Zinssatz abhängt), kommt es zu einer Anlage seines gesamten Portfolios entweder in Konsols

[7] Eine Geldeinheit, die am Anfang einer Einheitsperiode im Zeitpunkt t_0 in (neu emittierten) Konsols zum Zinssatz R_0 angelegt wird, wirft am Ende der Periode, dem Zeitpunkt t_1, den Zinssatz R_0 und die prozentuale Kapitalwertveränderung von R_0/R_1-1 ab. R_1 ist der für t_1 erwartete Zinssatz. Der Quotient R_0/R_1 bezeichnet das Verhältnis zwischen dem Konsolpreis im Zeitpunkt t_1 (C/R_1) und dem Konsolpreis im Zeitpunkt t_0 (C/R_0); C steht für die (unveränderlichen) Couponzahlungen. Ist der Ausdruck R_0/R_1-1 positiv, dann handelt es sich um einen Kapitalgewinnsatz; ist er negativ, dann bedeutet er einen Kapitalverlustsatz.

Es kommt immer dann zu einer Anlage des gesamten finanziellen Vermögens in Geld, wenn

$$R_0+R_0/R_1-1 \leqq 0.$$

Bei dieser Wahl ist die Differenz zwischen R_0 und R_1 ausschlaggebend. Die Erwartung über R_1 hängt von der individuellen Vorstellung über den „normalen“ Zinssatz und vom Unterschied zwischen dem „normalen“ Zinssatz und dem gegenwärtigen Zinssatz R_0 ab.

Jenen (gegenwärtigen) Zinssatz, bei dem $R_0+R_0/R_1-1=0$ [bzw. $R_0=1-R_0/R_1$ oder $R_0=R_1/(1+R_1)$] ist, haben wir „kritischen“ Zinssatz genannt.

Folgende Modifikationen können in diesem „Keynes-Modell“ durchgeführt werden.

(1) Die Erwartungen über R_1 sind vom Niveau des gegenwärtigen Zinssatzes R_0 nicht unabhängig, sondern der erwartete Wert von R_1 kann als eine Funktion von R_0 angesehen werden: $R_1=E(R_0)$. Die obige Formel muß dann wie folgt modifiziert werden:

$$R_0+R_0/E(R_0)-1 \leqq 0.$$

Vgl. J. Tobin [1958], S. 176.

[Die Funktion $R_1=E(R_0)$ muß in der Weise interpretiert werden, daß die Elastizität der Zinserwartungen, d. i. die Elastizität des zukünftigen Zinssatzes in bezug auf den gegenwärtigen Zinssatz $[d(R_1/R_0)R_0/R_1]$ einen Wert kleiner als Eins annimmt. Eine solche Aussage über die Elastizitätsgröße impliziert die Vorstellung einer „normalen“ Zinshöhe; ferner muß als Ausgangslage für die Veränderung des aktuellen Zinssatzes die „normale“ Zinshöhe gewählt werden.]

(2) Die Portfoliowahl: entweder nur Geldhaltung, wenn $R_0+R_0/E(R_0)-1 \leqq 0$ oder nur Wertpapierhaltung, sofern $R_0+R_0/E(R_0)-1 \geqq 0$, bleibt in ihren Grundzü-

oder in Geld. Die Beziehung zwischen der *individuellen* Nachfrage nach Spekulationskasse (bzw. nach Konsols) und dem (gegenwärtigen) Zinssatz ist demnach keine stetige Funktion. Ein geringerer Zinssatz führt z. B. nicht zu einem Mehr an Geldhaltung. Vielmehr existiert für den einzelnen ein bestimmter (gegenwärtiger) „kritischer Zinssatz", bei dem er den erwarteten Gesamtertrag aus Konsols gleich Null beurteilt; bei diesem Zinssatz ist er in seiner Portfoliowahl indifferent. Bei allen (gegenwärtigen) Zinssätzen, die über diesem kritischen Zinssatz liegen, erwartet er einen positiven Gesamtertrag aus den Konsols, und er wird sein gesamtes Finanzvermögen in Wertpapieren anlegen, denn je höher der gegenwärtige Zinssatz im Vergleich zum kritischen Zinssatz ist, desto stärker wird der erwartete zukünftige Zinssatz sinken, d. h. desto größer wird der erwartete Kapitalgewinn sein. Umgekehrt wird bei allen Zinssätzen, die geringer als der kritische Zinssatz sind, statt Konsols nur Geld nachgefragt werden [7].

2. Wie kommt es nun bei Keynes zu der allen Ökonomen vertrauten kontinuierlich verlaufenden Kurve der Liquiditätsvorliebe, welche die Nachfrage nach Spekulationskasse als eine abnehmende Funktion des

---

gen auch dann gültig, wenn die Transformationskosten, die beim Kauf oder Verkauf der Wertpapiere anfallen, berücksichtigt werden. (Unterstellt werden vollständig mobilisierbare Wertpapiere, so daß die Transaktionskosten nur aus den sog. Transformationskosten bestehen.)

Diese Kosten setzen sich aus einem fixen und variablen Kostenbestandteil zusammen; siehe Fußnote 35 auf S. 124. Die Fixkosten mögen $\bar{K}$ betragen. Die variablen Kosten sollen in einem proportionalen Verhältnis (k) zum Kauf- bzw. Verkaufsvolumen (V) der Wertpapiere stehen; sie betragen folglich je nach der Höhe des Volumens kV.

Bei der „Alles-oder-Nichts-Wahl" der Portfolioentscheidung sind zwei Fälle zu unterscheiden. Vgl. hierzu F. A. Lutz [1967], S. 205–206.

(a) Zu Beginn der Periode soll das Portfolio eines Wirtschaftssubjektes aus Geld bestehen. Ist der Gesamtertrag aus Konsols positiv, ist dieser aber geringer als die Kosten der Transformation Kasse–Wertpapiere, dann wird das Individuum weiterhin Kasse halten, d. h. wenn:

$$[R_0 + R_0/E(R_0) - 1]V - (\bar{K} + kV) \leqq 0.$$

Diese Formel macht deutlich, daß es bei der Portfoliowahl jetzt nicht mehr auf den Ertrags*satz,* sondern auf den (absoluten) Gesamtertrag ankommt. Aufgrund des fixen Kostenbestandteiles kommt es bei einem großen Vermögensbetrag V eher zu einer Wertpapierhaltung als bei einem kleinen Vermögensbetrag.

(b) Zu Beginn der Periode soll das Portfolio aus Konsols bestehen. Es versteht sich von selbst, daß das Wirtschaftssubjekt sein Portfolio nicht verändert, solange der Ertrag aus den Konsols positiv bleibt. Wird dagegen ein negativer Ertrag erwartet, dann steigt der einzelne erst aus der Wertpapierhaltung in die Geldhaltung um, wenn der erwartete Verlust (Kapitalverlust minus Zinsertrag) größer ist als die mit der Umwandlung Wertpapierhaltung–Geldhaltung verbundenen Kosten, d. h. wenn:

$$[R_0 + R_0/E(R_0) - 1]V \leqq -(\bar{K} + kV).$$

Auch hier erfolgt aufgrund des fixen Kostenbestandteils ein Umsteigen der Wertpapieranlage in die Geldanlage um so eher, je größer das finanzielle Vermögen des Wirtschaftssubjektes ist.

Zinssatzes beschreibt? Diese funktionale Beziehung gilt nicht für das einzelne Individuum, sondern nur für die gesamte Wirtschaft. Die einzelnen Wirtschaftssubjekte haben untereinander unterschiedliche Erwartungen hinsichtlich der Entwicklung des zukünftigen Zinssatzes. Die einen erwarten bei einem bestimmten gegenwärtigen Zinssatz eine Zunahme des zukünftigen Zinssatzes (und damit einen Kapitalverlust), während andere eine Abnahme des zukünftigen Zinssatzes (und damit einen Kapitalgewinn) erwarten; die einen werden dementsprechend nur Geld halten, während die anderen nur Wertpapiere nachfragen. Je geringer der gegenwärtige Zinssatz ist, desto größer wird die Zahl der „Pessimisten", für die der „normale" Zinssatz höher liegt als der gegenwärtige Zinssatz und die folglich eine Zunahme des zukünftigen Zinssatzes erwarten; um den erwarteten Kapitalverlust zu vermeiden, werden sie ihren gesamten Bestand an Konsols in Geld umwechseln. Die gesamtwirtschaftliche zum Zins invers verlaufende Nachfragekurve resultiert bei Keynes somit aus „der Existenz einer Meinungsverschiedenheit" unter den Vermögensbesitzern „hinsichtlich dessen, was unsicher ist" [8].

Die Keynessche Begründung der individuellen Nachfrage nach Spekulationsgeldern beruht somit auf einem ganz speziellen Typ von Erwartungen: dem der *festbestimmten* (oder „unelastischen") Erwartungen hinsichtlich des Niveaus des zukünftigen Zinssatzes; und diese Erwartungen werden mit Sicherheit (!) gehalten – das Problem, daß diese Erwartungen unsicher, mit einem Risiko behaftet sind, taucht überhaupt nicht auf –, so daß es zu der „Alles-oder-Nichts-Wahl" kommt [9]. Eine inverse Beziehung zwischen der Nachfrage nach Spekulationskasse und dem Zinssatz existiert nur für die gesamtwirtschaftliche Nachfrage nach Spekulationsgeldern, da die einzelnen Wirtschaftssubjekte voneinander unterschiedliche festbestimmte Erwartungen haben.

Wie vollzieht sich jedoch die Portfoliowahl, wenn die Erwartungen des jeweiligen Wirtschaftssubjektes nicht mehr festbestimmt, sondern mehr-

---

[8] „Es ist interessant festzustellen, daß die Stabilität des Systems und seine Empfindlichkeit gegen Änderungen in der Geldmenge derartig von der Existenz einer Meinungs*verschiedenheit* hinsichtlich dessen, was unsicher ist, abhängig sein müssen."

["It is interesting that the stability of the system and its sensitiveness to changes in the quantity of money should be so dependent on the existence of a *variety* of opinion about what is uncertain."] J. M. Keynes [1936], S. 172; deutsche Übersetzung, S. 145.

[9] „Es ist . . . nicht so sehr die *Unsicherheit* hinsichtlich der zukünftigen Zinssätze, sondern die *Unelastizität* der Zinserwartungen, welche die Keynessche ‚Funktion der Liquiditätsvorliebe' erklärt . . ."

["It is . . . not so much the *uncertainty* concerning future interest rates as the *inelasticity* of interest expectations which is responsible for Mr. Keynes 'liquidity preference function' . . ."] N. Kaldor, Speculation and Economic Stability, in: Review of Economic Studies, VII (1939), S. 15.

Zum Begriff der festbestimmten Erwartungen siehe Fußnote 33 auf S. 121.

wertig und völlig unsicher sind? Dies ist eine Frage, die eine ganze Reihe von subtilen Studien ausgelöst hat [10]. Ihre formale Lösung, die im nächsten Abschnitt dieses Kapitels detailliert präsentiert wird, wird üblicherweise (in Ermangelung eines Besseren und mit vielen Vorbehalten) wie folgt vorgenommen. Bei einem bestimmten (gegenwärtigen) Zinssatz werden für die Zukunft verschieden hohe Zinssätze und damit verschieden hohe Ertragssätze der Wertpapiere erwartet. Diesen verschiedenen Erwartungen über den zukünftigen Ertrag werden Wahrscheinlichkeitswerte zugeordnet, die entweder aus der vergangenen Erfahrung als objektiv beobachtete Häufigkeiten gewonnen werden oder die rein subjektiv sind. Die Beziehung zwischen den verschieden hohen Erträgen und dem Wahrscheinlichkeitskoeffizienten, mit dem sie jeweils erwartet werden, bildet die Häufigkeitsverteilung. Der Mittelwert der Verteilung ergibt den Wert des durchschnittlichen erwarteten Ertrags (die sog. mathematische Erwartung), während die Streuung der möglichen Erwartungen um den durchschnittlichen Wert das mit der mathematischen Erwartung verbundene Risiko mißt (z. B. in Form der Standardabweichung) [11].

Sofern auch der kleinste von dem einzelnen als möglich erachtete Ertrag positiv bleibt, wird er sein gesamtes Vermögen in Wertpapieren anlegen [12] – ein Resultat, das identisch mit dem des Keynes-Modells ist. Das gleiche Ergebnis liegt vor, wenn auch negative Erträge als wahrscheinlich angesehen werden, die mathematische Erwartung jedoch positiv ist *und* der Standardabweichung überhaupt keine Beachtung bei der Portfoliowahl geschenkt wird: Das Individuum ist überhaupt nicht risikoempfindlich, es hat keine Aversion gegenüber dem Risiko, es ist „risikoneutral" [13].

Sobald jedoch eine *Risikoabneigung* vorhanden ist, bezieht der einzelne nicht nur den durchschnittlichen Ertrag, sondern auch das Risiko, das mit diesem Ertrag verbunden ist, in den Kalkül der Portfoliowahl ein, und es kommt jetzt sowohl zu einer Geldhaltung als auch gleichzeitig zu einer Wertpapierhaltung. Die Begründung lautet wie folgt: Während der Ertrag einen positiven Nutzen stiftet, schreibt man normalerweise (!) dem Risiko einen negativen Nutzen („disutility") zu. Die Wertpapierhaltung stiftet aufgrund des Tatbestandes, daß sie einen pekuniären Ertrag abwirft, einen

---

[10] Siehe u. a. die bahnbrechenden Abhandlungen von Markowitz und Tobin: H. Markowitz, Portfolio Selection. Efficient Diversification of Investments, New York und London 1959; J. Tobin [1958] und [1965]. Siehe ebenfalls E. F. Fama, Foundations of Finance, Oxford 1976.

[11] Zur Problematik dieser der Wahrscheinlichkeitsrechnung entnommenen Meßmethode siehe u. a. J. Hirshleifer, Investment Decision under Uncertainty–Choice-Theoretic Approaches, in: Quarterly Journal of Economics, LXXIX (1965) und S.-Ch. Kolm, Les choix financier et monétaire, Paris 1967.

[12] F. A. Lutz [1967], S. 208.

[13] J. Tobin [1965], S. 13 und 18.

Wir verwenden im folgenden die Begriffe „Risiko" und „Unsicherheit" synonym.

positiven (indirekten) Nutzen und gleichzeitig auch einen negativen Nutzen, da dieser Ertrag nicht mit Sicherheit anfällt und ein Verlust ebenfalls möglich ist. Hinzu kommt die (in der Theorie übliche) Hypothese eines abnehmenden Grenznutzens: Mit zunehmender Wertpapierhaltung sinkt der Grenznutzen des Ertrags; gleichzeitig steigt (absolut gesehen) der negative Grenznutzen des Risikos, mit dem der Ertrag erwartet wird, da dieses Risiko für den einzelnen immer stärker als ein Negativum ins Gewicht fällt, je mehr er in Wertpapieren investiert [14]. Das Wirtschaftssubjekt wird solange Teile seines Finanzvermögens in Wertpapieren anlegen, als der Grenznutzen des Ertrages größer ist als die „marginale Nutzeneinbuße" aufgrund des Risikos; sobald der „marginal disutility" des Risikos den Grenznutzen des Ertrages aus der Wertpapierhaltung übersteigt, wird es den Rest seines Vermögens in Geld investieren.

Unter der Annahme, daß die Wirtschaftssubjekte risikoempfindlich sind, werden sie ihr Finanzvermögen nicht mehr in einem einzigen finanziellen Aktivum anlegen, sondern in mehreren, d. h. im Falle der Existenz von Geld und einem Wertpapiertypus (Konsols), sowohl in Geld als auch in Konsols. Sinkt z. B. ceteris paribus der gegenwärtige Zinssatz, so liegt es (analog der Keynesschen Vorstellung) nahe, daß ein großer Teil der Wirtschaftssubjekte mit einer Abnahme des durchschnittlich erwarteten Ertragssatzes der Wertpapiere rechnen: Sie werden relativ mehr Geld und relativ weniger Wertpapiere halten; die individuelle Nachfrage nach Spekulationskasse ist somit (entgegen dem Keynes-Modell) eine abnehmende Funktion des Zinssatzes. Werden dagegen andererseits die Wirtschaftssubjekte weniger risikoscheu, haben sie also eine geringere Aversion gegenüber dem Risiko eines möglichen Verlustes, dann werden sie relativ mehr Wertpapiere und relativ weniger Geld nachfragen. Die ceteris paribus-Veränderung anderer Determinanten der Portfoliowahl ließe sich in diesem „Modell" ebenfalls „durchspielen", um zu erfahren, wie die Zusammensetzung des Portfolios hierauf „normalerweise" reagiert. Neben der Variation des durchschnittlichen Ertragssatzes (z. B. als Folge der Veränderung des gegenwärtigen Zinssatzes) und der Risikoabneigung kann eine Veränderung des Risikokoeffizienten (eine höhere Standardabweichung führt zu einer relativ größeren Kassenhaltung) oder der Nutzeneinschätzungen des Ertrags aus Wertpapieren (eine höhere Bewertung des Ertragsnutzens führt zu einer relativ größeren Wertpapierhaltung) eintreten.

Die Spekulationskasse wird (in der Regel) nicht gehalten, um maximale zukünftige Gewinne zu realisieren, wie es der Fall ist bei der Keynes-

[14] „Normalerweise ist ja der Mensch bereit, mit den ersten fünf Prozent seines Vermögens mehr zu riskieren als mit den zweiten usw. Man kann denselben Sachverhalt auch dadurch ausdrücken, daß man sagt, die Sicherheit des Geldes gewinne als ein Positivum um so mehr an Gewicht, je kleiner die Kassenhaltung als Folge der Investierung in Wertpapieren wird."
F. A. Lutz [1967], S. 208.

schen „Alles-oder-Nichts-Wahl", die auf festbestimmten Erwartungen beruht. Sie wird vielmehr gehalten, um die Gefahr eines möglichen Kapitalverlustes zu reduzieren. Die „Spekulations"-Kasse beruht somit letzten Endes auf einem Vorsichtsmotiv, d. h. auf dem Motiv, soweit wie möglich einen Kapitalverlust zu vermeiden, während das Spekulationsmotiv, das z. B. für die Interpretation der Keynesschen „Alles-oder-Nichts-Wahl" relevant ist, auf die Maximierung des Wertpapierertrages ohne Berücksichtigung des mit der Wertpapierhaltung verbundenen Risikos abzielt (die Individuen sind „risikoneutral").

Es ließe sich zwar sagen, daß die Zielsetzung der mittels der Geldhaltung bewerkstelligten Risikoreduzierung eines möglichen Kapitalverlustes gleichzeitig eine Maximierung des Wertpapierertrags impliziert. Doch diese Maximierung ist vielfach eine „vorsichtige Maximierung". Ein *risikoscheues* Individuum („risk-averter") wird den Anteil der Kassenhaltung an seinem gesamten Portfoliobestand nach der Maxime ausrichten, daß sich ein möglicher Kapitalverlust (und damit auch ein Kapitalgewinn) in engen Grenzen bewegt, so daß er relativ viel Geld hält. Auf der anderen Seite sind aber auch *Risikoliebhaber* („risk-lover") denkbar, die wegen der Chance eines hohen Kapitalgewinns, die aber mit der Wahrscheinlichkeit eines gleich hohen Kapitalverlustes verbunden ist, relativ wenig Geld halten und große Teile ihres Vermögens – wenn nicht sogar ihr gesamtes Vermögen – in Wertpapieren investieren, um einen hohen, aber mit bedeutenden Risiken verbundenen Kapitalgewinn (einen „Spekulationsgewinn") zu realisieren. Während der „risk-averter" zu der Kategorie von Individuen gehört, der seine Spekulationskasse auf der Basis des Vorsichtsmotivs ausrichtet, zählt der „risk-lover" zu der Gruppe von Spielernaturen, die in der Regel nur wenig (!) Geld halten, und dies aus Gründen des „eigentlichen" Spekulationsmotivs! [15]

2. Das formale Modell der Portfoliowahl

Das im folgenden zu behandelnde Modell der Portfoliowahl wird in drei Etappen analysiert: (a) Die „objektiven" Elemente der Portfoliowahl beziehen sich auf den durchschnittlichen Ertrag des Portfolios und auf das Risiko, mit dem dieser Ertrag verbunden ist. Beide Mittelwerte können aus der Wahrscheinlichkeitsrechnung gewonnen werden. (b) Die Konfrontation der „objektiven" Elemente der Portfoliowahl mit den „subjektiven" Elementen, die sich aus der individuellen Nutzenfunktion ableiten lassen und die sich auf den positiven Nutzen des Ertrags und den negativen Nut-

---

[15] Zum Begriff des „risk-averter" und „risk-lower" siehe J. Tobin [1958], S. 180–181 und [1965], S. 13–14.

zen des Risikos beziehen, bestimmt die Zusammensetzung des Portfolios und damit auch den Anteil der Geldhaltung am Gesamtvermögensbestand. (c) Schließlich wird die Frage untersucht, welche Wirkungen eine Einkommens-, Zins- und Preisveränderung auf die Portfoliozusammensetzung und damit auf die Geldhaltung hat [16].

a) Die Ertrags-Risikobeziehung des Portfolios

Gehen wir zunächst von der Annahme aus, daß das Portfolio aus *zwei risikobehafteten* Aktiva besteht, die *zinsbringende Finanzaktiva* sein mögen, w_1 und w_2. Der jeweilige Anteil der beiden Kategorien an Finanzaktiva, v_1 und v_2, am Gesamtportfolio $(w_1 + w_2)$ beträgt:

$$\frac{w_1}{w_1 + w_2} + \frac{w_2}{w_1 + w_2} = 1$$

$$v_1 \quad + \quad v_2 \quad = 1\,.$$

Für die Zukunft werden verschieden hohe Zinssätze und damit verschieden hohe Ertragssätze erwartet. Handelt es sich z. B. um festverzinsliche Wertpapiere, dann besteht der Ertragssatz (e) aus dem bekannten Zinssatz, den das festverzinsliche Wertpapier heute und in der Zukunft abwirft, und aus dem erwarteten Kapitalgewinn- oder -verlustsatz, den das Wertpapier aufgrund einer Erhöhung bzw. Verringerung seines zukünftigen Preises erzielen kann. Den verschiedenen Erwartungen über den zukünftigen Ertrag werden Wahrscheinlichkeitswerte zugeordnet, die entweder aus der vergangenen Erfahrung als objektiv beobachtete Häufigkeiten gewonnen werden oder die rein subjektiv sind. Die Beziehung zwischen den verschieden hohen Ertragssätzen (e_1) und dem Wahrscheinlichkeitskoeffizienten (n), mit dem sie jeweils erwartet werden, bildet die Häufigkeitsverteilung der Abb. 17, und zwar für das Wertpapier w_1. Der Mittelwert der Verteilung, $\bar{e}_1$, ergibt den Wert des durchschnittlich erwarteten Ertragssatzes (die sog. mathematische Erwartung), während die Streuung der möglichen Erwartungen um den durchschnittlichen Wert das mit der mathematischen Erwartung verbundene Risiko mißt, z. B. in Form der Standardabweichung s_1 [17].

[16] Die folgende Portfolioanalyse stützt sich hauptsächlich auf die Arbeiten von James Tobin, vor allem auf seinen Aufsatz The Theory of Portfolio Selection [1965].

[17] Der durchschnittlich erwartete Ertragssatz des Wertpapieres w_1 ($\bar{e}_1$) beträgt

$$\bar{e}_1 = \frac{1}{n} \sum_i n_i\, e_{1i}$$

und die Standardabweichung (s_1)

$$s_1 = \sqrt{\frac{1}{n} \sum_i n_i\, (e_{1i} - \bar{e}_1)^2}\,.$$

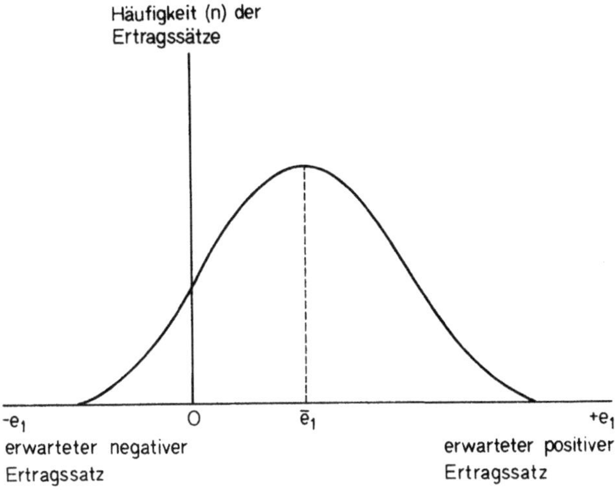

Abb. 17

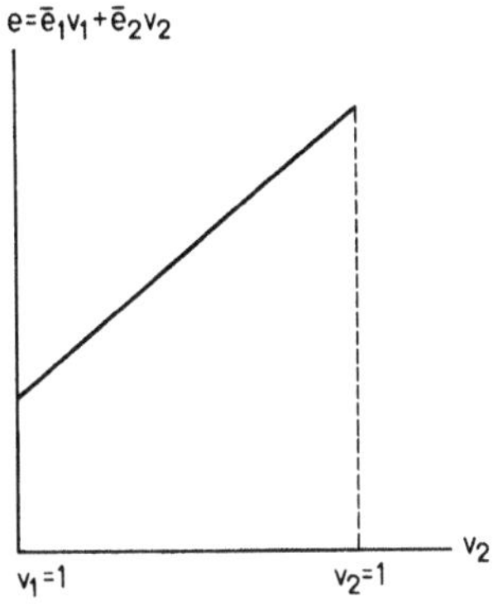

Abb. 18

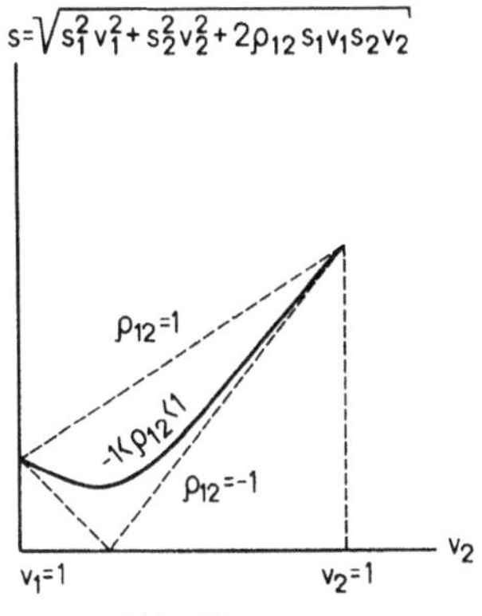

Abb. 19

In Abb. 18 ist der erwartete Ertragssatz des *Gesamt*portfolios, e, abgetragen. Laut Annahme setzt sich das Portfolio aus zwei Wertpapiertypen zusammen, w_1 und w_2, für die der jeweils erwartete durchschnittliche Ertragssatz $\bar{e}_1$ und $\bar{e}_2$ beträgt, wobei $\bar{e}_1 < \bar{e}_2$. Demzufolge ist der Gesamtertragssatz e das gewogene Mittel aus

$$e = \bar{e}_1\, v_1 + \bar{e}_2\, v_2$$

wobei bekanntlich v_1 (v_2) den relativen Anteil des Wertpapiers w_1 (w_2) am Gesamtportfolio darstellt.

In Abb. 19 ist der Risikograd des *Gesamt*portfolios, s, eingezeichnet, dargestellt durch das gewogene Mittel der Standardabweichungen s_1 und s_2, das entsprechend der Wahrscheinlichkeitsrechnung wie folgt lautet:

$$s = \sqrt{s_1^2 v_1^2 + s_2^2 v_2^2 + 2\varrho_{12} s_1 v_1 s_2 v_2}$$

$$\text{wobei} \quad -1 \leqq \varrho_{12} \leqq 1 .$$

ϱ_{12} ist der Korrelationskoeffizient, der angibt, inwieweit die erwarteten Ertragssätze, $\bar{e}_1$ und $\bar{e}_2$, miteinander korrelieren. Existiert keine perfekte positive Korrelation, so liegt eine Reduktion des Gesamtrisikogrades vor, sofern das Portfolio aus einer Mischung von w_1 und w_2 besteht (Prinzip der Risikoersparnisse durch Diversifikation).

Die Abb. 20 ist eine Kombination der Abb. 18 (enthalten in Abb. 20 b) und der Abb. 19 (enthalten in Abb. 20 c). Im Quadranten a gibt die Ertrags-Risikobeziehung die Kombination des Gesamtertragssatzes und des Gesamtrisikogrades für alle denkbaren Portfoliozusammensetzungen an.

Betrachten wir zunächst die beiden (gestrichelt eingezeichneten) Extremsitutationen, wo entweder eine perfekte positive oder eine perfekte negative Korrelation zwischen den erwarteten Ertragssätzen vorliegt. Im Falle einer perfekten positiven Korrelation ($\varrho = 1$) liegen keine Risikoersparnisse durch Diversifikation vor: Ein höherer Gesamtertragssatz ist überall mit einem höheren Gesamtrisikograd verbunden; die Ertragsrisikogerade AD ist die ungünstigste Ertrags-Risikokonstellation eines Portfo-

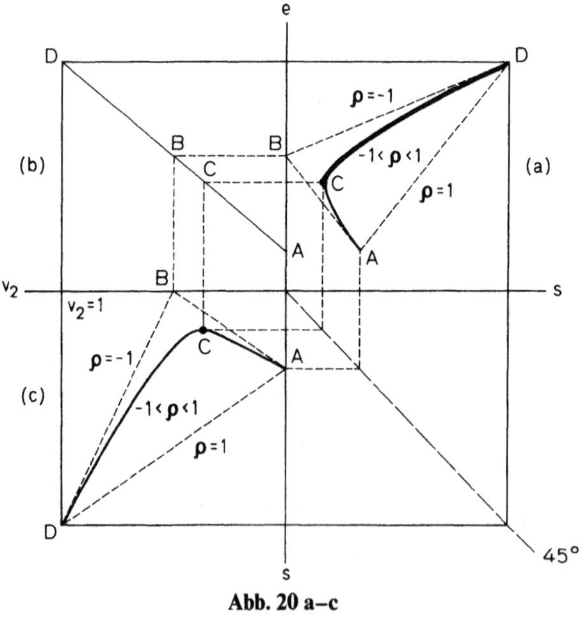

Abb. 20 a–c

lios. Der Konträrfall einer perfekten negativen Korrelation ($\varrho = -1$) ist mit einem Maximum an Risikoersparnissen mittels Diversifikation verbunden: Die relevante Ertrags-Risikolinie ist *ABD*, wobei der Abschnitt *BD* die *effiziente* Portfoliowahl darstellt, da auf dem Abschnitt *AB* der günstigste Punkt der Punkt *B* ist; die Bewegung von *A* nach *B* (wie aber auch von *B* nach *D*) impliziert einmal eine ständige Substitution des Wertpapiers w_1 mit einem geringeren erwarteten Ertragssatz durch das Wertpapier w_2 mit einem höheren erwarteten Ertragssatz; im Punkt *B* besteht das Portfolio zu einer Hälfte aus w_1 und zur anderen Hälfte aus w_2 ; zum anderen ist im Punkt *B* das Gesamtrisiko des Portfolios deshalb gleich Null, weil dann, wenn die eine Hälfte des Portfolios einen negativen (bzw. den geringsten) Ertrag abwirft, die andere Hälfte des Portfolios notwendigerweise ein positives Ertragsresultat erbringen wird.

Der Normalfall der Ertrags-Risikobeziehung eines Portfolios ist der der Opportunitäts*kurve ACD*, wobei der Kurvenabschnitt *CD* der *effiziente* Bereich der Portfoliowahl (in Analogie zur *ABD*-Linie) darstellt. Im folgenden wollen wir diesen Fall ($-1 < \varrho < 1$) für unsere weiteren Überlegungen zugrundelegen.

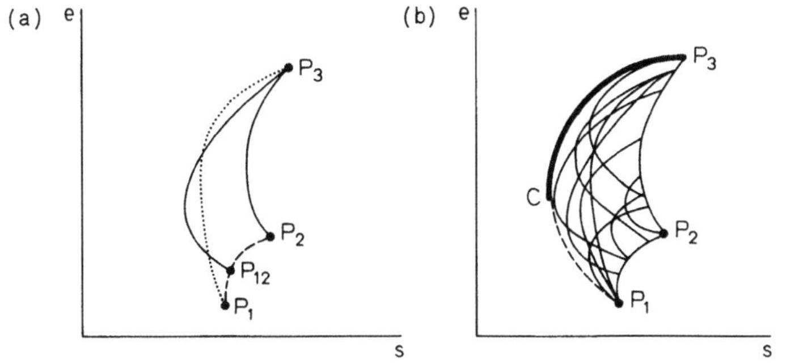

Abb. 21 a, b

Nehmen wir an, daß das Portfolio statt aus zwei aus *drei risikobehafteten und ertragsbringenden Aktiva* besteht, d. h. aus w_1, w_2 und w_3. In Abb. 21 möge das Portfolio im Punkte P_1 nur aus w_1, im Punkte P_2 nur aus w_2 und im Punkte P_3 nur aus w_3 bestehen. Alle möglichen Kombinationen von zwei Aktiva liefert die uns bekannte hyperbolische Opportunitätskurve der Abb. 20a. Die Kurve P_1P_2 der Abb. 21a spiegelt die Ertrags-Risikobeziehungen für alle möglichen Kombinationen von w_1 und w_2 wider, die Kurve P_2P_3 (P_1P_3) illustriert die Ertrags-Risikobeziehung aller denkbaren Kombinationen von w_2 und w_3 (bzw. von w_1 und w_3). Eine mögliche Drei-Aktiva-Kombination ist in der Kurve $P_{12}P_3$ dargestellt: Im Punkte P_{12} besteht das Gesamtportfolio aus einer bestimmten Kombination von w_1 und w_2; bei der Bewegung von P_{12} nach P_3 wird das Verhältnis von w_1 und w_2 (charakterisiert durch den Punkt P_{12}) aufrechterhalten und beide Aktiva verringern sich zugunsten von w_3; die Zwei-Aktiva-Kombination des Punktes P_{12} kann sozusagen als ein einzelnes (oder zusammengesetztes) Aktivum angesehen werden, so daß die Opportunitätslinie $P_{12}P_3$ als die Kurve einer Zwei-Aktiva-Wahl betrachtet werden kann. Natürlich ist eine unendliche Vielzahl von einer Drei-Aktiva-Kombination denkbar, die in Abb. 21 b dargestellt ist. *Jeder Punkt innerhalb* der schraffierten Fläche repräsentiert die Ertrags-Risikobeziehung eines Drei-Aktiva-Portfolios. Die Ertrags-Risikobeziehung eines Zwei-Aktiva-Portfolios ist also durch eine Opportunitäts*linie* gekennzeichnet, während die Ertrags-Risikobeziehung eines Drei-Aktiva-Portfolios – oder generell eines *n-Aktiva-Portfolios* – durch eine *Fläche* charakterisiert ist; die für die Portfoliowahl relevante Opportunitätslinie dieser Fläche ist die äußere Umhüllungskurve P_1CP_3, während die für die Portfoliowahl *effiziente* Opportunitätslinie der Kurvenabschnitt CP_3 ist.

Bisher bestand unser Portfolio nur aus risikobehafteten und ertragbringenden Aktiva, die sich explizite auf Finanzaktiva bezogen, die aber auch Sachaktiva umfassen könnten. Da unser Anliegen die Bestimmung der Spekulationskasse im Sinne der Nachfrage nach dem Aktivum Geld ist, müssen wir in die Portfoliowahl als zusätzliches Aktivum – oder als das n-te Aktivum – das Geld einführen. Vier, von der jeweiligen Qualität des Geldes abhängige Fälle sind nun denkbar, die in den Quadranten a bis d der Abb. 22 dargestellt sind: (a) Das Geld ist sowohl risikolos als zinslos (Preisstabilität und Geldmenge vom Typ M_1); (b) das Geld ist risikolos und zinsbringend (Preisniveaustabilität und Geldmenge vom Typ M_2); (c) das Geld ist risikolos und zinsbringend (Preisniveaustabilität und Geldmenge vom Typ M_2), und gleichzeitig wird die Möglichkeit der Verschuldung berücksichtigt; (d) das Geld ist risikobehaftet und zinsbringend (Preisniveauinstabilität und Geldmenge vom Typ M_2). In den ersten drei Fällen wird mit einer restriktiven Arbeitshypothese (dem sog. Tobinschen-Theorem) operiert: Die Ertrags-Risikobeziehung der $n-1$ Aktiva wird durch die Einführung des n-ten Aktivums – Geld – unverändert bleiben.

Fall a (Abb. 22 a). Geld ist das perfekte Wertaufbewahrungsmittel (unter der Annahme der Preisniveaustabilität). Sein zukünftiger Wert bleibt unverändert, so daß sein Risiko gleich Null ist. Sein Ertrag, zumindest der Ertrag der Geldmenge vom Typ M_1, ist ebenfalls gleich Null. In Abb. 22 a stellt die schraffierte Fläche die Ertrags-Risikobeziehung des aus $n-1$ Aktiva bestehenden Portfolios dar; die effiziente Opportunitätskurve des $(n-1)$-Aktiva-Portfolios ist die Kurve CX. Die Gerade OA bezieht sich auf die Einbeziehung des n-ten Aktivums (Geld) in die Portfoliowahl. Im Punkte O besteht das Gesamtportfolio aus Geld, da sein Ertragssatz und sein Risikograd gleich Null sind. Die OA-Gerade erhält man dadurch, daß man einen Fahrstrahl von Null zieht, der die *CX*-Kurve im höchstmöglichen Punkt tangiert, der in Abb. 22 a der Punkt *T* ist. Die relevante und effiziente Kurve der Portfoliowahl von *n*-Aktiva (inklusive Geld) ist die Linie *OTX:* Im Punkte *O* wird nur Geld gehalten; auf dem Kurvenabschnitt *TX* werden nur *n*–1 Aktiva gehalten; auf dem Abschnitt *OT werden n* Aktiva gehalten, wobei die *n*–1 Aktiva in jener unveränderlichen Proportion gehalten werden, die durch den Punkt *T* charakterisiert sind.

Fall b (Abb. 22 b). Das *n*-te Aktivum möge nun das Geld vom Typ M_2 sein. M_2 umfaßt sowohl das Bar- und Buchgeld als auch Termineinlagen, die einerseits zinsbringend und anderseits risikolos sind, da sie keinen zukünftigen Preisschwankungen unterliegen. Es sei nun unterstellt, daß die Geldhaltung zum Zweck der Spekulationskasse nur aus Termineinlagen besteht. Die effiziente Opportunitätslinie des (*n* –1)-Aktiva-Portfolios ist in Abb. 22b wiederum durch die Kurve *CX* dargestellt. Die Berücksichtigung des *n*-ten Aktivums (Termineinlagen) ist durch die *jA*-Gerade angedeutet. Würde das Portfolio nur aus Termineinlagen bestehen, wäre der relevante Punkt der Ertrags-Risikobeziehung der Punkt *j*, bei dem das Gesamtportfolio den Gesamtertragssatz *j* (identisch mit dem Zinssatz auf Termineinlagen) mit einem Risiko von Null abwerfen würde. Die Steigung der *jA*-Geraden ist wiederum dadurch bestimmt, daß der vom Punkt *j* ausgehende Fahrstrahl den höchstmöglichen Punkt auf der Opportunitätskurve *CX* tangiert, welcher der Punkt *T* ist. In Analogie zu Abb. 22a ist die relevante und effiziente Opportunitätslinie des *n*-Aktiva-Portfolios die Linie *jTX.* Im Vergleich zu der *OTX*-Linie der Abb. 22 a liegt die *jTX*-Linie höher, so daß das Portfolio bei einem bestimmten Risikograd einen höheren Ertragssatz abwirft: Folglich kommen für die Spekulationskasse eher die Termineinlagen als das Bar- und Buchgeld in Frage; generell kann sogar behauptet werden, daß für die Spekulationskasse jener Teil der Geldmenge von M_2 – oder sogar einer noch weiter gefaßten Geldmenge – in Betracht kommt, der den höchsten Zinssatz abwirft.

Fall c (Abb. 22 c). Gehen wir von dem soeben besprochenen Fall b aus, und führen wir nun zusätzlich die Möglichkeit einer Verschuldung ein. Hierbei sind zwei Fälle zu entscheiden [18].

Die erste Möglichkeit ist die, daß Haben- und Sollzins übereinstimmen. Der Habenzinssatz ist der Zinssatz auf Termineinlagen (*j*). Sofern man sich zu dem gleichen Zinssatz (kurzfristig) verschulden kann, lautet die effiziente Opportunitätslinie *jTA* (statt *jTX*): Gleichgültig welches

---

[18] Die Portfoliowahl unter dem Aspekt der Verschuldung ist entwickelt worden von W. F. Sharpe, Capital Asset Prices: A Theory of Market Equilibrium Under Conditions of Risk, in: Journal of Finance, XIX (1964), S. 425–442, und von J. Lintner, Security Prices, Risk and Maximal Gains from Diversification, in: Journal of Finance, XX (1965), S. 587–615.

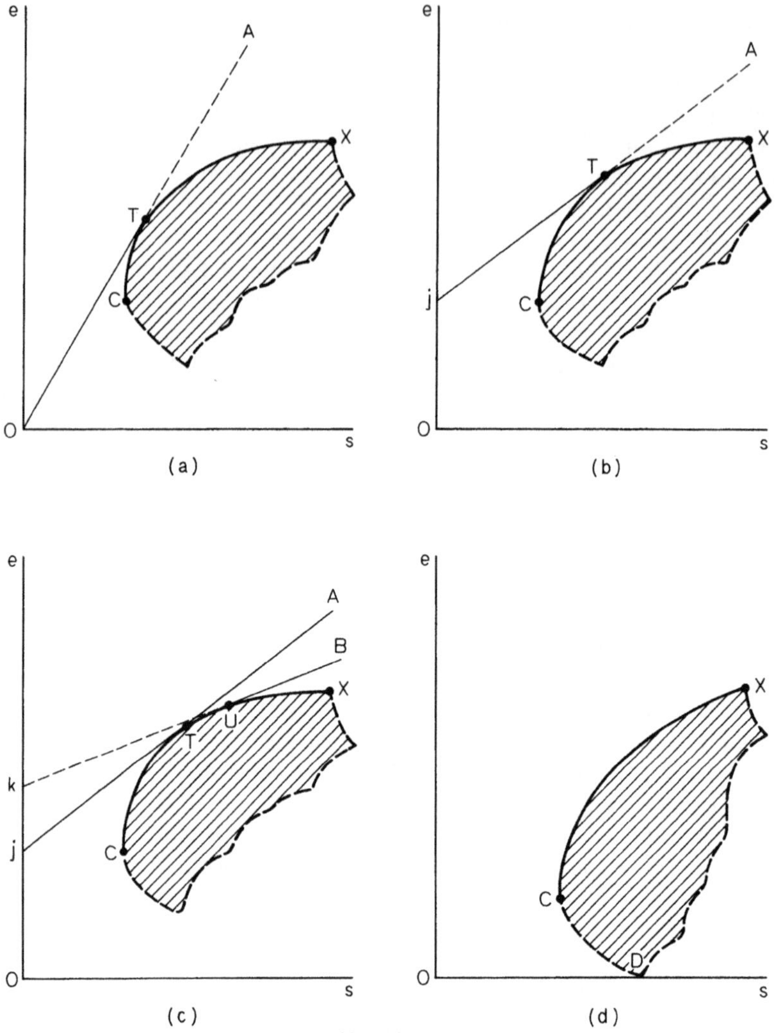

Abb. 22 a–d

Portfolio gewählt wird, die $n-1$ Aktiva werden stets in jener Proportion gehalten, die durch den Punkt *T* charakterisiert ist; erfolgt die Portfoliowahl auf dem Linien-Abschnitt *TA*, dann ist die Spekulationskasse gleich Null und es findet eine Verschuldung zwecks Erhöhung des Gesamtbestandes des $(n-1)$-Aktiva-Portfolios statt.

Die zweite – und realistischere – Möglichkeit ist die, daß der Sollzins (*k*) über dem Habenzins (*j*) liegt. Die relevante Opportunitätslinie ist nun die *jTUB*-Linie. Eine Verschuldung setzt erst vom Punkte *U* ein. Auf dem

Abschnitt jT werden Spekulationskasse und $n-1$ Aktiva gehalten, wobei letztere in einem festen Verhältnis, charakterisiert durch den Punkt T, stehen. Auf dem Kurvenabschnitt TU bezieht sich die Portfoliowahl ausschließlich auf die $n-1$ Aktiva. Wird schließlich die Portfoliowahl auf dem Abschnitt UB getroffen, dann besteht das Portfolio aus jenen $n-1$ Aktiva, deren Zusammensetzung der Punkt U angibt, und das Gesamtportfolio wird mittels der Verschuldung erhöht.

Fall d (Abb. 22 d). Bisher hatten wir in der gesamten Analyse der Geldnachfrage eine Preisniveaustabilität angenommen. Diese Annahme sei nun aufgehoben, wodurch das Risiko der Realwertveränderung auf den Plan tritt. Die Unsicherheit des Realwertes bezieht sich in ähnlicher Weise wie die Unsicherheit des Kapitalwertes auf die Unsicherheit, mit der der zukünftige Gesamtertrag eines Aktivums erwartet wird. Dieser Gesamtertrag setzt sich aus drei verschiedenen Teilen zusammen: aus einer Veränderung des Kapitalwertes (d. h. aus einem möglichen Kapitalgewinn oder Kapitalverlust), aus dem Einkommen in Form von Zinsen (festverzinsliche Wertpapiere) oder Dividenden (Aktien) und aus der Veränderung des Realwertes. Die Unsicherheit, mit der die erste Ertragskomponente bei bestimmten Aktiva erwartet wird, resultiert aus der Unkenntnis der zukünftigen relativen Preise bzw. Zinssätze der Aktiva (Kapitalwertunsicherheit); gegenüber der zweiten Ertragskomponente herrscht (mit Ausnahme der zukünftigen Dividendenzahlungen) eine vollständige Gewißheit. Die Unsicherheit hinsichtlich einer Veränderung im Realwert stammt von der Unkenntnis des zukünftigen allgemeinen Preisniveaus (Realwertunsicherheit).

Das Geld, das bisher (einschließlich der kurzfristigen Wertpapiere) unter allen Aktiva den höchsten Schutz vor Werteinbußen sicherte, erfüllt im Fall der Inflation diese Funktion nicht mehr. Die Erwartung, daß das Preisniveau steigt, degradiert jedoch nicht allein das Geld, sondern auch alle anderen Vermögensanlagen, die aus (in einem festen Nominalwert ausgedrückten) Geldforderungen bestehen. Hierunter fallen bekanntlich alle Finanzaktiva mit Ausnahme der Aktien (und der Wertpapiere, die mit einer Kaufkraftklausel ausgestattet sind). Dagegen erleiden die Sachaktiva keine Wertminderung.

Inwieweit die Geldhaltung durch eine erwartete Wertminderung eine Nutzeneinbuße erfährt, hängt ganz von dem Ausmaß der Erwartungen hinsichtlich des zukünftigen Preisniveaus ab. Lebt das Individuum schon seit geraumer Zeit in einer Atmosphäre inflationären Druckes, dann wird es wahrscheinlich auch für die Zukunft eher mit einer weiteren Geldwertverschlechterung als mit einer Preisstabilität, geschweige mit einem sinkenden Preisniveau rechnen. In einem solchen Falle wird es mit einem hohen Wahrscheinlichkeitsgrad eine Verschlechterung des zukünftigen Realwertes seiner Kassenhaltung erwarten. Unter diesem Aspekt wird es aus seiner Realkassenhaltung nicht nur keinen Nutzen ziehen, sondern es wird dieser sogar einen Nutzenentgang, einen negativen Nutzen ("disutility") zuschreiben. Stiftet ein Gut einen negativen Nutzen, so wird dieses überhaupt nicht nachgefragt. Wird unter dieser Konstellation trotzdem weiter Geld nachgefragt, dann ist dies nur denkbar, wenn der (positive) Nutzen aus der Geldhaltung als Zahlungsmittel und kapitalsicheres Wertaufbewahrungsmittel den negativen Nutzen aus der Geldhaltung als realwertunsicheres Wertaufbewahrungsmittel übersteigt. Das Wirtschaftssubjekt wird erst dann völlig aus der Geldhaltung in andere Güter umsteigen, wenn (zumindest) der Gesamtnutzen der Geldhaltung (als Zahlungs- und Wertaufbewahrungsmittel) gleich Null ist. Die Erfahrung aus der Vergangenheit lehrt, daß dieser Tatbestand selbst in Zeiten ganz großer Inflationen nicht zutrifft.

In einer Inflation gewährt also das Geld nicht mehr den höchsten Schutz gegen Werteinbußen. Unter diesem Aspekt eines realwertsicheren Wertaufbewahrungsmittels werden dann zweifellos die Realaktiva (und die Aktien) nicht nur der Geldhaltung, sondern auch allen anderen Finanzaktiva vorgezogen. Umgekehrt gewinnen in einer Situation, in der fest mit einer Senkung des Preisniveaus gerechnet wird, die Finanzaktiva als Wertaufbewahrungsmittel die Oberhand über die Realaktiva. Was die Geldhaltung angeht, so bietet sie nicht nur eine Sicherheit gegen Kapitalwertminderungen, sie garantiert dann sogar einen Wertzugang, so daß sich ihr Nutzen (Schutz gegen Kapitalwerteinbußen) noch um den der erwarteten Realwertsteigerung erhöht [19].

Wenn wir von diesen „pathologischen" Geldwertschwankungen einmal absehen, die sich über längere Zeit in einer eindeutigen inflationären oder deflationären Preisbewegung manifestieren, so ist noch jener Fall zu erwähnen, in dem zwar die Möglichkeit von Schwankungen im Preisniveau existiert, in dem aber nicht eine bestimmte Erwartung, z. B. daß das Preisniveau stabil bleibt oder sich in eine eindeutige Richtung entwickelt, vorherrscht. In einer solchen Situation wird das Wirtschaftssubjekt, sofern es nicht auf eine ganz bestimmte Preisentwicklung hin „spekuliert", aus Vorsichtsgründen eine Differenzierung seines Portfolios derartig vornehmen, daß es einen Teil seines Vermögens in Realaktiva und den anderen Teil in nominalen Finanzaktiva anlegt. Gewinne oder Verluste werden dann aufgrund möglicher Veränderungen des Preisni-

[19] Für den Fall, daß die Marktteilnehmer allgemein mit einer bestimmten Inflations- oder Deflationsrate rechnen, wird der Preismechanismus der Finanzaktiva nicht „untätig" bleiben. Die Nominalzinssätze der Finanzaktiva werden entsprechend der erwarteten Veränderungsrate des Preisniveaus von den Realzinssätzen der Sachaktiva divergieren. So wird z. B. der Nominalzinssatz über dem Realzinssatz im Fall einer bestimmten erwarteten Inflationsrate liegen, und zwar um den Betrag der erwarteten Inflationsrate; die Finanzaktiva (mit Ausnahme des zinslosen Geldes) würden dann nicht mehr den Sachaktiva unterlegen sein.

veaus bei den nominalen Finanzaktiva anfallen können, deren Höhe jedoch durch die Portfoliodifferenzierung reduziert ist.

Dieser letzte Fall ist in Abb. 22 d berücksichtigt. Alle n Aktiva sind nun risikobehaftet, so daß mit dem Tobinschen Trennungs-Theorem überhaupt nicht mehr gearbeitet werden kann (Ertrags-Risikoberechnung von $n-1$ risikobehafteten Aktiva und anschließende Einführung des n-ten, risikolosen Aktivums). Die effiziente Opportunitätslinie der n-Aktiva-Portfoliowahl besteht aus der CX-Kurve. Der Punkt D ist durch eine Zusammensetzung von Aktiva gekennzeichnet, in dem im Extremfall nur Geld gehalten wird (eine erwartete Ertragsrate des Portfolios von Null und ein Risikograd von OD). Die nur im Kurvenbereich CX stattfindende effiziente Portfoliowahl schließt prinzipiell jegliche Haltung von Geld zum Zweck der „Spekulation", d. h. zum Zweck einer Risikoverringerung, aus [20].

b) Die optimale Portfoliowahl

Die optimale Portfolioentscheidung resultiert aus der Kombination von zwei „Daten": einmal den „objektiven" Elementen der Portfoliowahl, bestehend aus dem erwarteten Ertragssatz (e) und dem Risikograd (s) des Portfolios, die sich, wie wir gesehen haben, aus der Wahrscheinlichkeitsrechnung ableiten lassen, und zum anderen den „subjektiven" Elementen, die sich durch die Nutzenfunktion bzw. durch Indifferenzkurven darstellen lassen und die die Risikoneigung des betreffenden Individuums beschreiben. Drei Fälle dieser Risikoneigung sind denkbar: eine Risikoneutralität, eine Risikopräferenz und eine Risikoaversion (die wir schon in Abschnitt 1 kurz besprochen hatten).

Ist das Individuum überhaupt nicht risikoempfindlich – es ist „risikoneutral" –, dann schenkt es der Standardabweichung überhaupt keine Beachtung, und das einzige Element seiner Nutzenfunktion ist das des erwarteten Ertragssatzes. Je höher der erwartete Portfolioertrag ist, desto höher ist die Nutzenstiftung des Portfolios, gleichgültig ob der erwartete Ertrag mit einem geringen oder großen Risiko verbunden ist. Die Indifferenzkurven der Abb. 23 a übersetzen diesen Tatbestand durch horizontale Geraden, wobei I_3 ein höheres Nutzenniveau widerspiegelt als I_2 oder als I_1. Das Wirtschaftssubjekt wird dann jenes Portfolio wählen, das den maximalen Ertrag abwirft. Demzufolge wird es auch kein Geld zu „Spekulationszwecken" halten.

Ein anderes extremes Risikoverhalten ist das des Risikoliebhabers ("risk-lover"), der dem Risiko einen positiven Nutzen beimißt. Die nega-

[20] Siehe hierzu M. Sarnat, Purchasing Power Risk, Portfolio Analysis, and the Case for Index-Linked Bonds, in: Journal of Money, Credit and Banking, V (1973), S. 836–845, insbesondere S. 841–843.

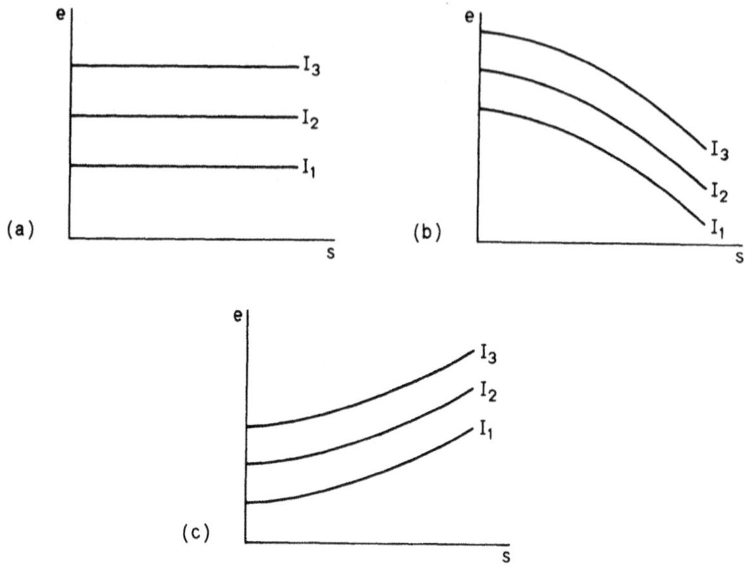

Abb. 23 a–c

tive Steigung der Indifferenzkurven in Abb. 23 b illustriert diesen Tatbestand: Ein steigendes Risiko impliziert einen höheren Nutzen; um auf dem gleichen Nutzenniveau zu bleiben, muß sich der Ertrag des Portfolios verringern. Demzufolge wird das Wirtschaftssubjekt das ertrags- und risikoreichste Portfolio anstreben, das in der Regel ebenfalls kein Geld enthält. Diese Gruppe von Spielernaturen halten große Teile – wenn nicht sogar ihr gesamtes Vermögen – in jenen Aktiva, die die Chance eines hohen Kapitalgewinns haben, welche aber gleichzeitig mit der Wahrscheinlichkeit eines gleich hohen Kapitalverlusts verbunden ist.

Geometrisch gesehen konkretisiert sich die optimale Portfoliowahl der risikoneutralen und risikoliebenden Wirtschaftssubjekte durch eine sog. Ecklösung: der höchstmögliche Punkt der Opportunitätskurve (der Punkt *X* in Abb. 22 a, b und d) wird von der höchstmöglichen Indifferenzkurve (vom Typ der Abb. 23 a oder b) *geschnitten.* Im Falle der Abb. 22 c, die ebenfalls die Möglichkeit der Verschuldung berücksichtigt, liegt der Punkt der optimalen Portfoliowahl „irgendwo" am Ende der Geraden *TA* (Soll- und Habenzins fallen zusammen) bzw. am Ende der Geraden *UB* (die Sollzinsen übersteigen die Habenzinsen; diese „unendlich große" Kreditaufnahme ist in der Regel quantitativ begrenzt, da Kredite meistens nur gegen vorhandene Sicherheiten gewährt werden.

Bei den risikoneutralen und risikoliebenden Wirtschaftssubjekten hatten wir festgestellt, daß diese grundsätzlich keine Spekulationskasse halten. Eine Spekulationskasse wird (in der Regel) nicht deshalb gehalten, um maximale Gewinne zu realisieren, sondern sie wird gehalten, um die Gefahr eines möglichen Kapitalverlustes zu reduzieren. Die „Spekulations“-Kasse beruht somit auf einem Vorsichtsmotiv, d. h. auf dem Motiv, so weit wie möglich einen Kapitalverlust zu vermeiden. Dieser Fall ist also für die dritte Risikokategorie von Wirtschaftssubjekten relevant, die risikoscheu (“risk-averter”) sind. Das risikoscheue Individuum schreibt dem Risiko einen negativen Nutzen zu; vgl. die Indifferenzkurven der Abb. 23 c. Es wird eine „vorsichtige Ertragsmaximierung“ seines Portfolios nach der Maxime anstreben, daß sich ein möglicher Kapitalverlust (und damit auch ein Kapitalgewinn) in engen Grenzen bewegt, so daß es (meistens) ebenfalls Geld hält.

Im rechten Quadranten der Abb. 24 ist die geometrische Lösung des für ein risikoscheues Individuum relevanten optimalen Portfolios abgetragen. Die Abb. 24 ist eine Kombination der Abb. 22 b und 23 c. Als n-tes risikoloses Aktivum werden zinsbringende Termineinlagen unterstellt, so daß das Geld vom Typ M_2 ist. Drei alternative Systeme von Indifferenzkurven sind unterstellt, die jeweils zu der Tangentiallösung T, V und W führen. Das optimale Portfolio des Punktes T ist durch eine Geldhaltung von Null charakterisiert. Dagegen impliziert das optimale Portfolio des Punktes V eine Geldhaltung im Verhältnis

$$\gamma_1 = \frac{m}{m + \sum_{i=1}^{n-1} w_i}$$

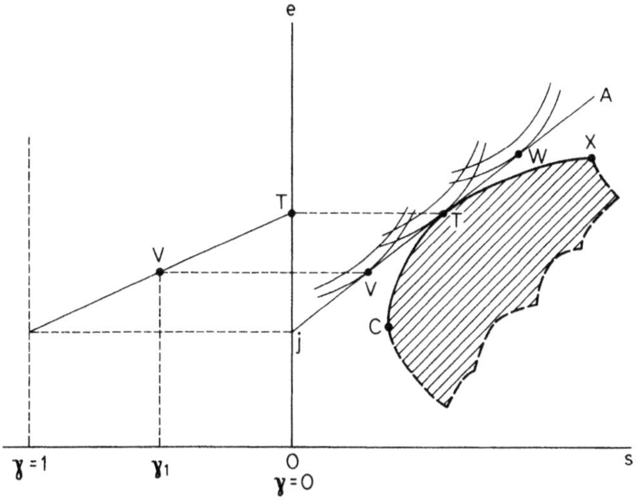

Abb. 24

und eine Zusammensetzung der $n-1$ Aktiva (w) in jenem Verhältnis, welches durch den Punkt T charakterisiert ist; wie der Leser sich erinnert, ist T gleichzeitig der Tangentialpunkt des von j ausgehenden Fahrstrahls, der die Opportunitätskurve CX im Punkte T tangiert. Schließlich bedeutet das optimale Portfolio vom Typ W ebenfalls eine Geldhaltung von Null; gleichzeitig liegt eine Verschuldung im Verhältnis TW/Tj vor, die für eine Erhöhung des Gesamtportfolios benutzt wird, dessen Zusammensetzung wiederum durch die Portfoliostruktur des Punktes T gekennzeichnet ist.

In allen drei Fällen ist also die Portfoliostruktur der $n-1$ risikobehafteten Aktiva dieselbe. Sie ist durch den Tangentialpunkt T des Fahrstrahls jA mit der Opportunitätskurve CX bestimmt und demzufolge unabhängig von dem zugrundeliegenden Indifferenzkurvensystem (was sich aus dem Tobinschen Trennungs-Theorem ergibt). Die individuelle Nutzenfunktion ist nur für die Aufteilung des Gesamtportfolios einerseits auf die Haltung der $n-1$ Aktiva und andererseits auf die Geldhaltung (bzw. Verschuldung) von Relevanz; demzufolge vollzieht sich die Portfoliowahl zwischen Geld und den anderen Aktiva so, als ob nur zwei Aktiva bestehen würden: das mixtum compositum der $n-1$ risikobehafteten Aktiva und das n-te risikolose Aktivum Geld.

c) Die Nachfragefunktion nach Spekulationskasse vom Typ M_2

Die optimale Portfoliowahl vollzog sich für gegebene individuelle Präferenzen und für eine gegebene Ertrags-Risikostruktur der existierenden Aktiva, die sich aus der Wahrscheinlichkeitsverteilung ergab. Implizite wurde einerseits ein bestimmtes Vermögen unterstellt, das der einzelne entsprechend den Grundsätzen der Portfoliowahl auf die einzelnen Vermögenskomponenten aufteilte. Andererseits waren die Zinssätze als gegeben unterstellt. Im folgenden wollen wir den Einfluß einer Veränderung des Vermögens und der Zinssätze auf die optimale Portfoliozusammensetzung und damit auf die Höhe der Spekulationskasse untersuchen. Dabei können wir uns des soeben erwähnten „als ob"-Modells eines Zwei-Aktiva-Portfolios bedienen. Die zwei Kategorien von Aktiva mögen sich auf ein langfristiges Wertpapier (beispielsweise Konsols) beziehen, das das mixtum compositum der $n-1$ risikobehafteten Aktiva repräsentiert sowie auf die Geldmenge vom Typ M_2. Wie wir schon mehrere Male aufgezeigt haben, ist für die Bildung der Spekulationskasse ein kapitalwertsicheres Aktivum von Relevanz, das sowohl die Geldmenge vom Typ M_1 als auch eine weiter gefaßte Geldmenge darstellen kann; da die weiter gefaßte Geldmenge, beispielsweise M_2, zudem zinsbringend ist, muß streng genommen die Geldmenge M_2 (bzw. ihre zinsbringende Komponente) die Substanz der Spekulationskasse bilden.

Was den Einfluß des Vermögens, d.h. der Höhe des Portfoliobetrages, auf die Portfoliozusammensetzung angeht, so ist dieser grundsätzlich gleich Null: Gleichgültig wie hoch das für die Portfoliowahl verfügbare Vermögen ist, seine Aufteilung zwischen Konsols und Geld bleibt unveränderlich [21]. Dieses allgemeine Prinzip kann jedoch durch zwei Ausnahmen durchbrochen werden. Einerseits sind gewisse Aktiva (vor allem Sachaktiva) nicht beliebig teilbar, so daß diese nur von einem bestimmten Vermögensbetrag an zugänglich sind. Andererseits sind der Kauf und Verkauf von Aktiva mit Transaktionskosten verbunden. Da die Transaktionskosten in den meisten Fällen aus einem fixen und einem variablen Kostenbestandteil bestehen, fallen die Transaktionskosten um so weniger ins Gewicht, je größer der Kauf- bzw. Verkaufbetrag ist. Jene Individuen, die über ein großes Vermögen verfügen, sind demnach in ihrer Portfoliowahl im Vergleich zu Besitzern kleinerer Vermögen begünstigt, worauf wir im nächsten Abschnitt noch ausführlich zu sprechen kommen.

Sehen wir von diesen beiden Ausnahmen ab, so steht die Nachfrage nach den einzelnen Aktiva inklusive der Nachfrage nach Spekulationskasse in proportionaler, linearer Abhängigkeit zum Vermögensbestand. Stellt V den Realwert des Vermögens dar, dann beträgt die Nachfrage nach dem Realwert an Spekulationskasse (m_2):

$$m_2 = \beta V,$$

wobei β den prozentualen Anteil der Spekulationskasse am Gesamtvermögensbestand darstellt.

In unserem Zwei-Aktiva-Portfolio-Modell setzt sich das Vermögen aus Spekulationskasse (m_2) und beispielsweise Konsols (B) zusammen, deren (Real-)Wert in inverser Abhängigkeit zum Zinssatz (r) steht, wobei $\frac{1}{r}$ den Preis der Konsols darstellt [22].

$$V = m_2 + \frac{B}{r}.$$

Bei gegebener Portfoliozusammensetzung ergibt sich eine Veränderung des Vermögens aus einer Veränderung des Zinssatzes (der sog. Vermögenseffekt einer Zinsveränderung). Dies ist der erste Zinseffekt auf die Portfoliozusammensetzung und damit auch auf die Spekulationskasse,

[21] Die Abb. 24 ist z. B. unabhängig von der Höhe des Vermögensbetrages konstruiert. Die Koordinaten des rechten Quadranten der Abb. 24 beziehen sich auf den Ertrags*satz* des Portfolios (e) und auf den *prozentualen* Risikograd des Portfolios (s).

[22] Siehe hierzu Fußnote 7 auf S. 152.

der jedoch grundsätzlich ein Vermögenseffekt ist (höherer Zinssatz – geringeres Vermögen – geringere Spekulationskasse):

$$\begin{aligned} m_2 &= \beta V \\ &= \beta\left(m_2 + \frac{B}{r}\right). \end{aligned}$$

In Abb. 25 ist der Bestand an Wertpapieren in Abhängigkeit vom Zinssatz eingezeichnet; siehe die Kurve B/r. Es sei angenommen, daß beim Zinssatz r_1 die Portfoliowahl durch den Punkt A gekennzeichnet ist. Eine Erhöhung des Zinssatzes verringert den Wert des Wertpapierbestandes, B/r, und damit die Nachfrage nach Spekulationskasse (siehe die gestrichelt eingezeichnete Kurve im rechten Quadranten der Abb. 25) und umgekehrt. Die Nachfrage nach Spekulationskasse kann auch wie in Abb. 25 in linearer Abhängigkeit vom Wertpapierbestand, B/r, ausgedrückt werden:

$$m_2 = \gamma \frac{B}{r}.$$

Der zweite Zinseffekt auf die Nachfragefunktion nach Spekulationskasse ist in Abb. 25a durch die Differenz zwischen der m_2-Kurve und der $\gamma(B/r)$-Kurve dargestellt, wobei die erste Kurve die eigentliche Nachfragefunktion nach Spekulationskasse wiedergibt:

$$m_2 = \gamma(r, j)\frac{B}{r}, \quad \text{wobei} \quad \frac{\partial \gamma}{\partial r} < 0, \quad \frac{\partial \gamma}{\partial j} > 0$$

die beide Zinseffekte (bzw. den ursprünglichen Vermögenseffekt) enthält. Der zweite Zinseffekt $\beta(r)$, sagt aus, daß die Portfoliozusammensetzung

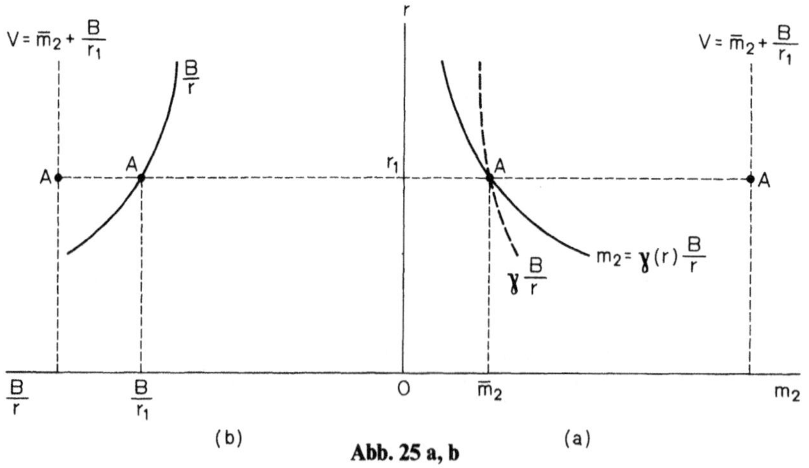

Abb. 25 a, b

eine Funktion des Zinssatzes ist: Je höher der Zinssatz ist, desto geringer (größer) ist der Anteil der Spekulationskasse (Wertpapiere) am Gesamtportfoliobestand. Die (hierfür auf Keynes zurückgehende) Begründung lautet wie folgt: Eine Veränderung des Zinssatzes beeinflußt die Erwartungen eines zukünftigen Kapitalgewinns oder Kapitalverlusts der Wertpapiere und damit den erwarteten Ertragssatz des Portfolios (e). Ist z. B. der gegenwärtige Zinssatz im Vergleich zum „normalen", langfristig üblichen Zinssatz (beispielsweise r_1 in Abb. 25) relativ hoch, dann erwartet das Individuum ein Sinken des zukünftigen Zinses in Richtung des „normalen" Zinssatzes und damit eine Zunahme des Kapitalwertes der Konsols. Dementsprechend wird es mehr Konsols und weniger Geld halten. Erwartet der einzelne dagegen einen Kapitalverlust, da sich der gegenwärtige Zinssatz im Vergleich zum „normalen" Zinssatz auf einem niedrigen Niveau befindet, so daß er eine Steigerung des zukünftigen Zinssatzes erwartet, wird er mehr Geld und weniger Konsols halten, um sich vor dem eventuellen Kapitalwertverlust zu schützen.

In dem obigen Ausdruck der Nachfragefunktion nach Spekulationskasse ist ebenfalls der kurzfristige Zinssatz, und zwar der Zinssatz auf Termineinlagen (j), enthalten. Eine ceteris paribus Erhöhung von j erhöht den Ertragssatz der Geldmenge vom Typ M_2 im Vergleich zum Ertragssatz der anderen Aktiva, wodurch es zu einer Substitution dieser Aktiva zugunsten der Geldhaltung kommt. Wird nun angenommen – was wir im folgenden unterstellen wollen –, daß sich kurzfristiger Zinssatz (j) und langfristiger Zinssatz (r) in gleicher Richtung bewegen, dann bedeutet eine Erhöhung von r eine Verringerung der Spekulationskasse (da ein zukünftiger Kapitalgewinn erwartet wird), die aber geringer ausfällt, da ebenfalls der Ertragsatz der Spekulationskasse, j, gestiegen ist; folglich ist die Zinselastizität von m_2 in bezug auf r geringer, sobald auch die gleichzeitige und in die gleiche Richtung verlaufende Veränderung von j berücksichtigt wird.

Wir können nun die Nachfragefunktion nach Spekulationskasse allgemein wie folgt ausdrücken:

$$m_2 = \beta(r)\, V.$$

Die Spekulationskasse ist wiederum als Bruchteil des Gesamtvermögens (V) geschrieben. Der Einfluß von r auf m_2 vollzieht sich nun über drei Kanäle. Einerseits impliziert eine Veränderung von r einen Vermögenseffekt: höherer Zinssatz – geringeres Vermögen – geringere Spekulationskasse. Andererseits bedingt eine Veränderung von r zwei Substitutionseffekte: ein höherer Zinssatz führt zu der Erwartung von Kapitalgewinnen mit der Folge einer geringeren Spekulationskasse, die jedoch andererseits eine relative Erhöhung erfährt, da ebenfalls der Zinssatz des Geldes gestiegen ist.

Liegt eine Proportionalität zwischen Realvermögen (V) und Realeinkommen (y) vor, dann kann die Nachfragefunktion auch geschrieben werden als

$$m_2 = K_2(r)\, y$$

bzw. ausgedrückt in ihrem Nominalwert

$$\begin{aligned} M_2 &= m_2 P \\ &= K_2(r)\, P\, y. \end{aligned}$$

Die Begründung für die direkte Beziehung zwischen Realeinkommen und Realwert der Spekulationskasse liegt in der Kausalkette: höheres Realeinkommen – höhere Ersparnis – höheres Realvermögen – höherer Realwert der Spekulationskasse [23].

Fassen wir nun die drei Motive der Geldhaltung in den folgenden Geldnachfragefunktionen nach Transaktions-Vorsichts-Spekulationskasse (M^{TVS}) zusammen:

$$M_1^{TV} = K_1^{TV}(j)\, P\, y^{1/2}, \quad \text{wobei} \quad \frac{\partial K_1^{TV}}{\partial j} < 0 \tag{1}$$

$$M_2^{TVS} = K_2^{TVS}(r)\, P\, y, \quad \text{wobei} \quad \frac{\partial K_2^{TVS}}{\partial r} < 0\,. \tag{2}$$

Die Nachfragefunktion (1) (siehe Kap. IV, S. 139) bleibt unverändert, da die Spekulationskasse grundsätzlich nur Termineinlagen umfaßt. Die Nachfragefunktion (2) (vgl. Gleichung 6, Kap. IV auf S. 139) beinhaltet nun ebenfalls die Geldhaltung zum Zwecke des Spekulationsmotivs, wobei jede gehaltene Geldmengeneinheit vom Typ M_2 jetzt gleichzeitig allen drei Geldhaltungsmotiven dient.

Eine kurze Bemerkung hinsichtlich des Einflusses von Preisniveauveränderungen auf die nominale Geldnachfrage ist noch notwendig. Änderungen im gegenwärtigen Preisniveau üben keine Wirkung auf den Realwert der Geldnachfrage aus: Der nominale Wert der Geldnachfrage variiert lediglich proportional mit dem (gegenwärtigen) Preisniveau. Die Veränderung des *zukünftigen* Preisniveaus beeinflußt dagegen den Realwert der Geldnachfrage, sofern sie *erwartet* wird; eine unerwartete zukünftige Preisniveauveränderung ändert dagegen den zukünftigen Nominalwert der Geldnachfrage in gleicher Weise wie eine gegenwärtige Preisniveauveränderung. Eine beispielsweise erwartete zukünftige Preisniveauerhöhung impliziert einen erwarteten Realwertverlust der Kassenhaltung; die Opportunitätskosten der Geldhaltung erhöhen sich um den Betrag der

---

23 Wie wir am Schluß dieses Kapitels noch sehen werden, kann die Begründung auch in der umgekehrten Kausalkette gefunden werden: höheres (nicht-menschliches und menschliches) Vermögen – höheres (permanentes) Einkommen.

erwarteten Preisniveauerhöhung, so daß es zu einer Reduktion des Realwertes der gewünschten Transaktions-Vorsichts-Spekulationskasse kommt. In der Regel konkretisiert sich die erwartete Preisniveauerhöhung in einem entsprechend höheren *Nominal*zinssatz (im Vergleich zum *Real*-zinssatz), der die wahren Opportunitätskosten der *realen* Geldhaltung angibt, wie wir noch ausführlicher in Kapitel IX zeigen werden. Wird jedoch zusätzlich die Unterscheidung zwischen M_1 und M_2 berücksichtigt, so bezieht sich grundsätzlich die Reduktion der gewünschten Realkasse nur auf die Geldnachfrage vom Typ M_1, *sofern* der Nominalzinssatz der Termineinlagen die erwartete Preissteigerung voll enthält.

3. Die Portfoliowahl unter Berücksichtigung einer Mehrperiodeninvestierung und der Transaktionskosten

Die Entscheidung eines Individuums in bezug auf die optimale Zusammensetzung seines Portfolios und damit auch in bezug auf die optimale Höhe seiner Geldnachfrage beruhte bisher (implizite) auf einer restriktiven Annahme. Der Investor suchte den Ertrag seines Portfolios (bei gleichzeitiger Berücksichtigung des damit verbundenen Risikos von Verlusten) für eine einzige, nicht näher bestimmte Periode zu maximieren.

Eine Periode ist in der ökonomischen Theorie normalerweise als jener Zeitabschnitt definiert, für den das Wirtschaftssubjekt auf der Grundlage eines Planes bestimmte wirtschaftliche Dispositionen ausführt. Dieser Plan kann einen Zeithorizont von mehreren Perioden umfassen, für die das Wirtschaftssubjekt dann jeweils bestimmte Dispositionen trifft.

Auf unser Problem der Portfoliowahl angewandt stellte der Investor einen Plan nur für eine einzige Periode auf. Entsprechend diesem Plan führte er am Anfang der Periode Dispositionen über die Zusammensetzung seines Portfolios aus, um am Ende der Periode einen mit einem bestimmten Risiko verbundenen maximalen Portfolioertrag zu erhalten. Nichts Präzises wurde bisher über die Länge dieser Periode gesagt; zudem wurde das Problem einer Mehrperiodeninvestierung überhaupt nicht angeschnitten.

Auf den ersten Blick liegt die Vermutung nahe, daß der einzelne eine bestimmte Zusammensetzung seines Portfolios nur für eine relativ kurze Periode wählt und eine gewisse Zeit später umdisponiert, sofern die Chance einer ertragreicheren Portfoliokombination auftaucht. Die Länge der „kurzen“ Periode, nach der das Portfolio umstrukturiert wird, kann eine Stunde, einen Tag, eine Woche oder mehr betragen: Sie hängt von den jeweiligen temporären Änderungen in den Ertragsaussichten der Aktiva ab. Dieses Verhalten, das für jede kurze Periode ein optimales Portfolio anstrebt, wird dann auch über eine längere Periode, die als Summe der kurzen Perioden zu konzipieren ist, optimal sein [24].

Sobald jedoch das Moment der Transaktionskosten auftaucht, die bei der Umstrukturierung des Portfolios (d. h. durch den Kauf und Verkauf von Aktiva) anfallen, sieht das Bild völlig anders aus [25]. Dabei sind zwei Fälle zu unterscheiden. 1. Der Investor steigt lediglich aus der Kassenhaltung in den Besitz anderer Aktiva um oder vice versa. 2. Der Investor wechselt aus einer nichtmonetären Anlage in eine andere nichtmonetäre Anlage hinüber. Im ersten Falle entstehen die Transaktionskosten nur einmal (Kasse–nichtmonetäre Aktiva bzw. nichtmonetäre Aktiva–Kasse), im zweiten Falle entstehen sie zweimal (nichtmonetäre Aktiva–Kasse–nichtmonetäre Aktiva).

Die Berücksichtigung dieser Transaktionskosten in dem Ertrags-Risiko-Kalkül der Portfoliowahl hat zum Resultat, daß die Länge der Periode, für die ein bestimmtes Portfolio geplant wird, nicht mehr eine „exogene“ Größe ist, sondern selber zum Problem wird.

Wenn „die Wirtschaftssubjekte zu Beginn jeder kurzen Periode kostenlos neu disponieren können, so wird ein Verhalten, das in jeder kurzen Periode optimal ist, auch optimal über eine längere Periode sein. Ziehen wir dagegen die An- und Verkaufskosten der Wertpapiere in Betracht, so wird der Zeithorizont selber zum Problem, da diese Kosten um so weniger ins Gewicht fallen, je länger am Wertpapier festgehalten wird“ [26].

Bei einer gegebenen Ertrags-Risiko-Relation und bei gegebenen Präferenzen hinsichtlich dieser Relation wird die Investitionsperiode um so länger sein, je größer die Transaktionskosten sind. Eine Umwandlung des Portfolios wird nicht zu jedem beliebigen Zeitpunkt erfolgen können. Die Portfoliozusammensetzung wird vielmehr während einer längeren Zeit relativ *stabil* bleiben, insbesondere dann, wenn der Anteil der Kassenhaltung am Gesamtvermögensbestand relativ gering ist und wenn der einzelne von einer nichtmonetären Anlage in eine andere nichtmonetäre Anlage umsteigen will.

Wird zusätzlich noch die für verschiedene Typen von Aktiva unterschiedliche Höhe an Transaktionskosten berücksichtigt (mobilisierbare Aktiva haben z. B. geringere Transaktionskosten als nicht mobilisierbare Aktiva), dann läßt sich zudem eine größere temporäre Stabilität (bzw. „Trägheit“) in der Zusammensetzung jener Aktiva feststellen, die nur mit

---

[24] J. Tobin [1965], S. 4–5 und F. A. Lutz [1967], S. 206–207.

[25] Wie wir wissen, können sich diese Transaktionskosten aus den Informationskosten (im Falle unvollkommener Märkte) und den Transformationskosten zusammensetzen. Siehe hierzu Kap. II.3a, S. 49–52 und insbesondere Fußnote 25 auf S. 52.

[26] F. A. Lutz [1967], S. 206–207. Siehe ferner auch: J. Tobin [1965], S. 4–6; S.-Ch. Kolm [1967], S. 240–242; J. R. Hicks [1967], S. 31–34.

relativ hohen Kosten liquidierbar sind (z. B. Sachaktiva im Gegensatz zu marktfähigen Wertpapieren).

Schließlich spielt auch noch die absolute Höhe des Umwandlungsbetrages eines Aktivums eine Rolle. Da die Transaktionskosten in den meisten Fällen aus einem fixen und einem variablen Kostenbestandteil bestehen, fallen die Transaktionskosten um so weniger ins Gewicht, je größer der Umwandlungsbetrag ist. Jene Individuen, die über ein großes Vermögen verfügen, sind demnach im Wechsel ihrer Portfoliozusammensetzung im Vergleich zu Besitzern kleinerer Vermögen begünstigt [27].

Das Moment der Transaktionskosten verursacht somit eine während der Zeit bestimmte (und in der Wirklichkeit auch zu beobachtende) Immobilität der Portfoliokomposition. Hierfür sind jedoch nicht allein die Transaktionskosten verantwortlich. Hinzu kommt noch ein anderer Umstand, der auf gewisse Präferenzen einer Reihe von Wirtschaftssubjekten zurückzuführen ist. Bisher sind wir von der Annahme ausgegangen, daß der Investor bestrebt ist, den Ertrag seines Portfolios zu maximieren und das mit dem Ertrag verbundene Risiko eines Kapitalwert- und Realwertverlustes zu reduzieren, indem er eine Diversifikation seines Portfolios unter Berücksichtigung der Transaktionskosten vornimmt. Der Investor besaß die Verhaltensweisen der Ertragsmaximierung und der Risikoreduzierung der Kapitalwert- und Realwertunsicherheit. Es gibt aber auch Wirtschaftssubjekte, die ihre Portfoliowahl nicht nach dieser Verhaltensmaxime ausrichten, sondern die die Zielsetzung haben, aus ihrem Portfolio ein über längere Zeit regelmäßiges Einkommen zu erhalten. Ein solches Einkommen verschaffen z. B. die langfristigen festverzinslichen Wertpapiere (Couponzahlungen). Wenn sich bei diesen z. B. auch der Kapitalwert aufgrund zukünftiger relativer Preisverschiebungen ändert, so bleibt davon jedoch die Höhe des regulären Einkommenstromes unberührt. Besitzen in diesem Sinne eine Reihe von Wirtschaftssubjekten eine Aversion gegenüber der *„Einkommensunsicherheit“*, so werden sie ihr Vermögen über eine längere Zeit hinweg in einkommenssicheren Aktiva (langfristige festverzinsliche Wertpapiere, Sachaktiva) anlegen, und sie werden sich wenig um die Kapitalwertunsicherheit (bzw. Realwertunsicherheit) dieser Aktiva kümmern.

„Eine Reihe von Wirtschaftssubjekten (Witwen und Waisen) legen ein großes Gewicht auf die Einkommensunsicherheit und kümmern sich nicht viel um die Unsicherheit des Kapitalwertes, da sie überhaupt nicht die Absicht haben, diesen zu realisieren. Finanzinstitute widmen ihrer Bilanz eine hohe Aufmerksamkeit und bewerten dementsprechend die Kapitalwertsicherheit sehr hoch. Vermögensbesitzer, die einen Geschmack an der Spekulation haben oder die ein so großes Vermögen haben, daß sie die Risiken weit streuen können, empfinden eine geringere Aversion

---

[27] Siehe hierzu auch Fußnote 7 auf S. 152–153.

sowohl gegenüber der Einkommensunsicherheit als auch gegenüber der Kapitalwertunsicherheit, die mit irgendeinem besonderen Aktivum verbunden sind." [28]

Die Präferenzen für die Einkommenssicherheit führen (ebenfalls) zu einer relativen Stabilität in der Zusammensetzung des Portfolios und zu einer Konzentration dieses Portfolios auf einkommenssichere Aktiva. Doch nicht nur „Witwen und Waisen" werden diese Vorliebe für die Einkommenssicherheit haben. Die breite Masse von Besitzern kleiner Vermögen investiert ihr Vermögen in langfristigen Sparkonten oder in langfristigen festverzinslichen Wertpapieren, wobei die wenigsten sich Gedanken machen, was wohl die Wertpapierpreise nach einer kurzen Periode sein werden.

4. Die Liquiditäts- und Ertragsstruktur der Aktiva

Der Liquiditätsgrad eines Aktivums wurde durch den Grad seiner „Zahlungsmittelnähe" und seiner „Wertaufbewahrungsmittelnähe" definiert. In einer Welt der Unsicherheit hinsichtlich der zukünftigen Zahlungsausgänge und -eingänge und der Schwankungen der zukünftigen Preise (inklusive Zinssätze) stiftet ein Aktivum, welches die „Liquiditätsdienste" der Zahlungssicherheit und Wertsicherheit liefert, einen unmittelbaren Nutzen, der sich zudem intensiviert, wenn das Aktivum ohne hohe Transaktionskosten realisierbar ist. Dieser Nutzen auf der Basis der Liquidität (Zahlungssicherheit, Wertsicherheit, Ersparnis von Transaktionskosten) kann als ein Ertrag nichtpekuniärer Art konzipiert werden, den ein Aktivum je nach der Höhe seines Liquiditätsgrades: Grad der „Zahlungsmittelnähe" (Höhe der Zahlungssicherheit und der Ersparnis an Transaktionskosten) und Grad der „Wertaufbewahrungsmittelnähe" (Höhe der Wertsicherheit), abwirft. Diesem nichtpekuniären Ertrag steht gleichzeitig ein pekuniärer Ertrag gegenüber, den ein Aktivum in Form von „Einkommen" (Zinsen, Dividenden) und von Veränderungen im Kapital- und Realwert hat.

Das Geld vom Typ M_1 – und im folgenden bezieht sich der Terminus Geld immer auf die Geldmenge vom Typ M_1 – ist (im Falle der Geldwertstabilität) das einzige Aktivum, das keinen pekuniären Ertrag abwirft [29];

---

[28] ["Some (widows and orphans) set great store on income-uncertainty, and do not bother much capital-uncertainty, as they do not intend to realise it in any case. Financial institutions set great store on their balance sheets, and value capital-certainty very highly. Owners of wealth with a taste for speculation, or those who have such large fortune that they can spread their risks widely, have a smaller aversion than either to uncertainty about any particular asset."] J. Robinson [1951], S. 9.

[29] Es sind jedoch Geldordnungen denkbar, in denen das Geld einen pekuniären Ertrag in Form eines Zinssatzes abwirft; vgl. hierzu weiter unten Kap. VII.

sein Gesamtertrag setzt sich allein aus dem nichtpekuniären Ertrag zusammen: Es ist absolut liquide. Die anderen Aktiva besitzen unterschiedliche nichtpekuniäre und pekuniäre Ertragssätze. Die Bedingungen für die optimale Zusammensetzung eines Portfolios sind erfüllt, wenn die verschiedenen, im Portfolio gehaltenen Aktivtypen jeweils einen gleich hohen marginalen Gesamtertrag abwerfen. Aktiva, die relativ liquide sind und demnach einen hohen nichtpekuniären Ertragssatz abwerfen, brauchen nur einen relativ geringen pekuniären Ertragssatz zu haben. Umgekehrt müssen weniger liquide Aktiva einen relativ hohen pekuniären Ertragssatz besitzen, wenn sie im Portfolio gehalten werden sollen. Hieraus folgt, daß in einem optimalen Portfolio den Liquiditätsunterschieden zwischen den Aktivtypen die pekuniären Ertragsunterschiede in inverser Beziehung entsprechen müssen. In diesem Sinne steht die Liquiditätsstruktur eines Portfolios im umgekehrten Verhältnis zu seiner pekuniären Ertragsstruktur.

Diese inverse Beziehung zwischen der Liquiditäts- und pekuniären Ertragsstruktur eines Portfolios läßt sich wie folgt formalisieren. Der Gesamtertragssatz eines Aktivums j möge R betragen. Dieser Gesamtertragssatz setzt sich aus einer pekuniären Komponente zusammen, dem pekuniären Ertragssatz r_j, und aus einer nichtpekuniären Komponente, dem nichtpekuniären Ertragssatz ϱ_j, der die „Liquiditätsdienste" des Aktivums j widerspiegelt. Eine Optimierung der Portfoliozusammensetzung bedeutet, daß die Gesamtertragssätze von n Aktiva untereinander gleich sind:

$$R = r_j + \varrho_j \qquad (j = 1, \ldots, n). \tag{3}$$

Zu betonen ist, daß R, r und ϱ grundsätzlich *marginale* Ertragssätze darstellen. Der pekuniäre Ertragssatz r_j ist zwar in der Regel auch ein Durchschnittssatz, es sei denn, daß r_j mit der Höhe der in einem Portfolio befindlichen Menge des Aktivums j variiert. Dagegen ist ϱ_j eindeutig eine marginale Größe; er entspricht dem (direkten) Grenznutzen des Aktivums j, der (ex hypothesi) mit zunehmender Menge von j fällt und der mit der Grenzrate der Substitution identifiziert werden muß. Da zumindest ϱ_j eine Grenzgröße darstellt (unterschiedlich vom durchschnittlichen nichtpekuniären Ertragssatz), ist ebenfalls R ein marginaler Ertragssatz. Wenn wir im folgenden vom Gesamtertragssatz eines Aktivums, seinem pekuniären und nichtpekuniären Ertragssatz sprechen, dann wird hierunter implizite stets der marginale Ertragssatz verstanden (zumindest was R und ϱ_j anbelangt).

Die formale Beziehung (3) zwischen pekuniärem Ertragsatz und nichtpekuniärem Ertragssatz, deren Summe für jedes Aktivum gleich hoch ist, wird in der Abb. 26 verdeutlicht. Die mannigfaltigen Aktivtypen haben wir in die bekannten fünf Kategorien von Aktiva aufgeteilt: Geld, kurzfristige Wertpapiere, langfristige festverzinsliche Wertpapiere, Aktien, Sachaktiva. Da innerhalb jeder Kategorie der pekuniäre (bzw. nichtpekuniä-

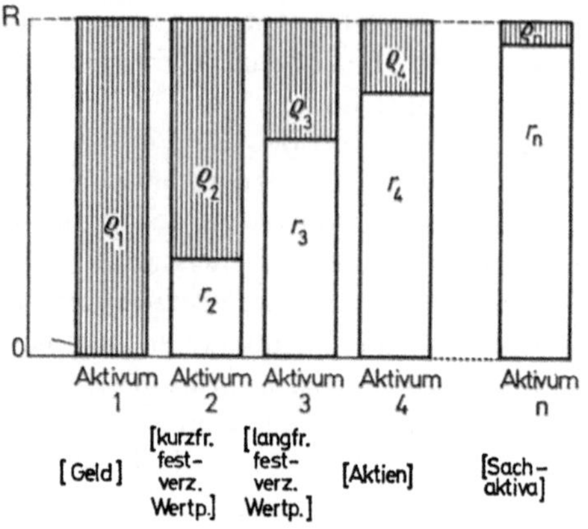

Abb. 26

re) Ertragssatz zwischen den Aktivtypen dieser Kategorie unterschiedlich sein kann, repräsentiert jede Kategorie auch nur ein (nicht näher) bestimmtes Aktivum dieser Kategorie. Die Beziehung zwischen pekuniärem und nichtpekuniärem Ertragssatz, wie sie in Abb. 26 für die verschiedenen Aktivtypen abgetragen ist, stellt eine mögliche Relation unter vielen anderen denkbaren Relationen dar.

Die in der obigen Formel bzw. in der Abb. 26 aufgestellte Behauptung eines Ausgleichs der Gesamtertragssätze der Aktiva muß im folgenden noch näher erklärt bzw. wenn nötig modifiziert werden. Dabei sind folgende Problemkreise zu behandeln. (a) Eine Adjustierung der Gesamtertragssätze erfolgt über den nichtpekuniären Ertragssatz, indem sich die Liquiditätsunterschiede zwischen der Geldhaltung und der Haltung anderer Aktiva an die pekuniären Ertragssätze der Aktiva anpassen. (b) Ein Spezialproblem der Liquiditäts- und Ertragsstruktur der Aktiva ist die Frage nach den Determinanten der Zinsstruktur der Finanzaktiva. (c) Das Theorem des Ausgleichs der Gesamtertragssätze gilt grundsätzlich auch für die „menschlichen Aktiva", obwohl hier besonders deutlich wird, daß der nichtpekuniäre Ertragssatz der Aktiva nicht unbedingt allein aus Liquiditätsvorteilen zu bestehen braucht und daß eine Anpassung der Gesamtertragssätze nur tendenziell möglich ist.

a) Die Geldnachfrage im Sinne von „Liquiditätsdifferentialpräferenzen"

Eine optimale Zusammensetzung des Portfolios bedeutet, daß der pekuniäre Ertragssatz eines weniger liquiden Aktivums (z. B. r_3) größer sein muß als der pekuniäre Ertragssatz eines liquideren Aktivums (z. B. r_2); dieser pekuniäre Ertragsunterschied (r_3-r_2) muß genau dem Liquiditätsunterschied zwischen dem liquideren Aktivum und dem weniger liquiden Aktivum entsprechen ($\varrho_2-\varrho_3$).

Ähnliches gilt für den Vergleich zwischen den Vorteilen der Geldhaltung und den Vorteilen der Haltung anderer Aktiva. Der pekuniäre Ertragssatz der Haltung kurzfristiger Wertpapiere (r_2) muß gleich dem Liquiditätsunterschied zwischen der Geldhaltung und der Haltung kurzfristiger Wertpapiere sein ($\varrho_1-\varrho_2$); der pekuniäre Ertragssatz der Haltung langfristiger Wertpapiere (r_3) muß gleich dem Liquiditätsunterschied zwichen der Geldhaltung und der Haltung langfristiger Wertpapiere sein ($\varrho_1-\varrho_3$) etc. Unter diesem Aspekt stellt der pekuniäre Ertragssatz eines Aktivums ein Entgelt für die Liquiditätsnachteile dar, die das betreffende Aktivum im Vergleich zum Geld hat. Der pekuniäre Ertragssatz der Haltung kurzfristiger Wertpapiere (r_2) ist eine Entschädigung für den Liquiditätsnachteil, den die kurzfristigen Wertpapiere im Vergleich zur Geldhaltung besitzen ($\varrho_2-\varrho_1$). Umgekehrt bezahlt das Individuum den Liquiditätsvorteil, den die Geldhaltung im Vergleich zur Haltung kurzfristiger Wertpapiere aufweist ($\varrho_1-\varrho_2$) mit einem Verzicht auf den pekuniären Ertragssatz der Haltung von kurzfristigen Wertpapieren (r_2): Die Opportunitätskosten des „Liquiditätsdifferentials" der Geldhaltung in bezug auf die Haltung der kurzfristigen Wertpapiere bestehen aus dem pekuniären Ertragssatz der Haltung kurzfristiger Wertpapiere.

Auf der Basis dieser Überlegungen läßt sich eine interessante Schlußfolgerung für die Geldnachfrage ziehen. Die Geldnachfrage stellt nicht (wie bei Keynes) eine Vorliebe für die Liquidität der Geldhaltung dar. Sie ist vielmehr eine Vorliebe für die „Liquiditäts*differentiale*" der Geldhaltung in bezug zu anderen Aktiva. Für die Entscheidung der Geldhaltung ist der Vergleich zwischen dem Vorteil der Geldhaltung und den Vorteilen aller anderen Aktiva von Bedeutung. Wenn diese anderen Aktiva mehr oder weniger liquide sind, enthüllt sich die Geldnachfrage als „Liquiditätsdifferentialpräferenzen" der Geldhaltung in bezug auf die Haltung von kurzfristigen Wertpapieren, die Haltung von langfristigen Wertpapieren, die Haltung von Aktien und die Haltung von Sackaktiva. Nur für den Fall, daß ein Aktivum überhaupt keinen Liquiditätsvorteil aufweist, läßt sich die Geldnachfrage als eine Liquiditätspräferenz interpretieren (wie z. B. im Keynes-Modell, in dem die Konsols als vollkommen illiquide Aktiva betrachtet werden).

In unserer Argumentation können wir sogar weiter gehen und die Nachfrage nach einem nichtmonetären Aktivum, das einen bestimmten Liquiditätsgrad besitzt, als eine Liquiditätsdifferentialpräferenz dieses Aktivums im Vergleich zu einem anderen, weniger liquiden Aktivum interpretieren. So kann z. B. die Nachfrage nach kurzfristigen Wertpapieren als eine Liquiditätsdifferentialpräferenz der Haltung kurzfristiger Wertpapiere in bezug auf die Haltung langfristiger festverzinslicher Wertpapiere oder in bezug auf die Haltung von Aktien etc. konzipiert werden.

Mit Hilfe des Konzeptes der Liquiditätsdifferentiale kann der Anpassungsprozeß des Ausgleichs der Gesamtertragssätze der verschiedenen Aktivtypen wie folgt erklärt werden. Das Liquiditätsdifferential eines Aktivums in bezug auf ein anderes Aktivum ist keine konstante Größe. Wenn das Gesetz des abnehmenden Grenznutzens Gültigkeit hat, dann wird der „marginale Liquiditätsvorteil" eines Aktivums um so geringer sein, je mehr von diesem Aktivum im Portfolio gehalten wird. Je größer die Geldhaltung ist, desto geringer wird der Grenznutzen der Geldhaltung (d. h. ihr nichtpekuniärer Ertragssatz ϱ_1) sein; je größer die Haltung kurzfristiger Wertpapiere ist, desto geringer wird ihr Grenznutzen (d. h. ihr nichtpekuniärer Ertragssatz ϱ_2) sein etc. Übersteigt z. B. der Gesamtertragssatz der kurzfristigen Wertpapiere den Gesamtertragssatz des Geldes ($R_1 < R_2$), dann wird das Individuum einen Teil seiner Geldhaltung in kurzfristigen Wertpapieren investieren; diese Substitution ruft einen höheren nichtpekuniären Ertragssatz der Geldhaltung und einen geringeren nichtpekuniären Ertragssatz bei der Haltung der kurzfristigen Wertpapiere hervor; das Liquiditätsdifferential der Geldhaltung in bezug auf die Haltung kurzfristiger Wertpapiere ($\varrho_1 - \varrho_2$) steigt, so daß sich bei gegebenem pekuniären Ertragssatz der Haltung von kurzfristigen Wertpapieren der Gesamtertragssatz der Geldhaltung dem der kurzfristigen Wertpapiere annähert, und der Substitutionsprozeß wird solange anhalten, bis beide Gesamtertragssätze einander gleich sind ($R_1 = R_2$, wenn $\varrho_1 - \varrho_2 = r_2$).

Im Falle einer ceteris paribus Variation der pekuniären Ertragssätze der Aktiva wird eine völlige Umstrukturierung des Portfolios stattfinden. Steigen z. B. alle pekuniären Ertragssätze um den gleichen absoluten Betrag, dann erfolgt eine Verringerung der Kassenhaltung zugunsten aller anderen Aktivbestände. Steigen dagegen nur die pekuniären Ertragssätze der weniger liquiden Aktiva, dann wird das Individuum die Bestände der relativ liquideren Aktiva (inklusive Geld) reduzieren und entsprechend die Bestände der weniger liquiden Aktiva erhöhen.

b) Die Determinanten der Zinsstruktur

Bisher sprachen wir von den Bedingungen des optimalen Portfolios für ein einzelnes Individuum. Die pekuniären Ertragssätze der Aktiva wurden als gegeben unterstellt, und der einzelne setzte sein Vermögen in der Weise zusammen, daß die sog. Liquiditätsdifferentiale (oder der Unterschied in den nichtpekuniären Ertragssätzen) zwischen der Geldhaltung einerseits und der Haltung anderer Aktiva andererseits den pekuniären Ertragssätzen gleichkamen.

Der Gesamtertragssatz (R) eines Portfolios kann von Wirtschaftssubjekt zu Wirtschaftssubjekt unterschiedlich sein. Einerseits werden die Liquiditätsdienste, welche die Aktiva abwerfen, von den Wirtschaftssubjekten unterschiedlich bewertet (aufgrund der Unmöglichkeit des interpersonalen Nutzenvergleichs kann hierüber nichts Weiteres ausgesagt werden). Zum anderen werden selbst die pekuniären Ertragssätze bei den einzelnen Wirtschaftssubjekten verschiedenartig hoch ausfallen, denn diese enthalten bekanntlich eine Erwartungskomponente (die Sätze der erwarteten Kapitalwert- und Realwertveränderung und im Falle der Aktien noch zusätzlich die erwarteten Dividenden); nur der „Einkommenssatz" der Aktiva (und zwar die Zinssätze) ist für alle gleich hoch und mit Sicherheit bekannt.

Beschränken wir die Aktiva nur auf die Finanzaktiva und schließen wir innerhalb dieser Finanzaktiva die Aktien aus, dann ist der für alle gleich hohe und mit Sicherheit bekannte Bestandteil des pekuniären Ertragssatzes eines Finanzaktivums gleich dem (gegenwärtigen) Zinssatz dieses Finanzaktivums. Bekanntlich existiert in einer Wirtschaft eine große Vielfalt von Zinssätzen. Der mannigfaltigen Zahl von Finanzaktiva entspricht eine mannigfaltige Zahl von Zinssätzen. Das komplexe System der Zinssätze läßt sich in drei Kategorien aufteilen [30].

1. Die geographische Struktur der Zinssätze. Sie bezieht sich auf die unterschiedlichen Zinssätze, die wegen einer unvollkommenen Mobilität von Kreditmitteln zwischen Gebieten mit verschieden hohen Ertragssätzen (z. B. aufgrund verschieden hoher Grenzproduktivitäten des Kapitals) bestehen. Schwächen im interregionalen Transfermechanismus (z. B. zwischen Nationen) können durch institutionelle Hemmnisse oder regionale Präferenzen für bestimmte Finanzaktiva bedingt sein.

2. Die Verzugsrisikostruktur der Zinssätze. Für jeden Typ von Finanzaktiva (d. h. für Finanzaktiva, welche in einem bestimmten Gebiet gehandelt werden und die z. B. die gleiche Laufzeit haben) existieren unterschiedliche Klassen des Kredit- oder Verzugsrisikos. Dieses Risiko bezieht sich auf die Zahlungsfähigkeit der Schuldner. Der Unterschied in den Zinssätzen eines bestimmten Wertpapiertyps resultiert dementsprechend aus den je nach dem Grad der Verzugsrisikos verschieden hohen Risikoprämien [31].

3. Die Friststruktur der Zinssätze. Finanzaktiva haben verschiedene Laufzeiten. Dementsprechend können die kurzfristigen Zinssätze von den langfristigen Zinssätzen divergieren. Es ist die Friststruktur der Zinssätze, die wir im folgenden mit Hilfe der bisher gewonnenen Resultate über die Liquiditäts- und Ertragsstruktur der Aktiva kurz erklären wollen.

---

[30] J. M. Culbertson, A Theory of the Term Structure of Interest Rates, Dissertation, Universität Michigan 1956, 15–19.

[31] Siehe hierzu weiter oben Fußnote 29 auf S. 56.

Im Mittelpunkt des Problems der Friststruktur der Zinssätze steht die Frage, weshalb die langfristigen Zinssätze im Vergleich zu den kurzfristigen Zinssätzen unterschiedlich hoch sind. Dabei sind grundsätzlich drei Fälle denkbar; vgl. hierzu die Kurven der Zinssätze i[32] in Abb. 27. (a, b) Die langfristigen Zinssätze liegen über den kurzfristigen Zinssätzen; (c) die langfristigen Zinssätze sind gleich den kurzfristigen Zinssätzen; (d) die langfristigen Zinssätze liegen unter den kurzfristigen Zinssätzen.

Die Theorie der Zinsstruktur basiert vornehmlich auf der sog. Erwartungstheorie, die wir im folgenden um die Komponente einer Liquiditätstheorie der Zinsstruktur erweitern möchten. Nach der Erwartungstheorie wird das Zinsgefüge durch die Erwartungen bestimmt, welche die Portfoliobesitzer hinsichtlich der pekuniären Ertragssätze der langfristigen Wertpapiere aufstellen. Was die kurzfristigen Wertpapiere angeht, so ist deren pekuniärer Ertragssatz (grosso modo) im voraus bekannt, da Schwankungen in den zukünftigen kurzfristigen Zinssätzen nur minimal den zukünftigen Kapitalwert der kurzfristigen Wertpapiere ändern [33]. Bei der Erwartungstheorie der Zinsstruktur ist weiterhin von Wichtigkeit, welche Erwartungen hinsichtlich des zukünftigen langfristigen Zinssatzes dominierend sind. So können von einer Gruppe von Wirtschaftssubjekten gewisse Erwartungen gehegt werden, die im diametralen Gegensatz zu den Erwartungen einer anderen Gruppe von Wirtschaftssubjekten stehen, und es kommt für die Bestimmung der Zinsstruktur dann darauf an, welche Gruppe die am Markte relativ stärkste Gruppe ist; das Verhalten der Finanzintermediäre (Banken, Versicherungsgesellschaften etc.) ist deshalb hier von besonderer Bedeutung.

(a) Gehen wir von der Annahme aus, daß die Marktteilnehmer erwarten, daß die langfristigen Zinssätze in der Zukunft unveränderlich bleiben. Es wird also weder ein Kapitalgewinn noch ein Kapitalverlust erwartet. Der pekuniäre Ertragssatz der langfristigen Wertpapiere wird dann lediglich aus dem Zinssatz dieser Wertpapiere bestehen. Sofern die kurzfristigen Zinssätze von den langfristigen Zinssätzen divergieren, liegt die Vermutung nahe, daß die Marktkräfte dafür sorgen, daß sich die Zinssätze der Wertpapiere aller Laufzeiten aneinander angleichen. Diese Angleichung infolge eines Arbitrageprozesses würde vor allem dann stattfinden, wenn alle Wertpapiere den gleichen Liquiditätsgrad (d. h. den gleichen nichtpekuniären Ertragssatz) aufweisen würden. Wir wissen aber, daß dieser für die verschiedenen Wertpapiertypen unterschiedlich ist. Kurzfristige

---

[32] F. A. Lutz [1967], S. 221.

[33] Allerdings besteht ein Unterschied in den Kapitalwertschwankungen zwischen Wertpapieren mit einer Laufzeit von einem Monat und Wertpapieren mit einer Laufzeit von z. B. einem Jahr. Die folgenden Aussagen über „kurzfristige" Wertpapiere und ihre entsprechenden Zinssätze müssen somit in der Weise interpretiert werden, daß diese für sehr kurzfristige Wertpapire stehen.

Wertpapiere stehen dem Zahlungs- und Wertaufbewahrungsmittel Geld näher als langfristige Wertpapiere: Kurzfristige Wertpapiere bieten eine höhere Zahlungssicherheit, da sie nach kurzer Zeit (d. h. am Ende ihrer Laufzeit) in Geld ausbezahlt werden; schließlich unterliegen sie nicht dem Risiko einer Kapitalwertänderung, sie besitzen eine Kapitalwertsicherheit im Gegensatz zu den langfristigen Wertpapieren, denn wenn auch die Marktteilnehmer erwarten, daß die zukünftigen langfristigen Zinssätze gleich den gegenwärtigen langfristigen Zinssätzen bleiben, so schließen diese Erwartungen nicht das Risiko eines Irrtums aus. Sind somit die kurzfristigen Wertpapiere in der Regel liquider als die langfristigen Wertpapiere, werden die Portfoliobesitzer einen geringeren pekuniären Ertragssatz für die kurzfristigen Wertpapiere akzeptieren. Der pekuniäre Ertragssatz

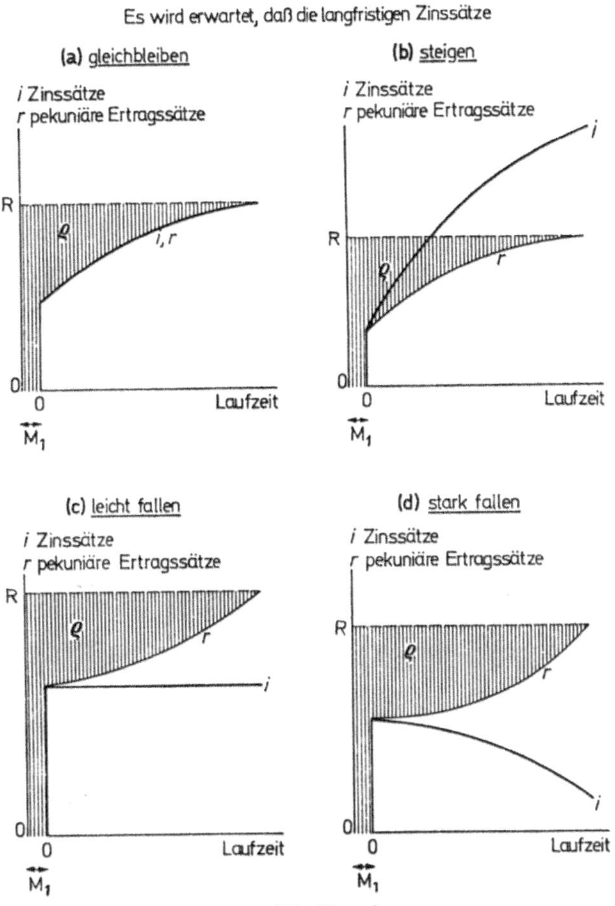

Abb. 27 a–d

für die langfristigen Wertpapiere wird höher liegen, und zwar um den Betrag des Liquiditätsdifferentials zwischen den kurzfristigen und den langfristigen Wertpapieren. Im Vergleich zur Geldhaltung (M_1), die eine Laufzeit von Null hat und die keinen pekuniären Ertrag abwirft, muß der pekuniäre Ertragssatz der langfristigen Wertpapiere ebenfalls höher liegen als der pekuniäre Ertragssatz der kurzfristigen Wertpapiere, da der pekuniäre Ertragssatz der langfristigen Wertpapiere gleich dem Liquiditätsdifferential zwischen dem Geld und den langfristigen Wertpapieren ist; dieses Liquiditätsdifferential ist größer als das Liquiditätsdifferential zwischen Geld und kurzfristigen Wertpapieren. Da laut Annahme erwartet wird, daß die zukünftigen langfristigen Zinssätze unveränderlich bleiben, fällt die Kurve der Zinssätze i mit der Kurve der (erwarteten) pekuniären Ertragssätze r zusammen (siehe Abb. 27 a).

Die geometrischen Darstellungen der Abb. 27 unterstellen, daß das Wertpapier mit der längsten Laufzeit (Konsols) völlig illiquide ist; sein Gesamtertragssatz (R) besteht allein aus dem pekuniären Ertragssatz (r). Dies ist ein möglicher, keineswegs aber ein zwingender Fall. Da das Liquiditätselement Kapitalwertsicherheit um so weniger ins Gewicht fällt, je länger die Laufzeit des Wertpapieres ist, können die Konsols allgemein als jene Finanzaktiva betrachtet werden, welche den geringsten Liquiditätsgrad besitzen. Im Extremfall ist ihr Liquiditätsgrad (ϱ) gleich Null, was in Abb. 27 unterstellt wurde [34].

Die Zins- bzw. pekuniäre Ertragsstruktur kann nun als Indikator für das Liquiditätsvolumen eines Portfolios bzw. des Gesamtbestandes der in einer Wirtschaft existierenden Finanzaktiva benutzt werden. Bezeichnen wir mit λ_j den Liquiditätsgrad eines Finanzaktivums F_j. Der Liquiditätsgrad dieses Finanzaktivums ist gleich der Relation zwischen seinem nichtpekuniären Ertragssatz (ϱ_j) und seinem Gesamtertragssatz ($r_j+\varrho_j$):

$$\lambda_j = \frac{\varrho_j}{r_j + \varrho_j} \qquad (j=1, \ldots, n). \tag{4}$$

Stellt das Aktivum F_1 das Geld dar und das Aktivum F_n die Konsols (die ex hypothesi völlig illiquide sind), dann ist $\lambda_1 = 1$ und $\lambda_n = 0$. Das Liquiditätsvolumen (L_j) des Finanzaktivums F_j beträgt:

$$L_j = \lambda_j F_j \qquad (j=1, \ldots, n) \tag{5}$$

und das gesamte Liquiditätsvolumen (L) aller in einer Wirtschaft bestehenden Finanzaktiva ist gleich der Summe der Liquiditätsvolumina der einzelnen Finanzaktiva [35]:

$$L = \sum_{j=1}^{n} \lambda_j F_j. \tag{6}$$

---

[34] Besitzen die Konsols dagegen einen Liquiditätsgrad, dann verschiebt sich die horizontale Linie R nach oben.

Die *empirische Messung* der „Liquiditätsmenge" L kann wie folgt durchgeführt werden. Die Liquidität der Geldmenge M (deren Liquiditätsgrad λ_1 gleich eins ist) beträgt $L_1 = \lambda_1 F_1 = M$. Die Liquidität der Konsols ist (laut Annahme) gleich Null ($\varrho_n = 0$); ihr pekuniärer Ertragssatz r_n entspricht dem Gesamtertragssatz R ($R = r_n$). Der nichtpekuniäre Ertragssatz eines Finanzaktivums könnte dann entsprechend der Formel (3) durch die Differenz zwischen r_n und r_j gemessen werden: $\varrho_j = r_n - r_j$. Ersetzen wir in der Formel (4) ϱ_j durch $r_n - r_j$, dann erhalten wir einen Liquiditätsgrad λ_j, der empirisch meßbar ist: $\lambda_j = 1 - r_j/r_n$ [36]. Die gesamtwirtschaftliche Liquiditätsmenge L entsprechend der Formel (6) lautet dann unter expliziter Berücksichtigung der Geldmenge M_1 und des für empirische Zwecke umgeformten Liquiditätsgrades λ_j:

$$L = M_1 + \sum_{j=2}^{n} \left(1 - \frac{r_j}{r_n}\right) F_j. \tag{7}$$

Die empirische Messung der Liquiditätsmenge L ist besonders dann ohne große Schwierigkeiten möglich, wenn die pekuniären Ertragssätze der Wertpapiere (r_j) mit den Zinssätzen (i_j) zusammenfallen. Dieser Fall war in Abb. 27 a gegeben. Er beruhte auf der Annahme, daß die Marktteilnehmer eine Konstanz der zukünftigen langfristigen Zinssätze erwarten. Aber

---

[35] Vgl. hierzu: J. G. Gurley [1960]; E. L. Feige, The Demand for Liquid Assets: A Temporal Cross-Section Analysis, Englewood Cliffs (N. J.) 1964, S. 5–7 und E. J. Kane, International Liquidity: A Probabilistic Approach, in: Kyklos, XVIII (1965), S. 28–29.

[36] $\lambda_j = \dfrac{\varrho_j}{r_j + \varrho_j} = \dfrac{r_n - r_j}{r_j + r_n - r_j} = \dfrac{r_n - r_j}{r_n} = 1 - \dfrac{r_j}{r_n}$.

Es ist natürlich äußerst schwierig, ein Aktivum, das einen nichtpekuniären Ertragssatz von Null hat, in der Wirklichkeit zu identifizieren. Milton Friedman macht in seiner Studie über die optimale Geldmenge auf diese Schwierigkeit aufmerksam.

Die Aktien warfen in den USA einen pekuniären Ertragssatz von durchschnittlich 9 bis 10 Prozent ab, wohingegen Obligationen in Zeiten der Preisstabilität einen pekuniären Ertragssatz von 3 bis 5 Prozent erzielten. Der Unterschied in den pekuniären Ertragssätzen der beiden Wertpapiertypen kann auf zwei verschiedene Weisen erklärt werden. Entweder war der nichtpekuniäre Ertragssatz der Aktien gleich Null, so daß die Obligationen einen nichtpekuniären Ertragssatz zwischen 4 und 7 Prozent abwarfen; der Gesamtertragssatz wäre dann zwischen 9 und 10 Prozent gewesen. Oder der nichtpekuniäre Ertragssatz der Obligationen war gleich Null und der nichtpekuniäre Ertragssatz der Aktien war negativ, so daß der Gesamtertragssatz 3 bis 5 Prozent betrug.

Friedman führt noch ein anderes Beispiel an. Viele Wirtschaftssubjekte haben Sparkonten und nehmen gleichzeitig Konsumentenkredite auf. Die Sparguthaben werfen einen Zinssatz von z. B. 5 Prozent ab, während die Konsumentenkredite vielfach zu einem Zinssatz von 35 Prozent pro Jahr abgeschlossen werden. Beträgt der Gesamtertragssatz 35 Prozent (die Sparkonten würden dann einen nichtpekuniären Ertragssatz von 30 Prozent erzielen) oder beträgt er nur 5 Prozent (die Schulden würden z. B. aufgrund eines gewünschten Zwangssparens einen nichtpekuniären Ertragssatz von 30 Prozent abwerfen)?

Vgl. M. Friedman, The Optimum Quantity of Money, in: M. Friedman, The Optimum Quantity of Money, Chicago 1969, S. 40.

auch andere Fälle von Erwartungen hinsichtlich der Entwicklung der zukünftigen langfristigen Zinssätze sind denkbar, in denen dann die pekuniären Ertragssätze nicht mehr mit den (gegenwärtigen) Zinssätzen übereinstimmen.

(b) Erwartet die Mehrheit der Marktteilnehmer für die Zukunft ein Steigen der langfristigen Zinssätze, dann rechnen sie mit einem Kapitalverlust, der um so größer ist, je länger die Laufzeit der im Portfolio befindlichen Wertpapiere ist. Dementsprechend werden sie nur dann langfristige Wertpapiere halten, wenn die (gegenwärtigen) langfristigen Zinssätze im Vergleich zu den kurzfristigen Zinssätzen relativ hoch sind. Die Zinsstruktur wird den Verlauf der Kurve i in Abb. 27 b haben: Die relativ hohe Spanne zwischen langfristigen und kurzfristigen Zinssätzen kompensiert sowohl die Liquiditätsnachteile der langfristigen Wertpapiere als auch den erwarteten Kapitalverlust; die pekuniären „Nettoertragssätze" der Wertpapiere werden von der Kurve r wiedergegeben; die Differenz zwischen i und r mißt den erwarteten Kapitalverlust; der Verlauf der Kurve r ist wiederum durch die Liquiditätsdifferentiale zwischen den kurzfristigen und den langfristigen Wertpapieren bestimmt. Der Fall (b) kann als typisch z. B. für jene Perioden angesehen werden, in denen die Wirtschaft eine Rezession durchläuft und am Anfang eines Aufschwunges steht; denn während dieser Zeit sind die Zinssätze relativ niedrig und die Wirtschaftssubjekte werden im allgemeinen mit einem Steigen der zukünftigen Zinssätze rechnen.

(c, d) Im Gegensatz zu den Fällen (a) und (b) stehen jene Situationen, in denen die Wirtschaft eine Hochkonjunktur durchläuft, die ihrerseits durch ein relativ hohes Zinsniveau charakterisiert ist. Auf dem Höhepunkt dieser Konjunktur angelangt, werden die Wirtschaftssubjekte im allgemeinen mit einem Sinken der zukünftigen langfristigen Zinssätze rechnen. Sinkende langfristige Zinssätze bedeuten Kapitalgewinne, die um so bedeutender bei jenen Wertpapieren sind, die eine lange Laufzeit besitzen. Die Wirtschaftssubjekte werden sich entweder (c) mit gleich hohen kurz- und langfristigen Zinssätzen begnügen (Abb. 27 c) oder (d) sogar mit langfristigen Zinssätzen, die unter den kurzfristigen Zinssätzen liegen (Abb. 27 d). Der Fall (c) ist dann gegeben, wenn ein leichtes Fallen der langfristigen Zinssätze erwartet wird; da eine Kapitalwertveränderung stets mit Unsicherheit erwartet wird und der erwartete Kapitalgewinn relativ gering ist, werden sich die Wirtschaftssubjekte mit einem langfristigen Zinssatz zufrieden geben, der (annäherend) gleich dem kurzfristigen Zinssatz ist. Ist dagegen der erwartete Kapitalgewinn um vieles größer (im Fall d wird mit einem starken Fallen der langfristigen Zinssätze gerechnet), werden die langfristigen Zinssätze unter den kurzfristigen Zinssätzen liegen. In beiden Fällen verläuft die Zinskurve i unterhalb der Kurve der pekuniären Ertragssätze r. Zudem wird der Liquiditätsgrad der längerfristigen Wertpapiere höher eingeschätzt werden als in den Fällen (a) und insbesondere (b), da jetzt allgemein die längerfristigen Wertpapiere als relativ kapitalwertsicher angesehen werden; das Liquiditätselement „Kapitalwertsicherheit" ist bis zu einem bestimmten Risikograd auch bei den längerfristigen Wertpapieren garantiert (die anderen Liquiditätselemente: „Zahlungssicherheit", „Ersparnis an Transaktionskosten", bleiben jedoch unverändert) [37, 38].

---

[37] Schließlich muß noch erwähnt werden, daß wir in unserem theoretischen Exkurs über die Determinanten der Zinsstruktur (der sich aus der Liquiditäts- und Ertragsanalyse des Portfolios als „Nebenprodukt" ergab) nichts über mögliche Realwertänderungen und ihre Wirkungen auf das Zinsgefüge ausgesagt haben. In der Tat haben kontinuierliche Veränderungen im allgemeinen Preisniveau überhaupt keine Wirkungen auf die Struktur der Zinssätze; sie werden lediglich das Niveau der Zinssätze beeinflussen, sofern eine bestimmte, unveränderliche Inflationsrate (oder Deflationsrate) für die nächste und alle folgenden Perioden erwartet wird. Laut Annahme figurieren unter den Finanzaktiva das Geld und die festverzinslichen Wertpapiere; die Aktien wurden hierin nicht eingeschlossen. Erwarten die Wirtschaftssubjekte eine Geldwertveränderung, dann wird der erwartete Realwert aller Finanzaktiva in gleichem Maße berührt. Im Falle der Inflation z. B. verringert sich der „reale" pekuniäre Ertragssatz aller Wertpapiere. Um diesen Verlust im Realwert des Portfolios zu reduzieren, werden die Wirtschaftssubjekte höhere „nominale" Zinssätze fordern; die Zinssätze werden sich dann auf einem höheren Niveau einpendeln. Mit Hilfe der Abb. 27 lautet die Argumentation wie folgt: Wenn die Kurve der pekuniären Ertragssätze r als Kurve der „realen" pekuniären Ertragssätze interpretiert wird, dann verschiebt sich die Zinskurve i um den Betrag der erwarteten Realwertveränderung bei inflationären Preiserwartungen parallel nach oben und bei deflationären Preiserwartungen parallel nach unten (in der Abb. 27 a fallen ferner Ertragskurve und Zinskurve nicht mehr zusammen; die Kurve i verschiebt sich parallel zu der unveränderlich gebliebenen Kurve r nach oben oder unten).

Diese allgemeine Feststellung muß jedoch unter drei Aspekten modifiziert werden. Die folgenden Überlegungen beziehen sich explizite nur auf den Inflationsfall.

(i) Ist die erwartete Inflationsrate je nach der Länge des zukünftigen Zeithorizonts unterschiedlich, dann hat diese auch einen zusätzlichen Einfluß auf die Struktur der Nominalzinssätze (indem diese ebenfalls die Fristigkeitsstruktur der erwarteten Inflationsrate widerspiegelt).

(ii) Wie wir im Kap. IX sehen werden, paßt sich der Grenzertrag der (realen) Geldhaltung, d.h. ihr nichtpekuniärer Ertragssatz, dem *nominalen* Zinssatz an.

(iii) Wie wir ebenfalls in Kap. IX sehen werden, kann der reale pekuniäre Ertragssatz aller nichtmonetärer Aktiva aufgrund der Inflation fallen.

[38] Die Bestimmung der Zinsstruktur beruhte wie schon erwähnt auf der sog. Erwartungstheorie, die wir mit einer Liquiditätstheorie komplettiert haben. Der Vollständigkeit halber sei noch auf eine andere Theorie der Zinsstruktur, die der „aufgeteilten Märkte" (Segmented Markets Theory), hingewiesen, die in der Literatur neben der Erwartungstheorie diekutiert wird.

Diese Theorie gliedert „den" Wertpapiermarkt nach dem Kriterium der unterschiedlichen Laufzeiten in Teilmärkte auf. Die Zinsunterschiede ergeben sich aus einer Inkongruenz zwischen der nachgefragten Friststruktur der Wertpapiere seitens der Kreditgeber und der angebotenen Friststruktur seitens der Kreditnehmer.

Auf der Seite der Kreditgeber sind vor allem die Finanzinstitute zu nennen, die gewisse Präferenzen für bestimmte Laufzeiten der Wertpapiere haben: Die Geschäftsbanken halten z. B. relativ kurzfristige Wertpapiere, während Versicherungsgesellschaften, Hypothekenbanken etc. langfristige Wertpapiere vorziehen. Auch die Kreditnehmer sind nicht indifferent gegenüber der Laufzeit der einzugehenden

c) Menschliche Aktiva und unterschiedliche Gesamtertragssätze der Aktiva

Im weiteren wollen wir wieder Aktien und Sachaktiva in unsere Überlegungen einbeziehen. Bisher hatten wir festgestellt, daß die Zusammensetzung des aus Finanz- und Sachaktiva bestehenden Portfolios dann optimal ist, wenn die Summe des pekuniären und nichtpekuniären Ertragssatzes eines Wertpapieres oder Sachaktivums gleich der Summe des pekuniären und nichtpekuniären Ertragssatzes eines anderen Wertpapieres oder eines anderen dauerhaften Sachgutes ist; und diese Summe mußte wiederum gleich dem nichtpekuniären Ertragssatz der Geldhaltung (vom Typ M_1) sein, da diese (in Zeiten der Geldwertstabilität) den höchsten Liquiditätsgrad besitzt. Dieses Theorem des Ausgleichs der Gesamtertragssätze der Aktiva muß jedoch unter verschiedenen Aspekten modifiziert werden, damit es eine höhere Aussagefähigkeit für die Erklärung der Wirklichkeit erhält.

Zunächst muß darauf hingewiesen werden, daß der nichtpekuniäre Ertragssatz eines Aktivums nicht unbedingt allein aus Liquiditätsvorteilen zu bestehen braucht. Einerseits enthalten eine Reihe von Wertpapieren bestimmte Arten von nichtpekuniären Vorteilen wie etwa eine Beteiligung bzw. ein Mitbestimmungsrecht an der Geschäftsführung (Aktien, Guthaben bei genossenschaftlichen Kreditanstalten), Vergünstigungen einer zukünftigen Kreditaufnahme (Guthaben bei Bausparkassen), Schutz gegen Unglücksfalle (Versicherungspolicen) etc. [39]. Andererseits bieten bestimmte Aktiva sog. „sozialpsychologische“ Befriedigungen, sofern sie sich als Mittel der Zurschaustellung von Macht und sozialem Prestige eignen. Hierunter fallen insbesondere gewisse langlebige Konsumgüter [40] und auch eine bestimmte Gruppe von „menschlichen Aktiva“.

Schulden. Konsumenten wie Investoren sind in der Regel bestrebt, die Frist der Schuldtitel nach der Lebensdauer der Sachaktiva zu begrenzen, die mit dem aufgenommenen Kredit gekauft werden.

Da die Wertpapiere verschiedener Laufzeiten keine vollständigen Substitute sind, ergibt sich ein Unterschied in den Zinssätzen, sobald die nachgefragte Friststruktur nicht mit der angebotenen Friststruktur übereinstimmt. Entspricht z. B. das Gesamtangebot an Wertpapieren der Gesamtnachfrage, und existiert gleichzeitig ein Angebotsüberschuß an langfristigen Wertpapieren und ein entsprechender Nachfrageüberschuß nach kurzfristigen Wertpapieren, dann liegt nach der Theorie der „aufgeteilten Märkte“ der langfristige Zinssatz über dem kurzfristigen Zinssatz.

So anziehend und „selbst-evident“ diese Theorie auch sein mag (weshalb sie denn auch in überwältigender Mehrheit von den Fachleuten der Praxis vertreten wird!), so ist sie trotzdem durch eine Reihe von empirischen Tests zugunsten der Erwartungstheorie widerlegt worden.

Siehe hierzu F. M. Struble, Current Debate on the Term Structure of Interest Rate, in: Monthly Review, Federal Reserve Bank of Kansas City, Januar–Februar 1966; abgedruckt in: Monetary Economics: Readings, hrsg. v. A. D. Entine, Belmont (Calif.) 1968. Die Literaturhinweise finden sich auf S. 358–359. Vgl. ebenfalls F. A. Lutz [1967], S. 182 ff.

[39] Siehe hierzu auch weiter oben Kap. III.2c, S. 86.

[40] Vgl. weiter oben Kap. IV.2, S. 96–97.

Den Menschen als menschliches Kapital und die Menschen als menschliche Aktiva zu bezeichnen, ist ein Konzept, das in der gegenwärtigen Literatur wieder eine weitläufige Verwendung gefunden hat – vor allem im Zusammenhang mit den jüngsten Fragen der Bildungsökonomie. Wenn in der Vergangenheit der Begriff des menschlichen Kapitals vielfach verworfen wurde, so war hierfür maßgebend nicht nur die Ablehnung der (zumindest äußerlich wirkenden) materialistischen Auffassung, den Menschen als ökonomischen Wert bzw. „Ware" zu betrachten, sondern es wurde immer wieder darauf hingewiesen, daß die Menschen keinen Preis haben, da sie – mit Ausnahme der Sklaven in einer Sklavenwirtschaft – auf keinem Markt gehandelt werden können. Alfred Marshall z. B. fällte in dieser Hinsicht ein salomonisches Urteil, indem er erklärte, daß das menschliche Wesen zwar zweifellos ein Kapital darstelle, dieses Kapital sei jedoch derartig abstrakt, daß es nicht Gegenstand einer praktischen Marktanalyse sein könne [41]. Wenn es auch stimmt, daß die menschlichen Aktiva nicht wie die nichtmenschlichen Aktiva (Finanzaktiva, Sachaktiva) auf einem Markt beliebig gekauft und verkauft werden können (und hierin liegt der wesentliche Unterschied zwischen menschlichen und nichtmenschlichen Aktiva: die Kenntnis der Matrizenrechnung kann nicht von einem Individuum heute gekauft und morgen wieder verkauft werden, während ein Wertpapier oder eine Maschine sowohl gekauft als auch verkauft werden kann), so unterliegt die Bestimmung der endgültigen Höhe des menschlichen Kapitals trotzdem der ökonomischen Entscheidung eines jeden Individuums, und diese Höhe hängt von dem erwarteten Ertragssatz des menschlichen Kapitals ab!

Das menschliche Kapital, worüber der einzelne verfügt, setzt sich zusammen aus seinen angeborenen physischen und intellektuellen Fähigkeiten und seiner allgemeinen und beruflichen Erziehung. Ein Mensch kann nun aber normalerweise erst von einem bestimmten Alter ab die Höhe seines menschlichen Kapitals bestimmen. Sehen wir von dem „Basiswert" des menschlichen Kapitals (natürliche Fähigkeiten) ab, so kann der Betrag des menschlichen Kapitals auf folgende Weise variiert werden: Eine Akkumulation erfolgt durch Erziehungsausgaben, die (bei gegebenem Vermögen) durch eine Verringerung der nichtmenschlichen Aktiva finanziert werden; eine Reduzierung des menschlichen Kapitals geschieht (ebenfalls bei gegebenem Vermögen) zugunsten einer Erhöhung der nichtmenschlichen Aktiva, indem seine „Instandhaltungsausgaben" nicht aufrechterhalten werden (diese „Amortisationskosten" beziehen sich sowohl auf die minimalen Lebenshaltungskosten als auch vor allem auf jenen Teil von Bildungskosten, die für die Anpassung des Wissens aufgrund des technischen und wissenschaftlichen Fortschritts erforderlich sind).

---

[41] A. Marshall [1920], S. 787–788.

Da die Akkumulation des menschlichen Kapitals eines Individuums nur über eine relativ lange Periode möglich ist und dementsprechend der zu erwartende Ertrag mit einer besonders hohen Unsicherheit behaftet ist, wird das Wirtschaftssubjekt nur dann eine Bildungsinvestition vornehmen, wenn der erwartete Ertragssatz dieser Investition im Vergleich zum erwarteten Ertragssatz der Investition in nichtmenschlichen Aktiva relativ hoch ist [42]. Dabei ist zu beachten, daß sich der Ertrag des menschlichen Kapitals wie im Falle des Ertrages der Finanz- und Sachaktiva aus einem pekuniären und einem nichtpekuniären Bestandteil zusammensetzen kann. Letzterer umfaßt zwar keine Liquiditätsvorteile (was nur in einer Sklavenwirtschaft denkbar ist); er beruht vielmehr vor allem auf sozialpsychologischen Motivationen (z. B. das soziale Ansehen der Berufsgruppe) und er kann mit dem „psychischen Einkommen" Irving Fishers gleichgesetzt werden [43]. Unter rein theoretischem Aspekt erfolgt eine Adjustierung in der Zusammensetzung des aus menschlichen und nichtmenschlichen Aktiva bestehenden Portfolios, sofern ein Unterschied zwischen dem erwarteten Gesamtertragssatz des menschlichen Kapitals und dem erwarteten Gesamtertragssatz des nichtmenschlichen Kapitals vorliegt. Daß diese Anpassung in der alle Aktiva umfassenden Portfoliozusammensetzung jedoch von einer anderen Art ist als die der aus nichtmenschlichen Aktiva bestehenden Portfoliokombination, versteht sich insofern von selbst, als die Veränderung des Betrags an menschlichen Aktiva nur während eines langen Zeitraumes möglich ist. In der „kurzen" Periode werden dementsprechend die Gesamtertragssätze der menschlichen und nichtmenschlichen Aktiva vielfach voneinander divergieren [44].

[42] T. W. Schultz, Education and Economic Growth, in: Social Forces Influencing American Education, Publikation der National Society for the Study of Education, Chicago 1961; G. S. Becker, Investment in Human Capital, in: Journal of Political Economy, LXX (1962), Sondernummer.

[43] I. Fisher, The Nature of Capital and Income, New York 1906, S. 101–108 und 165–179.

[44] In seiner Theorie des permanenten Einkommens kommt Milton Friedman zu ähnlichen Ergebnissen, obwohl er die Portfolioanalyse nur am Rande behandelt, da es ihm vor allem um die Bestimmung der Konsumfunktion geht. M. Friedman, A Theory of the Consumption Function, Princeton 1957.

Bekanntlich geht er von der Hicksschen Definition des Einkommens aus (S. 10): „Vom theoretischen Gesichtspunkt wird das Einkommen im allgemeinen als jener Betrag definiert, den ein Konsument konsumieren könnte, wenn er sein Kapital völlig intakt läßt." ["On a theoretical level, income is generally defined as the amount a consumer unit could consume (or believes that it could) while maintaining its wealth intact."]

Das Kapital setzt sich bei Friedman aus den menschlichen und nichtmenschlichen Aktiva zusammen. Das Einkommen, genannt „permanentes Einkommen", ist dann gleich dem Zins, den das Kapital abwirft.

Dieser Zinssatz, den Friedman „subjektiven Zinssatz" nennt, ist identisch mit unserem Gesamtertragssatz, der bekanntlich (im Regelfalle) eine pekuniäre und nichtpekuniäre Komponente enthält. Friedman unterstreicht ebenfalls, daß die subjektiven Zinssätze der verschiedenen Aktivtypen aufgrund gewisser Unvollkom-

5. Die Kapitaltheorie der Geldnachfrage

Vor annähernd fünfzig Jahren beklagte sich Hicks in seinem berühmt gewordenen Artikel „A Suggestion for Simplifying the Theory of Money" [1935] über den Abgrund, der die Geldtheorie von der Werttheorie der Güter trennt, und um diesen zu überbrücken, schlug er eine „marginale Revolution" vor: Der Wert der Güter hängt von ihrem Grenznutzen ab; der Wert des Geldes muß ebenfalls durch den Grenznutzen bestimmt werden [45]. Die jüngsten Entwicklungen auf dem Gebiete der Geldtheorie sind den Hicksschen „simplifying" suggestions gefolgt, indem sie (um das heutige Modewort zu gebrauchen) die Dichotomie zwischen Geld- und Werttheorie verwerfen und (mit den Worten des Untertitels des Patinkinschen Buches Money, Interest, and Prices) „An Integration of Monetary and Value Theory" anstreben.

---

menheiten der Märkte unterschiedlich sein können, so daß „der" subjektive Zinssatz, der auf der Grundlage des bestehenden Kapitals die Höhe des permanenten Einkommens bestimmt, als ein gewogener Durchschnitt der verschieden hohen subjektiven Zinssätze zu konzipieren ist. Siehe hierzu M. Friedman, Windfalls, the „Horizon", and Related Concepts in the Permanent Income Hypothesis, in: Measurement in Economics. Studies in Mathematical Economics and Econometrics in Memory of Yehuda Grunfeld, hrsg. v. C. F. Christ und anderen, Stanford (Calif.) 1963, S. 9–14.

In diesem Zusammenhang ist es interessant festzustellen, daß das Einkommenskonzept Milton Friedmans mit dem Einkommenskonzept von Irving Fisher unter folgendem Aspekt übereinstimmt. Auch Fisher betrachtet das Einkommen als eine abgeleitete, durch die gesamten (menschlichen und nichtmenschlichen) Ressourcen und den Zinssatz bestimmte Größe. [1930] S. 331–332. Er spricht ebenfalls von der Möglichkeit, das Einkommen als einen „Fluß von psychischen Befriedigungen" aufzufassen, worin dann nicht nur das pekuniäre Einkommen, sondern auch das nichtpekuniäre Einkommen enthalten wäre. [1930], S. 453.

Der Unterschied zwischen beiden Autoren liegt in den zwei folgenden Punkten. Fisher beschränkt schließlich das Einkommen auf das Geldeinkommen, da er die Schwierigkeit der empirischen Messungsmöglichkeit des „psychischen Einkommens" erkennt; Friedman äußert sich hierzu nicht explizite, obwohl sein permanentes Einkommen aus einem pekuniären und einem nichtpekuniären Teil besteht. Zum anderen hängt bei Fisher die Konsumneigung von der Höhe des Einkommens ab; die Hypothese des permanenten Einkommens postuliert dagegen bekanntlich eine von der Höhe des permanenten Einkommens unabhängige Neigung zum „permanenten Konsum".

[45] „Nach dem Gewittersturm der letzten Jahre wagt man nur mit einer eigentümlichen Befangenheit und sogar Besorgnis, den Mund zu öffnen, sobald es sich um den Gegenstand des Geldes handelt ... Ein in dieser Beziehung aufklärender Hinweis liefert für mich ... ein Zweig der Wirtschaftstheorie, der zwar elementarer, dafür aber meiner Meinung nach besser entwickelt ist: die Werttheorie ... der relative Wert zweier Waren hängt vom Verhältnis ihrer Grenznutzen ab.

Für einen Unbefangenen, der sich mit der Geldtheorie zu befassen beginnt, ist es äußerst beklemmend, sich dieses Notankers zu entledigen. Denn es war das Konzept des Grenznutzens, das aus der Werttheorie überhaupt einen Sinn machte; und welche Überraschung, auf einen Zweig der Wirtschaftswissenschaften zu stoßen, der

Wir haben gezeigt, daß die Theorie der Geldnachfrage nach den gleichen Grundsätzen entwickelt werden muß wie die Theorie der Nachfrage nach anderen Aktiva. Die Bestimmung der Transaktions- und Vorsichtskasse folgt den allgemeinen Regeln der Lagertheorie, und die Ableitung der Spekulationskasse baut auf jener Theorie der Wahlakte auf, welche Unvollkommenheiten wie die der unvollständigen Voraussicht, der Transaktionskosten und anderer „Friktionen" berücksichtigt. Die optimale Bestimmung der Geldnachfrage läßt sich nur mit Hilfe einer „allgemeinen Strategie der Portfolioselektion" [46] analysieren, wobei das Portfolio sowohl die Finanz- und Sachaktiva als auch die menschlichen Aktiva umfassen kann. Die optimalen Bestände an „Money, Capital and Other Stores of Value" (Tobin [1961]) werden simultan determiniert; die Ableitung der optimalen Höhe an Kasse folgt nicht nur den gleichen Prinzipien wie die der optimalen Höhe anderer Kapitalformen (sonstige Finanzaktiva, Sachaktiva, menschliche Aktiva), sie läßt sich darüber hinaus nur gleichzeitig mit der optimalen Bestimmung der Bestände der anderen Aktiva durchführen.

In diesem Sinne ist die Theorie der Geldnachfrage in Richtung einer *„Kapitaltheorie der Geldnachfrage"* entwickelt worden, woran insbesondere Milton Friedman und James Tobin gearbeitet haben [47]. Harry Johnson bezeichnet diese Entwicklung der Geldtheorie als die bedeutendste Neuerung auf dem Gebiete der Geldtheorie in den 1950er Jahren:

> „... die Hauptentwicklungslinie in der Geldtheorie ist nach meiner Meinung ... vom theoretischen Gesichtspunkt aus gesehen die Anwendung der Kapitaltheorie auf die Geldtheorie gewesen, d. h. die Bemühung, die Geldtheorie mit Hilfe der Kapitaltheorie zu entwickeln, indem das Geld als ein Aktivum betrachtet wird, das eine im Vergleich zu anderen Aktiva alternative Anlage darstellt, und indem die Wahl, wieviel Geld gehalten werden soll, als ein Problem angesehen wird, dessen Lösung den Begriffsapparat der Kapitaltheorie benötigt." [48]

Dieser Begriffsapparat der Kapitaltheorie bezieht sich auf die Aktivbestände und deren Ertragssätze. Die verschiedenen Arten von Aktiva erreichen ihre optimale Höhe, sofern die jeweiligen marginalen Ertragssätze

---

insgesamt ohne Grenznutzen auskommt! Was erforderlich ist, ist eine ‚marginale Revolution'! Das ist mein Vorschlag."

["After the thunderstorms of recent years, it is with peculiar diffidence and even apprehension that one ventures to open one's mouth on the subject of money ... I should prefer to seek illumination ... from a branch of economics which is more elementary, but, I think in consequence better developed–the theory of value ... the relative value of two commodities depends upon their relative marginal utility.

Now, to an *ingénu,* who comes over to monetary theory, it is extremely trying to be deprived of this sheet-anchor. It was marginal utility that really made sense of the theory of value; and to come to a branch of economics which does without marginal utility altogether! No wonder that there are such difficulties and such differences! What is wanted is a 'marginal revolution'! That is my suggestion."] J. R. Hicks [1935], S. 13–14.

miteinander übereinstimmen. Auf die Geldtheorie angewandt und erweitert modifiziert sich das Gleichgewichtstheorem der Kapitaltheorie insofern, als der Ertragssatz des Geldbestandes und anderer liquider Bestände nicht unbedingt pekuniärer (oder physischer) Natur zu sein braucht; beim Geld besteht er ausschließlich aus Liquiditätsdiensten, und bei anderen Aktiva, insbesondere Finanzaktiva, setzt er sich vielfach aus einem pekuniären und nichtpekuniären Ertragsbestandteil zusammen. Der nichtpekuniäre Ertrag eines Aktivums ist nichts anderes als der unmittelbare Nutzen, den es stiftet (sofern es natürlich als Konsumgut betrachtet wird); das Hickssche Postulat einer für die Geldtheorie dringend notwendigen „marginalen Revolution" ist somit nicht nur für das Geld, sondern auch für andere, geldnahe Aktiva erfüllt.

Die Kapitaltheorie des Geldes kann noch unter zwei Aspekten vervollständigt werden. Der erste Aspekt berücksichtigt auch die Passivseite der Bilanz: Nicht nur die Aktiva werden mit Hilfe des Ausgleichs ihrer Gesamtertragssätze optimal kombiniert, auch die Passiva (Schuldtitel) werden in den Kalkül einbezogen, um eine optimale Bilanzstruktur zu erhalten [49]. Unser Anliegen ist jedoch der zweite Aspekt, der das Kapitalkonto (stocks) eines Individuums zusammen mit dessen Einkommenskonto (flows) untersucht. Dieser Aspekt ist für die Analyse der Geldnachfrage aus folgenden Gründen von Wichtigkeit. Bisher sind wir von einem gegebenen Vermögensbestand ausgegangen und haben nach der optimalen Aufteilung dieses Bestandes auf die verschiedenen Aktivtypen (inklusive Geld) gefragt. Diese Betrachtungsweise ist insofern unvollständig, als das Individuum nicht nur Entscheidungen über die Zusammensetzung seines Vermögens (Portfolioselektion), sondern auch *gleichzeitig* Entscheidungen über die Höhe seines Vermögens (Sparentscheidung) trifft. Dieser Problemkreis wird u. a. im folgenden Abschnitt behandelt.

---

[46] J. Tobin [1961], S. 109.

[47] Siehe u. a. M. Friedman [1956] und The Demand for Money: Some Theoretical and Empirical Results, in: Journal of Political Economy, LXVII (1959); J. Tobin [1958], [1961], [1965] und [1969].

[48] ["... what I think has been the main line of the development in monetary theory ... from the theoretical point of view has been the application of capital theory to monetary theory–the effort to work out the theory of money in terms of the theory of capital, regarding money as an asset which is alternative to other assets, and the choice as to how much money to hold as a problem whose solution requires capital theory concepts."] H. G. Johnson, Recent Developments in Monetary Economics, a.a.O., S. 74. Siehe auch S. 92 und H. G. Johnson [1962], S. 31–32, 38 und 50–51.

[49] Vgl. hierzu u. a. J. G. Gurley and E. S. Shaw [1960] und D. Patinkin [1965], Kap. V–VI.

6. Kurz- und langfristige Geldnachfrage

Eine andere *analytische* Aufteilung der Geldnachfrage als die in Transaktions-, Vorsichts- und Spekulationskasse ist die der kurz- und langfristigen Nachfrage nach Geld, die unter zwei Aspekten untersucht werden kann.

(a) Die Nachfrage nach Geld ist eine Nachfrage nach der *Bestandsgröße* Geldhaltung. Die Ableitung der Bestimmungsgrößen (Zinssatz, Einkommen, ...) für die Höhe an Transaktions-, Vorsichts- und Spekulationskasse bezieht sich auf den gewünschten *Bestand* dieser Kassen. Ein völlig anderes Problem ist es, wie das einzelne Wirtschaftssubjekt diesen gewünschten Kassenbestand realisiert. Ist seine effektive Kassenhaltung beispielsweise unterhalb der gewünschten Kassenhaltung, so wird es letztere entweder unmittelbar oder im Laufe von mehreren Perioden zu erreichen versuchen. Der relevantere Fall ist der letztere, denn der Geldbestand bildet einen Teil des Vermögensbestands und die optimale Anpassung des effektiven an den gewünschten Vermögensbestand erfolgt über mehrere Perioden. In analoger Weise paßt das Wirtschaftssubjekt seine effektive Geldhaltung an die (langfristig) gewünschte Geldhaltung über einen gewissen Zeitraum an. Kurzfristig ist seine Geldnachfrage gleich seinem effektiven Kassenbestand plus dem Hortungsbetrag, der dem Zuwachsbetrag der effektiven Kassenhaltung entspricht; langfristig wird es erst mittels des mehrperiodischen Hortens den endgültig gewünschten Geldbestand verwirklichen.

(b) Ein zweiter Problemkreis der „kurz- und langfristigen" Geldnachfrage bezieht sich auf den Einfluß des Einkommens auf die Höhe der gewünschten Geldhaltung. Wie wir sehen werden, besteht eine direkte Beziehung zwischen Einkommenshöhe und Höhe an (langfristig) gewünschtem Geldbestand, wobei die relevante Einkommensvariable die des langfristig erwarteten Einkommens, d. h. des sog. permanenten Einkommens, ist. Kurzfristige Veränderungen des Einkommens brauchen sich nicht unbedingt in Veränderungen des langfristigen (permanenten) Einkommens niederzuschlagen; da die Geldnachfrage grundsätzlich vom permanenten Einkommen abhängig ist, ergeben sich zwar Schwankungen in der „kurzfristigen" Geldnachfragefunktion (bezogen auf das beobachtbare kurzfristige Einkommen), die „langfristige", auf das permanente Einkommen bezogene Geldnachfragefunktion bleibt dagegen relativ „stabil".

a) Der Bestandsanpassungsprozeß der Geldnachfrage

Die in den letzten Abschnitten entwickelte Theorie der Geldnachfrage ist die Theorie des gewünschten Geld*bestands*. Dieser gewünschte Geldbestand steht u. a. in funktionaler Abhängigkeit zum Einkommen bzw., wie wir aus der Portfolioanalyse der Geldnachfrage wissen, in funktionaler Abhängigkeit zum Vermögen. In der Portfolioanalyse sind wir von einem gegebenen Vermögen ausgegangen und wir haben nach der optimalen Aufteilung dieses Vermögens auf die verschiedenen Aktivtypen (inklusive Geld) gefragt. Diese Betrachtungsweise ist insofern unvollständig, als das Individuum nicht nur Entscheidungen über die Zusammensetzung seines Vermögens (Portfolioentscheidung), sondern auch *gleichzeitig* Entscheidungen über die Höhe des Vermögens trifft (Sparentscheidung)[50].

Das Ziel der Ersparnis besteht u. a. in der Konstituierung eines gewünschten Vermögensbestandes. Die Bildung dieses Vermögensbestandes erfolgt über einen langen Zeitraum, da es für den einzelnen weniger „kostspielig" ist, über eine große Reihe von Perioden den effektiven an den gewünschten Vermögensbestand mittels der Ersparnisse anzupassen als den Konsum in einer begrenzten Zahl von Perioden radikal einzuschränken. Da nun der gewünschte Geldbestand (im Sinne der Geldnachfrage) ein Teil des gewünschten Vermögensbestandes ist – entsprechend der Lehre der optimalen Portfoliozusammensetzung –, wird der gewünschte Geldbestand nicht unmittelbar realisiert, sondern die Anpassung des effektiven an den gewünschten Geldbestand erfolgt über mehrere Perioden – entsprechend der Lehre des zeitlichen Anpassungsprozesses des effektiven an den gewünschten Vermögensbestand mittels der Ersparnis.

In Abb. 28 ist einerseits die Anpassung des effektiven an den gewünschten Vermögensbestand mittels des mehrperiodischen Sparprozesses dargestellt (Abb. 28 a) und andererseits die Anpassung des effektiven an den gewünschten Geldbestand (Abb. 28 b).

Der zeitliche Anpassungsprozeß des effektiven Vermögensbestandes an den gewünschten mittels der Ersparnisse wird mit Hilfe eines Mehrperioden-Modells illustriert[51]. Die „objektiven" Elemente dieses Modells sind die gesamten Ressourcen R_t, über die das Wirtschaftssubjekt in der Periode t verfügt und die es entweder für den gegenwärtigen Konsum (C_t) oder für die Bildung von nicht-menschlichem Vermögen (V_t) – kurz Ver-

[50] Ein ähnliches Problem existiert auch für die Unternehmen, die nicht nur die Aktivseite ihrer Bilanz optimal strukturieren, sondern die auch mittels der Investition ihren Kapitalbestand vergrößern.

[51] Dieses Modell baut einerseits auf theoretischen Beiträgen zur Geldtheorie auf, die von G. C. Archibald und R. G. Lipsey, Monetary and Value Theory: A Critique of Lange and Patinkin, in: Review of Economic Studies, I (1958) stammen, und andererseits auf der „endogenen Einkommenshypothese" von R. Clower und M. B. Johnson, Income, Wealth, and the Theory of Consumption, in: Value, Capital, and Growth, hrsg. von N. Wolfe, Edinburgh 1968. Siehe ebenfalls M. B. Johnson, Household Behavior: Consumption, Income and Wealth, London 1970.

mögen genannt – verwenden kann:

$$R_t = y_{Ht} + r\,V_{t-1} + V_{t-1}$$
$$= C_t + V_t$$

y_{Ht} ist das Arbeitseinkommen und rV_{t-1} das Kapitaleinkommen, so daß $y_{Ht} + rV_{t-1}$ das gesamte individuelle Einkommen (y_t) darstellt. In Abb. 28 a illustriert der Punkt A die gegebenen Ressourcen in der Periode t. Diese Ressourcen kann das Individuum entsprechend der Budgetgera-

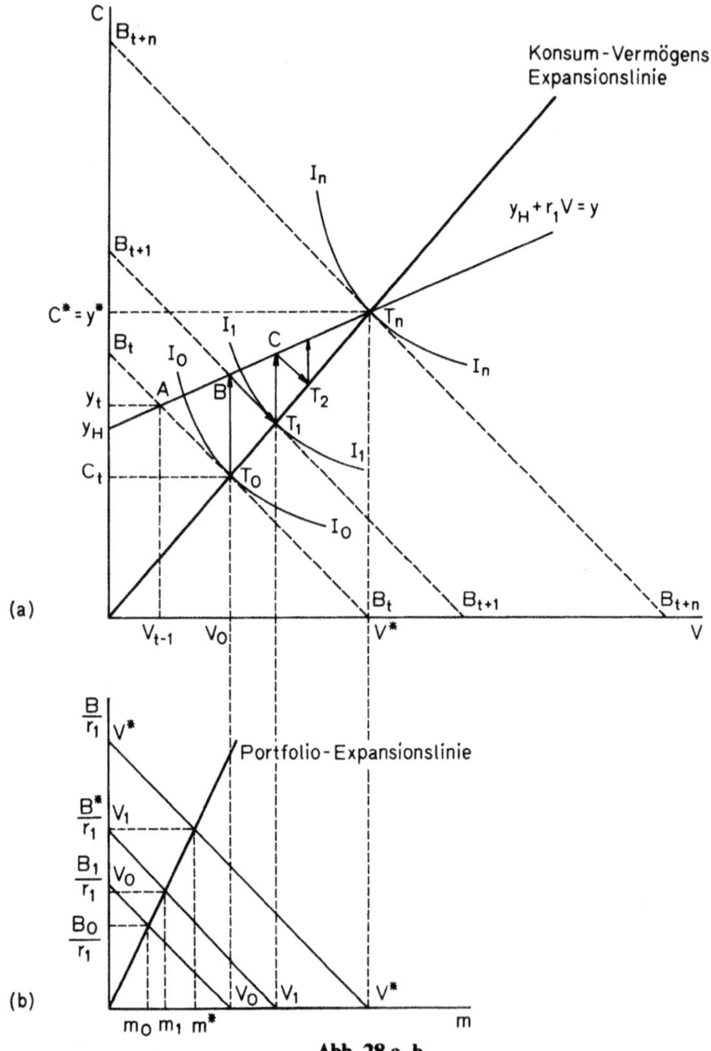

Abb. 28 a, b

den $B_t B_t$ in unzähligen Kombinationen für den Gegenwartskonsum und den Vermögensbestand benutzen.

Welche Kombination das Individuum auf seiner Budgetgeraden wählt, hängt von seiner intertemporalen Nutzenfunktion ab: [52]

$$U = U(C_t, C_{t+1}, C_{t+2}, \ldots; V_t, V_{t+1}, V_{t+2}, \ldots)$$

Die Indifferenzkurve $I_0 I_0$ in Abb. 28 a spiegelt ein gegebenes Nutzenniveau für unterschiedliche Kombinationen von C_t und V_t wider. Die optimale Wahlentscheidung ist durch den Tangentialpunkt T_0 bestimmt, so daß das Wirtschaftssubjekt $y_t - C_t$ spart, um sein Vermögen von V_{t-1} auf V_0 zu erhöhen. Das Individuum besitzt also in der nächsten Periode $t+1$ einen gesamten Ressourcenbestand, der durch den Punkt B in Abb. 28 a charakterisiert ist.

Den Ressourcenbestand von B teilt das Individuum entsprechend dem Tangentialpunkt T_1 derartig auf, daß er die Periode $t+2$ mit einem Ressourcenbestand vom Punkt C betritt. Das Wirtschaftssubjekt bewegt sich also entlang der Verbindungslinie der Tangentialpunkte T_0, T_1, T_2, welche die Konsum-Vermögens-Expansionslinie darstellt, zum langfristigen Konsum-Vermögens-Gleichgewicht T_n, in dem es seinen langfristig gewünschten Vermögensbestand V^* realisiert hat, so daß es von diesem Augenblick an sein gesamtes Einkommen y^* für den Konsum C^* ausgibt.

Die Implikationen dieses Modells für das Konsum- bzw. Sparverhalten sind folgende. Für den Fall, daß das Wirtschaftssubjekt einen permanenten Vermögensbestand bilden möchte, wird es diesen über eine beträchtliche Reihe von Perioden zu realisieren trachten. Der Sparprozess kann in der Weise der Abb. 28 a erfolgen, indem die Sparrate mit zunehmender Vermögensakkumulation abnimmt; eine gleichförmige oder eine mit der Zeit zunehmende Sparrate ist ebenfalls denkbar, was schließlich von der zugrundeliegenden Nutzenfunktion abhängt, welche den Verlauf der Konsum-Vermögens-Expansionslinie bestimmt.

Die optimale Aufteilung des jeweiligen Vermögensbestands auf die $n-1$ Aktiva „Wertpapiere B/r_1" (für einen gegebenen Zinssatz r_1) und das n-te Aktivum Geld m ist durch die Portfolio-Expansionslinie in Abb. 28b verdeutlicht. Wertpapiere und Geld werden im Rhythmus der Vermögensakkumulation aufgestockt. Der langfristig gewünschte Geldbestand

---

[52] Für den Fall eines temporären Vermögensbestands (Ersparnisse zwecks zukünftigen Konsums) lautet die intertemporale Nutzenfunktion eines Wirtschaftssubjekts:

$$U = U(C_t, C_{t+1}, C_{t+2}, \ldots, C_{t+n})$$

Die Existenz eines ***permanenten*** Vermögensbestandes (V) impliziert, daß dieser einen „direkten" Nutzen stiftet, d. h. daß dieser ein Argument der Nutzenfunktion bildet:

$$U = U(C_t, C_{t+1}, C_{t+2}, \ldots, C_{t+n}; V_t, V_{t+1}, V_{t+2}, \ldots, V_{t+n})$$

beträgt m^* (bzw. der langfristig gewünschte Wertpapierbestand beträgt B^*/r_1).

Dieser „langfristig“ gewünschte Geldbestand kann nun auf zwei verschiedene Arten interpretiert werden. Entweder wird er im wahrsten Sinne des Wortes als langfristig angesehen: Der langfristig gewünschte Vermögensbestand wird dann unter dem Aspekt der Lebenszyklus-Hypothese gesehen, so daß er z. B. nur während einiger Jahrzehnte realisiert werden kann. Oder der Zeithorizont von „langfristig“ wird willkürlich kürzer angesetzt, z. B. auf ein bis zwei Jahre. Diese zweite Interpretationsmöglichkeit für die „langfristig“ gewünschte Geldhaltung ist insofern für die makroökonomische Geldnachfragefunktion von Relevanz, als „Störungen“ im effektiven Geldbestand – und damit im Vermögensbestand – der Wirtschaftssubjekte, ausgelöst durch die Geldpolitik, nicht eine unmittelbare Anpassung des effektiven Geldbestandes an den gewünschten Geldbestand (Geldnachfrage) hervorrufen: Die Anpassung an den Status quo ante kann einige Zeit (d. h. einige Jahre) dauern.

b) Die permanente Einkommenshypothese der Geldnachfrage

Ein anderer langfristiger Aspekt der Geldnachfragefunktion bezieht sich nicht – wie im letzten Abschnitt – auf die Geldnachfrage selbst (im Sinne der allmählichen Realisierung der Geldnachfrage durch eine mehrperiodische Anpassung des effektiven an den gewünschten Geldbestand), sondern auf eine ihrer Bestimmungsgrößen: das Realeinkommen. Die uns hier interessierende Frage ist die, ob sich die Geldnachfrage im Konjunkturverlauf nach der in der jeweiligen Konjunkturphase registrierten Einkommenshöhe richtet oder nach dem durchschnittlich erwarteten Einkommen während eines bestimmten Zeitraums, also hier während des konjunkturellen Zeitablaufs. Entsprechend der permanenten Einkommenshypothese der Konsumfunktion nennt Friedman dieses letztere „normale“ (oder „langfristige“) Einkommen das permanente Einkommen. Für Friedman bildet das permanente Einkommen und nicht das tatsächlich beobachtbare Periodeneinkommen die Einkommensbasis sowohl der Konsumentenscheidung als auch der Geldnachfrageentscheidung [53].

Die eigentliche Begründung des permanenten Einkommens als relevante Einkommensvariable der Geldnachfragefunktion geht auf die Portfolioanalyse der Geldnachfrage zurück. Wie wir wissen, stellte das Vermögen die „Budgetbeschränkung“ der Portfoliowahl dar. Die Portfoliozusammensetzung blieb grundsätzlich dieselbe, gleichgültig, wie hoch das

---

[53] Siehe M. Friedman [1959]. Friedman entwickelte die permanente Einkommenshypothese des Konsums zwei Jahre vorher (1957).

Vermögen war. Das Vermögen war jedoch grundsätzlich das des nichtmenschlichen Vermögens (Sachaktiva, Finanzaktiva). Wenn nun das gesamte Vermögen W – menschliches Vermögen H plus nichtmenschliches Vermögen V – berücksichtigt wird – *und* gleichzeitig unterstellt wird, daß eine feste Relation zwischen V und W existiert, dann kann die Geldnachfrage (vom Typ M_2) als eine lineare Funktion des permanenten Einkommens (y_p) konzipiert werden:

$$m_2 = K_2\left(r, \frac{V}{W}\right) y_p, \quad \text{wobei} \quad \frac{\partial K_2}{\partial r} < 0, \quad \frac{\partial K_2}{\partial (V/W)} < 0$$

und wobei das permanente Einkommen gleich dem „Zinseinkommen" aus dem gesamten Vermögensbestand definiert ist: [54]

$$y_p = r\, W.$$

---

[54] *Theoretisch* errechnet sich das permanente Einkommen wie folgt.

Zunächst ist der Gegenwartswert aller zukünftigen Einkommen zu bestimmen. Wird z. B. als der für den Konsumenten relevante Zeithorizont sein gesamtes Leben unterstellt, beinhalten die zukünftigen Einkommen den Einkommensstrom der Modiglianischen Lebenszyklus-Hypothese. Dieser Gegenwartswert der zukünftigen Einkommen stellt das Vermögen des Konsumenten dar, W, das sich aus menschlichem (H) und nicht-menschlichem Vermögen (V) zusammensetzt: $W = H + V$, da das Einkommen sowohl aus menschlichem Kapital (Arbeitseinkommen) als auch aus physischem Kapital (Kapitaleinkommen) stammen kann.

Das permanente Einkommen ist nun gleich dem „Zinseinkommen" aus dem gesamten Vermögensbestand: $y_p = r\,W$. r ist die Ertragsrate aus menschlichem und nicht-menschlichem Kapital.

Praktisch – und vor allem in Hinblick auf den empirischen Test der permanenten Einkommenshypothese – errechnet sich das permanente Einkommen als gewogenes Mittel vergangener Einkommen:

$$y_{pt} = \beta y_t + (1-\beta)\beta y_{t-1} + (1-\beta)^2\beta y_{t-2} + \ldots + (1-\beta)^n \beta y_{t-n}$$

y_{pt} ist das permanente Einkommen in der Periode t, y_t ist das gegenwärtige Einkommen und y_{t-1}, y_{t-2} usw. sind die Einkommen der Vorperioden. β stellt den Gewichtungskoeffizienten dar, mit dem das Gegenwartseinkommen und die Einkommen der Vorperioden bewertet werden. In der obigen Formel handelt es sich um eine abnehmende Gewichtung, und zwar in dem Sinne, daß das gegenwärtige Einkommen und die Einkommen der letzten Perioden stärker „ins Gewicht" fallen als die Einkommen einer sehr weiten Vergangenheit. Ist z. B. $\beta = 0{,}33$, dann figuriert das Gegenwartseinkommen mit einem Gewicht von 33% in der Formel des permanenten Einkommens, während die vergangenen Einkommen mit einem Gewicht von 67% bewertet werden (und zwar das Vorjahreseinkommen mit 33% von 67% = 22%, das Einkommen vor zwei Jahren mit 14,8% usw.).

Die obige Formel kann wie folgt umgeschrieben werden:

$$y_{pt} = \beta y_t + (1-\beta)[\beta y_{t-1} + \beta(1-\beta) y_{t-2} + \ldots + \beta(1-\beta)^{n-1} y_{t-n}]$$

Da
$$[\beta y_{t-1} + \beta(1-\beta) y_{t-2} + \ldots + \beta(1-\beta)^{n-1} y_{t-n}] = y_{pt-1}$$

ist
$$y_{pt} = \beta y_t + (1-\beta) y_{pt-1}$$

In dieser Formulierung ist das permanente Einkommen gleich dem gewogenen Durchschnitt aus gegenwärtigen Einkommen und dem permanenten Einkommen der Vorperiode.

Friedman betrachtet bei dieser Formulierung als Geldnachfrage nicht nur die Nachfrage nach Spekulationskasse à la Portfolioanalyse, sondern die Nachfrage nach Geld schlechthin, d. h. nach Transaktions-Vorsichts-Spekulationskasse. Das zusätzliche Argument in der Geldnachfragefunktion, V/W, drückt nach Friedman das dominierende Vorsichtsmotiv in der Geldhaltung aus: Je größer der Anteil des nicht-menschlichen Vermögens am Gesamtvermögen ist, um so größer ist die Marktfähigkeit (bzw. Verkaufsfähigkeit) des Gesamtvermögens, so daß die Geldnachfrage sinkt, da die Sach- und Finanzaktiva schon eine relativ hohe Sicherheit gegen zukünftige Ungewißheiten verschaffen.

Aber selbst wenn die Ableitung der Geldnachfrage als Funktion des permanenten Einkommens via des *Gesamt*vermögensbestandes gewisse Zweifel aufkommen lassen könnte, da die Portfolioanalyse auf der Basis des nicht-menschlichen *und* menschlichen Vermögens erfolgt, kann die funktionale Beziehung zwischen Geldnachfrage und permanentem Einkommen auch ohne Zuhilfenahme der Portfolioanalyse (und damit des *Gesamt*vermögensbestandes) aufgestellt werden. Denn sobald nur die Beziehung zwischen Geldnachfrage und Einkommen betrachtet wird – die zumindest für die Transaktions- und Vorsichtskasse gültig ist –, dann bietet sich, und vor allem für die Geldnachfrage vom Typ M_2, in Analogie zur Konsumfunktion eher die permanente als die absolute Einkommenshypothese an.

In Abb. 29 ist die Geldnachfragefunktion vom Typ M_2 für einen gegebenen Zinssatz (r_1) sowohl in Abhängigkeit vom tatsächlich beobachtbaren Einkommen (y) als auch in Abhängigkeit vom permanenten Einkommen (y_p) eingezeichnet. Im Punkt A mögen beide Einkommenskategorien übereinstimmen: $y_{p0} = y_0$. Eine Rezession verringert das tatsächliche Einkommen auf y_1. Die Wirtschaftssubjekte reduzieren ihre gewünschte Geldhaltung von m_0 auf m_1. Die empirische Beziehung zwischen Geldnachfrage und beobachtbarem Einkommen würde den Punkt B als Geldnachfrageverhalten konstatieren. Die permanente Einkommenshypothese postuliert dagegen den Punkt C als wahres Verhalten. Das permanente Einkommen ist um weniger gesunken als das tatsächliche Einkommen, z.B. auf die Höhe y_{p1}. In der umgekehrten Situation – der Boom-Situation – steigt das tatsächliche Einkommen auf y_2 an, während sich das permanente Einkommen beispielsweise nur auf y_{p2} erhöht. Die Geldnachfrage steigt auf m_2. Statistisch erhält man den Punkt E als einen Punkt der Geldnachfragefunktion. In Wahrheit spiegelt aber der Punkt D den Punkt der eigentlichen Geldnachfragefunktion wider [55].

[55] Die kurzfristige Geldnachfragefunktion der Abb. 29, $m = a + b(r_1)y$, kann entsprechend den Anmerkungen in der letzten Fußnote geschrieben werden als $m = K(r_1)\,(1-\beta)y_{P_{t-1}} + K(r_1)\beta y_t$, wobei also $a = K(r_1)\,(1-\beta)y_{P_{t-1}}$ und $b(r_1) = K(r_1)\beta$.

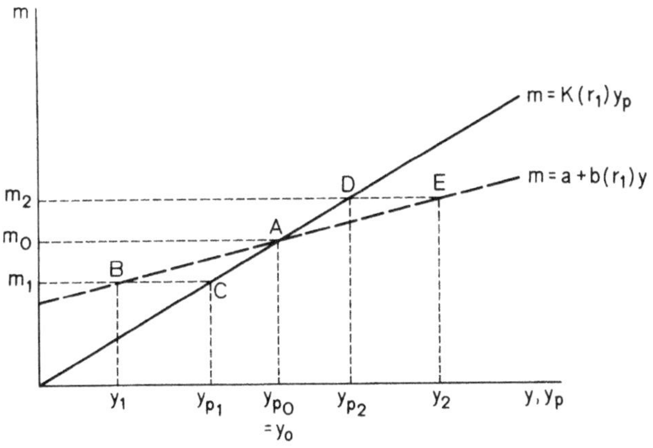

Abb. 29

Das permanente Einkommen übersetzt den Verlauf des „normalen“, „langfristigen“, durchschnittlich erwarteten Einkommens. Konsum-, Spar-, Vermögens- und damit auch Geldnachfrageentscheidungen orientieren sich weniger auf der Grundlage von Zusallsschwankungen im Einkommen als vielmehr auf der Grundlage des permanenten Einkommens. Wenn auch in einem gewissen Sinne argumentiert werden kann, daß die Geldnachfrage vom Typ M_1 eher in bezug zum Verlauf des tatsächlichen Einkommens gesetzt werden kann, sofern die Geldausgaben in enger Beziehung zur tatsächlichen Einkommensentwicklung stehen, so baut sich die Geldnachfragefunktion vom Typ M_2 eher auf der Konstituierung eines gewünschten Transaktions-Vorsichts-Spekulations-Kassenbestands auf, der nur auf systematische Änderungen des Einkommens (bzw. des Vermögens) reagiert. Demzufolge wäre die von uns abgeleitete Einkommenselastizität der Nachfragefunktion nach Transaktions-Vorsichts-Spekulationskasse von Eins (siehe Gleichung 2 auf S. 174) nur auf die Elastizität der Geldnachfrage in bezug auf das permanente Einkommen anzuwenden. Wird dann die Einkommenselastizität der Geldnachfrage auf das tatsächlich beobachtbare Einkommen bezogen, so muß diese kleiner als Eins sein, da eine Veränderung von y in der Regel eine geringere Veränderung von y_p impliziert [56].

[56] Zu bemerken ist, daß sich unsere Ausführungen zur permanenten Einkommenshypothese der Geldnachfrage auf die Beziehung zwischen Realkasse und (permanentem) Realeinkommen bezogen. Den Nominalwert der Geldnachfrage erhielten wir üblicherweise durch die Multiplikation mit dem Preisniveau, so daß z. B. ein doppeltes Preisniveau eine doppelte gewünschte nominale Geldhaltung implizierte. Die Schwankungen im Preisniveau können nun auch in Analogie zu den Schwankungen im Realeinkommen in tatsächliche Preisniveauschwankungen und in permanente Preisniveauschwankungen unterschieden werden. Demzufolge müßte der Nominalwert der Geldnachfrage vom Typ M_2 in linearer Abhängigkeit zum permanenten Nominaleinkommen stehen, wobei sich letzteres aus dem Produkt von permanentem Einkommen und permanentem Preisniveau zusammensetzt.

Dritter Teil: Geldangebot

Kapitel VI

„Mechanistische" und preistheoretische Bestimmung des Geldangebots

1. Die „mechanistische" Bestimmung des Geldangebots. – 2. Die Bestimmung des Geldangebots auf der Grundlage der exogenen Geldbasis. – 3. Die preistheoretische Bestimmung des Geldangebots: a. Ein Kreditmarktmodell; b. Die Determinanten der Geldangebotsfunktion; c. Die Geldangebotsfunktion vom Typ M_1, M_2 und M_3. – 4. Geldpolitische Indikatoren und Zwischenziele.

Das Geldangebot ist jene Geldmenge, die dem Nichtbankensektor (dem sog. Publikum) vom Bankensektor (Zentralbank, Geschäftsbanken) angeboten wird. Je nach dem zu wählenden relevanten Geldmengenbegriff kann es sich bei dem Geldangebot um M_1 (Bargeld plus Sichtguthaben), um M_2 (M_1 plus Terminguthaben) oder um M_3 (M_2 plus Sparguthaben) handeln. In der Literatur existieren grundsätzlich zwei Ansätze, die Geldangebotsfunktion (vom Typ M_1, M_2 oder M_3) abzuleiten: der sog. mechanistische Ansatz und der sog. preistheoretische Ansatz. Beiden ist gemeinsam, daß das Geldangebot durch das Produkt aus Geldbasis (Bargeld des Publikums und der Geschäftsbanken) und Geldschaffungsmultiplikator dargestellt wird.

Der „mechanistische" Ansatz der Geldangebotsbestimmung stammt aus den 1920er Jahren. Die Geldbasis besteht aus der vom Publikum und den Geschäftsbanken effektiv gehaltenen Menge an Zentralbankgeld (effektive Geldbasis). Der Geldschaffungsmultiplikator ist durch die vom Publikum gewünschte Aufteilung der Geldmenge in Bargeld und Buchgeld und durch den Reservekoeffizienten der Banken bestimmt. Dieser Multiplikator begründet die multiple Schaffung an Sichtguthaben (bzw. an Termin- und Sparguthaben) seitens der Banken (Abschnitt 1).

Der in den 60er Jahren entwickelte preistheoretische Ansatz enthält eine geldpolitische und eine geldtheoretische Komponente. Unter dem geldpolitischen Aspekt formuliert er die effektive Geldbasis in die sog. exogene Geldbasis um, welche jene Zentralbankgeldmenge darstellt, die unter der ausschließlichen Kontrolle der Geldpolitik steht. Dementsprechend liegt lediglich der Geldschaffungsmultiplikator unter dem Einfluß des Publikums und der Geschäftsbanken (Abschnitt 2). Unter dem geldtheoretischen Aspekt hängt das Verhalten des Publikums (hinsichtlich seiner Aufteilung der Geldmenge in Bargeld und Buchgeld) und das der Geschäftsbanken (hinsichtlich ihrer Reservehaltung bzw. ihres Reserveerwerbs) von den Preisen bzw. den Zinssätzen ab (Abschnitt 3).

Das Kapitel schließt mit einer Diskussion über geldpolitische „Techniken“ (welche ein Modethema der 70er Jahre darstellen) zur optimalen Kontrolle der Realisierung bestimmter wirtschaftspolitischer Ziele (Abschnitt 4).

1. Die „mechanistische“ Bestimmung des Geldangebots

Zentralbank, Banken und der Nichtbankensektor (letzterer auch Publikum genannt) bestimmen das Geldangebot. Analytisch läßt sich das Geldangebot (M) aus der Geldbasis (B) und dem Geldschaffungsmultiplikator (m) ableiten:

$$M = mB.$$

In dieser Formulierung können alle drei Agenten (Zentralbank, Banken, Publikum) sowohl einen Einfluß auf B – die sog. *effektive* Geldbasis – als auch auf m ausüben. (Mit Hilfe einer anderen Formulierung, und zwar auf der Grundlage der sog. *exogenen* Geldbasis, würde m nur von den Banken und dem Publikum beeinflußbar sein, während die exogene Geldbasis unter der alleinigen Kontrolle der Zentralbank steht.) Die Geldmenge vom Typ M_1 setzt sich aus der vom Publikum gehaltenen Zentralbankgeldmenge (C) und aus den vom Publikum gehaltenen und von den Banken geschaffenen Sichtguthaben (D) zusammen:

$$M = C + D.$$

Uns interessiert hier, wieviel Sichtguthaben der Bankensektor schaffen kann. Die Zentralbankgeldmenge soll dabei gegeben sein, und zwar jene Menge, die sowohl vom Publikum (C) als von den Banken (R) gehalten wird und die Geldbasis genannt wird:

$$B = C + R.$$

Die gegebene Geldbasis ist in Abb. 30 durch die Horizontale B gekennzeichnet. Die Aufteilung der Geldbasis ist jedoch keine gegebene Größe, sondern vom Verhalten des Publikums und der Banken bestimmt. Das Publikum wünscht eine bestimmte Aufteilung zwischen Bargeld (C) und

Buchgeld (D):

$$C = cD$$

wobei c den gewünschten Bargeldkoeffizienten darstellt. Die Banken halten gesetzliche und eventuell zusätzlich freiwillige Reserven als einen bestimmten Prozentsatz (a) der von ihnen geschaffenen Sichtguthaben:

$$R = aD.$$

Die Gesamtnachfrage nach Zentralbankgeld, B^d (vgl. Abb. 30), setzt sich also zusammen aus:

$$B^d = cD + aD.$$

Das Gleichgewicht zwischen der nachgefragten Geldbasis, B^d, und der angebotenen Geldbasis, B, (vgl. Punkt A in Abb. 30) bestimmt die Höhe der von den Banken geschaffenen Sichtguthaben (D_0).

Der Schaffungsprozeß der Sichtguthaben kann wie folgt konzipiert werden. Nehmen wir ein Ungleichgewicht zwischen nachgefragter und angebotener Geldbasis an, und zwar beispielsweise derart, daß $B^d < B$. Betragen die Sichtguthaben D_1, dann fragen Publikum und Banken insgesamt B_1^d Zentralbankgeld nach, so daß ein Angebotsüberschuß an Zentralbankgeld in Höhe von EF vorliegt (siehe Abb. 30). Diese nicht gewünschte Zentralbankgeldmenge soll von den Banken gehalten werden. Die Aktivität der Banken ist die der Schaffung von Sichtguthaben (Passiv-Geschäft) *und* die der Gewährung von Krediten (Aktiv-Geschäft). Die Banken lassen die ungewünschte Bargeldhaltung EF nicht brachliegen, sondern verwenden sie für

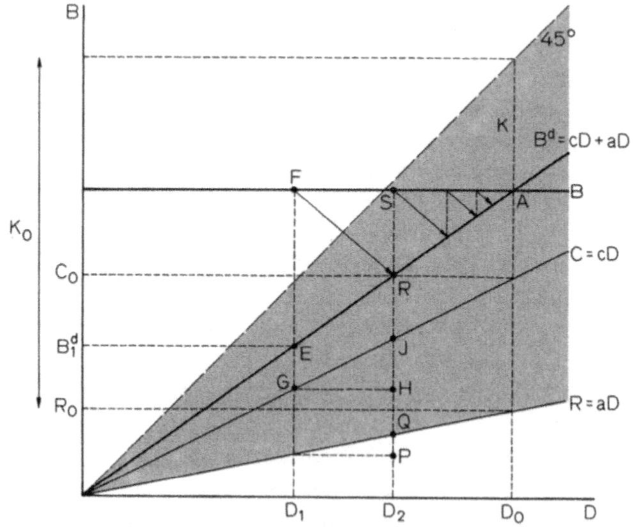

Abb. 30

eine Kreditgewährung, wobei unterstellt wird, daß die Kreditnachfrage unendlich groß ist. Sie räumen also dem Publikum einen Kredit in Höhe von *EF* ein. Der Kredit möge in Bargeld bezahlt werden, so daß nun das Publikum den „Angebotsüberschuß“ an Zentralbankgeld in Höhe von *EF* hält. Es wird nun unterstellt, daß das Publikum diese zusätzliche Geldmenge halten möchte (entweder weil die Kreditnehmer den Kredit zwecks Aufstockung ihrer Geldhaltung nachgefragt haben oder weil sie den Kredit für Güterkäufe benutzen und die Verkäufer die zusätzliche Geldmenge halten möchten). Entsprechend der Bargeldpräferenz des Publikums wird es einen Teil der zusätzlichen Geldmenge in Buchgeld halten, und zwar *GH*, und den anderen Teil in Bargeld, d. h. den Betrag von *HJ* (wobei $EF = GH + HJ$). Die Banken erhalten also den Bargeldbetrag von *GH* wieder zurück. Da ihre Sichtverpflichtungen auf D_2 gestiegen sind, werden sie ihre gewünschte Reservehaltung um *PQ* erhöhen, so daß ihre ungewünschte Bargeldhaltung $GH - PQ$ beträgt, die dem Angebotsüberschuß von *RS* entspricht. Diesen Angebotsüberschuß verwenden sie wiederum für die Kreditgewährung; die Kreditgewährung erhöht die Geldhaltung des Publikums, das diese entsprechend dem Bargeldkoeffizienten wiederum auf Bar- und Buchgeld aufteilt; das zusätzliche Bargeld, das die Banken erhalten, benutzen sie wiederum für die Kreditgewährung usw.

Der Kreditschaffungs- und Buchgeldschaffungsprozeß ist in dem Augenblick beendet, in dem die Haltung der ausstehenden Zentralbankgeldmenge (*B*) vom Publikum (C_0) und den Banken (R_0) gewünscht wird. Die gesamte Geldmenge beträgt demzufolge $C_0 + D_0$. Die Banken waren in der Lage, Buchgeld zu schaffen, weil das Publikum die Haltung sowohl von Bargeld als auch von Buchgeld wünschte, und eine „multiple“ Buchgeldschaffung war möglich, weil die Banken nur einen Bruchteil ihrer Sichtverpflichtungen als sog. Reserven in Bargeld hielten (würde es keine gesetzlichen Mindestreserven geben, dann wäre die freiwillige Reservehaltung äußerst gering, weil diese nur für einen eventuellen Umtausch von Buch- in Bargeld seitens des Publikums benötigt wird). Die multiple Buchgeldschaffung war ferner deshalb möglich, weil die Banken ebenfalls Kreditgeschäfte tätigten; würden sie keine Kredite gewähren und das aus dem Depositengeschäft erhaltene Bargeld zu halten wünschen, dann käme dies einem Reservesatz von $a = 1$ gleich und es gäbe keine multiple Buchgeldschaffung. Die Buchgeldschaffung wird um so größer sein, je geringer der Bargeldkoeffizient des Publikums ist und/oder je geringer der Reservesatz der Banken ist (d. h. je geringer die Steigung der B^d-Geraden in Abb. 30 ist).

Arithmetisch läßt sich die Höhe der Buchgeldschaffung wie folgt ableiten. Die Gesamtnachfrage nach Zentralbankgeld betrug:

$$B^d = cD + aD.$$

Das Gesamtangebot (B^s) war:

$$B^s = B,$$

so daß beim Gleichgewicht zwischen Angebot und Nachfrage nach Zentralbankgeld

$$\begin{aligned} B &= cD + aD \\ &= (c + a)\,\mathrm{D} \end{aligned}$$

die geschaffene Buchgeldmenge

$$D = \frac{1}{a+c}\,B$$

lautet. Die gesamte Geldmenge war

$$\begin{aligned} M &= C + D \\ &= (1 + c)\,D\,. \end{aligned}$$

Ersetzen wir D durch seinen Gleichgewichtswert, dann erhalten wir

$$M = \frac{1+c}{a+c}\,B, \quad \text{wobei} \quad \frac{1+c}{a+\mathrm{c}} = m\,.$$

m ist der Geldschaffungsmultiplikator[1].

Die Kreditschaffung der Banken, K (vgl. die schraffierte Fläche in Abb. 30), ist gleich der Depositenschaffung minus der Reservehaltung:

$$K = D - R$$

bzw.

$$K = \underbrace{(D + C)}_{M} - \underbrace{(R + C)}_{B}$$

$$K = M - B$$

[1] Eine *zusätzliche* Geldschaffung mittels der Buchgeldschaffung würde nicht stattfinden, wenn der Multiplikator gleich Eins wäre, d. h. wenn

$$\begin{aligned} \frac{1+c}{a+c} &= 1 \\ 1 + c &= a + c \\ 1 + c - c &= a \\ a &= 1\,. \end{aligned}$$

Eine „hundertprozentige“ Reservewährung ($a = 1$) impliziert, daß

$$\begin{aligned} M &= B \\ M &= C + R \\ M &= C + D \\ D &= R \end{aligned}$$

d.h., daß das gesamte Buchgeld (D) durch das von den Banken gehaltene Zentralbankgeld (R) „gedeckt“ ist.

Da wir die Lösung für M kennen, ist

$$K = \frac{1+c}{a+c} B - B$$

$$= \left(\frac{1+c}{a+c} - 1\right) B$$

$$= (m-1) B.$$

Die Kreditschaffung ist geringer als die Buchgeldschaffung, und zwar um den Betrag der Reservehaltung.

Wie schon zu Anfang dieses Abschnitts erwähnt wurde, bestimmen Zentralbank, Banken und Publikum das Geldangebot: die Zentralbank die Geldbasis (B) und die gesetzliche Komponente des Reservesatzes (a); die Banken die freiwillige Komponente des Reservesatzes (a); und das Publikum den Bargeldkoeffizienten (c). Um den jeweiligen Einfluß des Staates (Zentralbank) und des privaten Sektors (Banken, Publikum) auf das Geldangebot besser voneinander zu trennen, kann eine andere Formel für das Geldangebot entwickelt werden, welche einen Multiplikator enthält, der nur durch die Banken und das Publikum beeinflußbar ist, und eine Geldbasis, die nur von der Zentralbank kontrollierbar ist.

2. Die Bestimmung des Geldangebots auf der Grundlage der exogenen Geldbasis

Die bisher entwickelte Theorie des Geldangebots ist ein Ansatz, der seit Phillips [2] und bis zu Beginn der 60er Jahre vorherrschte. Im Laufe der 60er Jahre wurden u. a. empirische Studien über die Verhaltensfunktionen, vor allem für die USA, durchgeführt, und zwar einmal über das Verhältnis der Bargeldhaltung des Publikums zu seiner gesamten Geldhaltung und zum anderen über das Bankenverhalten [3]. Eine geschlossene Hypothese des Geldangebotsprozesses lieferten jedoch erst Brunner und Meltzer in einer Reihe von Arbeiten [4]. Im folgenden dient uns diese zur

[2] C. A. Phillips, Bank Credit, New York 1921.

[3] Siehe u. a. M. Friedman und A. J. Schwartz, A Monetary History of the United States, Princeton 1963; P. Cagan, Determinants and Effects of Changes in the Stock of Money, 1875–1960, New York 1965.

[4] Siehe vor allem K. Brunner und A. H. Meltzer, Liquidity Traps for Money, Bank Credit, and Interest Rates, in: Journal of Political Economy, LXXVI (1968), S. 1–37. Siehe hierzu ebenfalls A. E. Burger, The Money Supply Process, Belmont 1971; J. Siebke und M. Willms, Die Determinanten des Zinsniveaus in der Bundesrepublik Deutschland, Bemerkungen zu einem Kommentar, in: Kredit und Kapital, (1973), S. 203–219; P. Korteweg und P. D. van Loo, The Market for Money and the Market for Credit, Leiden 1977.

Grundlage unserer weiteren Überlegungen. Mit Hilfe der Brunner-Meltzer-Hypothese wird zunächst die effektive Geldbasis in die sog. exogene Geldbasis umformuliert, um jene Geldbasis zu erhalten, die einerseits den Einfluß der Mindestreserven berücksichtigt und die andererseits einzig und allein unter der Kontrolle der Zentralbank steht. Im nächsten Abschnitt wird dann die preistheoretische Variante der Geldangebotstheorie behandelt, bei der das Verhalten der Banken und des Publikums in Abhängigkeit von einer Reihe von Zinssätzen gesetzt wird.

Die uns bekannte *effektive* Geldbasis ist in Tabelle 3 in der Summe (1) enthalten. Die Entstehungsseite der Geldbasis zeigt, auf welche Weise Zentralbankgeld geschaffen werden kann. Grundsätzlich gibt es eine außenwirtschaftliche und eine binnenwirtschaftliche Komponente der Entstehung von Zentralbankgeld. Die außenwirtschaftliche Komponete (W) bezieht sich auf die Gold- und Devisenreserven, welche die Zentralbank gegen Zentralbankgeld kauft. Die binnenwirtschaftliche Komponente ($S+V$) umfaßt zum einen den Kauf staatlicher Wertpapiere (S). Diese Wertpapiere können seitens der Zentralbank entweder vom Bankensektor (Offenmarktpolitik) oder vom Staat (Finanzierung eines Budgetdefizits durch Geldschaffung) gekauft werden; diese Entstehungskomponente der Zentralbankgeldmenge steht gänzlich unter staatlicher Kontrolle. Zum anderen kann Zentralbankgeld über die Kreditgewährung an die Banken (V) geschaffen werden. Dieses im Rahmen des sog. Refinanzierungsmechanismus geschaffene Zentralbankgeld hat ebenfalls seine Quelle in direkten Aktionen der Zentralbank, nämlich in dem Ankauf des von ihr als rediskontfähig erklärten Wechselmaterials. Hierbei stehen ihr zwei Aktionsparameter zur Verfügung: das Rediskontkontingent und der Diskontsatz. Sehen wir von dem Rediskontkontingent einmal ab, so ist die Zentralbank mit der Fixierung des Diskontsatzes hinsichtlich des Umfangs der durch die Rediskontierung geschaffenen Zentralbankgeldmenge auf die Initiative der Banken angewiesen; folglich steht diese Entstehungskomponente nicht unter der einzigen Kontrolle der Zentralbank [5].

Das uns hier interessierende *geldpolitische* Problem besteht darin, jenes Geldmengenaggregat ausfindig zu machen, das unter der alleinigen Kontrolle der Zentralbank steht. Generell kann festgestellt werden, daß die Mindestreservenpolitik, die Offenmarktpolitik und die Finanzierungspolitik des öffentlichen Budgetdefizits die wirklichen staatlichen und vom privaten Sektor unabhängigen Kontrollparameter der Geldmenge darstellen.

Wird die effektive Geldbasis (B in Tabelle 3) um die sog. Mindestreserveanpassung (Z) korrigiert, dann erhalten wir die „erweiterte Geldbasis" (B^e): $B^e = B - Z$. Z ist die von einem bestimmten Zeitpunkt (t_0) an ku-

[5] In gewissen Ländern wie der Bundesrepublik spielt der Refinanzierungsmechanismus der Zentralbankgeldschaffung eine erhebliche Rolle, während er in den USA nur von untergeordneter Bedeutung ist.

Tabelle 3. Bilanz der Zentralbank

Entstehungsseite bzw. Angebotsseite der Geldbasis		Verwendungsseite bzw. Nachfrageseite der Geldbasis	
Internationale Reserven	W	Reserven der Banken	R
Staatliche Wertpapiere	S	Bargeld des Publikums	C
Kredite an Banken	V		
(1) Angebotene effektive Geldbasis	$B^s = W + S + V$	(1) Nachgefragte effektive Geldbasis	$B^d = R + C$
Mindestreserveanpassung	$-Z$	Mindestreserveanpassung	$-Z$
(2) Angebotene erweiterte Geldbasis	$B^{es} = W + S + V - Z$	(2) Nachgefragte erweiterte Geldbasis	$B^{ed} = R + C - Z$
Kredite an Banken	$-V$	Kredite an Banken	$-V$
(3) Angebotene exogene Geldbasis	$\bar{B}^s = W + S + V - Z - V$ $= W + S - Z$	(3) Nachgefragte exogene Geldbasis	$\bar{B}^d = R + C - Z - V$

mulierte Mindestreserve, die als Folge von Änderungen des Mindestreservesatzes in die Mindestreservehaltung der Banken (R_m) eingeschlossen oder aus dieser freigesetzt wird:

$$Z = \sum_{t=t_0}^{t_n} \Delta R_{mt} = \sum_{t=t_0}^{t_n} \Delta a_t D_t .$$

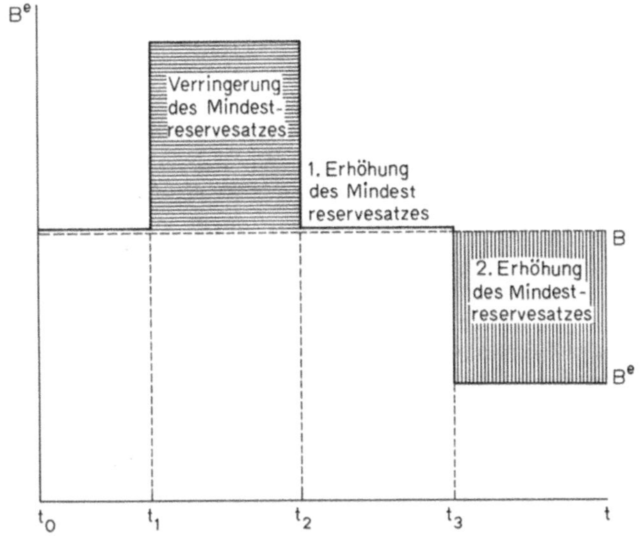

Abb. 31

In Abb. 31 stimmt im Zeitpunkt t_0 die effektive mit der erweiterten Geldbasis überein. Im Zeitpunkt t_1 möge der Mindestreservesatz herabgesetzt werden; die effektive Geldbasis soll hiervon ex hypothesi unberührt bleiben. Verringerte Mindestreserven erhöhen die erweiterte Geldbasis. Wie wir noch sehen werden, findet in dieser Formulierung der Geldangebotsfunktion eine höhere Buchgeldschaffung via einer erhöhten („erweiterten“) Geldbasis statt und nicht wegen eines erhöhten Multiplikators. Im Zeitpunkt t_2 möge der Mindestreservesatz wieder auf sein altes Niveau erhöht werden, so daß die vom Zeitpukt t_0 berechneten kumulierten Änderungen von Mindestreserven gleich Null sind. Findet im Zeitpunkt t_3 eine weitere Steigerung des Mindestreservesatzes statt, dann verringert sich die erweiterte Geldbasis im Vergleich zur effektiven Geldbasis.

Wird ferner zusätzlich die effektive Geldbasis um das Refinanzierungsvolumen der Banken (V) bereinigt, dann erhalten wir die exogene Geldbasis ($\bar{B}$): $\bar{B} = B - Z - V$ (siehe Zeile 3 in Tabelle 3). Diese exogene Geldbasis ist der eigentliche geldpolitische Kontrollparameter der Zentralbank, denn einerseits berücksichtigt sie die Mindestreservepolitik und andererseits schließt sie die u. a. auf die Initiative der Banken zurückgehende, mittels der Rediskontierung bewirkte Schaffung von Zentralbankgeld aus [6].

Die Enstehungsseite der exogenen Geldbasis ($\bar{B}^s$) setzt sich also aus den Währungsreserven (W), den staatlichen Wertpapieren (S) und der Mindestreserveanpassung (Z) zusammen:

$$\bar{B}^s = W + S - Z.$$

Zwei Erläuterungen sind noch hinsichtlich der „Exogenität“ erforderlich, und zwar einerseits in bezug auf W, andererseits in bezug auf S.

In der Regel findet ein Kauf von Währungsreserven (W) seitens der Zentralbank nur im System fester Wechselkurse statt. Ein solcher Kauf liegt dann vor, wenn die Zentralbank zwecks Aufrechterhaltung des Wechselkurses im Devisenmarkt intervenieren muß; im System *rein* flexibler Wechselkurse interveniert sie dagegen ex definitione nicht, so daß eine Veränderung der exogenen Geldbasis mittels Kaufs und Verkaufs von Währungsreserven ausgeschlossen ist. Im System fester Wechselkurse ist natürlich die außenwirtschaftliche Komponente der „exogenen“ Geldbasis nicht exogen: Besteht z. B. eine „Gefahr“ der Aufwertung, und will die Zentralbank den bisherigen Wechselkurs aufrechterhalten, dann muß sie Währungsreserven aufkaufen, wodurch sich die „exogene“ Geldbasis

[6] In der Bundesrepublik können die Banken über den Refinanzierungsmechanismus hinausgehend sog. Geldmarktpapiere an die Zentralbank verkaufen. Analog zum Diskontsatz fixiert die Bundesbank einen Abgabesatz, zu dem sie bereit ist, Geschäfte in diesen Papieren abzuschließen. Die Berücksichtigung der Geldmarktpapiere würde unser Modell komplizierter gestalten, seine Aussagefähigkeit bliebe aber die gleiche.

erhöht; diesen expansiven Einfluß der Außenwirtschaft auf die exogene Geldbasis könnte sie nur durch eine entsprechende Reduzierung der binnenwirtschaftlichen Komponente der exogenen Geldbasis (verringertes S oder erhöhtes Z) neutralisieren.

Die Schaffung von zusätzlichem Zentralbankgeld durch Kauf staatlicher Wertpapiere (ΔS) resultiert entweder aus Offenmarktoperationen (OMO) oder aus der Finanzierung eines staatlichen Budgetdefizits ($G-T$), wobei G die Staatsausgaben und T die Steuereinnahmen darstellen:

$$\Delta S = OMO + \lambda\,(G-T).$$

Der Koeffizient λ steht für jenen prozentualen Teil des Budgetdefizits, der mittels der Geldschaffung finanziert wird; der andere Teil, $(1-\lambda)$, bezieht sich auf die Finanzierung des Budgetdefizits mittels einer Schuldenaufnahme des Staates beim Publikum.

Eine Erhöhung der exogenen Geldbasis ($\Delta \bar{B}^s$) kann somit aus vier Quellen stammen:

$$\Delta \bar{B}^s = \Delta W + OMO + \lambda\,(G-T) - \Delta Z.$$

Aus völlig anderen Gründen als bei ΔW steht auch die Komponente $\lambda\,(G-T)$ nicht unter der vollständigen Kontrolle der Zentralbank: Einerseits determiniert die Fiskalpolitik die Höhe von $(G-T)$; andererseits bestimmt die Wirtschaftspolitik, von der die Geldpolitik der Zentralbank nur ein Teilstück ist, welcher Teil des Budgetdefizits monetär (λ) finanziert wird [7].

Nach dieser Besprechung der exogenen Geldbasis soll nun der Geldschaffungsmultiplikator abgeleitet werden, der notwendigerweise durch einen anderen Koeffizienten gekennzeichnet ist als der uns aus dem letzten Abschnitt bekannte Ausdruck, da sich jetzt das Angebot und die Nachfrage nach Zentralbankgeld auf die exogene Zentralbankgeldmenge beziehen. Betrachten wir zunächst die Buchgeldschaffung der Banken. Ihr Gleichgewichtswert ist dort erreicht, wo das Angebot an exogenem Zentralbankgeld gleich der Nachfrage nach exogenem Zentralbankgeld ist. Letztere ($\bar{B}^d$) ist gleich der Nachfrage nach (oder gleich der Verwendungsseite) der effektiven Geldbasis (d. h. der Nachfrage des Publikums nach Bargeld, C, und der Nachfrage des Bankensektors nach Reserven, R), korrigiert um die Mindestreserveanpassung (Z) und um das Refinanzierungsvolumen der Banken gegenüber der Zentralbank (V) (vgl. Zeile 3 in Tabelle 3):

$$\bar{B}^d = C + R - Z - V.$$

---

[7] Der Vollständigkeit halber muß noch erwähnt werden, daß $(G-T)$ auch negativ sein kann: der Fall eines Budgetüberschußes. In diesem Fall würde $-\lambda\,(G-T)$ jenen Teil des Budgetüberschußes darstellen, der einer Schuldenrückzahlung des Staates an die Zentralbank (oder Nettoeinlagen des Staates bei der Zentralbank) entspricht und der einer Geldmengenverringerung gleichkommt.

Die Größen R (gesetzliche und *und* freiwillige Reserven) und V sind teilweise Verhaltensparameter der Banken. Da grundsätzlich die Aktivität der Banken aus dem Kreditgeschäft K (Aktiv-Geschäft) und dem Buchgeldgeschäft D (Passiv-Geschäft) besteht [8],

Geschäftsbanken

Bankkredite	K	Sichteinlagen	D
Reserven	R	Verbindlichkeiten an die Zentralbank	V
	$R-V$		$D-K$

resultiert die Entscheidung über R und V aus der Entscheidung über K und D, denn $R-V\equiv D-K$. Deshalb beziehen sich die Verhaltensfunktionen der Banken hinsichtlich der Höhe von R und V eigentlich auf die Höhe von D und K, so daß die obige Nachfragegleichung nach exogenem Zentralbankgeld unter dem verhaltenstheoretischen Gesichtspunkt besser geschrieben wird als

$$\bar{B}^d = C + D - K - Z.$$

In dieser Gleichung kann einerseits das Verhalten des Publikums hinsichtlich seiner Bargeldhaltung durch die uns bekannte Verhaltensgleichung charakterisiert werden:

$$C = c\,D.$$

Andererseits richtet sich die Nachfrage der Banken nach exogenem Zentralbankgeld [d. h. weder nach jenem Zentralbankgeld $(R-Z-V)$, das zwecks Aufstockung der Mindestreserven als Folge eines erhöhten Mindestreservesatzes benötigt wird (Z), noch nach jenem Zentralbankgeld, das mittels der Rediskontierung des Wechselmaterials (V) von den Banken bei der Zentralbank erworben worden ist] für ein gegebenes Volumen an Sichtverpflichtungen (D) nach der Neigung der Kreditgewährung seitens der Banken, k:

$$D-K-Z=(1-k-z)\,D$$

wobei $k=K/D$, $z=Z/D$. Je geringer die Neigung zur Kreditgewährung ist, desto größer ist die Bankennachfrage nach exogenem Zentralbankgeld.

Die Gesamtnachfragefunktion nach exogenem Zentralbankgeld kann folglich geschrieben werden als

$$\bar{B}^d = cD + (1-k-z)\,D.$$

Das Angebot nach exogenem Zentralbankgeld ist eine gegebene Größe

$$\bar{B}^s = \bar{B}.$$

[8] Strenggenommen besteht das Passiv-Geschäft der Banken nicht nur aus der Schaffung von Sichtguthaben, sondern auch aus der Schaffung von Termin- und Spareinlagen, die die Grundlagen der weiteren Geldmengendefinition (M_2, M_3) bilden.

Das Gleichgewicht zwischen Angebot und Nachfrage ist dort, wo

$$\bar{B} = c\,D + (1 - k - z)\,D = (c + 1 - k - z)\,D\,.$$

Der Gleichgewichtswert der Buchgeldmenge lautet folglich

$$D = \frac{1}{1 - k - z + c}\,\bar{B}\,.$$

Erinnern wir uns, daß sich die Geldmenge zusammensetzte aus

$$M = C + D = (1 + c)\,D\,.$$

Ersetzen wir D durch seinen Gleichgewichtswert, dann erhalten wir

$$M = \frac{1 + c}{1 - k - z + c}\,\bar{B}, \quad \text{wobei} \quad \frac{1 + c}{1 - k - z + c} = \bar{m}\,.$$

$\bar{m}$ ist der auf die exogene Geldbasis bezogene Geldschaffungsmultiplikator. Da die Kreditgewährung der Banken

$$K = k\,D$$

ist, können (nach analoger Substitution von D) die von den Banken gewährten Kredite auch geschrieben werden als

$$K = \frac{k}{1 - k - z + c}\,\bar{B}\,.$$

Die Bestimmungsfaktoren des Geldangebots auf der Grundlage der exogenen Geldbasis können wie folgt zusammengefaßt werden:

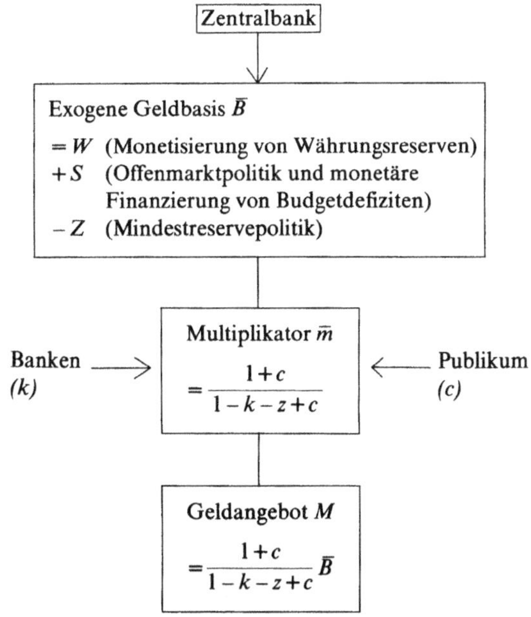

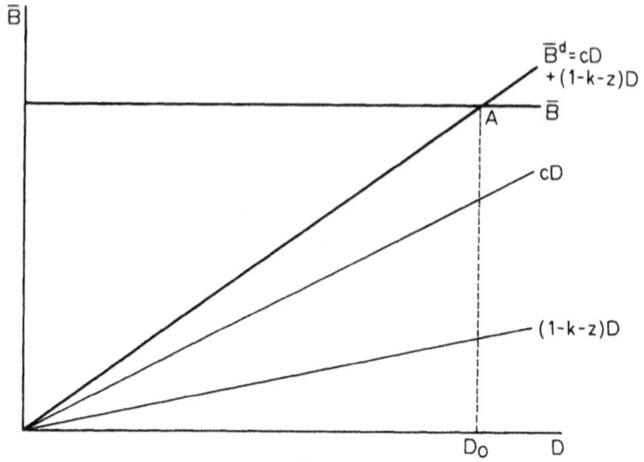

Abb. 32

In Abb. 32 sind das Angebot und die Nachfragefunktion nach exogenem Zentralbankgeld eingezeichnet. Im Schnittpunkt A liegt die gleichgewichtige Höhe der Buchgeldschaffung (D_0) vor. Die Abbildung macht deutlich, daß eine wesentliche Bestimmung der Buchgeldschaffung die Kreditgewährung ist. So manifestiert sich z. B. eine höhere Neigung der Kreditgewährung (k) in einer geringeren Steigung der $\bar{B}^d$-Geraden: Die Gleichgewichtsmenge der Buchgeldschaffung erhöht sich. Dieser Tatbestand wird im folgenden Abschnitt noch detaillierter dargestellt und wir werden sehen, daß die gleichgewichtige Angebotsmenge an Buchgeld bzw. an Buch- und Bargeld dort liegt, wo das Kreditangebot (der Banken) gleich der Kreditnachfrage (des Publikums) ist.

3. Die preistheoretische Bestimmung des Geldangebots

Die multiple Buchgeldschaffung vollzog sich simultan mit der Kreditschaffung. Der Output der Bankenaktivität ist die Kreditgewährung, und der Input ist die im Zuge der Buchgeldschaffung erworbene Zentralbankgeldmenge, die dann – teilweise, und zwar je nach der Reservenpräferenz der Banken (inklusive der gesetzlichen Mindestreserven) – für die Kreditgewährung ausgeliehen wird; hiervon fließen wiederum – je nach der Bargeldpräferenz des Publikums – Teile zurück in das Bankensystem; diese werden von neuem teilweise für die Kreditgewährung benutzt etc.

Ein wesentlicher Bestandteil der multiplen Buchgeldschaffung ist also die Kreditgewährung. Die bisher besprochene Kreditgewährung ist jedoch grundsätzlich die angebotene Kreditgewährung bzw. es wurde bisher unterstellt, daß die angebotenen Kredite auf eine unendlich große Kreditnachfrage stoßen. Wieviel die Banken an Krediten schaffen, hängt in der Wirklichkeit u. a. auch von der Kreditnachfrage ab. Das von den Banken geschaffene Kreditvolumen muß demnach jenes sein, das sowohl angeboten als auch nachgefragt wird, d. h. dasjenige, welches die Gleichgewichtsmenge des Kreditvolumens im Kreditmarkt darstellt. Im folgenden wollen wir (a) diesen Kreditmarkt untersuchen und anschließend aus der gleichgewichtigen Kreditmenge (b) das Angebot an Buchgeld bzw. das Angebot an der Gesamtgeldmenge bzw. (c) das Angebot an Geld vom Typ M_1, M_2 und M_3 ableiten.

a) Ein Kreditmarktmodell

Das Endziel der Bankenaktivität ist die Gewinnmaximierung. Der Gewinn ist gleich den Zinsen der Kreditgewährung abzüglich der Kosten, die aus Verwaltungskosten der Kreditgewährung, aus Dienstleistungen des bargeldlosen Zahlungsverkehrs, aus Opportunitätskosten der Reservehaltung und aus Kosten einer eventuellen Refinanzierung des Wechselmaterials der Banken bei der Zentralbank bestehen [9]. In Abb. 33 sind (für eine einzelne Bank) der Grenzerlös und die Grenzkosten der Kredit-„Produktion“ abgetragen. Der Grenzerlös ist gleich dem Kredit-

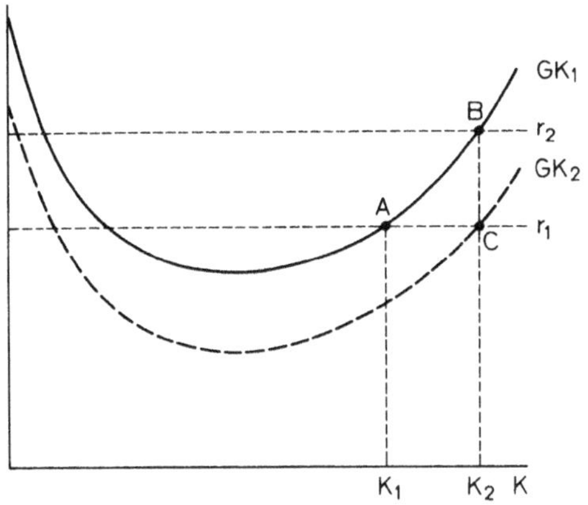

Abb. 33

[9] Zusätzliche Kosten würden dann auftauchen, wenn die Banken Zinsen auf ihre Sichtverpflichtungen zahlen würden. In vielen Staaten ist jedoch die Zahlung eines Zinssatzes auf Sichtguthaben verboten.

preis r_1, der für die einzelne (nicht-monopolistische) Bank als Datum gesetzt ist. r_1 ist der Kreditzins. Der (traditionelle) Grenzkostenverkauf GK_1 schneidet die „Preis"-Gerade im Punkt A, in dem die Bank das Gewinnmaximum realisiert und in dem sie folglich die Kreditmenge K_1 anbietet. Würde ceteris paribus der Kreditzinssatz von r_1 auf r_2 steigen, dann läge das Gewinnmaximum im Punkt B und das Kreditangebot der Bank erhöhte sich auf K_2. Eine ebensolche Erhöhung des Kreditangebots in Abb. 33 liegt dann vor, wenn der Grenzkostenverlauf auf GK_2 sinkt, weil beispielsweise eine expansive Geldpolitik betrieben wird (via vermindertem Mindestreservesatz oder Diskontsatz oder ganz allgemein via einer erhöhten exogenen Geldbasis) [10].

In Abb. 34 ist das Gesamtangebot an Krediten, K^s, in Abhängigkeit vom Zinssatz eingezeichnet. Die Angebotskurve ist gleich der horizontalen Addition der Grenzkostenkurven der Banken. Die von uns im letzten Abschnitt entwickelte Formel der Kreditschaffung

$$K = \frac{k}{1 - k - z + c} \bar{B}$$

muß nun derartig umformuliert werden, daß es sich einmal bei K nicht um die Gleichgewichtsmenge, sondern um das Kreditangebot, K^s, handelt und daß zum anderen der Kreditneigungskoeffizient, k, u. a. vom Zinssatz r, vom Diskontsatz r_d und vom Mindestreservesatz a abhängig ist:

$$K^s = \frac{k(r, r_d, a)}{1 - k(r, r_d, a) - z + c} \bar{B},$$

$$\text{wobei} \quad \frac{\partial k}{\partial r} > 0, \quad \frac{\partial k}{\partial r_d} < 0, \quad \frac{\partial k}{\partial a} = -1$$

$$\text{und} \quad z = z(a), \quad \text{wobei} \quad \frac{\partial z}{\partial a} = 1.$$

Eine Verringerung von r_d, eine Verringerung von c oder eine Zunahme von $\bar{B}$ würde die K^s-Kurve auf die Position K_1^s verschieben. Eine Veränderung des Mindestreservesatzes (a) läßt den Multiplikator unverändert und wirkt nur direkt auf $\bar{B}$.

Die Kreditnachfrage, K^d, möge in Abhängigkeit vom Zinssatz, r, und vom nominalen Volkseinkommen, Y, stehen (wobei $Y = Py$):

$$K^d = K^d(r, Y), \quad \text{wobei} \quad \frac{\partial K^d}{\partial r} < 0, \quad \frac{\partial K^d}{\partial Y} > 0.$$

[10] Ein derartiges Gewinnmaximierungsmodell ist u. a. konzipiert worden von J. Tobin, Commercial Banks as Creators of "Money", in: Banking and Monetary Studies, hrsg. von D. Carson, Homewood (Ill.) 1963.

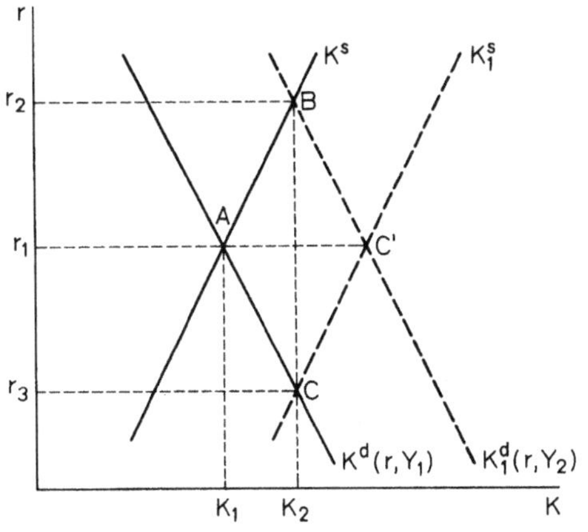

Abb. 34

Die Kreditnachfrage als Funktion des Zinssatzes ist in Abb. 34 für ein gegebenes Volkseinkommen Y_1 abgetragen. Ein höheres Volkseinkommen (Y_2) würde die Kreditnachfragekurve auf die Position K_1^d verschieben.

Das Gleichgewicht im Kreditmarkt etabliert sich im Schnittpunkt A, bei dem der Zinssatz r_1 und die Kreditmenge K_1 ist. Eine höhere gleichgewichtige Kreditmenge (K_2) kann sich alternativ aus zwei Quellen ergeben. Entweder steigt die Kreditnachfrage als Folge eines erhöhten Volkseinkommens (vgl. den Schnittpunkt B und den *höheren* Zinssatz r_2): Die Banken sind gewillt, mehr Kredite zu gewähren, da der Kreditzinssatz gestiegen ist. Oder das Kreditangebot steigt als Folge einer expansiven Geldpolitik (vgl. den Schnittpunkt C und den geringeren Zusatz r_3): Die Banken könnten die Kreditgewährung um AC' ausdehnen, sie reduzieren die Krediterhöhung jedoch auf $K_1 K_2$, da der Zinssatz gefallen ist [11].

---

[11] Die Erhöhung der Kreditmenge um den Betrag von AC' würde sich im Falle einer unendlich großen Kreditnachfrage beim Zinssatz r_1 einstellen. Dieser Fall liegt implizite der Ableitung der Kreditschaffung des Abschnitts 1 zugrunde.

Zur Charakterisierung des obigen Kreditmarktes sollen noch zwei besondere Merkmale erwähnt werden. Einerseits handelt es sich bei der Kreditmenge um eine Bestandsgröße: Die Kreditmenge umfaßt den gesamten (in der Vergangenheit und in der Gegenwart) gewährten Kredit; es handelt sich also hier nicht allein um den in der betrachteten Periode zusätzlich geschaffenen Kredit. Andererseits bezieht sich die Kreditmenge auf die von den Banken geschaffenen Kredite. Natürlich können auch noch andere Wirtschaftssubjekte (inklusive anderer Finanzintermediäre) Kredite gewähren, die dann dem Kreditangebot und der Kreditnachfrage hinzugefügt werden müssen. Unser alleiniges Augenmerk auf den Bankkredit ergibt sich aus unserer Fragestellung des Geldangebots, denn nur Bankkredite ermöglichen die multiple Buchgeldschaffung.

b) Die Determinanten der Geldangebotsfunktion

Die Geldangebotsfunktion läßt sich nun aus der Gleichgewichtskonstellation des Kreditmarktes ableiten. Wir wissen, daß einer bestimmten Kreditmenge eine bestimmte Buchgeldmenge und damit eine bestimmte Gesamtgeldmenge zugeordnet werden muß. Die Gleichgewichtsbedingung auf dem Kreditmarkt lautet:

$$\underbrace{\frac{k(r, r_d, a)}{1-k(r, r_d, a)-z+c}\,\bar{B}}_{K^s} = \underbrace{K^d(r, Y)}_{K^d}.$$

Bei gegebenen Größen für r_d, c, $\bar{B}$ und Y lautet der Gleichgewichtswert für die Kreditmenge K_1 und für den Zinssatz r_1 (Abb. 35). Demzufolge beträgt das Geldangebot (entsprechend der Formel auf S. 215)

$$M_1 = \frac{1+c}{1-k(r_1, r_d, a)-z+c}\,\bar{B}.$$

In Abb. 35 entspricht der gleichgewichtigen Kreditmenge K_1 beim Zinssatz r_1 das Geldangebot M_1.

Steigt z. B bei unveränderlicher Geldpolitik die Kreditnachfrage (beispielsweise weil das Volkseinkommen von Y_1 auf Y_2 zunimmt), dann beträgt der gleichgewichtige Zinssatz r_2 und die Kreditmenge K_2; das neue Geldangebot lautet M_2. Demzufolge ist das Geldangebot eine zunehmende Funktion des Zinssatzes. Es sei nochmals betont, daß hier der steigende Zinssatz die Ausweitung des Kredits und damit die Erhöhung der Sichtguthaben verursacht. Der steigende Zinssatz verursacht höhere Erträge aus der Kreditgewährung; eine zusätzliche Kreditgewährung bedingt jedoch einen höheren Beitrag an Zentralbankgeld, den die Banken entweder aus ihren (freiwilligen) Überschußreserven oder aus dem Refinanzierungsme-

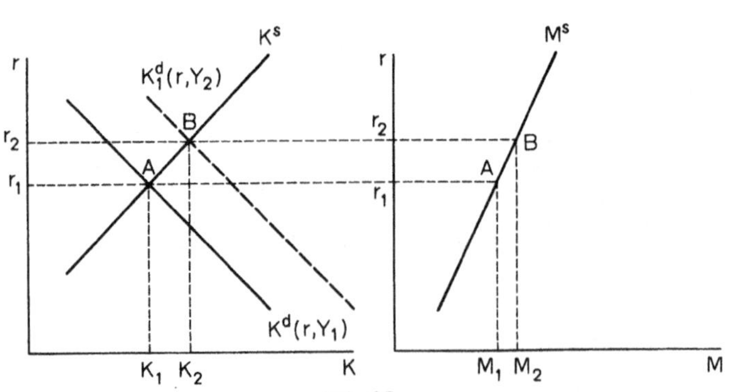

Abb. 35

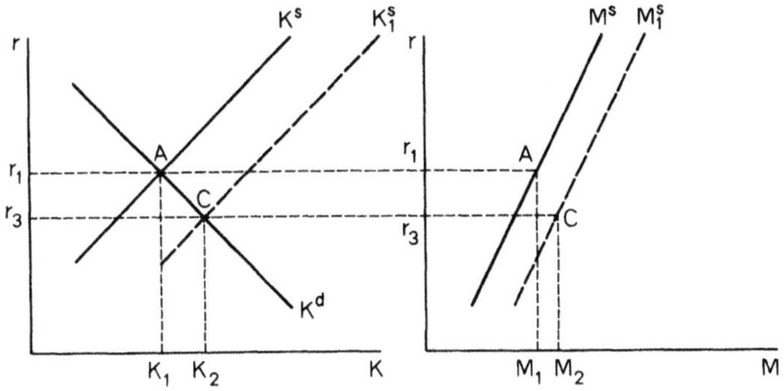

Abb. 36

chanismus erhalten. Existieren diese beiden Quellen nicht, dann wäre das Kreditangebot völlig unelastisch und demzufolge wäre auch die Geldangebotsfunktion in Abb. 35 eine Vertikale.

Eine Verschiebung der Geldangebotsfunktion M^s auf die Position M_1^s enthält die Abb. 36. Diese Verschiebung ist nur denkbar durch die Verschiebung der Kredit*angebots*funktion K^s auf die Position K_1^s. Sie wird grundsätzlich durch eine expansive Geldpolitik (geringeres r_d oder/und höheres $\bar{B}$) verursacht; sie kann ebenfalls durch einen geringeren Bargeldkoeffizienten des Publikums (c) ausgelöst werden. Das Geldangebot etabliert sich bei einem reduzierten Zinssatz auf dem Niveau M_2. Der verringerte Gleichgewichtszinssatz r_3 übt einen geringeren Anreiz für die Kreditausweitung und damit für die Ausweitung des Geldangebots aus.

c) Die Geldangebotsfunktion vom Typ M_1, M_2 und M_3

Bisher hatten wir uns implizite nur mit der Angebotsfunktion der Geldmenge vom Typ M_1 beschäftigt:

$$M_1 = C + D.$$

Wir wissen, daß die Geldmenge auch in einem weiteren Sinne definiert werden kann, und zwar entweder als Geldmenge vom Typ M_2, die zusätzlich Termineinlagen (T) enthält:

$$M_2 = C + D + T$$

oder als Geldmenge vom Typ M_3, die neben den Termineinlagen z. B. auch die Spareinlagen (S) umfaßt:

$$M_3 = C + D + T + S.$$

Im folgenden wollen wir zunächst die Angebotsformel für M_3 entwickeln, woraus sich dann ohne Schwierigkeit die für M_2 ableiten läßt.

Bekanntlich wird die Geldmenge, von welchem Typ auch immer, ausschließlich vom Publikum gehalten. Die Aufteilung der Gesamtgeldmenge M_3 in C, D, T und S hängt von den Präferenzen des Publikums ab:

$$M_3 = (1 + c + t + s)\, D$$

wobei c der Bargeldkoeffizient ist, $t = T/D$ den Koeffizienten für die gewünschte Aufteilung zwischen Termin- und Sichteinlagen darstellt und $s = S/T$ den Koeffizienten für die gewünschte Aufteilung zwischen Spar- und Sichteinlagen. t und s sind u. a. vom Zinssatz auf Termineinlagen, r_t, und vom Zinssatz auf Spareinlagen, r_s, abhängig:

$$M_3 = [1 + c + t\,(r_t, r_s) + s\,(r_t, r_s)]\, D,$$

$$\text{wobei} \quad \frac{\partial t}{\partial r_t} > 0, \quad \frac{\partial t}{\partial r_s} < 0, \quad \frac{\partial s}{\partial r_t} < 0, \quad \frac{\partial s}{\partial r_s} > 0.$$

Unter expliziter Berücksichtigung der Termin- und Spareinlagen sieht die (konsolidierte) Bilanz der Geschäftsbanken wie folgt aus:

Geschäftsbanken

Bankkredite	K	Sichteinlagen	D
Reserven	R	Termineinlagen	T
		Spareinlagen	S
		Verbindlichkeiten an die Zentralbank	V
	$R - V$		$D + T + S - K$

Erinnern wir uns, daß das Angebot und die Nachfrage nach Zentralbankgeld bzw. nach exogenem Zentralbankgeld die Höhe der Buchgeld- und Kreditschaffung bestimmen. Die Nachfrage nach exogenem Zentralbankgeld, $\bar{B}^d$, war gleich der Nachfrage des Publikums nach Bargeld (C) und der Nachfrage des Bankensektors nach Reserven (R) abzüglich der Mindestreserveanpassung (Z) und des Refinanzierungsvolumens der Banken (V) (siehe weiter oben S. 213):

$$\bar{B}^d = C + R - Z - V.$$

Der Ausdruck $R - V$ kann durch den Term $D + T + S - K$ (statt des bisherigen Terms $D - K$) ersetzt werden:

$$\bar{B}^d = C + D + T + S - K - Z.$$

Die Verhaltensfunktion der Banken in bezug auf R und V leitet sich also aus ihrer Kreditneigung ab. Schreiben wir nun die obige Gleichung in der

Form von Verhaltenskoeffizienten:

$$\bar{B}^d = c\,D + \left(\frac{D+T+S}{D+T+S} - \frac{K}{D+T+S} - \frac{Z}{D+T+S}\right)(D+T+S)$$
$$= [c + (1-k-z)\,(1+t+s)]\,D.$$

Zu beachten ist, daß k (und in ähnlicher Weise z) nicht mehr als die gewünschte Relation K/D, sondern als das gewünschte Verhältnis $K/(D+T+S)$ definiert ist. Da das Angebot an exogenem Zentralbankgeld gegeben ist

$$\bar{B}^s = \bar{B}$$

stellt sich das Gleichgewicht zwischen angebotener und nachgefragter exogener Geldbasis dort ein, wo

$$\bar{B} = [c + (1-k-z)\,(1+t+s)]\,D$$

so daß die Höhe der Buchgeldschaffung lautet:

$$D = \frac{1}{(1-k-z)\,(1+t+s)+c}\,\bar{B}$$

bzw. die Höhe der angebotenen Geldmenge vom Typ M_3

$$M_3 = \frac{1+t+s+c}{(1-k-z)\,(1+t+s)+c}\,\bar{B}.$$

Unter expliziter Berücksichtigung des „Preis"-Einflusses auf bestimmte Verhaltenskoeffizienten (k, t, s) kann die Formel geschrieben werden als

$$M_3 = \frac{1+t\,(r_t, r_s)+s\,(r_t, r_s)+c}{[1-k\,(r, r_d, a)-z]\,[1+t\,(r_t, r_s)+s\,(r_t, r_s)]+c}\,\bar{B}.$$

Das Kreditangebot der Banken läßt sich in ähnlicher Weise ableiten. Da

$$K^s = k\,(D+T+S)$$
$$= k\,(1+t+s)\,D$$

ist durch Substitution von D und bei Berücksichtigung der Preisdeterminanten bestimmter Verhaltenskoeffizienten

$$K^s = \frac{[1+t\,(r_t, r_s)+s\,(r_t, r_s)]\,[k\,(r, r_d, a)]}{[1-k\,(r, r_d, a)-z]\,[1+t\,(r_t, r_s)+s\,(r_t, r_s)]+c}\,\bar{B}.$$

Während die Kreditangebotsfunktion für alle drei Geldmengendefinitionen dieselbe bleibt, unterscheiden sich die Angebotsfunktionen für die Geldmenge vom Typ M_1, M_2 und M_3 im Zähler des Geldschaffungsmultiplikators (vgl. Tabelle 4). Grundsätzlich bestimmt das Publikum die Aufteilung zwischen M_1, M_2 und M_3 mittels seines gewünschten Termindepositenkoeffizienten t und Spardepositenkoeffizienten s. Während eine Erhöhung des Bargeldkoeffizienten (c) alle drei Geldmengenaggregate verringert, bedingt ein Anstieg von t eine Verringerung von M_1 und eine Erhöhung von M_2 und M_3; ein Anstieg von s verringert M_1 und M_2 und erhöht M_3 [12].

Tabelle 4. Geldangebotsfunktion

$$M_1 = \frac{1+c}{[1-k(r, r_d, a)-z][1+t(r_t, r_s)+s(r_t, r_s)]+c}\,\bar{B}$$

$$M_2 = \frac{1+t(r_t, r_s)+c}{[1-k(r, r_d, a)-z][1+t(r_t, r_s)+s(r_t, r_s)]+c}\,\bar{B}$$

$$M_3 = \frac{1+t(r_t, r_s)+s(r_t, r_s)+c}{[1-k(r, r_d, a)-z][1+t(r_t, r_s)+s(r_t, r_s)]+c}\,\bar{B}$$

4. Geldpolitische Indikatoren und Zwischenziele

Montäre Zwischenziele sind jene Variablen, welche die Zentralbank beeinflußt, um Endziele, also gesamtwirtschaftliche Ziele (Beschäftigung, Preisniveau, Zahlungsbilanz bzw. Wechselkurs), zu realisieren. Montäre Indikatoren sind jene Variablen, welche unmittelbar Stärke und Wirkungsrichtung geldpolitischer Maßnahmen anzeigen. Indikatoren und Zwischenziele können miteinander übereinstimmen, wenn der Indikator sehr eng mit der Zielvariablen korreliert. Würde eine vollständige Information hinsichtlich der ökonomischen Zusammenhänge und der Länge von Zeitverzögerungen bestehen, existierte das Problem geldpolitischer Indikatoren und Zwischenziele nicht [13].

---

[12] Da in der Realität unterschiedliche Mindestreservesätze für verschiedene Depositenarten gelten, kann bei unveränderten Sätzen das Geldangebot ebenfalls als Folge der Änderung der Bankeinlagenstruktur variieren. In der Regel sind die Mindestreservesätze für Termineinlagen und a fortiori für Spareinlagen geringer. Eine höhere Neigung des Publikums für Termin- bzw. Spareinlagen im Vergleich zu Sichteinlagen wird demzufolge alle drei Geldmengenaggregate ansteigen lassen.

[13] Siehe hierzu M. Willms und K. W. Riechel, Monetäre Indikatoren, in: Handwörterbuch der Wirtschaftswissenschaft, Stuttgart-Tübingen-Göttingen 1977, S. 135–141.

Die geeignete Zwischenziel-Wahl hängt von der Vorstellung ab, wie sich geldpolitische Maßnahmen über den monetären Sektor auf den realen Sektor übertragen. Zwei mögliche – und „traditionelle" – Hypothesen über diesen Transmissionsmechanismus sind die keynesianische Zinshypothese und die monetaristische Geldmengenhypothese (vgl. Tabelle 5) [14]. Beide Hypothesen gehen von den gleichen geldpolitischen Instrumenten und den gleichen geldpolitischen Endzielen aus.

Nach der keynesianischen Hypothese impliziert ein steigender Zinssatz die Dämpfung des Wirtschaftsablaufs und umgekehrt. Soll z. B. die Wirtschaftsaktivität unverändert bleiben, dann ist der Zinssatz auf einem gleichbleibenden Niveau zu stabilisieren. In Abb. 37 sind der Kreditmarkt und die sich hieraus ergebende Geldangebotsfunktion dargestellt.

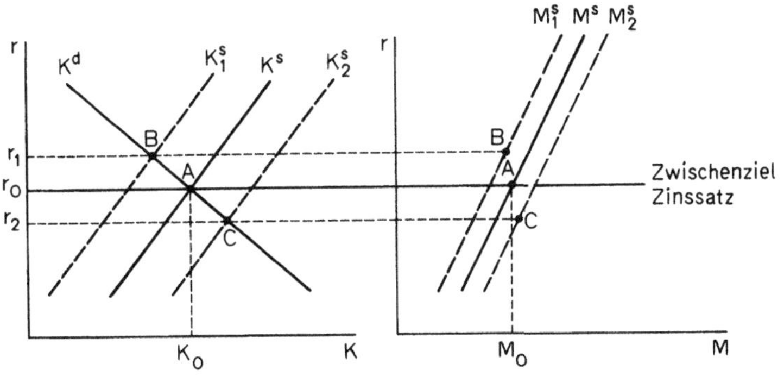

Abb. 37

Der Gleichgewichtszinssatz beträgt r_0, die gleichgewichtige Kreditmenge K_0 und das Geldangebot M_0. Das geldpolitische Zwischenziel besteht aus der Beibehaltung des Zinsniveaus r_0. *Monetäre „Schocks"* bzw. monetäre Störungen mögen sich nun bei unveränderter Geldpolitik in der Wirtschaft einstellen, indem das Kreditangebot – und damit das Geldangebot – variiert: K_1^s und M_1^s bzw. K_2^s und M_2^s; diese Angebotsveränderungen resultieren z. B. aus Änderungen der Verhaltensparameter des Publikums (beispielsweise des Bargeldkoeffizienten) oder der Banken (veränderter Kreditneigungskoeffizient). Demzufolge verändert sich der Zinssatz in Richtung r_1 (Punkt *B*) bzw. r_2 (Punkt *C*). Die Zentralbank wird im *B*-Fall eine expansive und im *C*-Fall eine kontraktive Geldpolitik betreiben müssen, um den Zinssatz wieder auf r_0 zu etablieren, wodurch die Kreditmenge auch wieder nach K_0 und das Geldangebot nach M_0 konvergieren.

[14] Siehe A. E. Burger, The Implementation Problem of Monetary Policy, in: Federal Reserve Bank of St. Louis Review, LIII, März 1971, S. 20–30.

Das gleiche Endziel – unveränderte Wirtschaftsaktivität – wäre auch realisiert worden, wenn als geldpolitisches Zwischenziel entsprechend der monetaristischen Hypothese die Geldmenge benutzt worden wäre, und zwar die Stabilisierung der Geldmenge auf dem Niveau M_0 (siehe den rechten Quadranten der Abb. 37). Die unterstellten monetären Schocks hätten die angebotene Geldmenge verringert (Fall *B*) bzw. erhöht (Fall *C*). Dementsprechend hätte die monetaristische Geldpolitik expansiv bzw. kontraktiv reagiert. Ein Konflikt zwischen keynesianisch und monetaristisch orientierter Geldpolitik wäre nicht entstanden.

Tabelle 5

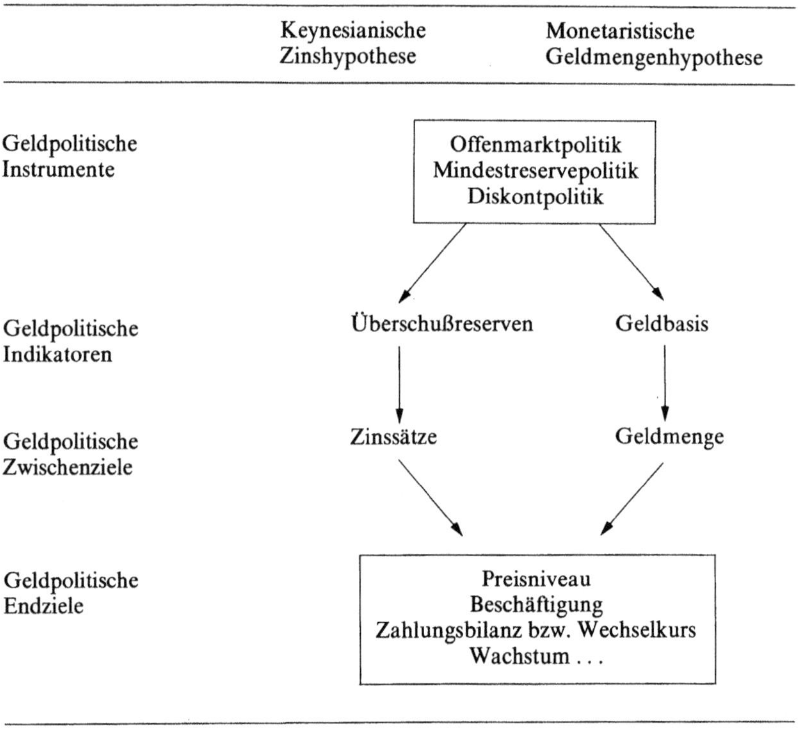

Betrachten wir nun einen anderen Fall, und zwar den der *realen „Schocks“* und vergleichen diesen dann mit dem soeben besprochenen Fall monetärer Schocks. Reale Schocks (ausgelöst durch Änderungen in den Angebots- und Nachfragebedingungen nach Gütern) verschieben die Nachfrage nach Kredit auf die Position K_1^d oder K_2^d; vgl. Abb. 38. In beiden Fällen ergibt sich ebenfalls – wie in der Abb. 37 – eine Zinserhöhung auf r_1 (Punkt *B'*) bzw. eine Zinssenkung auf r_2 (Punkt *C'*). Verfolgt die

Zentralbank als Zwischenziel die keynesianische Zinshypothese, so wird sie im B'-Fall eine expansive Geldpolitik betreiben mit dem Resultat eines unveränderten Zinssatzes (r_0), der jedoch von einem höheren Kredit- und Geldmengenvolumen begleitet ist (siehe Punkt B''); in ähnlicher Weise wird sie im C'-Fall eine kontraktive Geldpolitik mit dem Ergebnis eines verringerten Kredit- und Geldmengenvolumens durchführen (siehe Punkt C''). Die zusätzliche Kreditfrage bzw. die verringerte Kreditnachfrage wird also bei unverändertem Zinssatz realisiert.

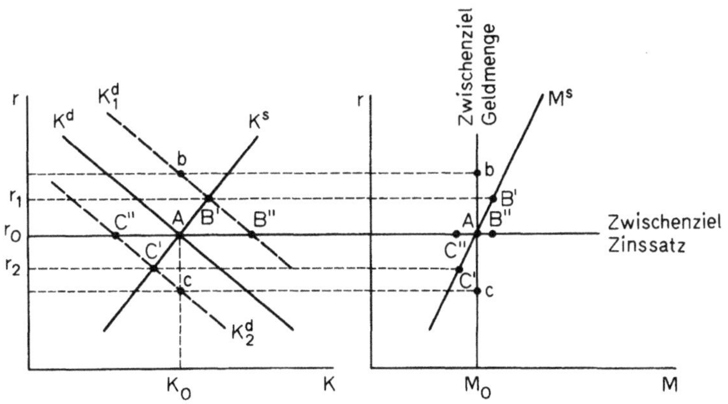

Abb. 38

Eine monetaristisch orientierte Geldpolitik kommt dagegen zu einem anderen Resultat. Ihr Zwischenziel ist eine konstante Geldmenge (M_0). Im B'-Fall würde sie statt einer expansiven eine kontraktive Geldpolitik betreiben (vgl. den Punkt *b* in Abb. 38) und im C'-Fall statt einer kontraktiven eine expansive Geldpolitik (vgl. den Punkt *c*). Hierdurch bleibt die Kreditnachfrage im Vergleich zur Ausgangsituation unverändert, auch wenn der Zinssatz erheblichen Schwankungen unterworfen ist.

Nur der Fall realer Schocks ruft eine Konfliktsituation bei der geldpolitischen Wahl zwischen keynesianischem und monetaristischem Zwischenziel auf den Plan, denn die Wahl des keynesianischen Zwischenziels bedingt eine völlig andere Geldpolitik als die des monetaristischen Zwischenziels: Die eine impliziert z. B. eine expansive Geldpolitik und die andere eine kontraktive Geldpolitik, auch wenn das Endziel beider Zwischenziele identisch ist (in unserem Beispiel Beibehaltung der wirtschaftlichen Aktivität). Das Wahlkriterium des Zwischenziels muß folglich in der Interpretation der Zinswirkung bzw. der Geldmengenwirkung auf den Wirtschaftsablauf liegen. Wird der Wirkung des Zinssatzes auf die Gesamtnachfrage nach Gütern eine Primärrolle im Vergleich zu der Wirkung des Kredit- und Geldmengenvolumens zugeschrieben, so wählt natürlich die Geldpolitik als Zwischenziel das der keynesianischen Zinshypothese und im umgekehrten Fall das der monetarischen Geldmengenhypothese.

Ein komplizierter – und wirklichkeitsnäherer – Fall ist nun der, wo beide Hypothesen als relevante Transmissionsmechanismen angesehen werden, wo also sowohl eine Veränderung des Zinssatzes als auch eine Veränderung der Geldmenge eine erhebliche Wirkung auf den Wirtschaftsablauf ausüben. Bei der Wahl des geldpolitischen Zwischenziels ist nun ein anderes Kriterium von Wichtigkeit (die Zentralbank ist also weder ein orthodoxer Anhänger des Keynesianismus noch des Monetarismus). Die Geldpolitik soll zur Aufgabe haben, die monetären und realen Schocks zu kompensieren, so daß sie keinen destabilisierenden Einfluß auf die Wirtschaftsaktivität haben. Monetären Schocks, z. B. vom Typ *B* in Fig. 37, ist mit einer expansiven Geldpolitik zu begegnen, und reale Schocks, vom Typ *B′* in Fig. 38, müssen mit einer kontraktiven Geldpolitik gedämpft werden. In beiden Fällen steigt der Zinssatz von r_0 auf r_1. Die Aufwärtsbewegung des Zinssatzes ist nun in dem Sinne ein ungeeignetes Zwischenziel, da die Geldpolitik im *B*-Fall eine expansive Politik und im *B′*-Fall eine restriktive Politik zu verfolgen hat. Wenn die Zentralbank nur die Zinsbewegung im Auge hat, weiß sie in einer Welt der Ungewißheit nicht, ob diese auf monetäre oder reale Schocks zurückzuführen ist. Folglich ist es für die Zentralbank ratsam, die Geldmengenbewegungen als Zwischenziel zu wählen [15].

Unsere gesamte Diskussion war bisher auf die Wahl eines geeigneten geldpolitischen Zwischenziels gerichtet, ohne das Wahlkriterium des ge-

---

[15] W. Poole, Optimal Choice of Monetary Policy Instruments in a Simple Stochastic Macro Model, in: Quarterly Journal of Economics, LXXXIV (1970), S. 197–216.

Zu beachten ist, daß Poole zu einer differenzierteren (und heute allgemein anerkannten) Aussage kommt. Dominieren in einer Wirtschaft die realen Schocks, dann ist die Geldmenge als Zwischenziel adäquat. Sind dagegen die monetären Schocks vorherrschend, dann gilt als angemessenes Zwischenziel der Zinssatz. Die monetären Schocks können entweder aus autonomen Veränderungen des Kreditangebotes resultieren, wie wir bisher unterstellt haben, oder aus autonomen Veränderungen der Geldnachfrage. Eine beispielsweise plötzlich höhere Geldnachfrage, die ceteris paribus zu einer Zinssteigerung führt, müßte durch eine Geldmengenexpansion befriedigt werden, um die Zinssteigerung rückgängig zu machen. Die Geldmenge selbst wäre dann kein geeignetes Zwischenziel: in diesem Fall müßte der Zinssatz als Zwischenziel gewählt werden.

Für die Monetaristen ist dieser letzte Fall ziemlich irrelevant, da sie eine *stabile* Geldnachfragefunktion annehmen. Außerdem führen sie noch einen anderen Grund gegen die Wahl des Zinssatzes als Zwischenziel an. In einer *inflationären* Wirschaft ist nur der Nominalzinssatz (gleich Realzinssatz plus erwarteter Inflationsrate) beobachtbar. Schwankungen im beobachtbaren Zinssatz können somit auch durch veränderte Inflationserwartungen verursacht sein; vgl. hierzu weiter unten Kap. IX. Würde die Zentralbank den Zinssatz als Zwischenziel haben, dann müßte sie genau darüber informiert sein, ob die Zinsschwankungen zurückzuführen sind auf reale Schocks, auf monetäre Schocks oder auf veränderte Inflationserwartungen.

eigneten geldpolitischen Indikators zu besprechen, der die unmittelbare Stärke und Wirkungsrichtung geldpolitischer Maßnahmen anzeigen soll. Entsprechend unserer Tabelle 5 (S. 226) benutzt die keynesianische Hypothese die Überschußreserven und die monetaristische Hypothese die Geldbasis als Indikator. Für die ersteren würde sich eine beispielsweise expansive Geldpolitik in höheren Überschußreserven der Banken niederschlagen, die dann diese für eine Kreditausweitung mit anschließender Ausdehnung der Buchgeldschaffung verwenden; für die letzteren manifestiert sich die expansive Geldpolitik in einer höheren Menge an Zentralbankgeld (Geldbasis), die zu einer höheren Geldmenge führt.

Beide Indiktatoren können eine Fehlinterpretation für die Stärke und Wirkungsrichtung der (in unserem Beispiel expansiven) Geldpolitik beinhalten. Sowohl höhere Überschußreserven als auch eine höhere effektive Geldbasis brauchen nicht unbedingt zu einer höheren Geldmenge zu führen. Entscheidend für die Erhöhung der Geldmenge sind einerseits die Rentabilitätsüberlegungen der Banken hinsichtlich der Ausdehnung ihres Kreditangebotes und andererseits die Kreditnachfrage des Publikums. In unserer theoretischen Ableitung der Geldangebotsfunktion hatten wir weder mit dem Konzept der Überschußreserven noch mit dem der effektiven Geldbasis operiert, da diese nur teilweise unter der Kontrolle der Zentralbank stehen. Demzufolge hatten wir, der jüngsten Literatur folgend, die *exogene Geldbasis* benutzt, da diese das eigentliche Kontrollinstrument der Zentralbank darstellt. Bei unveränderten Verhaltensparametern der Banken und des Publikums (repräsentiert durch den Multiplikator) würde dann der geeignete geldpolitische Indikator aus der exogenen Geldbasis bestehen.

Kapitel VII

Der Vermögensaspekt des Geldes und der Wettbewerbsmechanismus der Geldproduktion

1. Stellt Geld Vermögen dar?: a. Warengeld; b. Kreditgeld: Außengeld; c. Kreditgeld: Innengeld. – 2. Die Diskussion um den Realkasseneffekt: a. Zur Genealogie einiger Geldeffekte; b. Portfolioeffekt und Realkasseneffekt. – 3. Der Wettbewerbsmechanismus der Buchgeldschaffung und die optimale Geldmenge: a. Der Wettbewerbsmechanismus der Buchgeldschaffung; b. Optimale Geldmenge und Preisstabilität. – 4. Der Wettbewerbsmechanismus der gesamten Geldproduktion oder die ökonomischen Kriterien der Geldverfassung: a. Begründet die Geldproduktion ein natürliches Monopol?; b. Freier Wettbewerb zwischen den Geldproduzenten; c. Monetäre Integration versus monetäre Stabilität. – 5. Der Vermögenseffekt der nichtmonetären Finanzaktiva: der Liquiditätseffekt.

(1) Stellt Geld Vermögen dar? Im Anschluß an die grundlegende Arbeit von Gurley und Shaw [1960] war man sich eigentlich einig, daß nur das sog. Außengeld ein Netto-Vermögen darstellt, während das sog. Innengeld einer Verschuldung des privaten Sektors der Wirtschaft entspricht und somit vermögensunwirksam ist. In späterer Zeit brach man jedoch mit dieser „Dichotomie" zwischen vermögenswirksamem Außengeld und vermögensunwirksamem Innengeld. (2) Wenn Geld einen Netto-Vermögensposten in der Wirtschaft darstellt, dann kann der Realkasseneffekt zu Recht als ein Vermögenseffekt interpretiert werden. Was dann die Effekte von Geldmengenveränderungen angeht, so können diese klassifiziert werden in den Portfolio-Effekt (Umschichtung der Zusammensetzung des Portfolios bzw. Vermögens) und in den Realkasseneffekt (Veränderung der Höhe des Portfolios bzw. des Vermögens).

(3) Daß Geld – und hier vor allem Innengeld – ein (meßbares) Netto-Vermögen darstellt, ist – paradoxerweise – nur dann denkbar, wenn ein Monopol der Geldproduktion, das sog. Münzregal, existiert (welches in den gegenwärtigen modernen Wirtschaften gang und gäbe ist) und die Buchgeldschaffung nicht dem Wettbewerbsprozeß überlassen wird, wodurch ein optimales Volumen an Kredit und Realkasse zustande käme.

(4) Jedoch nicht nur eine optimale Produktion des Buchgeldes, sondern auch die des Papiergeldes (Zentralbankgeld) kann durch den Wettbewerbsmechanismus realisiert werden – eine Behauptung, die in jüngster Zeit vor allem von Hayek [1976] vorgetragen worden ist und die vorher selbst von der Chicagoer Schule stets bestritten wurde. Dieser Wettbewerbsmechanismus, der von privaten Geldemittenten getragen wird, wirft zwar das Problem eines determinierten Preisniveaus auf. Es kann jedoch gezeigt werden, daß eine private Geldproduktion unter bestimmten Bedingungen zu einer größeren Preisniveaustabilität führt als die staatliche Geldproduktion.

(5) Am Schluß des Kapitels wird die Frage des Vermögenscharakters der anderen, der nichtmonetären Finanzaktiva angeschnitten. In buchführungstechnischer Sicht gleichen sich (in einer geschlossenen Wirtschaft) Forderungen und Schulden aus. Werden dagegen der Liquiditätsgrad der Forderungstitel und der Illiquiditätsgrad der entsprechenden Schuldtitel berücksichtigt, so kann durchaus eine Asymmetrie zwischen Liquiditätsgrad und Illiquiditätsgrad existieren, und zwar in dem Sinne, daß die Forderungs-Schuldverhältnisse ein „Nettoliquiditätsvolumen" besitzen: Letzteres kann auch als die sog. Zahlungsfähigkeit der Wirtschaftssubjekte definiert werden. Die nichtmonetären Finanzaktiva stellen in Proportion zu ihrem Nettoliquiditätspotential ein Nettovermögen dar! Von ihrem „relativen" Vermögenscharakter geht ein entsprechender Vermögenseffekt aus, den wir als den sog. Liquiditätseffekt bezeichnen.

1. Stellt Geld Vermögen dar?

Die Beantwortung dieser Frage hängt zunächst von dem der Wirtschaft zugrundeliegenden Geldsystem ab. Wenn z. B. die Merkantilisten das Geld als „Reichtum" betrachteten, so hatten sie hiermit insofern nicht unrecht, als das Geld ein dauerhaftes Gut, das Sachaktivum Gold, darstellte. Und die Klassiker, welche den „inneren Geldwert" mit Hilfe der Produktionskostentheorie erklärten, bezogen sich auf die zu ihrer Zeit herrschenden metallistischen Währungen, so daß auch sie das Geld durchweg als Vermögen ansehen konnten.

Sobald wir es aber mit einem Kreditgeldsystem zu tun haben, in dem das Geld (Banknoten, Sichtguthaben) sowohl eine Forderung als auch gleichzeitig eine Schuld repräsentiert, ist die Beantwortung der Frage nach dem Vermögenscharakter des Geldes nicht mehr so eindeutig. Auf den ersten Blick könnte man sich zwar die Antwort einfach machen, indem man sagt, daß Geld in der gesamtwirtschaftlichen Sicht überhaupt kein Vermögen darstellt, da der Forderung (Banknoten, Sichtguthaben) stets eine Schuld (Schuldanerkenntnis seitens der Zentralnotenbank, Sichtverbindlichkeiten) entspricht. Doch eine solche Lösung des Problems wäre ein wenig zu simplifizierend, da sie sich auf buchführungstechnische statt auf ökonomische Gründe stützt.

Die Frage, ob das Kreditgeld Vermögen darstellt, kann u. E. nur auf die Weise behandelt werden, daß wir von einer geldlosen Wirtschaft ausgehen, in die wir sukzessive verschiedene Geldformen (z. B. zuerst das Warengeld und dann das Kreditgeld) einführen. Dieses Verfahren haben wir schon einmal benutzt, und zwar in Kapitel III, um zwei ökonomische Wirkungen des Geldes festzustellen: Einmal reduzierte das Geld die Transaktionskosten (im Sinne der „Tauschkosten") der Wirtschaft, und zum anderen konnte es das Wachstum der Wirtschaft stimulieren. Das jetzt anstehende Problem, das durch den Vergleich Tauschwirtschaft–Geldwirtschaft gelöst werden soll, bezieht sich auf die Frage, inwieweit die Einführung des Geldes bzw. der Übergang von einer Geldform zu einer anderen Geldform zu einem gesamtwirtschaftlichen Vermögens*zuwachs* führt![1]

a) Warengeld

Gehen wir von einer Tauschwirtschaft aus, in der als einzige Vermögensobjekte nur die Sachaktiva existieren; natürlich existieren in dieser Wirtschaft auch die menschlichen Aktiva, die wir aber in unserer Argumentation ignorieren können. Der Betrag OA im linken Quadranten der Abb. 39 möge den Gesamtvermögensbestand der Wirtschaft darstellen, dessen Ertragssatz pro Einheitsperiode gleich r_0 sein soll; der Gesamtertrag pro Periode (bzw. „Einkommen", wobei das Arbeitseinkommen unberücksichtigt bleibt) wäre dann r_0A. Führen wir nun in diese Wirtschaft das Geld in der Form des *Warengeldes* ein. Die Geldmenge soll OM betragen; siehe den rechten Quadranten der Abb. 39. Da es sich um ein Geldsystem mit einer hundertprozentigen Warendeckung handeln soll, werden Sachaktiva im Betrage von AA' vom „realen" Sektor in den „monetären" Sektor transferiert, wobei $AA' = OM$. Der Gesamtvermögensbestand der Wirtschaft bleibt unverändert: $OA = OA' + OM$.

Die Wirtschaft ist jedoch unter dem Einkommensaspekt „reicher" geworden. Wie wir aus Kapitel III.1 (S. 61–70) wissen, erfährt die Wirtschaft eine Reduktion ihrer Transaktionskosten. Geringere Kosten sind

[1] Die folgenden Überlegungen stützen sich u. a. auf H. G. Johnson, Inside Money, Outside Money, Income, Wealth and Welfare in Monetary Theory, in: Journal of Money, Credit and Banking, I (1969).

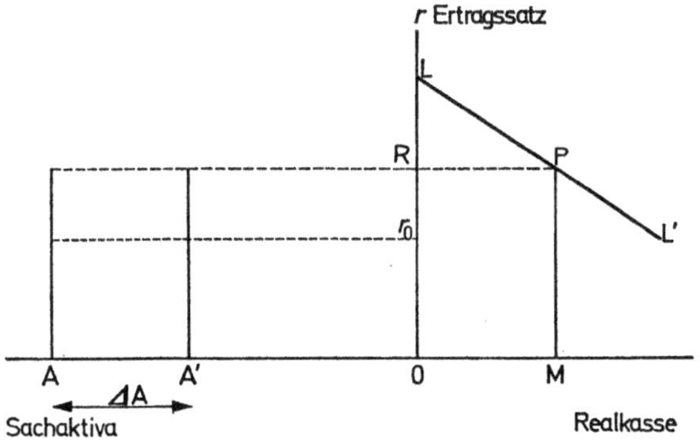

Abb. 39

ein anderer Ausdruck für höhere Produktivität. Aufgrund der Einführung des Geldes in die Tauschwirtschaft erhöht sich also der Ertragssatz der Sachaktiva, der z. B. in der Abb. 39 von r_0 auf R steigt. Der für produktive Zwecke vorhandene Sachvermögensbestand OA' wirft jetzt ein Einkommen von RA' ab. Aber auch der für monetäre Zwecke benutzte Sachvermögensbestand OM wirft einen Ertrag ab, der zwar nicht „physischer" oder pekuniärer Natur ist, sondern der sich – wie wir wissen – aus den Liquiditätsvorteilen zusammensetzt. Da sich entsprechend den Ergebnissen der Portfolioanalyse die Gesamtertragssätze der verschiedenen Aktiva einander angleichen, beträgt der Ertragssatz des Geldes ebenfalls R; daß dieser Ertragssatz zumindest für den Geldmarkt ein Gleichgewichtssatz ist, zeigt der Schnittpunkt P der Kurve der Geldnachfrage LL' mit dem Geldangebot OM beim Ertragssatz R. Der Ertrag des Geldbestandes beläuft sich somit auf RM. Das (pekuniäre plus nichtpekuniäre) Gesamteinkommen der Wirtschaft (stets unter Vernachlässigung des Einkommens der menschlichen Aktiva) ist dann gleich $R(A' + M) = RA$. Aufgrund der Installation eines Warengeldsystems stellt sich ein Einkommensgewinn von $(R - r_0)\,A$ heraus [2,3].

Der Übergang von einer Tauschwirtschaft zu einer Geldwirtschaft auf der Grundlage einer hundertprozentigen Warendeckung führt also zu kei-

---

[2] Ein höheres Einkommen kann mit einem konstanten Vermögensbestand kompatibel sein. Bezeichnen wir mit W den Gesamtvermögensbestand, dann beträgt das Gesamteinkommen $Y = rW$. Das Vermögen ist dementsprechend $W = Y/r$. Ein höheres Einkommen kann sowohl – wie in unserem Falle – aus einer Erhöhung des Ertragssatzes r (bei gegebenem Vermögen) als auch aus einer Erhöhung des Vermögens (bei gegebenem Ertragssatz) resultieren.

[3] Neben dem Einkommensgewinn kann zusätzlich noch ein sog. *Wohlfahrtsgewinn* festgestellt werden. Dieser Wohlfahrtsgewinn ist gleich der schraffierten Fläche RPL in Abb. 40; Abb. 40, die eine Reproduktion der Abb. 39 ist, berücksichtigt explizite die Kurve der Nachfrage nach Sachaktiva NN', welche gleich der Grenzproduktivität der Sachaktiva ist; (dabei wird unterstellt, daß NN' unverändert bleibt,

nem Vermögenszuwachs der Wirtschaft. Zwar stellt Geld Vermögen dar, denn es besteht ex definitione aus einem Sachgut. Aber es handelt sich nicht um einen *Zuwachs* an Vermögen, sondern lediglich um einen Transfer von Aktiva aus der „Produktionssphäre" in die „Geldsphäre".

b) Kreditgeld: Außengeld

Wie verhält es sich jedoch mit dem Kreditgeld? Hier tritt das eigentliche Problem des Vermögenscharakters des Geldes auf den Plan. Bei der folgenden Argumentation wollen wir unterstellen, daß schon eine Geldwirtschaft existiert. In diese Wirtschaft soll ein Kreditgeldsystem eingeführt werden. Aufgrund dieser Annahme brauchen wir nicht nochmals den sog. Einkommensgewinn (bzw. Produktivitätsgewinn) zu berücksichtigen, der beim Übergang von einer Tauschwirtschaft zu einer Geldwirtschaft auftaucht; der Ertragssatz der Aktiva in der Kreditgeldwirtschaft möge weiterhin R sein (vgl. Abb. 39)[4]. Im folgenden wollen wir zunächst das sog. Außengeld und dann das sog. Innengeld behandeln (siehe hierzu

---

wenn das Geld in die Tauschwirtschaft eingeführt wird!). Der Wohlfahrtsgewinn RPL ist nichts anderes als eine Konsumentenrente.

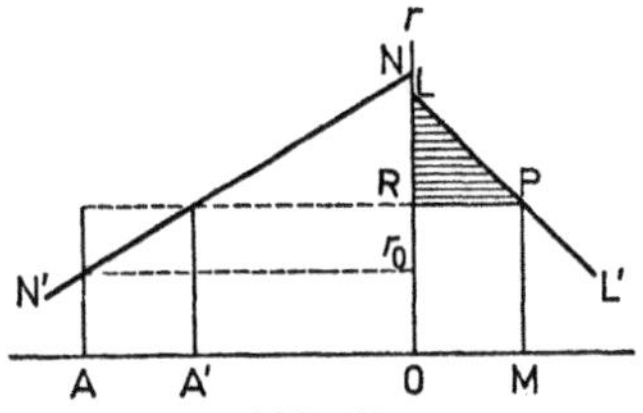

Abb. 40

Im Gegensatz zum Einkommensgewinn führt der Wohlfahrtsgewinn RPL zu einer Erhöhung des Vermögensbestandes, *sofern* das Vermögenskonzept erweitert wird. Wie in der vorhergehenden Fußnote kurz angedeutet wurde, ergab sich der Vermögensbestand aus dem kapitalisierten Wert des Einkommens ($W = Y/r$), und dieses Einkommen bestand sowohl aus pekuniären Erträgen als auch aus den nichtpekuniären Erträgen in Form der Liquiditätsvorteile der Geldhaltung! Das Einkommen *kann* nun noch weiter gefaßt werden, indem hierin auch die Konsumentenrenten (und Produzentenrenten) einbezogen werden. Dementsprechend würde sich auch das Vermögenskonzept erweitern. Auf unser Problem angewandt existiert ein zusätzliches Einkommen (im Sinne des sog. Wohlfahrtsgewinns) von RPL oder mit Hilfe der Integralrechnung von $\Delta Y = \int_0^M r(M)\,\mathrm{d}M - RM$. Der Vermögenszuwachs ist dann $\Delta W = \int_0^M r(M)\,\mathrm{d}M/R - M$. Siehe hierzu H. G. Johnson [1969].

[4] Zwar kann aufgrund der Einführung des Papier- und Buchgeldes (ohne Warendeckung) eine noch stärkere Reduktion der Transaktionskosten der Wirtschaft erfolgen; siehe hierzu Kap. III.1, S. 61–70. Dieser zusätzliche Produktivitätsgewinn soll jedoch schon in R enthalten sein.

Kap. III.2c, S. 82–84). Der Unterschied zwischen Außengeld und Innengeld war der, daß beim Außengeld – im Gegensatz zum Innengeld – keine entsprechende Verschuldung des privaten (und nicht finanziellen) Sektors der Wirtschaft vorliegt.

Eine mögliche Interpretation des Vermögenscharakters des Außengeldes ist die von Patinkin [5]. In seiner Beweisführung folgt er getreu den Autoren des Außengeldkonzeptes, Gurley und Shaw [6], indem er von dem durchaus richtigen Tatbestand ausgeht, daß das Geld eine Forderung darstellt. Jeder Forderung entspricht bekanntlich eine Schuld. Beim Zentralbankgeld ist der Schuldner die Zentralbank oder kurz gesagt: der staatliche Sektor. Gesamtwirtschaftlich, d. h. privater und staatlicher Sektor zusammengenommen, stellt dann das Außengeld kein Vermögen dar [7]. Wenn nun Patinkin trotzdem das Außengeld als Teil des Volksvermögens konzipiert, dann liegt dieser Betrachtungsweise folgende Argumentation zugrunde. Normalerweise geht vom Besitz einer Forderung (z. B. in Form der Wertpapierhaltung) eine stimulierende Wirkung auf die Güternachfrage aus („Vermögenseffekt"), der aber eine kontraktive Wirkung auf die Güternachfrage seitens des Schuldners entgegensteht („Realverschuldungseffekt" [8]); beide Effekte können sich z. B. kompensieren, so daß gesamtwirtschaftlich das Forderungs-Schuldverhältnis völlig neutral ist (Fall eines „neutralen Distributionseffektes" [9]). Was nun das Geld angeht, so kann zumindest für das Zentralbankgeld gesagt werden, daß der Staat in der Wirtschaft unabhängig von dieser seiner spezifischen Schuldnerposition handelt: Ein Realverschuldungseffekt geht überhaupt nicht von den (monetären) Zentralbankverbindlichkeiten aus, und es bleibt dann als Nettoeffekt der Vermögenseffekt seitens der Geldbesitzer, d. h. der „Realkasseneffekt", übrig [10].

---

[5] D. Patinkin [1965], S. 236–244.
[6] Siehe hierzu weiter oben S. 82–83.
[7] D. Patinkin [1965], S. 295–296.
[8] Ebenda, S. 71–72.
[9] Ebenda, S. 74.
[10] Unter dem Aspekt, daß Geld sowohl eine Forderung als auch eine Schuld ist und daß von den Forderungen ein Realkasseneffekt und von den Schulden ein Verschuldungseffekt ausgeht, kann nach Patinkin der Realkasseneffekt auch als ein Distributionseffekt angesehen werden, wenn der Verschuldungseffekt gleich Null ist.

„... in einem gewissen Sinne ist der Realkasseneffekt selber ein Distributionseffekt. Denn unser Papiergeld stellt einen Schuldtitel des Staates dar. Würde der Staat auf Änderungen im Realwert dieser Schuld reagieren, so wie Haushalte und Firmen auf ihre Schulden reagieren, dann könnte es in der Wirtschaft insgesamt keinen Netto-Realkasseneffekt geben ... Unsere bisherigen Analyse fußte somit auf der stillschweigenden – wenn auch realistischen – Annahme, daß der Staat als einziges von allen Wirtschaftssubjekten überhaupt nicht vom Realwert seiner ausstehenden (zinslosen) Schulden betroffen ist und daß er unberührt hiervon Pläne für seine Nachfrage nach Waren aufstellt."

["... in a certain sense, the real-balance effect is itself a distribution effect. For our fiat paper money is the debt of the government; and if the government were to

Der Schuldner der Geldforderung, die Zentralbank oder der Staat, handelt in seinen wirtschaftlichen Entscheidungen nicht nur unabhängig von seiner Schuldnerposition (so wie es Patinkin beschreibt), sondern er ist im eigentlichen Sinne überhaupt kein Schuldner, da er überhaupt keine Schuldzinsen zu zahlen braucht. Zudem stehen die Rückzahlungsverpflichtungen auch nur „auf dem Papier"; er kann seine Schulden auch realiter überhaupt nicht zurückzahlen, es sei denn mit „seinem" eigenen Geld, den Sichtverbindlichkeiten der Zentralbank!

Das Außengeld stellt also einen Vermögensposten der Wirtschaft dar, wie auch immer die „Wirtschaft" interpretiert werden möge: als Summe von privatem und staatlichem Sektor oder ausschließlich als privater Sektor. In der Diskussion um den Vermögenscharakter des Geldes (und speziell um den Realkasseneffekt als Vermögenseffekt) ist jedoch nur das Vermögen des privaten Sektors von Interesse, da das Problem der Marktanalyse in der Spezifizierung der Verhaltensfunktionen liegt; diese Verhaltensfunktionen beziehen sich nun ausschließlich auf die Angebots- und Nachfragefunktionen der Wirtschaftssubjekte des privaten Sektors, während jene des staatlichen Sektors als „autonom" bestimmt sind.

Bisher hatten wir festgestellt, daß das Außengeld ein Vermögen des privaten Sektors der Wirtschaft darstellt. Eine andere Frage ist nun die, ob die Schaffung von Außengeld nicht andere Vermögensposten der Wirtschaftssubjekte „vernichtet", so daß der gesamte private Vermögensbestand unverändert bleibt und nur seine Zusammensetzung Veränderungen unterliegt: ein Mehr an Geld-Vermögen und ein entsprechendes Weniger an Vermögen anderer Aktiva – ein ähnliches Resultat wie das, das wir im Falle des Warengeldes erzielt hatten und wonach die Geldschaffung nicht einen Vermögens*zuwachs* im privaten Sektor der Wirtschaft impliziert. Unsere Argumentation bezieht sich jetzt nicht mehr auf die Passivseite der Zentralbankbilanz (Zentralbankgeld stellt eine Schuld des staatlichen Sektors dar, die jedoch – wie wir gesehen haben – im ökonomischen Sinne nicht einem Schuldtitel gleichkommt), sondern auf die Aktivseite, die alle möglichen Modalitäten der Zentralbankgeldschaffung angibt: Geldschaffung gegen Kauf von staatlichen Wertpapieren oder internationalen Reserven (Außengeld) oder gegen Kreditgewährung an die Banken (Innengeld) [11].

---

react to changes in the real value of this debt as do households and firms to theirs, there could be no net real-balance effect in the economy as a whole ... Thus the preceding analysis has been based on the tacit–though realistic–assumption that the government, alone of all economic units, is unconcerned with the real value of its outstanding (noninterest-bearing) debt, and plans its demand for commodities accordingly."] D. Patinkin [1965], S. 288. Siehe hierzu auch J. H. Power, Price Expectations, Money Illusion and the Real-Balance Effect, in: Journal of Political Economy, LXVII (1959), S. 132.

[11] Siehe hierzu weiter oben Kap. VI. S. 210.

Bilanz der Zentralbank

	Reserven der Banken
	Bargeld des Publikums:
Staatliche Wertpapiere Internationale Reserven	} (i) Außengeld
Kredite an Banken	} (ii) Innengeld

Betrachten wir zunächst den Fall der Zentralbankgeldschaffung gegen Erwerb staatlicher Wertpapiere, die sich im Besitz des privaten Sektors befunden hatten (Geldschaffung mittels der Offenmarktpolitik). Die hier zu lösende Frage ist, ob die staatlichen Wertpapiere einen Netto-Vermögensposten des privaten Sektors der Wirtschaft darstellen oder nicht. Im bejahenden Falle würde die Geldschaffung kein zusätzliches Vermögen hervorrufen (mehr Geld-Vermögen und entsprechend weniger Wertpapier-Vermögen), während im verneinenden Falle ein Vermögenszuwachs vorliegen würde.

Der gesamte nicht-menschliche Vermögensbestand (W) setzt sich zusammen aus

$$W = A + \gamma \frac{B}{r} + M_a$$

$$= \frac{y_K K}{r} + \gamma \frac{B}{r} + M_a \,, \quad \text{wobei } 0 \leqq \gamma \leqq 1. \tag{1}$$

A stellt das Sachvermögen bzw. das Sachkapital dar; $y_K K$ steht für den Gesamtertrag des Kapitalbestandes K (y_K ist die Netto-Grenzproduktivität des Kapitals) und der mit dem Zinssatz r kapitalisierte Wert dieses Gesamtertrages ergibt den Wert des Sachkapitals [12]. M_a ist der Betrag an Außengeld. B stellt die Summe der Zinszahlungen des Staates an den privaten Sektor dar; der kapitalisierte Wert dieser Summe (die jetzt und in allen späteren Jahren gezahlt wird) ergibt den Wert des Bestands an staatlichen Wertpapieren.

Ob diese ein Netto-Vermögen darstellen, hängt formal vom Wert des Koeffizienten γ ab, der (zunächst) den Grad der sog. Fiskalillusion ausdrückt. Die Zinszahlungen (B) des Staates an den privaten Sektor werden von diesem selbst getragen, da die Wirtschaftssubjekte die Zinszahlungen mittels ihrer eigenen Steuerzahlungen ermöglichen. Es ist also der private Sektor, der an sich selbst die Zinsen zahlt, so daß es sich hier um Transfer-

[12] Der Ausdruck $y_K K$ stellt ferner die Summe der Zinszahlungen der Unternehmer an die Haushalte dar, sofern der gesamte Kapitalbestand mittels Wertpapieren fremdfinanziert worden ist.

zahlungen von einer Wirtschaftsgruppe (den Steuerzahlern) zu einer anderen Wirtschaftsgruppe (den Besitzern staatlicher Wertpapiere) handelt. Da die jetzigen und zukünftigen Steuerzahlungen einen Schuldtitel an den Staat darstellen, heben sich vermögensmäßig die staatlichen Wertpapiere mit den Steuerschuldtiteln (gleich dem diskontierten Wert der zukünftigen Steuerschulden) auf, sofern den Wirtschaftssubjekten bewußt ist, daß der Verzinsung der Wertpapiere Steuerzahlungen entsprechen. In diesem Falle ist die Fiskalillusion inexistent, d. h. $\gamma=0$. Eine vollständige Fiskalillusion ($\gamma=1$) bedeutet dagegen, daß die Wirtschaftssubjekte ihre gegenwärtigen und zukünftigen Steuerschulden nicht als negativen Vermögensposten ansehen. Aber selbst dann, wenn überhaupt keine Fiskalillusion vorliegt ($\gamma=0$), ist ein anderer Unterschied zu ziehen, und zwar der zwischen marktfähigen und nicht-marktfähigen Steuerschuldtiteln [13]. Das uns hier interessierende Vermögen (W) ist das marktfähige Vermögen. Da das menschliche Vermögen ein nicht-marktfähiges Vermögen ist – außer in einer Sklavenwirtschaft –, ist dieses schon von vornherein aus unserem Vermögensbegriff ausgeschlossen. Die für die Zinszahlungen (B) der staatlichen Wertpapiere erforderlichen Steuermittel können durch verschiedene Steuerarten erhoben werden.

Werden diese beispielsweise mittels der Einkommenssteuer eingezogen, dann wird hierdurch das verfügbare Arbeitseinkommen und damit der Wert des menschlichen Vermögens verringert; letzteres gehört aber zum nicht-marktfähigen Vermögen. Die Einkommenssteuer-Schuldtitel sind also nicht-marktfähig, so daß B/r ein Netto-Vermögensposten ist. Eine Geldschaffung mittels Kauf staatlicher Wertpapiere würde in diesem Fall das (nicht-menschliche) Gesamtvermögen unverändert lassen.

Wählen wir dagegen das Beispiel der Körperschaftssteuer und werden die Zinszahlungen durch die Körperschaftssteuer finanziert, dann verringert sich der Wert der Netto-Grenzproduktivität des Kapitals nach Steuerabzug, so daß der Marktwert des Sachkapitals fällt:

$$W=\frac{(1-t)\,y_K K}{r}+\frac{B}{r}+M_a,$$

[13] Siehe hierzu R. A. Mundell, The Public Debt, Corporate Income Taxes, and the Rate of Interest, in: Journal of Political Economy, LXVIII (1960); wiederabgedruckt in R. A. Mundell [1971], Kap. 1.

Siehe ferner D. Patinkin [1965], S. 288–294 und den fundamentalen Aufsatz von L. Einaudi, Intorno alla metodologia della teoria della capitalizzazione dell' imposta, in: Beiträge zur Finanzwissenschaft, hrsg. v. H. Teschemacher, Tübingen 1928, Bd. II; englische Übersetzung: On the Methodology of the Theory of Tax Capitalization, in: International Economic Papers, VII (1957).

wobei
$$\underbrace{\frac{B}{r}}_{\substack{\text{diskontierter Wert}\\ \text{der Zinszahlungen}\\ \text{aus staatlichen}\\ \text{Wertpapieren}}} = \underbrace{\frac{t\,y_K K}{r}}_{\substack{\text{diskontierter Wert}\\ \text{der für die Zins-}\\ \text{zahlungen erforderlichen}\\ \text{Körperschaftssteuerschulden,}}}$$

so daß
$$W = \frac{y_K K}{r} + M_a .$$

t stellt jenen Körperschaftssteuersatz dar, der für die Finanzierung der Zinszahlungen notwendig ist.

Wir können also feststellen, daß für den Vermögenscharakter der Staatsschulden die Frage der Marktfähigkeit der Steuerschulden von ausschlaggebender Relevanz ist, denn wenn die Steuerschulden marktfähig sind, dann notiert der Markt eine Verringerung des Wertes des Sachkapitalbestandes. Unter dem Aspekt der Marktfähigkeit der Steuerschulden muß notwendigerweise die Fiskalillusion inexistent sein. Demzufolge muß der Koeffizient γ der Vermögensgleichung (1) auf S. 237 in dem Sinne interpretiert werden, daß ein sinkendes γ einem steigendem Grad der Marktfähigkeit der Steuerschulden entspricht. Im Falle von $\gamma = 0$ (vollständige Marktfähigkeit der zur Finanzierung der Zinszahlungen auf staatliche Wertpapiere erforderlichen Steuerschulden) stellt eine Geldschaffung mittels der Offenmarktpolitik in Staatswertpapieren einen Vermögenszuwachs in der Wirtschaft dar.

Eine andere Art der Außengeldschaffung ist die der Monetisierung internationaler Reserven. Erfolgt die Geldschaffung auf dem Wege des Ankaufs von Devisen, die sich im Besitz des inländischen Publikums befanden und bestehen diese aus zinsbringenden Wertpapieren, so haben wir es hier mit einem ähnlichen Fall wie dem der Offenmarktpolitik in staatlichen Wertpapieren zu tun: Der Staat erhält aus dem Besitz ausländischer Wertpapiere Zinsen, die er über Steuersenkungen an die Wirtschaftssubjekte weitergeben kann; beziehen sich die Steuersenkungen auf jene Steuerschulden, deren Schuldtitel marktfähig sind (beispielsweise Körperschaftssteuer), dann ist $\gamma = 0$ und die Geldschaffung impliziert einen Vermögenszuwachs in der Wirtschaft. Erwirbt der Staat Devisen, die keine Zinsen abwerfen (d. h. ausländische Zahlungsmittel im engeren Sinne), dann wird er diese in der Regel im Ausland in zinsbringenden Wertpapieren anlegen, so daß wir zu dem gleichen Ergebnis kommen wie im Fall des Kaufs ausländischer zinsbringender Wertpapiere.

Sofern also die Steuerschulden marktfähig sind (d. h. sofern $\gamma = 0$), bedeutet die Schaffung von Außengeld einen Vermögenszuwachs im privaten Sektor der Wirtschaft. Das Endergebnis dieser Art von Geldschaffung ist dann analog jenem Typ der Geldschaffung, der wohl in allen Lehrbüchern implizite unterstellt wird, sobald von einer „Geldmengenverdoppelung" gesprochen wird: der Fall der Geldschenkung seitens des Staates – ein Fall, der in der Realität nur bei Transferzahlungen und bei einer Währungsreform denkbar ist. In der Literatur haben sich eine Reihe von Ökonomen gegen diese „Über-Nacht-Wunder" in der Geldtheorie ausgesprochen. So z. B. J. Tobin:

> „Manchmal werden wir aufgefordert uns vorzustellen, daß jedermann mit einem Kassenbestand aufwacht, der sich über Nacht verdoppelt hat ... Dieses Gedankenexperiment ist harmlos und lehrreich, sofern seine Ergebnisse nicht als typisch für Geldmengenveränderungen angesehen werden, die von den üblichen Zentralbankoperationen herrühren. Das Wunder über Nacht erhöht in gleichem Maße den Geldbestand und das Nettovermögen; den Heinzelmännchen, die das Geld bringen, wird nicht aufgetragen, Wertpapiere oder Schatzanweisungen wegzunehmen" [14].

Unsere Überlegungen haben dagegen gezeigt, daß sowohl das „Heinzelmännchen-Experiment" als auch die „üblichen Zentralbankoperationen" (sofern $\gamma=0$) im *Endergebnis* zu einem Vermögenszuwachs bei den Wirtschaftssubjekten führen können [15].

c) Kreditgeld: Innengeld

Das Innengeld kann sich einmal auf Zentralbankgeld beziehen, sofern dieses mittels der „Kredite an Banken" (siehe die Bilanz der Zentralbank weiter oben auf S. 237) geschaffen worden ist. Andererseits besteht das Innengeld in der Regel aus dem Buchgeld, das von den Geschäftsbanken geschaffen wird. Dem Innengeld (M_i), Forderungen von Wirtschaftssubjek-

---

[14] ["Sometimes we are asked to imagine that everyone wakes up to find his cash stock has doubled overnight ... This mental experiment is harmless and instructive, provided its results are not considered indicative of changes in the money supply engineered by normal central bank procedures. The overnight miracle increases equally money stocks and net worth; the gremlins who bring the money are not reported to take away bonds or IOU's."] J. Tobin [1961], S. 111.

[15] Ein genereller Einwand gegenüber unserer gesamten Argumentation kann jedoch dahingehend erhoben werden, daß der Staat überhaupt keine Steuersenkungen vornimmt, sondern die verringerten Ausgaben für Zinszahlungen auf staatliche Wertpapiere (als Folge des Offenmarktkaufs von staatlichen Wertpapieren) für andere Zwecke verwendet. Demzufolge würde eine Geldschaffung keinen Vermögenszuwachs im privaten Sektor der Wirtschaft implizieren. Dieser profitiert jedoch in anderer Weise von der Umlenkung der staatlichen Ausgaben, indem entweder Steuererhöhungen unterbleiben oder indem Güter und staatliche Leistungen kostenlos zur Verfügung gestellt werden. Die vom Staat erworbenen Aktiva kommen schließlich der Allgemeinheit zugute, es sei denn, daß er sie „ins Meer wirft oder in einem Fort Knox vergräbt". B. P. Pesek und T. R. Saving [1967], S. 217.

ten des privaten Sektors gegenüber den Banken, entsprechen Verbindlichkeiten ($-\Delta A$) von anderen Wirtschaftssubjekten gegenüber den Banken:

$$M_i - \Delta A\,. \tag{2}$$

Diese Forderungen sind natürlich für die Banken (Sicht-)Verbindlichkeiten ($-M_i$) und die Verbindlichkeiten der Wirtschaftssubjekte Forderungen der Banken (ΔA), die sich kompensieren:

$$\Delta A - \frac{r_m}{R} M_i\,, \quad \text{wobei} \quad 0 \leqq \frac{r_m}{R} \leqq 1\,. \tag{3}$$

Der Zuwachs im Gesamtvermögen der Wirtschaft [$\Delta W = (2) + (3)$] beträgt:

$$\Delta W = M_i - \frac{r_m}{R} M_i \tag{4}$$

oder nach entsprechender Umformung:

$$\Delta W = \left(1 - \frac{r_m}{R}\right) M_i\,. \tag{4a}$$

Ob die Buchgeldschaffung einen Vermögenszuwachs in der Wirtschaft darstellt, hängt schließlich von der Relation r_m/R ab; r_m bezeichnet den Zinssatz, den die Besitzer der Sichtguthaben von den Geschäftsbanken erhalten. Ist z. B. das Geld zinslos, dann stellt es in voller Höhe einen Vermögenszuwachs dar; wirft es dagegen einen Zins ab, der so hoch ist wie der Ertragssatz der anderen Aktiva (R), stellt Geld überhaupt kein Vermögen dar! Diese Behauptung muß nun im einzelnen bewiesen werden.

Seit der Veröffentlichung von Gurley und Shaws Money in a Theory of Finance [1960] ist die These, wonach das Innengeld kein Vermögen darstellt, zu einem Glaubenssatz unter den Ökonomen geworden. So schreibt z. B. Don Patinkin [1965]:

„Berücksichtigen wir nun die Tatsache, daß in modernen Wirtschaften das meiste Geld in Wirklichkeit aus Innengeld besteht: Es basiert auf der Verschuldung der Wirtschaftssubjekte. Dies wiederum resultiert aus dem Tatbestand, daß das Geld in solchen Wirtschaften von den Privatbanken geschaffen wird.

... das Netto-Finanzvermögen des privaten Sektors [der Wirtschaft] besteht nur aus der Haltung von Außengeld, denn das Innengeld wird durch eine entsprechende Schuld gegenüber dem Bankensystem aufgewogen“ [16].

---

[16] ["Let us now take account of the fact that in reality most money in a modern economy is of the inside type: that is, based on the debt of endogenous economic units. This in turn is a consequence of the fact that money in such an economy is largely the creation of a private banking system.

... the net financial assets of the private sector consist only of the money which it holds: its inside money is offset by a corresponding debt to the banking system."] S. 295 und 296.

An dieser These sind Zweifel erhoben worden, die zuerst von Pesek und Saving [1967] angemeldet und dann u. a. von Harry G. Johnson [1969] verdichtet wurden. Nach diesen Autoren liegt der Irrtum der Gurley-Shaw-Patinkin-These in dem Versäumnis, daß sie nicht

„das Vermögen berücksichtigen, welches sich aus dem Einkommen ergibt, das ein Bankunternehmen verdient, welches zinsbringende Darlehen durch zinsloses Entleihen finanziert; dieses zinslose Entleihen wird durch den Nutzen, den die Geldbesitzer aus ihren Sichtguthaben ziehen, ermöglicht. Während die Gläubiger und Schuldner einer Bank insgesamt keinen Nettovermögenszuwachs aufgrund der Existenz der Bank erhalten, so darf hieraus nicht die gleiche Schlußfolgerung für die gesamte Wirtschaft gezogen werden, denn dann würde der sich ergebende Vermögenszuwachs der Bankeigentümer übersehen. Dies ist der hauptsächliche Irrtum in der gegenwärtigen Geldtheorie, den Pesek und Saving aufgedeckt haben“ [17].

Unsere Gleichungen (2) bis (4 a) tragen dieser „geldtheoretischen Entdekkung“ Rechnung, und es ist nun an der Zeit, exakt zu erklären, unter welchen Bedingungen das Innengeld ein Nettovermögen in der Wirtschaft darstellt.

Wir wollen zunächst unterstellen, daß das Buchgeld keinen Zins abwirft – ein Fall, der für die meisten modernen Wirtschaften typisch ist. Aus Kapitel III (S. 82) wissen wir, daß die Schaffung von Innengeld durch eine indirekte Kreditbeziehung gekennzeichnet ist:

letzte Gläubiger [Inhaber von Sichtguthaben, die lt. Annahme keine Zinsen abwerfen]

→ monetäre Finanzintermediäre [Geschäftsbanken, die sowohl Schuldner gegenüber den letzten Gläubigern als auch Gläubiger gegenüber den letzten Schuldnern sind]

→ letzte Schuldner [Inhaber von Darlehen, die Zinsen kosten].

Der Vermögenszuwachs der Wirtschaft in Höhe des geschaffenen Innengeldes kann auf folgende Weise erklärt werden. Fassen wir die letzten Gläubiger und die letzten Schuldner in einer Gruppe zusammen, so stellt sich bei ihnen insgesamt kein Vermögenszuwachs ein. Die letzten Gläubiger kommen in den Besitz von Sichtguthaben, indem sie ein Aktivum ihres Portfolios gegen ein anderes Aktivum substituieren; ihr Vermögen ändert sich nicht. Die letzten Schuldner erhalten die Mittel, die die Gläubiger den Finanzintermediären zur Verfügung gestellt haben; bei ihnen findet eine Verlängerung ihrer Bilanz statt, und ihr Nettovermögen bleibt demnach unverändert. Unter dem Gesichtspunkt ihres Einkommenskontos ergibt

---

[17] ["... to account properly for the wealth equivalent of the income earned by a banking enterprise which can finance interest-bearing loans by interest-free borrowing made possible by the utility yielded its depositors by the holding of money. While the depositors in and borrowers from a bank as a group obtain no net increment of wealth from the existence of the bank, to assume that this conclusion holds for the economy as a whole is incorrect, because it overlooks the resultant creation of wealth for the bank-owners. This is the major error in current monetary theory detected by Pesek and Saving."] H. G. Johnson [1969], S. 35.

sich bei der Gruppe letzte Gläubiger – letzte Schuldner ebenfalls kein Einkommenszuwachs: Die Geldbesitzer erhalten ein „Einkommen" in Höhe des Ertrages (d. h. den Geldnutzen), den die Geldhaltung abwirft, während die Darlehensschuldner den Ertrag, den sie durch die Zurverfügungstellung der Kreditmittel erzielt haben, in Form von Schuldzinsen an die Banken abführen müssen; da der Gesamtertragssatz (R) bei allen Aktiva gleich hoch sein soll, ist der (nichtpekuniäre) Ertrag der Geldhaltung gleich den Schuldzinsen. Bei den Banken findet dagegen ein Vermögens- und Einkommenszuwachs statt. Zwar führt ihre Kreditvermittlungstätigkeit zu einer Verlängerung ihrer Bilanz (Darlehensguthaben = Sichtverbindlichkeiten); da sie aber für ihre Sichtverbindlichkeiten keine Schuldzinsen zu zahlen brauchen, während sie für die gewährten Darlehen Zinsen erhalten, stellt sich bei ihnen ein Einkommenszuwachs ein: Der kapitalisierte Wert des zusätzlichen Einkommens, der gleich dem Darlehensguthaben ist (und damit gleich dem Betrag an Innengeld), ist der Vermögensausdruck dieses Einkommenszuwachses. Dieser Einkommens- bzw. Vermögenszuwachs kommt dem privaten Sektor der Wirtschaft zugute, sofern sich die Banken im Eigentum des privaten Sektors der Wirtschaft befinden[18].

Unterstellen wir nun, daß das Buchgeld einen Zins abwirft: $r_m > 0$. Bisher war $r_m = 0$, so daß der Vermögenszuwachs laut Gleichung (4 a) $\Delta W = M_i$ betrug. Der andere Grenzfall wäre der, daß r_m den Maximalwert erreicht, und zwar R, und in diesem Falle würde sich kein Vermögenszuwachs ergeben: $\Delta W = 0$ entsprechend Gleichung (4 a).

Für manchen Leser mag es erstaunlich klingen, daß die Sichtguthaben einen Zins abwerfen sollen. Es liegt jedoch keineswegs in der „Natur der Sache", daß das Buchgeld zinslos sein muß und so gibt es auch in verschiedenen Ländern Habenzinsen auf Sichtguthaben. Zudem können die Dienstleistungen im bargeldlosen Zahlungsverkehr, welche die Banken teilweise kostenlos zur Verfügung stellen, schon als „implizite Zinsen" betrachtet werden. Doch wir wollen vor allem den Fall analysieren, in dem die Banken den Kontoinhabern von Sichtguthaben zusätzlich Zinsen überweisen. In dem Zinssatz r_m möge sowohl der „implizite Zinssatz" als auch der tatsächlich gezahlte Zinssatz enthalten sein.

Jene Fälle, in denen die Besitzer von Sichtguthaben keine Zinsen erhalten, beruhen im allgemeinen nicht auf ökonomischen, sondern auf rein institutionellen Gründen: Der Staat erlegt dem Geschäft der Buchgeldschaffung Restriktionen in Form von Mindestreserveverpflichtungen und

---

[18] Sind die Banken in staatlicher Hand (wie etwa die Zentralbank, die auch Innengeld schaffen kann; vgl. hierzu weiter oben S. 83–84), so findet in der Regel – und analog zum Fall des Außengeldes – ein Transfer des Einkommenszuwachses, etwa mittels Steuersenkungen, vom öffentlichen zum privaten Sektor der Wirtschaft statt.

(oder) von Vorschriften über Soll- und Habenzinsen auf. Die Banken schaffen nur dann Buchgeld, wenn sie aus diesen Operationen einen Gewinn erzielen. Dieser Gewinn besteht aus den Zinsen der mittels der Buchgeldschaffung ermöglichten Darlehensgewährung abzüglich der Kosten, die durch die Dienstleistungen des bargeldlosen Zahlungsverkehrs und durch die Verwaltungskosten der Kreditvermittlung entstehen. Würden keine gesetzlichen Schranken für die Buchgeldschaffung existieren, ergäbe sich die endgültige Höhe der Buchgeldschaffung durch den Wettbewerbsmechanismus: Die Banken erweitern das Geldangebot und konkurrieren so lange untereinander, bis der Grenzgewinn der Bankoperation gleich Null ist. Aus diesem Wettbewerbsprozeß würden die Darlehensschuldner den Vorteil von geringeren Schuldzinsen ziehen, und die Besitzer von Sichtguthaben kämen zudem in den Genuß von Habenzinsen. Denn letztere würden nur dann eine größere Geldhaltung akzeptieren, wenn der Gesamtertragssatz der Geldhaltung zumindest gleich dem Gesamtertragssatz anderer sich in ihrem Portfolio befindlicher Aktiva bliebe; da mit steigender Geldhaltung der Grenznutzen der Geldhaltung – der nichtpekuniäre Ertragssatz – sinkt, werden die Wirtschaftssubjekte nur dann mehr Geld nachfragen, wenn sie zusätzlich noch Zinsen auf ihre Sichtguthaben erhalten.

Weshalb stellt nun das Buchgeld, sobald es einen Zins abwirft, im Verhältnis r_m/R nicht mehr ein Vermögen in der Wirtschaft dar? Der Grund hierfür ist folgender. Wie wir von dem Fall des zinslosen Innengeldes wissen, fand ein Einkommenszuwachs bei den Banken in Höhe der Zinsen statt, die sie aus der Darlehensgewährung (ΔA, wobei $\Delta A = M_i$) erhielten; der Darlehenszinssatz war gleich dem Gesamtertragssatz R der Aktiva; der kapitalisierte Wert dieses Einkommenszuwachses ($\Delta Y = R\,\Delta A$, wobei $\Delta A = M_i$) ergab dann den Vermögenszuwachs ($\Delta W = M_i$). Im Falle des zinsbringenden Innengeldes wird jetzt ein Teil des Einkommenszuwachses, und zwar $r_m\,\Delta A$ ($= r_m\,M_i$), von den Banken an die Geldbesitzer weitergegeben. Dadurch ändert sich jedoch nicht das „Einkommen“ pro Geldeinheit der Geldbesitzer! Diese bezogen bisher aus ihrer Geldhaltung den nichtpekuniären Ertrag von RM_i. Da sich laut Portfolioanalyse der Geldnachfrage die Gesamtertragssätze der verschiedenen Aktiva „im Gleichgewicht“ auf dem Niveau R ausgleichen, werden die Geldbesitzer mehr Geld nachfragen, wodurch der nichtpekuniäre Ertragssatz (d. h. der Grenznutzen des Geldes) sinkt, und sie werden dann jene Geldmenge halten, bei der die Summe aus nichtpekuniärem Ertragssatz und pekuniärem Ertragssatz (r_m) gleich R ist. Das „Einkommen“ der Wirtschaft ist nun *durch die Verringerung des nichtpekuniären Ertragssatzes der Geldhaltung* um $r_m\,M_i$ gesunken, und zwar von RM_i auf $RM_i - r_m\,M_i$. Der Vermögenszuwachs in der Wirtschaft beträgt jetzt nicht mehr $RM_i/R = M_i$, sondern $(RM_i - r_m\,M_i)/R = (1 - r_m/R)\,M_i$ [19].

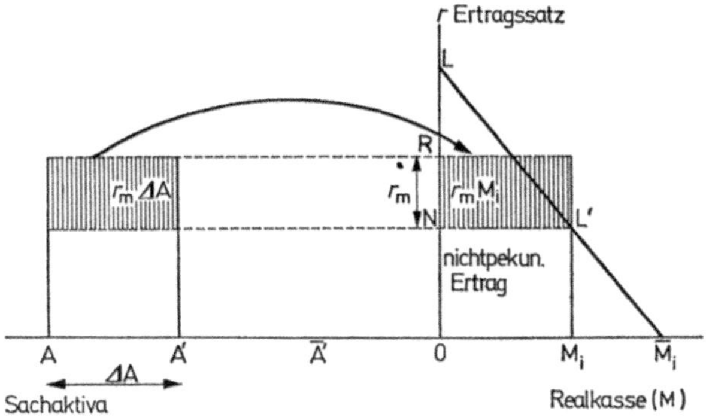

Abb. 41

Der oben beschriebene Zusammenhang kann mit Hilfe der Abb. 41 verdeutlicht werden. Diese ist mit Ausnahme einiger Modifikationen eine Wiedergabe der Abb. 39 (S. 233). Die Geschäftsbanken („monetäre Finanzintermediäre") sind gleichzeitig Kreditvermittler und Schöpfer von monetären Forderungstiteln (Buchgeld). Ein Teil der Sachaktiva, und zwar $AA' = \Delta A$ (wobei $\Delta A = M_i$), sei durch die Kreditvermittlungstätigkeit der Banken ausgeliehen. Aus dieser Kreditoperation erhalten sie Zinsen in Höhe von $R\Delta A$ $(= RM_i)$, wovon sie einen Teil, und zwar $r_m \Delta A$ $(= r_m M_i)$, an die Geldbesitzer weitergeben. Das gesamte Einkommen der Wirtschaft setzt sich nun wie folgt zusammen: Die Sachaktiva OA erzielen den Ertrag von RA, und die Geldhaltung wirft den (nichtpekuniären) Ertrag von $(R - r_m)\, M_i$ ab; das Gesamteinkommen der Wirtschaft beträgt also $Y = RA + (R - r_m)\, M_i$. Der kapitalisierte Wert dieses Einkommens ergibt ein Gesamtvermögen der Wirtschaft in Höhe von $W = Y/R = A + (1 - r_m/R)\, M_i$.

Zusammenfassend kann nun zum Problem des Vermögenscharakters des Geldes folgendes festgestellt werden. Die von Gurley und Shaw propagierte und von vielen Ökonomen als gültig angesehene Dichotomie der Geldmenge in vermögenswirksames Außengeld und vermögensunwirksames Innengeld ist nicht haltbar. Das Innengeld ist vermögenswirksam,

[19] Der Vollständigkeit halber muß noch der Tatbestand erwähnt werden, daß die Realkassenhaltung in einer Geldwirtschaft mit zinsbringendem Innengeld größer ist als jene, die sich in einer Geldwirtschaft mit zinslosem Innengeld konstituiert, da die Wirtschaftssubjekte im Falle des zinsbringenden Innengeldes die Summe aus nichtpekuniärem Ertragssatz (der mit steigender Geldhaltung sinkt) und pekuniärem Ertragssatz (der konstant ist) dem Gesamtertragssatz über eine erhöhte Geldhaltung anpassen. Die Einbuße an Einkommen (bzw. Vermögen), die im obigen Text aufgrund des verringerten nichtpekuniären Ertragssatzes der Geldhaltung festgestellt wurde, wird dann zum Teil oder sogar völlig durch das Mehr an Einkommen (bzw. Vermögen) kompensiert, das durch die größere Geldhaltung entsteht.

da es in den meisten Wirtschaften zinslos ist ($r_m/R=0$)! Demnach besteht der Gesamtvermögensbestand des nichtstaatlichen Sektors der Wirtschaft (d.h. des privaten Sektors und des privaten Bankensektors) aus:

$$W=K+\gamma\frac{B}{r}+M_a+\left(1-\frac{r_m}{R}\right)M_i\,,\quad \text{wobei } 0\leqq\gamma,\ \frac{r_m}{R}\leqq 1. \tag{5}$$

Gleichung (5) setzt sich wie folgt zusammen: K stellt den Wert der Sachaktiva (A) dar; B/r steht für den Wert der ausstehenden staatlichen Wertpapiere, der dann vermögenswirksam ist ($\gamma>0$), wenn die für die Zinszahlungen erforderlichen Steuerschulden nicht marktfähig sind; der Vermögenswert der ausstehenden Geldmenge beträgt $M_a+(1-r_m/R)\,M_i$ [20].

Lautet der Vermögenswert des Geldbestandes $M_a+(1-r_m/R)\,M_i$, so impliziert eine im Laufe der Periode *zusätzlich* geschaffene Geldmenge (ΔM) einen Vermögens*zuwachs* in Höhe von

$$\Delta W=(1-\gamma)\,\Delta M_a+\left(1-\frac{r_m}{R}\right)\Delta M_i.$$

Die Außengeldschaffung ΔM_a möge über eine Offenmarktpolitik in staatlichen Wertpapieren stattgefunden haben: $\Delta M_a=\Delta(B/r)$. Demzufolge beträgt der Vermögenszuwachs an Außengeld $\Delta M_a-\gamma\Delta(B/r)$ bzw. $(1-\gamma)\Delta M_a$. Ein Vermögenszuwachs mittels Außengeld liegt folglich nur dann vor, wenn $\gamma=0$ (bzw. wenn $\gamma<1$), d.h. wenn die Steuerschuldtitel marktfähig (bzw. teilweise marktfähig) sind.

In unseren bisherigen Überlegungen sind wir von der Annahme ausgegangen, daß die Geldschaffung keine *Produktionskosten* verursacht. Selbst dann, wenn das Geld keinen Zins abwirft, d.h. selbst dann, wenn der Geldproduzent keine Schuldzinsen auf seine Sichtverbindlichkeiten zu zahlen braucht, sind die Produktionskosten des Geldes nicht gleich Null. So sind die Schaffung und Aufrechterhaltung der Zentralbankgeldmenge mit gewissen Kosten verbunden (Banknoten müssen produziert werden, abgenutzte Banknoten müssen ersetzt werden, Schutzvorrichtungen gegen Banknotenfälschungen, Buchhaltungskosten der Sichtguthaben bei der Zentralbank usw.). Viel bedeutender sind jedoch jene Produktionskosten, die bei der Schaffung des Buchgeldes seitens der Geschäftsbanken anfallen und die wir im folgenden in der Vermögensformel (5) explizite berücksichtigen wollen. Diese bestehen aus fixen und variablen Kosten. Zu den variablen Kosten (z.B. Buchhaltungskosten, Kosten im Scheck- und Überweisungsverkehr) müssen vor allem jene Kosten gerechnet werden,

[20] In unseren bisherigen Überlegungen haben wir die menschlichen Aktiva und damit auch das aus ihnen resultierende „Arbeitseinkommen" vernachlässigt (siehe hierzu S. 232). Für den Fall, daß W der Gleichung (5) auch die menschlichen Aktiva (H) einschließen soll, muß entweder H hinzugefügt werden oder K als die Summe aus menschlichen Aktiva und Sachaktiva interpretiert werden.

die bei der Bildung von (zinslosen) gesetzlichen Mindestreserven und eventuellen Vorsichtsreserven („Überschußreserven") entstehen; diese Kosten können als Opportunitätskosten (entgangene Erträge) aufgefaßt werden.

Diese Produktionskosten der Buchgeldschaffung (M_i) können für die Formel (5) wie folgt quantifiziert werden. Bisher erzielten die Banken einen Gesamtertrag von RM_i, von dem sie für den Fall von zinsbringendem Buchgeld $r_m M_i$ an die Kontoinhaber der Sichtguthaben transferierten; der Nettoertrag aus ihrer Tätigkeit als monetärer Finanzintermediär betrug also $(R-r_m)M_i$, welcher zu einem Nettovermögen des Buchgeldes von $(1-r_m/R)M_i$ in der Wirtschaft führte. Die oben beschriebenen Produktionskosten mögen pro Periode gleich αRM_i sein. Der Nettoertrag der Banken sinkt dann auf $(R-\alpha R-r_m)M_i$ und das entsprechende Nettovermögen auf $(1-\alpha-r_m/R)M_i$:

$$W=K+\gamma\frac{B}{r}+M_a+\left(1-\alpha-\frac{r_m}{R}\right)M_i \tag{5a}$$

$$\text{wobei } 0\leqq\gamma,\alpha\leqq 1 \text{ und } 0\leqq\frac{r_m}{R}\leqq 1-\alpha.$$

α bezeichnet den relativen Anteil der Produktionskosten am Gesamtertrag (RM_i), wobei unterstellt wird, daß alle Produktionskosten variable Kosten sind und proportional zur Buchgeldschaffung verlaufen. α setzt sich aus zwei Koeffizienten zusammen: einerseits aus dem Verhältnis zwischen der Haltung von Reserven (M_i-F) und der Buchgeldmenge (M_i), wobei F die von den Banken ausgeliehene Kreditmenge darstellt; andererseits aus dem Verhältnis zwischen dem Satz der restlichen Produktionskosten pro Geldeinheit und pro Periode (c) und dem Gesamtertragssatz R. Folglich ist $\alpha=(M_i-F)/M_i+c/R$.

Für den Vermögenscharakter des Innengeldes ergibt sich laut Formel (5a) folgende Modifikation. Im Fall von zinsbringendem Buchgeld können die Banken im Extremfall nur den Zinssatz $r_m=(1-\alpha)R$ zahlen (und nicht wie in Formel (5) $r_m=R$); das Nettovermögen des Buchgeldes wäre dann gleich Null. Oder anders ausgedrückt: Die Banken zahlen auf ihre Sichtverbindlichkeiten den Gesamtertragssatz R, *und* die Wirtschaftssubjekte zahlen den Banken den Kostensatz αR für die erhaltenen „Bankleistungen". Umgekehrt stellt das Buchgeld in voller Höhe ein Nettovermögen in der Wirtschaft dar, wenn das Geld zinslos ist *und* wenn die Kontoinhaber den Banken den Kostensatz αR erstatten.

2. Die Diskussion um den Realkasseneffekt

Pigou-Effekt, Keynes-Effekt, Distributionseffekt, Realverschuldungseffekt, Vermögenseffekt, Nettovermögenseffekt, realer Nettofinanzaktivaeffekt, Cambridge-Effekt, Porfolioeffekt, Liquiditätseffekt – und natürlich der Realkasseneffekt: Effekte, an denen die gegenwärtige Literatur der Geldtheorie reich ist und die alle in irgendeiner Weise in Beziehung zu der Diskussion um den Realkasseneffekt stehen. Daß es dem Leser der zahlreichen, über dieses Thema erschienenen Publikationen manchmal schwer fällt, die Spreu vom Weizen zu trennen, gilt vor allem auf diesem Gebiet. Die Formulierung dieser Effekte, die im Grunde nur die Wirkungsweise des Geldes auf bestimmte Variablen der Wirtschaft zu erklären versucht, ist vielfach „so verschiedenartig und verwirrend, daß – Gogol folgend – alles, was man tun kann, ist, auszuspucken und sich zu bekreuzigen!“ [21].

(a) Im folgenden wird zunächst die Analyse einiger Geldeffekte bzw. ihre „Genealogie“ behandelt werden. Dabei kommt es uns insbesondere auf die Betonung der völlig verschiedenartigen Sachprobleme an, welche die jeweiligen Geldeffekte zu lösen versuchen. (b) Anschließend wird der Realkasseneffekt (und seine Abgrenzung zum Portfolioeffekt) besprochen, der nichts anderes ist als ein Vermögenseffekt und der wie jede andere Vermögensform einen Einfluß auf die Nachfrage nach Gütern ausübt.

a) Zur Genealogie einiger Geldeffekte

Die Lehre von den Geldwirkungen, soweit sie unter die Nomenklatur der Geldeffekte fallen, gipfelt zwar in der Patinkinschen Formulierung [1956] und Reformulierung [1965] des Realkasseneffektes, verschiedene Aspekte oder Formen dieses Effektes sind jedoch bekanntlich schon vor Patinkin entwickelt worden.

So setzen die Neoklassiker an die Stelle des „mechanistischen“ Ablaufs der klassischen Quantitätstheorie (höhere Geldmenge – höhere Kassenbestände – höhere Ausgaben – höhere Preise) einen Kausalnexus, der sich des individuellen Verhaltens gegenüber der Höhe der gewünschten Kassenhaltung bedient. Eine Erhöhung der Geldmenge manifestiert sich bei

[21] [“. . . its meanings are so various and confusing that all you can do, as Gogol says, is spit and cross yourself.”] J. Robinson, The Accumulation of Capital, 2. Aufl., London, Melbourne, Toronto und New York 1965, S. 403. (Joan Robinson verwendet diesen Ausspruch im Zusammenhang mit den in der Literatur existierenden verschiedenartigsten Formulierungen des Angebots an ausleihbaren Fonds – loanable funds.)

den einzelnen Individuen in einem erhöhten Kassenbestand; ist diese erhöhte Kassenhaltung größer als die gewünschte Kassenhaltung, kommt es zur Ausgabe jenes Teils der Kasse, der nicht gewünscht ist; diese Ausgabe bedeutet eine Mehrnachfrage nach Waren, die ihrerseits eine Preissteigerung nach sich zieht. Die Höhe der gewünschten Kassenhaltung richtet sich bei gegebenen Zahlungssitten nach dem in Preisen ausgedrückten Transaktions- bzw. Einkommensvolumen. Wird die Cambridge-Gleichung ($M = KPT$ oder $M = KPY$) als repräsentative Geldnachfragefunktion der neoklassischen Geldtheorie gewählt, dann ist K der gewünschte (bzw. technisch erforderliche) Kassenhaltungskoeffizient. Übersteigt z. B. der effektive Kassenbestand den gewünschten Kasenbestand, dann muß die hieraus resultierende Mehrnachfrage nach Waren als ein Aspekt des Realkasseneffektes angesehen werden [22]; dieser Aspekt kann auch *Cambridge-Effekt* genannt werden [23].

In einem völlig anderen Sachzusammenhang steht der *Pigou-Effekt,* obwohl er sich in seinem Mechanismus nicht wesentlich vom Cambridge-Effekt entfernt. Während der Cambridge-Effekt das fehlende Glied in der Kausalkette der „klassischen" Quantitätstheorie schließt, hat der Pigou-Effekt zum Ziel, die Keynessche Vorstellung eines möglichen permanenten „Gleichgewichts" bei Unterbeschäftigung zu widerlegen. Bekanntlich kann die Wirtschaft im Keynesschen System in zwei extremen Fällen niemals ein Gleichgewicht bei Vollbeschäftigung erreichen: wenn die Zinselastizität der Geldnachfrage unendlich groß ist oder wenn die Zinselastizität der Investitionsnachfrage gleich Null ist. In diesen beiden Extremfällen kann selbst ein Arbeitsmarkt mit freier Konkurrenz nichts ausrichten, denn Lohn- und Preissenkungen würden keineswegs die Unterbeschäftigung beseitigen: Der indirekte Effekt einer Preissenkung auf die effektive Nachfrage, den Haberler als *Keynes-Effekt* bezeichnet, würde überhaupt nicht wirksam werden. Unter dem Keynes-Effekt versteht Haberler:

> „die von Keynes zugegebene Hypothese, daß die durch fallende Preise bewirkte Vergrößerung der in konstanter Kaufkraft gemessenen Geldmenge den Zinsfuß herabdrückt und so das Investitionsvolumen günstig beeinflußt . . ." [24]

Wird jedoch der direkte Effekt einer Preissenkung auf die effektive Nachfrage, der sog. Pigou-Effekt, in das Keynessche System einbezogen, dann ist ein Gleichgewicht bei Vollbeschäftigung auch in den beiden Extremfällen denkbar, und der Staat mit einer Fiskalpolitik wäre nicht mehr das einzige Heilmittel, die Arbeitslosigkeit zu beheben: Preissenkungen (die z. B. als Folge von Lohnsenkungen eintreten) üben über den erhöhten Re-

---

[22] D. Patinkin [1965], S. 162–166 und 603–604.

[23] L. Zincone, The Real-Balance Effect: Aspects and Evidence, in: Journal of Finance, XXIII (1968), S. 693.

[24] G. Haberler, Bemerkungen zum gegenwärtigen Stand der Konjunkturtheorie, in: G. Haberler [1955], S. 545 n.

alwert der Kassenhaltung eine stimulierende Wirkung auf die Konsumgüternachfrage aus, wodurch – zumindest theoretisch – die Möglichkeit eines permanenten „Gleichgewichts" bei Unterbeschäftigung ausgeschaltet ist[25].

Der Pigou-Effekt (wie aber auch der Cambridge-Effekt) ist ein Spezialfall der *„Spar-Vermögen-Relation"* (Metzler), nach der mit einer Erhöhung der Konsumausgaben bzw. mit einer Reduktion des Sparvolumens zu rechnen ist, wenn das Vermögen des privaten Sektors der Wirtschaft zunimmt[26].

Das Problem, das Patinkin mit seinem *Realkasseneffekt* lösen will, ist eher ein „neoklassisches" als ein „keynesianisches" Problem. In seinem Bemühen, die Geld- und Werttheorie zu integrieren, garantiert der Realkasseneffekt überhaupt erst den Prozeß der Bestimmung eines gleichgewichtigen Preisniveaus (bzw. der absoluten Gleichgewichtspreise). Während die Neoklassiker den Preisbildungsprozeß dichotomisiert haben: Bildung der relativen Preise im realen Sektor der Wirtschaft (den Warenmärkten) und Bildung der absoluten Preise im monetären Sektor (dem Geldmarkt, dargestellt durch die Verkehrsgleichung oder die Cambridge-Gleichung), erklärt Patinkin, daß diese Dichotomie in der Regel für ungültig anzusehen ist, denn die Nachfrage nach und das Angebot an Waren und die Nachfrage nach Geld seien (in den meisten Fällen) auch vom Realwert der Kassenhaltung abhängig. Diese Abhängigkeit läßt den Realkas-

---

[25] Der Pigou-Effekt wurde nicht allein von A. C. Pigou erfunden! Er wurde zur gleichen Zeit (1941) auch von T. Scitovsky und G. Haberler in die Diskussion eingeführt. Siehe hierzu L. A. Metzler, Wealth, Saving, and the Rate of Interest, in: Journal of Political Economy, LIX (1951), S. 93.

Wenn der Pigou-Effekt auch die theoretische Grundlage für die Realisierung eines Gleichgewichts bei Vollbeschäftigung in einer keynesianischen Welt liefert, so ist sein Autor äußerst skeptisch hinsichtlich seiner empirischen Anwendbarkeit. Herrscht z. B. in einer Wirtschaft eine ziemlich hohe Arbeitslosigkeit, dann müßten die Löhne und Preise extrem fallen, damit über den Pigou-Effekt die Situation der Vollbeschäftigung überhaupt verwirklicht werden kann. (Ferner werden die Lohn- und Preissenkungen in zwei Fällen noch drastischer sein müssen: Einmal können elastische Preiserwartungen vorherrschen, wonach die Wirtschaftssubjekte in Erwartung fallender Preise ihre Kassenbestände erhöhen, und sie werden erst bei extrem niedrigen Preisen eine zusätzliche Nachfrage nach Konsumgütern ausüben; zum anderen können die Preissenkungen Bankrotte auslösen, so daß auch hier stärkere Preissenkungen vonnöten sind, um einen positiven Nettoeffekt auf die effektive Nachfrage zu erhalten.) Keine Regierung würde es soweit kommen lassen, sondern sie würde so schnell wie möglich mit Hilfe ihres finanzpolitischen Instrumentariums eingreifen. Pigou über den Pigou-Effekt:

Er stellt eine „akademische Übung dar, vielleicht von einigem Wert, um gewisse Lehrmeinungen klarzustellen, aber ohne irgendeine große Chance, jemals im effektiven Tagesgeschehen angewandt zu werden".

["... academic exercises, of some slight use perhaps for clarifying thought, but with very little chance of ever being posed on the chequer board of actual life."] A. C. Pigou, Economic Progress in a Stable Environment, in: Economica, XIV (1947); abgedruckt in: Readings in Monetary Theory, a.a.O., S. 251.

[26] L. A. Metzler [1951], S. 94.

seneffekt auf den Plan treten, und zwar in der Form, daß eine Änderung in der Realkasse den Nachfrageüberschuß nach Gütern (Waren, Wertpapiere, Geld) beeinflußt [27].

Patinkins Realkasseneffekt ist ebenfalls (wie der Cambridge-Effekt und der Pigou-Effekt) ein *Vermögenseffekt* – oder genauer: er gehört zu der Kategorie der Vermögenseffekte, denn das Vermögen kann sich (neben den menschlichen Aktiva) sowohl aus Sachaktiva als auch aus Finanzaktiva zusammensetzen. Ändert sich der Realwert des Vermögens in Form des Realwertes des Kassenbestandes, dann übt diese Veränderung einen Einfluß auf den Nachfrageüberschuß nach Gütern aus: Sie löst den Realkasseneffekt aus [28]. Die Wirkung dieses Realkasseneffektes auf Preise und Volkseinkommen (oder Beschäftigung) kann sowohl direkter als auch indirekter Art sein. Eine Veränderung des Realkassenbestandes wirkt analog zum Pigou-Effekt direkt auf die effektive Nachfrage und damit auf Preise und Volkseinkommen; oder/und sie wirkt analog zum Keynes-Effekt über die Überschußnachfrage im Geldmarkt (bzw. über die Überschußnachfrage im Wertpapiermarkt) auf den Zinssatz und folglich indirekt auf die effektive Nachfrage und damit auf Preise und Volkseinkommen.

b) Portfolioeffekt und Realkasseneffekt

Der Übertragungsmechanismus von Geldmengenveränderungen, d. h. die Art und Weise, wie bzw. auf welchem Wege eine Geldmengenveränderung die Wirtschaft beeinflußt, kann nun mit Hilfe der zwei folgenden Effekte erklärt werden: (i) der sog. Portfolioeffekt und (ii) der eigentliche Realkasseneffekt.

(i) *Der Portfolioeffekt.* Gehen wir von einer Geldmengenerhöhung aus, d. h. zusätzliches Geld wird vom Bankensystem geschaffen. Die primären Wirkungen dieser Geldmengenerhöhung auf die Wirtschaft hängen von den Modalitäten der Geldschaffung ab [29].

Unterstellen wir z. B. eine Schaffung von Zentralbankgeld auf dem Wege der Offenmarktpolitik, so erfahren die Verkäufer von Wertpapieren eine Veränderung ihres Portfolios: weniger Wertpapiere und mehr Geld. Sie haben Wertpapiere gegen Geld verkauft, weil ihnen die Zentralbank

---

[27] Dieses Dichotomieproblem wird noch ausführlich im nächsten Kapitel behandelt werden.

[28] D. Patinkin [1956], S. 21 und [1965], S. 20.

[29] Siehe hierzu u. a.: K. Brunner, The Report of the Commission on Money and Credit, in: Journal of Political Economy, LXIX (1961), insbesondere S. 612; M. Friedman und A. J. Schwartz, Money and Business Cycles, in: Review of Economics and Statistics, XLV (1963), Sondernummer Februar, S. 60–63.

einen guten, d. h. hohen Preis für die Wertpapiere geboten hat. Die Portfolioveränderung wurde nicht „erzwungen", sondern aufgrund der Preiserhöhung der Wertpapiere von den Portfoliobesitzern gewünscht. Dies heißt aber nicht, daß sie das erworbene Geld in ihrem Portfolio behalten wollen. Es liegt nahe, daß sie dieses für den Kauf anderer Wertpapiertypen ausgeben, sofern diese ertragsreicher sind als die Geldhaltung. Denn sie hatten sich zu dem Verkauf der Wertpapiere an die Zentralbank auch durch den Vergleich der Ertragssätze der einzelnen Typen von Aktiva leiten lassen: Die Zentralbank bot höhere Preise für die Offenmarktpapiere, wodurch deren Ertragssätze sanken; die Portfoliobesitzer erwarben Geld gegen Verkauf dieser Wertpapiere. Eine größere Geldhaltung impliziert einen sinkenden Grenznutzen der Geldhaltung: Ihr (nichtpekuniärer) Ertragssatz nimmt ab. Um die Portfoliozusammensetzung wiederum zu optimieren (Ausgleich der Gesamtertragssätze der einzelnen Aktiva), werden sie andere, ertragsreichere Wertpapiere kaufen.

Ehe wir den Transmissionsmechanismus der Geldmengenerhöhung weiter verfolgen, betrachten wir noch den Fall, in dem der Offenmarktkauf der Wertpapiere und der entsprechende Verkauf von Zentralbankgeld an die Kreditbanken erfolgt. Auch diese streben eine Optimierung ihres Portfolios an und werden analog zu den obenerwähnten Regeln andere, ertragreichere Wertpapiere kaufen; diese werden zwar in den meisten Fällen aufgrund der spezifischen Tätigkeit der Banken im Kreditgeschäft von jenen Wertpapieren, welche die einzelnen Wirtschaftssubjekte erwerben, unterschiedlich sein. – Die Banken handeln in ähnlicher Weise, wenn die Geldmengenerhöhung nicht auf dem Wege der Offenmarktpolitik, sondern mittels der Senkung der Mindestreservesätze, des Diskontsatzes für rediskontfähige Wertpapiere oder mittels des Verkaufs von Gold und Devisen an die Zentralbank erfolgt: Die Überschußreserven benutzen die Banken zum Kauf von ertragreichen Wertpapieren. – (Daß die Erhöhung der Zentralbankgeldmenge auch eine allmähliche Ausweitung der von dem Kreditbankensystem geschaffenen Buchgeldmenge nach sich zieht, ist nicht nur für den Fall gültig, in dem die Kreditbanken als „erste" von der Zentralbank Geld erwerben; auch wenn die einzelnen Wirtschaftssubjekte die „Ersterwerber" der zusätzlich geschaffenen Zentralbankgeldmenge sind, werden sie bzw. andere, die das Geld als „Zweiterwerber" etc. gegen Verkauf von anderen Aktiva erhalten, dieses entsprechend den „Zahlungssitten" in Papier- und Buchgeld aufteilen.)

Kehren wir nun wieder zu dem Prozeß der Wirkungen einer Geldmengenerhöhung zurück. Gleichgültig ob das zusätzlich geschaffene Zentralbankgeld zuerst in die Hände der Wirtschaftssubjekte (Haushalte, Firmen des Nichtbankensektors) oder in die Hände der Banken gelangt, in beiden Fällen setzt eine zusätzliche Nachfrage nach den verschiedensten Arten von Wertpapieren ein, wodurch ihre Preise in die Höhe getrieben werden und entsprechend ihre Ertragssätze inklusive Zinssätze sinken. Hiervon werden im Laufe der Zeit alle Finanzaktiva betroffen, denn sofern noch Finanzaktiva existieren, die keine Preiserhöhungen erfahren haben, werden sie im Vergleich zu den anderen Wertpapieren besonders attraktiv sein (im Sinne von besonders ertragreich), so daß auch nach diesen schließlich eine Mehrnachfrage einsetzt. Doch es bleibt keineswegs bei dieser allgemeinen Preissteigerung der Wertpapiere, synonym mit einer Verringerung ihrer Ertrags- und Zinssätze. Die Finanzaktiva sind im Vergleich zu den Sachaktiva teuer geworden; die Sachaktiva werfen einen relativ höheren Ertrag ab als die Finanzaktiva. Es setzt nun eine erneute Adjustierung in der Zusammensetzung des Portfolios zugunsten des Erwerbs von Sachaktiva ein, wodurch auch die Preise der Sachaktiva steigen bzw. ihre Ertragssätze sinken. Diese Mehrnachfrage nach Sachaktiva wird nicht nur allein auf Kosten des Bestandes an Finanzaktiva gehen (wodurch die Preise und Ertragssätze der Finanzaktiva wieder zu fallen bzw. steigen beginnen), sondern auch durch eine veränderte Einkommensverwendung finanziert werden. Da die in Zukunft produzierten Güter relativ billig sind im Vergleich zu den existierenden Gütern, werden die Investoren bestrebt sein, mehr zu investieren. Dadurch wird auch eine zusätzliche Nachfrage nach Produktionsfaktoren (Arbeit, Kapital) ausgelöst, wodurch ebenfalls deren Preise (im Falle der Vollbeschäftigung bzw. Vollauslastung der Produktionskapazitäten) zu steigen beginnen.

Dieser Transmissionsmechanismus einer Geldmengenveränderung gründete auf eine sukzessive Adjustierung der Portfoliobestände. In dem Bestreben, diese zu optimieren, indem die Gesamtertragssätze der verschiedenen Typen von Aktiva stets (oder zumindest tendenziell) einander angeglichen wurden, übertrug sich die Geldmengenerhöhung in einer Wellenbewegung von einzelnen Finanzaktiva auf die Gesamtheit der Finanzaktiva, indem die effektiven Bestände an die gewünschten Bestände angepaßt wurden – mit dem Ergebnis, daß die Preise, Ertrags- und Zinssätze der Finanzaktiva variierten; der Geldimpuls pflanzte sich ferner über eine Veränderung der gewünschten Bestände an Sachaktiva fort, wodurch deren Preise und Ertragssätze ebenfalls in Bewegung gerieten (und wir hätten sogar die menschlichen Aktiva in Betracht ziehen können, denn deren Aufstockung – die Ausgaben für Erziehung und Weiterbildung – wird im Vergleich zu den nichtmenschlichen Aktiva billig).

Diese Geldwirkungen können unter dem Begriff „Portfolioeffekt" zusammengefaßt werden, denn durch die Geldmengenveränderung wird im Laufe der Zeit das gesamte, aus Finanz-, Sach- und menschlichen Aktiva bestehende Portfolio umstrukturiert, wodurch eine Veränderung der Preise und Ertragssätze der Aktiva ausgelöst wird. Diese beeinflußte dann schließlich auch die flow-Größen: den Konsum (bzw. die Ersparnisse) und die Investition. (Dieser Transmissionsmechanismus ging zwar von einer

Erhöhung der Geldmenge mittels der Offenmarktpolitik aus. Er wird ebenfalls – wie weiter oben erwähnt – zunächst im Sektor der Finanzaktiva beginnen, wenn es sich um eine Erhöhung der Geldmenge mittels der Mindestreserve- oder Diskontpolitik oder mittels einer Monetisierung von Gold- und Devisenbeständen handelt. Findet die Ausweitung des Geldvolumens dagegen in Kombination mit der Fiskalpolitik statt, indem der Staat sein Budgetdefizit mit Hilfe der Zentralbank finanziert, d. h. er schleust zusätzliches Geld durch den Kauf von Gütern und Dienstleistungen in die Wirtschaft, dann vollzieht sich der Prozeß der Geldwirkungen eher in umgekehrter Richtung: höhere Ausgaben für Konsum- und Investitionsgüter, größere Nachfrage nach Sachaktiva, erhöhte Nachfrage nach Finanzaktiva.)

Dieser ziemlich komplizierte Prozeß der Geldwirkungen folgt zwar im wesentlichen der Keynesschen Lehre (oder genauer: der Lehre vom Keynes-Effekt). Hiernach wird der Geldeinfluß auf die Wirtschaft bekanntlich „viel einfacher" konzipiert: Geldmengenerhöhung – bei gegebenem Zinssatz: effektive Kassenhaltung größer als gewünschte Kassenhaltung (bzw. gewünschter Bestand an Konsols größer als effektiver Bestand an Konsols) – Zinssenkung – erhöhtes Investitionsvolumen. Wenn beide Effekte, einerseits der Portfolioeffekt und andererseits der Keynes-Effekt, auch jeweils zu einem gleichen *End*resultat führen (erhöhtes Investitionsvolumen), so stellt jedoch die Portfoliotheorie (oder Kapitaltheorie!) der Geldwirkungen den Anpassungsprozeß der wirtschaftlichen Größen an die Geldmengenveränderung mittels der sukzessiven Adjustierung der einzelnen Portfoliobestandteile an die gewünschten Bestände an Aktiva heraus. Daß dieser Prozeß Zeit beansprucht, braucht eigentlich nicht erwähnt zu werden. Es wird sich über einen relativ langen Zeitraum erstrekken, den Milton Friedman, der in seinen gesamten geldtheoretischen Schriften als Verfechter dieser Portfoliotheorie der Geldwirkungen gilt, für die Vereinigten Staaten auf mindestens ein Viertel der Länge eines Konjunkturzyklus berechnet hat [30].

(ii) *Der Realkasseneffekt.* Während sich der Portfolioeffekt nur (respektive besser) mit Hilfe einer „dynamischen" Betrachtungsweise erklären läßt, kann sich die Explikation des Realkasseneffektes durchaus mit einer mehr komparativ-statischen als einer strictissime dynamischen Analyse begnügen. Denn durch die Geldschaffung stellt sich schließlich im privaten Sektor der Wirtschaft ein Vermögenszuwachs ein (sofern γ und r_m gleich Null sind), der wie jeder andere Vermögenszuwachs stimulierend auf die Nachfrage nach Gütern (Geld, Wertpapieren, Waren, Dienstleistungen, Produktionsfaktoren) wirkt. Der Portfolioeffekt kann nur im Zeit-

[30] Siehe Fußnote 3 auf S. 4.

ablauf verstanden werden, da er sich von einer Kategorie von Aktiva zu einer anderen Kategorie von Aktiva etc. überträgt. Der eigentliche Realkasseneffekt konstatiert dagegen nicht eine Veränderung in der *Zusammensetzung* des Portfolios (Fall des Portfolioeffektes), sondern eine Veränderung in der *Höhe* des Portfoliobestandes.

Ob diese Veränderung im Portfoliovolumen eine permanente Veränderung bedeutet, und zwar in dem Sinne, daß z. B. ein Vermögenszuwachs infolge einer Geldmengenerhöhung nicht durch eine schließlich einsetzende inflationäre Preisbewegung kompensiert wird, ist eine völlig andere Frage, die nur im Zusammenhang einer (makroökonomischen) Analyse aller Märkte behandelt werden kann (siehe hierzu Kap. IX).

Für die Analyse des Realkasseneffektes im Sinne eines Vermögenseffektes ist nun jene Frage von Wichtigkeit, bei *welchen* Wirtschaftssubjekten sich der Vermögenszuwachs infolge der Geldmengenerhöhung einstellt. Der Fall eines Vermögenszuwachses, den Patinkin in den meisten Fällen benutzt [31], nach dem Geld über Nacht wie „Manna vom Himmel" in die Kassen der Individuen fällt, ist natürlich der analytisch einfachste Fall: Die Individuen wachen mit einer erhöhten Kassenhaltung auf; sie erfahren einen direkten Vermögenszuwachs in Höhe des Geldgeschenks. In der Wirklichkeit vollzieht sich eine Geldmengenerhöhung natürlich völlig anders. Der Vermögenszuwachs fällt nicht unbedingt bei den Wirtschaftssubjekten an, die das zusätzliche Geld halten. Handelt es sich um eine Erhöhung der Zentralbankgeldmenge, dann kann sich der Vermögenszuwachs in der Form von Transferzahlungen oder Steuersenkungen konkretisieren. Handelt es sich um eine Geldmengenerhöhung seitens der Kreditbanken, dann erfahren grundsätzlich die Eigentümer der Kreditbanken den Vermögenszuwachs.

3. Der Wettbewerbsmechanismus der Buchgeldschaffung und die optimale Geldmenge

Daß die Geldmenge unter bestimmten Bedingungen einen Bestandteil des Volksvermögens darstellt, beruht letzten Endes auf der spezifischen Marktform der Geldproduktion, und zwar auf der des Angebotsmonopols. Dieses Produktionsmonopol hält in modernen Wirtschaften die Zentralbank inne: Sie bestimmt „nach ihrem Belieben" (d. h. entsprechend ihrer

[31] D. Patinkin [1965], S. 44, 74, 259, 266, 275, 276, 281 und 329. Siehe dagegen auch S. 236–244.

Beurteilung der „wirtschaftlichen Situation“) die Höhe der Zentralbankgeldmenge und kontrolliert mittels der Geldbasis die Grenzen der Buchgeldschaffung durch die Kreditbanken. Dieses „Hoheitsrecht“ wurde in früheren Jahrhunderten durch die Fürsten ausgeübt, die das Privileg der Münzprägung hatten, das sog. Münzregal (oder „seigneuriage“; im englischen „seignorage“), und die hieraus einen Monopolgewinn erzielten, sofern der Münzwert den Produktionswert überstieg.

In der „älteren“ Geldtheorie ist dieses Monopolrecht der Geldproduzenten im Grunde genommen nie in Frage gestellt worden. „Das Grundproblem der Geldverfassung“ (F. A. Lutz [1936]) wurde lediglich in dem Dilemma gesehen:

> „Daß das Geld in dem Akt der Kreditgewährung entsteht, daß beide Vorgänge unlöslich miteinander verkoppelt sind ...
> daß für die Aktivseite desselben Geschäfts – die Kreditgewährung – ein prinzipiell anderes Organisationsprinzip zweckentsprechend ist als für die Passivseite – die Schaffung von Geld“ [32].

Das Organisationsprinzip der Kreditgewährung ist nach Lutz das des freien Wettbewerbs, während die Geldschaffung anderen Ordnungsprinzipien unterliegen muß:

> „Was die Passivseite – also die Geldseite – anlangt, so hat es prinzipiell nicht den geringsten Sinn, die Geldschaffung der durch freie Konkurrenz geregelten privaten Tätigkeit zu überlassen. Die freie Konkurrenz – darin liegt ihr Vorteil – sorgt bekanntlich dafür, daß das Bedürfnis der Wirtschaftssubjekte nach einem Gut im Rahmen der gegebenen Einkommen so billig und vollständig befriedigt wird, wie es bei der gegebenen Menge von Produktionsfaktoren und der Dringlichkeit aller anderen Bedürfnisse möglich ist. Was soll das alles aber heißen, wenn man es auf Geld anzuwenden sucht? Was heißt hier möglichst reichliche und billige Versorgung des Bedürfnisses nach Geldscheinen? Offensichtlich sind diese Kategorien hier sinnlos. Der Grund liegt darin, daß Geld ein ‚Gut‘ ist, das nicht unmittelbar ein Bedürfnis befriedigt, sondern nur indirekt, indem es zum Kauf von Gütern verwandt wird. Da prinzipiell *jede* Geldmenge, wenn nur die Preise entsprechend sind, genügt, um *alle* Güter zu kaufen, so ist hier der Wunsch nach ‚möglichst viel‘ von diesem Gut sinnlos. Ein Mehr führt nur zur Erhöhung des Preisniveaus, befriedigt aber keinerlei Bedürfnis *besser.* Also ist auf die Geldschaffung die freie Konkurrenz als Ordnungsprinzip grundsätzlich nicht anwendbar. Die Geldschaffung gehört vielmehr zur Domäne des Staates, der sie einer dazu bestimmten Körperschaft delegieren kann, die dem allgemeinen Interesse nachzugehen hat. Die Schaffung von Geld hat zu erfolgen nach den übergeordneten Gesichtspunkten einer zweckmäßigen Geld- und Währungspolitik. Worin diese besteht, haben wir hier nicht zu untersuchen; so viel ist sicher, daß sie nicht nach dem Prinzip ‚möglichst viel und billig‘ erfolgen kann“ [33].

---

[32] F. A. Lutz [1936], S. 30–31. Im Originaltext ist obiges Zitat gesperrt gedruckt.
[33] Ebenda, S. 31.

a) Der Wettbewerbsmechanismus der Buchgeldschaffung

Gegenüber dieser („traditionellen") Argumentation läßt sich nun folgendes einwenden. Das Geld im Sinne der Realkassenhaltung ist – wie wir wissen – ein Gut, das unmittelbar ein Bedürfnis befriedigt, und zwar das der Zahlungs- und Wertsicherheit und der Ausgabenersparnisse an Transaktionskosten. Demnach muß auch die Schaffung von *Real*kasse wie die Produktion anderer Güter nach dem Prinzip „möglichst viel und billig" erfolgen. Dieses Prinzip läßt sich mit Hilfe des Wettbewerbsmechanismus realisieren. Die Kreditbanken stehen nicht nur, was die Kreditgewährung angeht, miteinander in Wettbewerb, sondern sie sollen jetzt auch in bezug auf die Buchgeldschaffung miteinander konkurrieren. Bedingung dieser Geldschaffung auf der Basis des Wettbewerbsprinzips ist, daß die Zentralbank auf jegliche Kontrolle über Soll- und Habenzinsen im Bankgeschäft verzichtet. Zwecks Aufrechterhaltung der Preisstabilität kann sie zwar den Banken (zinsbringende) Mindestreserveverpflichtungen auferlegen, jedoch erst für jenes Geldangebot, bei dem die Banken die aus ihrem Geschäft der Kreditgewährung erzielten Zinsen nach Abzug der Verwaltungskosten und einer „normalen" Gewinnmarge an die Inhaber der Sichtguthabenkonten weitergegeben haben. In diesem Falle würden bei der Buchgeldschaffung keine Monopolgewinne zugunsten der Kreditbanken anfallen; der Wettbewerbsmechanismus der Buchgeldschaffung würde die „Privilegien des Münzregals" eliminieren, und die Gläubiger (Geldbesitzer) und Schuldner (Kreditnehmer) der Banken kämen in den Genuß der Vorteile des „Münzregals".

Diese Behauptungen müssen im folgenden noch im einzelnen erläutert werden. Wir stützen uns dabei auf Überlegungen, die im Anschluß an die Arbeit von Gurley und Shaw [1960] von Autoren wie Tobin [1963], Pesek und Saving [1967] und Johnson [1969], wenn auch meistens in impliziter Form, angestellt wurden. In unserer Beweisführung beziehen wir uns auf die Schaffung von Innengeld (M_i), das im Zuge der Kreditvermittlungstätigkeit der Banken, d. h. der monetären Finanzintermediäre, zwischen den Defiziteinheiten („Investoren") und den Überschußeinheiten („Sparern") geschaffen wird; siehe hierzu Kap. III.2c (S. 82–84).

Die *Ü*berschußeinheiten bieten den Finanzintermediären um so mehr Sparmittel an, je höher der Zinssatz ist; ihr Angebot an Sparmitteln ist identisch mit ihrer Nachfrage nach den von den Finanzintermediären geschaffenen „*i*ndirekten Wertpapieren" ($^{Ü}F_i^d$ in Abb. 42, S. 258); handelt es sich um monetäre Finanzintermediäre, dann stellt das Angebot an Ersparnissen eine Nachfrage nach „monetären indirekten Wertpapieren", d. h. nach Geld, dar (M^d). Wir behandeln gleichzeitig die Tätigkeit der Kreditvermittlung und der Schaffung von indirekten Wertpapieren sowohl seitens der monetären als auch seitens der nichtmonetären Finanzintermediäre, um dadurch das gleiche Ordnungsprinzip der Aktivität der Finanzintermediäre hervorzuheben; in der Wirklichkeit sind zwar nur die nichtmonetären Finanzintermediäre dem Wettbewerb ausgesetzt; (daß M^d mit $^{Ü}F_i^d$ übereinstimmt, kann als eine vereinfachte Annahme angesehen werden). Die Finanzintermediäre benutzen die Ersparnisse, die sie von den Überschußeinheiten erwerben, auf die Weise, daß sie diese den Defiziteinheiten anbieten; dieses Angebot ist identisch mit der von den Finanz-*I*ntermediären ausgeübten Nachfrage nach „*p*rimären Wertpapieren", d. h. nach Wertpapieren, die von den Defiziteinheiten ausgegeben werden ($^{I}F_p^d$); die Nachfragefunktion der Finanzintermediäre nach primären Wertpapieren entspricht dem Verlauf der Nachfragefunktion der Überschußeinheiten nach Geld (M^d) bzw. nach indirekten Wertpapieren ($^{Ü}F_i^d$) insofern, als die Finanzintermediäre die Ersparnisse der Überschußeinheiten den Defiziteinheiten zu einem Preis anbieten, der in Höhe des Satzes *g*, der unter Wettbewerbsbedingungen die Verwaltungskosten und die „normale" Gewinnspanne der Finanzintermediäre widerspiegelt, über dem Zinssatz liegt, den die Überschußeinheiten von den Finanzintermediären erhalten möchten ($^{I}F_p^d = M^d + g$ bzw. $^{I}F_p^d = {}^{Ü}F_i^d + g$). Die *D*efiziteinheiten ihrerseits fragen um so mehr Kredit nach, je geringer der Zinssatz ist, den sie für ihre Verschuldung zahlen müssen; ihre Verschuldung entspricht der Ausgabe bzw. dem Angebot an *p*rimären Wertpapieren ($^{D}F_p^s$). Die Finanz-*I*ntermediäre können nun ihre eigenen Wertpapiere, d. h. die *i*ndirekten Wertpapiere, den Überschußeinheiten zu einem Zinssatz anbieten, der um den Betrag *g* unterhalb des Zinssatzes liegt, den sie von den

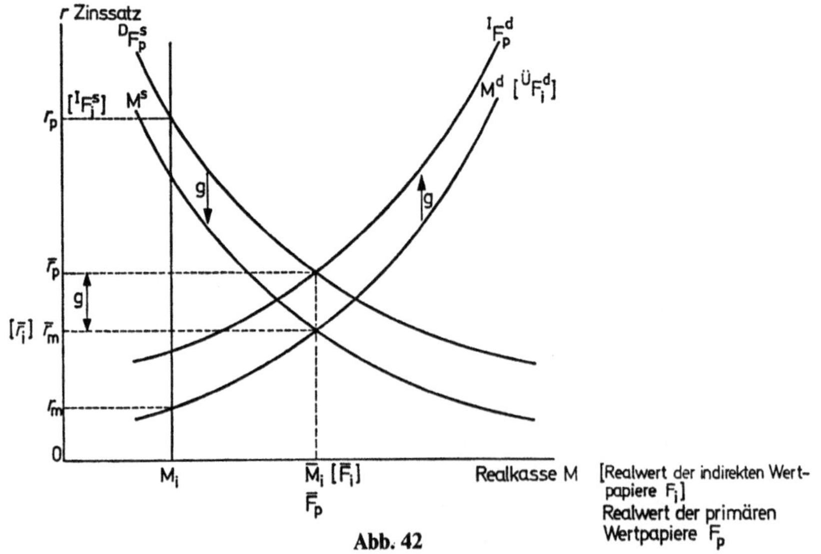

Abb. 42

Defiziteinheiten erhalten können (${}^{I}F_i^s$, wobei ${}^{I}F_i^s = {}^{D}F_p^s - g$); dieses Angebot an indirekten Wertpapieren besteht im Falle der monetären Finanzintermediäre aus Geld (M^s, wobei $M^s = {}^{D}F_p^s - g$).

Der Wettbewerbsmechanismus der Kreditgewährung *und* Buchgeldschaffung würde folgendes Gleichgewicht auf den Märkten der Finanzaktiva unter Wettbewerbsbedingungen herstellen: In der Wirtschaft existiert eine Buchgeldmenge in Höhe von $O\bar{M}_i$, auf die die Kreditbanken den Geldbesitzern den Zinssatz $\bar{r}_m$ zahlen; (für den Fall, daß die indirekten Wertpapiere nicht aus Geld, sondern aus nichtmonetären Forderungstiteln bestehen, beträgt die Gleichgewichtsmenge an nichtmonetären indirekten Wertpapieren $O\bar{F}_i$, worauf die nichtmonetären Finanzintermediäre einen Zinssatz von $\bar{r}_i$ zahlen); die Finanzintermediäre erhalten aus ihrem Geschäft der Kreditgewährung, die $O\bar{F}_p$ beträgt, den Zinssatz $\bar{r}_p$; $\bar{r}_p$ liegt über $\bar{r}_m$ (bzw. über $\bar{r}_i$), und zwar um den Satz g, der unter Wettbewerbsbedingungen die Verwaltungskosten und die „normale" Gewinnspanne der Finanzintermediäre darstellt.

In der Wirklichkeit sind vielfach nur die nichtmonetären Finanzintermediäre (mehr oder weniger) dem Wettbewerbsprinzip unterworfen. Den monetären Finanzintermediären werden Malthusische Regeln auferlegt, indem ihnen die Schaffung nur einer ganz bestimmten Geldmenge, z. B. die Menge OM_i in Abb. 42, zugestanden wird. Die staatliche Reglementierung kann mit Hilfe der Mindestreservepolitik erfolgen oder/und sie fixiert die Höhe des Habenzinssatzes auf r_m bzw. des Sollzinssatzes auf r_p; was den „Habenzinssatz" anbelangt, so ist hierzu noch zu bemerken, daß dieser auch die kostenlose Bereitstellung von Dienstleistungen im Überweisungsverkehr enthält, so daß r_m einen „Zinssatz" der Sichtguthaben darstellen kann, der nur aus diesen kostenlosen Vergünstigungen besteht. Eine solche Geldmengenregulierung garantiert den Kreditbanken einen Bruttogewinn von $(r_p - r_m)\,M_i$ und eine Monopolrente von $(r_p - g - r_m)\,M_i$; (die Banken können zwar von ihren Schuldnern – den Kreditnehmern – auf dem Wege der Kreditselektion einen geringeren Zinssatz als r_p verlangen, sofern sie hierzu vom Staat – etwa durch eine autoritäre Herabsetzung des Sollzinssatzes – angehalten werden). Das wirtschaftliche Optimum der Kreditvermittlung *und* Buchgeldschaffung ist in diesem Falle keineswegs gegeben. Die Vorteile des Münzregals verbleiben kraft staatlicher Entscheidung bei den Banken; sie werden nicht mittels der Wettbewerbskräfte auf die „letzten Gläubiger und Schuldner" verteilt. Eine solche „monopolistische" Geldverfassung garantiert keineswegs, wie Lutz glaubt, eine klare Trennung, die ermöglicht:

> „dem Kaiser zu geben, was des Kaisers ist – nämlich die Macht über die Geldseite –, der privaten Wirtschaft aber zu lassen, wofür sie am besten sorgen kann, nämlich die Entscheidung über die Kreditvermittlung"[34].

[34] Ebenda, S. 95.

Vom Gesichtspunkt des gesellschaftlichen Optimums aus gesehen sollte die Macht des „seigneuriage" erst bei der Geldmenge $\bar{M}_i$ eingesetzt werden, und zwar in dem Sinne (wie weiter unten noch zu zeigen ist), daß die „Sicherheit des Geldes", d. h. die Stabilität des Preisniveaus, gewahrt bleibt; ferner ist eine optimale Kreditvermittlung der „privaten Wirtschaft" erst bei diesem Niveau der Geldschaffung möglich [35].

b) Optimale Geldmenge und Preisstabilität

Die optimale Geldmenge, wie sie von Friedman [1969] vorgeschlagen worden ist, ist die der Geldmenge $O\bar{M}_i$ in Abb. 42, die der Menge $O\bar{M}_i$ der Abb. 43 entspricht.

Bei dieser Geldmenge ist der nichtpekuniäre Ertragssatz der Geldhaltung (ihr Grenznutzen) gleich Null. Die Wirtschaftssubjekte sind nur dann gewillt, die Menge $O\bar{M}_i$ in ihrem Portfolio zu halten, wenn sie einen (pe-

---

[35] Wenn auch das Postulat einer Geldverfassung auf der Basis des Wettbewerbsmechanismus angesichts der praktizierten Geldpolitik in den modernen Wirtschaften nichts anderes ist als ein frommer Wunsch, den einige Geldtheoretiker hegen, so zeichnen sich dagegen im Bereich der *internationalen Geldverfassung* bestimmte Tendenzen ab, welche die Schaffung des internationalen Zahlungsmittels Dollar gewissen Wettbewerbsregeln unterwerfen!

Im Unterschied zu dem „nationalen Geld", das in der Regel in den gegenwärtigen modernen Wirtschaften keinen (expliziten) Zins abwirft, besteht das „internationale Geld", was den Dollar angeht, nur zu einem ganz geringen Teil aus Banknoten und Sichtguthaben; der größte Teil setzt sich aus zinsbringenden kurzfristigen Wertpapieren (z. B. Terminguthaben bei amerikanischen Banken, US-Schatzwechseln) zusammen. Diese Forderungstitel sind zwar Zinsregulierungen unterworfen (z. B. das Verbot von Zinszahlungen auf Sichtguthaben und die Zinshöchstsätze der „Regulation *Q*" für Terminguthaben). Die Entwicklung des Euro-Dollar-Marktes, der einer staatlichen Kontrolle nicht ausgesetzt ist, bietet jedoch höhere Zinssätze für die kurzfristige Anlage von Dollarguthaben, so daß diese Guthaben in zunehmendem Maße von den Konten der amerikanischen Banken zugunsten der Euro-Dollar-Banken abgehoben werden. – Vgl. hierzu A. K. Swoboda, The Euro-Dollar Market: An Interpretation, in: Essays in International Finance, Nr. 64, Princeton (N.J.) 1968.

[Eine Menge von Reformplänen des Weltwährungssystems zielen denn auch auf die „Abschöpfung" dieser amerikanischen Monopolrente ab. In einem System flexibler Wechselkurse ist die Nachfrage nach internationaler Liquidität relativ gering, so daß die Monopolgewinne der Leitwährungsländer minimal wären. Die Wiedereinführung des Goldstandards bzw. die Installierung eines internationalen Warenreservegeldsystems (Hart-Tinbergen-Kaldor) würde die Gewinne aus dem Münzregal völlig ausschließen. Der Stamp-Plan schlägt eine Verteilung der Münzregalgewinne auf die unterentwickelten Länder vor. Triffin löst das Monopolproblem der internationalen Geldschaffung, indem er der „Weltzentralbank" die Pflicht auferlegt, den Gläubigern einen echten Marktzins zu zahlen. Die Vorschläge einer multiplen Weltreservewährung (Bernstein, Lutz, Posthuma, Roosa) verteilen das Münzregal auf die dominierenden Industrieländer, deren Währungen als internationale Reservewährungen dienen. – Siehe hierzu H. G. Grubel, The Distribution of Seignorage from International Liquidity Creation, in: Monetary Problems in the International Economy, hrsg. v. R. A. Mundell und A. K. Swoboda, Chicago 1969.]

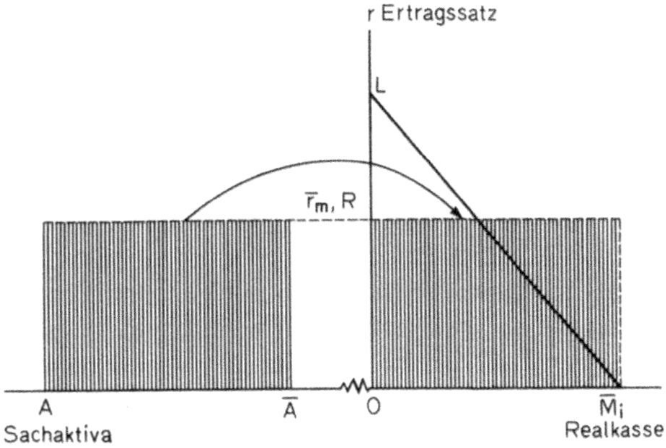

Abb. 43

kuniären) Zinssatz auf ihre Sichtguthaben erhalten, der gleich dem Gesamtertragssatz anderer Aktiva (R) sein muß. Der Wettbewerbszinssatz $\bar{r}_m$ in Abb. 42 muß nun „grosso modo" dem Gesamtertragssatz R entsprechen (wir sagen „grosso modo", weil $\bar{r}_m$ nicht gleich der „Grenzeffizienz der Investition" $\bar{r}_p$ ist, sondern $\bar{r}_m = \bar{r}_p - g$). Die Banken transferieren jetzt die gesamten Nettozinsen, die sie aus ihrem Kreditvermittlungsgeschäft nach Abzug ihrer Verwaltungskosten und „normalen" Gewinne erzielen, an die Geldbesitzer. Diese werden dann die Geldmenge $O\bar{M}_i$ nachfragen. Die Banken sind demnach in der Lage, den Betrag von $A\bar{A}$ ($= O\bar{M}_i$) in Abb. 43 als Darlehen zu gewähren, wofür sie einen Ertrag von $RA\bar{A}$ erhalten, den sie nach Abzug ihrer eigenen Kosten an die Kontoinhaber der Sichtguthaben weitergeben ($\bar{r}_m \bar{M}_i = RA\bar{A}$). Der Gesamtertragssatz der Geldhaltung besteht dann nur aus dem pekuniären Ertragssatz.

Dem Leser mag es nun *paradox* erscheinen, daß in dem soeben beschriebenen Fall überhaupt kein Einkommens- und Vermögenszuwachs in der Wirtschaft zu verzeichnen ist (siehe Gleichung 4a, S. 241, in der nun $r_m = R$ ist), während das zinslose Innengeld einen vollen Einkommens- und Vermögenszuwachs garantiert. Dieses Paradox kann wie folgt gelöst werden. Wird das Einkommens- und Vermögenskonzept in der Weise erweitert, daß hierin auch der *Wohlfahrtsgewinn* in Höhe der Konsumentenrenten berücksichtigt wird (!)[36], dann kann ein gesamtwirtschaftlicher „Einkommenszuwachs" in Höhe der Fläche $O\bar{M}_iL$ in Abb. 43 und ein entsprechender „Vermögenszuwachs" von $O\bar{M}_i$ festgestellt werden[37]. Dieser

[36] Siehe Fußnote 3 auf S. 233–234.

[37] Die Fläche $O\bar{M}_iL$ ist gleich $\Delta Y = \int_0^{\bar{M}_i} r(M)\,\mathrm{d}M$. Der Vermögenszuwachs beträgt folglich $\Delta W = \int_0^{\bar{M}_i} r(M)\,\mathrm{d}M/R$.

„Einkommenszuwachs", worauf schließlich auch der „Vermögenszuwachs" basiert, ist nichts anderes als der nichtpekuniäre Gesamtertrag der Geldhaltung, der dort sein Maximum hat, wo der nichtpekuniäre Ertragssatz der Geldhaltung (d. h. ihr Grenznutzen) gleich Null ist.

Im Falle der Realisierung der optimalen Geldmenge ist es nun nicht so, daß volkswirtschaftliches Vermögen vernichtet wird, sobald das Geld einen Zins in Höhe des Ertragssatzes anderer Aktiva abwirft oder daß nur die Hälfte oder ein Viertel der Geldmenge zum Vermögen gezählt werden kann, sobald das Geld nur die Hälfte oder ein Viertel des Ertragssatzes der anderen Aktiva als Zinssatz abwirft. Wir stoßen hier vielmehr an die Grenzen operationaler Messungsmöglichkeiten von ökonomischen Größen wie die des Einkommens und des Vermögens.

„Oder um noch weiter zu gehen: Radio- und Fernsehstationen besitzen ein Nettovermögen in Höhe des Betrages, der die Gründungskosten übersteigt, da Lizenzen begrenzt sind und kostenlos gewährt werden. Der Wert dieser Lizenzen ist im Volksvermögen eingeschlossen.

In all diesen Fällen wird die Gesellschaft besser gestellt sein, wenn freier Eintritt [in die Wirtschaft] gewährt würde, auch wenn dann das Nettovermögen im Sinne des meßbaren Vermögens geringer sein mag . . . Wir messen Werte mit dem Marktpreis, der dem Grenznutzen und nicht dem durchschnittlichen Nutzen entspricht. Hieraus folgt, daß eine Verringerung der Knappheit den Grenzwert (gemessen mit Hilfe eines numéraire oder anderer Güter), den wir der Gesamtmenge zuordnen, reduzieren mag; im Extremfall verzeichnet ein freies Gut einen Gesamtwert von Null und doch trägt es zum Gesamtnutzen mehr bei als ein geringerer Betrag dieses Gutes. Wir stehen hier dem klassischen Wertparadox von Diamanten und Wasser gegenüber" [38].

Auf folgenden Zusammenhang sei noch aufmerksam gemacht. Eine Erhöhung der Realkassenhaltung hat nicht nur einen Einkommenszuwachs im Sinne des Wohlfahrtsgewinns zur Folge, sondern auch eine Zunahme des meßbaren (oder pekuniären) Einkommens, sofern das Geld nicht nur in seiner Eigenschaft als Konsumgut, sondern auch in seiner Eigenschaft als Produktionsgut betrachtet wird (siehe weiter oben S. 141–146). Ein Mehr des input an Realkasse wird entsprechend der Spezifität der Produktionsfunktion den output an Produkten steigern. Wählen wir zur Illustrierung ein einfaches (triviales) Beispiel: Ein Händler, der einen relativ geringen Realkassenbestand hat, muß einen Laufjungen anstellen, der ihm große Banknoten, die er von seinen Kunden erhalten hat, in Kleingeld bei der Bank wechselt; ein relativ großer Realkassenbestand erübrigt die Einstellung eines Laufjungen, der nun in einem anderen Produktionsbereich eingesetzt werden kann. Wenn also die Realisierung der optimalen Geldmenge die Wohlfahrt in bezug auf die Realkassenhaltung maximiert und andererseits das meßbare Einkommen (und damit das meßbare Vermögen) senkt, so sinkt letzteres nicht in dem Ausmaße wie weiter oben im Text beschrieben wurde; denn der Abnahme des pekuniären Einkommens steht die Produktionssteigerung gegenüber, die sich als Folge der erhöhten Menge des „Produktionsfaktors" Realkasse einstellt. Siehe hierzu M. Friedman [1969], S. 14 und A. L. Marty, Inside Money, Outside Money, and the Wealth Effect, in: Journal of Money, Credit and Banking, I (1969), S. 107 n.

[38] ["Or to go farther afield, radio and television stations have a net worth in excess of the sums required to establish them because licenses are limited and granted without charge. The value of these licenses is properly included in the wealth of the community.

In all these cases, the community might be better off if free entry were permitted, even though net wealth as measured might be lower . . . We value items by market

Wären alle Güter in einer Wirtschaft freie Güter, dann gäbe es weder ein meßbares Einkommen noch ein meßbares Vermögen, und doch hätte die Wirtschaft ein Maximum an Wohlfahrt erreicht. Als Einkommen oder Vermögen brauchen nicht nur allein jene Größen zu gelten, die sich in einer pekuniären Dimension konkretisieren. Ein großer Teil unserer Ausführungen bediente sich z. B. immer wieder des sog. nichtpekuniären Ertragssatzes, unter dem dann u. a. die Liquiditätsvorteile der Aktiva verstanden wurden; und den nichtpekuniären Ertragssatz hatten wir sogar zu dem pekuniären Ertragssatz addiert! Zudem wurde der nichtpekuniäre (Grenz-)Ertragssatz eines Aktivums mit dem (direkten) Grenznutzen dieses Aktivums – bzw. mit der Grenzrate der Substitution – identifiziert. Aus der Nutzentheorie wissen wir, daß dieses Vorgehen äußerst problematisch ist, und die begrenzte Aussagefähigkeit der Wohlfahrtsökonomie, die an der Unmöglichkeit des interpersonalen Nutzenvergleichs gescheitert ist, gibt uns hierfür ein charakteristisches Beispiel. Wenn wir trotzdem an diesen nichtmeßbaren Größen festgehalten haben und im Falle des zinsbringenden Geldes von einem Vermögenszuwachs aufgrund eines Wohlfahrtsgewinns in Höhe der Konsumentenrenten sprachen, so sind wir uns zwar bewußt, daß der nichtpekuniäre Ertragssatz und die Konsumentenrente empirisch nicht direkt erfaßbar sind, in der theoretischen Analyse mußten wir aber so tun, *als ob* sie empirisch erfaßbar sind, denn es ist in der Theorie durchaus erlaubt, theoretische Konzepte zu verwenden (z. B. das permanente Einkommen), die nicht direkt testfähig sind, die aber zu

---

price, which corresponds to marginal utility, not average utility; hence, a reduction in scarcity may reduce the total value (in terms of a numeraire or other goods) that we attach to the total quantity; in the extreme, a free good will have an aggregate value of zero, yet it clearly contributes more to total utility than a lesser amount of it would. This is the classical diamond-water paradox."] M. Friedman und A. L. Schwartz, The Definition of Money: Net Wealth and Neutrality as Criteria, in: Journal of Money, Credit and Banking, I (1969), S. 3.

Siehe hierzu auch die im Journal of Economic Literature (VII, 1969) erschienenen Aufsätze von A. H. Meltzer, Money, Intermediation, and Growth und D. Patinkin, Money and Wealth: A Review Article.

In diesem Zusammenhang sei noch auf einen Irrtum aufmerksam gemacht, den Pesek und Saving [1967] in ihrer Analyse des Vermögenscharakters des Geldes gemacht haben. Sie konstatieren zwar, daß das Geld kein meßbares Vermögen in der Wirtschaft darstellt, sofern es einen Zinssatz in Höhe des Gesamtertragssatzes der anderen Aktiva abwirft. Sie gehen dann aber noch einen Schritt weiter (der falsch ist), indem sie behaupten, daß dann auch das Geld nicht mehr die Funktion des Zahlungsmittels ausüben kann (S. 109). „Dies ist ein non sequitur", wie Friedman und Schwartz bemerken. „Ein *Preis* von Null für die Zahlungsmitteldienste des Buchgeldes bedeutet nicht, daß die Geld*menge* in Form der Sichtguthaben gleich Null ist. Oder anders ausgedrückt: Ein *Grenz*ertrag der Zahlungsmitteldienste von Null bedeutet nicht, daß der *Durchschnitts*ertrag gleich Null ist." ["This is a nonsequitur. A zero *price* for the transactions services of demand deposits does not mean that the *quantity* of money in the form of demand deposits is zero. Alternatively, a *marginal* yield of transactions services of zero does not mean that the *average* yield is zero."] M. Friedman und A. L. Schwartz [1969], S. 5.

Ergebnissen führen, welche die Wirklichkeit zu erklären helfen, was ja schließlich das Anliegen jeder Theorie ist.

Schließlich muß noch die Lösung des Problems der *Preisstabilität* behandelt werden. In unseren bisherigen Untersuchungen über die Geldnachfrage und den Vermögenscharakter des Geldes wurde Geld im Sinne des Realwertes des Geldes, der *Real*kassenhaltung, verstanden. Wenn z. B. die Menge an Buchgeld $O\bar{M}_i$ (Abb. 42, S. 258 und Abb. 43, S. 261) geschaffen werden soll, so handelt es sich hier um den Realwert der Menge an Buchgeld. Inwieweit kann nun bei der Geldmenge $O\bar{M}_i$ die Preisstabilität gewährleistet werden?

Im unteren Quadranten der Abb. 44 stelle P_0 das von der Geldpolitik „gewünschte" stabile Preisniveau dar; die Geldhaltung ist explizite als Realkassenhaltung (M/P) gekennzeichnet; der obere Quadrant gibt die Nachfragekurve nach Realkasse der Abb. 43 wieder; im unteren Quadranten stellen die rechtwinkligen Hyperbeln M_i und $\bar{M}_i$ die Entwicklung des Realwertes der nominalen Geldmenge M_i und $\bar{M}_i$ bei alternativen Höhen des Preisniveaus dar, wobei $\bar{M}_i > M_i$. Soll die Buchgeldmenge bei konstantem Preisniveau (P_0) auf ihr Maximum erweitert werden, d. h. auf $\bar{M}_i/P_0$, dann ist hierfür nur eine einzige nominale Buchgeldmenge denkbar, und zwar $\bar{M}_i$; denn eine höhere nominale Buchgeldmenge als $\bar{M}_i$, z. B. $\bar{M}_i'$, würde das Preisniveau auf P_0' steigen lassen [39].

Sobald jegliches Monopolelement in der Buchgeldschaffung beseitigt ist, führt der Wettbewerb unter den Banken zu einem Angebot an Realkasse von $\bar{M}_i/P_0$, auf das sie den Geldnachfragern den Zinssatz $\bar{r}_m$ $(= \bar{r}_p - g = R)$ zahlen müssen, soll das Angebot auch abgenommen werden. Dieser Wettbewerb kann jedoch unfähig sein, die Preisstabilität zu garantieren, denn die Realkasse $\bar{M}_i/P_0$ ist äquivalent mit $\bar{M}_i'/P_0'$ etc., und den Banken ist es grundsätzlich gleichgültig, $\bar{M}_i/P_0$ oder $\bar{M}_i/P_0'$ anzubieten. Um die Preisstabilität etwa bei P_0 zu realisieren und damit das nominale Buchgeldangebot auf $\bar{M}_i$ zu fixieren, wird die Zentralbank die Geldbasis (Zentralbankgeldmenge) fixieren. Wenn die Banken das Angebot bei $\bar{M}_i/P_0$ aufrechterhalten sollen und somit gezwungen sind, einen Zinssatz in Höhe von $\bar{r}_m$ an die Geldbesitzer zu zahlen, muß die Zentralbank ihrerseits auf die Reserveeinlagen der Banken auch einen Zinssatz von $\bar{r}_m$ zahlen!

Da wir in unserer Analyse des Vermögenscharakters des Geldes stets das Geld im Sinne der *Real*kassenhaltung betrachten, kann die Frage nach der optimalen Geldmenge auch wie folgt gestellt werden: *Welche Entwicklung des allgemeinen Preisniveaus ist optimal?* Bisher hatten wir unterstellt, daß die Wirtschaftssubjekte ein stabiles Preisniveau als wünschenswert ansehen. Als Gründe für ein stabiles Preisniveau werden viel-

[39] Vgl. H. G. Johnson, Pesek and Saving's Theory of Money and Wealth, A Comment, in: Journal of Money, Credit and Banking, I (1969).

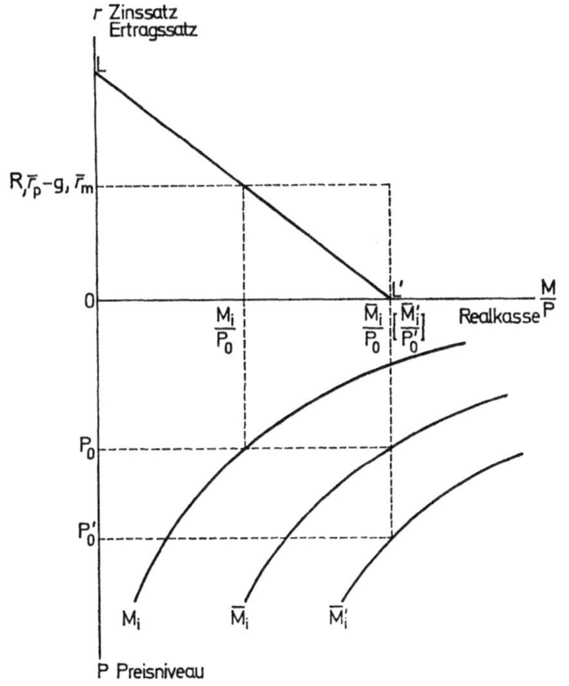

Abb. 44

fach die Gleichbehandlung von Gläubigern und Schuldnern und die Abwesenheit von Friktionen als Folge von Veränderungen im Preisniveau angeführt; (auf das spezielle Problem des „trade-off" zwischen Beschäftigungsniveau und Inflation soll hier nicht eingegangen werden). Diese Argumente beruhen jedoch auf der Annahme, daß Inflationen und Deflationen *unerwartete* Größen darstellen, so daß „soziale Ungerechtigkeit" und „Friktionen" durchaus als Folge von unerwarteten Preisniveauverschiebungen auftreten können und ein stabiles Preisniveau als wünschenswert anzusehen ist. Unter dieser Konstellation war die Frage nach der optimalen realen Geldmenge identisch mit der Frage nach der optimalen nominalen Geldmenge: Jene nominale Geldmenge war optimal, die den Zinssatz $\bar{r}_m$ abwarf und das Preisniveau bei P_0 stabilisierte. Gehen wir nun von der Annahme aus, daß die Veränderungen des allgemeinen Preisniveaus von den Wirtschaftssubjekten erwartet werden (was durchaus für die „lange" Periode gültig sein mag, und das Problem der optimalen Geldmenge ist ein Problem der langen Periode), dann können wir das Postulat eines gewünschten stabilen Preisniveaus aufheben. Unterstellen wir ferner, daß die Geldmenge keinen Zins abwirft, dann ist die optimale

Menge an Realkasse dort realisiert, wo das Preisniveau um die Rate $\bar{r}_m$ sinkt. Die Deflationsrate $\bar{r}_m$ würde dann die optimale Entwicklung des allgemeinen Preisniveaus angeben. Der Gesamtertragssatz der Realkassenhaltung setzt sich nun aus dem Realwertgewinn zusammen, der gleich $\bar{r}_m$ ist. Die Banken erleiden einen Verlust, da sich der Realwert ihrer Sichtverbindlichkeiten in Höhe der Deflationsrate vergrößert hat. Dieser Verlust wird jedoch durch den Gewinn im Realwert ihrer Forderungen ausgeglichen. Die „letzten Schuldner" (Emittenten der primären Wertpapiere) brauchen an die Banken keinen Geldzinssatz zu zahlen, da sie eine Erhöhung des Realwertes ihrer Schulden erleiden, von der die Banken profitieren. In einem solchen Fall würde folglich der Geldzinssatz gleich Null sein, während der Realzinssatz („natürlicher Zinssatz") gleich der Deflationsrate und diese wiederum gleich dem Gesamtertragssatz der Sachaktiva wäre. In einer stationären Wirtschaft müßte natürlich die nominale Geldmenge jährlich um die Rate $\bar{r}_m$ abnehmen, damit auch die Deflationsrate von $\bar{r}_m$ verwirklicht wird. Technisch kann diese Kontraktionspolitik z. B. auf die Weise zustandegebracht werden, daß die Zentralbank (bzw. der Staat) Steuereinnahmen in Höhe von $\bar{r}_m M_a$ einbehält, „sterilisiert". Ferner müßten die Mindestreserven jährlich um die Rate $\bar{r}_m$ erhöht werden; die Banken würden dadurch keinen Verlust erleiden, da ihre Pflichtreserven den Realgewinnsatz von $\bar{r}_m$ abwerfen. Diese Deflationspolitik würde übrigens auch die administrativen Schwierigkeiten lösen, einen Geldzinssatz auf Banknoten zu zahlen [40].

---

[40] Vgl. hierzu M. Friedman [1969], vor allem S. 34, 37–39, 45. Siehe auch A. L. Marty, Gurley and Shaw on Money in a Theory of Finance, in: Journal of Political Economy, LXIX (1961), S. 57.

(Vom „technischen" Gesichtspunkt aus gesehen könnte in der Handhabung der Zinszahlung auf Banknoten eine praktische Schwierigkeit gesehen werden. Zinsabwerfende Banknoten können jedoch z. B. identisch mit Schatzanweisungen sein: Der Staat gibt zinsbringende – unterschiedlich gestückelte – Schatzanweisungen aus, die er gleichzeitig als gesetzliche Zahlungsmittel deklariert. Dieser Fall existierte z. B. in den Vereinigten Staaten während der Jahre 1812–1815, 1837–1843, 1860 und 1863. Siehe M. Friedman [1960], S. 73 und 109, Fußnote 15.)

In einer *wachsenden Wirtschaft,* in der auch die Nachfrage nach Realkasse ständig zunimmt, können die Gewinne aus dem Münzregal auf zwei verschiedene Weisen verteilt werden.

1. Soll die Preisstabilität aufrechterhalten bleiben, muß die nominale Geldmenge (mittels der Geldbasis) um jenen Betrag erhöht werden, um den die Nachfrage nach Realkasse zugenommen hat. Die Banken zahlen weiterhin auf ihre Sichtverbindlichkeiten den Zinssatz $\bar{r}_m$. Diese haben sich im gleichen Maße erhöht wie ihre eigenen Forderungstitel (primäre Wertpapiere), für die sie den Zinssatz $\bar{r}_p$ erhalten.

2. Die wachsende Nachfrage nach Realkasse kann auch durch ein sinkendes Preisniveau befriedigt werden, sofern die Hypothese eines gewünschten stabilen Preisniveaus aufgehoben wird. Folgender Fall (unter vielen anderen Fällen) ist nun denkbar. Nimmt die Nachfrage nach Realkasse im gleichen Rhythmus zu wie die Wachstumsrate der Wirtschaft, und ist diese Wachstumsrate gleich der Grenzproduktivität des Kapitals (bzw. gleich dem Gesamtertragssatz der Sachaktiva) – Charakteristika des sog. von Neumann-Modells eines gleichgewichtigen Wachstums –, dann muß die Deflationsrate gleich der realen Wachstumsrate bzw. gleich dem Ge-

Aus all diesen Überlegungen ist, so hoffen wir, ersichtlich geworden, daß nicht nur die Kreditgewährung, sondern auch die Geldschaffung der durch freie Konkurrenz geregelten privaten Tätigkeit überlassen werden kann. Geld ist ein Gut, das wie jedes andere Gut ein direktes Bedürfnis befriedigt, d. h. einen direkten Nutzen in Höhe seiner Liquiditätsdienste stiftet. Da seine Produktionskosten praktisch gleich Null sind (bzw. äußerst gering sind), liegt es im Interesse der ökonomischen Wohlfahrtssteigerung, eine möglichst reichliche und billige Versorgung des Bedürfnisses nach Realkasse herzustellen. „Möglichst viel" bedeutet hier, daß die Wirtschaftssubjekte in ihrer aus der Realkassenhaltung zu erzielenden Bedürfnisbefriedigung das absolute Sättigungsniveau erreichen, das dort realisiert ist, wo der Grenznutzen der Geldhaltung gleich Null ist (d. h. wo der Gesamtnutzen der Geldhaltung sein Maximum hat) [41]. Und „möglichst billig" heißt, daß die Geldbesitzer in den Genuß der Vorteile des Münzregals kommen, und zwar in dem Sinne, daß auf jenes Geld, das in dem Akt der Kreditgewährung entstanden ist („Innengeld"), der Marktzinssatz gezahlt wird, den die Kreditbanken aus ihrem Kreditgeschäft (nach Abzug ihrer Verwaltungskosten und „normalen Gewinne") erzielen; die Zentralbank muß natürlich dann auch auf das von ihr ausgegebene Geld („Außengeld") einen gleich hohen Zinssatz zahlen. Dieses durch den Wettbewerbsmechanismus regulierte gesellschaftliche Optimum sowohl in der Kreditgewährung als auch in der Geldproduktion ist mit der

---

samtertragssatz der Sachaktiva (R) sein. In diesem Fall würde die nominale Geldmenge konstant bleiben.

Im Zusammenhang mit dem Problem der Preisniveauverschiebungen sei noch auf die Beziehung zwischen Münzregal und Inflation aufmerksam gemacht. Eine Geldwertverschlechterung ist identisch mit einer *Inflationssteuer* (siehe hierzu Kap. IX). Es ist zwar denkbar, daß die Geldproduzenten den Inflationsgewinn mittels eines höheren Geldzinssatzes transferieren. In einem solchen Fall wäre der „nominale" Zinssatz, den die Geldhaltung abwirft, gleich der Summe aus „realem" Zinssatz (d. h. dem Gesamtertragssatz der Sachaktiva) und der Inflationsrate.

[41] Ein höherer Geldnutzen ergibt sich aus dem Tatbestand, daß die einzelnen Wirtschaftssubjekte bei einer größeren Haltung an Realkasse

„weniger Gänge zur Bank und zu Maklern machen und geringere Korrespondenz- und andere Transaktionskosten haben, die dann anfallen, wenn man eine zu geringe Kassenhaltung hat. Vom Gesichtspunkt der Kollektivität aus gesehen ist das Optimum dort gegeben, wo jedermann das Sättigungsniveau der Kassenhaltung erreicht hat, d. h. wo $\partial U/\partial M = 0$ [wo der Grenznutzen der Geldhaltung gleich Null ist]."

["... to make fewer trips to the bank, fewer trips to the brokers, smaller printing and other costs of transactions whose only purpose is to provide cash when you have been holding too little cash. From society's viewpoint, the optimum occurs when people are satiated with cash and have: $\partial U/\partial M = 0$ ..."] P. A. Samuelson, What Classical and Neoclassical Monetary Theory Really Was, in: Canadian Journal of Economics, I (1968), S. 10.

Wird das Geld in seiner Eigenschaft als Produktionsgut betrachtet, so gilt auch hier der Tatbestand, daß das Optimum an Realkasse dort realisiert ist, wo die Grenzproduktivität der Realkasse gleich Null ist (d. h. wo der Gesamtertrag der Geldhaltung sein Maximum erreicht hat).

Sicherheit des Geldes im Sinne eines preisstabilen Geldwertes kompatibel. Die staatliche Geldpolitik kann mit dem Instrument der Geldbasis die Grenzen der nominalen Geldausweitung fixieren. Sind diese Grenzen bei dem absoluten Sättigungsniveau der Realkassenhaltung gesetzt, so sorgt der Wettbewerbsmechanismus zwischen den Finanzintermediären für jenes Volumen an Kreditvermittlung und Geldschaffung, bei dem die „letzten Schuldner" (die Kreditnehmer der Banken) den „letzten Gläubigern" (den Geldbesitzern) durch Vermittlung der Kreditbanken den herrschenden Marktzinssatz zahlen [42].

So „revolutionierend" diese Feststellung auf den ersten Blick auch gewesen sein mag, so „banal" erweist sie sich – unseres Erachtens – am Schluß der Argumentation. Das gesellschaftliche Optimum der Herstellung eines Gutes, dessen Produktionskosten gleich Null (bzw. annähernd gleich Null) sind, liegt stets dort, wo die Wirtschaftssubjekte das Sättigungsniveau erzielt haben. Dabei handelt es sich hier selbstverständlich um die optimale Höhe der im Realwert ausgedrückten Geldmenge. Ist dieses Optimum erreicht, dann kann zwar jede nominale Geldmenge die optimale reale Geldmenge darstellen, wenn nur das Preisniveau entsprechend ist; existiert dagegen ein gewünschtes Preisniveau, dann kann dieses nur durch eine ganz bestimmte nominale Geldmenge bewerkstelligt werden.

4. Der Wettbewerbsmechanismus der gesamten Geldproduktion oder die ökonomischen Kriterien der Geldverfassung

In der „älteren" Literatur wird das Monopolrecht des Staates auf die Geldemission (Geldbasis) gefordert, weil dies eine notwendige Bedingung für die Preisniveaustabilität sei. Wiederholen wir nochmals die Argumentation von Lutz [1936, S. 31]:

„... es (hat) prinzipiell nicht den geringsten Sinn, die Geldschaffung der durch freie Konkurrenz geregelten privaten Tätigkeit zu überlassen.... Da prinzipiell *jede*

[42] Noch eine letzte Bemerkung sei uns im Zusammenhang mit der Frage des Münzregals erlaubt. Es ist gerade erstaunlich: daß (normalerweise) die nichtmonetären Finanzintermediäre in ihrer Kreditgewährung und in ihrer Schaffung von Wertpapieren den Wettbewerbsregeln unterworfen sind, während die monetären Finanzintermediäre hiervon „im Namen der Geldwertstabilität" ausgeschlossen werden – eine offensichtliche Diskrimierung der nichtmonetären Finanzintermediäre; daß der Staat zwar auf seine nichtmonetären Schuldtitel Zinsen zahlt – und zahlen muß, da er in der Ausgabe von nichtmonetären Wertpapieren kein Monopolist ist –, während er eine Zinszahlung bei seinen Sichtverbindlichkeiten unterläßt. Siehe hierzu M. Friedman [1960], S. 74.

Geldmenge, wenn nur die Preise entsprechend sind, genügt, um *alle* Güter zu kaufen, so ist hier der Wunsch nach ‚möglichst viel' von diesem Gut sinnlos. Ein Mehr führt zur Erhöhung des Preisniveaus. ... Die Geldschaffung gehört vielmehr zur Domäne des Staates".

Milton Friedman [1959] schreibt:

„Solange der Marktwert des Kreditgeldes höher ist als dessen Produktionskosten – die unter günstigen Bedingungen nahezu auf die Kosten des bedruckten Papiers gesenkt werden können –, hat jeder individuelle Emittent einen Anreiz zur zusätzlichen Geldschaffung. Deshalb würde eine Kreditwährung durch die erhöhte Geldschaffung wahrscheinlich zu einer Warenwährung degenerieren – im wahrsten Sinne des Wortes zu einem Papierstandard –, bei der es kein anderes stabiles Gleichgewichtspreisniveau gibt außer demjenigen, bei dem der Geldwert der Währung nicht größer ist als der des verarbeiteten Papiers. Und angesichts der unbedeutenden Kosten der Addition von Nullen ist unklar, ob es ein endliches Preisniveau gibt, für welches dies zutrifft" [43].

„Wettbewerb ist ... ungeeignet, um die Papiergeldmenge zu bestimmen" [44].

Pesek und Saving [1967] meinen:

„Das Bankensystem wird sich in seiner Eigenschaft als Geldproduzent selbst ruinieren, da es durch den Wettbewerb gezwungen wird, die Produktqualität zu verschlechtern" [45].

Harry Johnson [1968] vertritt folgende Ansicht:

Es „... besteht für ein Bankensystem unter Wettbewerbsbedingungen der permanente Anreiz, das nominale Geldangebot zu erhöhen und dadurch eine Preisinflation auszulösen. ... Will man Stabilität des Preisniveaus (wovon die Preisstabilität ein Sonderfall ist) und Stabilität der Erwartungen über die zukünftige Entwicklung der Preise – was allgemein als wichtig für die soziale Wohlfahrt angesehen wird –, so muß die vom Bankensystem angebotene Geldmenge öffentlich kontrolliert werden" [46].

---

[43] "So long as the fiduciary currency has a market value greater than its cost of production – which under favorable conditions can be compressed close to the cost of paper on which it is printed – any individual issuer has an incentive to issue additional amounts. A fiduciary currency would thus probably tend through increased issue to degenerate into a commodity currency – into a literal paper standard – there being no stable equilibrium price level short of that at which the money value of currency is no greater than that of the paper it contains. And in view of the negligible cost of adding zeros, it is not clear that there is any finite price level for which this is the case". M. Friedman [1959], S. 7.

Dieses und die folgenden Zitate befinden sich bei R. Vaubel, Strategies for Currency Unification, Tübingen 1978, S. 59–60.

[44] "Competition is ... inappropriate for determining the amount of fiat currency". M. Friedman, Commodity Reserve Currency, in: Journal of Political Economy, LIX (1951), S. 211.

[45] "The banking industry will destroy itself as a money producer by being competitively driven to deteriorate the quality of the product". Pesek and Saving [1967], S. 129.

[46] H. G. Johnson, Problems of Efficiency in Monetary Management, in: Journal of Political Economy, LXXVI (1968), S. 976; deutsche Übersetzung in H. G. Johnson, Beiträge zur Geldtheorie und Währungspolitik, Berlin 1976, S. 92–93.

Alan Meltzer [1969] äußert sich wie folgt:

„Die Verantwortung für die Geldbasissteuerung verbleibt beim Staat oder einem beauftragten Monopolisten, und dieses Monopol muß ständig gewährleisten, daß die Gesellschaft den Nutzen der Geldschaffung zu den niedrigsten Kosten erhält“ [47].

In den siebziger Jahren kommt es zu einer radikalen Abkehr vom Monopolrecht des Staates auf die Geldemission. Die Entwicklung gipfelt in Hayeks Vorschlägen für eine „freie Wahl der Währung“ [48] und für eine „Reprivatisierung des Geldes“ [49]:

„Die Instabilität der Marktwirtschaft in der Vergangenheit ergibt sich daraus, daß das wichtigste Steuerungsinstrument des Marktes, das Geld, selbst nicht durch den Marktmechanismus bestimmt wird“ [50].
„Aus heutiger Sicht muß der Vorschlag eines unbegrenzten privaten Angebots an Basisgeld als wirklich (konter-)revolutionär angesehen werden, und sogar Hayek benötigte mehr als ein halbes Jahr, um von der Forderung nach freier Währungswahl zur Forderung nach einer Reprivatisierung des Geldes zu gelangen“ [51].

Unsere folgende Untersuchung bezieht sich auf den Wettbewerbsrahmen der Geldverfassung. (a) Ein gesetzlich kontrolliertes Monopol der Geldschaffung kann mit der Existenz eines natürlichen Monopols verteidigt werden, was die monetäre Integration von Regionen und Ländern nach sich ziehen kann. (b) Ein System konkurrierender Geldemittenten kann aufgrund einer höheren monetären Stabilität befürwortet werden, jedoch mit negativen Folgen für die monetäre Integration. (c) Die Diskussion über feste versus flexible Wechselkurse und über die optimale Größe von Währungsräumen wird nahezu ausschließlich im Sinne dieser beiden sich scheinbar widersprechenden monetären Zielsetzungen – Stabilität und Integration – geführt.

---

[47] “Control of base money remains the responsability of the government or of a chartered monopolist, and this monopoly must continue to assure that society retains the benefit of producing money at lowest cost”. A. H. Meltzer [1969].

[48] F. A. Hayek, Choice in Currency: A Way to Stop Inflation, Occasional Papers, Nr. 48, Institute of Economic Affairs, London, Februar 1976.

[49] F. A. Hayek, Denationalisation of Money, Hobart Paper Special, Nr. 70, Institute of Economic Affairs, London, Oktober 1976.

[50] “The past instability of the market economy is the consequence of the exclusion of the most important regulator of the market mechanism, money, from itself being regulated by the market process.” (im Original gesperrt) F. A. Hayek [1976 a], S. 79.

[51] “From a present-day perspective, the suggestion of an unrestricted supply of . . . private high-powered money must be regarded as truly (counter-)revolutionary, and even Hayek needed more than half a year to proceed from the demand for ‘free choice in currency’ to the case for the ‘denationalization of money’.” R. Vaubel [1978], S. 57–58.

a) Begründet die Geldproduktion ein natürliches Monopol?

Besteht ein natürliches Monopol, dann führen zunehmende Skalenerträge der Produktion dazu, daß ein einzelnes Unternehmen billiger produzieren kann als jede größere Zahl von Unternehmen (die deshalb aus dem Markt gedrängt werden). Die öffentlichen Unternehmen für die Elektrizitäts-, Telefon- und Gasversorgung gehören nach allgemeiner Auffassung zu dieser Kategorie. Die traditionelle Wirtschaftspolitik hat dann für die Erhaltung des natürlichen Monopols zu sorgen, muß jedoch durch gesetzliche Bestimmungen eine monopolistische Ausbeutung verhindern.

Die Frage, ob die Geldproduktion ein natürliches Monopol darstellt, ist zu bejahen, wenn (1) bei der Geldproduktion Kosten entstehen und (2) die Durchschnittskosten der Produktion mit einer höheren Ausbringung sinken.

Bei der Geldproduktion fallen zwei Arten von Kosten an. Zum einen handelt es sich um die Kosten der Produktion einer bestimmten Geldmenge und zum anderen um die Kosten der Bereitstellung von monetären Diensten, die mit der Geldmenge verbunden sind. Die Produktionskosten der Geldmenge können sehr niedrig sein: Handelt es sich um Papiergeld, und wird dieses durch die Zentralbank geschaffen, so sind es die Kosten, die durch den Einsatz einer Druck-(und Buchhaltungs-)maschine entstehen, sowie durch die Beschäftigung der Arbeiter („Beamten"), die die Maschine bedienen, das Geld verkaufen und den Geldumlauf steuern. Bei der Buchgeldproduktion der Banken fallen höhere Kosten der Buchhaltung an, im wesentlichen sind es aber die gleichen Kosten wie oben. Handelt es sich hauptsächlich um fixe Kosten *und* fallen die durchschnittlichen Kosten der Produktion mit einer höheren Geldmenge, dann kann ein (potentielles oder tatsächliches) natürliches Monopol entstehen, das innerhalb einer gewissen Region tätig ist. Die Region kann – in Abhängigkeit vom Ausmaß der zunehmenden Skalenerträge – mit den nationalen Grenzen übereinstimmen, kann sich aber auch über ein größeres Gebiet oder sogar über die ganze Welt erstrecken. Um die optimale Geldmenge zu realisieren, muß die öffentliche Kontrolle eines solchen Monopols den wirtschaftlichen Gewinn abschöpfen, d. h. den Monopolgewinn, der aus dem Münzregal resultiert, und welcher über dem normalen Gewinn liegt, der notwendig ist, um Ressourcen in die Geldindustrie zu lenken und dort zu binden.

Diese Art der Betrachtung ist jedoch ziemlich naiv, da sie den qualitativen Aspekt des Geldes vernachlässigt, d. h. seine monetären Dienste. Man muß zwischen den Produktionskosten einer bestimmten Geld*menge* und den Produktionskosten einer bestimmten Geld*qualität* unterscheiden. Hierbei ist die Qualität mit dem Grad der Geldnähe des Geldproduktes verknüpft. Der Grad der Geldnähe wird üblicherweise auf die beiden

Funktionen des Geldes, Tauschmittel und Wertaufbewahrungsmittel zu sein, bezogen.

Die *Tauschmittelfunktion* des Geldes impliziert die Existenz eines allgemein anerkannten Zahlungsmittels. Die Akzeptierbarkeit kann je nach Region und je nach Transaktionstyp differieren. Der Transaktionstyp berührt die „technische" Frage, gemäß der verschiedene Arten desselben Zahlungsmittels (Münzen, Banknoten, Sichteinlagen) keine vollkommenen Substitute sind, d. h., daß oftmals eine bestimmte Zahlungsmittelart für einen bestimmten Transaktionstyp einfacher zu handhaben ist als eine andere [52]. Das eigentliche ökonomische Problem betrifft jedoch den geographischen Raum des Geldumlaufs. Gibt es innerhalb eines solchen Raumes – der größte wäre die Weltwirtschaft – viele Zahlungsmittel, so wird die optimale Zahl der Zahlungsmittel eins sein, und zwar aus folgenden Gründen.

1. Wie Swoboda gezeigt hat, wird die durchschnittliche Transaktionskasse umso höher sein, je größer die Zahl der umlaufenden Zahlungsmittel ist. Dieses Ergebnis folgt aus der Annahme, daß bestimmte Zahlungen (z. B. intra-nationale Zahlungen) nur mit einem Zahlungsmittel durchgeführt werden können und andere Zahlungen (z. B. internationale) nur mit einem anderen [53]. Analog zur oben erörterten „technischen" Frage der

[52] Siehe hierzu weiter oben S. 39.

[53] Die Baumol-Tobin-Gleichung für die Geldnachfrage für Transaktionszwecke (M) lautet (siehe weiter oben S. 119):

$$M = \sqrt{\frac{b\,T}{2\,r}} \qquad (6)$$

wobei T den Realwert der Transaktionen (Zahlungen), b die fixen Kosten jeder Transaktion – „Verkauf von Wertpapieren – Kauf von Geld" – und r den Zinssatz darstellt. Nimmt man an, daß es n Zahlungsmittel (ausgedrückt im selben numéraire) gibt, dann lautet die Transaktionsnachfrage für n Zahlungsmittel:

$$\sum_{i=1}^{n} M_i = n \sqrt{\frac{b\,T_i}{2\,r}}\,. \qquad (7)$$

T_i ist das Transaktionsvolumen des Zahlungsmittels i. Es wird unterstellt, daß b und r für alle Zahlungsmittel identisch sind. Aus Vereinfachungsgründen wird angenommen, daß das Transaktionsvolumen bei allen Zahlungsmitteln gleich hoch ist ($T_1 = T_2 = \ldots = T_n$), so daß für das gesamte Transaktionsvolumen gilt: $T = n\,T_i$. Gleichung (6) kann dann geschrieben werden als:

$$M = \sqrt{\frac{b\,n\,T_i}{2\,r}}\,. \qquad (6a)$$

Daraus folgt, daß die Transaktionskassenhaltung in einer Welt mit n Zahlungsmitteln höher ist als in einer Welt mit nur einem Zahlungsmittel, und zwar um:

$$\sum_{i=1}^{n} M_i - M = (n - \sqrt{n}\,) \sqrt{\frac{b\,T_i}{2\,r}}\,. \qquad (7) - (6a)$$

Die mögliche Ersparnis an Transaktionskasse steigt mit der abnehmenden Zahl der Zahlungsmittel. Vgl. A. K. Swoboda [1968], S. 39–41.

Existenz verschiedener Arten desselben Zahlungsmittels braucht die unvermeidliche Verwendung verschiedener Zahlungsmittel nicht das Ergebnis gesetzlicher Vorschriften zu sein, die für bestimmte Zahlungen die ausschließliche Benutzung eines Zahlungsmittels vorschreiben. Dieser Fall ist auch in einer Welt privater Geldproduzenten ohne jede staaliche Intervention denkbar.

2. Kalkulations- und Transaktionskosten reduzieren die optimale Zahl der Zahlungsmittel auf eins. Kalkulationskosten werden in einem System fester Wechselkurse bei einem Welchselkurs von 1 : 1 minimiert [54]. In diesem Fall sind die Kalkulationskosten annähernd Null, weil ein solches System fester Wechselkurse einer Welt mit einem einzigen Zahlungsmittel gleicht. Aber selbst dann entstehen Transaktionskosten, wenn nämlich Zahlungen in einer anderen Währung getätigt werden müssen, d. h., es wird ein Umtausch von einer Währung in eine andere Währung notwendig. Die Transaktionskosten spiegeln sich in den Opportunitätskosten einer höheren durchschnittlichen Transaktionskasse wider, die die Wirtschaftssubjekte halten müssen und die wir bereits oben erwähnt hatten.

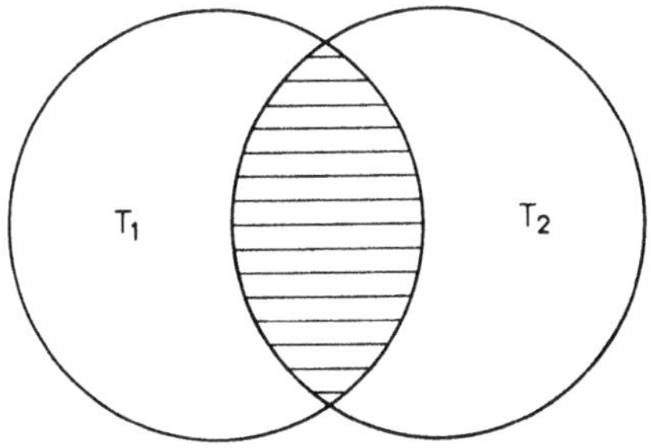

Abb. 45

Folglich ist die monetäre Qualität eines *einzigen*, allgemein akzeptierten Zahlungsmittels am höchsten (verglichen mit dem Vorhandensein mehrerer Zahlungsmittel). Die Existenz zweier Zahlungsmittel kann mit dem Beispiel zweier Fernsprechsysteme T_1 und T_2 in Abb. 45 verglichen werden.

---

[54] In einer Volkswirtschaft mit *m* Gütern und *n* Zahlungsmitteln gibt es $m \times n$ Geldpreise und $n(n-1)$ Wechselkurse (im Sinne des Kaufs- und Verkaufspreises von Währungen). Eine andere Bedingung zur Minimierung der Kalkulationskosten ist ein konstantes Preisniveau (dieser Fall wird noch erörtert werden), da feste Wechselkurse bedeuten können, daß jedes Zahlungsmittel mit der gleichen Rate inflationiert bzw. deflationiert.

Es sollte erwähnt werden, daß der Aspekt der Kalkulationskosten die „dritte" Geldfunktion, d. h. die Rechenmittelfunktion, berührt. Die Funktion des Rechenmittels kann von anderen Geldfunktionen getrennt werden, die auf die *Menge* der Zahlungsmittel abstellen. Siehe hierzu weiter oben S. 35–36.

Im nicht-schraffierten Teilbereich von T_1 (T_2) können alle Fernsprechteilnehmer über das Netz T_1 (T_2) miteinander telefonieren. Für den monetären Bereich gilt analog, daß in diesem Teilgebiet nur ein Zahlungsmittel benutzt wird, und zwar T_1 (T_2). Im schraffierten Teil werden beide Telefonnetze benutzt. Eine mögliche (und die teuerste) Organisationsform wäre, daß jeder Teilnehmer im schraffierten Teil einen zweiten Telefonapparat besitzt. Um die „Kalkulationskosten" zu beseitigen, müßten die Telefonnummern aller Teilnehmer in beiden Netzen identisch sein. Infolgedessen setzen sich die verbleibenden Kosten – die „Transaktionskosten" – aus der „Haltung" zweier Telefonapparate bei den Bewohner des schraffierten Teilgebietes zusammen. Auf den ersten Blick erscheinen diese Transaktionskosten als unbedeutend, aber zwei zusätzliche Überlegungen machen sie gewichtiger.

1. Es wird angenommen, daß jede Region vollkommen von beiden Fernsprechnetzen erschlossen ist (die schraffierte Fläche in Abb. 45 wird beide Kreise bedecken). Aus technischer Sicht könnte die Verschmelzung beider Netze zu einem einzigen durch eine einfache, fast kostenlose Verbindung der Leitungen zwischen den beiden Telefonzentralen erfolgen. Dies wird (oder kann in Abhängigkeit von der Produktionsfunktion) steigende Skalenerträge bewirken. Von ihnen werden die Fernsprechteilnehmer profitieren, da sie nur noch einen Telefonapparat halten und wegen der gesunkenen durchschnittlichen Produktionskosten geringere Telefongebühren zahlen müssen. Der gesunkene Preis impliziert, daß das natürliche Monopol öffentlich kontrolliert wird, damit der Preis eines Telefongespräches gleich seinen Durchschnittskosten ist (oder auf das natürliche Monopol der Geldschaffung bezogen, daß der Münzgewinn an die Geldhalter weitergegeben wird). Wird diese Bedingung nicht erfüllt, dann ist möglicherweise die frühere oligopolistische Struktur für die Fernsprechteilnehmer vorteilhafter, obwohl aus gesamtwirtschaftlicher Sicht in der Fernsprechindustrie mehr Ressourcen gebunden sind.

2. Unterstellt man anstelle zweier Fernsprechnetze ein Wettbewerbssystem mit n Telefongesellschaften, die gleichzeitig alle Gebiete erfassen, dann werden die Ersparnisse aus einem Zusammenschluß extrem hoch sein. Einerseits werden die Fernsprechteilnehmer eine solche Konzentration wegen der niedrigeren Transaktionskosten begrüßen, vorausgesetzt, daß sich auch beim Fehlen einer Monopolgesetzgebung keine Erhöhung des Produktpreises ergibt. Andererseits herrscht zwischen den Unternehmen eine Konzentrationstendenz, so daß letztendlich eine oligopolistische oder monopolistische Struktur entstehen wird. Beide Gesichtspunkte erklären die regionale Monopolisierung der Geldschaffung [55], die zu einem Weltmonopol führen würde, gäbe es das staatliche Monopolrecht der

[55] Vgl. B. Gehring, Brauchen wir monopolistische Zentralbanken?, in: Wirtschaft und Recht, Nr. 4, 1978, S. 461–463.

Geldemission nicht und würde von der zweiten Funktion des Geldes – der Wertaufbewahrungsfunktion – abgesehen.

b) Freier Wettbewerb zwischen den Geldproduzenten

Die oben diskutierte Funktion des Geldes als allgemein akzeptiertes Tauschmittel ist inhärent mit der *Wertaufbewahrungsfunktion* verbunden. Geld wird allgemein als Tauschmittel akzeptiert, falls die Wirtschaftssubjekte diesem Zahlungsmittel vertrauen. Dieses Vertrauen gründet sich im wesentlichen auf die Kaufkraftstabilität des Zahlungsmittels. Vertrauen ist eine Funktion der Informationen, die sich aus Vergangenheitserfahrungen und Zukunftserwartungen ergeben. Daraus folgt, daß neu ins Leben gerufene Zahlungsmittel und bereits etablierte Zahlungsmittel vollkommen verschiedene Vertrauensgrade implizieren. Deshalb muß z. B. ein neu geschaffenes Zahlungsmittel, dem definitionsgemäß jegliche historische Dimension der Wertstabilität (sei sie gut und/oder schlecht) fehlt, mit Ressourcen ausgestattet sein, die das Vertrauen herstellen können. Möglichkeiten hierfür wären die Deckung des Zahlungsmittels durch Waren, durch Währungsreserven, durch solide Namen des Bankgewerbes oder durch andere Verfahren. Folglich entstehen dem Geldemittenten nicht nur Kosten aus der *Produktion,* sondern auch aus dem *Verkauf* des Geldes, welche den Investitionskosten zur Etablierung eines „monetären Vertrauenskapitals“ [56] entsprechen.

In diesem Licht erscheinen bestimmte monetäre Erfahrungen der Vergangenheit für die Geldtheorie nicht länger rätselhaft. Betrachtet man die Zeit des Goldstandards, so war das Gold für die Volkswirtschaft nicht unbedingt ein teuereres Zahlungsmittel als das Papiergeld. Zu jener Zeit werden die Kosten der Schaffung eines Vertrauenskapitals mittels der Golddeckung niedriger gewesen sein als die Kosten zur Herstellung von Vertrauen in eine Papierwährung [57]. Ferner wurde selbst während der deutschen Hyperinflation (und während anderer) die Reichsmark allge-

---

[56] B. Klein, The Competitive Supply of Money, in: Journal of Money, Credit and Banking, VI (1974). Klein bezeichnet diesen Sachverhalt mit „brand-name capital“.

[57] „Der Wechsel von der Warenwährung zur Kreditwährung kann nicht sinnvoll dadurch erklärt werden, daß niemand auf die Idee einer Kreditwährung kam, sondern eher dadurch, daß die Warenwährung damals den billigsten Weg darstellte, Vertrauen zu schaffen; eine erzwungene Entwicklung vom Waren- zum Kreditgeld würde eine negative gesellschaftliche Ersparnis bedeutet haben.“

["A reasonable explanation of why credit money did not replace commodity money before it did may not be because someone did not happen to think of the credit money idea, but rather may be because commodity money was, at the time, the cheapest way to produce confidence; i.e., a forced movement from commodity to fiduciary money would have implied a negative social saving."] B. Klein [1974], S. 435.

mein als Tauschmittel benutzt und gehalten, obwohl es von Gemeinden und Privatorganisationen unautorisiert emittierte Zahlungsmittel gab, deren Nennwert jedoch in der hyperinflationierenden Reichsmark ausgedrückt wurde. Außerdem wurden teilweise ausländische Währungen benutzt, die im Inland mit flexiblen Wechselkursen umliefen. Also waren die Kosten des Wechsels zu einem neuen Zahlungsmittel (z. B. einer Auslandswährung), ausgedrückt in Informations-Transaktionskosten, zu hoch, so daß nur eine Währungsreform als Mittel der Wiederherstellung des Vertrauens eine solche Umstellung einleiten konnte.

Eine Methode der Vertrauensschaffung durch die Geldproduzenten ist eine erfolgreiche Geldmengensteuerung, die Preisniveaustabilität garantiert. Was geschieht jedoch in einem System privater Geldproduzenten, die miteinander konkurrieren? Kann ein solches System Preisniveaustabilität gewährleisten?

Klein [1974] hat gezeigt, daß es im allgemeinen zur Preisniveauinstabilität im Sinne eines unendlichen Preisniveaus kommt, wenn die Geldemittenten ein nicht zu unterscheidendes homogenes Produkt anbieten, z. B. durch fehlenden Namensaufdruck auf ihrem Geldprodukt. Zusätzlich müssen feste Wechselkurse zwischen den verschiedenen Zahlungsmitteln herrschen. In diesem Fall kann jeder Geldmittent die Produktion seines Zahlungsmittels erhöhen, weil es von den anderen Geldprodukten nicht zu unterscheiden ist. Somit würde der Wettbewerb zu einem unendlichen Preisniveau führen können. Ein Wettbewerbszins auf Geld würde die Überemission nicht verhindern, da der Zinssatz bei korrekten Erwartungen einfach um die Inflationsrate erhöht würde. Die Inflationsrate kann dann auf jedem denkbaren Niveau liegen. Demzufolge hatten die auf S. 268–270 erwähnten Autoren wahrscheinlich diesen Spezialfall im Auge, als sie das Monopolrecht des Staates auf Geldemission forderten.

Wird jeder Geldemittent gezwungen, das von ihm produzierte Zahlungsmittel individuell kenntlich zu machen, dann verliert die Möglichkeit der Wertminderung durch Überemission an Bedeutung. Die (verzinslichen) Zahlungsmittel sind nun voneinander zu unterscheiden, und dies bedeutet auch flexible Wechselkurse, es sei denn, es gäbe ein staatlich oder privat emittiertes dominantes Zahlungsmittel – die Geldbasis –, in das die anderen Zahlungsmittel konvertierbar sind (Fall des Abschnitts 3 dieses Kapitels). Ein einzelnes Unternehmen kann solange einen Gewinn aus einer Überemission realisieren, wie ein Teil der Inflationsrate, ausgedrückt im betreffenden Zahlungsmittel, nicht antizipiert wird. Diese Überemission bedeutet eine negative Investition in das Vertrauenskapital des entsprechenden Geldproduzenten. Das Vertrauen in das betreffende Zahlungsmittel wird dadurch deutlich sinken, und das Unternehmen wird aus dem Markt gedrängt werden. Demzufolge wird die Entscheidung des Geldproduzenten über die Überemission durch den Vergleich des kurzfristigen

Gewinns der Überproduktion und des langfristigen Gewinns, der sich beim Verbleiben im Markte einstellen wird, bestimmt.

Aus diesen Überlegungen resultiert, daß ein Konkurrenzsystem mit privat emittierten Zahlungsmitteln lebensfähig ist. Es ist sogar dann lebensfähig, wenn man feste Wechselkurse zwischen den Zahlungsmitteln unterstellt *und* somit auch das Vorhandensein eines dominanten Zahlungsmittels, in welches alle anderen Zahlungsmittel konvertierbar sind. Ein solches System, welches bestimmte Kalkulations- und Transaktionskosten (siehe Abschnitt a) senken würde, wird entstehen, falls es bei der Erzeugung von Vertrauen zunehmende Skalenerträge gibt, d. h. daß die Produktion von Informationen über die Qualität eines Geldprodukts sinkenden Durchschnittskosten unterliegt. Der Dollarstandard ist ein Beispiel für ein solches System (und selbst im Augenblick behaupten die USA trotz der Dollarabwertungen ihren monetären Status aufgrund des in der Vergangenheit aufgebauten Vertrauenskapitals) [58].

Eine andere Frage betrifft das Problem der staatlichen oder privaten Emission des dominanten Zahlungsmittels. Grundsätzlich kann keine Aussage darüber gemacht werden, ob die staatliche Produktion einer privaten überlegen ist. Beide können die Produktion des dominanten Geldes so handhaben, daß es zur Inflation oder Hyperinflation kommt. Für staatliche Überemissionen gibt es genügend historische Beispiele. Grundsätzlich kann sich auch ein privater Geldproduzent für eine Überproduktion entscheiden, und zwar wie gezeigt wurde, wenn der kurzfristige Gewinn den langfristigen Gewinn einer angemessenen Geldmengensteuerung übersteigt. Die für ein öffentliches Monopolrecht auf die Emission des dominanten Geldes vorgebrachten Gründe sind verschiedenartig, aber irreführend [59]. Es sind dies:

- die Stabilisierungspolitik (die Regierung kann diese auch mit einem eigenen nicht-dominanten Zahlungsmittel verfolgen, indem sie stärker – oder schwächer – inflationiert als das dominante Zahlungsmittel);
- die Existenz eines natürlichen Monopols (anstelle einer staatlichen Monopolproduktion ist auch eine staatliche Kontrolle des im Privatbesitz befindlichen Monopols denkbar);
- der „gesetzliche Zahlungsmittel"-Charakter der Geldbasis (die Eigenschaft, gesetzliches Zahlungsmittel zu sein, ist keine hinreichende Bedingung zur Herstellung monetären Vertrauens);
- die verfassungsmäßige Existenz einer autonomen Zentralbank, deren Pflicht die Sicherung der Preisniveaustabilität ist (die Bankbeamten sind

---

[58] Vgl. B. Klein, Competing Monies, European Monetary Union and the Dollar Standard, in: One Money for Europe, hrsg. von M. Fratianni und T. Peters, London 1978.

[59] Vgl. B. Klein [1974], S. 446–451.

nicht die Eigentümer des Vertrauenskapitals der Zentralbank und sie haben deshalb einen geringeren Anreiz zu seiner Erhaltung als private Produzenten).

c) Monetäre Integration versus monetäre Stabilität

Im Abschnitt a haben wir gezeigt, daß die zunehmenden Skalenerträge bei der Produktion der Tauschmittelfunktion zur Entstehung eines natürlichen Monopols führen. Fehlt jegliche staatliche Intervention, die die Konzentrationstendenzen der Geldindustrie auf die nationalen Grenzen beschränken kann, dann wird der Wettbewerb zwischen den Geldproduzenten zur Bildung von Währungsräumen und im Extrem zur Bildung eines einzigen Währungsraumes in der Weltwirtschaft führen. Um das Optimum zu verwirklichen, ist es erforderlich, daß ein solches natürliches Monopol kontrolliert wird. Dies ist jedoch nur dann realisierbar, wenn es eine internationale Übereinkunft der Mitglieder eines Währungsraumes gibt, das (private) natürliche Monopol einer Kontrolle zu unterwerfen bzw. seine Kontrolle zu „supra-nationalisieren".

Würde diese monetäre Integration das Ziel der monetären Stabilität gefährden? Im Abschnitt b haben wir dargelegt, daß Preisniveaustabilität in einem System konkurrierender Zahlungsmittel, die definitionsgemäß eine monetäre Integration im Sinne eines einzigen Zahlungsmittels ausschließen, gewährleistet sein *kann*. Dieses Konkurrenzsystem kann unterschiedlich ausgestaltet sein.

1. Es können mehrere staatliche Zahlungsmittel in Umlauf sein. Diese freie Währungswahl – Hayeks erster Vorschlag [1976] – kann die Inflationierung durch einzelne Regierungen nicht verhindern. Wird ein Wettbewerbszinssatz auf Geld gezahlt und gibt es flexible Wechselkurse, dann könnten die Geldhalter hinsichtlich der Haltung einer bestimmten Währung indifferent sein. Jedoch ist die reale Nachfrage nach jeder Währung nicht nur eine abnehmende Funktion der Nettoopportunitätskosten der Geldhaltung (Nominalzinssatz minus dem auf Geld gezahlten Zinssatz), sondern auch eine steigende Funktion des Vertrauens, das die Wirtschaftssubjekte in ein Zahlungsmittel haben. Die Geldhalter sind nur gegen antizipierte Inflationsraten geschützt, jedoch nicht gegen das Risiko einer die antizipierte Rate übersteigenden Inflationsrate. Soweit dieses Vertrauen durch das Verhalten der Geldproduzenten in der Vergangenheit bestimmt wird, kann der Wettbewerb zwischen den staatlich geschaffenen Zahlungsmitteln zu einer wachsenden Vorliebe für jene Währung führen, die sich in der Vergangenheit am besten bewährte. Ein solcher Prozeß könnte schließlich zu einer Art monetärer Integration führen, z. B. zu einer dominierenden Währung, die mit allen anderen durch feste Wechselkurse verbunden ist.

2. Ein ähnlicher Prozeß ist denkbar, wenn privat emittierte, unterscheidbare Zahlungsmittel (möglicherweise zusammen mit staatlichen Zahlungsmitteln) umlaufen. Im Zeitablauf wird es zur Konzentration der Produktion auf jenes oder auf jene Zahlungsmittel kommen, welche sich über eine Reihe von Jahren oder Dekaden bewährt haben. Es werden sich dann ein oder mehrere dominante Zahlungsmittel herausbilden, mit der Konsequenz eines oder mehrerer Währungsräume.

Hieraus ergibt sich, daß sogar die Produktion der Wertaufbewahrungsfunktion (oder der Vertrauensfunktion) zunehmende Skalenerträge bewirkt, d. h., es gibt ein natürliches Monopol für die Produktion der Tauschmittel- *und* der Wertaufbewahrungsfunktion, oder in anderen Worten, die Kalkulations-Transaktions-Informations-Kosten einer Geldwirtschaft werden im Falle eines einzigen Geldproduzenten erheblich reduziert. Ob dieses natürliche Monopol nationalisiert oder „supra-nationalisiert" (falls die Währungsunion mehrere Staaten umfaßt) werden soll, hängt von der Effizienz des staatlichen im Vergleich zu der des privaten Sektors ab. Die Frage lautet also, ob der Staat oder ein privater (aber kontrollierter) Produzent die besten Ergebnisse im Sinne der monetären Stabilität garantiert.

Man könnte argumentieren, daß private Unternehmen einen längeren Planungshorizont haben als die für kürzere Perioden gewählten Regierungen. Soweit die privaten Geldproduzenten langfristige Gewinne höher bewerten als die kurzfristigen Gewinne, die ihnen aus der Erhebung der Inflationssteuer aufgrund nicht erwarteter Inflation zufließen, sollte die Geldproduktion im Privatsektor erfolgen [60]. Dies wäre jedoch nur eine mögliche Verhaltensweise der privaten Geldproduzenten. Man kann sich vorstellen, daß die öffentliche Kontrolle des (staatlichen oder privaten) natürlichen Monopols durch eine Regelbindung („automatic rules") erfolgt. Der Goldstandard stellt einen solchen Fall dar. Aber sogar in der Zeit des Goldstandards gab es monetäre Instabilitäten (Inflation als Folge von neuen Goldfunden und Deflation als Ergebnis unzureichender Goldproduktion). Ein anderes Beispiel wäre die Einführung einer Geldmengenregel à la Friedman. Das Vorhandensein einer solchen Regel schließt jedoch die Möglichkeit nicht aus, daß man zu einem bestimmten Zeitpunkt und aus einem bestimmten Grund (sei er relevant oder irrelevant) der Regel nicht folgt, mit der Konsequenz monetärer Instabilität.

Betrachtet man die geldpolitische Vergangenheit, die durch eine große Zahl verschiedener monetärer Experimente gezeichnet ist [61], dann kann man die Tatsache betonen, daß es Wellen monetärer Integration gab, die von Wellen monetärer Disintegration (viele Zahlungsmittel, flexible

---

[60] Vgl. R. Vaubel [1978], S. 61. Die Inflationssteuer wird im Kapitel IX behandelt. Siehe auch Fußnote 40 auf S. 266–267.

[61] Vgl. B. Klein [1974], S. 439–441 und R. Vaubel [1978], Teil 2, Kap. 4.

Wechselkurse) abgelöst wurden, wobei die Ursache der Disintegration immer eine wachsende monetäre Instabilität war. Man kann die Vermutung äußern, daß es keine Geldverfassung gibt, die *permanent* in der Lage ist, das optimum optimorum im Sinne der monetären Integration und Stabilität (und der optimalen Geldmenge) zu gewährleisten. Die Ausführungen haben, so hoffen wir, deutlich gemacht, daß die Ziele monetäre Integration und monetäre Stabilität zeitweise konträre und zeitweise konvergierende Kräfte sind.

5. Der Vermögensaspekt der nichtmonetären Finanzaktiva: der Liquiditätseffekt

In der gesamten geldtheoretischen Literatur ist man sich eigentlich einig, daß die nichtmonetären Finanzaktiva keinen Nettovermögenseffekt ausüben. Dabei wird das traditionelle Argument verwandt, daß jeder Forderung notwendigerweise eine Schuld entspricht, woraus dann die Schlußfolgerung gezogen wird, daß das (nichtmonetäre) Nettofinanzvermögen in einer (geschlossenen) Wirtschaft gleich Null ist.

Das Argument, daß jeder Forderung eine gleich hohe Schuld entspricht, führte schon einmal, und zwar im Fall des Innengeldes, zu falschen Schlußfolgerungen; denn auch das Innengeld stellte sowohl eine Forderung als auch eine Schuld des privaten Sektors der Wirtschaft dar, und trotz der „buchführungstechnischen" Kompensation von Forderungen (Sichtguthaben der „letzten Gläubiger") und Schulden (Ausgabe von primären Wertpapieren durch die „letzten Schuldner") konnte das Innengeld als ein Nettovermögen (im Sinne des meßbaren Vermögens) angesehen werden, sofern es zinslos blieb bzw. einen Zinssatz abwarf, der unter dem Wettbewerbszinssatz lag. Die Beweisführung für und wider den Vermögenscharakter der (nichtmonetären) Finanzaktiva muß daher ebenfalls auf ökonomische statt buchführungstechnische Gründe gestützt werden.

In Analogie zum Innengeld (Abschnitt 1c, insbesondere S. 240–247) kann ein „relativer" Vermögenscharakter der nichtmonetären Finanzaktiva wie folgt konzipiert werden. In einer Wirtschaft werfen die Sachaktiva einen Ertrag von *RA* ab. Ein Teil dieser Sachaktiva (ΔA) ist von bestimmten Wirtschaftssubjekten, die Inhaber von Wertpapieren sind, an andere Wirtschaftssubjekte ausgeliehen, sei es auf dem Wege der direkten oder indirekten (d. h. intermediären) Kreditvermittlung[62]. Das Volumen an ausstehenden Wertpapieren, die im ökonomischen Sinne einen

[62] Vgl. weiter oben S. 81–82.

Anspruch auf einen Teil des Realvermögens darstellen, möge $\sum_{j=1}^{n} F_j \,(=\Delta A)$ betragen, wobei $F_1, F_2, \ldots, F_n$ verschiedene Typen von Wertpapieren repräsentieren. Die Besitzer der Wertpapiere F_j (die „letzten Gläubiger") erhalten – entweder direkt von den „letzten Schuldnern" oder durch die Vermittlung der Finanzintermediäre – den pekuniären Ertragssatz r_j. r_j kann nun von dem Gesamtertragssatz R, den die Sachaktiva laut Annahme abwerfen, abweichen, und zwar in dem Sinne, daß $R - r_j > 0$; diese Differenz mißt dann den nichtpekuniären Ertragssatz, ϱ_j genannt, der vor allem aus den sog. Liquiditätsvorteilen besteht ($R - r_j = \varrho_j$; siehe hierzu Gleichung (3) in Kapitel V auf S. 179). Das Gesamteinkommen aus den Sachaktiva beläuft sich auf RA; ein Teil dieser Aktiva (ΔA) befindet sich im (ökonomischen) Eigentum der Wertpapierbesitzer $\left(\Delta A = \sum_{j=1}^{n} F_j\right)$, denen jedoch von den Verwaltern dieses Eigentums nur das pekuniäre Einkommen $\sum_{j=1}^{n} r_j F_j$ transferiert wird, und die Wertpapierbesitzer begnügen sich mit diesem pekuniären Einkommen, da sie aus ihrem Portfolio noch das nichtpekuniäre Einkommen in Höhe von $\sum_{j=1}^{n} (R - r_j) F_j = \sum_{j=1}^{n} \varrho_j F_j$ beziehen. Folglich besteht das gesamte (pekuniäre plus nichtpekuniäre) Einkommen der Sach- und Finanzaktiva aus $Y = RA + \sum_{j=1}^{n} \varrho_j F_j$. Der kapitalisierte Wert dieses Einkommens ergibt einen Vermögenswert der Sach- und Finanzaktiva in Höhe von $W = A + \sum_{j=1}^{n} (\varrho_j/R) F_j$. ϱ_j/R ist nichts anderes als der uns aus Kapitel V (S. 186) bekannte Liquiditätsgrad λ_j des Finanzaktivums F_j. Das Gesamtvermögen der Wirtschaft beträgt demnach:

$$W = A + \sum_{j=1}^{n} \lambda_j F_j. \tag{8}$$

Eine Reihe von Erläuterungen der Gleichung (8) sind notwendig, um vor allem das Verbindungsglied mit den vorhergehenden Vermögensgleichungen herzustellen.

1. In Gleichung (8) ist implizite auch die *Geldhaltung* enthalten! $\sum_{j=1}^{n} \lambda_j F_j$ ist das sog. Liquiditätsvolumen L der Wirtschaft, das wir in Kapitel V in Gleichung (6) (S. 186) definiert hatten: $L = \sum_{j=1}^{n} \lambda_j F_j$. Dabei stellt F_1 den Geldbestand vom Typ M_1 dar (siehe Gleichung (7) auf S. 187). Bekanntlich setzt sich die Geldmenge aus dem Außengeld (M_a)

und dem Innengeld (M_i) zusammen: $M = M_a + M_i$. Laut Gleichung (5) auf S. 246 stellt das Innengeld im Verhältnis $1 - r_m/R$ Vermögen dar. Wird unterstellt, daß das Geld zinslos ist ($r_m/R = 0$), dann ist $M_a + (1 - r_m/R)\, M_i = M_a + M_i = M$ [63].

2. Inwieweit besitzt nun der restliche Term in der Gleichung (8), $\sum_{j=2}^{n} \lambda_j F_j$, einen Vermögenscharakter? Gleichung (8) sagt zwar deutlich aus, daß die *nichtmonetären Finanzaktiva* in Proportion zu ihrem Liquiditätspotential ein Nettovermögen in der Wirtschaft darstellen. Diese Aussage muß jedoch spezifiziert, wenn nicht sogar modifiziert werden.

i. Einmal handelt es sich wie beim Geld um den *Realwert* der Finanzaktiva, der ebenfalls in expliziter Form geschrieben werden kann: $\sum_{j=1}^{n} \lambda_j F_j / P$. F_j stellt dann den nominalen Geldwert des Finanzaktivums j dar.

ii. Forderungstitel, welche die Wirtschaftssubjekte in ihrem Portfolio halten, entsprechen Schuldtiteln bei anderen Wirtschaftssubjekten – ein wie schon öfters betont völlig banaler Zusammenhang. Entspricht nun auch der Liquiditätsgrad eines Forderungstitels j dem sog. *Illiquiditätsgrad (!) des betreffenden Schuldtitels j*? Eine neue Fragestellung, die wir bisher bewußt vermieden haben!

Der Illiquiditätsgrad einer Schuld j ($-{}^S\lambda_j$; der Index S steht für *S*chuldner) oder ihr negativer Liquiditätsgrad umschreibt nicht nur den einfachen Tatbestand, daß natürlich die Schuldner den Rückzahlungsverpflichtungen ihrer Schulden nachkommen müssen. Diese Rückzahlungsverpflichtungen müssen vielmehr zu bestimmten Zeitpunkten erfüllt werden. Zwei Extremfälle sind denkbar: Der Schuldner muß entweder sofort seine Schuld zurückzahlen, seine Schuld wäre dann hundertprozentig illiquide ($-{}^S\lambda_j = -1$); oder seine Rückzahlungsverpflichtungen stellen sich erst weit in der Zukunft ein, so daß ein Illiquiditätsgrad für die betreffende „langfristige“ Schuld paktisch nicht existiert ($-{}^S\lambda_j = 0$). Zwischen diesen

[63] Das von uns in Kapitel V (S. 186) benutzte Maß des Liquiditätsgrades λ_j eines Finanzaktivums F_j, wobei $\lambda_j = \varrho_j/(r_j + \varrho_j) = \varrho_j/R = 1 - r_j/R$, sagte aus, daß $\lambda_j = 1$ ($\lambda_j = 0$) ein völlig liquides (illiquides) Aktivum bezeichnete. Im Regelfalle (d. h. in Zeiten der Preisstabilität) besaß das Geld den höchsten Liquiditätsgrad: $\lambda_1 = 1$.

Wenn das Geld nun einen pekuniären Zinssatz abwirft ($r_m > 0$), ist $\lambda_1 < 1$; denn: $\lambda_1 = 1 - r_m/R$. Dies heißt jetzt nicht, daß das Geld weniger liquide geworden ist, was einem Paradox gleichkäme. Vielmehr stimmt das Liquiditätsmaß λ_j nicht mehr! In diesem Fall (d. h. wenn $r_m > 0$) muß λ_j anders definiert werden, und zwar wie folgt:

$$\lambda_j = 1 - \frac{r_j - r_m}{R - r_m} \qquad (j = 1, \ldots, n) \qquad 0 \leqq \lambda_j \leqq 1$$

λ_1 ist dann wiederum (in Zeiten der Preisstabilität) gleich eins, da $r_1 = r_m$.

beiden Extremfällen liegt in der Regel der Illiquiditätsgrad des größten Teils der Verbindlichkeiten.

Auf den ersten Blick könnte vermutet werden, daß ein Schuldtitel um so illiquider ist, je geringer seine Laufzeit ist. Illiquiditätsgrad und Laufzeit ständen dann in reziproker Beziehung. Ähnliches galt ja auch schon für den Liquiditätsgrad der Forderungstitel, zumindest unter dem Aspekt der Kapitalwertsicherheit, deren Liquiditätsgrad um so geringer war, je langfristiger die Wertpapiere waren. Dementsprechend bestünde eine bestimmte Symmetrie zwischen dem Liquiditätsgrad der Forderung j, nun ${}^G\lambda_j$ genannt anstatt des Terms λ_j (der Index G steht für *G*läubiger), und dem Illiquiditätsgrad der entsprechenden Schuld j, $-{}^S\lambda_j$, so daß durchaus die Summe aus Liquiditäts- und Illiquiditätsgrad, der „Nettoliquiditätsgrad" λ_j^*, gleich Null sein kann; d. h. $\lambda_j^* = {}^G\lambda_j - {}^S\lambda_j = 0$ [64].

Eine Reihe von Gründen sprechen jedoch eher für eine *Asymmetrie zwischen dem Liquiditätsgrad der Forderungen und dem Illiquiditätsgrad der entsprechenden Schulden* [65]. (1) Zunächst ist es nicht zwingend, daß ein Schuldtitel um so illiquider ist, je näher sein Fälligkeitstermin gerückt ist. So gibt es eine Anzahl von kurzfristigen Verbindlichkeiten, die in der Tat langfristig (und damit kaum illiquide) sind, da sie ohne Schwierigkeiten „verlängert" (oder refinanziert) weden können. Gewiß ließe sich hiergegen einwenden, daß die entsprechenden Forderungstitel dann auch eine effektiv längere Laufzeit haben als ihre „offizielle" Frist. Diese sind jedoch deswegen nicht in der gleichen Proportion weniger liquide, denn Liquidität bedeutete (laut unserer Definition in Kapitel II.3) Ausgabenersparnisse an Transaktionskosten und Kapital- und Realwertsicherheit, und diese Liquiditätselemente werden durch die effektiv längere Laufzeit der Schuldtitel nicht notwendigerweise beeinträchtigt. (2) F_j steht für den Nominalwert der Anzahl der Forderungs- und Schuldverhältnisse j. Nominalwert

---

[64] ${}^G\lambda_j$ ist identisch mit dem bisher benutzten Symbol λ_j, so daß ${}^G\lambda_j = \varrho_j/(r_j + \varrho_j)$. Der Illiquiditätsgrad ${}^S\lambda_j$ des Schuldtitels F_j kann arithmetisch wie folgt geschrieben werden: ${}^S\lambda_j = \varkappa_j/(k_j + \varkappa_j)$. k_j und $\varkappa_j$ stellen die Kostensätze dar, und zwar k_j den marginalen pekuniären Kostensatz und $\varkappa_j$ den marginalen nichtpekuniären Kostensatz.

Der pekuniäre Kostensatz setzt sich aus dem „reinen" Zinssatz und dem Kostensatz der Kreditaufnahme („laufende Bankspesen", „Emissionskosten") zusammen. Der nichtpekuniäre Kostenersatz reflektiert die „marginale Nutzeneinbuße", die der Schuldner aufgrund der Rückzahlungsverpflichtungen seiner Schulden erleidet. Dieser Nutzenentgang („disutility") resultiert aus dem Tatbestand, daß der Schuldner nach Maßgabe der Rückzahlungsbedingungen weniger liquide ist; seine Liquiditätsposition verschlechtert sich. Die Nutzeneinbuße kann ferner andere nichtpekuniäre Kostenelemente enthalten wie z. B. die persönliche Aversion, Schuldner zu sein oder das Abhängigkeitsverhältnis vom Gläubiger; (hier liegt ebenfalls eine Analogie zu dem nichtpekuniären Ertragssatz der Aktiva vor, der andere nichtpekuniäre Vorteile als die der Liquidität einschließen konnte; siehe hierzu S. 190.

[65] Einige der folgenden Gründe finden sich in dem hervorragenden Aufsatz von R. N. McKean, Liquidity and a National Balance Sheet, in: Journal of Political Economy, LVII (1949); abgedruckt in: Readings in Monetary Theory, a.a.O.

bedeutet hier nicht nur den nominalen Geldwert im Gegensatz zu seinem Realwert (F_j/P), sondern auch den nominalen Betrag der Schuldenrückzahlung im Gegensatz zum jeweiligen nominalen Marktpreis der Forderung (z. B. eine Obligation, die in x Jahren zu ihrem Nominalwert von 1000 DM fällig ist, kann heute einen nominalen Marktpreis von 950 DM, 1000 DM oder 1050 DM haben). Während sowohl für die Gläubiger als auch für die Schuldner im gleichen Maße der Realwert der Forderungen bzw. Schulden ausschlaggebend ist (sofern keine der beiden Parteien einer Geldillusion unterliegt), ist unter dem Aspekt Nominalwert–Marktwert für die Schuldner lediglich der Nominalwert ihrer Schulden, d. h. ihr Rückzahlungsbetrag, von Interesse, wohingegen die Gläubiger dem Liquiditätsgrad ihrer Forderungen den jeweiligen Marktwert zugrundelegen. Die Differenz zwischen Nominalwert und (effektivem und zukünftigem) Marktwert, d. h. der Bewertungsfaktor der im Nominalwert ausgedrückten Forderungen F_j, ist im Liquiditätsgrad ${}^G\lambda_j$ enthalten (und nicht auch in ${}^S\lambda_j$). Eine mögliche Divergenz zwischen ${}^G\lambda_j$ und ${}^S\lambda_j$ ist um so wahrscheinlicher, je langfristiger das Forderungs-Schuldverhältnis j ist. (3) Ein besonderes Charakteristikum der Finanzintermediäre liegt in dem Tatbestand, daß sie die Forderungstitel in einer Wirtschaft „verjüngen". Vielfach haben die Wertpapiere, die sie an die „letzten Gläubiger" ausgeben (die sog. indirekten Wertpapiere), eine geringere Laufzeit als die Wertpapiere, die sie von den „letzten Schuldnern" erwerben (die sog. primären Wertpapiere), so daß hieraus für die Wirtschaft eine Schaffung von „Nettoliquidität" resultiert. Hiergegen könnte zwar eingewandt werden, daß die Verbesserung der Liquiditätsposition der Gruppe der letzten Gläubiger und Schuldner von einer Verschlechterung der Liquiditätsposition der Gruppe der Finanzintermediäre begleitet ist. Sofern in den $(n-1)$ Arten von Forderungs-Schuldverhältnissen auch die Forderungs-Schuldpositionen der Finanzintermediäre enthalten sind (d. h. die Forderungen der Finanzintermediäre in Höhe ihres Portfolios an primären Wertpapieren und ihre Verbindlichkeiten in Höhe ihrer indirekten Schuldtitel), würde sich aus ihrer Aktivität trotzdem ein „Nettoliquiditätseffekt" ergeben; denn – in Analogie zu Punkt (1) – sind ihre kurzfristigen Verbindlichkeiten (z. B. die Sichtverbindlichkeiten der Kreditbanken!) in der Tat langfristiger Art, da nur ein Teil der letzten Gläubiger im Fälligkeitszeitpunkt ihre Forderungen einziehen [66]. (4) Schließlich sind der Liquiditätsgrad eines Forde-

[66] Das Geld – oder genauer: das Innengeld – bildet eine mögliche Variante von liquiden indirekten Wertpapieren, die von den Finanzintermediären geschaffen werden und die das Nettoliquiditätsvolumen der Wirtschaft erhöhen.

Die in den letzten Absätzen angestellten Überlegungen beziehen sich zwar auf die nichtmonetären Forderungs-Schuldverhältnisse (d. h. auf die $n-1$ Forderungs-Schuldtitel F_j). Wir müssen jedoch jetzt wohl oder übel nochmals auf die leidige Frage des Vermögenscharakters des Geldes zurückkommen.

rungstitels und der Illiquiditätsgrad eines Schuldtitels keine konstanten Größen. Sie hängen u. a. von der „Wetterlage" in der Wirtschaft ab. „Schönes Wetter" in der Wirtschaft, d. h. eine Stabilität im Wirtschaftsablauf, verleihen den Schuldtiteln einen geringen Illiquiditätsgrad, da sie leicht erneuert bzw. refinanziert werden können. In schlechten Zeiten, d. h. in Rezessionsperioden, zweifeln die Gläubiger am Liquiditätsgrad ihrer Forderungstitel, während die Schuldner einer Gefahr der Illiquidität ausgesetzt sind, da sie sich jetzt nicht mehr auf eine Schuldenerneuerung und Refinanzierung verlassen können [67].

Diese vier Gründe verleihen dem Forderungs-Schuldverhältnis F_j den Nettoliquiditätsgrad λ_j^*, wobei grundsätzlich $-1 \leqq \lambda_j^* \leqq 1$ sein kann. Demnach besitzt der Bestand an nichtmonetären Finanzaktiva in einer Wirtschaft ein „Nettoliquiditätsvolumen" von $\sum_{j=2}^{n} \lambda_j^* F_j/P$. Dieses wird nur in Extremfällen gleich Null bzw. negativ sein, und zwar dann, wenn die Finanzaktiva Kapitalwertverluste erleiden [siehe Punkt (2)], ein Fall, der typisch für eine Wirtschaft ist, die eine „Schlechtwetterperiode" (d. h. Rezession) durchläuft [vgl. Punkt (4)]. Der Ausdruck $\sum_{j=2}^{n} \lambda_j^* F_j/P$ versinnbildlicht ferner den „relativen" Vermögenscharakter der nichtmonetären Finanzaktiva: Genauso wie das absolute Liquiditätsvolumen der Geldhaltung (unter bestimmten Bedingungen) als ein Nettovermögen der Wirtschaft angesehen werden konnte, kann auch das relative Liquiditätsvolumen der nichtmonetären Finanzaktiva, und zwar im Sinne des Nettoliquiditätsvolumens der nichtmonetären Forderungs-Schuldverhältnisse (und sofern dieses positiv ist), als ein Vermögenszuwachs der Wirtschaft interpretiert werden.

Das Geld stellte („paradoxerweise") ein Nettovermögen in der Wirtschaft dar, sofern es zinslos blieb (das „Paradox" bezieht sich lediglich auf die verschiedenen Messungsmöglichkeiten „des" Vermögens; vgl. hierzu S. 263). Das Innengeld entsprach einer „primären" Verschuldung seitens gewisser Wirtschaftssubjekte, und zwar der letzten Schuldner. Der Illiquiditätsgrad dieser primären Schuldtitel wurde jedoch bisher nicht berücksichtigt. Es wurde vielmehr bisher implizite angenommen, daß diese nicht illiquide sind, so daß die letzten Schuldner den monetären Finanzintermediären einen Schuldzinssatz in Höhe von R zahlten (oder genauer: der Kostensatz bestand ausschließlich aus k_j, so daß $R = k_j$; siehe hierzu Fußnote 64 auf S. 283). Die allgemeine Formel für den Nettoliquiditätsgrad des Innengeldes müßte folglich lauten: $\lambda_{mj}^* = \varrho_m/R - \varkappa_j/R$. Da $\varrho_m - \varkappa_j = k_j - r_m$, beträgt das „Nettovermögen" des Innengeldes generell:

$$\frac{\varrho_m - \varkappa_j}{R} M_i = \frac{k_j - r_m}{R} M_i .$$

[67] E. C. Simmons, The Relative Liquidity of Money and Other Things, in: American Economic Review, Supplement, XXXVII (1947); abgedruckt in: Readings in Monetary Theory, a.a.O., S. 36 und R. N. McKean [1949], S. 77.

Die Ergebnisse unserer bisherigen Überlegungen können in der folgenden Vermögensgleichung zusammengefaßt werden:

$$W = H + A + \frac{M}{P} + \sum_{j=2}^{n} \lambda_j^* \frac{F_j}{P} + \gamma \frac{B}{r\,P} \tag{9}$$

$$\text{wobei} \quad -1 \leqq \lambda_j^* \leqq 1 \quad \text{und} \quad 1 \geqq \gamma \geqq 0 .$$

Es handelt sich hier um eine vereinfachte und explizitere Vermögensgleichung: Die menschlichen Aktiva (H) sind neben den Sachaktiva (A) angeführt; die Kassenhaltung ist in ihrem vollen Betrag und in ihrem Realwert ausgedrückt (M/P), wobei unterstellt werden muß, daß das Geld zinslos ist; der Realwert der nichtmonetären Finanzaktiva $\left(\sum_{j=2}^{n} F_j/P\right)$, stellt in Proportion zu ihrem Nettoliquiditätspotential $\left(\sum_{j=2}^{n} \lambda_j^*\right)$ ein Vermögen dar; $B/r\,P$ ist der Realwert der ausstehenden staatlichen Wertpapiere, wobei γ den Grad der Marktunfähigkeit der für die Zinszahlungen erforderlichen Steuerschulden darstellt. W steht für das Volksvermögen, und zwar in dem Sinne, daß es sich um das Gesamtvermögen des privaten Sektors der Wirtschaft handelt.

Der Realkassenbestand M/P und das reale Nettoliquiditätsvolumen der restlichen Finanzaktiva $\left(\sum_{j=2}^{n} \lambda_j^* F_j/P\right)$ sind explizite als Vermögensgrößen angeführt. Beide üben einen Vermögenseffekt aus: der Realkassenbestand den sog. Realkasseneffekt und das reale Nettoliquiditätsvolumen der nichtmonetären Finanzaktiva den sog. Liquiditätseffekt.

Wie jeder andere Vermögenseffekt übt der Liquiditätseffekt eine expansive Wirkung auf die Nachfrage (oder genauer: auf den Nachfrageüberschuß) nach Gütern aus. Sein spezifisches Charakteristikum liegt jedoch in seinen monetären Wirkungen: Er verringert ceteris paribus die Nachfrage nach Geld; werden die Wirtschaftssubjekte „liquider", und zwar in dem Sinne, daß das Nettoliquiditätspotential ihres Portfolios an nichtmonetären Forderungs- und Schuldtiteln zunimmt, brauchen sie weniger Geld zu halten [68]; bei einer gegebenen Geldmenge würde dann der Zinssatz sinken (Zinseffekt).

Zum anderen kann der Liquiditätseffekt mit Hilfe der „traditionellen" Theorie interpretiert werden. Statt den Liquiditätseffekt als einen Vermögenseffekt (mit der spezifischen Substitutionswirkung hinsichtlich der Geldhaltung) zu betrachten, kann er zusammen mit dem Realkasseneffekt als ein Gradmesser der sog. *Zahlungsfähigkeit der Wirtschaftssubjekte* an-

[68] Siehe hierzu Kap. III. S. 88.

gesehen werden. Je größer ihre Zahlungsfähigkeit ist, desto höher wird ihre Nachfrage nach Gütern sein.

Der Term Zahlungsfähigkeit wird in der Literatur – und insbesondere in der betriebswirtschaftlichen Literatur – oft synonym mit dem Begriff der Liquidität verwandt. Hiergegen ist nichts einzuwenden, sofern explizite gesagt wird, daß sich dieses Konzept auf die *Liquiditätsverfassung der Wirtschaftssubjekte* bezieht, denn Liquidität kann auch als eine Eigenschaft von Vermögensobjekten definiert werden [69]. In unseren bisherigen Ausführungen wurde grundsätzlich Liquidität in diesem letzteren Sinne verwandt: Liquidität als Eigenschaft der Aktiva. In diesem Abschnitt analysierten wir ebenfalls die „Illiquidität“ der Schuldtitel; wird die Summe aus Liquiditätsgrad und Illiquiditätsgrad gezogen, ergab sich unser „Nettoliquiditätsvolumen“ eines (aus Aktiva und Passiva bestehenden) Portfolios; da dieses Portfolio notwendigerweise im Besitz von Wirtschaftssubjekten ist, kann das Nettoliquiditätsvolumen auch als ein Index für die Liquiditätsverfassung der Wirtschaftssubjekte interpretiert werden [70, 71].

---

[69] Zur Klärung dieser beiden Begriffe siehe W. Stützel, Liquidität, in: Handwörterbuch der Sozialwissenschaft, Bd. VI, Stuttgart, Tübingen und Göttingen 1959.

[70] Die Liquiditätsposition („Zahlungsfähigkeit“) eines Individuums i (${}^iL^*$), das sowohl Gläubiger (Gi) als auch Schuldner (Si) ist, läßt sich wie folgt ausdrücken:

$$ {}^iL^* = {}^iM + \sum_{j,k=2}^{n} ({}^{Gi}\lambda_j F_j - {}^{Si}\lambda_k F_k) \qquad (j \neq k). $$

Besteht die Wirtschaft aus N Individuen, so lautet die Liquiditätsverfassung der Gesamtwirtschaft (L^*):

$$ L^* = \sum_{i=1}^{N} {}^iL^* = \sum_{i=1}^{N} \left[{}^iM + \sum_{j,k=2}^{n} ({}^{Gi}\lambda_j F_j - {}^{Si}\lambda_k F_k) \right] $$

$$ = M + \sum_{j=2}^{n} \lambda_j^* F_j. $$

Dieser Typ von Liquidität umfaßt nur die effektiven Nettoliquiditätsreserven der Wirtschaftssubjekte. Es ist nun möglich, diesem Liquiditätskonzept „Zahlungsfähigkeit“ ein noch weiter (!) gefaßtes Liquiditätskonzept gegenüberzustellen, und zwar das der sog. *finanziellen Bewegungsfreiheit* („financial strength“). In diesem letzteren Konzept sind nicht nur die effektiven, sondern auch die potentiellen Zahlungsfähigkeiten der Wirtschaftssubjekte enthalten. Die potentielle Zahlungsfähigkeit bezieht sich auf die sog. Verschuldungsnorm: Jedes Wirtschaftssubjekt ist gewillt, sich bis zu einer gewissen Höhe zu verschulden; im Extremfall kann diese Höhe gleich Null oder unendlich groß sein. Für den Fall, daß diese Verschuldungsnorm die effektive Verschuldung überschreitet, kann die Differenz dem obigen Liquiditätskonzept hinzugefügt werden, und es handelt sich dann um die Liquidität im Sinne der finanziellen Bewegungsfreiheit. Dieses „subjektive“ Liquiditätsmaß muß natürlich neben der Verschuldungsnorm – „willingness to borrow“ – auch die „objektiven“ Möglichkeiten einer zukünftigen Schuldenaufnahme – „ability to borrow“ – in Rechnung stellen! Vgl. hierzu W. T. Newlyn [1962], S. 123–132 und [1964], S. 340–341 und G. Schmölders [1968].

Das Konzept der Liquidität im Sinne der finanziellen Bewegungsfreiheit kann mit der so oft zitierten „gesamten Liquiditätsverfassung“ des Radcliffe Report [1959], Paragraph 389, S. 132, identifiziert werden; siehe hierzu weiter oben S. 29–30.

In welcher Version der Liquiditätseffekt auch formuliert werden mag (nomina sunt odiosa), sei es im Sinne eines Vermögenseffektes oder sei es als Ausdruck der Zahlungsfähigkeit der Wirtschaftssubjekte, beide Interpretationen führen zu dem gleichen Ergebnis: Ein größeres Vermögen bzw. eine größere Zahlungsfähigkeit bewirkt eine Erhöhung der Nachfrage nach Gütern.

Finanzielle Bewegungsfreiheit bedeutet nicht nur, daß die Wirtschaftssubjekte fähig sind, termingerecht ihre Schulden zurückzuzahlen, sondern daß sie auch Käufe tätigen können. Der Grad der finanziellen Bewegungsfreiheit hängt nicht nur von der Differenz zwischen dem Liquiditätsgrad und Illiquiditätsgrad der Finanzaktiva und von der Verschuldensnorm und der Fähigkeit der Schuldenaufnahme ab, sondern auch von der Höhe der zu tätigenden Ausgaben. Stellt L^+ die finanzielle Bewegungsfreiheit der Wirtschaft dar und stehen die zu tätigenden Käufe in Proportion zum Volkseinkommen (PY), dann drückt die Relation L^+/PY die finanzielle Bewegungsfreiheit der Wirtschaft in bezug auf die Kaufentscheidungen aus. (Besteht L^+ lediglich aus dem Kassenbestand, dann reduziert sich L^+/PY auf M/PY, d. h. auf Kassenhaltungskoeffizienten K der Cambridge-Gleichung!)

[71] In dem vorliegenden Kapitel haben wir den möglichen *Liquiditätsgrad der Sachaktiva* völlig außer acht gelassen. Dieser spielt insbesondere in dem „traditionellen" Konzept der Zahlungsfähigkeit eine Rolle.

Die explizite Berücksichtigung des Liquiditätsvolumens der Sachaktiva kann wie folgt vorgenommen werden. Unterstellen wir das Theorem des Ausgleichs der Gesamtertragssätze der (nichtmenschlichen) Aktiva. Die einzelnen Typen der Sachaktiva A_j (wobei $j = n+1, \ldots, m$) werfen einen Gesamtertrag von $RA_j = (r_j + \varrho_j) A_j$ ab. Das gesamte Sachvermögen ist gleich dem kapitalisierten Wert des Gesamtertrages aller Sachaktiva: $A = \sum_{j=n+1}^{m} (r_j + \varrho_j) A_j/R$. Für den Fall, daß in Gleichung (9) auf S. 286 A als kapitalisierter Wert des pekuniären Ertrags der Sachaktiva interpretiert wird $\left(A = \sum_{j=n+1}^{m} r_j A_j/R\right)$, muß der Vermögensgleichung noch der Term $\sum_{j=n+1}^{m} \varrho_j A_j/R$ hinzugefügt werden.

Aus Kapitel V.4c (S. 191) wissen wir, daß der nichtpekuniäre Ertragssatz ϱ_j eines Sachaktivums nicht nur auf Liquiditätsvorteilen, sondern auch auf den sog. sozialpsychologischen Befriedigungen beruhen kann. Für die Beurteilung des Liquiditätsvolumens ist jedoch nur das Liquiditätselement des nichtpekuniären Ertragssatzes ϱ_j von Bedeutung; ϱ_j^* möge diesen auf Liquiditätsvorteilen beruhenden nichtpekuniären Ertragssatz darstellen. Das Liquiditätsvolumen der Sachaktiva beträgt demnach $\sum_{j=n+1}^{m} \varrho_j^* A_j/R$. ϱ_j^*/R ist der Liquiditätsgrad des Sachaktivums j. Bezeichnen wir diese Relation mit λ_j^* (d. h. $\lambda_j^* = \varrho_j^*/R$), dann setzt sich das Liquiditätsvolumen der Wirtschaft aus der Geldmenge, dem Nettoliquiditätsvolumen der nichtmonetären Forderungs-Schuldverhältnisse und dem Liquiditätsvolumen der Sachaktiva zusammen:

$$L = M + \sum_{j=2}^{n} \lambda_j^* F_j + \sum_{j=n+1}^{m} \lambda_j^* A_j.$$

Unter dem Aspekt des „Real"-Vermögens müssen die Geldmenge und die Finanzaktiva noch durch das allgemeine Preisniveau P dividiert werden.

Vierter Teil: Geldmarkt in geschlossenen Wirtschaften

Kapitel VIII

Die Bildung der relativen und absoluten Preise: mikroökonomische Totalanalyse

1. Die neoklassische Dichotomie der Preisbildung. – 2. Der Patinkinsche Ansatz. – 3. Die jüngsten Entwicklungen in der allgemeinen Gleichgewichtstheorie.

Geld (im Sinne der Realkassenhaltung) ist ein wirtschaftliches Gut. Sein Wert bestimmt sich wie der Wert aller anderen wirtschaftlichen Güter auf der Grundlage des Vergleichs zwischen Nutzen und Kosten. Es stiftet einen direkten Nutzen in seiner Eigenschaft als Zahlungsmittel (Kap. IV) und als Wertaufbewahrungsmittel (Kap. V). Für den Geldbesitzer verursacht es Kosten im Sinne von Opportunitätskosten, da für ihn Geld kein freies Gut ist (Kap. IV und V); für den Geldproduzenten entstehen „Produktionskosten", sobald die Kreditvermittlung und die Geldschaffung strengen Wettbewerbsregeln unterworfen sind (Kap. VI und VII).

Wenn Geld also ein wirtschaftliches Gut ist, dann besteht hierfür wie bei jedem anderen Gut eine Nachfrage und ein Angebot, die den sog. Geldmarkt konstituieren. Bei diesem Geldmarkt handelt es sich *nicht* um die in jeder (entwickelten) Wirtschaft bestehende Institution des Marktes für kurzfristige Gelder (Tagesgeld, Monatsgeld), d. h. des Marktes für Wertpapiere mit sehr kurzfristiger Laufzeit, in der Bankensprache auch Geldmarkt genannt. Der in der Geldtheorie allgemein verwendete Begriff des Geldmarktes ist vielmehr eine (allerdings nützliche) Fiktion: Die Geldhaltung wird nur auf allen anderen Märkten der Wirtschaft „gekauft" und „verkauft"; ein spezieller, konkreter Geldmarkt existiert nicht [1].

Der Einfluß des Geldes auf die Wirtschaft kann aus dem Interdependenzverhältnis zwischen dem Geldmarkt und den anderen Märkten der Wirtschaft abgeleitet werden. Um die Vielfalt der Wirkungsmöglichkeiten

---

[1] Siehe hierzu B. Hansen, Lectures in Economic Theory, Teil I: General Equilibrium Theory, Lund 1966, S. 25.

des Geldes analytisch in den Griff zu bekommen, können diese in zwei Kategorien aufgespaltet werden: der Einfluß des Geldes auf die güterwirtschaftlichen oder „realen“ Größen der Wirtschaft und der Einfluß des Geldes auf die geldwirtschaftlichen oder „monetären“ Größen der Wirtschaft. Die „Real“-Größen setzen sich z. B. aus den Angebots- und Nachfragemengen von Waren, Dienstleistungen und Produktionsfaktoren und aus den Austauschrelationen dieser Mengen, den sog. relativen Preisen, zusammen. Die „Geld“-Größen stellen neben der nominalen Geldmenge u. a. die Geldpreise, oft absolute Preise genannt, dar [2].

Wenn in der Literatur die Bildung der relativen und absoluten Preise behandelt wird, dann ist notwendigerweise die Rede sowohl von der Werttheorie (im Sinne der Theorie des Wertes der „Real“-Güter) als auch von der Geldtheorie (im Sinne der Theorie des Geldwertes). In einer geldlosen Wirtschaft würden nur relative Preise bestehen, und ihre Bestimmung wäre ausschließlich Aufgabe der Werttheorie. Sobald in diese Wirtschaft das Geld eingeführt wird, existieren neben den relativen Preisen, den realen Austauschverhältnissen der Güter, auch die absoluten Preise, d. h. die Geldpreise. Eine theoretisch interessante Frage ist nun die, ob in einer Geldwirtschaft die Bildung der relativen Preise denselben Prinzipien folgt wie in einer geldlosen Wirtschaft, so daß die Rolle des Geldes lediglich die ist, die absolute Höhe der Preise – die Geldpreise – anzugeben, nachdem die Verhältnisse der Gleichgewichtspreise im „realen Sektor“ der Wirtschaft bestimmt worden sind.

(1) Die Bildung der relativen Preise im realen Sektor der Wirtschaft und die Bildung der absoluten Preise im monetären Sektor – die sog. Dichotomie der Preisbildung – wird von der neoklassischen Geldtheorie vorgeschlagen. (2) Diese Lehre, die lange Zeit unangefochten vertreten wurde, wurde in den 50er Jahren von Patinkin der logischen Inkonsistenz bezichtigt, und an die Stelle der dichotomisierten Preisbildung setzte Patinkin einen Preisbildungsprozeß, der sich aus dem simultanen Zusammenspiel aller Märkte (der Gütermärkte und des Geldmarktes) ergibt [3]. (3) Die neoklassische Geldtheorie und die Patinkinsche Geldlehre bedienen sich beide der mikroökonomischen Totalanalyse à la Walras – oft auch allgemeine Gleichgewichtstheorie genannt –, die sich mit der Analyse aller (zigtausend) Einzelmärkte von Gütern befaßt (im Gegensatz zur makroökonomischen Totalanalyse, welche die große Anzahl der Märkte auf ei-

[2] Dieses Klassifikationsschema der Einflußmöglichkeiten des Geldes auf die realen und monetären Größen der Wirtschaft ist mit dem Gedanken der Geldneutralität (bzw. seiner Nicht-Neutralität) nahe verwandt: Geld ist dann neutral, wenn es die Realgrößen der Wirtschaft nicht beeinflußt und nur auf die Geldgrößen wirkt; es ist nicht neutral, sobald es auch die Realgrößen verändert.

[3] D. Patinkin [1965], Kap. VII: "A Critique of Neoklassical Monetary Theory". Im folgenden bedienen wir uns bei der Interpretation und Kritik der neoklassischen Geldtheorie hauptsächlich der Patinkinschen Argumentation.

nige „aggregierte" Märkte reduziert). Diese mikroökonomische Totalanalyse à la Walras ist in den siebziger Jahren (von neuem) in Frage gestellt worden, und zwar vor allem unter dem Gesichtspunkt, wie im realen Sektor der Wirtschaft, nachdem Angebot und Nachfrage über den Preismechanismus ausgeglichen sind, die Transaktionen (d. h. der Austausch der Güter zwischen Anbietern und Nachfragern) realisiert werden, sofern Geld inexistent ist. Die allgemeine Gleichgewichtstheorie für eine geldlose Wirtschaft kann nicht nur aus einer reinen Preistheorie bestehen, sie muß ebenfalls eine „Transaktionstheorie" enthalten, wobei ein möglicher Transaktionsmechanismus der des Geldes ist.

1. Die neoklassische Dichotomie der Preisbildung

Nach der neoklassischen Geldlehre (vgl. Walras, Fisher, Pigou, Cassel) wird die Wirtschaft zweigeteilt, *„dichotomisiert"*: in einen realen Sektor und in einen monetären Sektor. Der reale Sektor setzt sich aus den Warenmärkten zusammen und der monetäre Sektor aus dem Geldmarkt.

Im realen Sektor sind das Angebot an und die Nachfrage nach den verschiedenen Waren nur von den relativen Preisen abhängig [4]. Die absoluten Preise, d. h. die Geldpreise, figurieren nicht als Argumente in den Angebots- und Nachfragefunktionen. Dieser letzte Zusammenhang wird von den Neoklassikern (und vor allem von I. Fisher) als „frei von Geldillusion" charakterisiert: Die Wirtschaftssubjekte verändern ihre Angebots- und Nachfragemengen nur dann, wenn sich die Knappheitsverhältnisse zwischen den Waren verschieben; eine Veränderung des Preisniveaus ist für die Angebots- und Nachfragemenge unbeachtlich, sofern die Individuen in der Lage sind, „hinter die Geldpreise" zu schauen; hinter diesen Geldpreisen stehen die realen Tauschverhältnisse [5]. Die Gleichgewichtswerte der $(n-1)$ relativen Warenpreise – das n-te Gut soll das Geld sein – werden ausschließlich im realen Sektor bestimmt. Dabei entsteht jedoch nach Lange [6] und Patinkin [7] folgendes Dilemma. Wenn die Gleichge-

[4] Dabei wird meistens eine Wirtschaft ohne Produktion unterstellt, so daß die Märkte der Produktionsfaktoren nicht berücksichtigt zu werden brauchen. Zudem müssen noch andere „heroische" Annahmen gemacht werden, z. B. die der absoluten Preisflexibilität, die der Abwesenheit jeglicher Distributionseffekte sowie Verhaltensannahmen über „idealtypische" Wirtschaftssubjekte, die sowohl „frei von Geldillusionen" sind als auch „statische Preiserwartungen" haben.

[5] Die Annahme „frei von Geldillusion" wird auch öfters mit dem sog. „Homogenitätspostulat" umschrieben: Verändern sich die Geldpreise im gleichen Verhältnis, so bleiben die Angebots- und Nachfragemengen der Waren unverändert; sie sind „homogen null-ten Grades in bezug auf die Geldpreise".

[6] O. Lange, Say's Law: A Restatement and Criticism, in: Studies in Mathematical Economics and Econometrics, hrsg. v. O. Lange und anderen, Chicago 1942.

[7] Die Argumente, die D. Patinkin [1965] in Kap. VII anführt, hat er schon 15 Jahre früher in drei Artikeln beschrieben, die in der Zeitschrift Econometrica veröf-

wichtshöhe der $(n-1)$ relativen Preise fixiert werden soll, dann figurieren in einem simultanen Gleichungssystem nur $(n-2)$ relative Preise als Unbekannte; der relative Preis der $(n-1)$-ten Ware ergibt sich aus den relativen Preisen der $(n-2)$ Waren. Auf der anderen Seite existieren aber $(n-1)$ unabhängige Gleichgewichtsgleichungen für die $(n-1)$ Warenmärkte. Damit das System jedoch determiniert ist, muß zumindest eine Übereinstimmung der Zahl der zu bestimmenden Unbekannten (die relativen Preise) mit der Zahl der unabhängigen Bestimmungsgleichungen vorliegen, was in dem obenbeschriebenen Fall sichtlich nicht zutrifft: $(n-2)$ Unbekannte und $(n-1)$ unabhängige Bestimmungsgleichungen. Das System ist nur dann determiniert, wenn eine zusätzliche Annahme gemacht wird, und zwar die der Gültigkeit des Sayschen Gesetzes. Hiernach (und zwar in der Interpretation von Lange) ist der Geldmarkt stets im Gleichgewicht (bzw. das Geldangebot ist identisch gleich der Geldnachfrage). Gibt es n Güter in der Wirtschaft, so existieren nach dem Walrasschen Gesetz nur $(n-1)$ unabhängige Gleichgewichtsgleichungen; sofern das Saysche Gesetz gültig ist, reduzieren sich die $(n-1)$ unabhängigen Gleichgewichtsgleichungen auf $(n-2)$. Hieraus folgt, daß die neoklassische Bestimmung der relativen Preise im realen Sektor (in der Regel) nur dann denkbar ist, wenn das Saysche Gesetz für gültig erklärt wird, was mit einer Tauschwirtschaft gleichbedeutend ist.

Die Gleichgewichtsbedingungen im realen Sektor der Wirtschaft können mathematisch wie folgt formuliert werden. Es existieren $(n-1)$ Warenmärkte. Das Gleichgewicht auf dem Warenmarkt j ist dann gegeben, wenn die Nachfrage nach der Ware j (Dj) gleich ihrem Angebot (Sj) ist:

$$Dj\,(\pi_1, \ldots, \pi_{n-2}, 1) = Sj\,(\pi_1, \ldots, \pi_{n-2}, 1) \quad (j = 1, \ldots, n-1). \tag{1}$$

$\pi_1, \ldots, \pi_{n-2}, 1$ stellen die relativen Preise der Waren $1, \ldots, n-2, n-1$ dar, wobei die $(n-1)$-te Ware als „numéraire" dient. Als Rechnungseinheit („numéraire") möge z. B. die Ware „Fische mittlerer Länge" benutzt werden. Stellt die Ware 1 beispielsweise Butter dar und werden am Markte im Gleichgewicht 1 kg Butter gegen 4 Fische mittlerer Länge ausgetauscht, dann ist $\pi_1 = 1$ kg Butter/4 Fische mittlerer Länge $= 0{,}25$ kg Butter/1 Fisch mittlerer Länge. Der relative Preis der $(n-1)$-ten Ware ist notwendigerweise gleich eins ($\pi_{n-1} = 1$), da diese als „numéraire" dient. Sind die $(n-2)$ relativen Preise bekannt, dann ergibt sich hieraus auch der relative Preis der $(n-1)$-ten Ware, sofern dessen Preis durch eine der $(n-2)$ Waren ausgedrückt wird; z. B. 1 Fisch mittlerer Länge kostet 0,25 kg Butter.

Die Bedingung für ein „totales" Gleichgewicht im realen Sektor der Wirtschaft, d. h. für ein Gleichgewicht auf allen $(n-1)$ Warenmärkten, besteht aus der Gleichheit zwischen der Zahl der Unbekannten (die relativen Preise) und der Zahl der unabhängigen Gleichungen (die Gleichgewichtsgleichungen). (Am Rande sei erwähnt,

---

fentlicht wurden: Relative Prices, Say's Law, and the Demand for Money, XVI (1948); The Indeterminacy of Absolute Prices in Classical Economic Theory, XVII (1949); The Invalidity of Classical Monetary Theory, XIX (1951).

daß die Übereinstimmung zwischen der Zahl der Unbekannten und der Zahl der unabhängigen Gleichungen für die *mathematische* Lösung des Systems nur eine notwendige Bedingung, jedoch noch nicht eine hinreichende Bedingung ist; dieser Aspekt ist u. a. für die Stabilitätsbedingung des Gleichgewichts von Bedeutung.)

Das obige Gleichungssystem (1) ist gekennzeichnet durch $(n-2)$ Unbekannte – die relativen Preise $\pi_1, \ldots, \pi_{n-2}$ – und $(n-1)$ unabhängige Bestimmungsgleichungen – die Gleichgewichtsgleichungen $D_1() = S_1(), \ldots, D_{n-1}() = S_{n-1}()$. Eine Lösung des simultanen Gleichungssystems ist im ökonomischen Sinne nur dann möglich, d. h. die relativen Preise sind nur dann determinierbar, wenn lediglich $(n-2)$ unabhängige Gleichungen vorliegen; denn herrscht Gleichgewicht auf den $(n-2)$ Warenmärkten, dann existiert auch auf dem $(n-1)$-ten Warenmarkt ein Gleichgewicht.

Diese letzte Bedingung ist dann erfüllt, wenn eine der beiden Annahmen gemacht wird.

(i) Es wird eine geldlose Wirtschaft, die sog. Tauschwirtschaft, unterstellt. In dieser Wirtschaft ist notwendigerweise die Gesamtnachfrage nach allen Waren gleich dem Gesamtangebot an allen Waren:

$$\sum_{j=1}^{n-1} \pi_j D_j \equiv \sum_{j=1}^{n-1} \pi_j S_j. \tag{2}$$

Herrscht ein Gleichgewicht auf den $(n-2)$ Märkten: $\pi_1 D_1 = \pi_1 S_1, \ldots, \pi_{n-2} D_{n-2} = \pi_{n-2} S_{n-2}$, dann existiert entsprechend der Identität (2) auch ein Gleichgewicht auf dem $(n-1)$-ten Markt: $\pi_{n-1} D_{n-1} = \pi_{n-1} S_{n-1}$.

(ii) Handelt es sich dagegen um eine Geldwirtschaft, und die Neoklassiker behandeln ja auch explizite eine Geldwirtschaft, dann muß die Annahme gemacht werden, daß der n-te Markt – der Geldmarkt – stets ausgeglichen ist (das sog. Saysche Gesetz in der Interpretation von Lange). In diesem Fall gilt dann auch die obige Identitätsgleichung (2).

Sind somit die relativen Preise der Waren im realen Sektor determiniert (nach den Neoklassikern die Domäne der sog. Werttheorie), so bleibt noch die Bestimmung ihrer Geldpreise übrig (die Domäne der Geldtheorie). Hierfür benutzen die Neoklassiker die Cambridge-Gleichung ($KPT = M$), die das Gleichgewicht auf dem Geldmarkt reflektiert. K ist eine Konstante. T resultiert aus dem realen Sektor: die Summe der nachgefragten (im Gleichgewicht gleich angebotenen) Warenmengen. P kann definiert werden als: $P = P_{n-1} \sum_{j=1}^{n-1} \pi_j$, wobei π_j den relativen Preis der Ware j darstellt und P_{n-1} den Geldpreis der $(n-1)$-ten Ware, d. h. den „multiplikativen Faktor", wenn die $(n-1)$-te Ware vorher im realen Sektor als „numéraire" benutzt worden ist (d. h. wenn $\pi_{n-1} = 1$) [8]. Bei

[8] „Der Einfachheit halber" haben wir den Preisindex als Summe der Geldpreise definiert. Wir hätten ihn z. B. auch als ein gewogenes arithmetisches Mittel formulieren können: $P = P_{n-1} \sum_{j=1}^{n-1} w_j \pi_j$, wobei w_j den relativen Anteil der Ware j am Gesamtvolumen T darstellt $\left(\sum_{j=1}^{n-1} w_j = 1\right)$.

einer bestimmten nominalen Geldmenge M ist dann der „multiplikative Faktor" P_{n-1} bestimmbar und damit alle anderen Geldpreise ($P_1, \ldots, P_{n-2}$), da $P_1 = P_{n-1}\pi_1$; $P_2 = P_{n-1}\pi_2$ etc.

Resümieren wir die Bestimmung der absoluten Preise anhand einiger Gleichungen. Die Gleichgewichtsbedingung im Geldmarkt – die Cambridge-Gleichung – lautet:

$$KP_{n-1}T = M. \tag{3}$$

K ist eine Konstante, während M eine bestimmte nominale Geldmenge darstellt. Unter Zugrundelegung des Gleichungssystems (1) ist das Handelsvolumen T gleich den ausgetauschten Warenmengen, z. B. gleich den angebotenen und effektiv (im Gleichgewicht) zum Tausch kommenden Warenmengen:

$$T = \sum_{j=1}^{n-1} \pi_j S_j(\pi_1, \ldots, \pi_{n-2}, 1). \tag{4}$$

Das allgemeine Preisniveau P soll der Einfachheit halber gleich der Summe der Geldpreise P_j der Waren j sein:

$$P = \sum_{j=1}^{n-1} P_j. \tag{5}$$

Der Geldpreis P_j ist gleich dem Produkt aus „multiplikativem Faktor" P_{n-1} und dem relativen Preis der Ware j:

$$P_j = P_{n-1}\pi_j \tag{6}$$

so daß durch Kombination von (5) und (6):

$$P = P_{n-1}\sum_{j=1}^{n-1} \pi_j. \tag{7}$$

Die Gleichgewichtsbedingung des Geldmarktes (3) kann nun unter Zuhilfenahme von (4) wie folgt geschrieben werden:

$$KP_{n-1}\sum_{j=1}^{n-1} \pi_j S_j(\pi_1, \ldots, \pi_{n-2}, 1) = M. \tag{8}$$

Aus dem realen Sektor sind die Gleichgewichtswerte der relativen Preise π_j und der Warenmengen S_j (das gesamte Tauschvolumen $\sum_{j=1}^{n-1} \pi_j S_j$) bekannt; ferner ist K eine Konstante; hieraus folgt, daß eine bestimmte nominale Geldmenge M den Geldpreis des „numéraire", P_{n-1}, determiniert und damit auch die Geldpreise der restlichen $(n-2)$ Waren entsprechend Gleichung (6) [9].

2. Der Patinkinsche Ansatz

Die neoklassische Dichotomie der Wirtschaft in einen realen und monetären Sektor, welche die Dichotomie der Preisbildung zur Folge hat: zuerst

[9] Aus dieser Darstellung ergibt sich auch der Unterschied zwischen Geldpreisen und „Rechenpreisen". Es ist durchaus möglich, unabhängig von den Geldpreisen die „Rechenpreise" zu fixieren. Dabei wird willkürlich – „von oben" – P_{n-1} festgelegt (z. B. $P_{n-1} = 1$ Bancor). Siehe hierzu auch Fußnote 23 auf S. 76–77).

Bildung der relativen Preise im realen Sektor, dann Bildung der absoluten Preise im monetären Sektor (der Einfluß des Geldes liegt demnach lediglich in der Fixierung der absoluten Preise), weist, wie Patinkin zeigt, verschiedene formallogische Widersprüche auf.

a. Im realen Sektor ist das Saysche Gesetz gültig, im monetären Sektor ungültig, da die Cambridge-Gleichung eine Gleichgewichtsbedingung des Geldmarktes darstellt.

b. Es existieren zwei widersprüchliche Geldnachfragefunktionen: Im realen Sektor ergibt sich auf der Grundlage des Walrasschen Gesetzes die Überschußnachfrage nach Geld (X_n) aus der Differenz zwischen dem Geldwert des Gesamtangebots an Waren und dem Geldwert der Gesamtnachfrage nach Waren: $X_n = \sum_{j=1}^{n-1} P_j (S_j - D_j)$; im monetären Sektor lautet die Überschußnachfrage nach Geld entsprechend der Cambridge-Gleichung: $X_n = K \sum_{j=1}^{n-1} P_j S_j - M$. Im ersten Fall ist X_n homogen vom Grade 1 in den Geldpreisen; im zweiten Fall ist X_n homogen vom Grade 1 in den Geldpreisen *und* der Geldmenge[10].

[10] Dieser formallogische Widerspruch läßt sich noch deutlicher mit Hilfe des Gleichungssystems (1)–(8) zeigen.

Zunächst mögen die Angebots- und Nachfragefunktionen der n Güter in Abhängigkeit von den Geldpreisen geschrieben werden:

$$D_j (P_1, \ldots, P_{n-1}) = S_j (P_1, \ldots, P_{n-1}) (j = 1, \ldots, n-1) \tag{1'}$$

$$K \sum_{j=1}^{n-1} P_j S_j (P_1, \ldots, P_{n-1}) = M. \tag{8'}$$

Dadurch werden die Gleichungen (1) und (8) realiter nicht verändert: Gleichungen (1') und (8') können durch P_{n-1} dividiert werden, wonach sich dann die Schreibweise der Gleichungen (1) und (8) wieder einstellt, denn laut Gleichung (6) ist $\pi_j = P_j / P_{n-1}$. Ferner mögen die Gleichgewichtsgleichungen der Warenmärkte im Geldwert ausgedrückt werden, d. h. die Nachfrage nach und das Angebot an der Ware j sollen jetzt als monetäre Nachfrage und als monetäres Angebot der Ware j geschrieben werden:

$$P_j D_j (P_1, \ldots, P_{n-1}) = P_j S_j (P_1, \ldots, P_{n-1}) \quad (j = 1, \ldots, n-1). \tag{1''}$$

Ferner muß noch das *Walrassche Gesetz* formuliert werden. Dieses lautet:

$$\sum_{j=1}^{n} P_j D_j \equiv \sum_{j=1}^{n} P_j S_j. \tag{9}$$

Der Geldwert der Gesamtnachfrage nach allen Gütern (inklusive Geld) ist stets gleich dem Geldwert des Gesamtangebots dieser Güter. Der Geldpreis des n-ten Gutes, des Geldes, ist dabei gleich eins ($P_n = 1$). Das *Saysche Gesetz* (2) ließe sich jetzt in Geldpreisen wie folgt ausdrücken:

$$\sum_{j=1}^{n-1} P_j D_j \equiv \sum_{j=1}^{n-1} P_j S_j \tag{2'}$$

so daß unter Zuhilfenahme von (9):

$$P_n D_n \equiv P_n S_n. \tag{10}$$

c. Der Realkasseneffekt tritt im realen Sektor überhaupt nicht auf, denn die Angebots- und Nachfragemengen auf den Warenmärkten sind nur von den relativen Preisen abhängig und nicht auch noch von den absoluten Preisen (Annahme „frei von Geldillusion"). Nach Patinkin impliziert dieses Verhalten jedoch eine Geldillusion, da die Wirtschaftssubjekte in ihrem Angebot und in ihrer Nachfrage nach Waren auf Veränderungen im Realwert ihres Kassenbestandes überhaupt nicht reagieren. Jedes Preisniveau (oder jede nominale Geldmenge bzw. jede reale Geldmenge) würde mit einem Gleichgewicht auf den Warenmärkten kompatibel sein, da ein verändertes Preisniveau überhaupt keinen (positiven oder negativen) Nachfrageüberschuß auf den Warenmärkten erzeugen würde. Ein verändertes Preisniveau, z. B. ein Preisniveau, das überhalb des „gleichgewichtigen" Preisniveaus liegt, würde nur einen Nachfrageüberschuß nach Geld hervorrufen; diesem Nachfrageüberschuß müßte laut Walrasschem Gesetz ein Angebotsüberschuß an Waren entsprechen, was jedoch aufgrund der neoklassischen Annahme der Abwesenheit jeglicher „Geldillusion" (im Fisherschen Sinne) nicht der Fall ist.

Patinkin löst diese drei Widersprüche des neoklassischen Systems, indem er den Realkassenbestand als Variable in die Angebotsfunktionen für Waren und die Nachfragefunktionen für Waren und Geld einführt.

In die Gleichgewichtsgleichungen (1) des „realen Sektors" und in die Gleichgewichtsgleichung (8) des „monetären" Sektors wird der Realkassenbestand

$$M\Big/\left(P_{n-1}\sum_{j=1}^{n-1}\pi_j\right) \text{ eingeführt:}$$

Laut Walrasschem Gesetz (9) muß der Nachfrageüberschuß nach dem n-ten Gut, d. h. in unserem Falle nach Geld (X_n), identisch mit dem gesamten Angebotsüberschuß der $(n-1)$ Waren sein:

$$X_n \equiv \sum_{j=1}^{n-1} P_j\,(S_j - D_j). \tag{11}$$

Gleichung (11) kann auch in Verbindung mit Gleichung (1″) wie folgt geschrieben werden:

$$X_n \equiv \sum_{j=1}^{n-1} P_j\,[S_j\,(P_1, \ldots, P_{n-1}) - D_j\,(P_1, \ldots, P_{n-1})]. \tag{12}$$

Der aus dem Walrasschen Gesetz abgeleitete Nachfrageüberschuß nach Geld ist also homogen vom Grade 1 in den Geldpreisen P_j. Verdoppeln sich z. B. die Geldpreise, dann verdoppelt sich auch der Nachfrageüberschuß nach Geld.

Aus der Cambridge-Gleichung (8′) ist jedoch der Nachfrageüberschuß nach Geld:

$$X_n \equiv K \sum_{j=1}^{n-1} P_j\,S_j\,(P_1, \ldots, P_{n-1}) - M \tag{13}$$

homogen vom Grade 1 in den Geldpreisen P_j *und* in der Geldmenge M. Der Nachfrageüberschuß nach Geld verdoppelt sich jetzt nur dann, wenn sich sowohl die Geldpreise als auch die Geldmenge verdoppeln. Gleichung (13) widerspricht folglich Gleichung (12).

$$D_j\left(\pi_1,\ldots,\pi_{n-2},1,\frac{M}{P_{n-1}\sum_{j=1}^{n-1}\pi_j}\right)=S_j\left(\pi_1,\ldots,\pi_{n-2},1,\frac{M}{P_{n-1}\sum_{j=1}^{n-1}\pi_j}\right) \quad (j=1,\ldots,n-1) \tag{14}$$

$$K\,P_{n-1}\sum_{j=1}^{n-1}\pi_j\,S_j\left(\pi_1,\ldots,\pi_{n-2},1,\frac{M}{P_{n-1}\sum_{j=1}^{n-1}\pi_j}\right)=M. \tag{15}$$

Bekanntlich stellt $P_{n-1}\sum_{j=1}^{n-1}\pi_j$ das Preisniveau (P) dar. Ist M gegeben, dann ist das Gleichgewichtssystem (14)–(15) determiniert: $(n-1)$ Unbekannte, bestehend aus $(n-2)\ \pi$ und P_{n-1}, und laut Walrasschem Gesetz $(n-1)$ unabhängige Gleichgewichtsgleichungen.

Eine Dichotomie der Preisbildung ist jetzt nicht mehr möglich. Alle Preise – relative und absolute Preise – werden *simultan* durch das Zusammenspiel aller Märkte bestimmt.

a. Die Annahme der Gültigkeit des Sayschen Gesetzes braucht nicht mehr gemacht zu werden.

b. Der Nachfragenüberschuß nach Geld, der sich aus dem Walrasschen Gesetz ergibt, und jener, der aus der Cambridge-Gleichung abgeleitet werden kann, sind beide homogen vom Grade 1 in den Geldpreisen und in der Geldmenge.

c. Findet z. B. eine Erhöhung der Geldpreise statt (bzw. eine Verringerung der nominalen Geldmenge), dann tritt auf dem Geldmarkt ein Nachfrageüberschuß auf, der einem Angebotsüberschuß auf den Warenmärkten entspricht, da beide von der Realkasse abhängen.

3. Die jüngsten Entwicklungen in der allgemeinen Gleichgewichtstheorie

Unter gewissen „heroischen" Annahmen [11] sind in dem simultanen Gleichgewichtssystem aller Märkte der Wirtschaft [12] die Resultate der Quantitätstheorie vindizierbar, und zwar in dem Sinne, daß z. B. eine doppelte nominale Geldmenge schließlich zu einer Verdoppelung des Preisniveaus führt, ohne im neuen Gleichgewicht die relativen Preise zu verändern. Eine solche Möglichkeit der „Neutralität" des Geldes darf jedoch nicht mit der Aussage – die auch bei Patinkin zu finden ist – verwechselt werden, daß in diesem Neutralitätsfalle die Geldwirtschaft mit einer geld-

[11] Vgl. Fußnote 4 auf S. 291.

[12] Z. B. in dem Gleichgewichtssystem (14) – (15).

losen Wirtschaft (der sog. Tauschwirtschaft) gleichbedeutend ist[13]; denn wie wir aus Kapitel III.1 wissen, reduziert die Einführung des Geldes in eine Wirtschaft bzw. der Übergang von einer Geldform zu einer anderen, rationelleren Geldform die Transaktionskosten der Wirtschaft, wodurch schließlich auch die relativen Preise beeinflußt werden. „Neutrales Geld" in einer Geldwirtschaft ist nur mit einer „idealtypischen Tauschwirtschaft" (J. G. Koopmans) vergleichbar. Wie Samuelson betont, gab es bei den Neoklassikern (er zählt sich für die Zeit von 1932 bis 1937 ebenfalls zu ihnen!) im Grunde genommen zwei Dichotomien; die eine war qualitativer Natur, während die andere, die wir bis jetzt in diesem Kapitel behandelt haben, quantitativer Art war:

„... es gab da in unserer Vorstellung noch eine andere, und zwar durchaus legitime Dichotomie. Wir hatten sozusagen eine *qualitative* und eine *quantitative* Geldtheorie. Entsprechend unserer qualitativen Theorie war das Geld nicht neutral. Geld machte einen großen Unterschied. Schade für das Land, das noch im Naturaltausch steckte, denn es würde kein wirksames Wirtschaftssystem haben. Sobald jedoch dieser qualitative Vorteil im System der Märkte durch den Gebrauch von *M* realisiert worden war, spielte das *quantitative* Niveau von *M* keine besondere Rolle (mit Ausnahme der Übergangsphasen und der bedeutungslosen Probleme, die durch die Goldgewinnung und die Münzprägung entstehen). Wir sympathisierten mit dem Gleichnis von John Stuart Mill, wonach das Geld das *Schmiermittel* in Industrie und Handel ist. Sogar weibliche Autofahrer wissen, daß das Schmieren wichtig ist. Aber *M* ist quantitativ gesehen ein ganz besonderes Schmiermittel: Ein Tropfen tut es genausogut wie eine ganze Lache. Ein noch besserer Vergleich ist jetzt die Post-Millsche Vorstellung: Das Geld ist gleich einem Katalysator in einer chemischen Reaktion, das die Reaktion schneller und besser auslöst, das aber wie das Öl im Krug der Witwe niemals aufgebraucht wird; um die Analogie in extremis weiterzuführen, nur ein Jota des Katalysators ist für den Prozeß erforderlich."[14]

Das „Schmiermittel" der Wirtschaft ist die *Real*kasse und es tut seine Dienste (Reduktion der Transaktionskosten) unabhängig von der Höhe der nominalen Geldmenge. Während die „qualitative Dichotomie" (geldlose Wirtschaft – Geldwirtschaft) durchaus gerechtfertigt ist, muß die

---

[13] Siehe hierzu unsere Ausführungen auf S. 69–71.

[14] ["... there was another dichotomy in our minds, a very legitimate one. We had, so to speak, *qualitative* and *quantitative* theories of money. According to our qualitative theory, money was not neutral; it made a big difference. Pity the country that was still dependent upon barter, for it would have an inefficient economic system. But once this qualitative advantage had been realized by the adoption of the market structures using *M*, the *quantitative* level of *M* was of no particular significance (except for indicated transient states and uninteresting resource problems involved in gold mining or mint printing). We liked the image of John Stuart Mill that money is the *lubricant* of industry and commerce. As even women drivers know, lubrication is important. But *M* is quantitatively a special lubricant: a drop will do as well as a poolful. So an even better image was the post-Mill one: money is like a catalyst in a chemical reaction, which makes the reaction go faster and better, but which, like the oil in the widow's cruse, is never used up. To push the analogy beyond endurance, only an iota of catalyst is needed for the process."] P. A. Samuelson [1968], S. 3.

„quantitative Dichotomie“ (realer Sektor der Wirtschaft, in dem sich die relativen Preise bilden – monetärer Sektor der Wirtschaft, der die absoluten Preise bestimmt) für ungültig angesehen werden [15], [16], [17].

Wie verläuft jedoch der Marktprozeß in einer Tauschwirtschaft, in der Geld ebenfalls „qualitativ“ abwesend ist? Diese Frage, die wir schon in Kap. III.1 behandelt hatten, ist hauptsächlich in den siebziger Jahren wiederum von den (vor allem mathematisch versierten) Theoretikern der allgemeinen Gleichgewichtstheorie aufgegriffen worden. In der walrasianischen Gleichgewichtstheorie wird der Marktprozeß (im Sinne des Ausgleichs von Angebot und Nachfrage) ausschließlich über den Preismechanismus geregelt. Wie jedoch der Austausch der Waren – die Transaktionen – zwischen Anbietern und Nachfragern, sobald der Gleichgewichtspreis feststeht, tatsächlich zustandekommt, bleibt eine offene Frage. Ein „reibungslos verlaufender“ Marktmechanismus impliziert sowohl die Existenz eines Preismechanismus als auch die Existenz eines *Transaktionsmechanismus.* In der walrasianischen Theorie existiert (was den Marktmechanismus einer geldlosen Tauschwirtschaft anbetrifft) lediglich ein Preismechanismus, den Walras mit den Konzepten des „tâtonnement“ und der „prix criés au hasard“ beschrieben hat [18]. Bei gegebener Ausstattung an Gütern hängen Angebot und Nachfrage von den Güterpreisen ab. Der Aus-

---

[15] Es sei noch auf einen möglichen Irrtum aufmerksam gemacht, der eventuell beim Leser entstehen mag. Die „quantitative Dichotomie“ impliziert zu Recht die Gültigkeit der Quantitätstheorie (doppelte Geldmenge – doppelte Preise). Der Umkehrschluß darf aber nicht gemacht werden. Die Ungültigkeit der „quantitativen Dichotomie“ kann durchaus mit der Gültigkeit der Quantitätstheorie kompatibel sein.

[16] Viele Argumente in der ökonomischen Theorie sind „Ja-aber“ Aussagen. Die „quantitative Dichotomie“ der Neoklassiker kann trotzdem „unter bestimmten Bedingungen“ als gültig angesehen werden.
Die Neoklassiker lebten zu ihrer Zeit in einem System der Metallwährung. Es kann nun behauptet werden, daß in einem solchen System überhaupt keine Geldpreise existieren, sondern nur relative Preise und Rechenpreise (vgl. hierzu Fußnote 23 auf S. 76–77). Eine z. B. streng an Gold gebundene „Geld“-Wirtschaft kennt im Grunde genommen keinen „monetären Sektor“, da Geld ein Sachgut ist, auch wenn dieses nicht nur für industrielle, sondern auch für „monetäre“ Zwecke benutzt wird. Gold hat wie alle anderen Sachgüter einen relativen Preis und einen „Geld“-Preis im Sinne eines Rechenpreises: 1 Unze Gold wird autoritär gleich einer Währungseinheit gesetzt. Unter diesem Aspekt wäre dann auch das Saysche Gesetz gültig: In einer Goldwährung gibt es nur $(n-1)$ Sachgüter, und unter diesen Sachgütern figuriert auch das Gold; das n-te Gut, das Geld, ist identisch mit dem Gold, und es ist folglich in den $(n-1)$ Gütern enthalten.

[17] Es ist nun nicht so, daß wir das „Dichotomieproblem“ erschöpfend behandelt haben. Die Schriften Patinkins haben eine Lawine von Kommentaren und Kritiken ausgelöst, und es ist durchaus berechtigt, heute von einer „Patinkin-Affäre“ zu sprechen. Nur einen Teil dieser Debatte haben wir in diesem Abschnitt dargestellt, wobei wir bewußt ein „Sonderproblem“, und zwar das des „langfristigen stock-flow Gleichgewichts“ (full equilibrium; das Archibald-Lipsey-Argument) unberücksichtigt gelassen haben, das wir im nächsten Kapitel unter Abschnitt 1 behandeln werden.

[18] Siehe hierzu D. Patinkin [1965], S. 531–540.

gleichsprozeß zwischen Angebot und Nachfrage wird durch die fiktive Existenz eines allmächtigen und allwissenden Auktionators beschrieben, der jenen Preis ausfindig macht, bei dem das Angebot jedes einzelnen Gutes der Nachfrage entspricht. Dabei werden zwei Probleme stillschweigend umgangen, mit denen sich in jüngster Zeit die allgemeine Gleichgewichtstheorie befaßt hat: 1. die Möglichkeit, daß Käufe und Verkäufe während des Gleichgewichtsprozesses (tâtonnement) zu Preisen (prix criés au hasard) abgeschlossen werden, die nicht die Gleichgewichtspreise sind (das Problem der Ungleichgewichtstheorie); 2. die Realisierung des Güteraustauschs zwischen Käufern und Verkäufern (d. h. der Transaktionsmechanismus), sobald der Gleichgewichtspreis feststeht.

1. Wie schon erwähnt hat die traditionelle allgemeine Gleichgewichtstheorie ausschließlich das Problem der Preisbestimmung privilegiert und das Kapitel der Realisierung des Güteraustauschs völlig ausgelassen. Damit es überhaupt zum Güteraustausch kommt, muß der Auktionator nicht nur die konventionelle Rolle der Preisbestimmung übernehmen, sondern er muß auch den Ablauf des Güteraustauschs regeln. Er ist sowohl der Zentralisator der Preisinformationen als auch der Regulator der Transaktionen.

„In der Theorie des walrasianischen allgemeinen Gleichgewichts haben alle Wirtschaftssubjekte das Verhalten eines ‚price-taker'. Wie Arrow erwähnt, ‚hat niemand die Aufgabe, über das Preissystem zu entscheiden'. Diese Aufgabe fällt vielmehr einem Deus ex machina zu, dem walrasianischen Auktionator, der laut Annahme die Wirtschaftssubjekte über die verschiedenen Preise unterrichtet, welche die Gesamtheit der Märkte ausgleichen. Diese Information, die immer vollständig zuverlässig ist, wird zu Null-Kosten geliefert...

[Um der walrasianischen Welt zu entkommen,] genügt es, vom hypothetischen Ablauf des tâtonnement Abstand zu nehmen. Der Ausschluß des Auktionators bedeutet, daß die Produktion der Information, die zur Koordination der Wirtschaftsaktivität in einem dezentralisierten System der Entscheidungstreffung notwendig ist, Zeit beansprucht und Kosten verursacht" [19].

Sobald also von der Existenz eines Auktionars abstrahiert wird, was nichts anderes bedeutet als daß man die Welt der vollständigen Voraussicht verläßt, sind es nicht mehr der Auktionar, sondern die Wirtschafts-

---

[19] ["In Walrasian general equilibrium theory, all transactors are regarded as price takers. As noted by Arrow, 'there is no one left over whose job it is to make a decision on price.' The job, in fact, is entrusted to a *deus ex machina:* Walras' auctioneer is assumed to inform all traders of the prices at which all markets are going to clear. This always trustworthy information is supplied at zero cost... it is thus sufficient to dispense with the assumed tâtonnement mechanism. The removal of the auctioneer simply means that the generation of the information needed to coordinate economic activities in a large system where decision making is decentralized will take time and will involve economic costs."] A. Leijonhufvud, Keynes and the Keynesians: A Suggested Interpretation, in: American Economic Review, Papers and Proceedings, LVII (1967), S. 403–404; abgedruckt in R. W. Clower (Hrsg.), Monetary Theory, Penguin, 1969, S. 300.

subjekte, welche die Preise ankündigen und diese Preise müssen nicht unbedingt die Gleichgewichtspreise sein, so daß es zu einer Revision der Preise nach oben oder unten kommt. Da die Preisanpassung als Folge von quantitativen Ungleichgewichten zwischen Angebot und Nachfrage nicht unmittelbar zu erfolgen braucht, kann es schon zu Transaktionen zu „falschen" Preisen (d. h. zu Nicht-Gleichgewichtspreisen) kommen; diese Transaktionen werden dann Rückwirkungen auf die Gleichgewichtslösung haben, die anders aussehen wird als jene, die sich durch einen unmittelbaren Gleichgewichtsprozeß ohne vorherige Transaktionen einstellen wird [20].

2. Wenn also die Lösung des allgemeinen Gleichgewichts aufgrund von Preis-Informationskosten und temporären, mit Transaktionen verbundenen Ungleichgewichten anders aussehen wird als die des allgewaltigen Auktionators, dann steht immer noch die Antwort auf die zweite Frage aus, wie in der allgemeinen Gleichgewichtstheorie die Käufe und Verkäufe realisiert werden. Sind bei Nicht-Existenz eines Auktionators die Preisinformationen dezentralisiert, so ist noch immer nicht das Zustandekommen des Transaktionsmechanismus geklärt. In der traditionellen Gleichgewichtstheorie wird die Notwendigkeit eines Transaktionsmechanismus – beispielsweise in Form der Existenz eines allgemeinen Tauschmittels – überhaupt nicht gesehen. Wie die jüngsten Arbeiten auf dem Gebiete der allgemeinen Gleichgewichtstheorie gezeigt haben, ergibt sich eine Unbestimmtheit des Güteraustausches, es sei denn, daß man explizite einen bestimmten Transaktionsmechanismus einführt [21].

Ein möglicher Transaktionsmechanismus ist der uns schon vertraute allmächtige Auktionator, der die Rolle eines Zentralplans übernimmt und somit den Güteraustausch reguliert. Sehen wir von vielen denkbaren Organisationsformen der Tauschwirtschaft ab, die wir im Kap. III besprochen hatten, dann stellt sich als einzige Alternative zum Auktionator die Geldwirtschaft dar [22]. Diese erlaubt einerseits eine Dezentralisierung der

[20] Diese Art der „Ungleichgewichtstheorie" ist vor allem von R. W. Clower (und anschließend von seinem Schüler Leijonhufvud) initiiert worden. Siehe u. a. R. W. Clower, The Anatomy of Monetary Theory, in: American Economic Review, Papers and Proceedings, LXVII (1977).

Zu erwähnen ist, daß Walras die Möglichkeit von Transaktionen während des tâtonnement berücksichtigt; diese sind aber für die Endgleichgewichtslösung neutral, da bei Walras die Wirtschaftssubjekte ihre eingegangenen Verträge annullieren können.

[21] Siehe hierzu R. M. Starr, Exchange in Barter and Money Economies, in: Quarterly Journal of Economics, LXXXVI (1972) und J. M. Ostroy, The Informational Efficiency of Monetary Exchange, in: American Economic Review, LXIII (1973).

Eine Literaturübersicht zu diesem Thema findet sich bei R. J. Barrow und S. Fischer, Recent Developments in Monetary Theory, in: Journal of Monetary Economics, II (1976), S. 151–155 und J. Niehans, The Theory of Money, Baltimore, 1978, S. 17–19.

[22] Eine andere Möglichkeit ist die des „reinen Kredits", die wir schon im Kap. IV auf S. 107–108 erwähnt hatten. Wie Hicks [1967], S. 7–10, erläutert, muß

Käufe und Verkäufe und andererseits einen erheblichen Informationsgewinn, wobei beide Aspekte unter dem Ausdruck „Reduktion der Transaktionskosten" subsumiert werden können.

Die moderne Theorie des allgemeinen Gleichgewichts „ist verständlicherweise schwierig und sie steht noch ganz am Anfang. Es ist nicht klar, wohin – wenn überhaupt irgendwohin – sie führen wird. Sie wird zweifellos überzeugendere Erklärungen über den Gebrauch eines Tauschmittels sorgfältig herausarbeiten als wir sie zur Zeit besitzen, doch ist es wahrscheinlich, daß solche Erklärungen nicht fundamental unterschiedlich von den traditionellen Verbalerklärungen sein werden. Ferner ist es zweifelhaft, ob diese Arbeiten irgendeine schwerwiegende Konsequenz für die Art, in der makroökonomische Modelle aufgestellt werden, haben werden" [23].

---

eine solche Kreditwirtschaft drei Institutionen besitzen: eine Recheneinheit, in der die Kredittitel formuliert werden; eine Kompensationskammer im Falle multilateraler Kreditbeziehungen, und einen Gerichtshof, um den Fall der Insolvenzen zu regeln.

[23] ["... is obviously both difficult and only at a beginning. It is not clear where, if anywhere, it will lead. It will no doubt provide more convincing and carefully worked out explanations for the use of a medium of exchange then we now have, but it is probable that those explanations will not be fundamentally different from the traditional verbal explanations. Furthermore, it is doubtful that this work will have any major consequences for the way in which macromodels are built."] R. J. Barro und S. Fischer [1976], S. 154–155.

Kapitel IX

Die Bestimmung des Preisniveaus und der Inflation: makroökonomische Totalanalyse

1. Die Bestimmung des Preisniveaus: a. Das quantitätstheoretische „45°-Diagramm"; b. Strom- versus Bestandsgleichgewicht im Geldmarkt; c. Geldpolitik als versteckte Steuerpolitik. – 2. Realwirtschaftliche Determinanten des Zinssatzes. – 3. Die simultane Bestimmung des Preisniveaus und des Zinssatzes: a. Das Metzlersche *IS-LM*-Modell; b. Das Tobinsche *q*. – 4. Neutrale und nicht-neutrale Geldpolitik. – 5. Neutrale und nicht-neutrale Fiskalpolitik. – 6. Die Super-Neutralität der optimalen Geldmenge. – 7. Inflation: a. Geldangebot und Geldnachfrage als langfristige Ursachen der Inflation; b. Inflationssteuer, Wohlfahrtskosten der Inflation und Wachstumssteuer; c. Realzins und Kapitalbestand.

Die Schwierigkeit der Abgrenzung zwischen der Geldtheorie und der makroökonomischen Theorie wird vor allem in diesem Kapitel deutlich. Den Bereich der Geldtheorie begrenzen wir in diesem Buch auf die Rolle des Geldes (Erster Teil), die Geldnachfrage (Zweiter Teil), das Geldangebot (Dritter Teil) und den Geldmarkt (Vierter und Fünfter Teil). Die Problematik der Abgrenzung tritt in bezug auf den Geldmarkt auf. Die Analyse des Geldmarktes hat die Untersuchung der Wirkungsmöglichkeiten des Geldes auf relative und absolute Preise (mikroökonomische Totalanalyse) einerseits sowie auf makroökonomische Größen wie reales Volkseinkommen, Preisniveau, Zinssatz, Beschäftigung, Zahlungsbilanz, Wechselkurs (makroökonomische Totalanalyse) andererseits zum Gegenstand [1].

[1] Um ein mögliches Mißverständnis bei der vielleicht manchem nicht glücklich erscheinenden Wahl der Begriffe *Mikroökonomie und Makroökonomie* zu vermeiden, sei noch erwähnt, daß eine makroökonomische Geldtheorie keineswegs der mikroökonomischen Analyse der individuellen Wirtschaftspläne entbehren kann. Erst diese ermöglicht die Aufstellung der individuellen Verhaltensfunktionen, auf welchen die aggregierten Angebots- und Nachfragefunktionen aufbauen. Die makroökonomische Geldtheorie muß folglich auch den Einfluß des Geldes auf die individuellen Angebots- und Nachfragefunktionen der einzelnen Güter – und schon recht des Geldes – untersuchen, um überhaupt relevante geldtheoretische Aussagen über die aggregierten Funktionen aufstellen zu können. Was dagegen nicht gezeigt werden kann (und was der ökonomischen Theorie bis heute auch noch nicht völlig ge-

Drei mögliche Abgrenzungen sind denkbar. 1. Die gesamte makroökonomische Theorie wird als ein Teil der Geldtheorie behandelt (in diesem Sinne nennen sich denn auch in jüngster Zeit einige makroökonomische Bücher, die im angelsächsischen Sprachbereich erschienen sind, "Macroeconomics and Monetary Economics"). 2. Der makroökonomische Teil der Geldtheorie stellt eine Kurzfassung der Makroökonomik dar, mit dem speziellen Akzent der Einflußmöglichkeiten des Geldes auf realwirtschaftliche (u. a. Realeinkommen, Beschäftigung) und nominalwirtschaftliche Größen (Preisniveau)[2]. 3. Die makroökonomische Geldtheorie befaßt sich, was geschlossene Wirtschaften anbelangt, lediglich mit der Bestimmung des Preisniveaus bzw. mit der Bestimmung eines ständig zunehmenden Preisniveaus (Inflation). Diese dritte Abgrenzungsmöglichkeit haben wir in diesem Buch gewählt. Hierbei fällt die makroökonomische Geldtheorie mit einem Teil der langfristigen Makroökonomik zusammen, wobei letztere zwei Teilbereiche umfaßt: die Wachstumstheorie und die Bestimmung des Preisniveaus und der Inflation in einer vollbeschäftigten Wirtschaft. Wir begrenzen also die makroökonomische Geldtheorie auf

---

lungen ist), ist der Prozeß, wie die Aggregation, der Übergang von der Mikroökonomie zur Makroökonomie, tatsächlich durchgeführt werden kann.

Das von uns gewählte Unterscheidungskriterium zwischen Mikroökonomie und Makroökonomie ist das der Preise. In den mikroökonomischen Theorien spielen die Preisrelationen eine erhebliche Rolle, die in makroökonomischen Modellen grundsätzlich unbeachtet bleiben. Zwar werden in den letzteren öfters ganz bestimmte relative Preise wie die des Zinssatzes und des Lohnsatzes aufgenommen. Die einzelnen Preise der Waren und Dienstleistungen werden in ihnen jedoch nur über die „Global"-Größe des allgemeinen Preisniveaus berücksichtigt, wie auch ihre einzelnen Mengen in den Globalgrößen Beschäftigung oder Sozialprodukt zusammengefaßt („aggregiert") werden.

Nach F. Machlup (Der Wettstreit zwischen Mikro- und Makrotheorien, Tübingen 1960, S. 6–11) lassen sich noch drei andere Unterscheidungskriterien finden.

(a) Je nach der Perspektive, ob der Ökonom die Wirtschaft mit einem Mikroskop oder Teleskop beobachtet, handelt es sich um eine mikroökonomische oder makroökonomische Betrachtungsweise. Dieser Analogieschluß kann aber in Frage gestellt werden, da die „mikroökonomischen" Details auch mit einem „makroökonomischen" Fernrohr erfaßt werden können.

(b) Je nach der Zusammensetzung von Wirtschaftssubjekten, ob das Verhalten eines einzelnen oder das einer größeren Gruppe untersucht wird, kann von Mikro- oder Makrotheorien gesprochen werden. Die Schwierigkeit dieser Unterscheidung liegt in der Abgrenzung, wann eine Gruppe von Wirtschaftssubjekten „makroökonomisch" wird; bilden z. B. die Produzenten eines bestimmten Industriezweiges schon eine „makroökonomische" Gruppe oder vielleicht erst die gesamten Produzenten der Wirtschaft?

(c) Das wohl am häufigsten benutzte Unterscheidungskriterium besteht aus der Aggregationsweise von Mengeneinheiten. Die Addition von annähernd homogenen Mengen gehört dem Bereich der Mikroökonomie an und die Addition von heterogenen Mengeneinheiten dem Bereich der Makroökonomie. Die Demarkationslinie zwischen quasi-homogenen und heterogenen Mengeneinheiten ist jedoch vielfach willkürlich gezogen. Ist es z. B. statthaft, eine Tonne Toilettenpapier und eine Tonne Zigarettenpapier zu addieren, um die „mikroökonomische" Menge von zwei Tonnen Papier zu erhalten?

[2] Diese Vorgehensweise haben wir in der ersten Auflage dieses Buches gewählt.

die langfristigen Bestimmungsgründe des Preisniveaus und der Inflation und bewegen uns daher hinsichtlich der Problemstellung im Rahmen der klassischen, vorkeynesianischen Makroökonomik, welche aus der Quantitätstheorie bestand, d.h. aus der Theorie des Geldwertes.

(1) Das einfachste quantitätstheoretische Modell der Preisniveaubestimmung (Geldmarkt – Gütermarkt) enthüllt sich schon als kompliziert, sofern der Anpassungsprozeß zum sog. Bestandsgleichgewicht in Betracht gezogen wird. (2) Ähnliche „Komplikationen" stellen sich im einfachsten Real-Modell der Zinssatzbestimmung (Wertpapiermarkt – Gütermarkt) ein, sobald wir die Kapitaltheorie zu Rate ziehen, die ebenfalls langfristige Bestandsgleichgewichte umfaßt. (3) Die simultane Bestimmung von Preisniveau und Zinssatz erfolgt auf der Basis des Metzlerschen *IS-LM*-Modells, das wir um das „Tobinsche *q*" (relativer Preis der Kapitalgüter) erweitern. Dieses Metzler-Tobin-Modell bildet die Grundlage der Analyse der realwirtschaftlichen Wirkungen von drei Wirtschaftspolitiken: (4) der (nicht-neutralen) Geldpolitik; (5) der (nicht-neutralen) Fiskalpolitik; (6) der Politik der optimalen Geldmenge. (7) Ein Spezialproblem der Preisniveaubestimmung ist das der Inflation bzw. – entsprechend unserer langfristigen makroökonomischen Totalanalyse – das der langfristigen Inflationsrate, die durch korrekte Inflationserwartungen charakterisiert ist. Die realwirtschaftlichen Wirkungen dieser langfristigen Inflation konkretisieren sich einmal in einer Umstrukturierung des Vermögensbestandes zugunsten des Kapitalbestandes und zu Lasten des Realkassenbestandes und zum anderen in der Inflationssteuer.

1. Die Bestimmung des Preisniveaus

Im folgenden wird ein äußerst einfaches Modell benutzt, da eine Wirtschaft unterstellt wird, in der es nur zwei Güterkategorien gibt: Geld (als einziges Aktivum) und Güter (Waren und Dienstleistungen). Gewiß existiert auch ein Arbeitsmarkt, der jedoch ex hypothesi, d. h. aufgrund der Annahme der Vollbeschäftigung, als ausgeglichen angenommen wird. Wir sehen zunächst ebenfalls von der Existenz des Zinssatzes (und damit von der Existenz des Wertpapiermarktes bzw. des Kapitalbestandes) ab. Das Ziel des Modells ist die Bestimmung des Preisniveaus auf der Basis quantitätstheoretischer Überlegungen.

a) Das quantitätstheoretische „45°-Diagramm“

Für die Darstellung der Bestimmung des Preisniveaus bedienen wir uns der Abb. 46, die in ihrer Einfachheit dem keynesianischen, das Volkseinkommen bestimmenden 45°-Diagramm entspricht. Abb. 46 stellt den Geldmarkt dar, bestehend aus dem von der Zentralbank fixierten Geldangebot ($M^s = M$) und der Geldnachfrage (M^d). In der simplen Welt unseres Modells gibt es keinen Zinssatz, da Geld das einzige Aktivum ist. Folglich hängt bei gegebenem Realeinkommen ($\bar{y}$) eine Veränderung der Geldnachfrage lediglich vom Preisniveau (P) ab:

$$M^d = KP\bar{y}$$

wobei K den gewünschten Kassenhaltungskoeffizienten darstellt. Gleichgewicht im Geldmarkt liegt im Punkt Q vor, d. h. nur das Preisniveau P_0 garantiert, daß die in der Wirtschaft existierende Geldmenge (M) auch von den Wirtschaftssubjekten nachgefragt wird.

Da unsere Wirtschaft nur aus zwei makroökonomischen Märkten besteht – bzw. aus drei Märkten, wobei der dritte Markt (der Arbeitsmarkt) laut Annahme im Gleichgewicht ist –, impliziert entsprechend dem Walrasschen Gesetz ein Gleichgewicht im Geldmarkt ebenfalls ein Gleichgewicht im Gütermarkt. Betrachten wir folgende Ungleichgewichtssituation. Das Preisniveau möge P_1 sein, so daß im Geldmarkt ein Angebotsüberschuß ($M^s - M^d$) von AB vorliegt. Dieser Angebotsüberschuß sagt aus, daß ein Teil der von den Wirtschaftssubjekten gehaltenen Kasse, und zwar AB, nicht gewünscht wird und folglich für den Kauf von Gütern ausgegeben wird. Dem Geldangebotsüberschuß entspricht also ein Güternachfrageüberschuß

$$M^s - M^d = y^d - \bar{y}$$

wobei y^d die Güternachfrage darstellt.

Diese Interaktion zwischen Geld- und Gütermarkt macht den Mechanismus der Preisniveaubestimmung bei weitem deutlicher. Der ungewünschte Teil der Kassenhaltung konkretisiert sich in einer Mehrnachfrage nach Gütern, und erst diese löst für ein unveränderliches Güterangebot ($\bar{y}$) den Preisdruck nach oben aus. Der Preisanstieg transformiert die ungewünschte Kassenhaltung in eine gewünschte Kassenhaltung. Wird die gesamte, in der Wirtschaft existierende Geldmenge gewünscht –, was dann der Fall ist, wenn das Preisniveau auf P_0 gestiegen ist – dann liegt auch kein Nachfrageüberschuß im Gütermarkt mehr vor.

Die Nachfragefunktion nach Gütern kann folglich geschrieben werden als

$$y^d = y^d\,(y, \hat{m})$$

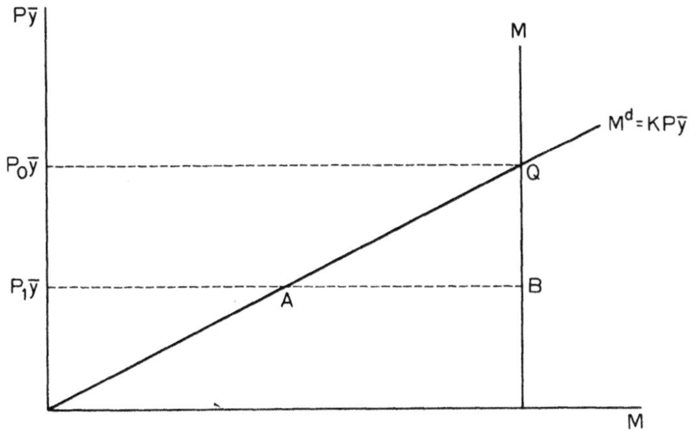

Abb. 46

wobei $\hat{m}$ die ungewünschte Realkasse darstellt

$$\hat{m} = \frac{M^s}{P} - \frac{M^d}{P}.$$

Im Gleichgewicht ist $\hat{m} = 0$, so daß die Güternachfrage nur noch vom Einkommen abhängig ist.

Mit diesem simplen Modell kann schon eine grundsätzliche Feststellung hinsichtlich des Einflußes des Geldes auf die Wirtschaft und insbesondere auf das Preisniveau getroffen werden. Für den Fall, daß in der Wirtschaft eine stabile Geldnachfragefunktion existiert, muß eine geldpolitisch ceteris paribus ausgelöste Geldmengenveränderung zu einem Ungleichgewicht im Geldmarkt und damit auch zu einem Ungleichgewicht im Gütermarkt führen, welches Preisniveauveränderungen verursacht (sofern Vollbeschäftigung und Preisflexibilität vorliegen). Wenn keine stabile Geldnachfragefunktion vorliegt, dann kann überhaupt keine Aussage über den Einfluß einer Geldmengenveränderung auf das Preisniveau gemacht werden, da ungewiß ist, ob beispielsweise eine zusätzliche Geldmenge bei sonst unveränderten anderen ökonomischen Größen gewünscht oder nicht gewünscht ist, d. h. ob diese ein Ungleichgewicht im Geldmarkt auslöst oder nicht auslöst. In diesem Sinne ist die Grundvoraussetzung der quantitätstheoretischen Preisniveaubestimmung die Existenz einer stabilen Geldnachfragefunktion.

b) Strom- versus Bestandsgleichgewicht im Geldmarkt

Wie schon öfters betont ist die Grundannahme der Quantitätstheorie die der Vollbeschäftigung. Die Hypothese der Vollbeschäftigung legt nun nahe, das Bestandsgleichgewicht einer Wirtschaft detailliert zu untersuchen. Im Falle einer unterbeschäftigten Wirtschaft ist die Analyse des Bestandsgleichgewichts von sekundärer Bedeutung, da hier die Variation des Realeinkommens – eine Stromgröße – im Mittelpunkt der Analyse steht. Ist dagegen das Realeinkommen gegeben, dann besteht das primäre Problem in der Bestimmung der langfristig gewünschten Bestandsgrößen – eine Analyse, die am einfachsten auf der Grundlage der Annahme einer stationären Wirtschaft durchgeführt werden kann. Die Annahme einer stationären Wirtschaft ist insofern unproblematisch, als der Wachstumsaspekt einer Wirtschaft später ohne Schwierigkeiten eingeführt werden kann, denn das „eigentliche" theoretische Problem ist das der Bestimmung der langfristig gewünschten Bestandsgrößen: Sind diese bekannt, dann bedeutet die Annahme einer wachsenden Wirtschaft lediglich, daß diese Größen um die jeweilige Wachstumsrate pro Periode zunehmen müssen. Da die Quantitätstheorie stets auf die langfristige Analyse abzielt, ist es verständlich, daß sie sich vor allem mit der Bestandsanalyse befaßt hat. Der wohl wichtigste Aspekt dieser Bestandsanalyse ist die Frage, unter welchen Bedingungen eine (expansive) Geld- oder Fiskalpolitik „neutral" ist. Neutralität bedeutet hier, daß eine solche Geld- oder Fiskalpolitik die Realgrößen der Wirtschaft (Zinssatz, Vermögensbestände) unverändert läßt. Sind diese Neutralitätsbedingungen bekannt, dann sind auch aus dem Umkehrschluß jene Bedingungen bekannt, unter denen die Geld- und Fiskalpolitik einen realwirtschaftlichen Einfluß ausübt. Diese brauchen dann nicht nur für die quantitätstheoretische Welt der Vollbeschäftigung zu gelten, sondern sie werden a fortiori für die Situation der Unterbeschäftigung angewandt werden können.

Es wurde bisher stillschweigend unterstellt, daß die Wirtschaftssubjekte, sofern ein Teil ihrer effektiven Kassenhaltung ungewünscht ist, diesen sogleich *in voller Höhe* für den Kauf von Gütern ausgeben. Dies ist eine mögliche, aber sehr unwahrscheinliche Verhaltensweise. Die Nachfrage nach Geld ist die Nachfrage nach einem Bestand. Für den Fall, daß sich die Wirtschaftssubjekte nicht auf ihrer Geldnachfragekurve befinden (wie z. B. der Punkt *B* in Abb. 46, sofern das Preisniveau P_1 beträgt) – der effektive Geldbestand ist also unterschiedlich vom gewünschten Geldbestand –, werden sie im Regelfall die Anpassung des effektiven Geldbestandes an den gewünschten nicht unmittelbar innerhalb einer einzigen Periode durchführen, sondern sie werden diese Anpassung über mehrere Perioden verteilen.

Den Grund hierfür liefert das Gesetz des abnehmenden Grenznutzens, übertragen auf eine mehrperiodische Betrachtungsweise. Da für den einzelnen die Aufstockung von Kassenbeständen nur über die Ersparnis möglich ist (vor allem auch deswegen, weil in unserem Modell keine anderen Aktiva existieren), wird er diese während mehrerer Perioden vornehmen,

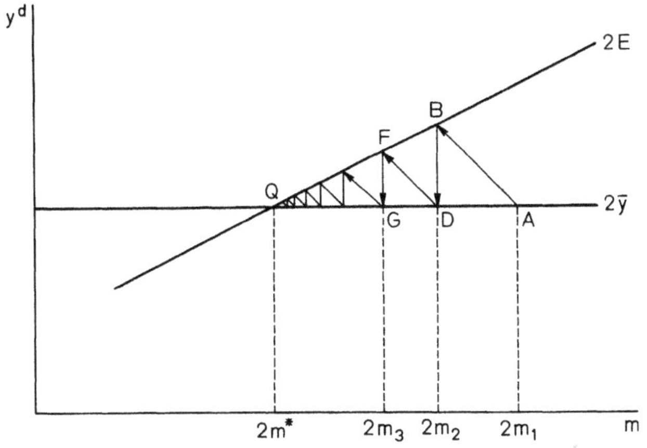

Abb. 47

sofern sein effektiver Kassenbestand unterhalb des gewünschten Kassenbestands liegt; eine einmalige und damit radikale Reduktion des Konsums ist „schmerzhafter", d. h. löst einen höheren Nutzenentgang aus, als dieselbe Reduktion, jedoch z. B. jeweils zur Hälfte verteilt auf zwei Perioden. In ähnlicher Weise gilt die Verhaltensweise der Bestandsanpassung für den Fall, daß die Kassenbestände zu hoch sind; der Abbau der nicht gewünschten Kassenbestände erfolgt über mehrere Perioden, da aufgrund des Gesetzes des abnehmenden Grenznutzens die Nutzenstiftung eines einmaligen Mehrkonsums geringer ist als jene Nutzenstiftung, die aus einem gleich hohen, jedoch anteilig auf mehrere Perioden verteilten Mehrkonsum resultiert [3].

Was mikroökonomisch als gerechtfertigte Analyse erscheint (Veränderung der individuellen Kassenhaltung mittels des Sparens oder Entsparens zwecks Realisierung des gewünschten Geldbestandes), kann sich auf makroökonomischer Ebene als illusorisch erweisen. Wählen wir den besprochenen Fall eines Kassenüberschusses: Die effektive Kassenhaltung übersteigt die gewünschte Kassenhaltung (*AB* in Abb. 46). Gleichgültig, ob es sich um ein einzelnes Wirtschaftssubjekt, um mehrere Wirtschaftssubjekte oder um alle Wirtschaftssubjekte handelt, gesamtwirtschaftlich wird sich die Realisierung der gewünschten Geldhaltung mittels einer Veränderung des Preisniveaus einstellen, und das gesamtwirtschaftliche Sparen wird hiervon nicht berührt werden.

Zur Demonstration dieser makroökonomischen Aussagen wählen wir eine stationäre Wirtschaft, die sich „der Einfachheit halber" aus zwei Wirtschaftssubjekten zusammensetzen möge. Wir unterstellen zwei identi-

---

[3] Siehe hierzu Kap. V, S. 196–200.

sche Individuen mit der gleichen Ausstattung an Ressourcen (jeweils $\bar{y}$, m_1) und mit der gleichen Präferenzstruktur (d. h. gleiche Expansionslinie *E*); vgl. Abb. 47 [4]. Im Punkte *A* herrscht ein Geldangebotsüberschuß, und zwar in Höhe von *AQ* unter dem Bestandsaspekt und in Höhe von *AD* unter dem Stromaspekt, wobei letzterer gleich einem Güternachfrageüberschuß (*BD*) in der ersten Periode ist. Die Wirtschaftssubjekte werden sich nun nicht im Punkte *B* aufhalten, auch wenn sie diesen entsprechend dem mikroökonomischen Optimierungskalkül anstreben. Sie wollen *B* realisieren und das Resultat ist, daß sie sich im Punkte *D* befinden. Der Güternachfrageüberschuß bewirkt eine Preisniveauerhöhung; niemand wird mehr konsumieren können als sein Einkommen beträgt, und der Glaube, ein höheres Vermögen zu besitzen, ist illusorisch. Die Wirtschaftssubjekte haben einen Teil ihrer Realkasse, und zwar *AD*, selbst „zerstört". Im Punkt *D* angelangt werden sie versuchen, den Optimumspunkt *F* zu verwirklichen, jedoch mit dem Resultat einer weiteren Preisniveauerhöhung, die die Realkasse auf $2m_3$ schrumpfen läßt, so daß sich die Wirtschaftssubjekte nicht im Punkt *F*, sondern im Punkt *G* befinden. Der Prozeß der sukzessiven Preisniveauerhöhung dauert so lange an, bis die gewünschte Bestandsnachfrage nach Realkasse, $2m^*$, erreicht ist.

Dieses quantitätstheoretische Resultat eines Geldangebotsüberschusses ist mit dem der Abb. 46 identisch. Die Beweisführung ist nur differenzierter, da wir zwischen Stromnachfrage und Bestandsnachfrage nach Geld unterschieden haben. Da unsere Behauptung die war, daß eine eindeutige (quantitätstheoretische) Kausalkette zwischen Geldmenge und Preisniveau vorliegt, sofern eine stabile Nachfragefunktion nach Geld existiert, wollten wir diese Nachfragefunktion (für den einfachen Fall einer stationären Wirtschaft) noch näher untersuchen, und zwar mit dem Instrumentarium der Strom- und Bestandsnachfrage, das gleichzeitig eine Einführung in die Periodenanalyse gestattete.

c) Geldpolitik als versteckte Steuerpolitik

Dieses Strom-Bestandsmodell der Geldnachfrage bzw. das Anpassungsmodell der effektiven Geldhaltung an die gewünschte über eine Reihe von Stromgleichgewichten liefert noch eine andere interessante Erkenntnis, und zwar hinsichtlich der Möglichkeit der Koexistenz von Preisniveauerhöhungen *und* zusätzlichem Handel. Diese Möglichkeit ist für jenen Fall charakteristisch, in dem z. B. eine expansive Geldpolitik zugunsten einer bestimmten Gruppe erfolgt, wodurch Distributionseffekte auf den Plan treten. Wählen wir als ein „einfaches" Beispiel das einer Geld-

[4] Siehe hierzu Abb. 28 in Kap. V, S. 198.

mengenverdoppelung. Der geldtheoretisch klassische Fall einer Geldmengenverdoppelung ist der des über Nacht anfallenden Geldgeschenks, in dem die Wirtschaftssubjekte jeweils mit einer doppelten Kassenhaltung aufwachen; dieser Fall ist identisch mit dem der Abb. 47. Ein anderer Fall, den wir nun mit Hilfe der Abb. 48 untersuchen wollen, ist der, wo sich die gesamtwirtschaftliche Geldmengenverdoppelung nur bei einer Gruppe von Wirtschaftssubjekten konkretisiert, und zwar in Form einer derart starken Kassenausweitung, daß sich gesamtwirtschaftlich eine Geldmengenverdoppelung einstellt.

Operieren wir wiederum mit unserem stationären Zwei-Wirtschaftssubjekte-Modell, in dem die beiden Wirtschaftssubjekte auch zwei Wirtschaftsgruppen darstellen können. In der Ausgangssituation befinden sich unsere identischen Wirtschaftssubjekte im vollständigen Strom-Bestandsgleichgewicht *Q*. Die Abb. 48 repräsentiert jeweils Ressourcen und Präferenzen des Wirtschaftssubjektes *A* bzw. *B*, und eine doppelte Vergrößerung von Abb. 48 würde die Globalgrößen der Gesamtwirtschaft in Analogie zu Abb. 47 wiedergeben. Wirtschaftssubjekt *B* möge der Glückliche sein, dem das Geldgeschenk über Nacht zufällt, und zwar in Höhe von $m_B^* m_{B_0}$.

Die Erhöhung der Kassenhaltung möge einer Verdreifachung seiner ursprünglichen Kassenhaltung (m_B^*) entsprechen, so daß sich gesamtwirtschaftlich eine Geldmengenverdoppelung eingestellt hat. Das Wirtschaftssubjekt *B* befindet sich im Punkt *A*, während das Wirtschaftssubjekt *A* weiterhin im Punkt *Q* verweilt. Wir wissen, daß das vollständige Endgleichgewicht für beide Wirtschaftssubjekte der Punkt *Q* ist. Analytisch läßt sich der Gleichgewichtsprozeß sukzessive in zwei Anpassungsmechanismen aufteilen, auch wenn in der Wirklichkeit diese beiden Mechanismen simultan auftreten.

(1) Unbeachtet des Distributionseffektes (Verdreifachung der Kassenhaltung des *B* und Konstanz der Kassenhaltung des *A*) liegt gesamtwirtschaftlich eine Geldmengenverdoppelung vor, die zu einem doppelten Preisniveau führen muß. Der Preisauftrieb stammt von dem Güternachfrageüberschuß des *B*, der einem Strom-Geldangebotsüberschuß des *B*, von jeweils *AD*, *DG* usw. entspricht. Das Preisniveau soll sich verdoppelt haben, sobald *B* sich im Punkt *H* befindet.

(2) Im Punkt *H* existiert noch immer ein Geldangebotsüberschuß seitens des *B*, und zwar unter dem Bestandsaspekt in Höhe von *HQ*. Diesem Bestands-Geldangebotsüberschuß entspricht nun ein Bestands-Geldnachfrageüberschuß seitens des *A* in Höhe von *hQ*. *A* ist also nicht nur relativ benachteiligt, da ihm kein Geldgeschenk zugeflossen ist, *A* ist auch absolut geschädigt, da sich seine Realkasse ohne sein Zutun aufgrund der Preisverdoppelung von m_A^* auf m_{A_1} vermindert hat. Oder anders ausgedrückt, die asymmetrische Verteilung der zusätzlichen Geldmenge hat den Distri-

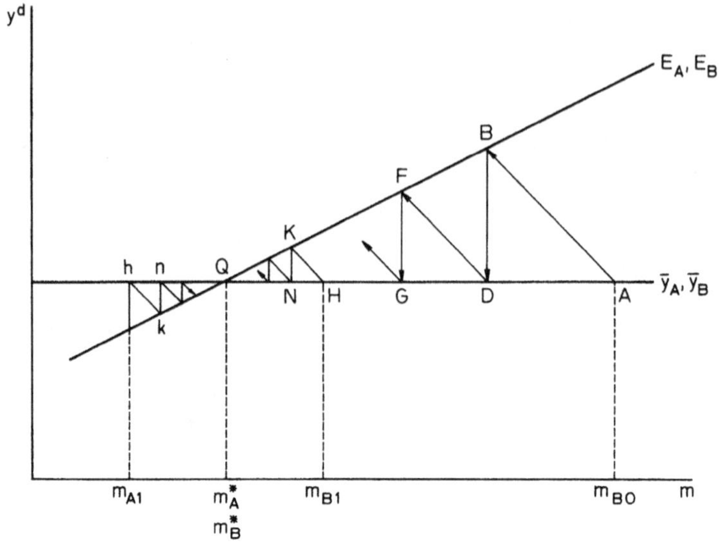

Abb. 48

butionseffekt zur Folge, wonach sich B auf Kosten des A bereichert: $m_{B_1}m_B^* = m_{A_1}m_A^*$. Der „finanzielle" Transfer von A an B erfolgt über die Preisniveauerhöhung (geringere Realkasse des A und entsprechend höhere Realkasse des B). Der sich anschließend einstellende „güterwirtschaftliche" Transfer von A an B konkretisiert sich in einer Güterabgabe des A in Höhe von hQ, so daß B von A insgesamt Güter in Höhe von $hQ = HQ$ erhält. Dieser Gütertransfer vollzieht sich über den Handel zwischen A und B und über mehrere Perioden. In der ersten Periode möchte A seine Kasse um den Betrag hn aufstocken und bietet dementsprechend dem B Güter in Höhe von kn an. Da identische Nutzenfunktionen unterstellt sind ($E_A = E_B$), entspricht das Güterangebot des $A(kn)$ genau der das Einkommen übersteigenden Mehrfachnachfrage nach Gütern des $B(KN)$, denn B möchte seine ungewünschte Realkasse in der ersten Periode um den Betrag HN abbauen. In den folgenden Perioden setzt sich dieser Anpassungsprozeß der effektiven Geldhaltung an die gewünschte über den Gütertausch weiterhin fort, bis zu dem Augenblick, wo beide Wirtschaftssubjekte ihr Strom-Bestandsgleichgewicht im Punkt Q erreicht haben.

So heroisch einfach auch die Annahmen unseres Modells erscheinen mögen, so kann trotzdem mit diesem Modell eine wichtige Aussage hinsichtlich der fundamentalen Wirkungen einer expansiven Geldpolitik gemacht werden. Eine expansive Geldpolitik, die eine Preisniveauerhöhung zur Folge hat, ist gleichzeitig eine versteckte Steuerpolitik, sofern die Geldmengenausweitung nicht symmetrisch erfolgt, d. h. sofern man sich von dem unrealistischen Geldmengenexperiment einer über Nacht und für alle proportional gleich erfolgenden Geldmengenerhöhung entfernt. Die zu zahlende Steuer fällt bei jenen Wirtschaftssubjekten an, deren Geldmenge sich im Zuge der expansiven Geldpolitik nicht verändert hat und die aufgrund der Preisniveauerhöhung einen Verlust im Realwert ihrer Kassenhaltung erlitten haben. Sofern sie eine stabile Geldnachfragefunktion besitzen, werden sie den Verlust im Realwert ihrer Kasse durch einen temporären Minderkonsum ausgleichen und dieser Minderkonsum stellt die Steuer-„Zahlung" dar, und zwar an jene Wirtschaftssubjekte, die sich aufgrund des Geldgeschenks und trotz erfolgter Preisniveauerhöhung einen temporären Mehrkonsum leisten können.

Wählen wir zur Illustration dieses Zusammenhanges ein Beispiel. Der Staat möge die Transferzahlungen (z. B. Pensionen oder Sozialunterstützungen) erhöhen, indem er diese nicht über direkte Steuererhöhungen, sondern über eine zusätzliche Geldschaffung finanziert. Die zusätzlichen Transferzahlungen mögen z. B. AQ betragen (vgl. Abb. 48). Aufgrund der Preisniveauerhöhung als Folge einer höheren nominalen Geldmenge beträgt die zusätzliche Transferzahlung realiter jedoch nur HQ und sie wird von der Gruppe der Wirtschaftssubjekte A getragen, und zwar im Betrag von $hQ = HQ$. Statt die zusätzliche realwirtschaftliche Transferzahlung HQ durch die Geldmengenausdehnung (Budgetdefizit) zu finanzieren, hätte diese ebenfalls durch eine einmalige, bei der Gruppe A anfallende Steuererhebung in Höhe von hQ realisiert werden können, wodurch zudem das Preisniveau unberührt geblieben wäre.

Es ist nicht nötig, unser Modell komplizierter darzustellen, indem wir vor allem unsere Annahme identischer Wirtschaftssubjekte (gleiche Präferenzen, gleiche Ressourcen) aufgeben, denn die Grundaussage – für die überhaupt ein Modell konstruiert wird – bleibt die gleiche. Man könnte z. B. beide Wirtschaftssubjekte mit nicht-linearen und/oder unterschiedlichen Nutzenfunktionen „ausstatten". Für diesen Fall allein würde die Beschreibung des Anpassungsprozesses äußerst kompliziert werden, aber die Endaussage wäre die gleiche: eine asymmetrische Geldmengenerhöhung führt zu einer Preisniveauerhöhung und zu einer „Steuer"-Zahlung einer Wirtschaftsgruppe an eine andere Wirtschaftsgruppe in Form eines zusätzlichen Güteraustausches.

2. Realwirtschaftliche Determinanten des Zinssatzes

Während der Zinssatz in unseren bisherigen Überlegungen nicht existierte, wollen wir ihn nun in die Analyse einführen. Dabei unterstellen wir weiterhin eine stationäre Wirtschaft, für die wir das Bestandsgleichgewicht determinieren wollen. Vom Geldbestand und damit von der Bestimmung des Preisniveaus sehen wir zunächst ab.

Die realwirtschaftliche (bzw. „klassische") Bestimmung des Zinssatzes r resultiert aus dem Spar- und Investitionsprozeß (Abb. 49). Bei gegebenem Einkommen ($\bar{y}$) ist die Ersparnis S eine zunehmende, die Investition I eine abnehmende Funktion des Zinssatzes. Der Zinssatz wäre demnach durch die Höhe der Ersparnis und die Höhe der Investition bestimmt (r_0 in Abb. 49).

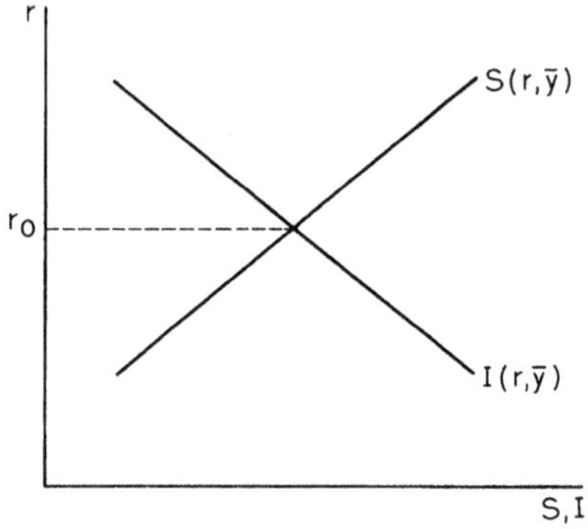

Abb. 49

Spar- und Investitionsvolumen resultieren einerseits aus den Entscheidungen über die gewünschte Höhe an Beständen: beim Sparer die gewünschte Höhe des Vermögensbestandes W^d

$$W^d = W(r, \bar{y})$$

und beim Investor die gewünschte Höhe des Kapitalbestandes K^d

$$K^d = K(r, \bar{y}),$$

andererseits aus der Anpassungsgeschwindigkeit (α bzw. β) der effektiven Bestände ($\bar{W}$ bzw. $\bar{K}$) an die gewünschten Bestände:

$$S = \alpha(r)[W(r, \bar{y}) - \bar{W}] \qquad 0 < \alpha \leq 1 \tag{1}$$

$$I = \beta(P_K)[K(r, \bar{y}) - \bar{K}]. \qquad 0 < \beta \leq 1 \tag{2}$$

W^d ist der langfristig gewünschte Vermögensbestand, der in der Regel mit steigendem Zinssatz zunimmt (Abb. 50a). K^d ist der gewünschte Kapitalbestand, der mit abnehmendem Zinssatz zunimmt; der Verlauf der K-Kurve in Abb. 50a ist identisch mit der Grenzproduktivität des Kapitals. In der Regel erfolgt die Bestandsanpassung über eine Reihe von Perioden.

Hat der Sparer eine große Vorliebe für den Gegenwartskonsum („Zeitpräferenz"), wird er den Anpassungsprozeß langsamer gestalten, wobei allgemein ein höherer Zinssatz zu einer größeren Anpassungsgeschwindigkeit (α) führt. Der Investor paßt deshalb nicht unmittelbar den effektiven an den gewünschten Kapitalbestand an, weil eine zusätzliche Nachfrage nach Investitionsgütern eine Erhöhung des Preises der Kapitalgüter (P_K) auslöst, die um so größer ist, je schneller der Anpassungsprozeß (β) erfolgt; Hierdurch ist auch die temporäre Divergenz zwischen Grenzproduktivität des Kapitals und Grenzeffizienz der Investition (welche die Grenzproduktivität des Kapitals bei steigendem Kapitalgüterpreis ist) zu erklären.

Das langfristige Bestandsgleichgewicht befindet sich im Punkte A der Abb. 50a, wo der gewünschte Vermögensbestand (W^*) seitens der Haushalte (den Sparern) gleich dem gewünschten Kapitalbestand (K^*) der Unternehmer (den Investoren) ist: Der Kapitalbestand K^* stellt das Vermögen W^* der Haushalte dar. Der langfristig herrschende Zinssatz ist r^*, der einerseits durch die Zeitpräferenz der Sparer und andererseits durch die Grenzproduktivität des Kapitals (deren Verlauf identisch mit der K^d-Kurve der Abb. 50a ist) bestimmt ist. Sparen und Investieren sind dann beide gleich Null (Abb. 50b).

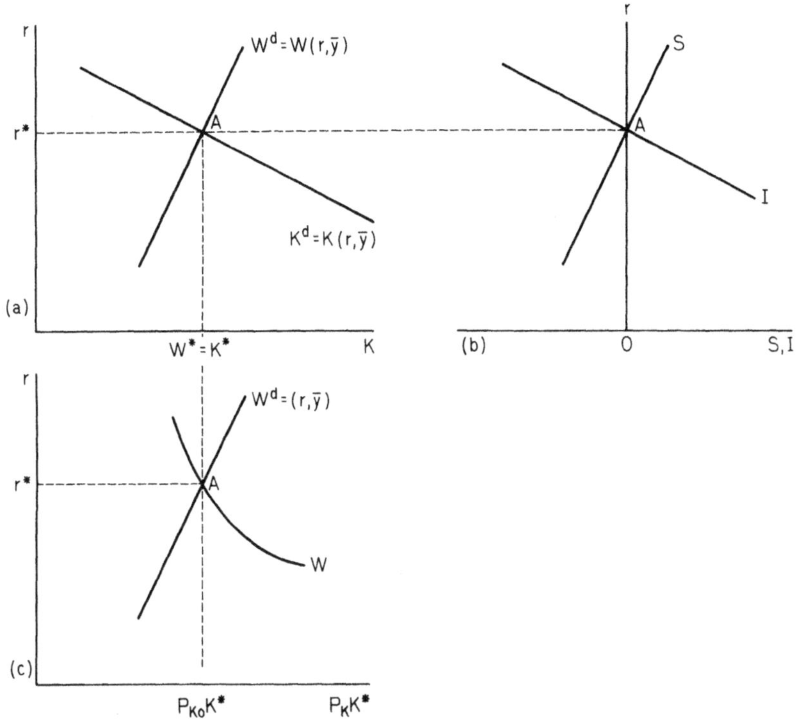

Abb. 50

In der Regel halten die Haushalte das Realkapital der Unternehmen in Form von Wertpapieren: Schuldverschreibungen und/oder Aktien. Der Gesamtwert dieser Wertpapiere muß gleich dem *Wert* des Kapitalbestandes K^* sein (sofern der gesamte Kapitalbestand fremdfinanziert worden ist)

$$W = P_{K_0} K^*$$

wobei P_K der Preis des Kapitalbestandes und P_{K_0} sein Gleichgewichtspreis ist. In Abb. 50c ist der Wert des Kapitalbestandes (der identisch ist mit dem Wert des Wertpapierbestandes) für den *gegebenen* physischen Kapitalbestand K^* in Abhängigkeit des Zinssatzes dargestellt. Die Beziehung zwischen der K^d-Kurve (Abb. 50a) und der W-Kurve (Abb. 50c) ist wie folgt:

K^d-Kurve (Abb. 50a) $$r = \frac{\bar{P} y_K}{P_{K_0}}.$$

Da $$P_K = \frac{\bar{P} y_{K^*}}{r}$$

W-Kurve (Abb. 50c) $$P_K K^* = \frac{\bar{P} y_{K^*} K^*}{r}.$$

y_K bezeichnet die Netto-Grenzproduktivität des Kapitals, d. h. die Grenzproduktivität des Kapitals abzüglich des Abschreibungsbetrags des Kapitals, und $\bar{P}$ ist der (gegebene) Preis des Grenzprodukts. Die K^d-Kurve reflektiert die Gleichheit zwischen Zinssatz und der Netto-Grenzproduktivität des jeweiligen Kapitalbestandes unter der Annahme eines gegebenen Kapitalgüterpreises (P_{K_0}). Der W-Kurve unterliegt ein *gegebener* physischer Kapitalbestand (K^*) – und damit eine gegebene physische Grenzproduktivität (y_{K^*}) bzw. ein gegebener Wert der Grenzproduktivität $\bar{P} y_{K^*}$) –, und der Preis des Kapitalbestandes steht in inverser Beziehung zum Zinssatz. Die W-Kurve ist eine rechtwinklige Hyperbel. Für den Kapitalbestand K^* und den Zinssatz r^* beträgt der Kapitalgüterpreis P_{K_0} [5]. Dieser Kapitalgüterpreis ist ein Gleichgewichtspreis, wenn wir zusätzlich die W^d-Kurve in Betracht ziehen [6].

Grundsätzlich ist also in der realwirtschaftlichen (sprich klassischen) Sicht der Zinssatz durch Sparen und Investieren bestimmt. Die moderne

[5] Die W-Kurve ist deshalb eine rechtwinklige Hyperbel, weil das Produkt $rP_K K^*$ gleich dem unveränderlichen Ausdruck $\bar{P} y_{K^*} K^*$ ist.
In Abb. 50 ist unterstellt, daß $P_{K_0} = 1$ ist, so daß K^* (Abb. 50a) und $P_{K_0} K^*$ (Abb. 50c) übereinstimmen.

[6] Die „wahre" Vermögensnachfragekurve W^d ist die der Abb. 50c. Für die Konstruktion der W^d-Kurve der Abb. 50a (wie aber auch für die K^d-Kurve) ist ein unveränderlicher Kapitalgüterpreis (P_{K_0}) unterstellt.

Interpretation erfolgt auf der Basis von Bestandsgrößen (Vermögen, Kapitalbestand). Diese Bestandsgrößenanalyse beruht aus der Sicht des Sparers auf der Portfolioanalyse (Abb. 50c) im Sinne des gegebenen Vermögensbestandes ($\bar{W}$) und des langfristig gewünschten Vermögensbestandes (W^d). Diese Portfolioanalyse führt dann zu der Bestimmung eines Zinssatzes, der für den Investor den optimalen (physischen) Kapitalbestand (K^d) angibt (Abb. 50a). In der Abb. 50 liegt ein vollständiges Bestandsgleichgewicht in dem Sinne vor, daß $W^d = \bar{W}$ (so daß $S = 0$ laut Gleichung 1) und daß $K^d = \bar{K}$ (so daß $I = 0$ entsprechend der Gleichung 2).

3. Die simultane Bestimmung des Preisniveaus und des Zinssatzes

Die moderne Makroökonomik begann bekanntlich mit Keynes' *Allgemeiner Theorie* (1936) und sie wurde sozusagen popularisiert durch die Hickssche Interpretation aus dem Jahre 1937 auf der Grundlage des von ihm entwickelten *IS-LM*-Systems. Fünfzehn Jahre später schlug Metzler [1951] das für die Quantitätstheorie relevante *IS-LM*-System vor.

„Methodologisch wurde es ein Modell der makroökonomischen Theorie für ein Vierteljahrhundert... Mit seinem „Wealth"-Aufsatz wurde Metzler, zusammen mit Patinkin und Milton Friedman, zu einem der intellektuellen Führer in der nach der Keynesschen Revolution von Chicago ausgehenden Wiederbelebung der Geldtheorie ... Er interpretierte die Geldtheorie seines Modells eher als eine Verallgemeinerung sowohl der klassischen als auch der keynesianischen Theorie; aus dem dialektischen Widerstreit zwischen der klassischen These und der keynesianischen Gegenthese sah er das Aufkommen einer postkeynesianischen Synthese" [7].

Diese Synthese wird in dem gegenwärtigen Abschnitt dargestellt. Im letzten Abschnitt handelte es sich um die ausschließliche Bestimmung des Zinssatzes, die auf der Basis von Bestandsgrößen (Kapital und Wertpapiere, die vollständige Substitutionsgüter waren) durchgeführt worden war. Wir wollen nun explizite die Geldmenge mitberücksichtigen, wodurch das Preisniveau die zweite zu bestimmende Variable wird.

---

[7] "In its methodology, it became a model for macroeconomic theory for a quarter of a century ... With his 'Wealth'-article, Metzler, together with Patinkin and Milton Friedman, became one of the intellectual leaders in the resurgence of monetary theory emanating from Chicago after the Keynesian revolution ... He rather interpreted the monetary theory of his model as a generalization of both classical and Keynesian theory; he saw emerging from the dialectic conflict between the classical thesis and the Keynesian antithesis, a post-Keynesian synthesis." J. Niehans, Metzler, Wealth, and Macroeconomics: A Review, in: Journal of Economic Literature, XVI (1978), S. 85.

a) Das Metzlersche IS-LM-Modell

Die Bestimmung von zwei Variablen muß auf der Basis von zwei Märkten erfolgen. Der erste Markt ist der uns schon bekannte Markt des Kapitals bzw. Vermögens, generell dargestellt durch $I=S$ (Gütermarkt), und der zweite ist der Geldmarkt. Betrachten wir zunächst noch einmal den Gütermarkt.

In Abb. 51 ist wiederum der gewünschte (nachgefragte) Vermögensbestand (W^d) und der effektive Vermögensbestand (K^d) abgetragen, die beide in Abhängigkeit vom Zinssatz stehen. Sofern der Kapitalbestand fremdfinanziert ist, kann dieser auch durch den Wertpapierbestand repräsentiert werden.

In einer fiktiven geldlosen Wirtschaft beträgt der Gleichgewichtszinssatz r^*, und der Vermögensbestand lautet K^* (bzw. $W^* = P_{K_0} K^*$, wobei wir wiederum unterstellen, daß $P_{K_0} = 1$). Es ist nochmals zu betonen, daß dieser Gleichgewichtszustand der des langfristigen Bestandsgleichgewichts einer stationären Wirtschaft ist. Der Zinssatz r^* ist ausschließlich durch realwirtschaftliche Faktoren bestimmt: Grenzproduktivität des Kapitals und Vermögensakkumulation mittels des Konsumverzichts. Diesen Zusammenhang hatten wir im letzten Abschnitt abgeleitet.

Die Existenz des Geldes im Sinne des Realwertes des Geldes ($M/P=m$) erhöht den Gleichgewichtszinssatz! Die Argumentation verläuft wie folgt. Der Vermögensbestand kann sich sowohl aus Sachkapital (K) als auch aus Realkasse (m) zusammensetzen. Jener Realkassenbestand, bei dem der Sachkapitalbestand (K^d) einerseits und der *gesamte* gewünschte Vermögensbestand (W^d) andererseits jeweils bei unterschiedlichen Zinssätzen im Bestandsgleichgewicht sind, ist gleich der horizontalen Differenz zwischen der W^d-Kurve und der K^d-Kurve:

$$m = W^d - K^d.$$

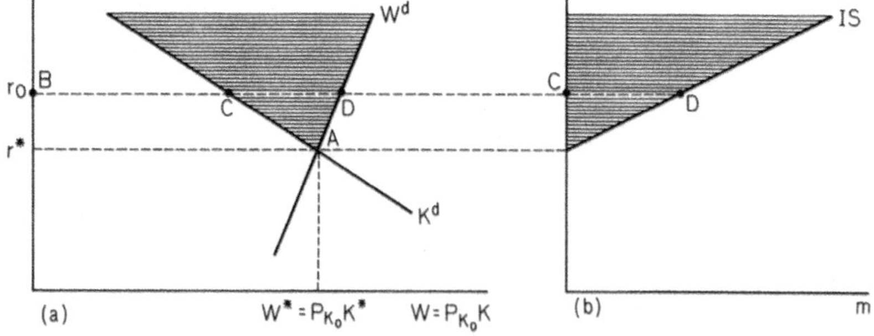

Abb. 51 a, b

Beim Zinssatz r_0 beträgt der effektive und gewünschte Kapitalbestand BC, so daß $I = 0$. Lautet der Vermögensbestand BD (gleich BC Kapital plus CD Realkasse), dann ist ebenfalls $S = 0$. Folglich herrscht ein Gleichgewicht im Gütermarkt, ausgedrückt in Stromgrößen

$$I = S = 0$$

dann vor, wenn der Betrag der Realkasse gleich CD ist. In Abb. 51b ist für unterschiedliche Zinssätze jener Realkassenbestand abgetragen, bei dem der Gütermarkt im Strom- und Bestandsgleichgewicht ist: Die *IS*-Kurve ist gleich der horizontalen Differenz zwischen der W^d- und K^d-Kurve.

Wie hoch nun der effektive Realkassenbestand ist, hängt von der Geldnachfrage ab. In Abb. 52b lautet die Geldnachfrage $L(r)$: Ein geringerer Zinssatz erhöht die gewünschte Haltung an Realkasse. Die Kurve der Geldnachfrage kann gleichzeitig als Gleichgewichtsbedingung des Geldmarktes (*LM*) interpretiert werden, sofern

$$L(r) = \frac{M}{P}$$

bzw.

$$L(r) = m \, .$$

Das langfristige Bestandsgleichgewicht einer stationären Geldwirtschaft liegt im Punkte D der Abb. 52b. Der gewünschte Gesamtvermögensbestand $W^d = BD$ ist gleich dem effektiven Gesamtvermögensbestand $K_0 = BC$ plus $m_0 = CD$. Ferner ist ebenfalls die gewünschte Zusammensetzung des Gesamtvermögens realisiert: $K^d = K_0$ und $L(r_0) = m_0$. In Abb. 52a haben wir zusätzlich die $V(K_0)$-Kurve eingezeichnet. Diese rechtwinklige Hyperbel reflektiert die inverse Beziehung zwischen Zinssatz (r) und Preis des Kapitalgüterbestandes (P_K) für den *gegebenen* Kapitalbestand K_0 [8].

Der Gleichgewichtszinssatz r_0 ist sowohl durch realwirtschaftliche als auch durch geldwirtschaftliche Faktoren bestimmt. Der monetäre Einfluß ergibt sich aus dem Tatbestand, daß das Gesamtvermögen nun aus Kapital *und* Realkasse besteht. Unter der Annahme, daß sich die gewünschte Höhe des Gesamtvermögens bei Einführung des Geldes in die „fiktiv geldlose“ Wirtschaft nicht ändert, nimmt der Kapitalbestand um den Be-

[8] Das Metzler-Modell [1951] unterscheidet sich von unserer Darstellung unter zwei Aspekten. Bei Metzler bleibt der physische Kapitalbestand unverändert, so daß in seinem Modell die K^d-Kurve inexistent ist. Auf der anderen Seite spezifiziert Metzler die Geldnachfragefunktion als einen Bruchteil L des Vermögensbestandes W, wobei L selbst eine abnehmende Funktion des Zinssatzes ist: $L(r)\,W$.

„Unsere“ Interpretation bzw. Modifikation des Metzler-Modells in Form eines variablen Kapitalbestandes impliziert eine besondere Art der langfristigen Betrachtungsweise, welche die der sehr langfristigen Periode ist. Zinsänderungen involvieren Kapitalbestandsveränderungen ($I \neq 0$); die langfristige Periode beginnt bei uns dann, wenn diese Kapitalbestandsveränderungen vollzogen sind ($I = 0$).

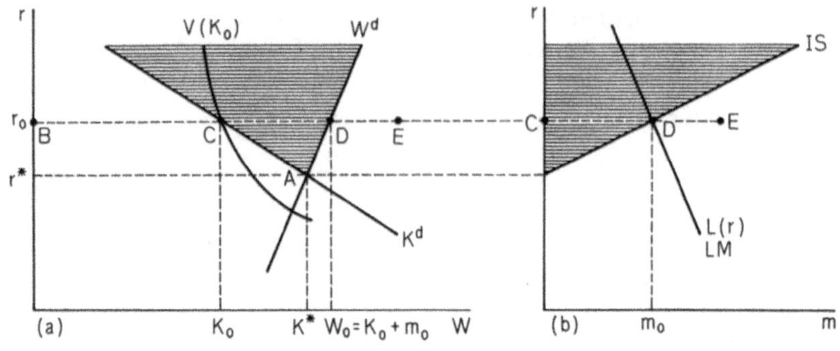

Abb. 52 a, b

trag der gewünschten Geldhaltung ab. Ein verringerter Kapitalbestand impliziert eine höhere Grenzproduktivität des Kapitals und damit einen höheren Zinssatz [9].

Arithmetisch lautet das Gleichgewichtssystem der Abb. 52b wie folgt:

Gütermarkt (*IS*-Kurve) $S(r, W) = I(r) = 0$ (3)

Geldmarkt (*LM*-Kurve) $L(r) = m$ (4)

wobei $W = K + m$

und $m = \frac{\bar{M}}{P}$.

Irgendeine Ungleichgewichtssituation im Güter- und Geldmarkt wird Preisniveau- und/oder Zinssatzbewegungen auslösen, wodurch das System zum Gleichgewichtspunkt *D* konvergiert. Betrachten wir z. B. den einfachsten Fall eines Ungleichgewichts, charakterisiert durch den Punkt *E* in Abb. 52: Der Realkapitalbestand ist auf der gewünschten Höhe *BC*, so daß weiterhin $I = 0$ ist; die effektive Realkasse beträgt *CE* und die ge-

[9] Dieses „Paradox“: Existenz des Geldes – verringerter Sachkapitalbestand, wurde vor langer Zeit ebenfalls in der Wachstumstheorie entdeckt. Berücksichtigt man in den realwirtschaftlichen Wachstumsmodellen die Existenz des Geldes, so wird hierdurch die Wachstumsrate des Kapitalbestandes und des Realeinkommens nicht beeinflußt; der einzige Einfluß besteht in der Niveaugröße des Kapitalbestandes: Der Expansionspfad des Kapitalbestandes vollzieht sich auf einem geringeren Ausgangsniveau. Siehe hierzu u. a. J. Tobin, Money and Economic Growth, in: Econometrica, XXXIII (1965), S. 671–684.

In unserem Vergleich Geldwirtschaft – „fiktiv geldlose“ Wirtschaft haben wir von einem wesentlichen Aspekt des Geldes abstrahiert, und zwar dem des enormen technischen Fortschritts, dem die Wirtschaft beim Übergang von einer Tauschwirtschaft zu einer Geldwirtschaft unterliegt, wodurch u. a. die Grenzproduktivität aller Produktionsfaktoren steigt. Aus diesem Grunde haben wir von einer „fiktiv geldlosen“ Wirtschaft gesprochen, in der dieser Fortschritt schon berücksichtigt sein soll. Siehe hierzu Kap. III.

wünschte Realkasse *CD,* so daß ein Geldangebotsüberschuß von *DE* vorliegt; diesem Geldangebotsüberschuß entspricht ein „Vermögensüberschuß" von *DE* in Abb. 52a, der zu einer negativen Ersparnis, d. h. zu einer Mehrnachfrage nach Gütern führt:

$$S < |I = 0|$$

$$L(r) < \frac{\bar{M}}{P}.$$

Da das Güterangebot das der Vollbeschäftigung ist ($\bar{y}$), steigen die Preise. Die Preissteigerung wird so lange andauern, bis der Geldangebotsüberschuß und der „Vermögensüberschuß" mittels der Verringerung des effektiven Realkassenbestands eliminiert sind.

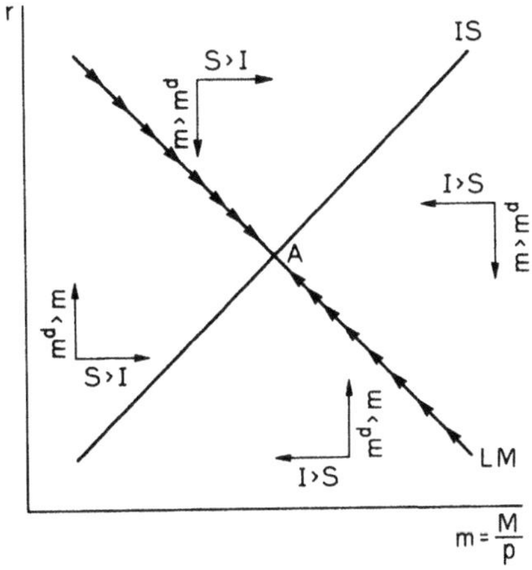

Abb. 53

Die Abb. 52b ist nochmals in Abb. 53 dargestellt. Alle Punkte rechts von der *IS*-Kurve sind Situationen des Güternachfrageüberschusses ($I > S$), der durch Preisniveauerhöhungen beseitigt wird; umgekehrt existiert im linken Bereich der *IS*-Kurve ein Güterangebotsüberschuß ($S > I$), der durch Preisniveausenkungen eliminiert wird. Punkte oberhalb der *LM*-Kurve sind Situationen eines Geldangebotsüberschusses ($m > m^d$) mit der Folge einer Zinssenkung und Punkte unterhalb der *LM*-Kurve sind Situationen eines Geldnachfrageüberschusses, der den Zinssatz erhöht. Für Ungleichgewichtssituationen wollen wir eine höhere Anpassungsgeschwindigkeit im Geldmarkt als im Gütermarkt unterstellen. Ein Ungleichgewicht in beiden Märkten wird *zunächst* Zinsbewegungen in der Weise verursachen, daß sich die Wirtschaft in Richtung der *LM*-Kurve bewegt; *anschließend* reagiert der Gütermarkt mit Preisniveaubewegungen, so daß sich die Wirtschaft entlang der *LM*-Kurve zum Punkte *A* bewegt.

b) Das Tobinsche *q*

Das Metzler-Modell, dargestellt durch das Gleichungssystem (3) bis (4) auf S. 320, kann mit Hilfe der Gleichungen (1) und (2) auf S. 314 wie folgt geschrieben werden:

$$\underbrace{S(r, W)}_{\alpha(r)\,[W(r,\bar{y}) - \bar{W}]} = \underbrace{I(r)}_{\beta(P_K)[K(r,\bar{y}) - \bar{K}]} \tag{3, 3a}$$

$$L(r) = m. \tag{4}$$

Der Koeffizient α zeigt die Anpassungsgeschwindigkeit des tatsächlichen Vermögensbestandes ($\bar{W}$) an das langfristig gewünschte Vermögensniveau $W(\;)$ an, und der Koeffizient β bestimmt die Anpassungsgeschwindigkeit des tatsächlichen Kapitalbestandes ($\bar{K}$) an den gewünschten Kapitalbestand $K(\;)$. Aus Einfachheitsgründen vernachlässigen wir den Ausdruck $\bar{y}$ in Gleichung (3a), da er als konstant unterstellt ist. An die Stelle des absoluten Preises der Kapitalgüter, P_K, setzen wir den relativen Preis der Kapitalgüter, d. h. das Tobinsche *q*: [10]

$$\alpha(r)\,[W(r) - \bar{W}] = \beta(q)\,[K(r) - \bar{K}]. \tag{3b}$$

Es gilt $q = P_K/P$, wobei *P* das Preisniveau der laufenden Produktion (Konsumgüter, Investitionsgüter) ist. Der relative Preis *q* ist also das Verhältnis des Preises des vorhandenen Realkapitals zu dem Preis des neuproduzierten Realkapitals (oder in Tobins Terminologie: zu den Reproduktionskosten des Realkapitals). Ein steigendes *q* wird β senken, wodurch der Anpassungsprozeß verlängert wird. Im langfristigen Bestandsgleichgewicht (K_0 in Abb. 52) ist $q = 1$.

Kurzfristig, definiert als eine Folge von Stromgleichgewichten in Richtung auf ein (langfristiges) Bestandsgleichgewicht, gibt es (außer *m* und *r* im Gleichungssystem 3b bis 4) eine weitere unbekannte Variable, und zwar *q*. *q* ist solange unbekannt, wie der tatsächliche Realkapitalbestand ($\bar{K}$) vom gewünschten langfristigen Gleichgewichtsbestand an Realkapital $K(r)$ abweicht. In dieser kurzfristigen Betrachtung wird das Gleichungssy-

[10] J. Tobin, A General Equilibrium Approach to Monetary Theory, in: Journal of Money, Credit, and Banking, I (1969), S. 15–29.

stem (3b) – (4) komplizierter:

$$\text{Gütermarkt} \quad \underbrace{\alpha(r)[W(r)-\bar{W}]}_{S} = \underbrace{\beta(q)[K(r)-\bar{K}]}_{I} \quad (3b)$$

$$\text{Geldmarkt} \quad L(r) = m \quad (4)$$

$$\text{Markt für Realkapital} \quad \underbrace{K^d(r,q)}_{K^d} = \underbrace{\bar{K}+I^s(q)}_{K^s}. \quad (5)$$

Da jetzt drei Variablen – m, r und q – unbekannt sind, haben wir einen zusätzlichen Markt in Form der Gleichgewichtsbedingung des Marktes für Realkapital (5) eingeführt. Abb. 54 zeigt diesen Markt für Kapitalgüter. Die Realkapitalnachfrage K^d ist als inverse Funktion des relativen Kapitalgüterpreises (q) eingezeichnet. Der Nachfragepreis des Realkapitals, $q^d = P_K^d/P$, hängt vom Grenzprodukt des Kapitals ab. Unterstellen wir die Gleichgewichtssituation C in Abb. 52 (S. 320) mit dem Zinssatz r_0 und dem Preisniveau P_0, dann ergibt sich:

$$q^d = \frac{P_K^d}{P_0} = \frac{y_K}{r_0}.$$

Das Kapitalangebot K^s setzt sich zusammen aus dem vorhandenen Realkapital $\bar{K}$ und dem Angebot neuproduzierter Kapitalgüter I^s (die horizontale Differenz zwischen K^s und $\bar{K}$). Die Stromangebotskurve ist von der

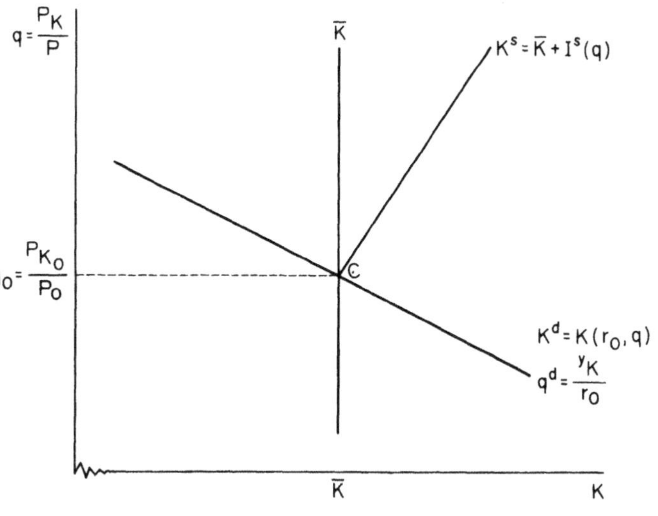

Abb. 54

Grenzkostenkurve der Investitionsgüterindustrie abgeleitet. Sie ist also eine steigende Funktion des relativen Preises der Kapitalgüter.

In Abb. 54 stimmt das Gleichgewicht des Kapitalgütermarktes (Punkt *C*) mit der Realisierung des gewünschten langfristigen Kapitalbestandes überein. Es gilt, daß $\bar{K} = K(r_0)$ und somit $q_0 = 1$ ist. Folglich entspricht der Punkt *C* in Abb. 54 dem Punkt *C* in Abb. 52 (S. 320). In dem folgenden Abschnitt werden wir den Anpassungsprozeß der Bestandsgrößen untersuchen.

4. Neutrale und nicht-neutrale Geldpolitik

Mit Hilfe des im letzten Abschnitt behandelten Metzler-Modells sind wir nun in der Lage, jene Bedingungen aufzustellen, unter denen eine Geldmengenveränderung die Realgrößen der Wirtschaft (Zinssatz, Kapitalbestand) unverändert läßt (neutrale Geldpolitik) bzw. modifiziert (nicht-neutrale Geldpolitik). Wie wir sehen werden, hängt die Frage der Neutralität oder Nicht-Neutralität von der Art der Geldmengenschaffung ab [11].

Gehen wir von einer expansiven Geldpolitik aus. In einer stationären Wirschaft wird diese expansive Geldpolitik eine Preisniveauerhöhung zur Folge haben. Ob diese Geldpolitik auch einen realwirtschaftlichen Effekt hat (Veränderung des Zinssatzes und des Kapitalbestandes), hängt von der Art der Geldpolitik ab.

Helikopter-Fall. – Dies ist jener „klassische" Fall, in dem die zusätzliche Geldmenge „vom Himmel fällt", und zwar im proportionalen Verhältnis zu den jeweiligen Geldbeständen der Wirtschaftssubjekte. In diesem Fall, für den Punkt *E* in Abb. 52a und 52b (S. 320) charakteristisch ist, ist die Geldpolitik neutral. Es findet eine Preisniveauerhöhung bis zu dem Punkte statt, bei dem die Realkasse wiederum gleich m_1 ist (Punkt *D* in Abb. 52b).

Finanzierung eines Budgetdefizits. – Dieser Fall ist in seinen realwirtschaftlichen Auswirkungen identisch mit dem Helikopter-Fall. Wie wir aus Abschnitt 1c wissen, impliziert ein monetär finanziertes Budgetdefizit gewisse Distributionseffekte: Nach der im Ausmaße der Geldmengenerhöhung zu erfolgenden Preisniveauerhöhung besitzt eine Gruppe von Wirtschaftssubjekten eine geringere als die gewünschte Realkasse und eine

[11] „Metzlers Hauptanliegen war zu zeigen, daß die Wirkung des Geldes auf den Zinssatz von den Modalitäten der Geldmengenschaffung abhängt."
["Metzler's central point was that for the effect of money on the rate of interest it makes *all* the difference how money is created."] J. Niehans [1978], S. 87.

andere Gruppe (beispielsweise der Staat, sofern dieser das Budgetdefizit für einen zusätzlichen Güterkauf benutzt) eine entsprechend größere Realkasse als die gewünschte, so daß die erste Gruppe eine positive Ersparnis und die zweite Gruppe eine negative Ersparnis tätigt (im Fall des staatlichen Güterkaufs ist die negative Ersparnis durch den Realwert des Budgetdefizits dargestellt), wobei jedoch die Gesamtersparnis gleich Null ist. Zwischen beiden Gruppen von Wirtschaftssubjekten findet ein Tausch von Gütern gegen Kassenbestände statt, bis jede von beiden die gewünschte Höhe des Kassenbestandes erzielt hat.

Kauf privater Vermögenstitel. – Dieser Fall der Geldpolitik besteht aus einer Geldmengenschaffung gegen Erwerb privater Vermögenstitel (Diskontpolitik, Offenmarktpolitik in privaten Wertpapieren). Er ist in Abb. 55 dargestellt. Das Ausgangsgleichgewicht ist das des Zinssatzes r_0. Die Zentralbank schafft zusätzliches Geld (*Dd* in Abb. 55b) gegen Erwerb privater Vermögenstitel (*Cc* in Abb. 55a). Diese Vermögenstitel können aus einem direkten Besitz des Sachkapitals bestehen oder – was wahrscheinlicher ist – aus einem indirekten Besitz, indem diese Vermögenstitel Wertpapiere darstellen, welche ökonomisch nichts anderes als Anspruchsscheine auf den Sachkapitalbestand sind. Der *gesamte* Vermögensbestand der privaten Wirtschaft bleibt unverändert, da $Dd - Cc = 0$. Die Zusammensetzung des Vermögens hat sich jedoch geändert: mehr Realkasse und entsprechend weniger Sachkapital (bzw. Wertpapiere). In Abb. 55a stellt die gestrichelt eingezeichnete K'-Linie den im privaten Besitz befindlichen Sachkapitalbestand dar. Da die W^d-Linie unverändert bleibt, verschiebt sich die IS-Kurve der Abb. 55b auf die Position IS_1. Das neue langfristige Gleichgewicht herrscht im Punkte R (Abb. 55b) und ist durch eine höhere Realkasse (m_1), einen geringeren Zinssatz (r_1) und einen geringeren *im privaten Besitz befindlichen* Kapitalbestand (K_1') charakterisiert.

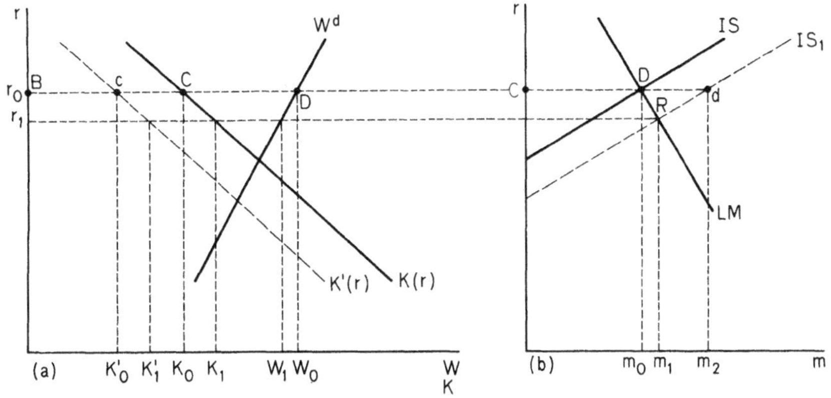

Abb. 55 a, b

In diesem neuen Gleichgewicht ist ebenfalls das Preisniveau gestiegen (siehe die Bewegung von m_2 nach m_1 in Abb. 55b), jedoch um weniger als der Zuwachs der nominalen Geldmenge, da die Zinssenkung eine höhere Nachfrage nach Realkasse impliziert. Diese Zinssenkung kann wie folgt erklärt werden. Der Geldangebotsüberschuß (Dd) erzeugt einen Anstieg im Preisniveau, wodurch sich der Gesamtvermögensbestand ($BD = W_0$ in Abb. 55a) verringert. Da die Wirtschaftssubjekte beim Zinssatz r_0 das Vermögensziel W_0 haben, werden sie den Vermögensbestand mittels der Ersparnis aufstocken. Den Vermögenszuwachs werden sie in Sachkapital bzw. in Wertpapieren, die Anspruchsscheine auf das Sachkapital darstellen, anlegen. Ein größerer Kapitalbestand impliziert jedoch eine geringere Grenzproduktivität des Kapitals und damit einen geringeren Zinssatz. Die Zinssenkung ruft ihrerseits eine Veränderung der Nachfrage hervor: eine höhere Nachfrage nach Realkasse (m_1) und einen geringeren gewünschten Gesamtvermögensbestand (W_1), wodurch der Zuwachs des Sachkapitals geringer ausfallen wird (K_1).

Der Anpassungsprozeß von D nach R (Abb. 55b) ist jedoch komplizierter als wir ihn bisher beschrieben haben, und die zusätzliche Komplikation ist in den Abb. 56 und 57 enthalten. Aus (geometrischen) Einfachheitsgründen haben wir den gewünschten Vermögensbestand, W^d, als Vertikale gezeichnet, d. h. als zinsunelastisch. Die neuen Kurven sind die V- und IS'-Kurve. $V(K_0)$ stellt den Wert des Kapitalbestandes (bzw. den Wert des Wertpapierbestandes, sofern dieser den Kapitalbestand finanziert hat) für einen gegebenen physischen Kapitalbestand K_0 dar; dieser Wert steht in inverser Beziehung zum Zinssatz [12]. Die für $V(K_0)$ relevante IS-Kurve ist IS', wobei IS' die horizontale Kurvensubstraktion

$$IS' = W^d - V(K_0)$$

ist [13].

Q bedeutet das langfristige Gleichgewicht bei konstantem Realkapitalstock, während R die *sehr* langfristige Gleichgewichtsposition ist, die aus einer Erhöhung des Kapitalbestandes resultiert. Der Anpassungsprozeß kann folgenderweise erklärt werden.

1. Die expansive Offenmarktpolitik (Verdoppelung der nominalen Geldmenge um Dd und Abnahme der privaten Wertpapierhaltung um Cc) verschiebt die $V(K_0)$-Kurve nach $V(K_0')$ und die IS'-Kurve nach IS_1'. Die Finanzaktivamärkte sollen sich schneller an Ungleichgewichtssituationen anpassen als die Gütermärkte. Dann wird der anfängliche Geldangebotsüberschuß (Dd), dem ein Nachfrageüberschuß nach Wertpapieren (Cc) korrespondiert, den Wertpapierpreis nach oben treiben; ihre Ertrags-

[12] Die $V(K_0)$-Kurve haben wir schon in Abb. 52a auf S. 320 kennengelernt.
[13] Das IS'-LM-Modell ist das ursprüngliche Metzler-Modell.

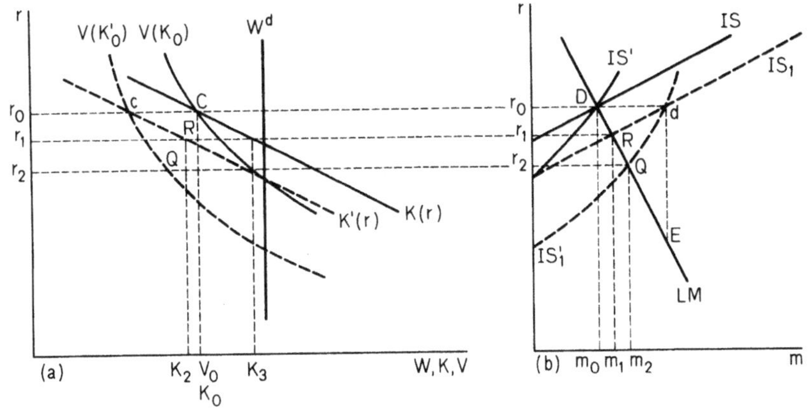

Abb. 56 a, b

rate auf der *LM*-Kurve sinkt bis zum Punkt *E,* und es stellt sich ein vorläufiges Gleichgewicht auf den Finanzaktivamärkten ein. Auf dem Gütermarkt bleibt das Ungleichgewicht bestehen, da im Punkt *E* das Gesamtvermögen über W^d gestiegen ist (aufgrund der Wertzunahme des Wertpapierbestandes als Folge der Zinssenkung). Der Nachfrageüberschuß nach Gütern wird das Preisniveau erhöhen, und die gesamte Wirtschaft bewegt sich auf der *LM*-Kurve von *E* nach *Q*. Diese Bewegung drückt sich in einem steigenden Preisniveau *und* einem steigenden Zinssatz aus. Der Grund für den Preisniveauanstieg liegt im unerwünschten Vermögensniveau $W > W^d$. Der Anstieg des Zinssatzes folgt aus der unerwünschten Portfoliostruktur $L(r) > m$, der einem Angebotsüberschuß an Wertpapieren entspricht, welcher die Wertpapierpreise fallen läßt. Der Nachfrageüberschuß nach Realkasse entsteht durch den Preisniveauanstieg, der den Realwert der Kassenbestände senkt.

Das langfristige Gleichgewicht *Q* in Abb. 56 ($r_2, m_2 = 2M/P_1$) entspricht dem Punkt *Q* in Abb. 57. Der niedrigere Zinssatz (r_2) hat die Kurve des Kapitalnachfragepreises nach K_1^d verschoben. Erfolgt keine *Neu*produktion von Kapitalgütern (außer im Fall von Ersatzinvestitionen), dann bleibt der Kapitalbestand K_0 konstant, und der relative Preis des Realkapitals steigt bis $q_1 = P_{K_1}/P_1$.

2. Das Angebot an neuen Kapitalgütern (die horizontale Differenz zwischen AK_0 und K^s in Abb. 57) ist jedoch eine steigende Funktion des relativen Preises des Realkapitals. Stellt man das Angebot zusätzlicher Kapitalgüter in Rechnung, dann ergibt sich als relativer Preis nicht $q_1 = P_{K_1}/P_1$, sondern $q_2 = P_{K_2}/P_1$. Der Realkapitalbestand wird bis zum Schnittpunkt *T* ausgeweitet.

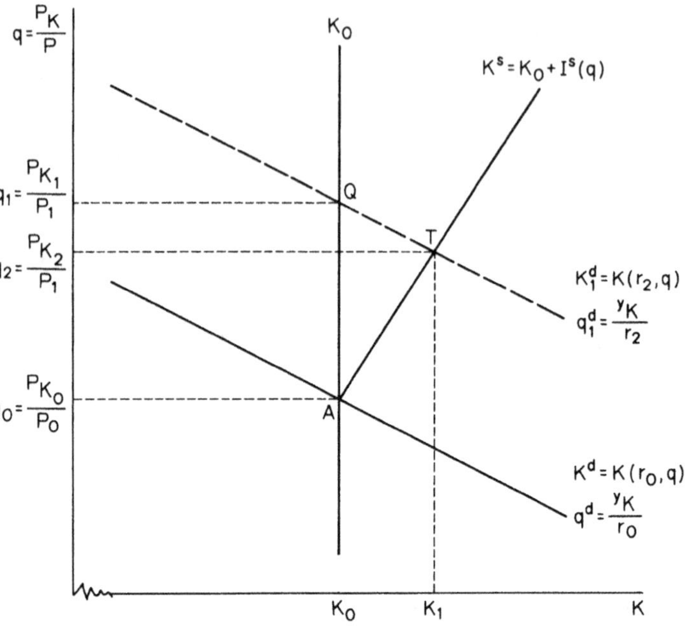

Abb. 57

3. Es handelt sich aber immer noch um eine unvollständige Beschreibung der Ausdehnung des Kapitalstocks. Jede Nettoinvestition (I) muß durch eine entsprechende Ersparnis (S) finanziert werden. Deshalb können die Investitionen im Punkt T der Abb. 57 nur dann realisiert werden, wenn Produktionsfaktoren aufgrund einer verringerten Konsumgüternachfrage aus dem Konsumgütersektor in den Investitionsgütersektor wandern. Nach Gleichung (3b) auf S. 322 kommt es zu einer positiven Ersparnis, wenn W unter W^d fällt. Wir müssen wiederum den Punkt Q in Abb. 56 in die Betrachtung einbeziehen. In diesem Punkt wird das angestrebte Vermögensziel realisiert, vorausgesetzt, daß der Kapitalpreis auf P_{K_1} gestiegen ist (das bedeutet, daß der Wertpapierpreis im gleichen Verhältnis gestiegen ist). Wir wissen aber aus Abb. 57, daß sich der Kapitalpreis auf dem niedrigeren Niveau P_{K_2} einstellen wird (und auch der Wertpapierpreis wird auf einem niedrigeren Niveau liegen). Also ist $W < W^d$, woraus eine positive Ersparnis resultiert [14].

4. Aus dem Anpassungsprozeß von Q nach R in Abb. 56 ergeben sich nacheinander ein höheres K (als K_1 in Abb. 57), ein niedrigeres q (als q_2 in Abb. 57), ein gestiegenes r und ein gestiegenes P. Der Realkapitalbestand

[14] Da $P_{K_2} < P_{K_1}$, wird sich die IS_1'-Kurve nach unten verschieben. Der Punkt Q stellt dann eine Situation oberhalb der IS_1'-Kurve dar, in der gilt $W < W^d$.

erhöht sich von K_0 auf K_3, und der im Privatbesitz befindliche Kapitalbestand verringert sich von K_0 auf K_2 (wobei $K_0K_2 = m_0m_1$ ist, vgl. Abb. 56). Im Punkt R liegt der relative Preis P_K/P bei q_0 (Abb. 57), da die Kapitalgüterindustrie wiederum nur Ersatzinvestitionen produziert [15]. Aufgrund des erhöhten Kapitalbestandes, der eine verringerte Grenzproduktivität des Kapitals impliziert, liegt der Zinssatz r_1 unter dem anfänglichen Zinssatz (r_0). Demgegenüber bewirkt der gesunkene Zinssatz eine höhere Nachfrage nach Realkasse (m_1 in Abb. 56b). Also löst eine Verdoppelung der nominalen Geldmenge (Dd in Abb. 56b) zwar einen Anstieg, jedoch keine Verdoppelung des Preisniveaus aus.

5. Neutrale und nicht-neutrale Fiskalpolitik

Bisher bestand der von uns betrachtete (nicht-menschliche) Vermögensbestand aus Sachkapital und Geld. Die Haushalte sind Eigentümer der Unternehmen, indem sie diese entweder direkt oder indirekt mittels des Wertpapierbestandes besitzen. Wertpapiere und Sachkapital sollen weiterhin perfekte Substitutionsgüter bleiben (ihre Ertragsraten sind folglich miteinander identisch). Wir wollen nun ein zusätzliches Aktivum einführen, nämlich vom Staat ausgegebene Wertpapiere. Dieser neue Wertpapiertyp soll in der Qualität und in den Emissionsbedingungen identisch sein mit den von der privaten Wirtschaft ausgegebenen Wertpapieren, so daß Sachkapital, Wertpapiere der Unternehmen und Wertpapiere des Staates vollständige Substitutionsgüter sind.

Die Existenz staatlicher Wertpapiere resultiert aus der Schuldenfinanzierung gegenwärtiger oder vergangener Budgetdefizite. Diese Art der Finanzierung eines Budgetdefizits gehört zu der Kategorie der expansiven Fiskalpolitik – die andere Art ist die der monetären Finanzierung eines Budgetdefizits. Da wir eine vollbeschäftigte Wirtschaft unterstellen, kann die expansive Fiskalpolitik ex definitione nicht das Realeinkommen, sondern nur den Zinssatz und/oder das Preisniveau beeinflussen. In diesem Abschnitt untersuchen wir ihren Einfluß auf den Zinssatz und das Realvermögen, und zwar auf jenen Zinssatz und jenes Realvermögen, welche sich im langfristigen Bestandsgleichgewicht einstellen. Ändert sich dieses Bestandsgleichgewicht bei der Existenz von staatlichen Wertpapieren, dann können wir von einer nicht-neutralen Fiskalpolitik sprechen.

[15] Der Preis wird geringfügig höher sein als q_0, da ein erhöhter Kapitalbestand mehr Ersatzinvestitionen impliziert als es im Punkt A in Abb. 57 der Fall ist.

Wie wir aus Kap. VII.1 wissen, stellen die staatlichen Wertpapiere dann ein Nettovermögen im privaten Sektor der Wirtschaft dar, wenn die für die Zinszahlungen auf staatliche Wertpapiere erforderlichen Steuerzahlungen nicht-marktfähige Schuldtitel sind (d. h. wenn $\gamma = 1$), so daß der gesamte (nicht-menschliche) Vermögensbestand nun lautet:

$$W = K + m + \gamma \frac{B}{rP}.$$

B stellt die Summe der Zinszahlungen des Staates an den privaten Sektor dar, und der mit dem Zinssatz r kapitalisierte Wert dieser Summe (die jetzt und in allen späteren Jahren gezahlt wird) ergibt den Wert des staatlichen Wertpapierbestandes.

Die Abb. 58 enthält die Gleichgewichtssituation ohne staatliche Wertpapiere (r_1) und mit staatlichen Wertpapieren (r_2). Die Einführung von staatlichen Wertpapieren verschiebt die K-Kurve auf die Position $K + \frac{B}{rP}$. Das neue langfristige Bestandsgleichgewicht, das einen höheren Zinssatz (r_2) und einen höheren Vermögensbestand (W_2) aufweist, herrscht im Punkte B; die IS-Kurve in Abb. 58b hat sich um den Betrag B/rP auf die Position IS_1 verschoben.

Der Staat wird das Publikum zur Haltung von Staatspapieren (als Nettovermögen) nur dann gewinnen können, wenn er einen höheren Zinssatz anbietet. Diese Zinserhöhung macht aber einen Teil des Sachkapitalbestandes (K_1 K_2) unergiebig, so daß dieser im Laufe der Zeit abgebaut wird (indem eine Reihe von Ersatzinvestitionen nicht mehr getätigt werden). Dies ist der „crowding-out" Effekt unter dem langfristigen Bestandsaspekt [16].

Bei der Besprechung der unterschiedlichen Arten einer Geldmengenerhöhung und ihrer Wirkungen hatten wir einen Fall ausgeschlossen, und zwar den des Kaufs staatlicher Wertpapiere. Wir sind nun in der Lage, die Wirkungen dieses spezifischen Falls einer Offenmarktpolitik ebenfalls zu bestimmen. Wie wir sehen werden, unterscheiden sich die Wirkungen danach, ob die für die Zinszahlungen der Staatspapiere erforderlichen Steuern marktfähig sind oder nicht.

Sind die Steuern marktfähig, so entsprechen den positiven Vermögenstiteln („staatliche Wertpapiere") negative Vermögenstitel („Steuerschuldtitel"). Eine Geldschaffung mittels Kauf staatlicher Wertpapiere läßt also

---

[16] Der „crowding-out" Effekt unter dem Stromaspekt lautet wie folgt. Eine Zunahme der Staatsausgaben erhöht derartig den Zinssatz, daß die Privatausgaben (Konsum, Investition) um den gleichen Betrag zurückgehen, so daß die Gesamtnachfrage unverändert bleibt. Die zusätzlichen Staatsausgaben „höhlen" also um den gleichen Betrag die Privatausgaben „aus".

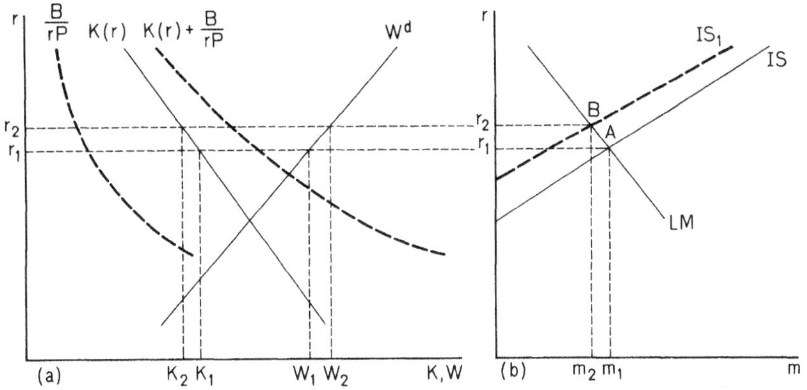

Abb. 58 a, b

den (Netto-)Bestand an nicht-monetären Aktiva unverändert und die Wirkungen dieser Geldmengenerhöhung äußern sich ausschließlich in einer entsprechenden Erhöhung des Preisniveaus. Dieser Fall ist also identisch mit dem Helikopter-Fall: Die Geldpolitik ist neutral.

Sind dagegen die Steuerschulden nicht-marktfähig, bleibt zunächst das Gesamtvermögen in der Ausgangssituation unverändert: $\Delta M = -\Delta(B/r)$. Jedoch, wenn das Gesamtvermögen in seiner Höhe unverändert bleibt, so hat sich doch seine Zusammensetzung zugunsten des Geldbestandes und zu Lasten des Bestandes an nicht-monetären Aktiva verändert. Die Wirkungen sind identisch mit denen der Offenmarktpolitik mittels des Kaufs privater Wertpapiere: Der Geldangebotsüberschuß löst eine Preisniveauerhöhung aus; der Realwert des Vermögens verringert sich; es setzt eine Ersparnis ein, um den Vermögensverlust zu kompensieren; die Ersparnis wird in Sachkapital angelegt; der Kapitalstock steigt und damit sinkt die Grenzproduktivität des Kapitals und folglich der Zinssatz (mit der zusätzlichen Konsequenz einer höheren Nachfrage nach Realkasse und eines geringeren gewünschten Vermögensbestandes). In diesem Fall ist also die Geldpolitik nicht neutral [17].

6. Die Super-Neutralität der optimalen Geldmenge

Die Super-Neutralität des Geldes wird verwirklicht, wenn in einer Volkswirtschaft der Kapitalbestand und der Zinssatz hergestellt sind, die in einer Tauschwirtschaft nach Art einer „als-ob“ Geldwirtschaft herr-

[17] Die Preisniveauerhöhung kann einen zusätzlichen Zinssenkungseffekt auslösen, sofern die staatlichen Wertpapiere einen Verlust in ihrem Realwert erleiden, d. h. sofern diese mittels der Indexierung nicht kaufkraftgesichert sind.

schen würden. Wir erinnern uns (siehe Kap. III), daß es sich bei diesem Idealtyp einer Tauschwirtschaft um eine Wirtschaft handelt, in der das Geld qualitativ existiert, da die Märkte und Transaktionen wie in einer Geldwirtschaft organisiert sind.

In einer solchen Volkswirtschaft würde der Kapitalbestand gleich dem gewünschten Vermögensniveau ($K^* = W^d$) und der Zinssatz gleich r^* sein (siehe Schnittpunkt B in Abb. 59a); der geometrischen Einfachheit halber haben wir das gewünschte Vermögensniveau W^d wiederum als zinsunabhängig dargestellt. Bei einem gegebenen Vermögensziel würde das Einkommen maximiert (Fläche $BCOK^*$). Auf welche Weise kann eine Geldwirtschaft den optimalen Kapitalbestand K^* mit einem Zinssatz von r^* realisieren? Wir gehen davon aus, daß sich die Wirtschaft in der Ausgangssituation im Punkt A befindet (Abb. 59b), d. h. der Zinssatz ist r_0, der Kapitalbestand K_0 und die Realkassenhaltung m_0.

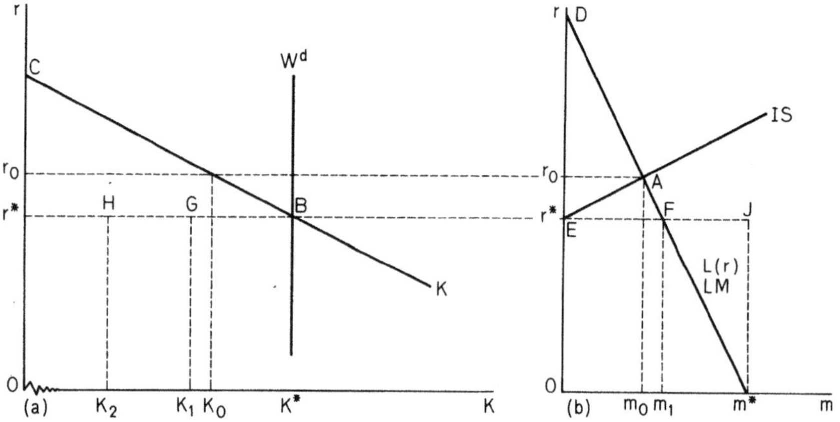

Abb. 59

Die erste Lösungsmöglichkeit ist ein expansives Offenmarktgeschäft. Es bringt die Volkswirtschaft von Punkt A nach F (Abb. 59b), wo der gesamte Kapitalbestand gleich K^* und der vom Privatsektor gehaltene Kapitalbestand gleich K_1 ist (Abb. 59a, in der $BG=EF$). Der Gesamtgewinn aus dem Münzregal (Seigniorage) beträgt $BGK_1K^* = FEOm_1$. Der Münzgewinn kann für eine entsprechende Senkung anderer Steuern verwendet werden, so daß das verfügbare Einkommen – definiert als Einkommen minus Steuern minus Münzgewinn – unverändert bleibt. Diese Lösung ist der Situation im Punkt A (Abb. 59b) überlegen. Es werden (für die Gesamtwirtschaft) der optimale Kapitalbestand K^* und außerdem ein höherer Realkassenbestand (m_1), der einen größeren Wohlfahrtsgewinn bedeutet, realisiert. Dies kann man als erste Stufe der Super-Neutralität des Geldes bezeichnen.

Die zweite Stufe stellt die *optimum-optimorum*-Lösung dar, die den maximalen Realkapitalbestand K^* *und* die optimale Geldmenge m^* (beim Zinssatz r^*) verwirklicht. Wie Friedman (1969) gezeigt hat, kann diese Lösung entweder durch die Verzinsung des Geldes in Höhe von r^* oder durch eine Deflationsrate von r^* realisiert werden [18].

Durch die Verzinsung des Geldes werden die Wirtschaftssubjekte veranlaßt, eine Realkasse von m^* zu halten (Abb. 59b). Die Situation kann durch Offenmarktgeschäfte, die den privat gehaltenen Kapitalbestand auf K_2 reduzieren (Abb. 59a), herbeigeführt werden. Das Kapitaleinkommen, das der Zentralbank aus dem Besitz eines Teils des Kapitalstocks zufließt, wird dann an die Geldhalter übertragen, wenn die Fläche BHK_2K^* der Fläche $JEOm^*$ entspricht [19].

Die Deflationslösung der optimalen Geldmenge läuft wie folgt ab. Auf das Kapitaleinkommen $r^* K^*$ müssen Steuern vom Betrag BHK_2K^* erhoben werden. Diese permanente Besteuerung gleicht einer Beschlagnahme des privaten Kapitalstocks im Wert von $K^* K_2$. Der Staat verausgabt diese Steuereinnahmen jedoch nicht, so daß der Realwert des Budgetüberschusses mit dem der Steuererhebung übereinstimmt. Das entspricht einer jährlichen Geldvernichtungsrate in Höhe des Zinssatzes r^*, d. h. es wird eine jährliche Deflationsrate von r^* ausgelöst. Wegen dieses Geldertrages erhöhen die Wirtschaftssubjekte ihre reale Kassenhaltung auf m^*. Das verfügbare Einkommen, das um BHK_2K^* gefallen war, steigt nun wieder um den gleichen Betrag, der mit dem jährlichen Realwertzuwachs der Geldhaltung ($r^* m^*$) korrespondiert. Die Bedingungen der Super-Neutralität des Geldes sind jetzt realisiert, da sowohl der gesamte Kapitalstock $K^* = W^d$ ist (aufgrund des unveränderten verfügbaren Einkommens befindet sich der gesamte und der ursprüngliche Wert des Kapitalstocks in privaten Händen) als auch der Bestand an Realkasse optimiert wird (m^*).

Bei der Erörterung der Neutralitätsbedingungen des Geldes muß man also hinter den „finanziellen Schleier" blicken, d. h. hinter das finanzielle

---

[18] Siehe hierzu Kap. VIII auf S. 261 und 266.

[19] An dieser Stelle soll nochmals der Vermögenscharakter des Geldes kurz besprochen werden, den wir ausführlich im vorletzten Kapitel behandelt hatten. In Kap. VII hatten wir festgestellt, daß das (Innen-)Geld ein Vermögen im Verhältnis $1-\frac{r_m}{R}$ darstellt, wobei r_m der auf Geld gezahlte Zinssatz und R der Ertragssatz der Aktiva (unser hier benutztes r) bezeichnen. Zinsloses Geld ($r_m = 0$) war dann in voller Höhe Vermögen, und zinsbringendes Geld im Sinne der optimalen Geldmenge ($r_m = R$) implizierte ein Geld-Vermögen von Null, wobei jedoch die Wohlfahrt maximiert wurde.

Mit Hilfe unserer makroökonomischen Totalanalyse der Abb. 59 kann dieses Resultat nun wie folgt interpretiert werden. Der Gesamtvermögensbestand beträgt $W^d = K^*$. Ein Teil von K^*, und zwar $K_2 K^*$, befindet sich im Besitz des Banken-

Portfolio. Diese Betrachtung des realen Sektors führt zu verblüffenden neuen Erkenntnissen auf dem Gebiet der optimalen Geldmenge. Es kommt nicht nur zur Wohlfahrtsmaximierung der Geldhaltung, sondern es wird auch das gesamte (pekuniäre) Einkommen maximiert: Das Geld ist optimal *und* „super-neutral".

7. Inflation

Bisher hatten wir die langfristigen Bestimmungsgründe des Preisniveaus (und des Zinssatzes) in einer vollbeschäftigten Wirtschaft besprochen. Wir wollen nun im Rahmen der gleichen langfristigen makroökonomischen Totalanalyse das Inflationsphänomen untersuchen, wobei Inflation als eine kontinuierliche Zunahme des allgemeinen Preisniveaus definiert ist.

Die langfristige Analyse des Inflationsphänomens bezieht sich auf jenen hypothetischen Zustand, in dem die Inflation richtig vorgesehen wird: Die erwartete Inflationsrate (π^*) stimmt mit der sich effektiv einstellenden Inflationsrate (π) überein. In dieser Situation fallen die realwirtschaftlichen Beschäftigungs- und Einkommenseffekte der Inflation à la Phillips-Kurve weg, so daß die Angebotsbedingungen des Realeinkommens unabhängig von der Inflationsrate werden; das Realeinkommen der langfristigen Inflationsanalyse kann als das der Vollbeschäftigung interpretiert werden.

Ein zusätzliches (bzw. ein sich aus den unveränderten Angebotsbedingungen ergebendes) Charakteristikum des langfristigen Inflationsphänomens ist eine monokausale Ursachenerklärung. In der kurzen Periode können eine Menge von individuellen Ursachen das Inflationsphänomen erklären. Bedienen wir uns des Klassifikationsschemas der Nachfrage- und Kosteninflation, so kann entweder eine autonome Erhöhung irgendeiner Komponente der Gesamtnachfrage (Konsum, Investitionen, Außenhandel, Staat) oder eine geldpolitisch induzierte Erhöhung der Gesamtnachfrage oder auch eine autonome Erhöhung der Kosten (Lohnkosten, Rohstoffkosten, Kapitalkosten usw.) – via verändertem Monopolgrad, Einkommensverteilungskämpfen usw. – die jeweilige Individualursache der

---

systems, so daß der private Nicht-Bankensektor der Wirtschaft „formal" nur den Kapitalbestand K_2 besitzt. „Ökonomisch" ist er jedoch auch Eigentümer des Kapitals K_2K^*, da er das volle Einkommen aus diesem Kapitel mittels der Zinszahlungen auf Geld bezieht. Diese Zinszahlungen ermöglichen also das „ökonomische" Eigentum des Kapitalbestandes K_2K^*, so daß das gesamte (nicht-menschliche) Vermögen des privaten Nicht-Bankensektors K^* beträgt.

Inflation bilden. Je länger die kurzfristige Periode wird, desto wichtiger wird der Geldmengenaspekt, denn eine bestimmte Inflationsrate kann über eine längere Periode nur dann aufrechterhalten werden, wenn die Geldmenge um einen bestimmten Prozentsatz wächst. Unter dem längerfristigen Aspekt ist das Geldmengenwachstum (einer aktiven oder, wie meistens der Fall, permissiven, d. h. das inflationär Wirksamwerden der Individualursachen erlaubenden Geldpolitik) eine notwendige Bedingung der Inflation. Wenn wir uns in der langen Periode befinden, brauchen wir die für die kurze Periode jeweils vorliegenden Individualursachen nicht zu kennen: Welche auch immer diese Individualursachen waren, das langfristige Inflationsphänomen ist immer durch *eine* (notwendige) Ursache gekennzeichnet, nämlich eine bestimmte Wachstumsrate der Geldmenge, ohne die die Inflationsrate nicht aufrechterhalten werden kann.

a) Geldangebot und Geldnachfrage als langfristige Ursachen der Inflation

In der langfristigen Betrachtungsweise „übernimmt" der Geldmarkt die Inflationsbestimmung:

$$PL(i,y)=M. \tag{5}$$

Drücken wir Gleichung (5) in Wachstumsraten aus, so erhalten wir: [20]

$$\frac{\mathrm{d}P}{P}=\frac{\mathrm{d}M}{M}-\varepsilon_{L/y}\frac{\mathrm{d}y}{y}-\varepsilon_{L/i}\frac{\mathrm{d}i}{i} \tag{5a}$$

wobei $\varepsilon_{L/y}$ ($\varepsilon_{L/i}$) die Elastizität der Geldnachfrage in bezug auf das Realeinkommen (auf den Nominalzinssatz i) darstellt. Nehmen wir an, daß $\varepsilon_{L/y}=1$ ist – eine Annahme, die in den meisten Fällen der Wirklichkeit entspricht – und bezeichnen wir die Ausdrücke $\mathrm{d}P/P$ und $\mathrm{d}M/M$ mit den

---

[20] Differenzieren wir zunächst Gleichung (5):

$$\mathrm{d}PL+\left[\frac{\partial L}{\partial y}\mathrm{d}y+\frac{\partial L}{\partial i}\mathrm{d}i\right]P=\mathrm{d}M$$

und erweitern diese Gleichung wie folgt:

$$\mathrm{d}PL+\left[\frac{\partial L}{\partial y}y\frac{\mathrm{d}y}{y}+\frac{\partial L}{\partial i}i\frac{\mathrm{d}i}{i}\right]P=\mathrm{d}M.$$

Wir dividieren die linke Seite durch $P\,L$ und die rechte Seite durch M

$$\frac{\mathrm{d}P}{P}+\frac{\partial L}{\partial y}\frac{y}{L}\frac{\mathrm{d}y}{y}+\frac{\partial L}{\partial i}\frac{i}{L}\frac{\mathrm{d}i}{i}=\frac{\mathrm{d}M}{M}.$$

Der Ausdruck $(\partial L/\partial y)\,(y/L)$ ist die Einkommenselastizität der Geldnachfrage ($\varepsilon_{L/y}$) und der Ausdruck $(\partial L/\partial i)\,(i/L)$ ist die Zinselastizität der Geldnachfrage ($\varepsilon_{L/i}$).

Symbolen π und λ, dann lautet Gleichung (5a):

$$\pi = \underbrace{\lambda}_{\substack{\text{Geldangebots-}\\ \text{bedingungen}\\ \text{der Inflation}}} \underbrace{- \varepsilon_{L/i} \frac{\mathrm{d}i}{i} - \frac{\mathrm{d}y}{y}}_{\substack{\text{Geldnachfrage-}\\ \text{bedingungen}\\ \text{der Inflation}}} \tag{5b}$$

In der Inflation unterscheiden sich Nominalzinssatz (i) und Realzinssatz (r) um den Betrag der erwarteten Inflationsrate (π^*)

$$i = r + \pi^* + r\,\pi^* \tag{6}$$

und da in der langfristigen Inflationsanalyse die erwartete Inflationsrate gleich der effektiv sich einstellenden ist ($\pi^* = \pi$), so daß

$$i = r + \pi + r\,\pi \tag{6a}$$

wirkt eine bestimmte Inflationsrate über die Geldnachfrage (M^d) zurück auf das Preisniveau: $\pi \rightarrow i \rightarrow M^d/P \rightarrow P$. Diesen Kausalnexus, dargestellt durch den Ausdruck $\varepsilon_{L/i}\,\mathrm{d}\,i/i$ in Gleichung (5 b), und etikettiert als einen Teil der Geldnachfragebedingungen der Inflation in Gleichung (5b), werden wir in diesem Abschnitt ausführlich behandeln. Dabei werden wir zunächst von einem gegebenen Realzinssatz ($r = r_0$) ausgehen. Ferner vernachlässigen wir den Ausdruck $r\pi$ in Formel (6a), da dessen Wert äußerst klein ist, so daß unter diesen Bedingungen der Nominalzins gleich

$$i = r_0 + \pi \tag{6b}$$

ist.

Die Gleichungen (5b) und (6b) sind in der Abb. 60 enthalten. Der gegebene Realzins r_0 ist durch die Horizontale r_0 angedeutet. Die Nachfrage nach Realkasse, $L(i)$, ist für ein gegebenes Realeinkommen der Ausgangssituation ($\bar{y}$) in Abhängigkeit vom Nominalzinssatz abgetragen. Die Wachstumsrate des Realeinkommens, $\mathrm{d}y/y$, ist gleich dem vertikalen Abstand zwischen der r_0-Linie und der $\mathrm{d}y/y$-Linie. Die Wachstumsrate der Geldmenge, λ, ist gleich dem vertikalen Abstand zwischen der $L(i)$-Linie und der λ-Linie. Preisstabilität herrscht im Punkte A, sofern die Wachstumsrate der Geldmenge gleich der Wachstumsrate des Realeinkommens ist (d. h. sofern $\lambda = \mathrm{d}y/y = AB$). In diesem Falle wäre der Nominalzins identisch mit dem Realzins und die Geldnachfrage würde m_0 betragen. Die Inflationssituation ist durch den Schnittpunkt C charakterisiert: Die Wachstumsrate der Geldmenge beträgt CE und die des Realeinkommens CD, so daß sich die Inflationsrate auf DE beläuft. Der Nominalzins steigt um den Betrag der Inflationsrate ($i_1 - r_0 = DE$). Der höhere Nominalzins verringert nach Maßgabe der Zinselastizität ($\varepsilon_{L/i}$) die Nachfrage nach Realkasse auf

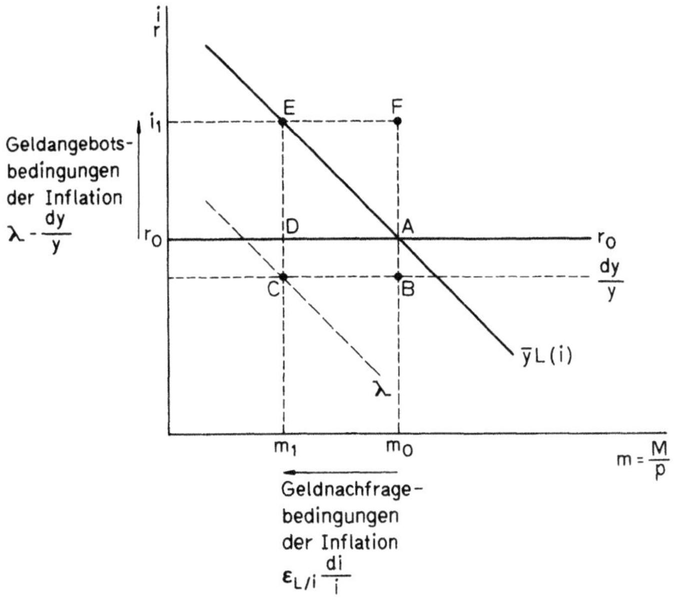

Abb. 60

m_1. Die Reduktion der gewünschten Realkasse von m_0 auf m_1 löst eine zusätzliche Preissteigerung aus [21].

Die zusätzliche Preissteigerung ist wie folgt zu erklären. Die Reduktion der gewünschten Realkasse von m_0 auf m_1 impliziert die Ungleichgewichtssituation des Punktes F in Abb.60: Die effektive Realkasse (m_0) ist größer als die gewünschte Realkasse (m_1). Die Wirtschaftssubjekte „entledigen" sich des ungewünschten Teils ihrer Realkasse, indem sie mehr Güter nachfragen. Die Mehrnachfrage nach Gütern löst in einer vollbeschäftigten Wirtschaft eine zusätzliche Preissteigerung aus. Diese zusätzliche Preissteigerung wird so lange andauern, bis der ungewünschte Teil der Realkasse durch die Preissteigerung „vernichtet" ist.

Die Abb. 61 dichotomisiert die Preissteigerung in jene Preissteigerung (log P_0), die durch das Geldangebot (log M) ausgelöst ist, und in die „zweite" Preissteigerung (log P_1), die durch die Reduktion des Realwerts

[21] Da wir in Abb. 60 eine wachsende Wirtschaft unterstellen, muß strikt genommen auf der x-Achse das Verhältnis m/y abgetragen werden. Im Falle der Preisstabilität würde dann das gewünschte Verhältnis zwischen Realkasse und Realeinkommen $(m/y)_0$ betragen und im Inflationsfall $(m/y)_1$. Wir haben diese Modifikation nicht explizite in Abb. 60 berücksichtigt, da wir „aus pädagogischen Gründen" die Reduktion der Realkasse erklären wollen, was einfacher ist, wenn wir die absoluten Beträge von m betrachten. In späteren Abbildungen werden wir das Verhältnis m/y einführen.

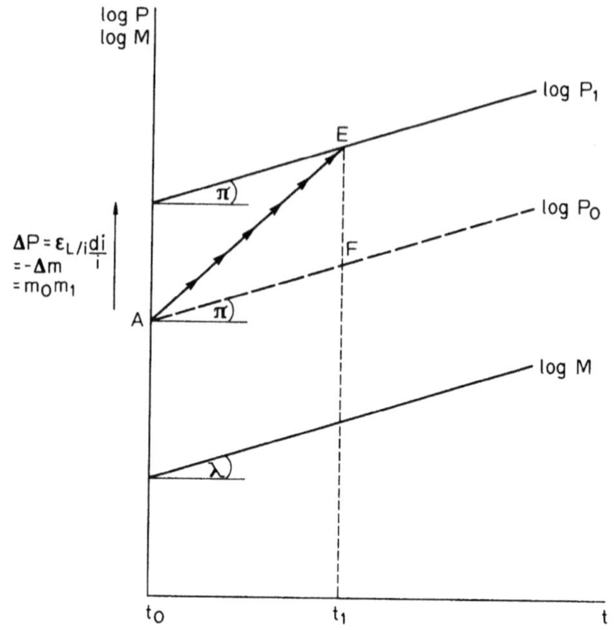

Abb. 61

der Geldnachfrage ($\varepsilon_{L/i}\, \mathrm{d}i/i$) verursacht ist. Der Einfachheit halber haben wir eine nicht-wachsende Wirtschaft unterstellt. In der Realität beobachten wir die Preisbewegung *AE*. Analytisch muß diese in zwei Komponenten zerlegt werden: die Bewegung von *A* nach *F*, die durch das Geldangebot verursacht ist ($\lambda = \pi$), und die Bewegung von *F* nach *E*, die durch die Geldnachfrage verursacht ist.

b) Inflationssteuer, Wohlfahrtskosten der Inflation und Wachstumssteuer

In einer inflationären Wirtschaft liegt eine stetige Erhöhung der nominalen Geldmenge vor. Diese Geldmengenerhöhung, die identisch mit der Erhöhung der Kassenhaltung der Wirtschaftssubjekte ist, fällt diesen nun nicht wie ein Geschenk vom Himmel zu, sondern sie erwerben die zusätzliche Kasse gegen Hingabe von Gütern. Die Geldbehörde – und damit der Staat – erhält diese Güter, die somit wie eine Steuer betrachtet werden können. Der nominale Betrag dieser Steuer beträgt:

Nominalwert der Inflationssteuer = ΔM

und ihr realer Wert:

$$\text{Realwert der Inflationssteuer} = \frac{\Delta M}{P} = \frac{M}{M}\frac{\Delta M}{P} = \frac{M}{P}\frac{\Delta M}{M} = m\,\pi.$$

In einer stationären Wirtschaft ist die Geldmengenwachstumsrate ($\Delta M/M$) gleich der Inflationsrate (π). Die „Steuerbasis" der Inflationssteuer ist die Realkassenhaltung m und der „Steuersatz" die Inflationsrate π.

Der geldpolitische Mechanismus dieser Inflationssteuer kann der eines durch die Geldschaffung finanzierten Budgetdefizits des Staates sein. Der Realwert des Budget-„Defizits" lautet $\pi\, m$; die Wirtschaftssubjekte reduzieren ihre Ausgaben um den Betrag πm, den sie an den Staat gegen Erwerb zusätzlicher Kasse „abgeben" (Inflations-„Steuer"); der Staat verwendet diese „Steuer" zur „Finanzierung" seines realen Budget-„Defizits".

In Abb. 62 stellt die schraffierte Fläche, die gleich dem Produkt $m_1\,\pi_1$ ist, die jährliche Inflationssteuer dar, sofern die Inflationsrate auf eine Jah-

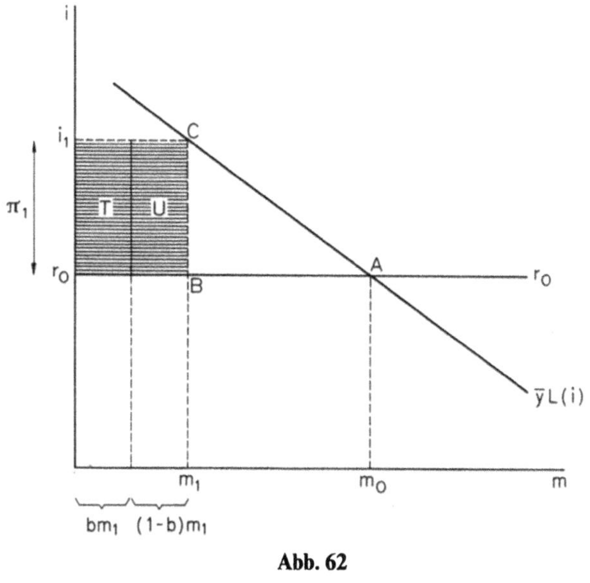

Abb. 62

resbasis bezogen ist. Bei der Inflationsrate $BC=\pi_1$, die den Nominalzins i_1 impliziert, beträgt der Realwert der Geldnachfrage m_1. In der Inflation verringert sich dieser Realwert pro Jahr um $m_1\,\pi_1$. Da die Wirtschaftssubjekte entsprechend ihrer Geldnachfrage die Realkasse von m_1 aufrechterhalten möchten, müssen sie diese jährlich real um den Betrag $m_1\,(\Delta M/M) = m_1\,\pi_1$ aufstocken.

Strikt genommen bezieht sich die Steuerbasis der Inflationssteuer auf die von der *Zentralbank* geschaffene Geldmenge, d. h. auf die Geldbasis (B). Die Geldbasis ist ein Bruchteil b der sich aus der Zentralbankgeldmenge und den Sichtguthaben zusammensetzenden Geldmenge (M). Folglich beträgt der Realwert der Inflationssteuer, der mit dem Symbol T gekennzeichnet ist:

$$T=b\,m\,\pi. \tag{7}$$

Die Geschäftsbanken, welche die Sichtguthaben schaffen, erzielen einen realen Inflations-Monopolgewinn (U) von

$$U=(1-b)\,m\,\pi$$

sofern die Sichtguthaben keinen die Inflationsrate kompensierenden Zinssatz abwerfen und sofern die Banken die Kreditzinsen um die Inflationsrate erhöhen. In Abb. 62 ist unterstellt, daß die Geldmenge jeweils zur Hälfte aus Zentralbankgeld und Sichtguthaben besteht. Die Fläche T deutet dann die Inflationssteuer der Zentralbank an und die Fläche U den Inflations-Monopolgewinn der Geschäftsbanken [22].

Die Bedeutung der Inflationssteuer kann durch folgendes Beispiel demonstriert werden. Nehmen wir an, der Realwert der jeweiligen Zentralbankgeldmenge sei gleich zehn Prozent des realen Volkseinkommens:

$$b\,m=0{,}10\,y.$$

[22] Da in der Regel die Reserven der Banken (R) nicht zinsbringend sind, verringert sich der Inflations-Monopolgewinn der Banken um den Betrag

$$\frac{R}{P}\pi$$

so daß

$$U=(1-b)\,m\,\pi-\frac{R}{P}\pi.$$

Bei expliziter Berücksichtigung der Reserven der Banken lautet der Koeffizient b

$$b=\frac{C+R}{M+R}=\frac{C+R}{C+D+R}$$

wobei C die vom Publikum gehaltene Zentralbankgeldmenge und D die Sichtguthaben darstellen. Die reale Geldmenge m der Gleichung (7) wäre dann $(M+R)/P$, so daß

$$T=b\,m\,\pi=\frac{C+R}{P}\pi.$$

In der Realität ist dieser Bruchteil sogar größer. Liegt in der Wirtschaft eine Inflationsrate von 10% vor ($\pi = 0{,}10$), dann beträgt die Inflationssteuer

$$\begin{aligned} T &= b\,m\,\pi \\ &= 0{,}10 \cdot 0{,}10 y \\ &= 0{,}01\,y. \end{aligned}$$

Das jährliche Inflationssteueraufkommen des Staates beläuft sich auf 1% des realen Volkseinkommens.

Aufgrund fehlender bzw. mangels effizienter Steuerquellen kann es für den Staat von Interesse sein, eine Inflationspolitik zu betreiben, bei der er das Inflationssteueraufkommen maximiert. Diese Steuerpolitik durch Inflationspolitik kann vor allem für unterentwickelte Länder von Relevanz sein. Der Ausdruck

$$T = b\,m\,\pi \tag{7}$$

ist also zu maximieren. Das Maximum liegt dort, wo das Differential der Gleichung (7)

$$\mathrm{d}T = bm\,\mathrm{d}\pi + b\pi\,\mathrm{d}m$$

gleich Null ist:

$$bm\,\mathrm{d}\pi + b\pi\,\mathrm{d}m = 0\,.$$

Dividieren wir die Gleichung durch $bm\,\mathrm{d}\pi$, dann erhalten wir

$$\frac{\mathrm{d}m}{m}\,\frac{\pi}{\mathrm{d}\pi} = -1$$

$$\varepsilon_{L/\pi} = -1\,.$$

Der Ausdruck $(\mathrm{d}m/m)\,(\pi/\mathrm{d}\pi)$ ist gleich der Elastizität der realen Geldnachfrage in bezug auf die Inflationsrate. Die Geldbehörde hat folglich jene Inflationsrate zu realisieren, bei der $\varepsilon_{L/\pi}$ gleich minus Eins ist.

In Abb. 63 liegt das Maximum der Inflationssteuer ($T_{\max}$) bei der Inflationsrate $\pi_{\max}$. Die Nachfrage nach Realkasse, $\bar{y}\,L\,(i)$, ist in Abhängigkeit von der Inflationsrate eingezeichnet, sofern als relevante x-Achse die r_0-Horizontale gewählt wird. Die von der jeweiligen Inflationsrate abhängige Höhe der Inflationssteuer ist durch die glockenförmige Parabel repräsentiert. Die Geldnachfrage hat in dem Halbierungspunkt der fett eingezeichneten Nachfragekurve eine Elastizität von $\varepsilon_{L/\pi} = -1$.

Die Inflationssteuer gehört zu der Kategorie der sog. Mengensteuern (wie z. B. auch die Alkohol- oder Tabaksteuer). Bei der Mengensteuer wird nicht der Wert (Alkoholpreis oder Zigarettenpreis), sondern die Menge besteuert (x-DM Steuer pro Mengeneinheit). Die Abb. 64 repräsentiert eine solche Mengensteuer für das Produkt q. D ist die Nachfrage nach dem

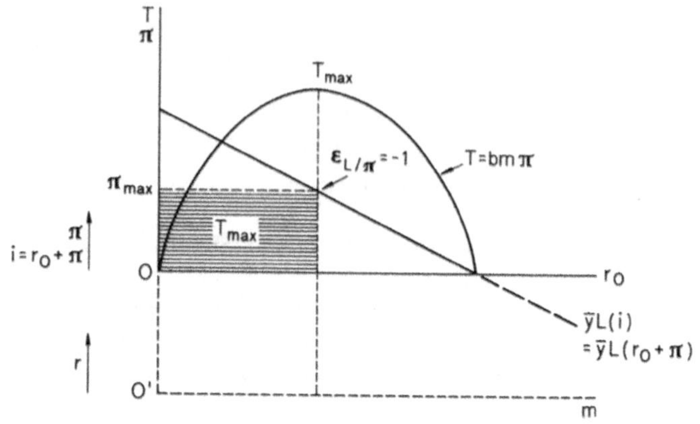

Abb. 63

Gut q und S das Angebot, das der Einfachheit halber völlig preiselastisch sein soll. Bei Inexistenz jeglicher Mengensteuer beträgt der Gleichgewichtspreis p_0 und die Gleichgewichtsmenge q_0. Eine Mengensteuer in Höhe von DM t pro Mengeneinheit erhöht den Preis auf p_1 und verringert die Gleichgewichtsmenge auf q_1. Das Steueraufkommen ist gleich der Fläche A, und die Wohlfahrtskosten dieser Steuer sind durch die Fläche B dargestellt. Für die Haushalte beträgt die gesamte Steuerlast $A+B$: die zu zahlenden Steuern A und der Nutzenverlust B; dieser Nutzenverlust ist gleich der Fläche $B+C$ minus der Fläche C, denn die Ausgaben in Höhe von C werden für den Kauf anderer Güter verwandt; die Fläche A stellt gesamtwirtschaftlich keinen Nutzenverlust dar, da die Steuereinnahmen für Staatsausgaben benutzt werden.

In ähnlicher Weise sind die Wohlfahrtskosten der Inflationssteuer abzuleiten. In Abb. 65 sind diese durch die Fläche W charakterisiert. Die Wohlfahrtskosten der Inflationssteuer sind größer als die Wohlfahrtskosten anderer Mengensteuern, da die Produktionskosten der Geldschaffung derartig gering sind, daß sie praktisch gleich Null gesetzt werden können. Folglich repräsentiert die gesamte Fläche unterhalb des Kurvenabschnitts AC den Wohlfahrtsverlust der Inflationssteuer.

Wie ist dieser Wohlfahrtsverlust ökonomisch zu interpretieren? Die Antwort hängt davon ab, ob Geld als ein Konsum- oder Produktionsgut angesehen wird. Stellt Geld ein Konsumgut dar, dann ist der Wohlfahrtsverlust W der Abb. 65 ein Nutzenverlust im Sinne geringerer Liquiditätsdienste der Geldhaltung, die einen Nutzenentgang verursachen. Wird Geld dagegen als ein Produktionsgut interpretiert, dann ist der Wohlfahrtsverlust W gleich einem Einkommensrückgang: Eine geringere Geldhaltung impliziert eine Umleitung von Ressourcen (hauptsächlich Arbeits-

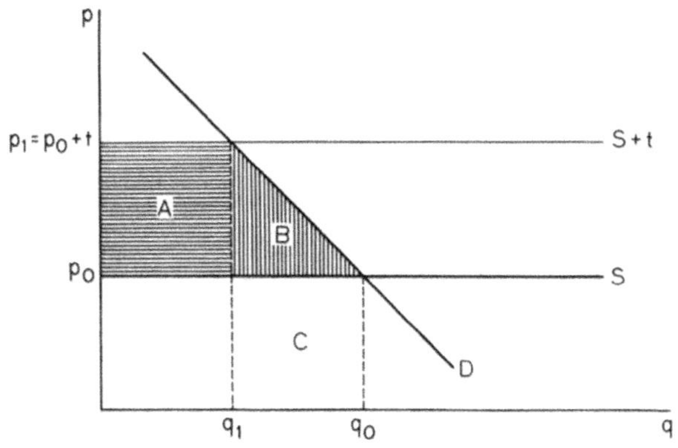

Abb. 64

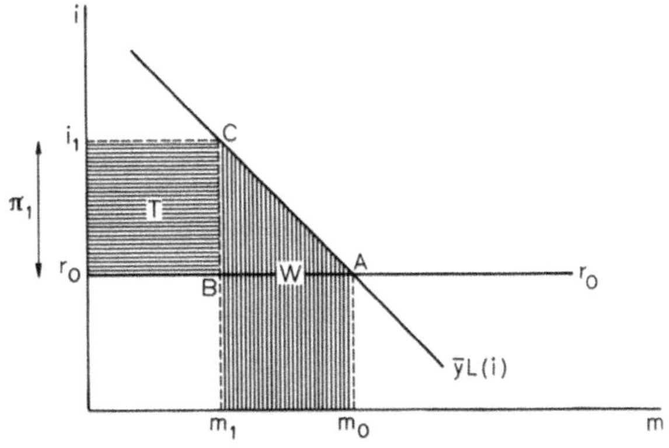

Abb. 65

zeit), und zwar weg von dem eigentlichen Produktionsbereich und hin zum „Tauschbereich" (im Sinne der arbeitsintensiven Transaktionstätigkeit von Kauf- und Verkaufakten) [23].

Sofern die Inflation zwecks Maximierung des Inflationssteueraufkommens benutzt wird, muß der Staat den Wohlfahrtsverlust mitberücksichtigen [24]. Aus der Steuerlehre wissen wir, daß der optimale Steuersatz ver-

---

[23] Siehe hierzu weiter oben Kap. IV, S. 141–146.

[24] Die Literatur zur Inflationssteuer und ihrer Wohlfahrtskosten hat heute schon ein bedeutendes Ausmaß erreicht. Der klassische Artikel zu diesem Thema stammt von J. M. Bailey, The Welfare Cost of Inflationary Finance, in: Journal of Political Economy, LXIV (1956), S. 93–110. Zwei weitere Beiträge sind zu nennen, die gleichzeitig eine Literaturübersicht verschaffen: E. Tower, More on the Welfare Cost of Money Creation, in: Journal of Money, Credit and Banking, III (1971), S. 850–860 und J. A. Tatom, The Welfare Cost of Inflation, in: Federal Reserve Bank of St. Louis Review, LVIII (1976), S. 9–22.

schiedener Steuerarten dort ist, wo die

$$\begin{aligned}&\text{Grenzkosten der Steuer } A\ (GK_A)\\ &= \text{Grenzkosten der Steuer } B\ (GK_B)\\ &= \ldots\ldots\ldots\ldots\end{aligned}$$

sind und wo die Grenzkosten definiert sind als

$$\text{Grenzkosten einer Steuer } (GK) = \frac{\text{Marginale Steuereinzugskosten}}{\text{Marginale Steuereinnahmen}}\,.$$

Auf die Inflationssteuer angewandt sind die Grenzkosten der Inflation (siehe ebenfalls die jeweiligen Flächen in Abb. 66:

$$\begin{aligned}\text{Grenzkosten der Inflationssteuer} &= \frac{\text{Marginale Wohlfahrtskosten}}{\text{Marginale Inflationssteuereinnahmen}}\\ &= \frac{b+c+\mathrm{d}}{a-c}\\ &= \frac{\mathrm{d}m\,i}{m\,\mathrm{d}\pi-\mathrm{d}m\,\pi}\,.\end{aligned}$$

Der optimale Inflationssteuersatz (π_{opt}) befindet sich dort, wo die Grenzkosten der Inflationssteuer gleich den Grenzkosten anderer Steuerarten (GK_S) sind, d. h. wo

$$\frac{\mathrm{d}m\,i}{m\,\mathrm{d}\pi-\mathrm{d}m\,\pi} = GK_S. \tag{8}$$

Für den Fall, daß die Grenzkosten der anderen Steuern gleich Null sind ($GK_S = 0$), beträgt die optimale Inflationsrate [25]:

$$\pi_{opt} = -r \tag{9}$$

was nichts anderes bedeutet als daß die optimale Inflationsrate eine Deflation in Höhe des herrschenden Realzinssatzes r beinhaltet. Diese Deflationsrate vom Betrage m^*B in Abb. 66 realisiert die optimale Geldmenge m^*. Die Wirtschaftssubjekte werden die Geldmenge m^* halten, sofern diese den pekuniären Ertragssatz r abwirft. Dieser kann entweder durch eine Deflation mittels einer negativen Geldmengenwachstumsrate (Geldvernichtung) oder mittels einer Zinszahlung auf Geld verwirklicht werden. Der gesamte Wohlfahrtsgewinn würde dann gleich der Fläche unterhalb der gesamten Geldnachfragekurve sein.

[25] Sofern $GK_S = 0$, lautet Gleichung (9)

$$\mathrm{d}m\,i = 0.$$

Da

$$i = r + \pi$$

ist

$$\begin{aligned}\mathrm{d}m\,(r+\pi) &= 0\\ \pi &= -r\,.\end{aligned}$$

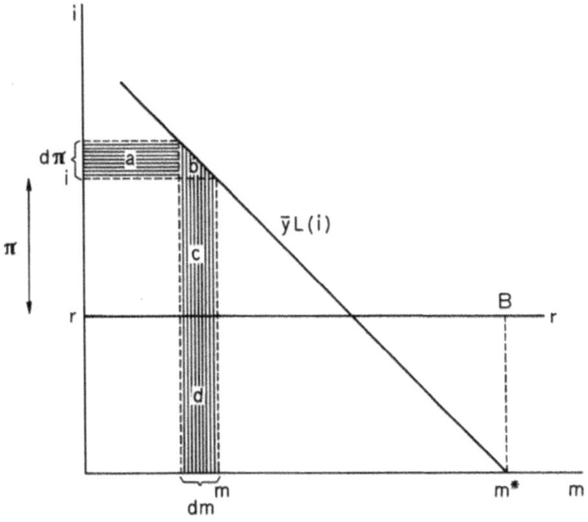

Abb. 66

Die Realisierung dieser optimalen Geldmenge gilt nicht nur dann, wenn die Grenzkosten anderer Steuerarten gleich Null sind, sondern ungeachtet des Steueraspekts ist in der Wirtschaft für jene Güter, deren Produktionskosten gleich Null sind („freie Güter"), jene Menge zu produzieren, die der absoluten Sättigungsmenge entspricht. Für die Geldhaltung, für die die Produktionskosten praktisch gleich Null sind, beträgt die absolute Sättigungsmenge m^*.

In einer wachsenden Wirtschaft bezieht der Staat mittels der Geldschaffung eine zusätzliche Steuer, welche als „*Wachstumssteuer*" bezeichnet werden kann. Die Inflationssteuer war gleich dem Betrag

$$T_1 = b\, m\, \pi$$

wobei nun T_1 den Realwert der Inflationssteuer bezeichnen soll; b stellt bekanntlich den prozentualen Anteil der Zentralbankgeldmenge an der gesamten Geldmenge dar. Die Wachstumssteuer (T_2) bezieht sich auf die zusätzliche reale Geldmenge, welche die Wirtschaftssubjekte aufgrund ihrer steigenden realen Geldnachfrage erwerben:

$$T_2 = b\, m\, g$$

wobei g die Wachstumsrate des Realeinkommens darstellt. Wir unterstellen weiterhin eine direkte Proportionalität zwischen der Zunahme des Realeinkommens und der Zunahme der gewünschten Realkassenhaltung (d. h. eine Elastizität der realen Geldnachfrage in bezug auf das Realeinkommen von Eins).

In einer preisstabilen Wirtschaft erhält der Staat lediglich diesen Wachstumssteuergewinn. In Abb. 67 ist dieser gleich den Flächen T_2 und S. Die Preisstabilität impliziert einen Realwert der Geldhaltung in Höhe von $(m/y)_0$, d. h. in Höhe eines bestimmten Bruchteils des Realeinkommens, der gleich der gewünschten Realkassenhaltung ist. Da es sich bei m um die Haltung von Zentralbankgeld und Sichtguthaben handelt, setzen sich die Wachstumssteuereinnahmen in Abb. 67 strikt genommen aus den Flächen bT_2 plus bS zusammen.

Im Inflationsfall erhöhen sich einerseits die Einnahmen um die Fläche bT_1, andererseits verringern sie sich um die Fläche bS. Wird eine Inflationspolitik zwecks Maximierung der Steuereinnahmen mittels der Geldschaffung betrieben, dann kann das Ziel nicht wie bisher die Maximierung der Inflationssteuer sein, sondern stattdessen muß die Summe aus Inflations- und Wachstumssteuer maximiert werden:

$$T = T_1 + T_2 = bm\pi + bmg\,.$$

Das Differential dieser Gleichung unter der Annahme einer gegebenen Wachstumsrate lautet:

$$\mathrm{d}T = bm\,\mathrm{d}\pi + b\pi\,\mathrm{d}m + bg\,\mathrm{d}m\,.$$

Das Maximum an Steuereinnahmen liegt dort, wo $\mathrm{d}T = 0$, d. h. wo

$$bm\,\mathrm{d}\pi + b\pi\,\mathrm{d}m + bg\,\mathrm{d}m = 0\,.$$

Dividieren wir die Gleichung durch den Ausdruck $bm\,\mathrm{d}\pi$, dann erhalten wir sukzessive:

$$1 + \frac{\mathrm{d}m}{m}\frac{\pi}{\mathrm{d}\pi} + g\,\frac{\mathrm{d}m}{m}\frac{1}{\mathrm{d}\pi} = 0$$

$$1 + \frac{\mathrm{d}m}{m}\frac{\pi}{\mathrm{d}\pi} + \frac{g}{\pi}\frac{\mathrm{d}m}{m}\frac{\pi}{\mathrm{d}\pi} = 0$$

$$1 + \varepsilon_{L/\pi} + \frac{g}{\pi}\,\varepsilon_{L/\pi} = 0$$

$$\varepsilon_{L/\pi}\left(1 + \frac{g}{\pi}\right) = -1$$

$$\varepsilon_{L/\pi} = -\frac{\pi}{\pi + g}\,.$$

Für eine nicht-wachsende Wirtschaft ($g = 0$) erhalten wir das uns schon bekannte Resultat, daß jene Inflationsrate $\pi_{\max}$ zu realisieren ist, bei der die Elastizität der Geldnachfrage in bezug auf die Inflationsrate gleich minus Eins ist (vgl. Punkt C in Abb. 67). In einer wachsenden Wirtschaft wird $\pi_{\max}$ jedoch geringer sein, da

$$1 > \frac{\pi}{\pi + g}\,.$$

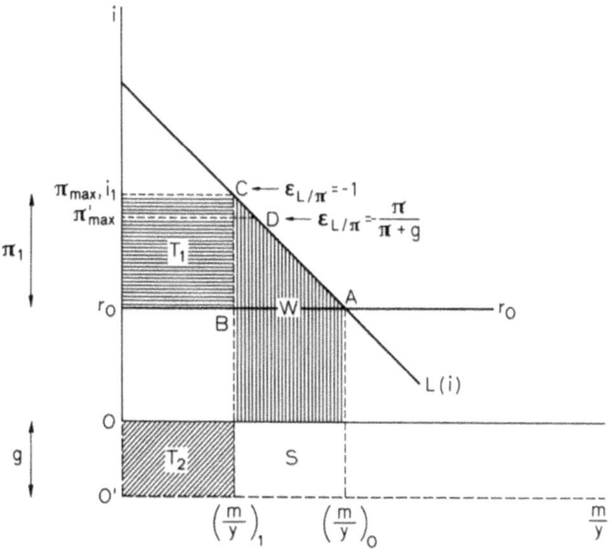

Abb. 67

Im Punkt D der Abb. 67 möge $\varepsilon_{L/\pi} = -\pi/(\pi + g)$ sein, so daß $\pi'_{\max}$ jene Inflationsrate darstellt, bei der die Einnahmen aus der Inflations- und Wachstumssteuer maximiert sind. Die Inflationsrate $\pi'_{\max}$ muß notwendigerweise geringer ausfallen, da eine höhere Inflationssteuer stets auf Kosten einer geringeren Wachstumssteuer geht.

Betrachten wir nun noch den Fall, wo die Geldbehörde einerseits die Inflations- und Wachstumssteuer (die Flächen T_1 und T_2 in Abb. 67) maximieren möchte und andererseits die Wohlfahrtskosten der Inflationssteuer (die Fläche W in Abb. 67) berücksichtigt, indem sie die Grenzkosten der Inflationssteuer mit den Grenzkosten anderer Steuern (GK_S) vergleicht. Die Grenzkosten der Inflationssteuer sind durch die schraffierten Flächen der Abb. 68 gekennzeichnet. Sie betragen[26]:

$$\begin{array}{l}\text{Grenzkosten der} \\ \text{Inflationssteuer}\end{array} = \frac{\text{Marginale Wohlfahrtskosten}}{\text{Marginale Inflationssteuereinnahmen}}$$

$$= \frac{b + c + d}{a - c - e} = \frac{\mathrm{d}m\, i}{m\,\mathrm{d}\pi - \mathrm{d}m\,\pi - \mathrm{d}m\, g}.$$

[26] Zu betonen ist, daß die Fläche e in Abb. 68 nicht einen Teil der marginalen Wohlfahrtskosten darstellt. Der Grund hierfür ist, daß die Wirtschaftssubjekte diesen Teil der Kasse vom Bankensystem *gegen Hingabe von Gütern* im Falle der Preisstabilität *erwerben* würden; auf diesen Erwerb der Kasse verzichten sie im Inflationsfalle, so daß d$m\, g$ keine Kosten darstellen.

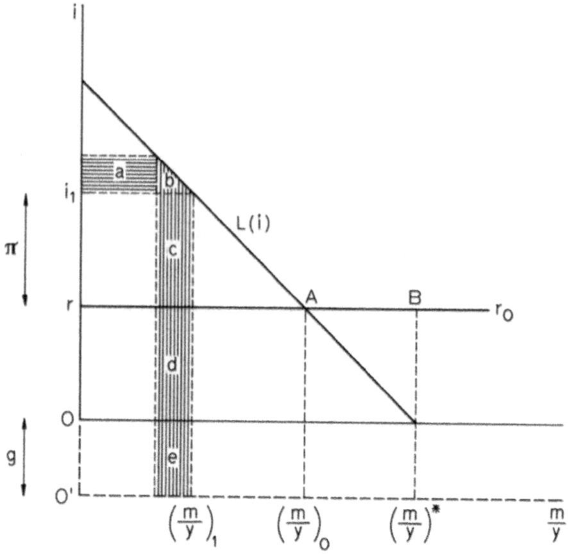

Abb. 68

Unter dem Aspekt eines optimalen Steuersystems ist jene Inflationsrate zu realisieren – die sog. optimale Inflationsrate π_{opt} –, bei der die Grenzkosten der Inflationssteuer gleich den Grenzkosten anderer Steuern (GK_S) sind:

$$\frac{\mathrm{d}m\, i}{m\,\mathrm{d}\pi - \mathrm{d}m\,\pi - \mathrm{d}m\,g} = GK_S. \tag{8a}$$

Auch hier kann festgestellt werden, daß die *fiskalpolitisch* optimale Inflationsrate in einer wachsenden Wirtschaft geringer ist im Vergleich zu einer nicht-wachsenden Wirtschaft. Der Grund hierfür ist der, daß die Inflationssteuer das Steueraufkommen der Wachstumssteuer vermindert.

Die *ökonomisch* optimale Inflationsrate (die mit der fiskalpolitisch optimalen Inflationsrate zusammenfällt, sofern $GK_S = 0$) beträgt

$$\pi_{\text{opt}} = -r$$

welche die optimale Geldmengenrelation $(m/y)^*$ realisiert (Abb. 68) [27]. Sie kann durch eine Deflationsrate in Höhe von r realisiert werden. Da wir im Kontext einer wachsenden Wirtschaft sind, stellt sich diese Deflation von selbst ein, sofern die nominale Geldmenge konstant bleibt *und* sofern die

[27] Sofern $GK_S = 0$, reduziert sich Gleichung (8a) auf:

$$\begin{aligned} \mathrm{d}m\, i &= 0 \\ \mathrm{d}m\,(r+\pi) &= 0 \\ r+\pi &= 0 \\ \pi &= -r. \end{aligned}$$

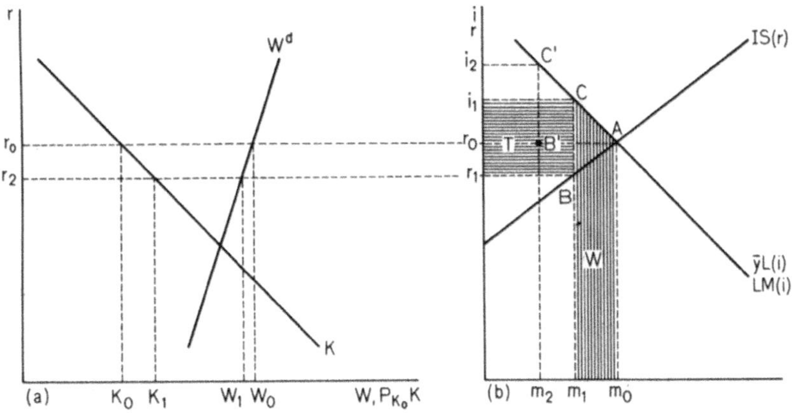

Abb. 69

Wachstumsrate des Realeinkommens (g) gleich dem Realzins (r) ist[28]. In diesem Fall steigt die Nachfrage nach Realkasse um den Prozentsatz g und sie wird durch eine entsprechende prozentuale Preissenkung von r befriedigt. Die optimale Geldmenge kann auch bei konstantem Preisniveau realisiert werden, indem die Geldbehörde pro Periode eine zusätzliche Geldmenge in Höhe von $(\Delta M/M)=r=g$ schafft, die sie in Form von Zinszahlungen an die Geldbesitzer transferiert.

c) Realzins und Kapitalbestand

Bisher hatten wir einen unveränderten Realzinssatz unterstellt; in einer inflationären Wirtschaft sinkt nun der Realzinssatz. Der Grund hierfür liegt in der Reduktion des realen Kassenbestandes und damit in der Reduktion des gesamten Vermögensbestandes. Da die Wirtschaftssubjekte in der Regel ihr Vermögensziel aufrechterhalten, werden sie mehr sparen, um den Vermögensverlust auszugleichen. Unter dem Stromaspekt löst diese Mehrersparnis eine Senkung des Realzinssatzes aus. Unter dem Bestandsaspekt bedeutet ein reduzierter Realzins einen erhöhten Kapitalbestand. Die Reduktion der Realkasse wird durch eine Erhöhung des Kapitalbestandes ersetzt.

In Abb. 69 ist diese Kausalkette detailliert dargestellt. Im linken Quadranten ist die langfristig gewünschte Vermögenshaltung W^d und der opti-

[28] Dieser Fall liegt jenen Wachstumsmodellen zugrunde, bei denen alle Größen (inklusive Bevölkerung) um die Rate $g=r$ wachsen – die Bedingungen des sog. golden-age Wachstums.

male Kapitalbestand K eingezeichnet, die beide vom Realzinssatz r abhängig sind. Im rechten Quadranten beschreibt die IS-Kurve jene Situationen, in denen der gewünschte Vermögensbestand, W^d, und der optimale Kapitalbestand, K, realisiert sind: die IS-Kurve ist gleich der horizontalen Differenz zwischen der W^d-Kurve und der K-Kurve. Die LM-Kurve beschreibt die Gleichgewichtsbedingung des Geldmarktes; sie ist gleichzeitig identisch mit der Nachfragekurve nach Realkasse, $\bar{y}L(i)$.

Das preisstabile Gleichgewicht herrscht im Punkte A, in dem der gesamte Vermögensbestand W_0 beträgt; er setzt sich aus dem gewünschten Kapitalbestand K_0 und der gewünschten Realkasse m_0 zusammen. Dieses langfristige Bestandsgleichgewicht soll nun für den Inflationsfall untersucht werden. Für diesen Fall kann das IS-LM-System arithmetisch wie folgt ausgedrückt werden:

Gütermarkt (IS-Kurve) $\quad S(r, \bar{y}, m) = I(r)$

Geldmarkt (LM-Kurve) $\quad \bar{y}L(i) = m$

Nominalzinssatz $\quad i = r + \pi, \quad$ wobei $\pi = \pi^* = \lambda$.

Bekanntlich stellt $\pi = \pi^*$ die Bedingung der langfristigen Inflationsanalyse dar und λ ist gleich der Geldmengenwachstumsrate.

Unterstellen wir eine Geldmengenwachstumsrate in Höhe von BC (Abb. 69b), die in einer stationären Wirtschaft gleich der Inflationsrate ist. Der Nominalzins steigt, was eine Reduktion der gewünschten Realkassenhaltung impliziert. Da diese den Gesamtvermögensbestand verringert, erfolgt ein Mehrersparnis mit der Folge einer Realzinssenkung. Diese Realzinssenkung impliziert eine geringere Nominalzinserhöhung (i_1) und damit eine geringere Reduktion der Relkasse (m_1) als in jenem hypothetischen (und im Abschnitt b besprochenen) Fall, wo der Realzins unveränderlich bleibt (r_0) und wo der Nominalzins i_2 und der Realkassenbestand m_2 betragen hatte.

Das Endgleichgewicht ist also durch einen geringeren Realzinssatz (r_1) charakterisiert. Gleichzeitig ist die Reduktion der Realkasse von m_0 auf m_1 einerseits von einem erhöhten Kapitalbestand von K_0 auf K_1 begleitet und andererseits von einer Reduktion des gewünschten Vermögensbestandes von W_0 auf W_1 (wobei $m_0 m_1 - W_0 W_1 = K_0 K_1$).

Was unsere bisherigen Resultate hinsichtlich der „maximalen" bzw. „optimalen" Inflationssteuer anbelangt, so müssen diese wie folgt modifiziert werden. Für eine gegebene Inflationsrate ist die „Steuerbasis" größer, da die Realkasse um $m_0 m_1$ und nicht um $m_0 m_2$ sinkt. Folglich ist das Inflationssteueraufkommen größer (die Fläche T in Abb. 69b) und der Wohl-

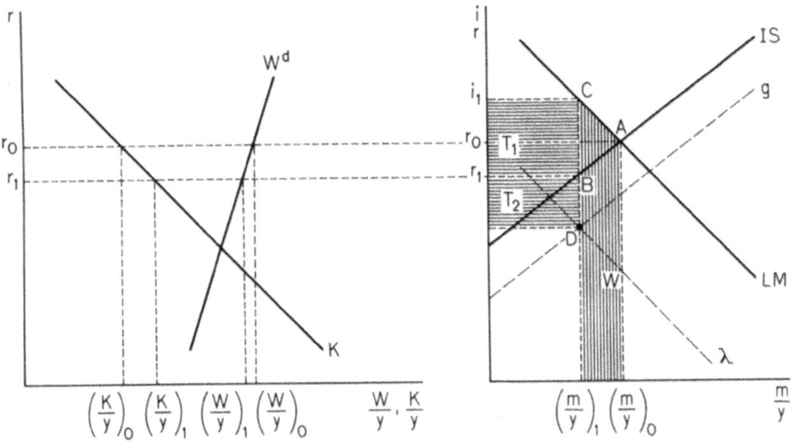

fahrtsverlust geringer (Fläche *W*). Ferner werden die „maximale" Inflationsrate (zwecks Maximierung des Inflationssteueraufkommens) und die „optimale" Inflationsrate (im Sinne der Optimierung der Inflationssteuer) um den Betrag der Realzinssenkung höher sein als in den von uns durchgeführten Berechnungen des letzten Abschnitts.

Betrachten wir nun noch den Fall der Realzins-Kapitalbestandsbeziehung für eine inflationäre *und* wachsende Wirtschaft. Grundsätzlich erhalten wir die gleichen Resultate wie die für eine inflationäre und stationäre Wirtschaft. In Abb. 70, die eine Reproduktion der Abb. 69 ist, haben wir zusätzlich die Wachstumsrate des Realeinkommens, g, dargestellt durch den vertikalen Abstand zwischen der IS-Kurve und der g-Linie, und die Wachstumsrate der Geldmenge, λ, dargestellt durch den vertikalen Abstand zwischen der LM-Kurve und der λ-Linie, eingezeichnet. Die Interpretation der X-Achsen ändert sich ebenfalls. Statt der absoluten Bestandsgrößen müssen wir diese in Beziehung zum realen Volkseinkommen setzen. Das inflationäre Gleichgewicht liegt im Schnittpunkt D der Abb. 70. Der Realzins ist wiederum r_1 und der Nominalzins i_1. Der Expansionspfad der Realkassenhaltung und des Vermögensbestandes findet auf einem geringeren Niveau, $(m/y)_1$ und $(W/y)_1$, und der des Kapitalbestandes auf einem höheren Niveau, $(K/y)_1$, statt. Ferner existiert neben dem Inflationssteueraufkommen (Fläche T_1) der Wachstumssteuergewinn (Fläche T_2).

Fünfter Teil: Geldmarkt in offenen Wirtschaften

Kapitel X

Der monetäre Ansatz der Zahlungsbilanzbestimmung

1. Das Gesetz eines einheitlichen Preises für international handelsfähige Güter. – 2. Die Zahlungsbilanz als ein grundsätzlich monetäres Phänomen. – 3. Das Zahlungsbilanzungleichgewicht als Spiegelbild des Geldmarktungleichgewichts: a. Die Notwendigkeit einer stabilen Funktion der Geldnachfrage; b. Die Notwendigkeit einer stabilen Funktion des Geldangebots. – 4. Der Zahlungsbilanzausgleichsmechanismus als ein Resultat des Bestandsanpassungsprozesses im Geldmarkt: a. Der Zahlungsbilanzausgleich via Leistungsbilanz; b. Der Zahlungsbilanzausgleich via Kapitalbilanz; c. Ein Zwei-Länder-Modell. – 5. Die Existenz von international nichthandelsfähigen Gütern. – 6. Der monetäre Ansatz im Inflationskontext.

Dieses und das folgende Kapitel sind für ein geldtheoretisches Lehrbuch ziemlich „ungewöhnliche“ Kapitel. Soll sich die Geldtheorie ausschließlich auf geschlossene Wirtschaften beziehen, so daß der außenwirtschaftliche Aspekt der Geldtheorie die Domäne der „internationalen Geldtheorie“ (international monetary economics oder monetäre Außenwirtschaftslehre bzw. Währungstheorie) ist? Es sei von vornherein festgestellt, daß es in dieser Beziehung keine eindeutige „Lehrmeinung“ gibt. Hinzu kommt, daß der internationale Aspekt der Geldtheorie im Vergleich zur Geldtheorie geschlossener Wirtschaften zur Zeit erst fragmentarisch entwickelt ist, so daß kein geschlossenes Bild der „internationalen Geldtheorie“ aufgestellt werden kann.

Wenn wir einen Bereich der monetären (makroökonomischen) Außenwirtschaftslehre in diesem letzten Teil des Buches behandeln, dann verfahren wir deswegen so, weil – so glauben wir – dieser Bereich sowohl zur Geldtheorie als auch zur monetären Außenwirtschaftslehre aus folgenden Gründen gezählt werden kann:

(i) Einmal handelt es sich um den *Geldmarkt*, der, sobald die Wirtschaft geöffnet wird, im System fester Wechselkurse die Zahlungsbilanz (und nicht mehr das Preisniveau) determiniert (monetärer Ansatz der Zahlungsbilanz) und im System flexibler Wechselkurse (wiederum das Preisniveau und) den Wechselkurs bestimmt (monetärer Ansatz der Wechselkursbestimmung).

(ii) Im System fester Wechselkurse ist das *Geldangebot* (M) eine endogene Größe und der Wechselkurs (e) eine exogene Größe:

$$M=f(e)$$

Ein ganz bestimmter Wechselkurs bedingt eine ganz bestimmte Geldmenge, damit die Zahlungsbilanz im Gleichgewicht ist. Im System flexibler Wechselkurse liegt das umgekehrte Verhältnis vor:

$$e=g(M).$$

Der Wechselkurs ist eine endogene Größe und die Geldmenge eine exogene Größe: Eine ganz bestimmte Geldmenge ruft einen ganz bestimmten Wechselkurs hervor.

(iii) Im Mittelpunkt der Geldmarktanalyse steht die Bestimmung geldwirtschaftlicher bzw. *nominalwirtschaftlicher Größen,* d. h. des allgemeinen Preisniveaus. Im Kontext offener Wirtschaft treten – was noch zu zeigen ist – zwei zusätzliche nominalwirtschaftliche Größen hinzu: die Zahlungsbilanz im Sinne des Zahlungsbilanzsaldos und der Wechselkurs im Sinne des Kaufkraftparitäten-Wechselkurses.

In diesem Kapitel behandeln wir den monetären Ansatz der Zahlungsbilanzbestimmung und im nächsten Kapitel den monetären Ansatz der Wechselkursbestimmung. Beide Ansätze sind in den siebziger Jahren rigoros entwickelt worden.

Der monetäre Ansatz der Zahlungsbilanzbestimmung ist durch vier Merkmale gekennzeichnet: durch die Annahme des „Gesetzes eines einheitlichen Preises" der handelsfähigen Güter innerhalb der Weltwirtschaft (Abschnitt 1); durch den monetären Charakter des Zahlungsbilanzsaldos (Abschnitt 2); durch die „ursächliche" Beziehung zwischen Geldmarktungleichgewicht und Zahlungsbilanzungleichgewicht (Abschnitt 3); durch den Mechanismus des Zahlungsbilanzausgleichs als ein Resultat der Bestandsanpassungsprozesse im Geldmarkt (Abschnitt 4). Die beiden letzten Merkmale erfahren eine gewisse Modifikation, sofern die sog. international nichthandelsfähigen Güter mitberücksichtigt werden (Abschnitt 5). Im letzten Abschnitt des Kapitels (Abschnitt 6) behandeln wir dann noch den monetären Ansatz im Inflationskontext [1].

---

[1] Der monetäre Ansatz der Zahlungsbilanz ("monetary approach to the balance of payments") wurde Ende der 60er und vor allem Anfang der 70er Jahre von Robert Mundell, Harry Johnson und ihren Schülern an der Universität Chicago entwickelt.

Zu den Schriften von R. A. Mundell siehe seine Bücher International Economics, New York 1968, Kap. 8–10 und Monetary Theory [1971].

Die ausführlichsten Beiträge zum monetären Ansatz sind die von Harry G. Johnson: The Monetary Approach to Balance-of-Payments Theory, in: Journal of Finan-

1. Das Gesetz eines einheitlichen Preises für international handelsfähige Güter

International handelsfähige Güter sind jene Güter, die dem „direkten internationalen Preiszusammenhang" ausgesetzt sind. Hiernach stellt sich die Preisbildung der handelsfähigen Güter auf dem Weltgütermarkt ein. Die Länder der „Weltwirtschaft" werden wie Regionen betrachtet, zwischen denen Preisdifferenzen der handelsfähigen Güter durch den Konkurrenzmechanismus der Preisarbitrage beseitigt werden. Die Vorstellung der interregionalen Preisarbitrage wird auf jenen internationalen Raum („Weltwirtschaft") übertragen, dessen Wirtschaften stark miteinander verflochten („integriert") sind und in dem im Extremfall die Preisbildung ei-

---

cial and Quantitative Analysis, 1972; deutsche Übersetzung in: H. G. Johnson, Inflation. Theorie und Politik, München 1975, Kap. IV; The Monetary Approach to Balance-of-Payments Theory: A Diagrammatic Analysis, in: Manchester School of Economics and Social Studies, 1975; Elasticity, Absorption, Keynesian Multiplier, Keynesian Policy, and Monetary Approaches to Devaluation Theory: A Simple Geometric Exposition, in: American Economic Review, LXXVI (1976); The Monetary Approach to Balance-of-Payments Policies, in: J. Frenkel und H. G. Johnson (Hrsg.), The Monetary Approach to the Balance of Payments, London 1976, Kap. 11; The Monetary Approach to Balance-of-Payments Theory and Policy: Explanation and Policy Implications, in: Economica, IVL (1977); The Monetary Approach to the Balance of Payments, in: Journal of International Economics, VII (1977).

Unter den Schülern von Mundell und Johnson sind vor allem zu nennen: R. Dornbusch, Devaluation, Money and Non-Traded Goods, in: American Economic Review, LXIII (1973); M. Mussa, The Monetary Approach to the Balance of Payments, in: Journal of Money, Credit and Banking, VI (1974); J. A. Frenkel, Adjustment Mechanisms and the Monetary Approach to the Balance of Payments: A Doctrinal Perspective, in: E. M. Claassen und P. Salin (Hrsg.), Recent Issues in International Monetary Economics, Amsterdam 1976, Kap. 2; A. K. Swoboda, Monetary Approaches to Balance-of-Payments Theories, in E. M. Claassen und P. Salin, op. cit., Kap. 1 und deutsche Übersetzung in E. M. Claassen (Hrsg.), Kompendium der Währungstheorie, München 1977. Ferner sind die Beiträge in dem Sammelband von J. Frenkel und H. J. Johnson [1976] zu nennen.

Eine kritische Übersicht zum monetären Ansatz findet sich bei: M. von Neumann Whitman, Global Monetarism and the Monetary Approach to the Balance of Payments, in: Brookings Papers on Economic Activity, 1975; D. A. Currie, Some Criticisms of the Monetary Analysis of Balance-of-Payments Correction, in: Economic Journal, LXXXVI (1976); F. Hahn, The Monetary Approach to the Balance of Payments, in: Journal of International Economics, VII (1977).

Unter den „Vorboten" zum monetären Ansatz der Zahlungsbilanz sind die Arbeiten der Ökonomen der Forschungsabteilung des Internationalen Währungsfonds zu nennen – u. a. J. J. Polak (1957) und S. J. Prais (1961) –, die im International Monetary. Fund Staff Papers erschienen und wiederabgedruckt sind in: International Monetary Fund, The Monetary Approach to the Balance of Payments, Washington 1977. Ferner sind zu zitieren I. F. Pearce, The Problem of the Balance of Payments, in: International Economic Review, 1961 und M. C. Kemp, The Rate of Exchange, the Terms of Trade and the Balance of Payments in Fully Employed Economies, in: International Economic Review, 1962.

nes bestimmten handelsfähigen Gutes auf einem einzigen Markt – dem Weltmarkt dieses Gutes – erfolgt („Gesetz eines einheitlichen Preises"). Wenn auch kurzfristig Preisdifferenzen zwischen den Nationen aufgrund einer temporär unzureichenden Preisarbitrage existieren mögen, so sind entsprechend dem Gesetz eines einheitlichen Preises langfristig bleibende Differenzen nur durch Elemente wie Transportkosten, Zölle und indirekte Steuern erklärbar [2].

Ein Argument gegen diese Annahme (relativer) internationaler Preisnivellierung von international austauschbaren Gütern ergibt sich dann, wenn man in Anlehnung an die zweite Revolution der 1930er Jahre, nämlich die Revolution des unvollkommenen Wettbewerbs, jede einzelne Handelsnation in Analogie zu einer Firma behandelt, die in unvollkommenem Wettbewerb steht und demnach einen „autonomen Preisspielraum" hat. Während dieser Spielraum für homogene Güter (Rohstoffe, Nahrungsmittel) ausscheidet, ist ein automatischer Preisausgleich nur dann zu erwarten, wenn die Substitutionselastizitäten zwischen den einzelnen Produkten der verschiedenen Länder bei unendlich liegen. Da die Produktdifferenzierung mit der Größe des Wirtschaftsraums steigt – statt m heterogenen Gütern in einem Land haben wir es im Extremfall mit nm heterogenen Gütern in der Weltwirtschaft zu tun, wobei n die Zahl der

[2] In der Literatur ist der Begriff der handelsfähigen und nichthandelsfähigen Güter (tradable and non-tradable goods bzw. traded and non-traded goods oder international and domestic goods) zuerst vor allem von Frank Graham und Bertil Ohlin benutzt worden. F. D. Graham, Germany's Capacity to Pay and the Reparation Plan, in: American Economic Review, XV (1925) und B. Ohlin, Transfer Difficulties, Real and Imagined, in: Economic Journal, XXXIX (1929).

In einer Diskussion der Literatur der Vorkriegszeit über das Konzept der handelsfähigen und nichthandelsfähigen Güter siehe das Journal of Economic Literature: P. M. Oppenheimer, Non-Traded Goods and the Balance of Payments: A Historical Note, XII (1974) und R. Hinshaw, Non-Traded Goods and the Balance of Payments: Further Reflections, XIII (1975).

In der Nachkriegszeit, und zwar zu Beginn der 60er Jahre, erfolgte eine rigorosere Darstellung durch die Australier Salter, Swan, Corden und Pearce; siehe hierzu weiter unten Fußnote 9 auf S. 392. Zu den australischen Autoren siehe wieder das Journal of Economic Literature: H. W. Arndt, Non-Traded Goods and the Balance of Payments: Another Historical Note, XIII (1975) und T. Swan, Non-Traded Goods and the Balance of Payments, XIV (1976).

Das Konzept der handelsfähigen und nichthandelsfähigen Güter fand dann in der Literatur folgende Anwendung: einerseits auf dem Gebiet der Theorie des optimalen Währungsgebiets durch R. I. McKinnon, Optimum Currency Areas, in: American Economic Review, LIII (1963); andererseits auf dem Gebiet der Wechselkursbestimmung durch Balassa und Samuelson (siehe Fußnote 1 auf S. 383); und schließlich in den 70er Jahren auf dem Gebiete des monetären Ansatzes der Zahlungsbilanz.

Im deutschen Sprachraum ist die Preisbildung der handelsfähigen Güter – der „direkte internationale Preiszusammenhang" – schon relativ früh diskutiert worden. Siehe u. a. W. Stützel, Ist die schleichende Inflation durch monetäre Maßnahmen zu beeinflussen?, in: Beihefte zur Konjunkturpolitik, Heft 7, 1960; O. Issing, Die Theorie des direkten internationalen Preiszusammenhangs, in: Jahrbücher für Nationalökonomie und Statistik, 1967/68; G. Fels, Der internationale Preiszusammenhang, Köln 1969.

Länder ist –, wird notwendigerweise die Substitutionselastizität mit der Zahl der Produkte zunehmen.

Liegt also eine sehr große Substitutionselastizität zwischen den heterogenen handelsfähigen Gütern in der Weltwirtschaft vor – eine Annahme des monetären Ansatzes –, dann folgt hieraus, daß in der makroökonomischen Perspektive das „Preisniveau" (von international handelsfähigen Gütern) eines Landes an das Weltpreisniveau gekoppelt ist. Strikt genommen muß dann für das einzelne Land das Preisniveau als ein Datum angesehen werden, das auf Weltebene bestimmt wird. In analoger Weise muß sich die nationale Inflationsrate (von international handelsfähigen Gütern) mit der internationalen Inflationsrate in enger Übereinstimmung befinden, wobei letztere wiederum in der Weltwirtschaft determiniert wird [3].

Wenn das Verbindungsglied zwischen nationalem und internationalem Preisniveau konkurrenztheoretisch der „direkte internationale Preiszusammenhang" ist, so bildet in ähnlicher Weise der „direkte internationale Zinszusammenhang" das Verbindungsglied zwischen dem nationalen und internationalen Zinssatz (real und nominal) von international handelsfähigen Finanzaktiva. Die Existenz von international handelsfähigen Finanzaktiva *und* die Abwesenheit jeglicher Kontrollen im internationalen Kapitalverkehr implizieren stark integrierte Kapitalmärkte (der handelsfähigen Wertpapiere) in der Weltwirtschaft, so daß ein Land ebenfalls zu

---

[3] In der Außenhandelstheorie bezieht sich die traditionelle Güterklassifikation auf die Unterteilung zwischen Importgütern und Exportgütern bzw. auf die Unterteilung zwischen importfähigen und exportfähigen Gütern. Demzufolge steht im Mittelpunkt dieser Analyse das Preisverhältnis ("terms of trade") zwischen Exportgütern und Importgütern. Die Analyse dieses relativen Preises hat nur dann einen Sinn, wenn das betreffende Land hierüber einen Einfluß hat. Ein möglicher – und ziemlich genereller – Fall in der traditionellen Außenhandelstheorie ist der, daß das Land eine gewisse Monopolmacht in der Produktion der Exportgüter hat – es spezialisiert sich in diesem Bereich –, während es ein price taker für die Importgüter ist. Eine Erhöhung der ausländischen Preise (bzw. eine Abwertung, was analytisch gleichbedeutend ist) würde die Importgüterpreise im gleichen Maße ansteigen lassen und eine Verschlechterung der terms of trade bewirken, sofern die Exportgüterpreise von der ausländischen Preiserhöhung nicht bzw. kaum berührt werden.

Es ist jedoch zweifelhaft, warum die Exportpreise nicht dem gleichen Preistrend folgen, insbesondere dann, wenn sich die Exportgüterindustrie in der Vollbeschäftigungssituation befindet – eine Annahme des monetären Ansatzes. Andererseits kann der Fall der Monopolmacht eines Landes innerhalb seines Exportgütersektors als ein Sonderfall angesehen werden.

Genereller wäre dann jene Situation, wo das betreffende Land innerhalb der Weltwirtschaft sowohl für seine Importgüter als auch für seine Exportgüter ein price taker ist, so daß eine Erhöhung der ausländischen Preise (bzw. eine Abwertung) die terms of trade nicht beeinflussen würde, da Importpreise und Exportpreise im gleichen Maße steigen. Liegt dieser Fall vor, dann ist es angebrachter, Importgüter und Exportgüter als eine einzige Güterkategorie zu behandeln, und zwar als die sog. Gruppe der Handelsgüter (bzw. die importfähigen und exportfähigen Güter als handelsfähige Güter), da dann nur eine Verschiebung des Preisverhältnisses zwischen Handelsgütern und den sog. Binnengütern (d. h. den nichthandelsfähigen Gütern) denkbar ist.

einem price-taker hinsichtlich des Zinssatzes von handelsfähigen Wertpapieren im System fester Wechselkurse wird.

In einer Welt integrierter Güter- und Kapitalmärkte und fester Wechselkurse hat also ein Land – zumindest in der längerfristigen Sicht – keine Kontrolle über das Preisniveau seiner handelsfähigen Güter und das Zinsniveau seiner handelsfähigen Finanzaktiva [4]. Unsere Ausführungen des letzten Kapitels über die langfristigen Bestimmungsgründe des Preisniveaus, des Zinssatzes und der Inflationsrate sind also unter dem spezifischen außenwirtschaftlichen Aspekt des direkten internationalen Preis- und Zinszusammenhangs nicht mehr gültig und sie gelten lediglich für die Weltwirtschaft, welche die einzig geschlossene Wirtschaft darstellt, in der dann „das" Preisniveau (Weltpreisniveau), „der" Zinssatz (Weltzinssatz) und „die" Inflationsrate (Weltinflationsrate) bestimmt werden. Die Rolle des Geldmarktes eines Landes besteht jetzt nicht mehr aus der Bestimmung des Preisniveaus, sondern aus der Bestimmung des Zahlungsbilanzsaldos, was in den nächsten Abschnitten zu beweisen ist.

Zu beachten ist, daß wir weiterhin mit den Annahmen des Kapitels IX operieren, was die langfristige makroökonomische Totalanalyse anbelangt: Vollbeschäftigung und quantitätstheoretische Bestimmung des Preisniveaus und der Inflationsrate – hier nun des Weltpreisniveaus und der Weltinflationsrate. Ferner sehen wir zunächst von der Existenz der international nichthandelsfähigen Güter ab, deren Definition derartig ist, daß sie nicht dem *direkten* internationalen Preiszusammenhang ausgesetzt sind [5].

2. Die Zahlungsbilanz als ein grundsätzlich monetäres Phänomen

Das zweite Charakteristikum des monetären Ansatzes bezieht sich auf die „Natur" der Zahlungsbilanz, die grundsätzlich ein monetäres Phänomen darstellt. Der Term „Zahlungsbilanz" beinhaltet hier jenen Zahlungsbilanzsaldo, der die Änderung der Gold- und Devisenreserven der Zentralbank – kurz der Währungsreserven – angibt. Der monetäre Ansatz setzt sich zum Ziel, die diesem Saldo unterliegenden Verhaltensrelationen zu untersuchen, anstatt jene Verhaltensrelationen zu analysieren, die den (dem Devisenbilanzsaldo buchhaltungstechnisch entsprechenden) ande-

[4] Implizite unterstellen wir ein relativ kleines Land, da ein sehr großes Land einen merklichen Einfluß auf die „Weltpreise" ausübt.

[5] Wie wir in Abschnitt 5 sehen werden, unterliegen diese Güter *indirekt* mittels des Substitutionseffekts dem internationalen Preiszusammenhang.

ren Teilzahlungsbilanzsalden – vor allem der Leistungs- und Kapitalbilanz – zugrundeliegen; diese letztgenannten (nicht-monetären bzw. realen) Ansätze der Zahlungsbilanzanalyse müssen, sofern sie korrekt gehandhabt werden, grundsätzlich zu den gleichen Resultaten führen wie der monetäre Ansatz. Die Konzentration der Analyse auf den soeben beschriebenen Zahlungsbilanzsaldo zeigt natürlich auch die begrenzte Perspektive des monetären Ansatzes an, der somit keine Aussage über die detaillierte Zusammensetzung der gesamten Zahlungsbilanz machen kann.

Die Behauptung, daß die Zahlungsbilanz in dem oben definierten Sinne ein „grundsätzlich monetäres Phänomen" ist, resultiert aus einer Identität, und zwar der Identität der konsolidierten Bilanz des Geldsystems, wonach die ausstehende Geldmenge (Passivseite) gleich den Entstehungskomponenten der Geldmenge ist (Aktivseite), nämlich gleich den Währungsreserven plus den inländischen Aktiva des konsolidierten Bankensystems (kurz inländischer Kredit genannt).

Die Zahlungsbilanz (Änderung der Währungsreserven) entspricht demzufolge der *Differenz* zwischen der Veränderung der Geldmenge und der Veränderung der inländischen Kreditmenge seitens des Bankensystems. Hieraus folgt ebenfalls, daß dem Geld eine wesentliche (jedoch nicht ausschließliche) Rolle in der Zahlungsbilanzanalyse zugeschrieben wird (oder negativ ausgedrückt, ohne Geld würde es überhaupt keine Zahlungsbilanz in dem oben definierten Sinne geben).

Dieser Betrachtungsweise könnte natürlich der Verdacht der Tautologie entgegengehalten werden. Doch die meisten Theorien beginnen mit Identitätsbeziehungen von irgendeiner Art. Die keynesianische Theorie beginnt mit der Tautologie, daß die Ausgaben entweder als Konsum- oder Investitionsausgaben klassifiziert werden müssen; was sie zur Theorie macht, ist die funktionale Beziehung zwischen Konsum und Einkommen. Die Quantitätstheorie beginnt mit der Identität der Quantitätsgleichung; was sie zur Theorie macht, ist die funktionale Abhängigkeit der Umlaufgeschwindigkeit (bzw. der Geldnachfrage) u.a. vom Preisniveau und vom Zinssatz (obwohl sie in der primitiven Fassung von institutionellen Faktoren wie etwa den Zahlungssitten abhing). Der monetäre Ansatz der Zahlungsbilanztheorie beginnt mit der Tautologie, daß die Zahlungsbilanz, definiert als Reservenzuflüsse oder -abflüsse, gleich der Differenz zwischen Geldmengenänderung und Änderung der heimischen Kreditmenge des Bankensystems ist; was ihn zur Theorie macht, ist das nun zu besprechende dritte Charakteristikum des monetären Ansatzes.

3. Das Zahlungsbilanzungleichgewicht als Spiegelbild des Geldmarktungleichgewichts

Das dritte Charakteristikum des monetären Ansatzes besteht (a) aus einer stabilen Funktion der Geldnachfrage und (b) aus einer stabilen Funktion des Geldangebots.

a) Die Notwendigkeit einer stabilen Funktion der Geldnachfrage

Unter dem Begriff stabil wird ein Verhalten verstanden, wonach die Wirtschaftssubjekte je nach der Konstellation einer begrenzten Zahl von Variablen – Preisniveau, Zinssatz, Einkommen – eine ganz bestimmte Kasse zu halten wünschen. Das Verbindungsglied zwischen der obigen Zahlungsbilanzidentität und einer stabilen Geldnachfragefunktion, das dem monetären Ansatz überhaupt erst den Status einer Theorie verleiht, ist die Aussage, daß ein Ungleichgewicht im Geldmarkt, d. h. ein Ungleichgewicht zwischen Geldangebot und Geldnachfrage, ein Ungleichgewicht der Zahlungsbilanz auslöst, das solange andauert, bis der Geldmarkt wieder im Gleichgewicht ist. Hier sind nun grundsätzlich zwei Fälle von Ungleichgewichten denkbar.

Der erste bezieht sich auf einen Angebotsüberschuß im Geldmarkt. Es sei angenommen, daß er über eine Erhöhung der ausstehenden Geldmenge mittels interner Kreditschaffung verursacht ist; (denkbar ist natürlich auch eine Verringerung der Geldnachfrage). Sofern keine stabile Nachfragefunktion nach Geld vorliegt, würde im Extremfall jegliches Geldangebot von der Nachfrage absorbiert, und eine solche permanente „Liquiditätsfalle“ würde dem monetären Ansatz jegliche Aussagekraft nehmen. Ist dagegen entsprechend der Annahme des Angebotsüberschusses im Geldmarkt ein Teil der von den Wirtschaftssubjekten gehaltenen Kasse ungewünscht, werden sie diesen für den Kauf von Gütern und Aktiva ausgeben. In traditionellen Modellen offener Wirtschaften würde sich im Falle der Vollbeschäftigung das inländische Preisniveau erhöhen und das inländische Zinsniveau vermindern, und der relative Preiseffekt würde ein Leistungsbilanzdefizit und der relative Zinseffekt ein Kapitalbilanzdefizit hervorrufen; entsprechend den Preis- und Zinsveränderungen wäre der Geldmarkt ausgeglichen – jedoch nur temporär, da ein Zahlungsbilanzdefizit herrscht, das aufgrund eines begrenzten Devisenbestands zu einer Umkehr der Geldpolitik zwingt. Da wir jedoch von der Hypothese des internationalen Preis- und Zinszusammenhangs ausgehen wollen (d. h. von der Hypothese stark integrierter Güter- und Kapitalmärkte), sind für das jeweilige Land – und vor allem für „kleine" Länder – Preis- und Zinsniveau als Daten anzusehen, die in der Weltwirtschaft bestimmt werden. Folglich besteht (bei unveränderlicher Geldpolitik) für die Wirtschaftssubjekte die einzige Möglichkeit, sich des Angebotsüberschusses an Geld zu entledigen, darin, es zu exportieren, d. h. es für den Kauf ausländischer Güter und Aktiva zu verwenden, wodurch ein Zahlungsbilanzdefizit auftritt mit der Folge eines verringerten Reservenbestandes und damit eines reduzierten Geldangebots.

Der zweite mögliche Fall eines ungleichgewichtigen Geldmarktes und demzufolge einer ungleichgewichtigen Zahlungsbilanz ist der eines Nachfrageüberschusses an Geld. Dieser möge sich aufgrund einer Geldnachfrageerhöhung einstellen, z. B. als Folge eines höheren inländischen Preisniveaus, das entsprechend unseren weiter oben behandelten Beispielen durch ein höheres ausländisches Preisniveau bzw. durch eine Abwertung verursacht ist. Da auch hier infolge des internationalen Preis- und Zinszusammenhangs von einer Autonomie des inländischen Preis- und Zinsniveaus abgesehen werden muß (zumindest was die Preise handelsfähiger Güter und die Zinssätze handelsfähiger Wertpapiere angeht), können sich die Wirtschaftssubjekte bei unveränderter Geldpolitik das gewünschte Mehr an Kassenhaltung nur über den Außenhandelssektor beschaffen. Demzufolge löst der Geldnachfrageüberschuß einen Zahlungsbilanzüberschuß aus, der dann über die Devisenzuflüsse die inländische Geldmenge auf die Höhe der gewünschten Kassenhaltung erhöht.

b) Die Notwendigkeit einer stabilen Funktion des Geldangebots

In den beiden Fällen eines ungleichgewichtigen Geldmarktes, einerseits ein Angebotsüberschuß und andererseits ein Nachfrageüberschuß (und wie wir später sehen werden, beide ausgedrückt als „Strom-Ungleichgewichte"), muß der jeweilige Überschuß notwendigerweise zu einem Zahlungsbilanzungleichgewicht führen. Diese Feststellung besagt jedoch nicht, daß *während* des Gleichgewichtsanpassungsprozesses im Geldmarkt jenes Geldangebot absolut unverändert bleibt, das auf der Basis der internen Kreditgewährung geschaffen wird.

Wählen wir zur Illustration zunächst das Beispiel des Geldnachfrageüberschusses. Dieser löste einen Zahlungsbilanzüberschuß aus, der seinerseits bei „unveränderter" Geldpolitik eine Ausdehnung des heimischen Geldvolumens verursachte, um den Geldnachfrageüberschuß zu befriedigen. Eine unveränderte Geldpolitik bedeutet hier, daß die Zentralbank die *Geldbasis* um den Betrag der Devisenzuflüsse erhöht *und* daß sie keine aktiven Maßnahmen zur Veränderung des *Geldschaffungsmultiplikators* ergreift. Folglich wird sich die Geldmenge um einen vielfachen Betrag des

Zahlungsbilanzüberschusses erhöhen. Der enge Zusammenhang – aber keine Identität – zwischen Geldnachfrageüberschuß und Zahlungsbilanzüberschuß bleibt jedoch weiterhin erhalten, nur mit der feineren Unterscheidung, daß ein Teil des Geldnachfrageüberschusses durch die über den Multiplikator wirkende automatische interne Kreditexpansion beseitigt wird. Ähnliches, nur mit umgekehrten Vorzeichen, gilt für einen Angebotsüberschuß im Geldmarkt, der über zwei Mechanismen eliminiert wird: einerseits löst er ein Zahlungsbilanzdefizit aus, der die Geldbasis veringert; andererseits bedingt die reduzierte Geldbasis eine multiplikatorische Verminderung des heimischen Geldangebots.

Hieraus folgt, daß der monetäre Ansatz, sofern er für sich eine rigorose Aussage- und Vorhersagekraft in Anspruch nimmt, nicht nur eine stabile Geldnachfragefunktion, sondern auch eine stabile Geldangebotsfunktion unterstellen muß, und zwar in dem Sinne, daß erratische Fluktuationen des Geldschaffungsmultiplikators (zumindest in längerfristiger Sicht) auszuschließen sind.

Wie wir bisher gesehen haben, spielt der Geldmarkt eine vitale Rolle für die Bestimmung der Zahlungsbilanz. Diese Feststellung besagt jedoch nicht, daß Geld die einzige Bestimmungsgröße des Zahlungsbilanzsaldos ist. Selbstverständlich wirken auch die „realen" Faktoren auf die Zahlungsbilanz. Aber diese beeinflussen die Zahlungsbilanz nur insofern, als sie die Geldnachfrage verändern. So impliziert z. B. ein wachsendes Realeinkommen eine zunehmende Geldnachfrage; sofern die Geldmenge mittels inländischer Kreditgewährung nicht entsprechend ausgedehnt wird, ergibt sich ein Zahlungsbilanzüberschuß – verursacht durch reale Faktoren [6]. Dieser enge Zusammenhang zwischen Geldmarkt und Zahlungsbilanz – genannt monetärer Ansatz der Zahlungsbilanztheorie – kommt zudem zu Resultaten, die mit der Empirie in Übereinstimmung stehen. So wissen wir einerseits, daß ein Land eine desto günstigere Zahlungsbilanz aufweist, je schneller es wächst. Und andererseits wissen wir, daß sich die Zahlungsbilanz desto mehr verschlechtert, je größer die inländische Kreditexpansion ist [7].

---

[6] Vgl. hierzu R. A. Mundell [1968], Kap. 9; R. Dornbusch, Notes on Growth and the Balance of Payments, in: Canadian Journal of Economics, IV (1971); D. D. Purvis, More on Growth and the Balance of Payments: The Adjustment Process, in: Canadian Journal of Economics, V (1972); F. J. Reid, Mundell on Growth and the Balance of Payments, in: Canadian Journal of Economics, VI (1973).

[7] Algebraisch kann der Zusammenhang zwischen Geldmarkt und Zahlungsbilanz wie folgt formuliert werden; vgl. hierzu u. a. R. A. Mundell [1968], Kap. 9–10 und H. G. Johnson [1972]. Ein Gleichgewicht im Geldmarkt besagt, daß das Geldangebot (M^s) gleich der Geldnachfrage (M^d) ist

$$M^s = M^d.$$

Von der Entstehungsseite aus gesehen wird Geld entweder auf dem Wege der Monetisierung von Währungsreserven (R) oder durch inländische Kredite geschaffen

4. Der Zahlungsbilanzausgleichsmechanismus als ein Resultat des Bestandsanpassungsprozesses im Geldmarkt

Das vierte Charakteristikum des monetären Ansatzes der Zahlungsbilanztheorie besteht aus der Konzentration der Analyse auf die *längerfristigen Resultate* einer Gleichgewichtsstörung im Geldmarkt und damit in der Zahlungsbilanz. Unter dem Begriff längerfristig dürfen jedoch nicht Jahre oder ein Jahrzehnt verstanden werden, denn dann würde dieser Ansatz für die Lösung aktueller Probleme der Wirtschaftspolitiker, deren Zeithorizont bekanntlich kürzer ist, überhaupt nicht in Frage kommen. Die Advokaten des monetären Ansatzes bezeichnen unter längerfristiger Periode den Zeitraum von etwa ein bis zwei Jahren, innerhalb dessen sich der Gleichgewichtsprozeß abwickelt.

Greifen wir das uns in diesem Kapitel interessierende Problem der Preisniveauveränderung (bzw. der Paritätsänderung) als Beispiel heraus. Ein höheres, vom Ausland übertragenes inländisches Preisniveau führt ceteris paribus zu einem Nachfrageüberschuß im Geldmarkt und demzufolge zu einem Zahlungsbilanzüberschuß. Die Geldnachfrage ist bekanntlich eine Nachfrage nach der *Bestands*größe Geld. Aus der Literatur über Be-

---

(*D*) (Bilanzidentität des konsolidierten Bankensystems)

$$M^s = R + D.$$

Die Geldnachfrage möge in linearer Beziehung zum Preisniveau (P) stehen; ferner ist sie eine zunehmende Funktion des Realeinkommens (y) und steht in inverser Beziehung zum Nominalzinssatz (i)

$$M^d = P\,M^d\,(y, i).$$

Das Gleichgewicht im Geldmarkt kann nun auch geschrieben werden als

$$R + D = P\,M^d\,(y, i).$$

Differenzieren wir zunächst diesen Ausdruck

$$\mathrm{d}R + \mathrm{d}D = \mathrm{d}P\,M^d\,(y, i) + \left[\frac{\partial M^d}{\partial y}\,\mathrm{d}y + \frac{\partial M^d}{\partial i}\,\mathrm{d}i\right] P$$

und erweitern wir ihn wie folgt:

$$R\frac{\mathrm{d}R}{R} + D\frac{\mathrm{d}D}{D} = \mathrm{d}P\,M^d\,(y, i) + \left[\frac{\partial M^d}{\partial y}\,y\frac{\mathrm{d}y}{y} + \frac{\partial M^d}{\partial i}\,i\frac{\mathrm{d}i}{i}\right] P.$$

Setzen wir für die verschiedenen Wachstumsraten das Symbol g, z. B. statt $\mathrm{d}R/R$ schreiben wir g_R, und dividieren wir die linke Seite durch M^s (geschrieben als M) und die rechte Seite durch $PM^d\,(y, i)$, dann erhalten wir

$$\frac{R}{M}g_R + \frac{D}{M}g_D = g_P + \frac{\partial M^d}{\partial y}\frac{y}{M^d}g_y + \frac{\partial M^d}{\partial i}\frac{i}{M^d}g_i\,.$$

standsanpassungen wissen wir, daß die Anpassung der effektiven an die gewünschten Bestände über mehrere „Perioden“ stattfindet – sei es für die Anpassung des effektiven an den gewünchten Vermögensbestand mittels der Ersparnis, sei es für die Anpassung des effektiven an den gewünschten Kapitalbestand mittels der Investition oder sei es schließlich für die Anpassung des effektiven an den gewünschten Geldbestand mittels des „Hortens“ (bzw. des „Enthortens“). Während dieses Anpassungsprozesses ergeben sich pro Periode Strom-Gleichgewichte (flow-equilibrium), die sich erst allmählich dem Bestands-Gleichgewicht (stock equilibrium) nähern. Angewandt auf den Geldmarkt und seine Wirkungen auf den Zahlungsbilanzsaldo impliziert dieser mehrperiodische Bestandsanpassungsprozeß anhand unseres obigen Beispiels, daß sich der Zahlungsbilanzüberschuß über mehrere „Perioden“ verteilt, da die zusätzlich gewünschte Kassenhaltung nur allmählich aufgestockt wird.

Ferner muß betont werden, daß der Kanal, über den sich der Zahlungsbilanzüberschuß konkretisiert, nicht unbedingt die Leistungsbilanz zu sein braucht (höhere Geldnachfrage – Verminderung der Güternachfrage – Leistungsbilanzüberschuß). Die Kapitalbilanz kann ebenfalls beeinflußt werden, nicht etwa über eine Zinsveränderung (die für unser „kleines“ Land ex hypothesi ausgeschlossen ist), sondern über eine andere Variante des Portfolioansatzes. Da aufgrund der Preisniveauerhöhung die Realkasse zurückgegangen ist, ist die gewünschte Relation zwischen (real-

---

$R/M = \varrho$ stellt das (von der Zentralbank) gewünschte Verhältnis zwischen Währungsreserven und gesamter Geldmenge dar, so daß

$$\varrho\, g_R + (1-\varrho)\, g_D = g_P + \varepsilon_{M^d/y}\, g_y + \varepsilon_{M^d/i}\, g_i .$$

$\varepsilon_{M^d/y}$ stellt die Elastizität der Geldnachfrage in bezug auf das Realeinkommen dar, die im folgenden gleich Eins sein soll. $\varepsilon_{M^d/i}$ ist die Elastizität der Geldnachfrage in bezug auf den Nominalzinssatz. Aus Einfachheitsgründen soll von einer Veränderung des Zinssatzes abgesehen werden, so daß

$$\varrho\, g_R + (1-\varrho)\, g_D = g_P + g_y \tag{1}$$

bzw.

$$g_R = \frac{1}{\varrho}\,(g_P + g_y) - \frac{(1-\varrho)}{\varrho}\, g_D .$$

Eine Verbesserung der Zahlungsbilanz tritt dann ein, wenn ceteris paribus die Geldnachfrage infolge eines steigenden Preisniveaus oder Realeinkommens zunimmt; eine Verschlechterung der Zahlungsbilanz liegt dann vor, wenn ceteris paribus eine Kreditexpansion betrieben wird. In absoluten Größen lautet die Zahlungsbilanz (B)

$$B \equiv \mathrm{d}R = M\,(g_p + g_y) - \mathrm{d}D.$$

Der Ausdruck $M(g_p + g_y)$ beinhaltet die zusätzliche Geldnachfrage; die Gleichung ist eine Gleichgewichtsbedingung, da die Zahlungsbilanzidentität geschrieben werden muß als

$$B \equiv \mathrm{d}R \equiv \mathrm{d}M^s - \mathrm{d}D.$$

Das Verbindungsglied zwischen der letzten und vorletzten Gleichung, das den monetären Ansatz von einer Tautologie zu einer Theorie umwandelt, bildet der Geldmarkt.

wertgesicherter) Wertpapierhaltung (z. B. Aktien) und Geldhaltung zugunsten einer relativ größeren Wertpapierhaltung (und dementsprechend zu Lasten einer relativ geringeren Geldhaltung) gestört. Die Wirtschaftssubjekte werden *zunächst* einen Teil ihrer Wertpapiere zwecks Aufstokkung ihrer Geldhaltung verkaufen, um die gewünschte Relation zwischen beiden Aktivatypen wieder zu erreichen. Da in der Gesamtwirtschaft ein Überschußangebot an Wertpapieren vorliegt (und da der Zinssatz weiterhin ein von der Weltwirtschaft gesetztes Datum bleibt), materialisiert sich dieser Wertpapierangebotsüberschuß in einem Kapitalimport mit der Folge eines Kapitalbilanzüberschusses. In den *folgenden Perioden* kann jedoch durchaus ein Kapitalbilanzdefizit auftauchen, da die Wirtschaftssubjekte infolge einer steigenden Geldhaltung auch ihre Wertpapierhaltung aufstocken möchten. Folglich kann sich der Zahlungsbilanzüberschuß zunächst hauptsächlich aus der Kapitalbilanz ergeben und anschließend aus der Leistungsbilanz, deren Überschuß ein dann möglicherweise auftretendes Kapitalbilanzdefizit überkompensieren muß.

Der Anpassungsprozeß des Geldmarktes für den Fall eines Nachfrageüberschusses ist in den Abb. 71, 72 und 73 dargestellt. Die Anpassung des effektiven an den gewünschten Geldbestand äußert sich entweder (a) in einem temporären Angebotsüberschuß im Gütermarkt mit der Folge eines temporären Leistungsbilanzüberschusses (Abb. 71) oder/und (b) in einem Ungleichgewicht im Wertpapiermarkt mit der Folge eines temporären Kapitalbilanzungleichgewichts (Abb. 72). Der kumulative Effekt beider Teilbilanzungleichgewichte auf die Zahlungsbilanz und auf die Geldmenge ist in Abb. 73 wiedergegeben. (Aus Gründen einer relativ einfachen Darstellung wird unterstellt, daß der Geldschaffungsmultiplikator gleich Eins ist, so daß die gesamte Geldmengenveränderung gleich dem kumulativen Zahlungsbilanzungleichgewicht ist.)

a) Der Zahlungsbilanzausgleich via Leistungsbilanz

Abb. 71 ist in Analogie zu Archibald und Lipseys [1958] Darstellung des Strom-Bestands-Gleichgewichts der Geldnachfrage konstruiert worden [8]. y_0 stellt das Vollbeschäftigungseinkommen dar. Ein Bestandsgleichgewicht der Geldnachfrage (für eine stationäre Wirtschaft) herrscht im Punkt T_0, in dem die heimische Produktion (y_0) gleich der Absorption (A_0) ist und wo die Realkassenhaltung (v) die langfristig gewünschte Bestandshöhe ($\bar{v}$) erreicht hat [9].

Die Realkasse möge sich nun aufgrund eines höheren inländischen Preisniveaus auf v_1 reduzieren. Ein möglicher Bestandsanpassungspro-

---

[8] Siehe hierzu weiter oben Kap. V, S. 198.

[9] Die Absorption (A) ist gleich der inländischen Nachfrage nach Inlands- und Auslandsgütern, d. h. gleich dem Konsum (C) und der Investition (I), so daß das

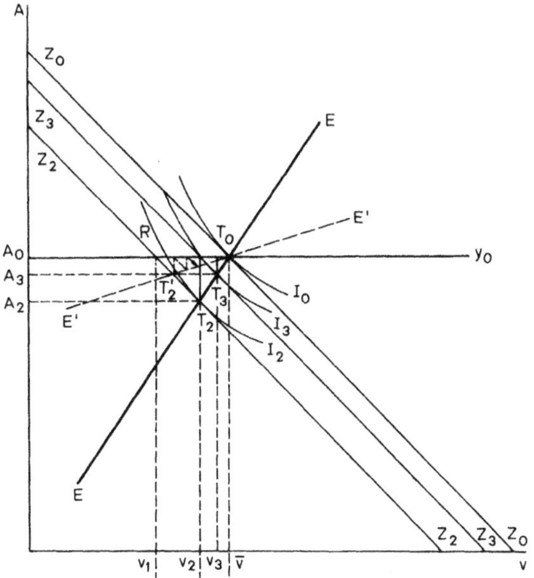

Abb. 71

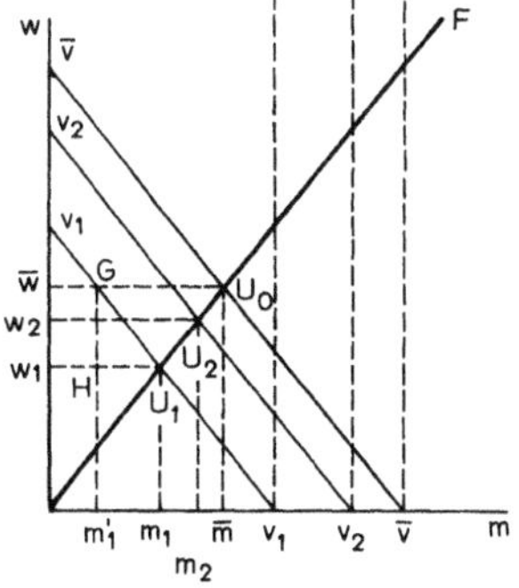

Abb. 72

zeß der effektiven Kassenhaltung (v_1) an die gewünschte Kassenhaltung ($\bar{v}$) wäre der, den fehlenden gewünschten Betrag an Kasse in Höhe von $v_1\bar{v}$ unmittelbar über einen gleich hohen Leistungsbilanzüberschuß zu erwerben, indem die Absorption um denselben Betrag verringert wird. Gilt

---

Gleichgewicht des Gütermarktes lautet:

$$\underbrace{y_0}_{\text{Inländisches Angebot an Gütern}} + \underbrace{Im}_{\text{Ausländisches Angebot an Gütern (Importe)}} = \underbrace{C+I}_{\text{Inländische Nachfrage nach In- und Auslandsgütern (Absorption } A)} + \underbrace{X}_{\text{Ausländische Nachfrage nach Gütern (Exporte)}}$$

bzw.

$$\underbrace{y_0 - A}_{\text{Inländischer Angebotsüberschuß an Gütern}} = \underbrace{X - Im.}_{\text{Ausländischer Nachfrageüberschuß nach Gütern (Leistungsbilanzüberschuß)}}$$

Da wir eine stationäre Wirtschaft unterstellen, ist die Nettoinvestition I gleich Null.

dagegen das Prinzip des abnehmenden Grenznutzens, so ist eine mehrperiodische Anpassung (Anpassungen in jeweils kleinen Beträgen) einer einmaligen – und damit sehr großen – Anpassung vorzuziehen.

Abb. 71 präsentiert einen möglichen Anpassungsprozeß, dessen Verlauf durch die Indifferenzkurven $I_2, I_3, \ldots, I_0$ bestimmt ist. Jede Indifferenzkurve beschreibt die Bedingungen, unter denen für ein gegebenes Nutzenniveau die marginale Nutzeneinbuße einer Absorptionsverringerung in dieser Periode gleich dem Grenznutzen eines permanenten Anstiegs der Realkasse ist; folglich sind die Kosten der Geldnachfrage nicht nur die der Geld*haltung* (der Zins als permanente Opportunitätskosten), sondern auch die des Gelderwerbs, dargestellt durch die temporäre Reduktion der Absorption (d. h. durch die temporäre Mehrersparnis). Die Tangentialpunkte $T_2, T_3, \ldots$ der Indifferenzkurven mit den jeweiligen Bilanzgeraden $Z_2 Z_2$, $Z_3 Z_3$ usw. illustrieren die Entwicklung der Kassenaufstockung (v_2, v_3 usw.) zum vollständigen Bestandsgleichgewicht $\bar{v}$. Die Bilanzgerade $Z_2 Z_2$ z. B. ist gleich den gesamten Ressourcen $y_0 + v_1$, und ihre Steigung ist gleich minus Eins; von der Existenz anderer Aktiva wird zunächst abgesehen. In der ersten Periode, für die der Tangentialpunkt T_2 gilt, beträgt die Erhöhung der Kassenhaltung (die Verminderung der Absorption und damit der Leistungsbilanzüberschuß) $v_1 v_2$, während sie in der nächsten Periode geringer ist, nämlich $v_2 v_3$ usw. [10].

Andere – schnellere oder kürzere – Anpassungsprozesse sind natürlich ebenfalls denkbar. Haben die Wirtschaftssubjekte z. B. eine größere Gegenwartsvorliebe – sie möchten also die Anpassung mehr in die Zukunft, nämlich auf eine größere Zahl von Perioden verlegen –, wird der Absorptions-Geldhaltungs-Expansionspfad nicht *EE*, sondern z. B. *E′E′* sein [11].

---

[10] Bei der Interpretation der Abb. 71 muß betont werden, daß die Anpassungsgeschwindigkeit von v_1 nach $\bar{v}$ im Rhythmus $v_1 v_2$, $v_2 v_3$ usw. allein durch das Indifferenzkurvensystem bestimmt ist. In unserem Beispiel war die Ausgangssituation des Ungleichgewichts der Punkt *R*, der durch den Ressourcenbetrag $y_0 + v_1$ gekennzeichnet ist. *R* ist ein Punkt auf der Bilanzgeraden $Z_2 Z_2$, welche alle möglichen Kombinationen der Aufteilung der *gegebenen* Ressourcen $y_0 + v_1$ auf *A* und *v* anzeigt. Die optimale Aufteilung liegt in einem anderen Punkt der Bilanzgeraden $Z_2 Z_2$, und zwar im Tangentialpunkt T_2. Demzufolge „spart" das Land den Betrag $A_2 A_0$ in Form des Erwerbs von Aktiva in Höhe von $v_1 v_2$, welche seine Ressourcen um den Betrag $v_1 v_2$ erhöhen; vgl. die neue Bilanzgerade $Z_3 Z_3$ für die Gesamt-Ressourcen $y_0 + v_2$. Hätte die Indifferenzkurve I_2 die Bilanzgerade $Z_2 Z_2$ beispielsweise im Punkt T_2' berührt, so würde das Land pro Periode weniger sparen (vgl. die Expansionslinien *E′E′*) und die Anpassungsgeschwindigkeit (die Verschiebung der Bilanzgeraden nach rechts) würde langsamer, d. h. über eine größere Zahl von Perioden, erfolgen.

[11] Die Anpassungsgeschwindigkeit des effektiven Kassenbestandes (v_1) an den gewünschten Kassenbestand ($\bar{v}$) kann durch den Koeffizienten α dargestellt werden.

$$H = \alpha (\bar{v} - v_1)$$

wobei *H* die Absorptionsminderung darstellt und wobei $0 < \alpha < 1$. Die Akkumula-

b) Der Zahlungsbilanzausgleich via Kapitalbilanz

Ein komplementärer Anpassungsprozeß der effektiven an den gewünschten Geldbestand ist in Abb. 72 wiedergegeben, in der die allmähliche Aufstockung der Kasse nicht allein über eine Absorptionsverminderung und einen entsprechenden Leistungsbilanzüberschuß erfolgt, sondern gleichzeitig auch über eine Variation des Wertpapierbestands, die damit auch die Kapitalbilanz beeinflußt.

Das Bestandsgleichgewicht des Realwertes der Geldhaltung (m) *und* der Wertpapierhaltung (w) möge $\bar{m}$ und $\bar{w}$ sein, dargestellt durch den Schnittpunkt U_0 der Expansionskurve F mit der Bilanzgeraden $\bar{v}\bar{v}$. Die Expansionskurve stellt das gewünschte Verhältnis zwischen Wertpapierhaltung und Geldhaltung dar. Analytisch leitet sie sich aus der traditionellen Portfoliotheorie à la Tobin ab, wonach die Aufteilung des Vermögens in Wertpapiere und Geld einerseits vom Ertragssatz der Wertpapiere (d. h. dem Zinssatz plus dem Kapitalgewinnsatz oder -verlustsatz) und dem Risikograd, mit dem der Ertragssatz erwartet wird, abhängt und andererseits von den individuellen Präferenzen in bezug auf den erwarteten Ertrag und das mit ihm verbundene Risiko. Die Bilanzgeraden geben den jeweiligen Vermögensbestand wieder; z. B. ist $\bar{v} = \bar{m} + \bar{w}$.

In unserem Beispiel wurde das Gleichgewicht im Geldmarkt über ein höheres inländisches Preisniveau gestört – die Realkasse reduzierte sich. In der Abb. 72 möge diese Reduktion $m_1'\bar{m}$ betragen. Die Wertpapiere sollen realwertgesichert sein, indem sie sich z. B. aus Aktien zusammensetzen. Die Verringerung der Realkasse verzerrt die gewünschte Relation zwischen Wertpapierhaltung und Geldhaltung, dargestellt durch die Expansionsgerade F. Die Wirtschaftssubjekte befinden sich infolge der reduzierten Realkasse im Punkt G. Gemäß ihrem Präferenzensystem werden sie den Wertpapierbestand um den Betrag GH für den Erwerb von Geld in Höhe von $HU_1 = m_1' m_1$ verringern. Demzufolge beträgt der Kapitalbilanzüberschuß $m_1' m_1$.

Die nun in den nächsten Perioden erfolgende Aufstockung *sowohl* des Geldbestands *als auch* des Wertpapierbestands – d. h. des Gesamtvermögensbestands – kann *nur* durch einen Leistungsbilanzüberschuß finanziert werden. Dieser ist aus der Abb. 71 zu entnehmen, in der nun v nicht allein als Realkasse, sondern allgemein als Vermögen zu interpretieren ist. Zu Anfang beträgt der Leistungsbilanzüberschuß $v_1 v_2$, der entsprechend dem Portfolioansatz (Abb. 72) sowohl für den Erwerb von sich im Ausland be-

---

tion der Aktiva in der Zeit würde dann

$$v(t) = v_1 + (\bar{v} - v_1)\, e^{\alpha t}$$

betragen, wobei e die Basis des natürlichen Logarithmus darstellt. Im Falle der Expansionslinie $E'E'$ ist α kleiner als im Falle von EE.

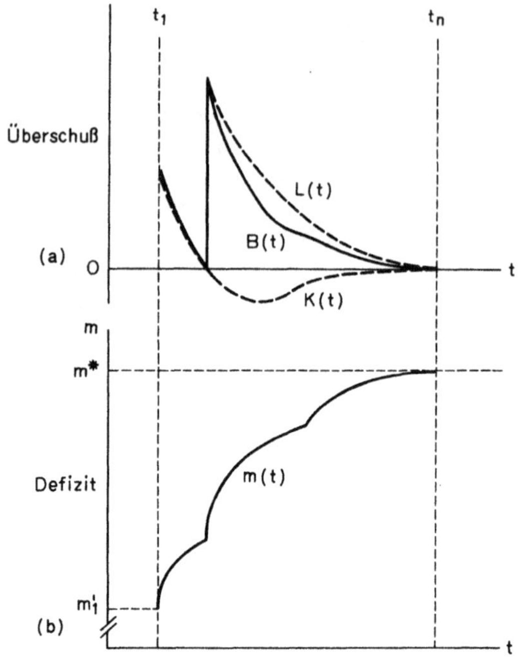

Abb. 73 a, b

findlichen Wertpapieren $w_1 w_2$ (Kapitalbilanzdefizit) verwandt wird als auch für den Erwerb von Geld $m_1 m_2$ (Zahlungsbilanzüberschuß) $(v_1 v_2 + m_1 m_2)$. In der nächsten Periode, in der ein geringerer Leistungsbilanzüberschuß anfällt, ist $v_2 v_3 = w_2 w_3 + m_2 m_3$ usw.

Entsprechend den Beispielen der Abb. 71 und 72 ergibt sich also ein Zahlungsbilanzüberschuß, $B(t)$, zunächst nur aus der Kapitalbilanz, $K(t)$. Erst anschließend stellt sich ein Leistungsbilanzüberschuß, $L(t)$, ein, begleitet von einem Kapitalbilanzdefizit, das von einem Teil des Leistungsbilanzüberschusses finanziert wird; vgl. Abb. 73 a [12].

Da keine Neutralisierungspolitik der Reservenzuwächse seitens der Zentralbank unterstellt wurde, entwickelt sich die Geldmenge, $m(t)$, in Abb. 73 b entsprechend den kumulativen Zahlungsbilanzüberschüssen, $\Sigma B(t)$. Aufgrund unserer Annahme eines Geldschaffungsmultiplikators von Eins ist $m(t)$ identisch mit der Entwicklung der Geldbasis bzw. der

[12] Zu bemerken sei noch, daß strikt genommen der Leistungsbilanzüberschuß, $L(t)$, nicht unbedingt *stetig* abnimmt, wie es in Abb. 73 a unterstellt ist. Eine zunächst überschüssige und dann defizitäre Kapitalbilanz impliziert für einen Teil der Leistungsbilanz, nämlich den Teil der Kapitalerträge, daß aufgrund der anfänglich überschüssigen Kapitalbilanz (Netto-Kapitalimporte) die Zinszahlungen an das Ausland temporär steigen (verringerter Leistungsbilanzüberschuß) bis zu dem Zeitpunkt, wo die Kapitalbilanz defizitär wird.

Zentralbankgeldmenge. Würde dagegen ein Multiplikator von größer als Eins angenommen – z. B. soll er gleich Zwei sein –, würde der Zahlungsbilanzüberschuß (und dementsprechend auch die Ungleichgewichte in der Leistungs- und Kapitalbilanz) um die Hälfte kleiner sein, während die Entwicklung der Geldmenge gleich dem Zweifachen der kumulativen Zahlungsbilanzüberschüsse wäre.

Abschließend sei jedoch vermerkt, daß über den präzisen Anpassungsprozeß sowohl im Geldmarkt (und damit über die Höhe des gesamten Zahlungsbilanzsaldos) als auch in den einzelnen Teilzahlungsbilanzen nichts Allgemeingültiges ausgesagt werden kann, da er wahrscheinlich je nach der Größe des Landes – wir unterstellten bisher ein „kleines" Land – unterschiedlich verlaufen wird. Die relative Größe eines Landes spielt vor allem dann eine besondere Rolle, wenn der monetäre Ansatz der Zahlungsbilanztheorie auf ein die Weltwirtschaft repräsentierendes Zwei-Länder-Modell erweitert wird, in dem dann das internationale Preis- und Zinsniveau nicht mehr als gegebene, sondern als endogene Größe behandelt werden muß. Ein solches Modell ist Gegenstand des nun folgenden Abschnitts.

c) Ein Zwei-Länder-Modell

Das einfachste Zwei-Länder-Modell ist das einer „symmetrischen" Weltwirtschaft, die sich aus zwei gleich großen Ländern zusammensetzt. Sind beide Wirtschaften vollbeschäftigt, so würde nach quantitätstheoretischen Regeln eine Verdoppelung der Geldmenge in einem der beiden Länder zu einer 50%igen Erhöhung des Weltpreisniveaus – und damit zu einer 50%igen Erhöhung der nationalen Preisniveaus beider Länder – führen. Dieses komparativ-statische Resultat sagt natürlich nichts über die Kausalkette – schlechthin als Transmissionsmechanismus bezeichnet – zwischen einerseits der monetären Störung in Form einer Geldmengenexpansion und andererseits der Preisniveauerhöhung aus. Da wir von der Annahme integrierter Güter- und Kapitalmärkte (in bezug auf die Märkte handelsfähiger Güter und Wertpapiere) ausgehen, ist die analytisch adäquate Beschreibung des Transmissionsmechanismus die des monetären Ansatzes. Da sich ein Ungleichgewicht im Geldmarkt grundsätzlich sowohl im Gütermarkt als auch im Wertpapiermarkt widerspiegeln kann, sollen zunächst die Wirkungen eines ungleichgewichtigen Geldmarktes auf den Gütermarkt und damit auf die Leistungsbilanz und anschließend die Wirkungen auf den Wertpapiermarkt und damit auch auf die Kapitalbilanz untersucht werden.

In der Ausgangssituation möge ein Gleichgewicht im Weltgeldmarkt vorliegen, wobei der Weltgeldmarkt als die Summe der nationalen Geldangebote und der nationalen Geldnachfragekonstellationen definiert ist. Diese werden in einer bestimmten Währungseinheit ausgedrückt, z. B. DM oder Dollar, indem die verschiedenen nationalen Geldmengen mittels der (festen) Wechselkurse in die als numéraire dienende Währungseinheit umgerechnet werden.

Das Ausgangsgleichgewicht im Weltgeldmarkt muß nicht unbedingt mit einem Gleichgewicht in den einzelnen nationalen Geldmärkten zusammenfallen. Was es jedoch zumindest impliziert, ist – vereinfacht für den Zwei-Länder-Fall – die Gleichheit zwischen einem Nachfrageüberschuß an Geld in dem einen Land und einem Angebotsüberschuß an Geld in dem anderen Land. Für diesen speziellen Fall würde sich entsprechend dem monetären Ansatz des Zahlungsbilanzausgleichs im ersten Land ein Zahlungsbilanzüberschuß einstellen und im zweiten Land ein äquivalentes Zahlungsbilanzdefizit. Da der Gleichgewichtsprozeß in den nationalen Geldmärkten als ein Anpassungsprozeß der effektiven an die gewünschten Kassen*bestände* interpretiert werden muß, handelt es sich hier notwendigerweise um einen mehrperiodischen Gleichgewichtsanpassungsprozeß. Denkbar ist natürlich auch, daß die Geldpolitik im ersten Land eine heimische Kreditexpansion in Höhe des Geldnachfrageüberschusses betreibt und die Geldpolitik im zweiten Land eine heimische Kreditkontraktion in Höhe des Geldangebotsüberschusses durchführt, wodurch dann die Zahlungsbilanzen überhaupt nicht berührt werden; (das Weltangebot an Geld würde dann ebenfalls konstant bleiben, da der Kreditexpansion in dem einen Land eine entsprechende Kreditkontraktion im anderen Land gegenübersteht).

Der spezielle Fall eines Ungleichgewichts in den nationalen Geldmärkten bei simultanem Gleichgewicht des Weltgeldmarktes ist in der Abb. 74 dargestellt. Sie ist in der gleichen Weise konstruiert wie Abb. 71, nur daß es sich jetzt bei ihrer Interpretation um zwei Länder handelt [13]. Das Inland und Ausland (letzteres durch einen Asteriskus charakterisiert) verfügen über dasselbe Realeinkommen (y_0). Ferner besitzen sie eine gleich hohe Präferenz für die langfristig gewünschte Realkassenhaltung ($\bar{m}$), so daß sie unter diesem Aspekt ebenfalls durch dieselbe relative Größe innerhalb der Weltwirtschaft gekennzeichnet sind. Um den zu untersuchenden Fall noch extremer zu gestalten, soll – und wie wir später sehen, muß – angenommen werden, daß beide Länder sogar die gleiche (und lineare) Absorption-Realkassenhaltung-Expansionslinie EE aufweisen; diese Annahme besagt, daß beide Länder dieselbe Präferenz für die Anpassungsgeschwindigkeit der effektiven an die gewünschte Realkassenhaltung besitzen.

[13] Die Abb. 74 entspricht ferner der Abb. 48 in Kap. IX.1 auf S. 312, in der wir die Distributionseffekte zwischen zwei Wirtschaftsgruppen (statt von zwei Ländern) als Folge einer „asymmetrischen" Geldmengenerhöhung analysiert hatten.

Der Punkt *T*, charakterisiert durch das simultane Gleichgewicht (im Sinne eines Bestandsgleichgewichts) im Weltgeldmarkt und in den nationalen Geldmärkten, möge das Ausgangsgleichgewicht einer Geldmengenerhöhung darstellen. Es sei nun angenommen, daß die Geldmengenerhöhung im Ausland erfolgt. Entsprechend unserer Ausgangssituation kann diese nur mittels einer internen Kreditexpansion bewerkstelligt werden. Der sich hieraus ergebende Geldangebotsüberschuß im Ausland löst einen Nachfrageüberschuß nach Gütern aus. Da laut Annahme Vollbeschäftigung herrscht, kann die Mehrnachfrage nach Gütern nur von den Inlandsmärkten befriedigt werden. Sofern jedoch das Inland ebenfalls eine Vollbeschäftigung aufweist – eine Situation, die wir bekanntlich von Anfang an unterstellt haben –, wird eine Preissteigerung sowohl im Inland als auch im Ausland eintreten. Da laut Annahme die Gütermärkte stark integriert sind, verhindert die Güterarbitrage (d. h. die Arbitrage der Preise handelsfähiger Güter) eine unterschiedliche Entwicklung der Preise zwischen Inland und Ausland. Die Weltpreisniveauerhöhung möge derartig sein, daß der Weltgeldmarkt wiederum im Gleichgewicht ist. Trotz der gleich hohen Preisniveauerhöhung im Inland und Ausland findet ein (zusätzlicher) Güteraustausch zwischen beiden Ländern statt, und zwar vom Inland an das Ausland.

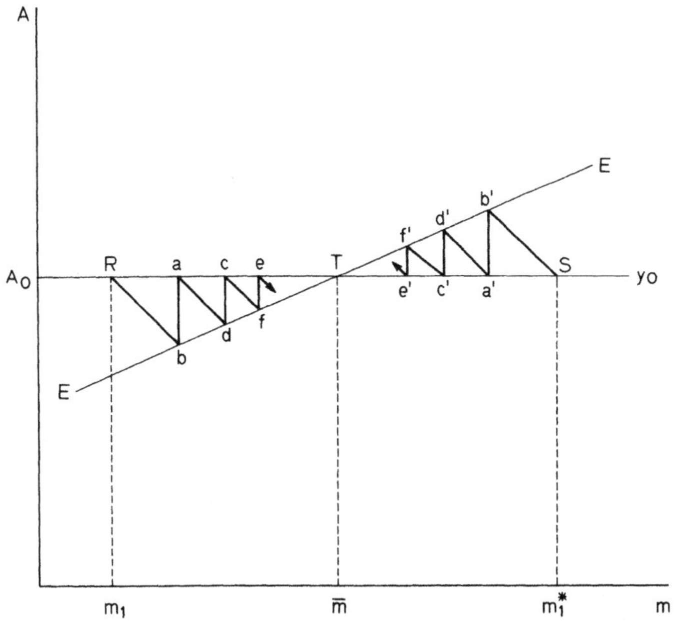

Abb. 74

Im inländischen Geldmarkt liegt aufgrund der Preisniveauerhöhung ein Bestands-Nachfrageüberschuß nach Geld in Höhe von $m_1\bar{m}$ vor, die dem Bestands-Angebotsüberschuß von $m_1^*\bar{m}$ im ausländischen Geldmarkt entspricht; demzufolge herrscht ein globales Bestandsgleichgewicht im *Welt*geldmarkt. Das Inland befindet sich im Punkt R und das Ausland im Punkt S. Entsprechend ihrer Zeitpräferenz, dargestellt durch die EE-Linie, etabliert sich für die erste Periode im Inland ein Strom-Nachfrageüberschuß nach Geld in Höhe von Ra – identisch mit einem Angebotsüberschuß an Gütern in Höhe von ab –, das gleich dem Strom-Angebotsüberschuß Sa' im ausländischen Geldmarkt ist, und dieses ist wiederum identisch mit dem Nachfrageüberschuß nach Gütern $a'b'$ im Ausland. Das Inland erwirtschaftet also einen Leistungsbilanzüberschuß von ab, der mit dem Leistungsbilanzdefizit $a'b'$ des Auslands zusammenfällt. Dementsprechend steigt das Geldangebot im Inland auf Kosten des Geldangebotes des Auslands. In der zweiten Periode beträgt der Leistungsbilanzüberschuß im Inland cd und das entsprechende Defizit im Ausland $c'd'$ usw. Das Endgleichgewicht für beide Länder ist im Punkt T, wo die nationalen Geldmärkte ihr Bestandsgleichgewicht erreicht haben und wo demzufolge die Zahlungsbilanzen ausgeglichen sind [14].

Der Anpassungsprozeß kann nun – und wird wahrscheinlich – noch komplizierter verlaufen. In der Ausgangssituation hatten wir aufgrund der ausländischen Kreditexpansion einen Angebotsüberschuß im ausländischen Geldmarkt, der sich über zwei Mechanismen verringerte, einmal eine Steigerung der ausländischen Geldnachfrage als Folge der Preisniveauerhöhung und zum anderen eine Verringerung der ausländischen Geldbasis in Höhe des durch das Leistungsbilanzdefizit bedingten Devisenabflusses (und damit eine multiplikative Verringerung des ausländischen Geldangebotes). Im Inland stellte sich als Folge der Preissteigerung ein Geldnachfrageüberschuß ein, der über ein erhöhtes Geldangebot via Zahlungsbilanz (und via Geldschaffungsmultiplikator) reduziert wurde.

Ein dritter, zusätzlich möglicher Mechanismus besteht aus dem Anpassungsprozeß der nationalen Geldmärkte mittels internationaler Kapitalbewegungen, die wir ebenfalls bei der Analyse des Ein-Land-Modells be-

[14] Der Anpassungsprozeß wird bei weitem komplizierter verlaufen, sofern wir die Annahme von zwei völlig identischen Ländern und linearen Verhaltensfunktionen aufheben. Nehmen wir z. B. an, daß die Expansionsgerade EE der Abb. 74 konkav (konvex) verläuft. Eine konkave (konvexe) Expansionskurve impliziert, daß ein Land, dessen Realkassenbestand die gewünschte Realkassenhaltung übersteigt, den Kassenbestand langsamer (schneller) – d. h. über einen längeren (kürzeren) Zeithorizont – abbaut als in der konträren Situation, in der die Kassenhaltung unzureichend ist und in der das betreffende Land den Kassenbestand aufzustocken hat. Die Konkavität der EE-Kurve bedingt eine mehrperiodische Preisniveauerhöhung. Im Falle einer konvex verlaufenden Expansionskurve wird das Weltpreisniveau zunächst stärker steigen, und zwar über das Endgleichgewichtsniveau hinaus, und anschließend wird eine allmähliche Preisniveausenkung in Richtung zum Endgleichgewichtsniveau erfolgen.

sprochen hatten. Entsprechend dem (in Stromgrößen ausgedrückten) Walrasianischen Gesetz ist der ausländische Geldangebotsüberschuß gleich dem ausländischen Nachfrageüberschuß nach Gütern *und* Wertpapieren (hier im Sinne von Aktien, d. h. im Sinne von realwertgesicherten Finanzaktiva); in ähnlicher Weise ist der inländische Geldnachfrageüberschuß gleich dem inländischen Angebotsüberschuß an Gütern *und* Wertpapieren. Für den Fall, daß der Nachfrageüberschuß auf dem ausländischen Wertpapiermarkt gleich dem Angebotsüberschuß auf dem inländischen Wertpapiermarkt ist, finden internationale Kapitalbewegungen ohne Preisveränderung der Wertpapiere, d. h. ohne irgendeine Zinsänderung, statt. Ist dagegen der ausländische Nachfrageüberschuß an Wertpapieren größer als der inländische Angebotsüberschuß, liegt ein Netto-Nachfrageüberschuß auf dem Welt-Wertpapiermarkt vor, mit den Folgen einer (temporären) Senkung des Weltzinssatzes und von zusätzlichen internationalen Kapitaltransaktionen. Im Endgleichgewichtszustand – charakterisiert durch die Wiederherstellung der ursprünglichen Bestandsgleichgewichte (Realkasse, realer Wertpapierbestand) – wird der Zinssatz wieder sein ursprüngliches Niveau erreicht haben: das Theorem der Geldneutralität für offene Wirtschaften bzw. für die Weltwirtschaft (welche die einzig geschlossene Wirtschaft ist) – mit Ausnahme der Reservebestände, die eine Umverteilung zugunsten des Inlands und zu Lasten des Auslands erfahren haben.

Andere Verläufe des Anpassungsprozesses der effektiven Bestände an Realkasse und Wertpapieren an die langfristig gewünschten Bestände sind ebenfalls möglich.

Bisher hatten wir angenommen, daß zunächst eine Preiserhöhung – und im einfachsten Falle eine einmalige Preiserhöhung – als Folge einer expansiven Geldpolitik stattfindet, die einerseits in jedem Land die Bestände an Realkasse von ihrem langfristigen Gleichgewichtsniveau entfernte und die andererseits die gewünschte Portfoliozusammensetzung zwischen Kasse und Wertpapieren störte. Unter dem letzten Aspekt der Portfoliozusammensetzung lag im Ausland eine Überschußnachfrage nach Wertpapieren und im Inland ein Überschußangebot vor. Entweder entsprach die Überschußnachfrage dem Überschußangebot, so daß internationale Kapitalbewegungen ohne jegliche Zinsveränderungen getätigt werden, oder die Überschußnachfrage überstieg das Überschußangebot, so daß die internationalen Kapitalbewegungen von (temporären) Zinssenkungen begleitet waren.

Der Vollständigkeit halber muß noch ein anderer Fall erwähnt werden, in dem der Primäreffekt nicht der einer Preisniveauerhöhung ist, sondern der einer Zinssenkung. In unserem Beispiel betrieb das Ausland eine expansive Geldpolitik, wodurch die Situation eines Angebotsüberschusses auf dem Weltgeldmarkt geschaffen wurde. Dieser Angebotsüberschuß kann einen Nachfrageüberschuß sowohl im Weltgütermarkt als auch im Welt-Wertpapiermarkt auslösen. Liegt beispielsweise nur ein Nachfrageüberschuß im Welt-Wertpapiermarkt vor, so kommt es *zunächst* – als Folge der expansiven Geldpolitik des Auslands – zu einer Zinssenkung, die einerseits den ausländischen Wertpapiernachfrageüberschuß reduziert und die andererseits einen entsprechenden Wertpapierangebotsüberschuß im Inland begründet, wodurch es dann zu einem inländischen Netto-Kapitalimport kommt. Für diesen speziellen Fall (Angebotsüberschuß im Weltgeldmarkt gleich Nachfrageüberschuß im Welt-Wertpapiermarkt) sind nun zwei alternative Folgerungen denkbar, die nach der Zinssenkung auftreten können.

Sofern die Ausgaben zinselastisch sind, stellt sich ebenfalls ein Nachfrageüberschuß auf dem Weltgütermarkt ein mit der Folge einer Preisniveauerhöhung. Das Endresultat (Wiederherstellung der ursprünglichen Bestandsgleichgewichte an Realkasse und Wertpapieren) würde unverändert bleiben, auch wenn die zeitliche Abfolge nicht die der Preiserhöhung mit (eventuell) anschließender temporärer Zinssenkung ist, sondern umgekehrt verläuft: temporäre Zinssenkung mit anschließender Preiserhöhung.

Sind dagegen die Ausgaben völlig zinsunelastisch, dann findet keine Erhöhung des Preisniveaus statt, und die erhöhte Weltgeldmenge wäre identisch mit einer erhöhten realen Weltgeldmenge, deren Haltung von den beiden Ländern auch gewünscht wird, sofern sich der Zinssatz auf einem geringeren Niveau etabliert. Die Umverteilung eines Teils der zusätzlich geschaffenen Weltgeldmenge vom Ausland an das Inland würde lediglich über die Kapitalbilanz erfolgen. In diesem speziellen Fall würde das Theorem der Geldneutralität nicht gelten.

5. Die Existenz von international nichthandelsfähigen Gütern

International nichthandelsfähige Güter sind jene Güter, die dem *direkten* internationalen Konkurrenzmechanismus – dem direkten internationalen Preiszusammenhang – nicht ausgesetzt sind (Dienstleistungen, Monopolgüter). Demzufolge besitzt ein Land eine gewisse Autonomie über das Preisniveau seiner nichthandelsfähigen Güter. Diese Autonomie ist jedoch temporärer Natur. Für gegebene Ressourcen und gegebene Präferenzen gibt es im Kontext einer stationären Wirtschaft nur *einen* relativen Gleichgewichtspreis zwischen handelsfähigen und nichthandelsfähigen Gütern [15]. Ist der relative Preis unterschiedlich vom Gleichgewichtspreis,

[15] In einer wachsenden Wirtschaft kann sich dieser relative Gleichgewichtspreis verschieben, wie wir im Abschnitt 1 des nächsten Kapitels zeigen werden.

dann wirken Substitutionseffekt (ein sog. *indirekter* Konkurrenzmechanismus) und Geldmengeneffekt (via Zahlungsbilanzmechanismus) derartig, daß der relative Gleichgewichtspreis wiederhergestellt wird.

Bevor wir diesen Mechanismus erklären, muß jedoch erwähnt werden, daß die Existenz nichthandelsfähiger Güter eine stetige, direkte Kausalbeziehung zwischen Geldmarktungleichgewicht und Zahlungsbilanzungleichgewicht in Frage stellt [16]. Für den Fall, daß es nur handelsfähige Güter gibt, entspricht beispielsweise ein Angebotsüberschuß im Geldmarkt ($m > m^d$) einem Nachfrageüberschuß nach den anderen $n-1$ Gütern, d. h. nach handelsfähigen Gütern und/oder nach Wertpapieren:

$$\underbrace{a(m-m^d)}_{\text{Geldmarkt}} \equiv \underbrace{(y^d-y)}_{\substack{\text{Gütermarkt} \\ \text{(Leistungsbilanz)}}} + \underbrace{b(w^d-w)}_{\substack{\text{Wertpapiermarkt} \\ \text{(Kapitalbilanz)}}}. \qquad (2)$$

Diese Identitätsbeziehung ist das in Stromgrößen ausgedrückte Walrasianische Gesetz. a (b) ist der Koeffizient der Anpassungsgeschwindigkeit des effektiven Geldbestandes (Wertpapierbestandes) an den gewünschten. Nach der Relation (2) ist ein Strom-Angebotsüberschuß im Geldmarkt gleich einem Zahlungsbilanzdefizit.

Differenzieren wir den Gütermarkt in den Markt für handelsfähige Güter (T) und nichthandelsfähige Güter (N), wobei

$$y^d = D_T + D_N$$

$$y = S_T + S_N$$

– D und S stellen Nachfrage und Angebot dar –, dann modifiziert sich die Identitätsbeziehung (2) wie folgt:

$$\underbrace{a(m-m^d)}_{\text{Geldmarkt}} \equiv \underbrace{(D_T-S_T)}_{\substack{\text{Markt der} \\ \text{handels-} \\ \text{fähigen} \\ \text{Güter} \\ \text{(Leistungs-} \\ \text{bilanz)}}} + \underbrace{(D_N-S_N)}_{\substack{\text{Markt der} \\ \text{nichthandels-} \\ \text{fähigen} \\ \text{Güter}}} + \underbrace{b(w^d-w)}_{\substack{\text{Wertpapier-} \\ \text{markt} \\ \text{(Kapital-} \\ \text{bilanz)}}}. \qquad (3)$$

Entsprechend der Formel (3) ist es nun möglich, daß ein Geldangebotsüberschuß nicht einem Zahlungsbilanzdefizit entspricht wie im Falle der

[16] Siehe A. A. Rabin, A Note on the Link between Balance-of-Payments Disequilibrium and the Excess Demand for Money, in: Southern Economic Journal, VL (1979).

Beziehung (2), sondern lediglich einem Nachfrageüberschuß nach nichthandelsfähigen Gütern. Trotzdem wird sich im Laufe der Zeit ein Zahlungsbilanzdefizit einstellen. Betrachten wir nun diesen Fall etwas näher.

Die expansive Geldpolitik eines Landes führt in unserem Beispiel nicht unmittelbar zu einem Zahlungsbilanzdefizit, sondern zu einer Mehrnachfrage nach nichthandelsfähigen Gütern mit der Folge einer Preissteigerung dieser Güter. Der *relative* Preis der nichthandelsfähigen Güter ist gestiegen, wodurch die Nachfrage nach Handelsgütern zunimmt (Substitutionseffekt auf der Nachfrageseite) und das Angebot an Handelsgütern sinkt (Substitutionseffekt auf der Angebotsseite). Der durch den Substitutionseffekt bewirkte Nachfrageüberschuß nach handelsfähigen Gütern löst ein Leistungsbilanzdefizit aus und bei unveränderter Kapitalbilanz ein gleich hohes Zahlungsbilanzdefizit. Dieses Defizit bedingt einen Reserveverlust und damit einen Geldmengenrückgang. Dieser Geldmengeneffekt verringert die Expansionswirkung der zu Anfang eingesetzten Geldpolitik, so daß der relative Preis der Binnengüter wieder zu sinken beginnt. Liegt jedoch der relative Preis weiterhin über seinem ursprünglichen Gleichgewichtsniveau, dann bleibt der Substitutionseffekt weiterhin wirksam mit der Folge eines Leistungs- und Zahlungsbilanzdefizits; folglich dauert der Geldmengeneffekt im Sinne einer veringerten Geldmenge ebenfalls an, bis die ursprüngliche Geldmenge und damit das ursprüngliche relative Preisverhältnis wieder erreicht ist.

Wir können also feststellen, daß der monetäre Ansatz der Zahlungsbilanzbestimmung im Falle der Existenz von nichthandelsfähigen Gütern weiterhin Gültigkeit hat; seine Interpretation ist mittels des Substitutions- und Geldmengeneffektes lediglich komplizierter geworden.

6. Der monetäre Ansatz im Inflationskontext

An dieser Stelle können wir schon (und nochmals) feststellen, daß die Rolle des Geldmarktes in einer offenen Wirtschaft fundamental unterschiedlich ist von der Rolle des Geldmarktes in einer geschlossenen Wirtschaft (Kap. IX). Im letzteren Falle bestimmt der Geldmarkt (sofern Vollbeschäftigung vorliegt) das Preisniveau bzw. die Inflationsrate (sofern die erwartete Inflationsrate gleich der effektiv sich einstellenden Inflationsrate ist); ferner determiniert der Geldmarkt im Zusammenspiel mit den anderen Märkten den Zinssatz: Preisniveau und Zinssatz sind endogene Größen und die Geldmenge eine exogene Größe. Die Rollen sind völlig vertauscht im Falle einer offenen Wirtschaft: das Preisniveau (der handelsfähigen Güter) und der Zinssatz (der handelsfähigen Wertpapiere) sind exogene Größen und die Geldmenge eine endogene Größe.

Hinsichtlich des Preisniveaus und der Geldmenge sind also die Folgen des monetären Ansatzes ziemlich radikal im Vergleich zu den Resultaten der Geldmarktmodelle geschlossener Wirtschaften (Kap. IX). Das einzelne Land – sofern es kein außerordentlich großes Land ist – ist in der Weltwirtschaft wie eine Mikroeinheit zu behandeln. Das ihm von außen auferlegte Preisniveau bestimmt seine Geldnachfrage, *die ihrerseits das nationale Geldangebot bestimmt.* Der Leser hat richtig vermerkt: Die Geldnachfrage bestimmt die Höhe des Geldangebots: eine monetäre bzw. quantitätstheoretische Häresie? Sie wäre es dann, wenn das betreffende Land im Kontext von Preisniveauerhöhungen eine geschlossene Wirtschaft wäre. Die einzig geschlossene Wirtschaft ist jedoch die Weltwirtschaft, auf die das Kap. IX anwendbar ist. Eine durch ein steigendes Weltpreisniveau ausgelöste höhere nationale Geldnachfrage bedingt ein höheres nationales Geldangebot, das durch Geldschaffung entweder auf der Basis interner Kreditschaffung (die ihrerseits aber das Weltangebot an Geld vergrößert) oder im Wege eines Zahlungsbilanzüberschusses realisiert werden kann. Demzufolge würden sich Zahlungsbilanzungleichgewichte nicht aus relativen Preisniveauverschiebungen ergeben, sondern aus dem nationalen Bedarf an gewünschter Geldhaltung, sofern dieser nicht gleich der Geldmengenveränderung mittels interner Kreditschaffung ist. Nur in diesem letzteren Sinne ist die Frage der begrenzten Autonomie der Geldpolitik eines Landes zu beantworten. In einer Welt fester Wechselkurse hat ein Land – zumindest in der längerfristigen Sicht – weder eine Kontrolle über sein Preisniveau noch über die Geldmenge. Das Geldangebot ist eine endogene Größe, und das, was das Land mittels der internen Kreditschaffung lediglich kontrolliert, ist die Aufteilung der Basis der Geldschaffung in internationale Reserven und internen Kredit.

Die Vorgehensweise des vorliegenden Kapitels ist identisch mit der des letzten Kapitels – der Unterschied besteht allein darin, daß die Resultate radikal unterschiedlich sind. In Kap. IX hatten wir mit dem einfachsten Modell der Preisniveaubestimmung – ein Geldmarkt-Gütermarkt-Modell bei vorläufiger Inexistenz des Wertpapiermarktes und damit des Zinssatzes begonnen; in ähnlicher Weise haben wir dieses Kapitel eingeleitet, in dem nun das Geldmarkt-Gütermarkt-Modell den Leistungsbilanzsaldo bestimmt. Das Kap. IX hatten wir dann um den Wertpapiermarkt erweitert, wodurch der Zinssatz bestimmt wurde; eine analoge Erweiterung in diesem Kapitel führte zur Bestimmung des Leistungs- *und* Kapitalbilanzsaldos. Am Schluß des Kap. IX hatten wir die langfristigen Bestimmungsgründe der Inflation analysiert; am Schluß dieses Kapitels werden wir nun dieses Problem ebenfalls aufgreifen und zeigen, daß der Geldmarkt im inflationären Kontext nicht die Inflationsrate bestimmt, die in der langfristigen Analyse durch den Weltgeldmarkt vorgegeben ist, sondern wiederum den Zahlungsbilanzsaldo. Zu diesem Zweck bedienen wir uns der Abb. 75, die eine Reproduktion der Abb. 70 des Kap. IX auf S. 351 ist und in der zusätzlich der außenwirtschaftliche Aspekt aufgenommen ist [17].

Wir gehen sogleich von einer wachsenden Wirtschaft aus, so daß auf der x-Achse die Relation m/y abgetragen ist. Wie wir aus Kap. IX wissen (siehe Gleichung 5b auf S. 336), ist die Geldmengenwachstumsrate λ gleich der Inflationsrate (π, die in der langfristigen Analyse korrekt erwartet wird) plus der realen Wachstumsrate des Sozialproduktes ($\mathrm{d}y/y$):

$$\underbrace{\lambda}_{\substack{\text{Wachstumsrate}\\ \text{des nominalen}\\ \text{Geldangebots}}} \quad = \quad \underbrace{\pi + \frac{\mathrm{d}y}{y}}_{\substack{\text{Wachstumsrate}\\ \text{der nominalen}\\ \text{Geldnachfrage}}} . \tag{4}$$

Diese Gleichgewichtsgleichung des Geldmarktes gilt ebenfalls für eine offene Wirtschaft, wobei jedoch folgende Modifikationen eingeführt werden müssen. Einerseits ist die Inflationsrate π eine exogene, auf Weltebene determinierte Größe ($\pi = \bar{\pi}$). Andererseits kann entsprechend der Gleichung (1) in Fußnote 7 auf S. 363 die Geldmengenwachstumsrate in eine außenwirtschaftliche Komponente (g_R) und eine binnenwirtschaftliche Komponente (g_D) aufgeteilt werden:

$$\underbrace{\frac{R}{M} g_R + \left(1 - \frac{R}{M}\right) g_D}_{\substack{\text{Wachstumsrate des}\\ \text{nominalen Geldangebots}}} \quad = \quad \underbrace{\bar{\pi} + \frac{\mathrm{d}y}{y}}_{\substack{\text{Wachstumsrate der}\\ \text{nominalen Geldnachfrage}}} . \tag{4a}$$

R/M stellt das (von der Zentralbank gewünschte) Verhältnis zwischen Währungsreserven und gesamter Geldmenge dar. Da eine gegebene reale Wachstumsrate des Sozialproduktes unterstellt wird, ist die Wachstumsrate der nominalen Geldnachfrage festgelegt. Der geldpolitische Parameter der Zentralbank ist g_D, die Wachstumsrate der heimischen Komponente der Geldmenge, und je nach der Höhe von g_D liegt ein Zahlungsbilanzgleichgewicht ($g_R = 0$; Abb. 75 a), ein Zahlungsbilanzüberschuß ($g_R > 0$; Abb. 75 b) oder ein Zahlungsbilanzdefizit ($g_R < 0$; Abb. 75 c) vor.

In Abb. 75 beträgt die als gegeben unterstellte reale Wachstumsrate BC (abgetragen als der vertikale Abstand zwischen der IS-Geraden und der $\mathrm{d}y/y$-Geraden). Die exogen vorgegebenen (auf Weltebene determi-

[17] Der außenwirtschaftliche Aspekt der Abb. 75 ist in den verschiedensten Varianten von Mundell [1971] entwickelt worden.

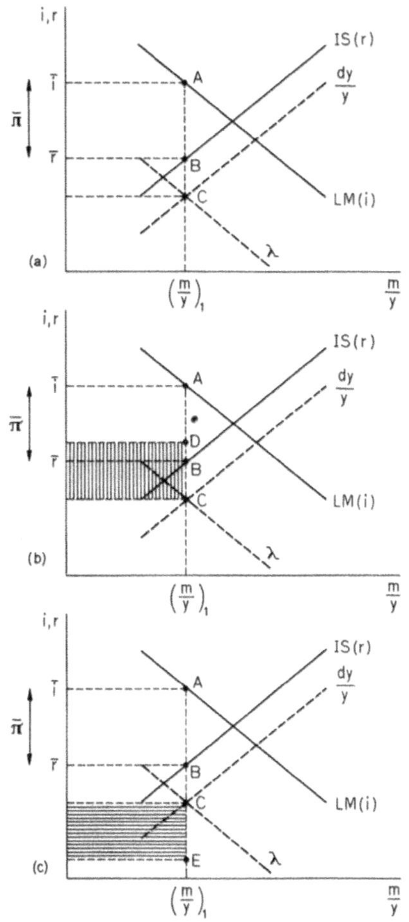

Abb. 75

nierten) Größen sind die Inflationsrate $\bar{\pi}$, der Realzins $\bar{r}$ und der Nominalzins $\bar{i}$. Die endogenen Größen sind der Realkassenbestand (m) und der Reservebestand, d. h. der Zahlungsbilanzsaldo, der, wie wir sehen werden, von der Geldpolitik g_D bestimmt wird.

Abb. 75 a ($g_R=0$). Die Zentralbank dehnt die Geldmenge mittels der heimischen Kreditkomponente der Geldbasis derartig aus, daß das Geldangebot stets der Geldnachfrage angepaßt wird. Die Wachstumsrate der Geldmenge beträgt $\lambda = AC$. Da durch eine solche Geldpolitik ein stetiges Gleichgewicht im Geldmarkt gesichert wird, ist der Zahlungsbilanzsaldo gleich Null.

Abb. 75 b ($g_R > 0$). Die Zentralbank betreibt eine „restriktive" Geldpolitik in dem Sinne daß die Geldmengenwachstumsrate AD beträgt. Hierdurch wird ein Nachfrageüberschuß im Geldmarkt erzeugt, wodurch ein Zahlungsbilanzüberschuß entsteht, der gleich der schraffierten Fläche ist [18]. Dieser Zahlungsbilanzüberschuß ist gleichbedeutend mit einem Reservezufluß, der zu einer zusätzlichen Ausdehnung der Geldmenge führt, so daß im Laufe der Zeit die gesamte Geldmengenwachstumsrate $\lambda = AC$ betragen wird [19]. Zu betonen ist, daß dieser Zahlungsbilanzüberschuß permanent anhält, sofern die Geldpolitik mittels der heimischen Komponente der Geldbasis restriktiv bleibt. Die Inflationssteuer beträgt auch weiterhin (wie im Falle geschlossener Wirtschaften) $AB(m/y)_1 = \bar{\pi}(m/y)_1$, und die Wachstumssteuer lautet $BC(m/y)_1 = (\mathrm{d}y/y)(m/y)_1$. Ein Teil dieser Inflations- und Wachstumssteuer, und zwar $DC(m/y)_1$, wird an das Leitwährungsland mittels des Reservenerwerbs transferiert, sofern die Reserven aus dem nationalen Geld des Leitwährungslandes bestehen (Fall des Dollar-Standards). Dieser internationale Transfer eines Teils der Inflations- und Wachstumssteuer wird jedoch in dem Ausmaße abgeschwächt, als das Leitwährungsland Zinsen auf die Reservenbestände zahlt, die in der Regel in kurzfristigen Wertpapieren des Leitwährungslandes angelegt werden. Im Extremfall liegt überhaupt kein internationaler Münzregalgewinn vor, sofern der Zinssatz auf Reserven gleich dem Marktzinssatz ($\bar{i}$) ist.

Abb. 75 c ($g_R < 0$). Betreibt die Zentralbank eine derartige „expansive" Geldpolitik mittels der heimischen Kreditkomponente der Geldbasis, daß die Geldmengenwachstumsrate AE beträgt, dann liegt ein Geldangebotsüberschuß vor mit der Folge eines Zahlungsbilanzdefizits in Höhe der schraffierten Fläche. Dieses Defizit impliziert einerseits einen Reserveverlust und andererseits einen Rückgang der Geldmengenwachstumsrate auf $\lambda = AC$. Sofern die Geldpolitik kontinuierlich „expansiv" bleibt, wird auch hier das Zahlungsbilanzdefizit permanent andauern. Dieser Fall kann in der Wirklichkeit nur vom Leitwährungsland aufrechterhalten werden, da dieses über einen unendlich großen Reservenbestand (welcher seine eigene nationale Währung ist) verfügt [20].

---

[18] Beträgt zu einem bestimmten Zeitpunkt die Realkasse m_1 und das Realeinkommen y_1, dann lautet der absolute Betrag des Zahlungsbilanzüberschusses (im Realwert ausgedrückt) $DC \dfrac{m_1}{y_1} y_1$.

[19] Wir unterstellen einen Geldschaffungsmultiplikator von Eins.

[20] Haben wir es mit zwei „Ländern", USA und Europa, zu tun, welche die Weltwirtschaft konstituieren mögen, dann ist die Abb. 75 c repräsentativ für die USA und die Abb. 75 b repräsentativ für Europa. In diesem Falle entspricht das amerikanische Zahlungsbilanzdefizit $CE\,(m/y)_1$ dem europäischen Zahlungsbilanzüberschuß $DC\,(m/y)_1$.

Mit diesem Kapitel glauben wir gezeigt zu haben, daß die (langfristige makroökonomische) Geldtheorie in den letzten zehn Jahren radikal umformuliert worden ist, sofern man den Aspekt offener Volkswirtschaften berücksichtigt. Die (langfristige makroökonomische) Geldtheorie bleibt jedoch weiterhin gültig, nur daß sie entweder allein auf die Weltwirtschaft anwendbar ist, welche die einzige geschlossene Wirtschaft darstellt, oder für solche offenen Volkswirtschaften von Relevanz ist, welche das System flexibler Wechselkurse angenommen haben – quod est demonstrandum.

Kapitel XI

Der monetäre Ansatz der Wechselkursbestimmung*

1. Die Bestimmung des langfristigen Wechselkurses: a. Das Theorem der Kaufkraftparität; b. Ein Makromodell; c. Reale Determinanten des Wechselkurses; d. Der Einfluß des Wachstums; e. Der Einfluß von Kapitalbewegungen; f. Monetäre Determinanten des Wechselkurses. – 2. Die Bestimmung des kurzfristigen Wechselkurses: a. Ein Portfolio-Modell; b. Wechselkurserwartungen; c. Der Substitutionseffekt einer expansiven Geldpolitik; d. Der relative Preiseffekt einer expansiven Geldpolitik; e. Der Vermögenseffekt einer expansiven Geldpolitik. – 3. Die Bestimmung der Wechselkursvariabillität: a. Das Zinsparität-Modell; b. Der Wechselkurseffekt einer expansiven Geldpolitik. – 4. Monetärer Ansatz versus keynesianischer Ansatz.

Auf dem Gebiete der internationalen Geldtheorie sind die 70er Jahre durch zwei miteinander verknüpfte Innovationen gekennzeichnet: den monetären Ansatz der Zahlungsbilanztheorie und den monetären Ansatz der Wechselkursbestimmung. Der erste wurde in der ersten Hälfte der 70er Jahre entwickelt, der zweite stellte sich in der zweiten Hälfte als Folge der seit 1973 erhöhten Wechselkursflexibilität ein. Das vorliegende Kapitel setzt sich zum Ziel, diese letzten Forschungsjahre synthesenförmig darzustellen.

Der Wechselkurs ist eine makroökonomische Größe wie das reale Volkseinkommen, das Preisniveau, der Zinssatz oder der Lohnsatz und er kann strikt genommen nur simultan mit den anderen Größen auf der Grundlage eines makroökonomischen Totalmodells bestimmt werden; ein solches Totalmodell muß sowohl alle relevanten makroökonomischen

* Das vorliegende Kapitel stellt einen einführenden Teil der Forschungsarbeiten dar, die ich zusammen mit meinem wissenschaftlichen Mitarbeiter Peter Rothen im Rahmen des von der Deutschen Forschungsgemeinschaft durchgeführten Schwerpunktprogramms „Inflation und Beschäftigung in offenen Volkswirtschaften" angefertigt habe.

Märkte enthalten als auch auf einer Zwei-Länder-Basis aufgebaut werden. Je nach der Fragestellung (bzw. je nach den zugrundeliegenden Annahmen) können diese Modelle jedoch voneinander divergieren bzw. werden diese Modelle vereinfacht, indem entweder nur eine reduzierte Zahl an Märkten betrachtet wird und/oder indem nur ein Land berücksichtigt wird.

Bei der Frage der Wechselkursbestimmung konzentriert sich natürlich das Hauptinteresse auf die Determinanten des Wechselkurses. Diese Determinanten können in langfristige und kurzfristige Determinanten klassifiziert werden. In der „langen" Periode dominiert die Entwicklung des *Preisniveaus der Handelsgüter* im In- und Ausland bei der Bestimmung des Wechselkurses (das Theorem der Kaufkraftparität; Abschnitt 1). In der „kurzen" Periode übernehmen dagegen die Zinssätze, d. h. die *Preise der Finanzaktiva,* die Oberhand bei der Bestimmung des Wechselkurses (Abschnitte 2 und 3).

Die Bestimmung des Wechselkurses auf der Basis der Kaufkraftparität wird im Abschnitt 1 behandelt werden. Im Mittelpunkt des Kaufkraftparität-Wechselkurses steht die Bestimmung des Preisniveaus der Handelsgüter. Diese Bestimmung (und damit die Bestimmung des Wechselkurses à la Kaufkraftparität) erfolgt nun selbst für den strengsten Adepten des Monetarismus nicht auschließlich durch monetäre Faktoren (Geldangebot). Einerseits kann das Preisniveau der Handelsgüter als Folge einer relativen Preisverschiebung zwischen handelsfähigen und nichthandelsfähigen Gütern varriieren, auch wenn das allgemeine Preisniveau konstant bleibt; die sich hieraus ergebende Variation des Wechselkurses ist die Variation des „realen Wechselkurses". Andererseits kann das allgemeine Preisniveau je nach dem zugrundeliegenden makroökonomischen Modell durch realwirtschaftliche Faktoren beeinflußt werden: Selbst im Rahmen eines quantitätstheoretischen Makromodells wirken realwirtschaftliche Veränderungen auf die reale Geldnachfrage und damit auf das allgemeine Preisniveau zurück; die sich hieraus ergebende Variation des „nominalen Wechselkurses" beruht dann letztlich sogar auf realwirtschaftlichen Veränderungen. [1]

In der kurzen Periode wirken real- und geldwirtschaftliche Veränderungen nicht unmittelbar auf die Güterpreise (und damit auf den Wechselkurs via Kaufkraftparität), sondern die unmittelbare Gleichgewichtsanpassung vollzieht sich in den Finanzmärkten mit einer entsprechenden Zinssatzveränderung, während die Gütermärkte zunächst im Ungleichge-

---

[1] Die Bestimmung des Kaufkraftparität-Wechselkurses mittels des Preisniveaus der *Handelsgüter* geht auf die Aufsätze von Balassa und Samuelson zurück: B. Balassa, The Purchasing Power Parity Doctrine: A Reappraisal, in: Journal of Political Economy, LXXII (1964) and P. Samuelson, Theoretical Notes on Trade Problems, in: Review of Economics and Statistics, XXXIX (1964).

wicht verbleiben. Die Zinsveränderung wirkt unmittelbar auf die Nachfrage nach ausländischen Finanzaktiva zurück, die ihrerseits den Wechselkurs verändert.

„In dieser Analyse spielt die Trägheit der Preisanpassung im Vergleich zu den Märkten der Aktiva die Schlüsselrolle. Zwar gibt es kein überzeugendes theoretisches Argument zur Erklärung dieser langsamen Anpassung der Gütermärkte, aber die Tatsachen deuten offensichtlich in diese Richtung. Während also die unterschiedliche Anpassungsgeschwindigkeit einer theoretischen Grundlage entbehrt, impliziert sie trotzdem ein Verhalten der Wechselkurse, auf das die jüngsten Erfahrungen hindeuten“ [2].

In dieser kurzen Periode haben die Wechselkurserwartungen eine kapitale Bedeutung, da sie es sind, die das Phänomen der Wechselkursvariabilität (u. a. das Überschießen des Wechselkurses über den langfristig herrschenden Wechselkurs) erklären.

Die Bestimmung des langfristigen Wechselkurses auf der Basis des Preisniveaus und des kurzfristigen Wechselkurses auf der Basis der Zinssätze kann als der monetäre Ansatz der Wechselkursbestimmung bezeichnet werden. Der erste monetäre Typ der Wechselkursbestimmung ist reichlich seit den 1920er Jahren bekannt, und das Epitheton monetär ergibt sich auf den ersten Blick von selbst, da der Wechselkurs aus den Preisniveaus abgeleitet wird. Strikt genommen kann jedoch diese Bezeichnung der langfristigen Wechselkursbestimmung irreführend sein, da der Wechselkurs à la Kaufkraftparität sowohl eine monetäre als auch eine reale Komponente hat. Die Wechselkursbestimmung auf der Basis der Zinssätze verdient dagegen vollauf das Beiwort monetär, das sich allerdings nicht auf das Preisniveau, sondern auf den Geldmarkt, und zwar den Geldmarkt im Sinne des Repräsentanten aller anderen Finanzmärkte bzw. der Wertpapiermärkte bezieht, weshalb der „monetary approach“ oft auch „asset approach“ genannt wird. Dieser monetäre Ansatz oder Finanzaktiva-Ansatz wird in den Abschnitten 2 und 3 behandelt werden.

Der Abschnitt 2 präsentiert des Grundmodell der kurzfristigen Bestimmung des Wechselkurses mittels der Märkte der Finanzaktiva, weshalb wir es auch als Portfolio-Modell bezeichnen. Zinsveränderungen (die in dem Modell geldpolitisch induziert werden) rufen einen Angebots- oder Nachfrageüberschuß nach ausländischen Wertpapieren und damit Wechselkursbewegungen hervor. Diese Wechselkursbewegungen können auf die Leistungsbilanz zurückwirken, indem sie einen bestimmten Leistungsbilanzsaldo verursachen. Da im System flexibler Wechselkurse die Zah-

---

[2] “A key role in this analysis is played by the sluggish adjustment of prices as compared with asset markets. There is no very persuasive theoretical support for the slow adjustment of goods markets, but the facts clearly point in this direction. While the differential adjustment speed lacks theoretical backing, it implies, nevertheless, a behavior of exchange rates that is suggestive of recent experience.” R. Dornbusch, Expectations and Exchange Rate Dynamics, in: Journal of Political Economy, LXXXIV (1976), S. 1171.

lungsbilanz ausgeglichen sein muß, muß dem Leistungsbilanzsaldo ein Kapitalbilanzsaldo entsprechen, der seinerseits wiederum Veränderungen des Wechselkurses hervorruft.

Ein Spezialfall des Portfolio-Modells ist das Zinsparität-Modell, das im Abschnitt 3 abgeleitet wird. Während das Portfolio-Modell einen bestimmten Grad an Kapitalmobilität enthält, unterstellt das Zinsparität-Modell eine vollständige Kapitalmobilität: In- und ausländische Finanzaktiva sind mittels der Zinsparität vollständige Substitutionsgüter. Mit Hilfe des Zinsparität-Modells kann vor allem das Phänomen der Wechselkursvariabilität erklärt werden [3].

1. Die Bestimmung des langfristigen Wechselkurses

a) Das Theorem der Kaufkraftparität

Auch in einem System flexibler Wechselkurse herrscht innerhalb der Weltwirtschaft langfristig das „Gesetz eines einheitlichen Preises" für handelsfähige Güter, da eventuell bestehende Preisdifferenzen durch Güterarbitrage und Wechselkursänderungen beseitigt werden. Dennoch langfristig bleibende Differenzen können durch Faktoren wie mangelnde Information (bzw. hohe „Suchkosten"), Transportkosten, Zölle, indirekte Steuern, auf Preisdiskriminierung abzielende Kartellvereinbarungen u.s.w. erklärt werden.

In der sog. kurzen Periode können allerdings unvollkommene Preisarbitrage und unvollkommene Wechselkursanpassung vorliegen, so daß der direkte internationale Preiszusammenhang nur begrenzt wirksam ist. Mehrere Gründe können hierfür angeführt werden. Zunächst kann die Verzögerung der Anpassung der inländischen Preise an die ausländischen

[3] Der monetäre bzw. Finanzaktiva-Ansatz der kurzfristigen Wechselkursbestimmung ist auf der Stockholmer Tagung über „Flexible Exchange Rates and Stabilization Policy" im August 1975 „entdeckt" worden. Die Beiträge hierzu finden sich im Scandinavian Journal of Economics, Mai 1976.

Die zwei wichtigsten Beiträge sind die von Pentti J. K. Kouri und Rudiger Dornbusch. P. J. K. Kouri, The Exchange Rate and the Balance of Payments in the Short-Run: A Monetary Approach und R. Dornbusch, The Theory of Flexible Exchange Rate Regimes and Macroeconomic Policy, beide in: Scandinavian Journal of Economics, I (1976).

In der Literatur existieren das Kouri-Modell und das Dornbusch-Modell völlig isoliert voneinander. Unser Portfolio-Modell (Abschnitt 2) kann aus dem Kouri-Modell und unser Zinsparität-Modell (Abschnitt 3) aus dem Dornbusch-Modell abgeleitet werden. Das Portfolio-Modell und das Zinsparität-Modell sind aber derartig konstruiert, daß zwischen beiden ein Brückenschlag existiert. Ein Anliegen der Abschnitte 2 und 3 ist es, eine Synthese zwischen dem Kouri- und Dornbusch-Modell herzustellen.

durch die Existenz unvollständiger Information (und demzufolge von Informationskosten) in bezug auf Preisveränderungen von (heterogenen) Gütern in der Weltwirtschaft erklärt werden. Weiterhin kann die Ungewissheit darüber, ob gewisse Preisveränderungen bzw. Wechselkursveränderungen permanenter oder nur temporärer Natur sind, Anpassungsverzögerungen verursachen. Schließlich ist noch denkbar, daß die an das internationale Niveau durchzuführenden Preisanpassungen erst in dem Moment erfolgen, in dem die Importeure ihre Lager zum neuen Preis auffüllen.

Das „Gesetz eines einheitlichen Preises" ist, sofern es auf die Wechselkursbestimmung bezogen wird, nichts anderes als das Theorem der Kaufkraftparität

$$e = \frac{P_T}{P_T^*}$$

wobei e der Wechselkurs, P_T das inländische Preisniveau der handelsfähigen Güter und P_T^* das ausländische Preisniveau der handelsfähigen Güter ist[4]. Aus unseren einleitenden Bemerkungen ergibt sich, daß diese Wechselkursbestimmung nur für die „lange" Periode von Relevanz ist, und unsere Ausführungen in diesem Abschnitt beziehen sich ausschließlich auf diese lange Periode; die anschließenden Abschnitte behandeln dann die Wechselkursbestimmung der „kurzen" Periode[5].

Das Preisniveau der handelsfähigen Güter (P_T) steht zum allgemeinen Preisniveau (P), das das Preisniveau sowohl der handelsfähigen als auch der nichthandelsfähigen Güter (P_N) umfaßt, in folgender Beziehung:

$$P = \alpha P_T + (1 - \alpha) P_N$$

---

[4] In der obigen Formel haben wir von der Existenz von Transportkosten, Zöllen, indirekten Steuern usw. abstrahiert. Für den Fall, daß diese gleich einem prozentualen (ad valorem) Betrag t der ausländischen Preise sind, ist der Wechselkurs gleich

$$e = \frac{P_T}{(1+t)\, P_T^*}.$$

[5] Die Kaufkraftparität ist natürlich nur dann eine für die langfristige Wechselkursbestimmung gültige Theorie, wenn sich das „Gesetz eines einheitlichen Preises" für Handelsgüter auch tatsächlich in der langen Periode durchsetzt. Kritiker der Kaufkraftparität verweisen auf die Möglichkeit, daß sich das „Gesetz eines einheitlichen Preises" erst nach mehreren Jahren einstellt, und zwar für nicht-homogene Handelsgüter, die kaum der Substitutionskonkurrenz ausgesetzt sind. Siehe hierzu P. Isard, How Far Can We Push the "Law of One Price"?, in: American Economic Review, LXVII (1977) und Exchange-Rate Determination: A Survey of Popular Views and Recent Models, Princeton Studies in International Finance, Nr. 42, Princeton 1978, S. 5–8. Andere kritische Stellungsnahmen, welche dem Theorem der Kaufkraftparität kein großes empirisches Gewicht zulegen, sind: I. B. Kravis und R. E. Lipsey, Price Behavior in the Light of Balance-of-Payments Theories und J. D. Richardson, Some Empirical Evidence of Commodity Arbitrage and the Law of One Price, beide in: Journal of International Economics, VIII (1978).

wobei α das Gewicht der handelsfähigen Güter im gesamten Güterkorb darstellt; das ausländische Preisniveau (P^*) ist in analoger Weise definiert.

Der *gleichgewichtige* relative Preis zwischen nichthandelsfähigen und handelsfähigen Gütern möge

$$\beta = \frac{P_N}{P_T}$$

lauten, so daß $P_N = \beta\, P_T$ ist. Folglich kann das allgemeine Preisniveau ausschließlich durch das Preisniveau der handelfähigen Güter wie folgt ausgedrückt werden:

$$\begin{aligned} P &= \alpha\, P_T + (1-\alpha)\,\beta\, P_T \\ &= [\alpha + (1-\alpha)\,\beta]\, P_T \end{aligned}$$

wobei wir den Ausdruck in der eckigen Klammer durch das Symbol γ ersetzen wollen, so daß

$$P = \gamma\, P_T\,.$$

Die Wechselkursbestimmung auf der Basis der Kaufkraftparität lautet nun: [6]

$$\begin{aligned} e &= \frac{P_T}{P_T^*} \\ &= \underbrace{\frac{P}{P^*}}_{\substack{\text{monetäre Kom-}\\ \text{ponente des}\\ \text{Wechselkurses}\\ \text{(„nominaler}\\ \text{Wechselkurs")}}} \qquad \underbrace{\frac{\gamma^*}{\gamma}}_{\substack{\text{reale Kom-}\\ \text{ponente des}\\ \text{Wechselkurses}\\ \text{(„realer}\\ \text{Wechselkurs")}}} \end{aligned} \tag{1}$$

Der Ausdruck P/P^* stellt die sog. monetäre Determinante des Wechselkurses dar, denn das Preisniveau ist eine nominale bzw. geldwirtschaftliche Größe. Der Ausdruck γ^*/γ reflektiert die reale Determinante des Wechselkurses, da der Koeffizient γ realwirtschaftliche Größen in Form der Güteraufteilung (α) und des relativen Preises zwischen handelsfähigen und nichthandelsfähigen Gütern (β) beinhaltet.

Der Kaufkraftparitäten-Wechselkurs der Formel (1) ist ein gleichgewichtiger Wechselkurs. Der *effektive* Wechselkurs kann von dem Gleich-

---

[6] Siehe hierzu Dornbusch [1976 b]. Ein großer Teil der folgenden Argumentation beruht auf diesem fundamentalen Beitrag.

gewichtskurs in Höhe des Faktors φ abweichen:

$$e = \underbrace{\frac{P}{P^*}}_{\substack{\text{monetäre Komponente}\\ \text{des Gleichgewichts-}\\ \text{Wechselkurses}\\ \text{(„nominaler}\\ \text{Wechselkurs“)}}} \times \underbrace{\underbrace{\frac{\gamma^*}{\gamma}}_{\substack{\text{reale Komponente}\\ \text{des Gleichgewichts-}\\ \text{Wechselkurses}\\ \text{(Gleichgewichtsniveau}\\ \text{des „realen Wechsel-}\\ \text{kurses“)}}} \times \underbrace{\varrho}_{\substack{\text{reale Komponente}\\ \text{des effektiven}\\ \text{Wechselkurses}}}}_{\substack{\text{effektives Niveau des}\\ \text{„realen Wechselkurses“}}} \qquad (1')$$

Die reale Komponente des effektiven Wechselkurses (φ) besteht aus dem relativen Preis heimischer und ausländischer Handelsgüter:

$$e = \frac{\varphi\, P_T}{P_T^*}\,.$$

Wenn das „Gesetz eines einheitlichen Preises“ gültig ist, dann existiert kein relativer Preiseffekt (oder *Terms-of-Trade Effekt*): Der Koeffizient φ ist dann gleich Eins, und der Wechselkurs entspricht der Kaufkraftparität. Ist dagegen φ größer als Eins, dann liegt der reale Wechselkurs über dem Wechselkurs der Kaufkraftparität, so daß die heimischen Handelsgüter billiger sind als die ausländischen Handelsgüter. Der umgekehrte Fall liegt vor, wenn φ kleiner als Eins ist.

b) Ein Makromodell

In der Literatur wird die Wechselkursbestimmung auf der Basis der Kaufkraftparität sehr oft als rein monetär interpretiert – ein (extremer) Fall, der dann zutrifft, wenn nur handelsfähige Güter existieren, d. h. wenn γ^*/γ gleich Eins ist. Wir wollen nun den Einfluß der monetären *und realen* Faktoren auf die Höhe des Wechselkurses illustrieren, wozu wir uns eines reduzierten makroökonomischen Modells bedienen, in dem die Wirtschaften vollbeschäftigt sind, in dem zunächst vom Zinssatz (und damit auch von der Kapitalbilanz) abstrahiert wird und in dem nur der relative Preis der handelsfähigen und nichthandelsfähigen Güter und das allgemeine Preisniveau zu bestimmen sind, woraus sich dann der Wechselkurs ergibt; die ausländischen Größen (P_T^*, γ^*) werden als gegeben unterstellt.

Das Makromodell besteht aus drei Märkten:

Markt der handelsfähigen Güter (*TT*-Kurve)	$D_T(P_T, P_N) = S_T(P_T, P_N)$
Markt der nichthandelsfähigen Güter (*NN*-Kurve)	$D_N(P_T, P_N) = S_N(P_T, P_N)$
Geldmarkt (*MM*-Gerade)	$M = K P \bar{y}$ $= K[\alpha P_T + (1-\alpha) P_N]\bar{y}$ $= K[\alpha + (1-\alpha)\beta] P_T \bar{y}$
Kaufkraftparität-Wechselkurs	$P_T = e P_T^*$.

Ex hypothesi ist einerseits der Wertpapiermarkt inexistent, andererseits der Arbeitsmarkt ausgeglichen. Die Symbole D und S stehen für Nachfrage und Angebot, und $\bar{y}$ stellt das reale Volkseinkommen bei Vollbeschäftigung dar; M bezeichnet die Geldmenge und K ist der gewünschte Kassenhaltungskoeffizient.

Die Lage der *MM*-Geraden in Abb. 76 spiegelt die Tatsache wider, daß der Geldmarkt für ein gegebenes Geldangebot und ein gegebenes Realeinkommen nur bei einem ganz bestimmten Preisniveau ausgeglichen ist. Dieses gleichgewichtige Preisniveau kann sich nun aus verschiedenen Kombinationen des Preisniveaus der nichthandelsfähigen Güter (P_N) und des Preisniveaus der handelsfähigen Güter (P_T) zusammensetzen. Ein hohes P_N bedingt ein geringes P_T und umgekehrt, um das gleiche gleichgewichtige allgemeine Preisniveau (P) aufrechtzuerhalten. Die Steigung der *MM*-Geraden ist durch den Anteil der handelsfähigen Güter am Gesamtgüterkorb (α) bestimmt. Je größer dieser Anteil ist, desto steiler verläuft die *MM*-Gerade.

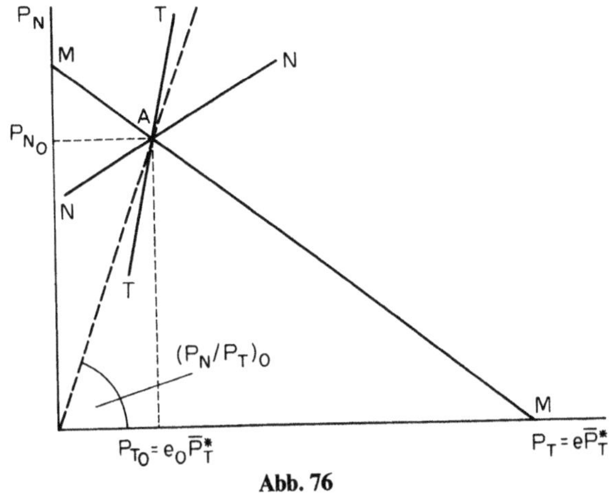

Abb. 76

Die Steigung der NN-Kurve (der Einfachheit halber als Gerade eingezeichnet) ist lediglich von dem Preisverhältnis P_N/P_T abbhängig. Wählen wir irgendeinen Gleichgewichtspunkt auf der NN-Kurve. Das Gleichgewicht möge nun gestört werden, da sich P_N erhöht. Die Nachfrage nach nichthandelsfähigen Gütern verringert sich, und das Angebot erhöht sich; es bildet sich also ein Angebotsüberschuß auf dem Markt der nichthandelsfähigen Güter. Dieser kann dadurch beseitigt werden, daß P_T steigt, dessen Erhöhung eine Substitution zugunsten der nichthandelsfähigen Güter sowohl auf der Nachfrageseite als auf der Angebotsseite auslöst. Es bedarf jedoch im allgemeinen einer relativ starken Preiserhöhung der handelsfähigen Güter, um den Angebotsüberschuß an nichthandelsfähigen Gütern zu beseitigen, weshalb auch die NN-Kurve flach verläuft.

Die TT-Kurve (ebenfalls in Abb. 76 eine Gerade) ist in der gleichen Weise konstruiert wie die NN-Kurve. Eine Preiserhöhung der Handelsgüter beispielsweise als Folge der Weltpreiserhöhung dieser Güter impliziert einen Angebotsüberschuß auf dem Markt der handelsfähigen Güter. Dieser Angebotsüberschuß konkretisiert sich zudem in einem gleich hohen Leistungsbilanzüberschuß, da angenommen wird – was zumindest für ein kleines Land gültig ist –, daß jeglicher Angebotsüberschuß vom Ausland (bei unveränderten Preisen) absorbiert wird. Die TT-Kurve stellt folglich gleichzeitig die Gleichgewichtskurve der Zahlungsbilanz dar. Die Preiserhöhung der Handelsgüter muß von einer überproportionalen Preiserhöhung der Binnengüter begleitet sein, damit es zu keiner Substitution zwischen handelsfähigen und nichthandelsfähigen Gütern kommt und der Markt der Handelsgüter im Gleichgewicht verbleibt. Aus diesem Grunde ist die Steigerung der TT-Kurve größer als die der NN-Kurve.

Das makroökonomische Gleichgewicht liegt im Schnittpunkt A, der sowohl den relativen Preis, $(P_N/P_T)_0$, als auch das allgemeine Preisniveau, z. B. mittels der Kenntnis von P_{T_0}, bestimmt [7].

Da wir ein gegebenes ausländisches Preisniveau unterstellt hatten ($P_T^* = \bar{P}_T^*$), beträgt der Wechselkurs entsprechend der Kaufkraftparität e_0. Wir wollen nun eine Wechselkursveränderung untersuchen, die zunächst durch realwirtschaftliche Faktoren und anschließend durch geldwirtschaftliche Faktoren verursacht sein möge.

c) Reale Determinanten des Wechselkurses

In der Wirtschaft soll eine Umschichtung der Nachfrage vorliegen, und zwar eine Erhöhung der Nachfrage nach handelsfähigen Gütern, die zu

[7] Unser Makromodell enthält zwei unabhängige Variablen (beispielsweise P_N/P_T und P_T). Von den drei Gleichgewichtsgleichungen sind zwei unabhängige Gleichungen. Demzufolge hätten wir in der Abb. 76 nur zwei der drei partiellen Gleichgewichtskurven einzuzeichnen brauchen.

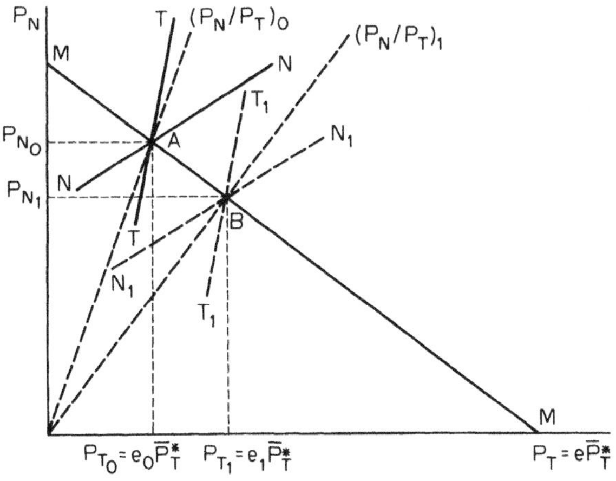

Abb. 77

Lasten der Nachfrage nach nichthandelsfähigen Gütern geht. In Abb. 77 verschieben sich die *TT*- und *NN*-Kurve auf die Positionen T_1T_1 und N_1N_1. Der neue Gleichgewichtspunkt lautet *B:* Der Preis der handelsfähigen Güter hat sich erhöht (P_{T_1}), und der Preis der nichthandelsfähigen Güter hat sich verringert (P_{N_1}); das allgemeine Preisniveau bleibt dagegen unverändert, da sowohl die Gesamtnachfrage nach Gütern als auch die Geldmenge unverändert geblieben sind [8]. Selbst bei unverändertem Preisniveau (bzw. selbst bei unverändertem Geldangebot und unveränderter Geldnachfrage) verändert sich jedoch der Wechselkurs: Da die Inlandspreise der Handelsgüter gestiegen, die Auslandspreise jedoch laut Annahme konstant geblieben sind, nimmt einerseits die Nachfrage nach Importen zu und die Nachfrage nach Exporten ab; da andererseits aber ein Leistungsbilanzdefizit wegen der Vernachlässigung der Kapitalbilanz ausgeschlossen ist, muß das potentielle Leistungsbilanzdefizit den Wechselkurs so lange nach oben drücken, bis diejenige Kaufkraftparität wiederhergestellt ist (bei e_1 in Abb. 77), die die Zahlungsbilanz (die in unserem Beispiel ausschließlich aus der Leistungsbilanz besteht) ausgleicht.

Die ökonomische Begründung dieser auf realwirtschaftliche Faktoren zurückzuführenden Wechselkurserhöhung lautet wie folgt. Die Mehrnachfrage nach Handelsgütern kann – zumindest in unserem Beispiel der Inexistenz von Kapitalbewegungen – nur aus der heimischen Produktion befriedigt werden, da ein Leistungbilanzdefizit aufgrund der Vernachlässigung der Kapitalbilanz grundsätzlich ausgeschlossen ist. Im Inland wer-

[8] Strikt genommen verändert sich die Steigung der *MM*-Geraden. Im Preisindex ist das Gewicht der Handelsgüter (α) gestiegen. Demzufolge müßte die neue *MM*-Gerade steiler verlaufen.

den also mehr Handelsgüter und weniger Binnengüter produziert. Da die Produktion beider Gütertypen dem Prinzip abnehmender Erträge bzw. zunehmender Grenzkosten unterliegt, muß der Preis der Handelsgüter steigen und der Preis der Binnengüter fallen, wie auch immer der Auslandspreis der Handelsgüter sein mag. Die Kaufkraftparität stellt dann jenen Wechselkurs her, der den In- und Auslandspreis der Handelsgüter ausgleicht.

Die Argumentation des letzten Absatzes ist graphisch in Abb. 78 veranschaulicht. Abb. 78 ist das „realwirtschaftliche" Pendant zu der makroökonomischen Darstellung der Abb. 77 und sie ist in der Literatur unter dem Namen des „australischen Modells" bekannt geworden, weil sie von den Australiern Salter, Swan, Corden und Pearce entworfen und benutzt worden ist.[9] Die Abb. 78 illustriert das simultane Produktions- und Konsumgleichgewicht der handelsfähigen Güter (T) und der nichthandelsfähigen Güter (N) im Tangentialpunkt A – dem sog. kissing-tangency point in der Sprache von Salter [1960] – zwischen der Produktionsmöglichkeitskurve yy und der Indifferenzkurve II. ON_0 nichthandelsfähige Güter werden produziert und nachgefragt (das interne Gleichgewicht). OT_0 handelsfähige Güter werden im Inland produziert und nachgefragt (das externe Gleichgewicht). Dieses simultane Gleichgewicht wird durch das Preisverhältnis zwischen nichthandelsfähigen und handelsfähigen Gütern $(P_N/P_T)_0$, realisiert, dargestellt durch die Steigung der Budgetgeraden BB, deren Lage gleichzeitig das Volkseinkommen $(P_N N + P_T T)$ angibt. Die Wirtschaft befindet sich in der Situation der Vollbeschäftigung, da die Produktion auf der Transformationskurve stattfindet. Die Präferenzänderung (Mehrnachfrage nach Handelsgütern und entsprechende Mindernachfrage nach Binnengütern) ist durch die Indifferenzkurve I_1I_1 gekennzeichnet. Der neue Tangentialpunkt ist B, der eine größere Produktion an handelsfähigen Gütern (T_1) und eine geringere Produktion an nichthandelsfähigen Gütern (N_1) anzeigt; der höhere relative Preis der handelsfähigen Güter ist durch die Steigung der Budgetgeraden B_1B_1 ausgedrückt. Die Nachfrageumschichtung impliziert notwendigerweise eine Bewegung vom Gleichgewichtspunkt A zum Gleichgewichtspunkt B, wie auch immer die einzelnen Länder spezialisiert sein mögen, da sich die Spezialisierung *innerhalb* der Gruppe von handelsfähigen Gütern und *nicht zwischen* handelsfähigen und nichthandelsfähigen Gütern vollzieht. Das neue relative Preisverhältnis zwischen handelsfähigen und nichthandelsfähigen Gütern

[9] W. E. Salter, Internal and External Balance: The Role of Price and Expenditure Effects und T. Swan, Economic Control in a Dependent Economy, beide in: Economic Record, 1960. M. Corden, The Geometric Representation of Policies to Attain Internal and External Equilibrium, in: Review of Economic Studies, III (1960). I. F. Pearce [1961].

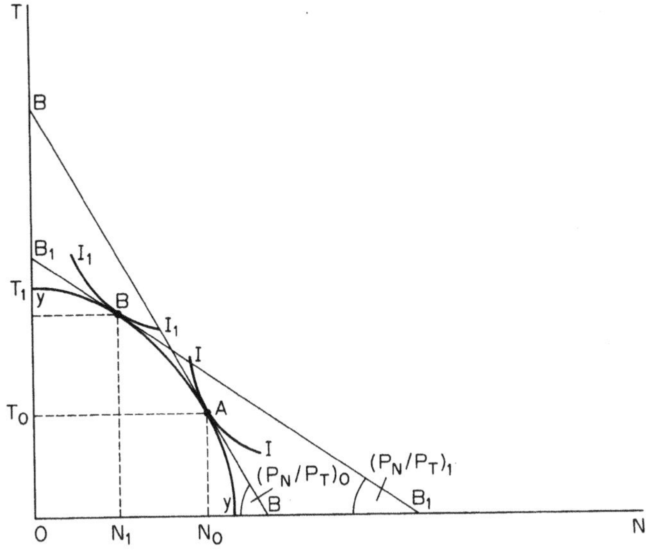
T
B
B1
I1
T1
y
B
I1
I
T0
A
I
(PN/PT)0
(PN/PT)1
y
B
B1
O
N1
N0
N

Abb. 78

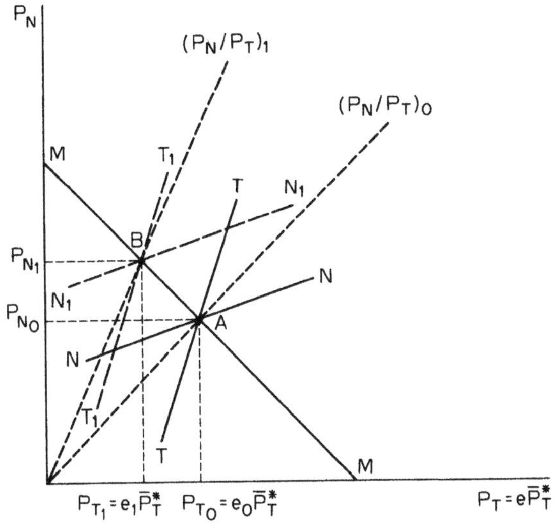
PN
(PN/PT)1
(PN/PT)0
M
T1
T
N1
B
PN1
N1
N
PN0
A
N
T1
T
M
PT1 = e1P̄*T
PT0 = e0P̄*T
PT = eP̄*T

Abb. 79

muß sich dann im Wechselkurs widerspiegeln, sofern die Märkte der Handelsgüter in der Weltwirtschaft integriert sind, d. h. sofern die Kaufkraftparität gültig ist.

Bisher hatten wir einen möglichen realwirtschaftlichen Einfluß auf die Wechselkursbildung besprochen: die Umschichtung der Gesamtnachfrage zu Gunsten der Handelsgüter und zu Lasten der Binnengüter. Die Abb. 79 illustriert nun den umgekehrten Fall: eine Mehrnachfrage nach Binnengütern und eine entsprechende Mindernachfrage nach Handelsgütern. Die neue Gleichgewichtssituation ist im Punkt *B:* Der Preis der Handelsgüter ist gefallen (P_{T_1}), und der Preis der Binnengüter ist gestiegen (P_{N_1}). Bei unveränderten ausländischen Preisen stellt sich ein potentieller Exportüberschuß mit der Folge eines sinkenden Wechselkurses ein, der so lange fällt, bis die Kaufkraftparität wiederhergestellt ist (e_1).

d) Der Einfluß des Wachstums

Der soeben beschriebene realwirtschaftliche Einfluß auf den Wechselkurs spielt eine besondere Rolle in wachsenden Wirtschaften, in denen sich die Nachfragestruktur und/oder die Produktionsbedingungen permanent ändern. Dieser Einfluß des Wachstums auf den Wechselkurs ist von Balassa [1964] und Samuelson [1964] untersucht worden.

Sofern die Einkommenselastizität der Nachfrage nach nichthandelsfähigen Gütern größer als Eins ist, werden relativ mehr Binnengüter und relativ weniger Handelsgüter nachgefragt. Bleiben die Produktionsbedingungen in beiden Produktionsbereichen z. B. in dem Sinne unverändert, daß in beiden Sektoren ein gleich hoher technischer Fortschritt vorliegt, dann wird sich der relative Preis der nichthandelsfähigen Güter ständig erhöhen mit der Folge einer kontinuierlichen Aufwertung. Ob diese kontinuierliche Aufwertung nun tatsächlich erfolgt, hängt von dem Wachstumsprozeß in den anderen Ländern ab. Liegt in allen Wirtschaften dieselbe Einkommenselastizität von größer als Eins und dieselbe Wachstumsrate vor, dann stellt sich in allen Wirtschaften eine Erhöhung des relativen Preises der Binnengüter ein und der Wechselkurs bleibt unverändert. Divergieren aber die realen Wachstumsraten in den verschiedenen Ländern voneinander, dann muß die Entwicklung des relativen Preises der Binnengüter (bzw. der Handelsgüter) in den Ländern unterschiedlich sein, und zwar in dem Sinne, daß die „schnell wachsenden" Länder eine kontinuierliche Aufwertung ihrer Währung und die „langsam wachsenden" Wirtschaften eine entsprechende kontinuierliche Abwertung erfahren.

Formal kann dieser Zusammenhang in der Weise ausgedrückt werden, daß die Formel der Kaufkraftparität (1) in Wachstumsraten geschrieben wird:

$$\frac{de}{e} = \underbrace{\left(\frac{dP}{P} - \frac{dP^*}{P^*}\right)}_{\substack{\text{Inflationsdifferential (Veränderung} \\ \text{des nominalen Wechselkurses)}}} + \underbrace{\left(\frac{dy^*}{y^*} - \frac{dy}{y}\right)}_{\substack{\text{Wachstumsdifferential (Veränderung} \\ \text{des realen Wechselkurses)}}} \qquad (2)$$

Das Inflationsdifferential spiegelt die „bekannte" Tatsache wider, daß eine im Vergleich zum Ausland höhere Inflationsrate (langfristig) eine entsprechende kontinuierliche Abwertung impliziert. Das Wachstumsdifferential reflektiert die (relativ) „unbekannte" Tatsache, daß dieselbe kontinuierliche Abwertung auch auf realwirtschaftliche Faktoren zurückgeführt werden kann: Liegt bei gleichen Inflationsraten im In- und Ausland eine geringere reale Wachstumsrate im Inland als im Ausland vor und herrscht im In- und Ausland eine gleich große Einkommenselastizität der Nachfrage nach Binnengütern von größer als Eins, dann findet im Inland *im Vergleich zum Ausland* eine kontinuierlich geringere Erhöhung des relativen Preises der Binnengüter bzw. eine kontinuierlich stärkere Erhöhung des relativen Preises der Handelsgüter statt.

Ein anderer Fall der Existenz eines Wachstumsdifferentials, der zu einer kontinuierlichen Veränderung des Wechselkurses führt, bezieht sich auf die Produktionsbedingungen im Sektor der handelsfähigen und nichthandelsfähigen Güter. Wird ein höherer technischer Fortschritt im Produktionssektor der handelsfähigen Güter realisiert, dann liegt ein zusätzlicher Grund für eine kontinuierliche Erhöhung des relativen Preises der nichthandelsfähigen Güter (bzw. für eine kontinuierliche Verringerung des relativen Preises der handelsfähigen Güter) vor. Diese relative Preisveränderung hat nur dann einen Einfluß auf den Wechselkurs, wenn der technische Fortschritt in den einzelnen Ländern in unterschiedlichem Maße erfolgt, was ebenfalls unterschiedliche Wachstumsraten zwischen den Ländern impliziert, so daß wiederum „schneller wachsende" Wirtschaften (hoher technischer Fortschritt, der aber laut Annahme in den Produktionssektoren unterschiedlich ist) eine kontinuierliche Aufwertung und „langsam wachsende" Wirtschaften (geringer und laut Annahme differenzierter technischer Fortschritt) eine kontinuierliche Abwertung erfahren.

Eine Variante des soeben beschriebenen Wachstumseinflußes auf die *Variation* des Wechselkurses ist der Einfluß des *Entwicklungsstandes* einer Wirtschaft auf die *absolute Höhe* des Wechselkurses. In reichen (bzw. entwickelten) Ländern ist der relative Preis der Handelsgüter gering, in armen (bzw. unterentwickelten) Ländern ist dagegen der relative Preis der Binnengüter niedrig. Hieraus folgt, daß der Wechselkurs der reichen Länder im Vergleich zu dem der armen Länder auf einem niedrigen Niveau liegt.

e) Der Einfluß von Kapitalbewegungen

Die Bestimmung des Kaufkraftparität-Wechselkurses wurde bisher unter der vereinfachten Annahme der Inexistenz von Kapitalbewegungen behandelt. Inwieweit kann dieser Wechselkurs nun durch Kapitalbewegungen beeinflußt werden?

Die Existenz von Kapitalbewegungen bietet die Möglichkeit einer unausgeglichenen Leistungsbilanz. Betrachten wir z. B. den Fall eines Leistungsbilanzüberschußes, der im System flexibler Wechselkurse von einem gleich hohen Kapitalbilanzdefizit begleitet sein muß. Makroökonomisch bedeutet ein Leistungsbilanzüberschuß eine verringerte Absorption der heimischen Produktion bzw. eine die Investition übersteigende Ersparnis. Diese „Mehr"-Ersparnis wird also nicht von der heimischen Investition aufgegriffen (wie im Fall geschlossener Wirtschaften beispielsweise mittels des Zinsmechanismus), sondern von der Investition im Ausland, denn im Ausland muß ein entsprechendes Leistungsbilanzdefizit und damit eine die Ersparnis übersteigende Investition vorliegen. Die verringerte heimische Absorption kann eine verringerte heimische Nachfrage entweder nach Handelsgütern oder nach Binnengütern oder nach beiden Güterkategorien implizieren, und je nach der zu wählenden Hypothese wird die Wirkung auf den Wechselkurs unterschiedlich sein. Dabei steht stets im Mittelpunkt die Frage der Wirkung der Absorptionsverringerung auf den relativen Preis der beiden Gütergruppen.

Geht die Reduktion der inländischen Gesamtfrage ausschließlich auf Kosten der Nachfrage nach Handelsgütern, dann stellt sich keine relative Preisverschiebung ein, da die Nachfrageverringerung der Inländer gleich der Nachfrageerhöhung der Ausländer ist, so daß der Wechselkurs unverändert bleibt; wir unterstellen hier, daß das Inland ein kleines Land ist, so daß ein inländischer Angebotsüberschuß an Handelsgütern vom Ausland ohne Preisänderungen absorbiert wird. Wählen wir den anderen extremen Fall, wo sich die Nachfragereduktion ausschließlich auf die Binnengüter bezieht. Der hieraus resultierende Angebotsüberschuß auf dem Markte der Binnengüter kann ex definitione nicht durch Außenhandel, sondern nur durch eine Senkung des relativen Preises dieser Güter beseitigt werden. Durch diese Preissenkung wird ein Teil der Produktionsfaktoren in den Sektor der Handelsgüter abwandern. Im Endresultat wird weniger im Sektor der Binnengüter und mehr im Sektor der Handelsgüter produziert;

aufgrund des Gesetzes abnehmender Erträge ist der Preis der Handelsgüter gestiegen und der Preis der Binnengüter gefallen; entsprechend dieser relativen Preisverschiebung tritt eine Abwertung ein; die Mehrproduktion an Handelsgütern ist gleich dem Leistungsbilanzüberschuß. Wir sind nun in der Lage, auch den allgemeinen Fall zu behandeln, für den die Absorptionsverringerung sowohl auf Kosten der Handelsgüter als auch auf Kosten der Binnengüter geht: Die relative Preisverschiebung zu Gunsten der Binnengüter und zu Lasten der Handelsgüter – und damit die Abwertung – wird geringer ausfallen; der Leistungsbilanzüberschuß wird teilweise durch die verringerte inländische Nachfrage nach Handelsgütern und teilweise durch die Mehrproduktion an Handelsgütern ermöglicht.

Wir können also feststellen, daß Kapitalbewegungen (im Sinne eines Netto-Kapitalexports oder eines Netto-Kapitalimports) generell den Kaufkraftparität-Wechselkurs verändern. Der Grund hierfür ist der, daß Netto-Kapitalbewegungen durch Absorptionsveränderungen ausgelöst werden, die ihrerseits die Nachfrage nach Binnengütern verändern, wodurch eine relative Preisverschiebung und eine Produktionsumschichtung zwischen handelsfähigen und nichthandelsfähigen Gütern zustandekommt. Die relative Preisverschiebung konkretisiert sich in einer Wechselkursveränderung, und die Produktionsumschichtung ermöglicht ein Leistungsbilanzungleichgewicht: eine höhere Produktion an Handelsgütern im Falle eines Leistungsbilanzüberschusses und eine geringere Produktion an Handelsgütern im Falle eines Leistungsbilanzdefizits. Bei dieser Argumentation ist es notwendig hervorzuheben, daß die „Abwertung" oder „Aufwertung" im Vergleich zum Wechselkurs einer ausgeglichenen Leistungsbilanz deshalb erfolgen muß, um die neue Produktionsaufteilung zwischen Handels- und Binnengütern zu garantieren, die ihrerseits aus dem Nachfrageverhalten (bzw. Sparverhalten) resultiert.

f) Monetäre Determinanten des Wechselkurses

Zu betonen ist, daß die Formel der Kaufkraftparität (1) bzw. (2) eine *Gleichgewichts*relation ist, die – wie schon erwähnt – für die „lange" Periode von Relevanz ist. Die Bestimmung des gleichgewichtigen Wechselkurses resultiert aus den Gleichgewichtswerten für P, P^*, γ und γ^*, die ihrerseits rigoros nur in einem alle Märkte umfassenden makroökonomischen Modell bestimmt werden können. Das von uns präsentierte makroökonomische Modell war ein reduziertes Modell, das vor allem den realwirtschaftlichen Aspekt der Wechselkursbildung (d. h. die Variablen γ und γ^*) hervorkehrte.

Der monetäre Einfluß auf die Wechselkursbildung ist reichlich bekannt und kann mit Hilfe der Abb. 80 wie folgt resumiert werden. Das

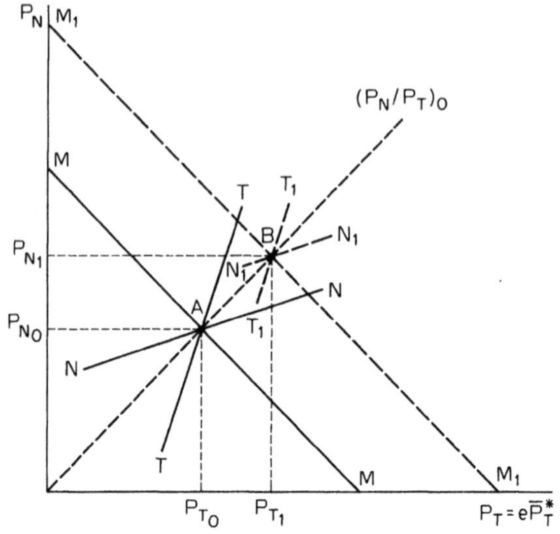

Abb. 80

Ausgangsgleichgewicht ist wiederum durch den Punkt A charakterisiert. Eine expansive Geldpolitik möge erfolgen, welche die MM-Gerade auf die Position M_1M_1 verschiebt. Während der relative Preis der handelsfähigen Güter unverändert bleibt, erhöhen sich die Geldpreise beider Güterkategorien auf das Niveau P_{N_1} und P_{T_1}. Da das Angebot an und die Nachfrage nach Handelsgütern und Binnengütern nur von dem relativen Preis abhängig sind, haben sich die TT- und NN-Kurve auf die Position T_1T_1 und N_1N_1 verschoben. Das höhere Preisniveau der Handelsgüter läßt den Wechselkurs auf die Höhe e_1 ansteigen, bei dem die Kaufkraftparität wiederhergestellt ist.

Andere reduzierte Modelle sind denkbar, welche die „monetäre" Bestimmung von P und P^* (anstatt von y und y^*) für die Wechselkursbildung betonen. Entsprechend der „Tradition" der letzten zehn Jahre kann die Bestimmung des allgemeinen Preisniveaus „keynesianisch" mittels des Arbeitsmarktes oder „monetaristisch" mittels des Geldmarktes konzipiert werden [10].

Der „keynesianische" Ansatz kann als der Lohnansatz der Wechselkursbestimmung bezeichnet werden. Stellt W den Nominallohnsatz und w den Reallohnsatz dar, dann ist $P = W/w$ bzw. $P^* = W^*/w^*$, so daß der Wechselkurs bzw. seine Veränderungsrate bestimmt ist durch

$$e = \frac{P}{P^*} \frac{y^*}{y} = \frac{W}{W^*} \frac{w^*}{w} \frac{y^*}{y} \qquad (1\,a)$$

---

[10] Dornbusch [1976 b], S. 260.

bzw.

$$\frac{de}{e}=\left(\frac{dP}{P}-\frac{dP^*}{P^*}\right)+\left(\frac{dy^*}{y^*}-\frac{dy}{y}\right)$$

$$=\left(\frac{dW}{W}-\frac{dW^*}{W^*}\right)+\left(\frac{dw^*}{w^*}-\frac{dw}{w}\right)+\left(\frac{dy^*}{y^*}-\frac{dy}{y}\right)\cdot \qquad (2a)$$

Die Bestimmung des Preisniveaus (und damit die Bestimmung des „nominalen Wechselkurses") setzt sich aus Nominalgrößen – dem Nominallohnsatz – und Realgrößen – dem Reallohnsatz – zusammen, so daß selbst die Bestimmung des „nominalen Wechselkurses" realwirtschaftlichen Einflußfaktoren in Form des internationalen Arbeitsproduktivitäts-Differentials unterliegt.

Zu einem ähnlichen Resultat gelangt der „monetaristische" oder „monetäre" Ansatz der Wechselkursbestimmung [11]. Die Gleichgewichtsbedingung des Geldmarktes lautet $M=PL(i, y, \ldots)$, wobei i der nominale Zinssatz ist. Folglich ist $P=M/L(\ )$ bzw. $P^*=M^*/L^*(\ )$. Der Wechselkurs bzw. seine Veränderungsrate ist demnach durch folgende Faktoren bestimmt:

$$e=\frac{P}{P^*}\frac{y^*}{y}$$

$$=\frac{M}{M^*}\frac{L^*}{L}\frac{y^*}{y} \qquad (1b)$$

bzw.

$$\frac{de}{e}=\left(\frac{dP}{P}-\frac{dP^*}{P^*}\right)+\left(\frac{dy^*}{y^*}-\frac{dy}{y}\right)$$

$$=\left(\frac{dM}{M}-\frac{dM^*}{M^*}\right)+\left(\frac{dL^*}{L^*}-\frac{dL}{L}\right)+\left(\frac{dy^*}{y^*}-\frac{dy}{y}\right). \qquad (2b)$$

Auch hier unterliegt die Bestimmung des „nominalen Wechselkurses" nominalen Einflußgrößen (Geldmenge) und realen Einflußgrößen (Nachfrage nach Realkasse); Veränderungen im Realeinkommen, im Realzinssatz und in der erwarteten Inflationsrate wirken auf die Nachfrage nach Realkasse und damit auf den „nominalen Wechselkurs" zurück [12].

[11] Siehe S. P. Magee, The Empirical Evidence on the Monetary Approach to the Balance of Payments and Exchange Rates, in: American Economic Review, LXVI (1976), S. 166–168 und J. F. Bilson, The Monetary Approach to the Exchange Rate: Some Empirical Evidence, in: International Monetary Fund. Staff Papers, XXV (1978), S. 50–54.

[12] Der Ausdruck $dL^*/L^*-dL/L$ in Formel (2b) – wie aber auch der Ausdruck $dw^*/w^*-dw/w$ in Formel (2a) – reflektiert einen *zusätzlichen* Einfluß des realen Wirtschaftswachstums in Form des Wachstumsdifferentials zwischen den einzelnen Ländern auf die Wechselkursbildung, *neben* dem schon konstatierten Einfluß, der aus dem Ausdruck $dy^*/y^*-dy/y$ resultiert.

Beide Ansätze können hinsichtlich der Wechselkursbestimmung zu dem gleichen Resultat gelangen, sofern das reduzierte makroökonomische Modell ein gemeinsames allgemeines makroökonomisches Totalmodell zur Grundlage hat. Im Kontext der langfristigen makroökonomischen Totalanalyse des Kap. IX ist jedoch der quantitätstheoretische Ansatz der Preisniveau- und Inflationsbestimmung völlig ausreichend. Die in diesem Abschnitt vorgebrachten Überlegungen zur Wechselkursbestimmung auf der Basis der Kaufkraftparität sind somit mit den Resultaten des Kap. IX kompatibel und können als Fortsetzung dieses Kapitels angesehen werden. Das spezifische Gewicht dieses Abschnitts lag in dem Bemühen hervorzuheben, daß der Wechselkurs in der Regel sowohl eine nominalwirtschaftliche als auch eine realwirtschaftliche Komponente enthält und daß er nur dann ein rein nominalwirtschaftliches Phänomen ist, wenn lediglich handelsfähige Güter existieren, d. h. wenn das allgemeine Preisniveau (eine nominalwirtschaftliche Größe) identisch mit dem Preisniveau der Handelsgüter ist. Wir wollen uns nun der „kurzfristigen" Bestimmung des Wechselkurses zuwenden. In der „kurzen" Periode ist das „Gesetz des einheitlichen Preises" der Handelsgüter innerhalb der Weltwirtschaft – und damit die Kaufkraftparität – nicht unbedingt gültig. Demzufolge ist der Wechselkurs in der kurzen Periode durch andere Faktoren bestimmt, und zwar nicht wie bisher durch Gütermärkte, sondern, wie wir sehen werden, durch die Märkte der Finanzaktiva.

2. Die Bestimmung des kurzfristigen Wechselkurses

a) Ein Portfolio-Modell

In der „kurzen " Periode werden geld- oder realwirtschaftliche „Störungen" in den Finanzmärkten mittels Zins- und Wechselkursveränderungen absorbiert. Im „einfachsten" Portfolio-Modell sind diese Finanzmärkte durch drei Märkte vertreten: die Märkte für Geld, heimische Wertpapiere und ausländische Wertpapiere.

Veränderungen in der Nachfrage nach oder in dem Angebot an ausländischen Wertpapieren lösen die Wechselkursveränderungen aus. Liegt z. B. ein Nachfrageüberschuß nach ausländischen Wertpapieren vor, so kann dieser das Resultat einer gewünschten Portfolioumschichtung (Substitutionseffekt) oder das einer Mehrersparnis (Vermögenseffekt) sein. In dem ersten Fall bleiben die Bestände der einzelnen Finanzaktiva jeweils unverändert, so daß sich als Folge der gewünschten Portfolioumschichtung nur ihre jeweiligen Preise verändern. Im zweiten Fall liegt dagegen die Möglichkeit der Erhöhung der Bestände an Finanzaktiva vor. Beide Fälle stehen für die traditionelle Vorgehensweise der Portfoliotheorie, die im folgenden entwickelt werden wird [13].

Das volkswirtschaftliche Finanzvermögen W setzt sich zusammen aus

$$W = M + B + eF.$$

M, B und F sind die gegebenen Bestände an Geld, heimischen und ausländischen Wertpapieren; um das Problem von Kapitalgewinnen und Kapitalverlusten zu vermeiden, sollen die Wertpapiere kurzfristige Aktiva darstellen; bei B möge es sich ferner um Staatspapiere handeln [14].

Die Gleichgewichtsbedingungen der drei Finanzmärkte können wie folgt formuliert werden:

Geldmarkt (MM-Kurve)

$$M = m\,(\overset{-}{r}, \overset{-}{r^*}, \overset{-}{\alpha}, \bar{y})\; W \tag{3}$$

Markt der inländischen Wertpapiere (BB-Kurve)

$$B = b\,(\overset{+}{r}, \overset{-}{r^*}, \overset{-}{\alpha}, \bar{y})\; W \tag{4}$$

Markt der ausländischen Wertpapiere (FF-Kurve)

$$eF = f\,(\overset{-}{r}, \overset{+}{r^*}, \overset{+}{\alpha}, \bar{y})\; W. \tag{5}$$

$m(\;)$, $b(\;)$ und $f(\;)$ sind die Nachfragefunktionen nach den jeweiligen Realbeständen, und die Plus- und Minuszeichen zeigen die jeweiligen funktionalen Abhängigkeiten an. r ist der inländische Zinssatz und r^* der ausländische Zinssatz. α stellt den erwarteten Abwertungssatz (bzw. $-\alpha$

[13] Das zu entwickelnde Portfolio-Modell baut auf den Arbeiten folgender Autoren auf: Kouri [1976]; W. Branson, Asset Markets and Relative Prices in Exchange Rate Determination, in: Sozialwissenschaftliche Annalen, I (1977); D. W. Henderson, Modeling the Interdependence of National Money and Capital Markets, in: American Economic Review, LXVII (1977); S. W. Black, Floating Exchange Rates and National Economic Policy, New Haven 1977.

[14] Das Portfolio haben wir so definiert, daß es mit dem finanziellen Vermögensbegriff zusammenfällt. Diese Definition ist insofern erforderlich, als wir später ΔW mit der Ersparnis und dem Leistungs- bzw. Kapitalbilanzsaldo in Verbindung setzen.

Es wird unterstellt, daß die Steuerschulden – vor allem jene, die für die Zinszahlungen der Staatspapiere erhoben werden – nicht in kapitalisierter Form marktfähig sind, so daß die Staatspapiere einen Teil des Nettovermögens darstellen.

F ist in ausländischer Währung ausgedrückt. F stellt die finanzielle Netto-Position des Inlands gegenüber dem Ausland dar: Forderungen an das Ausland minus Verbindlichkeiten an das Ausland. Ein negatives F würde dann implizieren, daß die Verbindlichkeiten an das Ausland größer sind als die Forderungen an das Ausland.

den erwarteten Aufwertungssatz) dar. Der ausländische Zinssatz wird als gegeben unterstellt.

Aufgrund der Vermögensgleichung sind zwei der drei Gleichgewichtsbedingungen unabhängige Gleichungen, welche die zwei Unbekannten r und e bestimmen. Wir wollen zunächst unterstellen, daß α gleich Null ist (d. h. die Wirtschaftssubjekte erwarten, daß der gegenwärtige Wechselkurs auch in Zukunft herrschen wird). Abb. 81 zeigt die Gleichgewichtswerte für den Zinssatz (r_0) und den Wechselkurs (e_0) an. Die MM-Gerade ist positiv geneigt: Ein Anstieg in e und damit in W erhöht die Geldnachfrage, und damit die Geldnachfrage sich wieder auf die Höhe des Geldangebots reduziert, muß eine bestimmte Zinssatzerhöhung erfolgen. Analog kann die negative Steigung der BB-Geraden erklärt werden: Ein Anstieg in e und damit in W erhöht die Nachfrage nach inländischen Wertpapieren, und die Nachfrage geht wieder auf die Höhe des Angebots zurück, sofern der Zinssatz sinkt. Die negative Steigung der FF-Geraden ergibt sich aus folgender Überlegung: Ein Anstieg in e erhöht einerseits das Angebot an ausländischen Wertpapieren mittels der Wertsteigerung (eF) und erhöht andererseits – jedoch in geringerem Ausmaße – die Nachfrage, da W gestiegen ist; es herrscht also ein Angebotsüberschuß an ausländischen Wertpapieren; dieser reduziert sich auf Null mittels einer Nachfragesteigerung, sofern der heimische Zinssatz fällt. Da die Nachfrage nach ausländischen Wertpapieren schwächer auf die Variation des heimischen Zinssatzes reagiert als die Nachfrage nach inländischen Wertpapieren (wenn auch in umgekehrter Richtung), weist die FF-Gerade eine geringere Steigung als die BB-Gerade auf.

b) Wechselkurserwartungen

Wie wirken nun die Wechselkurserwartungen (α) auf die Wechselkursbildung? α war definiert als die erwartete Veränderungsrate des Wechselkurses

$$\alpha = \frac{f - e}{e}$$

wobei f den erwarteten Wechselkurs bzw. den Terminkurs darstellt [15]. Wie in anderen Bereichen der Erwartungsbildung können die Wechselkurserwartungen u. a. vom extrapolativen oder rationalen Typ sein.

---

[15] Der erwartete Wechselkurs muß nicht unbedingt gleich dem Terminkurs sein, sofern der Kauf ausländischer Wertpapiere mit einer Risiko-Aversion verbunden ist. In diesem Fall wird der Terminkurs eine Risikoprämie enthalten. Siehe hierzu P. Isard [1978], S. 12–13.

Bei *extrapolativen Erwartungen* bildet sich der erwartete Wechselkurs f wie folgt:

$$\begin{aligned} f &= e_{-1} + \beta\,(e - e_{-1}) \qquad 0 < \beta < 1 \\ &= \beta e + (1-\beta)\,e_{-1} \end{aligned} \tag{6a}$$

wobei e_{-1} den in der vergangenen Periode herrschenden Wechselkurs darstellt. Die erwartete Veränderungsrate des Wechselkurses lautet dann:

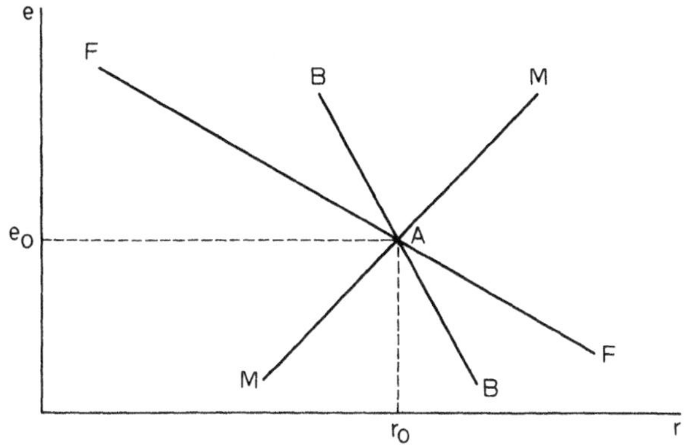

Abb. 81

$$\begin{aligned} \alpha &= \frac{f-e}{e} \\ &= \frac{\beta e + (1-\beta)\,e_{-1} - e}{e} \\ &= (1-\beta)\,\frac{e_{-1}-e}{e}\,. \end{aligned} \tag{7a}$$

Bei *rationalen Erwartungen* ist der erwartete Wechselkurs:

$$\begin{aligned} f &= e + \gamma\,(\bar{e} - e) \qquad 0 < \gamma \leqq 1 \\ &= \gamma \bar{e} + (1-\gamma)\,e. \end{aligned} \tag{6b}$$

$\bar{e}$ ist der langfristig herrschende Wechselkurs, d. h. jener Wechselkurs, der sich auf der Grundlage der Kaufkraftparität einstellt [16]. Die erwartete Ver-

[16] Strikt genommen bezieht sich in unserer Betrachtungsweise die „Rationalität" der Wechselkurserwartungen nur auf die Kenntnis des langfristig herrschenden Wechselkurses $\bar{e}$ (der sich aus der Kaufkraftparität ableitet) und nicht zusätzlich auch auf den Wechselkursanpassungsprozeß (γ) von e nach $\bar{e}$.

änderungsrate des Wechselkurses schreibt sich nun:

$$\alpha = \frac{f-e}{e}$$

$$= \frac{\gamma \bar{e} + (1-\gamma)\, e - e}{e}$$

$$= \gamma \frac{\bar{e} - e}{e}. \tag{7b}$$

c) Der Substitutionseffekt einer expansiven Geldpolitik

Welchen „Störungseinfluß" kann die Geldseite – und hier speziell die Geldpolitik – auf den Wechselkurs ausüben? Grundsätzlich berühren geldwirtschaftliche „Störungen" die Angebotsseite der Finanzmärkte und realwirtschaftliche Veränderungen die Nachfrageseite. Betrachten wir den Fall einer expansiven Geldpolitik mittels einer Offenmarktoperation ($\Delta M = -\Delta B$), welche das Gesamtvermögen W unverändert läßt. Drei Wechselkurseffekte stellen sich ein: der Substitutionseffekt, der relative Preiseffekt und der Vermögenseffekt. Behandeln wir zunächst den Substitutionseffekt, der als erster wirksam wird.

Die *MM*- und *BB*-Gerade in Abb. 82 verschieben sich nach links, und der neue Gleichgewichtspunkt ist *B*, der einen höheren Wechselkurs (e_1) und einen geringeren Zinssatz (r_1) anzeigt. Die Wechselkurssteigerung, die sich *ohne irgendeine Kapitalbewegung* einstellt (konstantes *F*) erklärt sich wie folgt. Die unmittelbare Wirkung der expansiven Geldpolitik ist eine Zinssenkung, beispielsweise von *A* nach *b*; im Punkt *b* herscht noch immer ein Geldangebotsüberschuß, der einem Nachfrageüberschuß nach ausländischen Wertpapieren entspricht, denn letztere sind aufgrund der Senkung des heimischen Zinssatzes attraktiv geworden. Der Wechselkurs steigt,

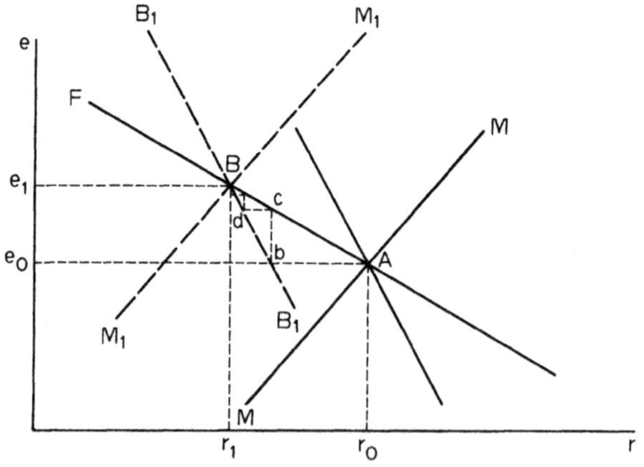

Abb. 82

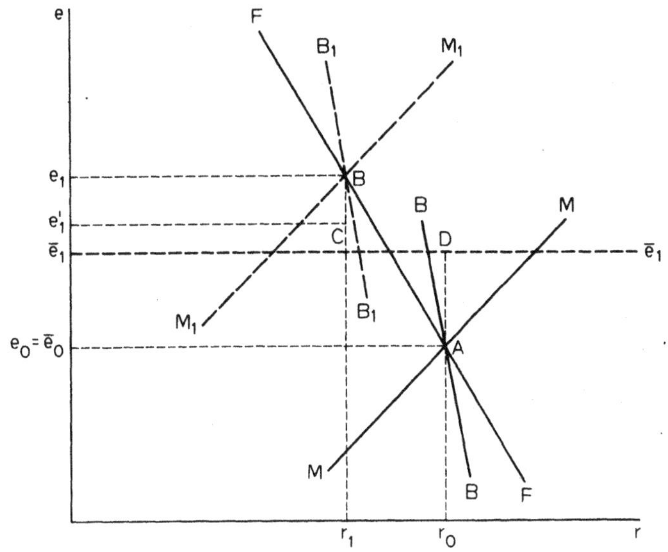

Abb. 83

z. B. von *b* nach *c*, und die zusätzliche Nachfrage nach Auslandspapieren wird ausschließlich durch die *Wert*steigerung befriedigt. Im Punkt *c* herrscht nun ein Nachfrageüberschuß nach heimischen Wertpapieren, der dem verbleibenden Angebotsüberschuß des Geldmarktes entspricht, und es setzt eine weitere Zinssenkung ein (Punkt *d*).Dieser mögliche Preisanpassungsprozeß ist schließlich im Punkt *B* beendet. Die Wechselkurserhöhung von e_1 ergibt sich aus der Substitution der Haltung an heimischen Wertpapieren und an Geld durch die Haltung an ausländischen Wertpapieren; die Mehrnachfrage nach ausländischen Wertpapieren bei unverändertem Bestand an ausländischen Wertpapieren (bzw. bei unveränderter Kapitalbilanz) löst die Wechselkurserhöhung aus.

Um wieviel steigt nun der Wechselkurs? In Abb. 83 ist der Fall der Wechselkursvariabilität eingezeichnet, wo $e_1 > \bar{e}_1$ ($\bar{e}_1$ ist der sich später laut Kaufkraftparität einstellende Wechselkurs). Dieser Fall tritt dann ein, wenn die Geldnachfrage sehr zinsunelastisch ist (für eine gegebene expansive Geldpolitik verschiebt sich die *MM*-Gerade sehr weit nach links) und/oder wenn die Nachfrage nach ausländischen Wertpapieren in bezug auf den heimischen Zinssatz sehr elastisch ist, d. h. wenn ein hoher Substitutionsgrad zwischen heimischen und ausländischen Wertpapieren existiert (die *FF*-Gerade verläuft steil)[17]. Die ökonomische Begründung be-

[17] Als zusätzliche Bedingung für eine hohe Wechselkursschwankung ist anzuführen, daß der relative Anteil der ausländischen Wertpapiere im Gesamtportfolio

ruht darauf, daß die expansive Geldpolitik in sehr großem Ausmaße den Zinssatz reduziert; die Zinssenkung bewirkt ihrerseits eine äußerst große Mehrnachfrage nach ausländischen Wertpapieren, so daß der Wechselkurs sehr stark ansteigt.

Welche Rolle spielen nun die Wechselkurserwartungen? Die Wechselkurserwartungen, gleichgültig ob sie vom extrapolativen oder rationalen Typ sind, wirken stabilisierend auf die Wechselkursbildung unseres Portfolio-Modells. Im Fall der Abb. 83, in der e_1 größer ist als der vergangene Wechselkurs e_0 (relevant für extrapolative Erwartungen) bzw. e_1 größer ist als $\bar{e}_1$ (relevant für rationale Erwartungen), liegt eine erwartete Aufwertung vor, welche die M_1M_1-Gerade nach rechts und die *FF*-Gerade nach links verschiebt (beide Verschiebungen sind nicht eingezeichnet), so daß sich der effektive Schnittpunkt der beiden Geraden z. B. im Punkt *C* einstellt; der tatsächlich sich ergebende Wechselkurs wird dann nicht e_1, sondern e_1' sein.

d) Der relative Preiseffekt einer expansiven Geldpolitik

Wir wollen hier wiederum eine vollbeschäftigte und nicht-wachsende Wirtschaft behandeln. Die expansive Geldpolitik wird in der Zukunft eine entsprechende Preisniveauerhöhung erzeugen. Da aber laut Annahme die Finanzmärkte schneller auf eine Ungleichgewichtssituation reagieren als die Gütermärkte, stellen sich zunächst *simultan* Zins- und Wechselkursbewegungen ein, und erst nach einer gewissen Zeit erfolgen die Preisniveauerhöhungen als Folge eines Nachfrageüberschußes in den Gütermärkten.

Wie vollzieht sich nun der *weitere* Anpassungsprozeß von *B* (bzw. *C*) nach *D* (Abb. 83)? Der Punkt *D* ist der langfristige Gleichgewichtspunkt, bei dem das Preisniveau quantitätstheoretisch um die Rate der Geldmengenerhöhung gestiegen ist und bei dem der Wechselkurs der Kaufkraftparität entspricht. Neben den Wechselkurserwartungen und dem steigenden Preisniveau, welche u. a. die M_1M_1-Gerade der Abb. 83 stetig nach rechts verschieben, wird durch den relativen Preiseffekt ($e > \bar{e}$), was gleichbedeutend ist mit einem erhöhten realen Wechselkurs (entsprechend der Formel 1′ auf S. 388 ist, wobei $\varphi > 1$), die Leistungsbilanz verändert.

---

nicht sehr groß sein darf. In diesem Fall bedingt die Wechselkurserhöhung eine relativ geringe Erhöhung des Vermögens *W*, die ihrerseits in begrenztem Ausmaß einen Nachfrageüberschuß nach Geld und heimischen Wertpapieren und einen Angebotsüberschuß an ausländischen Wertpapieren auslöst. Andererseits impliziert ein geringer Anteil der ausländischen Wertpapiere am Gesamtvermögensbestand eine beträchtliche Substitutionsmöglichkeit inländischer Aktiva zu Gunsten der ausländischen Aktiva, so daß die Zunahme der Nachfrage nach ausländischen Wertpapieren ein hohes Ausmaß annehmen kann.

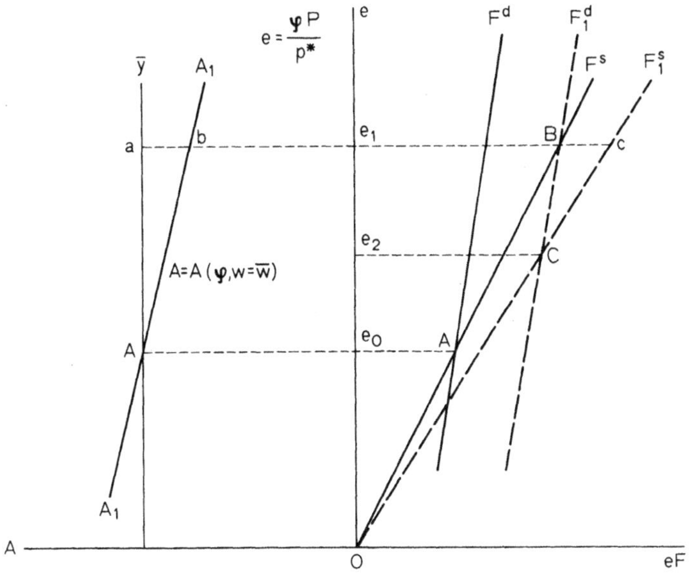

Abb. 84

Unter den üblichen Marshall-Lerner-Bedingungen tritt ein Leistungsbilanzüberschuß auf. Da im System flexibler Wechselkurse die Zahlungsbilanz stets ausgeglichen ist, ruft der Leistungsbilanzüberschuß (der gleich einer Mehrersparnis bzw. einer die Investition übersteigende Ersparnis ist) einen Netto-Kapitalexport hervor, der den Bestand an ausländischen Wertpapieren (F) erhöht, wodurch eine Senkung des Wechselkurses ausgelöst wird.

In Abb. 84 ist dieser Zusammenhang geometrisch dargestellt. Der rechte Quadrant enthält die Angebotsfunktion (F^s) und die Nachfragefunktion (F^d) nach ausländischen Wertpapieren, so wie wir sie aus der Gleichung (5) kennen. Das Angebot ($F^s = eF$) nimmt proportional mit dem Wechselkurs zu, und die Nachfrage steigt aufgrund des zunehmenden W ebenfalls, jedoch in einem geringeren Ausmaße.

Im linken Quadranten stellt die AA-Gerade die heimische Absorption (A) dar, die mit steigendem realen Wechselkurs (unter der Annahme $e > \bar{e}$, d. h. $\varphi > 1$) abnimmt. Die gegebene Vollbeschäftigungsproduktion ist durch die Vertikale $\bar{y}$ gekennzeichnet. Das Ausgangsgleichgewicht liegt im Punkt A. Die expansive Geldpolitik hatte – wie wir gezeigt haben – die Nachfrage nach ausländischen Wertpapieren mittels des Substitutionseffekts erhöht (vgl. die Gerade F_1^d) und den Wechselkurs ohne irgendwelche Kapitalbewegungen auf e_1 erhöht (vgl. den Schnittpunkt B, der dem Schnittpunkt B in Abb. 83 entspricht). Beim Wechselkurs e_1 herrscht ein

Leistungsbilanzüberschuß von $\bar{y} - A = ab$. Dieser Leistungsbilanzüberschuß impliziert einen Netto-Kapitalexport, der den Bestand an ausländischen Wertpapieren um $ab = Bc$ erhöht (vgl. die Angebotsgerade F_1^s). Der Zuwachs im Wertpapierbestand verringert den Wechselkurs auf die Höhe e_2, der den Leistungsbilanzüberschuß und damit die Zuwachsrate des Bestands an ausländischen Wertpapieren verringert. Die Aufwertung wird sich so lange fortsetzen, bis die Kaufkraftparität wiederhergestellt ist, welche ein Gleichgewicht der Leistungsbilanz und damit auch ein Gleichgewicht der Kapitalbilanz impliziert [18].

Die nach der ersten Wechselkursänderung (e_1) eintretenden Kapitalbewegungen sind also durch den relativen Preiseffekt ($\varphi > 1$) ausgelöst, der seinerseits die Absorption verringert und damit einen Leistungsbilanzüberschuß auftreten läßt, wodurch eine (Mehr-)Ersparnis und ein Netto-Kapitalexport erfolgt. Das wesentliche Glied in dieser Kausalkette ist das der Wirkung des relativen Preiseffekts auf die Absorption, d. h. die inländische Nachfrage nach Konsum- und Investitionsgütern (A), die bekanntlich sowohl die heimisch produzierten Güter als auch die importierten Güter umfaßt. Das Gleichgewicht des Gütermarktes lautet:

$$\underbrace{\bar{y}}_{\substack{\text{heimische}\\ \text{Produktion}}} + \underbrace{Im}_{\text{Importe}} = \underbrace{A}_{\substack{\text{Absorption}\\ \text{(heimische}\\ \text{Nachfrage nach}\\ \text{Konsum- und}\\ \text{Investitionsgütern),}}} + \underbrace{X}_{\text{Exporte}}$$

bzw.

$$\underbrace{\bar{y} - A(\varphi, \ldots)}_{\substack{\text{heimischer Angebots-}\\ \text{überschuß an Gütern}}} = \underbrace{X(\varphi, \ldots) - \mathrm{Im}(\varphi, \ldots)}_{\text{Leistungsbilanzüberschuß}}$$

$$= \underbrace{S(\varphi, \ldots)}_{\text{Kapitalbilanzdefizit}}, \text{wobei } \frac{\partial A}{\partial \varphi} < 0.$$

[18] Der Anpassungsprozeß kann äußerst kompliziert verlaufen, wie Niehans zeigt, mit temporären Leistungsbilanzüberschüssen und anschließenden Defiziten und mit fluktuierenden Wechselkurs- und Preisniveaubewegungen. J. Niehans, Exchange Rate Dynamics with Stock/Flow Interaction, in: Journal of Political Economy, LXXXV (1977). Zu bemerken ist, daß der gleichgewichtige Wechselkurs e_2 (Abb. 84) für einen gegebenen Zinssatz gilt (d. h. für den Zinssatz r_1 der Abb. 82 und 83). Da die Nachfrage nach Geld und heimischen Wertpapieren als Folge eines höheren F und damit eines höheren W steigt, wird der Zinssatz nicht r_1 sein. Rigoros kann dann der neue gleichgewichtige Wechselkurs nur mit Hilfe der Abb. 82 oder 83 gefunden werden.

Aufgrund unserer Annahme einer stationären Wirtschaft können die Ersparnisse nur für den Kauf ausländischer Wertpapiere verwendet werden, was zu einem Kapitalbilanzdefizit, einem höheren Bestand an ausländischen Wertpapieren und damit, entsprechend unserem Portfolio-Modell, zu einer Aufwertung (e_2 in Abb. 84) führt.

e) Der Vermögenseffekt einer expansiven Geldpolitik

Ein anderer Mechanismus der Wechselkursbestimmung besteht aus der Metzlerschen [1951] Spar-Vermögensbeziehung [19]. Wie wir wissen, setzte sich das Vermögen zusammen aus

$$W = M + B + eF$$

bzw. ausgedrückt in Realgrößen

$$\frac{W}{P} = \frac{M}{P} + \frac{B}{P} + \frac{eF}{P}.$$

Für W/P kann auch der Ausdruck w benutzt werden. Das Vermögen w beeinflußt nun die Absorption wie folgt:

$$\bar{y} - A(\varphi, w - \bar{w}, \ldots) = \underbrace{X(\varphi, \ldots) - Im(\varphi, w - \bar{w}, \ldots)}_{\text{Leistungsbilanz-überschuß}} = \underbrace{S(\varphi, w - \bar{w}, \ldots)}_{\text{Kapitalbilanz-defizit}}$$

$$\text{wobei } \frac{\partial A}{\partial \varphi} \lessgtr 0, \qquad \frac{\partial A}{\partial (w - \bar{w})} > 0.$$

$\bar{w}$ bezeichnet den langfristig gewünschten Vermögensbestand (der seinerseits positiv vom Zinssatz und vom Realeinkommen abhängig sein kann). In einer stationären Wirtschaft, die wir im folgenden zugrundelegen wollen, ist folglich die obige Gleichung gleich Null, sofern der effektive Vermögensbestand (w) gleich dem gewünschten Vermögensbestand ($\bar{w}$) ist (und sofern $\partial A/\partial\varphi = 0$).

Gehen wir nochmals unser Beispiel einer expansiven Geldpolitik durch. Der heimische Zinssatz fiel, wodurch die Haltung an ausländischen Wertpapieren attraktiv wurde. Die Nachfrage nach diesen Papieren stieg mit der Folge einer Abwertung, ohne daß diese jedoch von Kapitalbewegungen begleitet war. Dies war der Substitutionseffekt. Der Vermögensef-

[19] Siehe hierzu R. Dornbusch, Capital Mobility, Flexible Exchange Rates and Macroeconomic Equilibrium, in: Recent Issues in International Monetary Economics, hrsg. v. E. M. Claassen und P. Salin, Amsterdam 1976, 261–278.

fekt sieht nun wie folgt aus. An die Stelle des relativen Preiseffekts (oder zusätzlich zum relativen Preiseffekt), der die Absorption verringerte, einen Leistungsbilanzüberschuß schuf und dann ein gleich hohes Kapitalbilanzdefizit implizierte, tritt nun der Vermögenseffekt, sobald das Preisniveau derartig zu steigen beginnt, daß die Erhöhung von (eF/P) geringer ist als die Reduktion des Realwertes an Geld (M/P) und heimischen Wertpapieren (B/P). Das Realvermögen sinkt, so daß gespart wird. Die Ersparnis ist gleichbedeutend mit einer Absorptionsverringerung, d. h. also mit einem Leistungsbilanzüberschuß, der zudem ein Kapitalbilanzdefizit impliziert [20]. Der hierdurch bedingte höhere Bestand an ausländischen Wertpapieren verringert dann den Wechselkurs. In Abb. 84 verschiebt sich die A_1A_1-Linie nach rechts (da $w < \bar{w}$), so daß (bei gleichzeitiger Existenz des relativen Preiseffekts) die F_1^s-Linie im Uhrzeigersinn um den Null-Punkt rotiert; der Wechselkurs etabliert sich dann auf einem niedrigeren Niveau als e_2 [21].

---

[20] „Da im System flexibler Wechselkurse der Leistungsbilanzüberschuß gleich dem Kapitalbilanzdefizit ist, ist der Betrag des Kapitalexports völlig durch die Sparfunktion spezifiziert und er erfordert keine ad hoc ‚Funktion des Kapitalflusses' .... Diese Betrachtungsweise an Stelle der ad hoc ‚Funktion des Kapitalflusses' leitet das gleichgewichtige Kapitalbilanzdefizit oder den Leistungsbilanzüberschuß als Teil des makroökonomischen Gleichgewichts ab."

"Noting that under flexible exchange rates the current account surplus equals the capital account deficit we appreciate that the rate of capital outflow is fully specified by the saving function and does not require an ad hoc 'capital flow function' .... That view rather than specifying an ad hoc 'capital flow function' derives the equilibrium rate of capital flow or the current account surplus as part of the macroeconomic equilibrium". Dornbusch [1976], S. 263 und S. 276.

[21] Zu bemerken ist, daß der Vermögenseffekt nach dem Substitutionseffekt und vor einem Anstieg des Preisniveaus eintreten kann, und zwar aufgrund einer Vermögenserhöhung um $F\mathrm{d}e$. Ein höheres Vermögen impliziert eine negative Ersparnis, eine Absorptionserhöhung und damit ein Handelsbilanzdefizit und einen entsprechenden Kapitalbilanzüberschuß, was zu einer Bestandsverringerung an ausländischen Wertpapieren und somit zu einer noch höheren Abwertung als der, die sich allein aus den Substitutionseffekt ergibt, führt.

Um jegliches Mißverständnis zu vermeiden, wollen wir deshalb die möglichen „Vermögens"-Effekte auf den Wechselkurs klar unterscheiden. Eine Vermögensänderung kann folgende Ursachen haben:

$$\mathrm{d}w = \frac{\mathrm{d}M}{P} + \frac{\mathrm{d}B}{P} + \frac{F\,\mathrm{d}e}{P} - \frac{M+B+eF}{P}\frac{\mathrm{d}P}{P} + \frac{e\,\mathrm{d}F}{P}.$$

Aufgrund der Definition der expansiven Geldpolitik als Offenmarktpolitik ist der Ausdruck $\mathrm{d}M/P + \mathrm{d}B/P$ gleich Null.

Der erste Typ eines Vermögenseffekts ist durch den Ausdruck $\frac{F}{P}\mathrm{d}e$ gegeben. Dieser Vermögenseffekt ist im Portfoliomodell in den Gleichungen (3), (4) und (5) und in den Abb. 81 bis 83 enthalten. Er bewirkt eine Überschußnachfrage nach Geld und heimischen Wertpapieren und ein Überschußangebot an ausländischen Wertpapieren, wodurch das Sinken des Zinssatzes ebenso wie das Ansteigen des Wechselkurses abgebremst werden.

Die Ersparnis (und damit der Leistungsbilanzüberschuß und das Kapitalbilanzdefizit) wird so lange andauern, bis der effektive Vermögensbestand dem gewünschten entspricht. Da auf der einen Seite der Anpassungsprozeß des effektiven an den gewünschten Vermögensbestand in der Regel mehrere Perioden umfaßt und auf der anderen Seite die Realwerterosion des Geld- und inländischen Wertpapierbestandes ebenfalls über mehrere Perioden erfolgt, und zwar im Rhythmus der Preisniveauerhöhung, kann wenig Präzises über die exakte Entwicklung der Teilzahlungsbilanzen und des Wechselkurses ausgesagt werden, es sei denn, daß der Anpassungsprozeß mit Hilfe von Differenzengleichungen formuliert wird [22].

Zusammenfassend können folgende Charakteristika der Bestimmung des kurzfristigen Wechselkurses innerhalb des Portfolio-Modells, d. h. entsprechend dem Finanzaktiva-Ansatz der Wechselkursbestimmung, hervorgehoben werden. Unser – und das in der Literatur allgemein benutzte – Demonstrationsbeispiel für die komparative Gleichgewichtsanalyse war

---

Der zweite Typ eines Vermögenseffekts ist der im obigen Absatz behandelte Vermögenseffekt im eigentlichen Sinne. Änderungen in den Ausdrücken

$$\frac{F}{P}\,\mathrm{d}e - \frac{M+B+e\,F}{P}\,\frac{\mathrm{d}P}{P}$$

beeinflussen die Absorption und führen dadurch zu einer positiven oder negativen Ersparnis, die dem Ungleichgewicht der Kapitalbilanz entspricht (welches seinerseits einem entsprechenden Ungleichgewicht der Handelsbilanz gleich ist):

$$\frac{e\,\mathrm{d}F}{P}.$$

Aufgrund dieser Änderung von F ändert sich dann wieder der Wechselkurs.

[22] An dieser Stelle muß erwähnt werden, daß der langfristig herrschende Kaufkraftparitäten-Wechselkurs streng genommen um weniger als die Erhöhung des inländischen Preisniveaus steigen wird. Der Grund ist der, daß das aus dem Ausland fließende Zinseinkommen (r^*F) aufgrund des Zuwachses von F gestiegen ist. Damit die Leistungsbilanz ausgeglichen ist, muß dem höheren Netto-Zinseinkommen ein höheres Defizit der *Handels*bilanz gegenüberstehen. Dieses höhere Defizit ist nur durch eine relative Aufwertung realisierbar. Entsprechend der Formel (1) der Kaufkraftparität auf S. 387 nimmt P um die Geldmengenexpansionsrate zu, während andererseits ebenfalls γ steigen muß, um die relative Aufwertung zu realisieren. Dieser Effekt stellt sich durch eine Erhöhung des relativen Preises der nichthandelsfähigen Güter ein. Erstaunlicherweise erzeugt in dem quantitätstheoretischen Modell der (temporären) Zinsbestimmung und der Preisniveaubestimmung für offene Wirtschaften eine expansive Offenmarktpolitik keine permanente Zinssenkung wie im Metzler-Modell für geschlossene Wirtschaften (sowohl unter der Annahme eines unveränderlichen als auch unter der Annahme eines variablen Kapitalbestandes), das wir ausführlich in Kap. IX, S. 325–329, behandelt hatten. Zwei Gründe sind für die Divergenz der Resultate verantwortlich. Einerseits erhöht sich in offenen Wirtschaften der *Bestand* an ausländischen Wertpapieren, indem der private Sektor die ihm im Zuge der Offenmarktoperationen verlorengegangenen inländischen Wertpapiere durch ausländische Wertpapiere ersetzt; im Metzler-Modell (für den Fall eines konstanten Kapitalbestandes) war diese Substitutionsmöglichkeit ausgeschlossen. Andererseits müßten wir strikt genommen ein Zwei-Länder-Modell betrachten, das die Weltwirtschaft repräsentiert; in einem solchen Modell würde dann der Weltmarktzins (r^*) als Folge einer expansiven Offenmarktpolitik eines Landes fallen.

das einer Störung in der Zusammensetzung des Portfolio-Bestands: ein höherer Geldbestand und ein entsprechend verringerter Bestand an heimischen Wertpapieren (Offenmarktpolitik). Der *erste* unmittelbare Effekt – der sog. Substitutionseffekt – konkretisierte sich in einer Preisverschiebung der Finanzaktiva, wobei der Bestand an ausländischen Wertpapieren noch unverändert blieb: höherer Preis der inländischen Wertpapiere (bzw. Zinsverringrung) und aufgrund einer bestimmten Substitutionsbeziehung zwischen der Nachfrage nach heimischen und ausländischen Wertpapieren ein höherer Inlandspreis der ausländischen Wertpapiere, d. h. eine Wechselkurssteigerung. Die später eintretenden Effekte waren der relative Preiseffekt und der Vermögenseffekt.

Die Wechselkurssteigerung entspricht noch nicht der Kaufkraftparität; aufgrund der unterschiedlichen Anpassungsgeschwindigkeiten der Preise in den Märkten der Finanzaktiva einerseits und in den Gütermärkten andererseits setzt die Erhöhung des Preisniveaus erst allmählich ein, so daß zu Anfang ein relativer Preiseffekt zugunsten der inländischen Handelsgüter oder eine (Mehr-)Ersparnis aufgrund der Vermögen-Spar-Relation existiert, mit der Folge eines Leistungsbilanzüberschußes, der identisch mit einem Kapitalbilanzdefizit ist [23]. Der höhere Bestand an ausländischen Wertpapieren verringert ihren Inlandspreis mittels einer Wechselkurssenkung. Die *anschließenden* Effekte sind mannigfaltig: Preisniveauerhöhung; diese wirkt wiederum auf die Finanzmärkte mittels einer Zinserhöhung zurück; Anpassung des Wechselkurses an die Kaufkraftparität.

3. Die Bestimmung der Wechselkursvariabilität

a) Das Zinsparität-Modell

Betrachten wir nun einen Spezialfall des Portfolio-Modells, und zwar den der perfekten Kapitalmobilität. Bisher lag nur ein bestimmter Grad an Kapitalmobilität vor: Inländische und ausländische Wertpapiere standen in einer bestimmten, jedoch nicht vollständigen Substitutionsbeziehung; selbst jener Fall, wo die heimischen Wertpapiere nichthandelsfähige Aktiva und die ausländischen Wertpapiere handelsfähige Wertpapiere darstellen, fällt unter die Rubrik einer nicht vollständigen Kapitalmobili-

---

[23] Auch wenn der relative Preiseffekt und der Vermögenseffekt identische Ergebnisse erzeugen, so betonen sie in verschiedener Weise die einzelnen Posten der Zahlungsbilanz. Der relative Preiseffekt legt das Schwergewicht auf die Leistungsbilanz, die durch die Gesamtnachfrage bestimmt ist, und der Kapitalbilanzsaldo paßt sich dem Leistungsbilanzsaldo an. Der Vermögenseffekt zielt primär auf die Kapitalbilanz, die durch das Sparverhalten bestimmt ist, und es ist nun der Leistungsbilanzsaldo, der sich dem Kapitalbilanzsaldo anpaßt.

tät, da auch dann beide Wertpapiertypen in einem bestimmten Substitutionsverhältnis stehen. Die Wechselkursbestimmung bei vollständiger Kapitalmobilität liefert als „Nebenprodukt" noch die Erklärung der Wechselkursvariabilität, wonach der Wechselkurs kurzfristig über und unter dem langfristig herrschenden, sich nach der Kaufkraftparität bildenden Wechselkurs liegen kann [24].

Unter der Annahme, daß inländische und ausländische Wertpapiere vollständige Substitute sind (der Fall der sog. handelsfähigen Wertpapiere), gilt in jedem Augenblick die folgende Parität zwischen inländischem Zinssatz (r) und ausländischem Zinssatz (r^*):

$$r = r^* + \alpha \tag{8}$$

wobei α wiederum den erwarteten Abwertungssatz (bzw. $-\alpha$ den erwarteten Aufwertungssatz) darstellt [25].

Bezeichnen wir das Zinsdifferential $r - r^*$ mit d, dann kann die Zinsparität auch geschrieben werden als

$$\begin{aligned} d &= \alpha \\ &= \frac{f - e}{e} \end{aligned}$$

so daß

$$e = \frac{f}{1 + d}.$$

Der Wechselkurs ist demnach vornehmlich durch den erwarteten Wechselkurs (f) bestimmt. Der mit dem Zinsdifferential (d) diskontierte Wert des erwarteten Wechselkurses ist dann der gegenwärtig herrschende Wechselkurs.

Je nach dem Typ der Erwartungsbildung – extrapolativ (Formel 7a) oder rational (Formel 7b) – lautet die Zinsparität (8):

$$r = r^* + (1 - \beta)\frac{e_{-1} - e}{e} \tag{8a}$$

oder

$$r = r^* + \gamma\frac{\bar{e} - e}{e}. \tag{8b}$$

---

[24] Zu diesem Themenkreis siehe Dornbusch [1976a] und [1976b].

[25] „Trotz der beträchtlichen Konfusion, die in Teilen der früheren Literatur hinsichtlich der Bedingungen der Zinssatzparität herrschte, ist heute der Tatbestand akzeptiert, daß beobachtete Abweichungen von der Zinssatzparität entweder auf den Einfluß von Kapitalkontrollen zurückzuführen sind ... oder auf die Tatsache, daß sich die empirischen Daten über Zinssätze auf nicht genügend vergleichbare inländische und ausländische Aktiva beziehen."

"Despite considerable confusion in some of the earlier literature on the interest-rate parity condition, it is now accepted that observed deviations from interest-rate parity reflect either the influence of capital controls ... or the fact that empirical data on interest rates do not refer to sufficiently comparable foreign and domestic assets." Isard [1978], S. 12.

Da die heimischen und ausländischen Wertpapiere *vollständige* Substitutionsgüter sind, existiert nur ein einziger Markt für Wertpapiere, nämlich der Markt der heimischen *plus* ausländischen Wertpapiere. Unser weiter oben entwickeltes Portfolio-Modell auf S. 401 reduziert sich daher von drei auf zwei Gleichgewichtsgleichungen: auf die Gleichgewichtsbedingung des Geldmarktes (3) und auf die Gleichgewichtsbedingung des Marktes für (heimische *und* ausländische) Wertpapiere, d. h. auf die Summe der Gleichungen (4) und (5). Aufgrund der Vermögensgleichung $W = M + B + eF$ gibt es in diesem reduzierten Gleichungssystem nur eine unabhängige Gleichgewichtsgleichung. Wählen wir als unabhängige Gleichung die Gleichgewichtsbedingung des Geldmarktes:

$$\begin{aligned} M &= L(r)\ W \\ &= L(r)(M + B + e\,F) \\ &= PL(r)\left(\frac{M}{P} + \frac{B}{P} + \frac{e\,F}{P}\right) \end{aligned} \tag{9}$$

dann bestimmen der Geldmarkt (9) und die Zinsparität – in der Version (8a) oder (8b) – den Zinssatz und den Wechselkurs. Die Variablen r^* und α der Geldnachfragefunktion m () der Gleichung (3) auf S. 401 fallen weg, da sie durch die Zinssatzparität spezifiziert sind.

Unter den Bedingungen der Zinssatzparität reduziert sich der Finanzaktiva-Ansatz der Wechselkursbestimmung also auf den monetären Ansatz, wenn man das Geldmarktgleichgewicht als die unabhängige Gleichgewichtsbedingung wählt.

Die Wechselkursbestimmung entsprechend der Gleichung (9) erfolgt deshalb im Geldmarkt, weil dieser in der kurzen Periode (bei gegebenem Preisniveau und gegebenem Realeinkommen) den Zinssatz (r) bestimmt; der Zinssatz r determiniert seinerseits mittels der Zinsparität (8) die erwartete Veränderungsrate des Wechselkurses (α), und letztere wiederum impliziert je nach dem Typ der Wechselkurserwartungen, (8a) oder (8b), eine ganz bestimmte Höhe des Wechselkurses.

Diese Gleichgewichtsbedingung des Geldmarktes (9) ist in Abb. 85 durch die Gleichgewichtskurve *MM* dargestellt, und zwar für einen gegebenen Wert von r^* und M. Sie entspricht der *MM*-Kurve der Abb. 81 bis 83: Ein höherer Wechselkurs impliziert ein höheres Vermögen (W) und damit eine höhere Geldnachfrage; durch eine Zinserhöhung kann die Geldnachfrage wieder auf das Niveau des Geldangebots reduziert werden.

Die Zinsparität (8a) oder (8b) ist durch die *IRP*-Linie in Abb. 85 repräsentiert. Das Ausgangsgleichgewicht möge im Punkt Q liegen, wo $r_0 = r^*$, $\alpha = 0$, und $e_0 = \bar{e}_0 = e_{-1}$, d. h. wo der Wechselkurs sowohl der Kaufkraftparität ($\bar{e}_0$) als auch dem vergangenen Wechselkurs (e_{-1}) entspricht. Unterstellen wir nun, daß der heimische Zinsatz sinkt. Entsprechend der

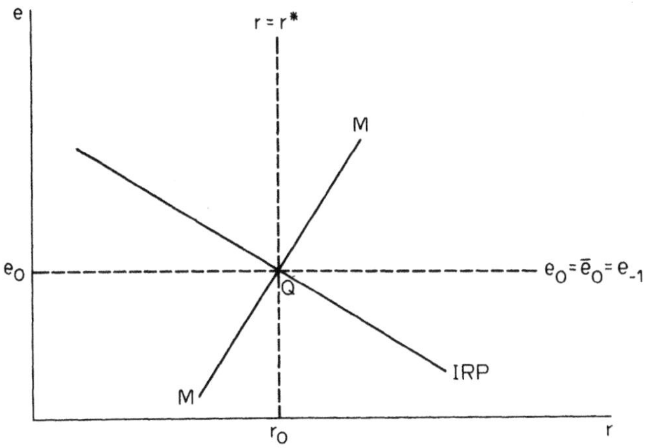

Abb. 85

Zinssatzparität muß ein erwarteter Aufwertungssatz in Höhe des Zinsdifferentials vorliegen. Diese erwartete Aufwertung wird durch eine effektive Abwertung induziert. Um wieviel die heimische Währung abgewertet werden muß, hängt von dem Erwartungskoeffizienten $(1-\beta)$ bzw. γ ab; je kleiner $(1-\beta)$ bzw. γ ist, desto größer ist die Steigung der *IRP*-Linie.

b) Der Wechselkurseffekt einer expansiven Geldpolitik

Das langfristige Gleichgewicht in Abb. 86 herrscht im Punkt Q, wo Kaufkraftparität und Zinsparität übereinstimmen. Dieser Punkt möge die Ausgangssituation einer expansiven Geldpolitik bilden, welche die *MM*-Kurve auf die Position M_1M_1 verschiebt (Abb. 86). Das langfristige Gleichgewicht etabliert sich im Punkt R, wonach quantitätstheoretisch eine höhere Geldmenge (M_1) ein höheres Preisniveau (P_1) impliziert und wonach auf Grundlage der Kaufkraftparität ein höheres Preisniveau einen höheren Wechselkurs $(\bar{e}_1)$ zur Folge hat:

größere Geldmenge → höheres Preisniveau → Abwertung.

Der *unmittelbare* Effekt einer höheren Geldmenge manifestiert sich jedoch nicht im Gütermarkt via einer Erhöhung der Preise, sondern im Geldmarkt mittels einer Senkung des Zinssatzes. Der Geldangebotsüberschuß wird in der kurzen Periode nicht durch eine Preisniveauerhöhung, sondern durch eine Zinssenkung beseitigt, die ihrerseits zu einer Mehrnachfrage nach ausländischen Wertpapieren und damit entsprechend dem im Portfolio-Modell besprochenen Substitutionseffekt zu einer Abwertung führt:

größere Geldmenge → geringerer Zinsatz → Abwertung.

Der Substitutionseffekt ist für den Fall extrapolativer Wechselkurserwartungen durch den Punkt *A*, für den Fall rationaler Wechselkurserwartungen durch den Punkt *B* charakterisiert. Bei extrapolativen Wechselkurserwartungen bleibt die *IRP*-Linie unverändert, bei rationalen Erwartungen verschiebt sie sich dagegen um den Betrag *QR* auf die Position IRP_1, da hier der langfristig herrschende Wechselkurs der Kaufkraftparitäten-Wechselkurs $\bar{e}_1$ sein wird.

Bei rationalen Wechselkurserwartungen (Punkt *B*) fällt der unmittelbare Wechselkurseffekt also stärker aus: Der Wechselkurs wertet sich bei unverändertem Preisniveau auf den Satz e_1 ab – eine höhere Abwertung als der spätere Abwertungssatz auf Grundlage der Kaufkraftparität ($\bar{e}_1$). Dieses Überschießen des kurzfristigen Wechselkurses (e_1) über seinen langfristigen Wert ($\bar{e}_1$), definiert als Wechselkursvariabilität, ergibt sich aus der Zinsparität: Ein geringerer inländischer Zinssatz ist nur dann mit dem ausländischen Zinssatz kompatibel, wenn eine *Auf*wertung in Höhe des Zinsdifferentials *erwartet* wird; demzufolge muß die *Ab*wertung äußerst stark sein – und über $\bar{e}_1$ liegen –, um die *Erwartung* einer *Auf*wertung zu erzeugen; liegt die erwartete prozentuale Aufwertung unter dem Zinsdifferential, dann liegt noch immer ein Nachfrageüberschuß nach ausländischen Wertpapieren vor, so daß eine weitere Abwertung stattfindet bis die sukzessive Abwertung einen erwarteten prozentualen Aufwertungssatz herbeigeführt hat, der dem Zinsdifferential entspricht. Dabei wird die Abwertung um so größer sein, je geringer die Zinselastizität der Geldnachfrage ist (eine beträchtliche Linksverschiebung der *MM*-Kurve

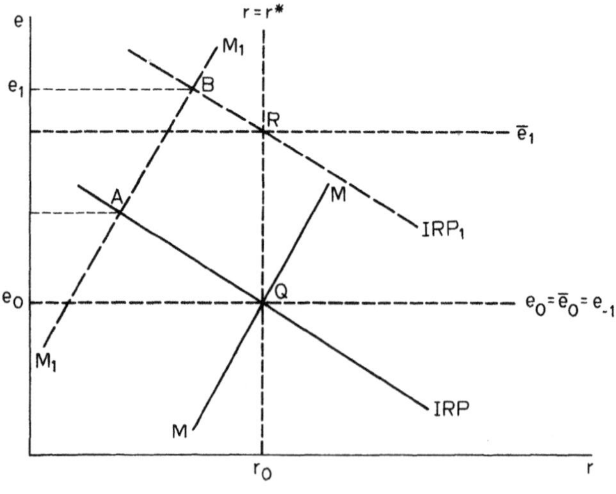

Abb. 86

in Abb. 86), je geringer γ ist (ein großes Steigungsmaß der IRP_1-Linie) und/oder je kleiner der Anteil der ausländischen Wertpapiere am Gesamtbestand der Finanzaktiva ist (ein großes Steigungsmaß der M_1M_1-Kurve). Unter den gleichen Bedingungen wird auch bei extrapolativen Wechselkurserwartungen eine hohe Abwertung eintreten, nur daß dann u. a. anstatt eines kleinen γ ein großes β vorliegen muß, auch wenn sich das Phänomen der Wechselkursvaribilität nicht unmittelbar einzustellen braucht [26].

Die Entwicklung des Wechselkurses in den folgenden Perioden wird wie im Falle unseres Portfolio-Modells äußerst kompliziert verlaufen. Was die Wechselkurserwartungen anbelangt, so werden extrapolative Erwartungen die IRP-Linie kontinuierlich verschieben, während die IRP_1-Linie bei rationalen Erwartungen unverändert bleibt. Die sich im Anschluß an die Abwertung einstellende Preisniveauerhöhung wird die M_1M_1-Kurve nach rechts verschieben. Das endgültige Gleichgewicht liegt im Punkt R, bei dem die Kaufkraftparität wiederhergestellt ist, d. h. bei dem der Wechselkurs um die Preissteigerungsrate gestiegen ist.

Am Schluß dieses Abschnitts wollen wir noch eine vereinfachte Version des Zinsparität-Modells vorstellen [27], indem wir die Gleichgewichtsbedingung des Geldmarktes (9) wie folgt modifizieren:

$$M = P\,L\,(r, \bar{y}). \tag{9'}$$

In der Geldnachfragefunktion figuriert nun also nicht die Skalengröße Vermögen (W); strikt genommen nehmen wir damit Abstand von einem expliziten Portfolio-Modell. Das Wechselkursmodell setzt sich nun aus dem Gleichungssystem (8a) und (9') für extrapolative Wechselkurserwartungen bzw. aus (8b) und (9') für rationale Wechselkurserwartungen zusammen.

Im Vergleich zu Abb. 86 ist die Gleichgewichtskurve des Geldmarktes MM nun eine Vertikale; vgl. Abb. 87. Für ein zunächst gegebenes Preisniveau gibt es nur einen Zinssatz, nämlich r_0, bei dem der Geldmarkt ausgeglichen ist, wie immer der Wechselkurs sein mag – dieser beeinflußte in Abb. 86 die Geldnachfrage mittels der Vermögensvariablen W. Wie im Falle der Abb. 86 konkretisiert sich eine expansive Geldpolitik zunächst in einem reduzierten Zinssatz (vgl. die neue M_1M_1-Vertikale in Abb. 87), der laut Zinsparität (via Substitutionseffekt) eine Abwertung herbeiführt (Punkt A im Falle extrapolativer, Punkt B im Falle rationaler Wechselkurserwartungen). Die Wechselkursvariabilität ist hier höher als in dem Fall der Abb. 86, da der zinsdämpfende Effekt einer höheren Geldnachfrage (als

---

[26] Ähnliche Bedingungen der Wechselkursvariabilität haben wir in unserem Portfolio-Modell des Abschnitts 2 auf S. 405 festgestellt.

[27] Dieses vereinfachte Modell ist das von Dornbusch [1976 a, 1976 b].

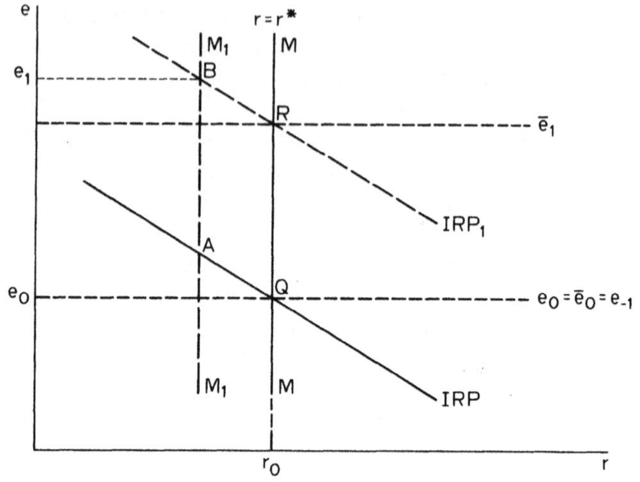

Abb. 87

Folge eines durch die Abwertung induzierten höheren Vermögenswertes) wegfällt. Das Endgleichgewicht ist wiederum das des Punktes R [28].

Zusammenfassend können wir feststellen, daß der „monetäre Ansatz der kurzfristigen Wechselkursbestimmung" – ein Spiegelbild des monetären Ansatzes der Zahlungsbilanzbestimmung im System fester Wechselkurse – nicht nur aussagt, daß sich ein Ungleichgewicht im Geldmarkt un-

[28] Der Unterschied zwischen dem allgemeinen Zinsparität-Modell (9) und dem vereinfachten Zinsparität-Modell (9′) kann arithmetisch wie folgt demonstriert werden. Wir müssen zunächst das Zinsparität-Modell (8)–(9) in Form von Veränderungsraten ausdrücken. Dabei unterstellen wir, daß in der Ausgangssituation der Wechselkurs gleich der Kaufkraftparität ist (bzw. $e=e_{-1}=\bar{e}=f$). Die Zinssatzparität (8) lautete:

$$r = r^* + \alpha = r^* + \frac{f-e}{e}. \tag{8}$$

Drücken wir diese Gleichung in Veränderungsraten (für ein konstantes r^*) aus, dann erhalten wir:

$$\frac{\mathrm{d}e}{e} = \frac{\mathrm{d}f}{f} - \mathrm{d}r. \tag{10}$$

In der Formel (10) müssen sukzessive noch $\mathrm{d}f/f$ und $\mathrm{d}r$ bestimmt werden.

Die Veränderungsrate des erwarteten Wechselkurses leitet sich aus der Formel (6a) bzw. (6b) der Wechselkurserwartungen ab.

In Veränderungsraten ausgedrückt beträgt $\mathrm{d}f/f$:

bei extrapolativen Wechselkurserwartungen:
$$\frac{\mathrm{d}f}{f} = \beta \frac{\mathrm{d}e}{e} \tag{11a}$$

bei rationalen Wechselkurserwartungen:
$$\frac{\mathrm{d}f}{f} = \gamma \frac{\mathrm{d}\bar{e}}{\bar{e}} + (1-\gamma)\frac{\mathrm{d}e}{e}. \tag{11b}$$

mittelbar im Devisenmarkt mittels einer Wechselkursänderung niederschlägt, sondern auch, daß diese Wechselkursänderung aufgrund des Zinssatzparitätentheorems größer sein wird als jene Wechselkursänderung, die sich später aufgrund des Kaufkraftparitätentheorems einstellt. Eine wirtschaftspolitische Konsequenz unserer Überlegungen kann ebenfalls angeführt werden. Da in einem System rein flexibler Wechselkurse der Wech-

---

Die Veränderung des Zinssatzes (dr) ist eine Veränderung des *Gleichgewichts*zinssatzes. Dieser ergibt sich aus der Differenzierung der Gleichgewichtsgleichung (9):

$$\mathrm{d}r = -\frac{1}{\sigma}\left[\frac{\mathrm{d}M}{M} - \lambda\left(\frac{\mathrm{d}e}{e} + \frac{\mathrm{d}F}{F}\right)\right] \tag{12}$$

wobei $-\sigma = L_r/L$ (L_r steht für die Zinsempfindlichkeit der Geldnachfrage) und wobei $\lambda = e\,F/W$.

Wir können nun in die Formel (10) der Zinsparität den Wert für df/f aus Gleichung (11a) bzw. aus Gleichung (11b) und den Wert für dr aus Gleichung (12) einsetzen:

bei extrapolativen Wechselkurserwartungen:

$$\frac{\mathrm{d}e}{e} = \frac{1}{\sigma(1-\beta)+\lambda}\left(\frac{\mathrm{d}M}{M} - \lambda\frac{\mathrm{d}F}{F}\right) \tag{13a}$$

bei rationalen Wechselkurserwartungen:

$$\frac{\mathrm{d}e}{e} = \frac{1}{\sigma\gamma+\lambda}\left(\frac{\mathrm{d}M}{M} + \sigma\gamma\frac{\mathrm{d}\bar{e}}{\bar{e}} - \lambda\frac{\mathrm{d}F}{F}\right). \tag{13b}$$

Beide Gleichungen geben die Bedingungen der Wechselkursvarabilität als Folge einer expansiven Geldpolitik (dM/M) an. Unter beiden Erwartungshypothesen ist die Abwertungsrate (via Substitutionseffekt) hoch, sofern die Zinsempfindlichkeit der Geldnachfrage sowie der Anteil der ausländischen Wertpapiere am Gesamtportfolio gering sind (kleines σ, kleines λ). Was die Erwartungskoeffizienten $(1-\beta)$ und γ angeht, so bedingen auch hier niedrige Werte eine hohe Abwertungsrate. Sind ferner z. B. $(1-\beta)$ und γ gleich groß, dann liegt bei rationalen Wechselkurserwartungen aufgrund des Ausdrucks d$\bar{e}/\bar{e}$ in Gleichung (13b) eine höhere Abwertung vor.

Wie wir gezeigt haben, besteht die unmittelbare Wechselkurserhöhung als Folge der expansiven Geldpolitik aus dem Substitutionseffekt. Hierbei bleibt das Vermögen noch unverändert, so daß der Ausdruck $\lambda\,\mathrm{d}F/F$ in den Gleichungen (12), (13a) und (13b) noch gleich Null ist. Der anschließend eintretende Vermögenseffekt übt dann eine dämpfende Wirkung auf den Wechselkurs aus. Betrachten wir ferner andere expansive Geldpolitiken als die der Offenmarktoperationen. Implizieren diese anderen Politiken einen Zuwachs im Finanzvermögen, dann muß der Ausdruck dM/M in den Gleichungen (12), (13a) und (13b) mit dem Koeffizienten $(B + eF/W)$ multipliziert werden. Hieraus resultiert dann eine geringere Zinssenkung und damit auch eine geringere Abwertungsrate.

Die Gleichungen (13a) und (13b) stehen für den allgemeinen (Portfolio-)Fall des Zinsparität-Modells. Wählen wir dagegen dessen vereinfachte Version, dann reduzieren sich die Gleichungen (13a) und (13b) auf:

$$\frac{\mathrm{d}e}{e} = \frac{1}{\sigma\gamma(1-\beta)}\frac{\mathrm{d}M}{M} \tag{13a'}$$

$$\frac{\mathrm{d}e}{e} = \frac{1}{\sigma\gamma}\frac{\mathrm{d}M}{M} + \frac{\mathrm{d}\bar{e}}{e} \tag{13b'}$$

denn entsprechend der Geldmarktgleichung (9') fällt W weg und damit sowohl dF/F als auch λ.

selkurs nur mittelbar, und zwar nur über die Geldpolitik beeinflußbar ist, würde eine konstante, auf ein bestimmtes Geldmengenwachstum ausgerichtete Geldpolitik die Variabilität des Wechselkurses verringern.

4. Monetärer Ansatz versus keynesianischer Ansatz

Am Schluß möge noch kurz ein Vergleich des monetären Ansatzes mit dem keynesianischen (oder traditionellen) Ansatz angestellt werden, so wie er in der makroökonomischen Literatur der 50er und 60er Jahre entwickelt worden war [29].

1. Ein Charakteristikum des keynesianischen Ansatzes besteht aus der Annahme eines konstanten Preisniveaus und eines elastischen Güterangebots (Unterbeschäftigung). Strikt genommen beziehen sich die Prämissen des monetären Ansatzes auf die umgekehrte Situation: variables Preisniveau und unelastisches Güterangebot (Vollbeschäftigung). Es versteht sich von selbst, daß beide Ansätze Extremfälle darstellen und daß jeder modifiziert werden müßte (indem der keynesianische Ansatz die Möglichkeit der Vollbeschäftigung und der monetäre Ansatz die Möglichkeit der Unterbeschäftigung berücksichtigt).

2. Ein Charakteristikum des monetären Ansatzes bezieht sich auf die Unterscheidung zwischen kurzfristiger und langfristiger Wechselkursbestimmung, die beim keynesianischen Ansatz inexistent und beim monetären Ansatz von besonderer Relevanz ist. Beide Ansätze benutzen grundsätzlich ein makroökonomisches Totalmodell zwecks Bestimmung des Wechselkurses und aller anderen makroökonomischen Variablen. Im keynesianischen Modell etabliert sich das Gleichgewicht simultan auf allen Märkten. Im monetären Modell gleichen sich zunächst die Finanzmärkte (kurze Periode) und erst später die Gütermärkte aus (lange Periode).

3. Wenn auch in einem makroökonomischen Totalmodell strikt genommen alle Märkte simultan alle endogenen Variablen bestimmen, kann die Wechselkursbestimmung im keynesianischen Modell primär dem Devisenmarkt zugeschrieben werden, im monetären Modell in der kurzen Periode primär den Finanzmärkten und in der langen Periode primär den Gütermärkten. Der Devisenmarkt ist im keynesianischen Modell durch die Zahlungsbilanz repräsentiert, und eine Wechselkursänderung wird durch ein Ungleichgewicht der Zahlungsbilanz ausgelöst. Im monetären

[29] Siehe hierzu z. B. Mundell [1968].

Modell können Wechselkursänderungen auch dann erfolgen, wenn die Zahlungsbilanz im Gleichgewicht ist. Einerseits kann eine veränderte Nachfrage nach ausländischen Finanzaktiva durch Wechselkursänderungen (d. h. Wertänderungen) befriedigt werden, ohne daß sich (zusätzlich) Kapitalbewegungen einstellen. Andererseits können Bestandsveränderungen an ausländischen Finanzaktiva ebenfalls Wechselkursveränderungen bei ausgeglichener Zahlungsbilanz hervorrufen. Was schließlich den langfristigen Wechselkurs angeht, so bringt der Konkurrenzmechanismus des „Gesetzes eines einheitlichen Preises" für ein handelsfähiges Gut in der Weltwirtschaft den Wechselkurs auf die Höhe der Kaufkraftparität, ohne daß notwendigerweise ein Zahlungsbilanzungleichgewicht diese Wechselkursanpassung herbeigeführt hat.

4. Die Makroökonomik offener Wirtschaften hat stets zwei Sonderfällen eine besondere Aufmerksamkeit gewidmet: dem Fall der vollständigen Kapitalimmobilität und dem Fall der vollständigen Kapitalmobilität. Im ersten Fall lehnt sich der monetäre Ansatz sehr stark dem keynesianischen Ansatz an. Die Zahlungsbilanz setzt sich ex definitione nur aus der Leistungsbilanz zusammen. Ein Ungleichgewicht der Leistungsbilanz löst eine Wechselkursänderung aus, die im keynesianischen Modell den relativen Preis der Importe und Exporte zwecks Ausgleich der Leistungsbilanz verändert; im monetären Modell handelt es sich um eine Veränderung des relativen Preises der handelsfähigen in bezug auf die nichthandelsfähigen Güter. Im zweiten Fall, dem Fall vollständiger Kapitalmobilität, müßte sich der keynesianische Ansatz dem monetären Ansatz anlehnen. Einerseits sind die keynesianischen Modelle um das Theorem der Zinsparität zu erweitern, wodurch vor allem das Moment der Wechselkurserwartungen berücksichtigt wird [30]. Andererseits spielt im keynesianischen Ansatz die Leistungsbilanz die dominierende Rolle bei der Wechselkursbestimmung, wobei sich der Kapitalbilanzsaldo dem Leistungsbilanzsaldo anpaßt; im monetären Modell liegt (im Fall der Dominanz des Vermögenseffektes über den relativen Preiseffekt) die umgekehrte Situation vor: Der Leistungsbilanzsaldo paßt sich dem Kapitalbilanzsaldo an. Werden die Verhaltensfunktionen auf der Basis von Bestandsgrößen als die einzig relevanten Verhaltensweisen angesehen, so müßte der keynesianische Ansatz ebenfalls um diesen Bestandsaspekt erweitert werden.

[30] Siehe hierzu R. Dornbusch, Exchange Rate Expectations and Monetary Policy, in: Journal of International Economics, VI (1976) und R. Dornbusch und P. Krugman, Flexible Exchange Rates in the Short Run, in: Brookings Papers on Economic Activity, 1976, S. 551–554.

Literaturverzeichnis[1]

Alchian, A. A. [1977]: Why Money?, in: Journal of Money, Credit and Banking, IX.

Angell, J. W. [1937]: The Components of the Circular Velocity of Money, in: Quarterly Journal of Economics, LI.

Archibald, G. C. und Lipsey, R. G. [1958]: Monetary and Value Theory: A Critique of Lange and Patinkin, in: Review of Economic Studies.

Arndt, H. W. [1975]: Non-Traded Goods and the Balance of Payments: Another Historical Note, in: Journal of Economic Literature, XIII.

Bailey, M. J. [1956]: The Welfare Cost of Inflationary Finance, in: Journal of Political Economy, LXIV.

Bailey, M. J. [1977]: National Income and the Price Level, 2. Aufl., New York.

Balassa, B. [1964]: The Purchasing Power Parity Doctrine: A Reappraisal, in: Journal of Political Economy, LXXII.

Ball, R. J. [1964]: Inflation and the Theory of Money, London.

Barro, R. J. und Fischer, S. [1976]: Recent Developments in Monetary Theory, in: Journal of Monetary Economics, II.

Baumol, W. J. [1952]: The Transactions Demand for Cash: An Inventory Theoretic Approach, in: Quarterly Journal of Economics, LXVI.

Becker, G. S. [1962]: Investment in Human Capital, in: Journal of Political Economy, LXX (Sondernummer).

Bilson, J. F. [1978]: The Monetary Approach to the Exchange Rate: Some Empirical Evidence, in: International Monetary Fund. Staff Papers, XXV.

Black, S. W. [1977]: Floating Exchange Rates and National Economic Policy, New Haven (Conn.).

Blaug, M. [1968]: Economic Theory in Retrospect, 2. Aufl., Homewood (Ill.); deutsche Übersetzung: Systematische Theoriegeschichte der Ökonomie, München 1971.

Böhm-Bawerk, E. v. [1921]: Kapital und Kapitalzins, II. Abt.: Positive Theorie des Kapitals, Bd. I, 4. Aufl., Jena.

Branson, W. [1977]: Asset Markets and Relative Prices in Exchange Rate Determination, in: Sozialwissenschaftliche Annalen, I.

Brunner, K. [1961]: The Report of the Commission on Money and Credit, in: Journal of Political Economy, LXIX.

Brunner, K. und Meltzer, A. H. [1967]: Economies of Scale in Cash Reconsidered, in: Quarterly Journal of Economics, LXXXI.

Brunner, K. und Meltzer, A. H. [1968]: Liquidity Traps for Money, Bank Credit, and Interest Rates, in: Journal of Political Economy, LXXVI.

Brunner, K. und Meltzer, A. H. [1971]: The Uses of Money: Money in the Theory of an Exchange Economy, in: American Economic Review, LXI.

Burger, A. E. [1971]: The Implementation Problem of Monetary Policy, in: Federal Reserve Bank of St. Louis Review, LIII.

[1] Dieses Verzeichnis enthält nur die im Text zitierten Literaturquellen. – Die bibliographischen Erläuterungen sind in der Fußnote 1 auf S. 2 zu finden.

Burger, A. E. [1971 a]: The Money Supply Process, Belmont.
Cagan, P. [1965]: Determinants and Effects of Changes in the Stock of Money, 1875 – 1960, New York.
Claassen, E. M. [1968]: Monnaie, revenu national et prix, Paris.
Claassen, E. M. [1970]: Probleme der Geldtheorie, Berlin, Heidelberg und New York.
Clower, R. W. [1977]: The Anatomy of Monetary Theory, in: American Economic Review, Papers and Proceedings, LXVII.
Clower, R. W. und Johnson, M. B. [1968]: Income, Wealth, and the Theory of Consumption, in: Value, Capital, and Growth, hrsg. v. N. Wolfe, Edinburgh.
Conrad, A. H. und Meyer, J. R. [1958]: The Economics of Slavery in the Ante Bellum South, in: Journal of Political Economy, LXVI.
Corden, M. [1960]: The Geometric Representation of Policies to Attain Internal and External Equilibrium, in: Review of Economic Studies, III.
Cowles Foundation for Research in Economics at Yale University [1968]: Report of Research Activities July 1, 1964 – June 30, 1967, New Haven (Connecticut).
Cramp, A. B. [1962]: Two Views on Money, in: Lloyds Bank Review, Nr. 65, Juli.
Culbertson, J. M. [1956]: A Theory of the Term Structure of Interest Rates, Dissertation, Universität Michigan.
Currie, D. A. [1976]: Some Criticisms of the Monetary Analysis of Balance-of-Payments Correction, in: Economic Journal, LXXXVI.
Dornbusch, R. [1971]: Notes on Growth and the Balance of Payments, in: Canadian Journal of Economics, IV.
Dornbusch, R. [1973]: Devaluation, Money and Non-Traded Goods, in: American Economic Review, LXIII.
Dornbusch, R. [1976]: Capital Mobility, Flexible Exchange Rates and Macroeconomic Equilibrium, in: Recent Issues in International Monetary Economics, hrsg. v. E. M. Claassen und P. Salin, Amsterdam.
Dornbusch, R. [1976 a]: Expectations and Exchange Rate Dynamics, in: Journal of Political Economy, LXXXIV.
Dornbusch, R. [1976 b]: The Theory of Flexible Exchange Rate Regimes and Macroeconomic Policy, in: Scandinavian Journal of Economics, I.
Dornbusch, R. [1976 c]: Exchange Rate Expectations and Monetary Policy, in: Journal of International Economics, VI.
Dornbusch, R. und Krugman, P. [1976]: Flexible Exchange Rates in the Short Run, in: Brookings Papers on Economic Activity.
Einaudi, L. [1928]: Inforno alla metodologia della teoria della capitalizzazione dell'imposta, in: Beiträge zur Finanzwissenschaft, hrsg. v. H. Teschemacher, Tübingen, Bd. II; englische Übersetzung: On the Methodology of the Theory of Tax Capitalization, in: International Economic Papers, VII.
Ellis, H. S. [1938]: Some Fundamentals in the Theory of Velocity, in: Quarterly Journal of Economics, LII; abgedruckt in: Readings in Monetary Theory *, hrsg. v. F. A. Lutz und L. W. Mints, London 1952.
Fama, E. F. [1976], Foundations of Finance, Oxford.
Feige, E. L. und Parkin, M. [1971]: The Optimal Quantity of Money, Bonds, Commodity Inventories, and Capital, in: American Economic Review, LXI.
Fels, G. [1969]: Der internationale Preiszusammenhang, Köln.
Fisher, I. [1906]: The Nature of Capital and Income, New York.
Fisher, I. [1907]: Rate of Interest, New York.
Fisher, I. [1913]: The Purchasing Power of Money, überarbeitete Aufl., New York; deutsche Übersetzung: Die Kaufkraft des Geldes, Berlin 1916.
Fisher, I. [1930]: The Theory of Interest, New York.

Frenkel, J. A. [1976]: Adjustment Mechanisms and the Monetary Approach to the Balance of Payments: A Doctrinal Perspective, in: Recent Issues in International Monetary Economics, hrsg. v. E. M. Claassen und P. Salin, Amsterdam.
Friedman, M. [1951]: Commodity Reserve Currency, in: Journal of Political Economy, LIX.
Friedman, M. [1956]: The Quantity Theory of Money – A Restatement, in: Studies in the Quantity Theory of Money, hrsg, v. M. Friedman, Chicago; abgedruckt in: Readings in Macroeconomics *, hrsg. v. M. G. Mueller, New York, Chicago, San Francisco, Toronto und London 1966.
Friedman, M. [1957]: A Theory of the Consumption Function, Princeton (N. J.).
Friedman, M. [1959]: The Demand for Money: Some Theoretical and Empirical Results, in: Journal of Political Economy, LXVII.
Friedman, M. [1960]: A Program for Monetary Stability, New York.
Friedman, M. [1963]: Windfalls, the "Horizon" and Related Concepts in the Permanent Income Hypothesis, in: Measurement in Economics. Studies in Mathematical Economics and Econometrics in Memory of Yehuda Grunfeld, hrsg. v. C. F. Christ und anderen, Stanford (Calif.).
Friedman, M. [1964]: Postwar Trends in Monetary Theory and Policy, in: The National Banking Review, September; abgedruckt in: Money and Finance. Readings in Theory, Policy and Institutions *, hrsg. v. D. Carson, New York, London und Sydney 1966.
Friedman, M. [1968]: The Role of Monetary Policy, in: American Economic Review, LVIII.
Friedman, M. [1969]: The Optimum Quantity of Money, in: M. Friedman, The Optimum Quantity of Money, Chicago (Ill.),
Friedman, M. und Meiselman, D. [1963]: The Relative Stability of Monetary Velocity and the Investment Multiplier in the United States, 1897 – 1958, in: Stabilization Policies, Commission on Money and Credit, Englewood Cliffs (N.J.).
Friedman, M. und Schwartz, A. J. [1963]: A Monetary History of the United States, Princeton (N.J.).
Friedman, M. und Schwartz, A. J. [1963 a]: Money and Business Cycles, in: Review of Economics and Statistics, XLV (Sondernummer Februar).
Friedman, M. und Schwartz, A. J. [1963 b]: The Stock of Money in the United States, 1867 – 1960, Princeton (N.J.).
Friedman, M. und Schwartz, A. J. [1969]: The Definition of Money: Net Wealth and Neutrality as Criteria, in: Journal of Money, Credit, and Banking, I.
Friedman, M. und Schwartz, A. J. [1970]: Monetary Statistics of the United States, New York.
Gehrig, B. [1970]: Brauchen wir monopolistische Zentralbanken?, in: Wirtschaft und Recht, IV.
Goldsmith, R. W. [1955]: Financial Structure and Economic Growth in Advanced Countries, in: Capital Formation and Economic Growth, National Bureau of Economic Research, Princeton (N.J.).
Goldsmith, R. W. [1958]: Financial Intermediaries in the American Economy since 1900, in: Studies in Capital Formation and Financing, Nr. 3, National Bureau of Economic Research, Princeton (N.J.).
Graham, F. D. [1925]: Germany's Capacity to Pay and the Reparation Plan, in: American Economic Review, XV.
Grubel, H. G. [1969]: The Distribution of Seignorage from International Liquidity Creation, in: Monetary Problems in the International Economy, hrsg. v. R. A. Mundell und A. K. Swoboda, Chicago (Ill.).

Gurley, J. G. [1960]: Liquidity and Financial Institutions in the Postwar Period, Study Paper 14, Joint Economic Committee, Washington; abgedruckt in: Money and Finance. Readings in Theory, Policy and Institutions *, hrsg. v. D. Carson, New York, London und Sydney 1966.
Gurley, J. G. und Shaw, E. S. [1960]: Money in a Theory of Finance, Washington.
Haberler, G. [1955]: Prosperität und Depression, 2. erweiterte Aufl., Tübingen und Zürich.
Hahn, F. [1977]: The Monetary Approach to the Balance of Payments, in: Journal of International Economics, VII.
Hansen, B. [1966]: Lectures in Economic Theory, Teil I: General Equilibrium Theory, Lund.
Hayek, F. A. v. [1931]: Preise und Produktion, Wien; 2. erweiterte Auflage in englischer Übersetzung: Prices and Production, London 1935.
Hayek, F. A. v. [1976]: Choice in Currency: A Way to Stop Inflation, in: Institute of Economic Affairs, Occasional Papers, Nr. 48, London.
Hayek, F. A. v. [1976 a]: Denationalisation of Money, in: Institute of Economic Affairs, Hobart Paper Special, Nr. 70, London.
Helfferich, K. [1923]: Das Geld, 6. Aufl., Leipzig.
Henderson, D. W. [1977]: Modeling the Interdependence of National Money and Credit Markets, in: American Economic Review, LXVII.
Hicks, J. R. [1935]: A Suggestion for Simplifying the Theory of Money, in: Economica, II; abgedruckt in: Readings in Monetary Theory*, hrsg. v. F. A. Lutz und L. W. Mints, London 1952.
Hicks, J. R. [1946]: Value and Capital, 2. Aufl., Oxford.
Hicks, J. R. [1962]: Liquidity, in: Economic Journal, LXXII.
Hicks, J. R. [1967]: Critical Essays in Monetary Theory, Oxford.
Hinshaw, R. [1975]: Non-Traded Goods and the Balance of Payments: Further Reflections, in: Journal of Economic Literature, XIII.
Hirsch, W. [1928]: Grenznutzentheorie und Geldwerttheorie, Jena.
Hirshleifer, J. [1965]: Investment Decision under Uncertainty–Choice-Theoretic Approaches, in: Quarterly Journal of Economics, LXXIX.
Isard, P. [1977]: How Far Can We Push the "Law of One Price"?, in: American Economic Review, LXVII.
Isard, P. [1978]: Exchange-Rate Determination: A Survey of Popular Views and Recent Models, Princeton Studies in International Finance, Nr. 42, Princeton (N.J.).
Issing, O. [1967/68]: Die Theorie des direkten internationalen Preiszusammenhangs, in: Jahrbücher für Nationalökonomie und Statistik.
Jarchow, H.-J. [1966]: Theoretische Studien zum Liquiditätsproblem, Tübingen.
Johnson, H. G. [1962]: Monetary Theory and Policy, in: American Economic Review, LII; abgedruckt in: H. G. Johnson, Essays in Monetary Economics*, London 1967.
Johnson, H. G. [1968]: Problems of Efficiency in Monetary Management, in: Journal of Political Economy, LXXVI; deutsche Übersetzung in: H. G. Johnson, Beiträge zur Geldtheorie und Währungspolitik, Berlin 1976.
Johnson, H. G. [1969]: Inside Money, Outside Money, Income, Wealth and Welfare in Monetary Theory, in: Journal of Money, Credit and Banking, I.
Johnson, H. G. [1969 a]: Pesek and Saving's Theory of Money and Wealth, A Comment, in: Journal of Money, Credit, and Banking, I.
Johnson, H. G. [1971]: The Keynesian Revolution and the Monetarist Counter-Revolution, in: American Economic Review, LXI; abgedruckt in: H. G. Johnson, Further Essays in Monetary Economics, London 1972.

Johnson, H. G. [1972]: The Monetary Approach to Balance-of-Payments Theory, in: Journal of Financial and Quantitative Analysis; deutsche Übersetzung in: H. G. Johnson, Inflation. Theorie und Politik, München 1975.

Johnson, H. G. [1975]: The Monetary Approach to Balance-of-Payments Theory: A Diagrammatic Analysis, in: Manchester School of Economics and Social Studies.

Johnson, H. G. [1976]: Elasticity, Absorption, Keynesian Multiplier, Keynesian Policy, and Monetary Approaches to Devaluation Theory: A Simple Geometric Exposition, in: American Economic Review, LXXVI.

Johnson, H. G. [1976 a]: The Monetary Approach to Balance-of-Payments Policies, in: The Monetary Approach to the Balance of Payments, hrsg. v. J. Frenkel und H. G. Johnson, London 1976.

Johnson, H. G. [1977]: The Monetary Approach to the Balance of Payments, in: Journal of International Economics, VII.

Johnson, H. G. [1977 a]: The Monetary Approach to Balance-of-Payments Theory and Policy: Explanation and Policy Implications, in: Economica, IVL.

Johnson, M. B. [1970]: Household Behavior: Consumption, Income and Wealth, London.

Kaldor, N. [1939]: Speculation and Economic Stability, in: Review of Economic Studies, VII.

Kane, E. J. [1965]: International Liquidity: A Probabilistic Approach, in: Kyklos, XVIII.

Kareken, J. H. und Solow, R. M. [1963]: Lags in Monetary Policy, in: Stabilization Policies, Commission on Money and Credit, Englewood Cliffs (N.J.).

Kemp, M. C. [1962]: The Rate of Exchange, the Terms of Trade and the Balance of Payments in Fully Employed Economies, in: International Economic Review.

Keynes, J. M. [1923]: A Tract on Monetary Reform, London.

Keynes, J. M. [1930]: Treatise on Money, London; deutsche Übersetzung: Vom Gelde, Neuaufl., Berlin 1955.

Keynes, J. M. [1936]: The General Theory of Employment, Interest and Money, London; deutsche Übersetzung: Allgemeine Theorie der Beschäftigung, des Zinses und des Geldes, Berlin 1936.

Klein, B. [1974]: The Competitive Supply of Money, in: Journal of Money, Credit, and Banking, VI.

Klein, B. [1978]: Competing Monies, European Monetary Union and the Dollar Standard, in: One Money for Europe, hrsg. v. M. Fratianni und T. Peters, London.

Kolm, S.-Ch. [1967]: Les choix financier et monétaire, Paris.

Koopmans, J. G. [1933]: Zum Problem des „neutralen" Geldes, in: Beiträge zur Geldtheorie, hrsg. v. F. A. v. Hayek, Wien.

Korteweg, P. und van Loo, P. D. [1977]: The Market for Money and the Market for Credit, Leiden.

Kouri, P. J. K. [1976]: The Exchange Rate and the Balance of Payments in the Short-Run: A Monetary Approach, in: Scandinavian Journal of Economics, I.

Kravis, I. B. und Lipsey, R. E. [1978]: Price Behavior in the Light of Balance-of-Payments Theories, in: Journal of International Economics, VIII.

Lange, O. [1942]: Say's Law: A Restatement and Criticism, in: Studies in Mathematical Economics and Econometrics, hrsg. v. O. Lange und anderen, Chicago (Ill.).

Laumas, G. S. [1969]: Savings Deposits in the Definition of Money, in: Journal of Political Economy, LXXVII.

Leijonhufvud, A. [1967]: Keynes and the Keynesians: A Suggested Interpretation, in: American Economic Review, Papers and Proceedings, LVII; abgedruckt in: Monetary Theory, hrsg. v. R. W. Clower, Harmondsworth, 1969.
Leijonhufvud, A. [1968]: On Keynesian Economics and the Economics of Keynes, New York, London und Toronto.
Lindbeck, A. [1962]: The "New" Theory of Credit Control in the United States, Stockholm, Göteborg und Uppsala.
Lindbeck, A. [1963]: A Study in Monetary Analysis, Stockholm, Göteborg und Uppsala.
Lintner, J. [1965]: Security Prices, Risk and Maximal Gains from Diversification, in: Journal of Finance, XX.
Lutz, F. A. [1936]: Das Grundproblem der Geldverfassung, Stuttgart und Berlin; abgedruckt in: F. A. Lutz, Geld und Währung*, Tübingen 1962.
Lutz, F. A. [1967]: Zinstheorie, 2. erw. Aufl., Tübingen und Zürich.
Machlup, F. [1960]: Der Wettstreit zwischen Mikro- und Makrotheorien, Tübingen.
Magee, S. P. [1976]: The Empirical Evidence on the Monetary Approach to the Balance of Payments and Exchange Rates, in: American Economic Review, LXVI.
Marget, A. W. [1935]: Monetary Aspects of the Walrasian System, in: Journal of Political Economy, XLII.
Markowitz, H. [1959]: Portfolio Selection. Efficient Diversification of Investments, New York und London.
Marshall, A. [1920]: Principles of Economics, 8. Aufl., London.
Marshall, A. [1926]: Evidence before the Indian Currency Committee (1899), in: Official Papers by Alfred Marshall, hrsg. v. J. M. Keynes, London 1926.
Marty, A. L. [1961]: Gurley and Shaw on Money in a Theory of Finance, in: Journal of Political Economy, LXIX.
Marty, A. L. [1969]: Inside Money, Outside Money, and the Wealth Effect, in: Journal of Money, Credit and Banking, I.
McKean, R. N. [1949]: Liquidity and a National Balance Sheet, in: Journal of Political Economy, LVII; abgedruckt in: Readings in Monetary Theory *, hrsg. v. F. A. Lutz und L. W. Mints, London 1952.
McKinnon, R. I. [1963]: Optimum Currency Areas, in: American Economic Review, LIII.
Meltzer, A. H. [1969]: Money, Intermediation, and Growth, in: Journal of Economic Literature, VII.
Metzler, L. A. [1951]: Wealth, Saving, and the Rate of Interest, in: Journal of Political Economy, LIX.
Mill, J. S. [1871]: Principles of Political Economy, 7. Aufl., London; deutsche Übersetzung: Grundsätze der politischen Ökonomie, Jena 1921.
Miller Jr., H. L. [1965]: On "Liquidity" and "Transaction Costs", in: Southern Economic Journal, XXXII.
Miller, H. M. und Orr, D. [1966]: A Model of the Demand for Money by Firms, in: Quarterly Journal of Economics, LXXX.
Mises, L. v. [1912]: Theorie des Geldes und der Umlaufsmittel, München und Leipzig.
Modigliani, F. [1944]: Liquidity Preference and the Theory of Interest and Money, in: Econometrica, XXII; abgedruckt in: Readings in Monetary Theory *, hrsg. v. F. A. Lutz und L. W. Mints, London 1952.
Moore, B. J. [1968]: An Introduction to the Theory of Finance, New York und London.
Morgenstern, O. [1928]: Wirtschaftsprognose. Eine Untersuchung ihrer Voraussetzungen und Möglichkeiten, Wien.

Morgenstern, O. [1935]: Vollkommene Voraussicht und wirtschaftliches Gleichgewicht, in: Zeitschrift für Nationalökonomie, VI.

Mundell, R. A. [1960]: The Public Debt, Corporate Income Taxes, and the Rate of Interest, in: Journal of Political Economy, LXVIII.

Mundell, R. A. [1968]: International Economics, New York.

Mundell, R. A. [1971]: Monetary Theory, Pacific Palisades; deutsche Übersetzung: Geld- und Währungstheorie, München 1976.

Mussa, M. [1974]: The Monetary Approach to the Balance of Payments, in: Journal of Money, Credit, and Banking, VI.

Neumann Whitman, M. v. [1975]: Global Monetarism and the Monetary Approach to the Balance of Payments, in: Brookings Papers on Economic Activity.

Newlyn, W. T. [1962]: Theory of Money, Oxford.

Newlyn, W. T. [1964]: The Supply of Money and Its Control, in: Economic Journal, LXXIV.

Niehans, J. [1977]: Exchange Rate Dynamics with Stock/Flow Interaction, in: Journal of Political Economy, LXXXV.

Niehans, J. [1978]: Metzler, Wealth, and Macroeconomics: A Review, in: Journal of Economic Literature, XVI.

Niehans, J. [1978 a]: The Theory of Money, Baltimore.

Ohlin, B. [1929]: Transfer Difficulties, Real and Imagined, in: Economic Journal, XXXIX.

Olivera, J. H. G. [1969]: A Note on the Optimal Rate of Growth of International Reserves, in: Journal of Political Economy, XXVII.

Oppenheimer, P. M. [1974]: Non-Traded Goods and the Balance of Payments: A Historical Note, Journal of Economic Literature, XII.

Ostroy, J. M. [1973]: The Informational Efficiency of Monetary Exchange, in: American Economic Review, LXIII.

Patinkin, D. [1948]: Relative Prices, Say's Law, and the Demand for Money, in: Econometrica, XVII.

Patinkin, D. [1949]: Indeterminacy of Absolute Prices in Classical Economic Theory, in: Econometrica, XVII.

Patinkin, D. [1951]: The Invalidity of Classical Monetary Theory, in: Econometrica, XIX.

Patinkin, D. [1956]: Money, Interest, and Prices, Evanston (Ill.) and New York.

Patinkin, D. [1965]: Money, Interest, and Prices, 2. Aufl., New York.

Patinkin, D. [1969]: Money and Wealth: A Review Article, in: Journal of Economic Literature, VII.

Patinkin, D. [1976]: Keynes' Monetary Thought, Durham; deutsche Übersetzung: Die Geldlehre von Keynes, München 1979.

Pearce, I. F. [1961]: The Problem of the Balance of Payments, in: International Economic Review.

Pesek, B. P. und Saving, T. R. [1967]: Money, Wealth and Economic Theory, New York und London.

Phillips, C. A. [1921]: Bank Credit, New York.

Pigou, A. C. [1917 – 1918]: The Value of Money, in: Quarterly Journal of Economics, XXXII; abgedruckt in: Readings in Monetary Theory *, hrsg. v. F. A. Lutz und L. W. Mints, London 1952.

Pigou, A. C. [1947]: Economic Progress in a Stable Environment, in: Economica, XIV; abgedruckt in: Readings in Monetary Theory *, hrsg. v. F. A. Lutz und L. W. Mints, London 1952.

Poole, W. [1970]: Optimal Choice of Monetary Policy Instruments in a Simple Stochastic Macro Model, in: Quarterly Journal of Economics, LXXXIV.

Power, J. H. [1959]: Price Expectations, Money Illusion and the Real-Balance Effect, in: Journal of Political Economy, LXVII.
Purvis, D. D. [1972]: More on Growth and the Balance of Payments: The Adjustment Process, in: Canadian Journal of Economics, V.
Rabin, A. A. [1979]: A Note on the Link between Balance-of-Payments Disequilibrium and the Excess Demand for Money, in: Southern Economic Journal, VL.
"Radcliffe Report" [1959]: Committee on the Working of the Monetary System. Report, London.
Reid, F. J. [1973]: Mundell on Growth and the Balance of Payments, in: Canadian Journal of Economics, VI.
Richardson, J. D. [1978]: Some Empirical Evidence of Commodity Arbitrage and the Law of One Price, in: Journal of International Economics, VIII.
Rist, C. [1938]: Histoire des doctrines relatives au crédit et à la monnaie, Paris; deutsche Übersetzung: Geschichte der Geld- und Kredittheorien, Bern 1947.
Robinson, J. [1951], The Rate of Interest, in: Econometrica, XIX; abgedruckt in: J. Robinson, The Rate of Interest and Other Essays*, London 1952.
Robinson, J. [1965]: The Accumulation of Capital, 2. Aufl., London, Melbourne, Toronto und New York.
Salter, W. E. [1960]: Internal and External Balance: The Role of Price and Expenditure Effects, in: Economic Record.
Samuelson, P. A. [1947]: Foundations of Economic Analysis, Cambridge (Mass.).
Samuelson, P. A. [1964]: Theoretical Notes on Trade Problems, in: Review of Economics and Statistics, XXXIX.
Samuelson, P. A. [1968]: What Classical and Neoclassical Monetary Theory Really Was, in: Canadian Journal of Economics, I.
Santomero, A. M. [1974]: A Model of the Demand for Money by Household, in: Journal of Finance, XXIX.
Sarnat, M. [1973]: Purchasing Power Risk, Portfolio Analysis, and the Case for Index-Linked Bonds, in: Journal of Money, Credit, and Banking, VI.
Sayers, R. S. [1951]: The Development of Central Banking after Bagehot, in: Economic History Review, IV; abgedruckt in: R. S. Sayers, Central Banking after Bagehot *, Oxford 1957.
Sayers, R. S. [1960]: Monetary Thought and Monetary Policy in England, in: Economic Journal, LXX.
Schilcher, R. [1958]: Geldfunktionen und Buchgeldschöpfung, Berlin.
Schmölders, G. [1965]: Finanzpolitik, 2. erw. Aufl., Berlin, Heidelberg und New York.
Schmölders, G. [1968]: Geldpolitik, 2. erw. Aufl., Tübingen und Zürich.
Schneider, E. [1965]: Einführung in die Wirtschaftstheorie, I. Teil: Theorie des Wirtschaftskreislaufs, 12. erw. Aufl., Tübingen.
Schultz, T. W. [1961]: Education and Economic Growth, in: Social Forces Influencing American Education, Chicago (Ill.).
Shackle, G. L. S. [1952]: Expectations in Economics, 2. Aufl., Cambridge.
Sharpe, W. F. [1964]: Capital Asset Prices: A Theory of Market Equilibrium Under Conditions of Risk, in: Journal of Finance, XIX.
Siebke, J. und Willms, M. [1973]: Die Determinanten des Zinsniveaus in der Bundesrepublik Deutschland, Bemerkungen zu einem Kommentar, in: Kredit und Kapital.
Simmons, E. C. [1947]: The Relative Liquidity of Money and Other Things, in: American Economic Review, Supplement, XXXVII; abgedruckt in: Readings in Monetary Theory *, hrsg. v. F. A. Lutz und L. W. Mints, London 1952.

Sinai, A. und Stokes, H. H. [1972]: Real Money Balances: An Omitted Variable from the Production Function, in: Review of Economics and Statistics, LIV.
Smith, A. [1786]: An Inquiry into the Nature and Causes of the Wealth of Nations, Bd. II, London (Routledge); deutsche Übersetzung: Eine Untersuchung über Natur und Wesen des Volkswohlstandes, Jena 1920.
Starr, R. M. [1972]: Exchange in Barter and Money Economies, in: Quarterly Journal of Economics, LXXXVI.
Struble, F. M. [1966]: Current Debate on the Term Structure of Interest Rates, in: Monthly Review, Federal Reserve Bank of Kansas City, Januar – Februar; abgedruckt in: Monetary Economics: Readings *, hrsg. v. A. D. Entine, Belmont (Calif.) 1968.
Stützel, W. [1959]: Liquidität, in: Handwörterbuch der Sozialwissenschaft, Bd. VI, Stuttgart, Tübingen und Göttingen.
Stützel, W. [1960]: Ist die schleichende Inflation durch monetäre Maßnahmen zu beeinflussen?, in: Beihefte zur Konjunkturpolitik, Heft 7.
Swan, T. [1960]: Economic Control in a Dependent Economy, in: Economic Record.
Swan, T. [1976]: Non-Traded Goods and the Balance of Payments, in: Journal of Economic Literature, XIV.
Swoboda, A. K. [1968]: The Euro-Dollar Market: An Interpretation, in: Essays in International Finance, Nr. 64, Princeton.
Swoboda, A. K. [1976]: Monetary Approaches to Balance-of-Payments Theories, in: Recent Issues in International Monetary Economics, hrsg. v. E. M. Claassen und P. Salin, Amsterdam 1976; deutsche Übersetzung in: Kompendium der Währungstheorie, hrsg. v. E. M. Claassen, München 1977.
Tatom, J. A. [1976]: The Welfare Cost of Inflation, in: Federal Reserve Bank of St. Louis Review, LVIII.
Thornton, H. [1802]: An Enquiry into the Nature and Effects of the Paper Credit of Great Britain, London; Neudruck (New York 1939) *.
Timberlake Jr. R. T. und Fortson, J. [1967]: Time Deposits in the Definition of Money, in: American Economic Review, LVII.
Tintner, G. [1941]: The Theory of Choice under Subjective Risk and Uncertainty, in: Econometrica, IX.
Tobin, J. [1956]: The Interest-Elasticity of Transactions Demand for Cash, in: Review of Economics and Statistics, XXXVIII.
Tobin, J. [1958]: Liquidity Preference as Behavior towards Risk, in: Review of Economic Studies, XXV; abgedruckt in: Readings in Macroeconomics *, hrsg. v. M. G. Mueller, New York, Chicago, San Francisco, Toronto und London 1966.
Tobin, J. [1961]: Money, Capital and Other Stores of Value, in: American Economic Review, LI; abgedruckt in: The Controversy over the Quantity Theory of Money *, hrsg. v. E. Dean, Boston 1965.
Tobin, J. [1963]: Commercial Banks as Creators of "Money", in: Banking and Monetary Studies, hrsg. v. D. Carson, Homewood (Ill.).
Tobin, J. [1965]: Money and Economic Growth, in: Econometrica, XXXIII.
Tobin, J. [1965 a]: The Theory of Portfolio Selection, in: The Theory of Interest Rates, hrsg. v. F. H. Hahn und F. P. R. Brechling, London und New York.
Tobin, J. [1969]: A General Equilibrium Approach to Monetary Theory, in: Journal of Money, Credit, and Banking, I; deutsche Übersetzung: Ein allgemeiner Gleichgewichtsansatz zur Geldtheorie, in: Geldtheorie, hrsg. v. K. Brunner, H. G. Monissen und M. J. M. Neumann, Köln 1974.
Tooke, T. [1838 – 1857]: The History of Prices, London.
Tooke, T. [1844]: An Inquiry into the Currency Principle, London.

Tower, E. [1971]: More on the Welfare Cost of Money Creation, in: Journal of Money, Credit, and Banking, III.
Tsiang, S. C. [1969]: The Precautionary Demand for Money: An Inventory Theoretic Analysis, in: Journal of Political Economy, XXVII.
Vaubel, R. [1978]: Strategies for Currency Unification, Tübingen.
Veit, O. [1948]: Volkswirtschaftliche Theorie der Liquidität, Frankfurt a. M.
Veit, O. [1966]: Reale Theorie des Geldes, Tübingen.
Wallace, N. [1972]: An Approach to the Study of Money and Nonmoney Exchange Structures, in: Journal of Money, Credit, and Banking, IV.
Walras, L. [1926]: Eléments d'économie politique pure, endgültige Aufl., Lausanne.
Whalen, E. L. [1966]: A Rationalization of the Precautionary Demand for Cash, in: Quarterly Journal of Economics, LXXX.
Whittlesay, C. R. [1964]: Liquidity, International Liquidity and the Dollar Problem, in: Weltwirtschaftliches Archiv, XCIII.
Wicksell, K. [1898]: Geldzins und Güterpreise, Jena; englische Übersetzung: Interest and Prices, London 1936.
Willms, M. und Riechel, K. W. [1977]: Monetäre Indikatoren, in: Handwörterbuch der Wirtschaftswissenschaft, Stuttgart, Tübingen und Göttingen.
Yeager, L. B. [1968]: Essential Properties of the Medium of Exchange, in: Kyklos, XXI.
Zincone, L. [1968]: The Real-Balance Effect: Aspects and Evidence, in: Journal of Finance, XXIII.

Namenverzeichnis

Sachverzeichnis

Bei *kursiv* gesetzten Seitenzahlen befindet sich das Stichwort in der Fußnote.

GPSR Compliance

The European Union's (EU) General Product Safety Regulation (GPSR) is a set of rules that requires consumer products to be safe and our obligations to ensure this.

If you have any concerns about our products, you can contact us on ProductSafety@springernature.com

In case Publisher is established outside the EU, the EU authorized representative is:

Springer Nature Customer Service Center GmbH
Europaplatz 3
69115 Heidelberg, Germany

Batch number: 10844655

Printed by Printforce, the Netherlands